Erbsubstanz DNA

Verständliche Forschung

Erbsubstanz DNA

Vom genetischen Code zur Gentechnologie

Mit einer Einführung von Albrecht E. Sippel
und Alfred Nordheim

Erschienen bei Spektrum der Wissenschaft in Heidelberg

CIP-Kurztitelaufnahme der Deutschen Bibliothek

Erbsubstanz DNA: vom genet. Code zur Gentechnologie / mit e. Einf. von Albrecht E. Sippel und Alfred Nordheim. –
Heidelberg : Spektrum-der-Wissenschaft-Verlagsgesellschaft, 1985.
(Verständliche Forschung)
ISBN 3-922508-30-8

NE: Sippel, Albrecht E. [Vorr.]

Lektorat: Katharina Neuser-von Oettingen

Produktion: Karin Schneider

Umschlaggestaltung: Henri Wirthner

Gesamtherstellung: Klambt-Druck GmbH, Speyer

Inhaltsverzeichnis

Einführung	**7**	Albrecht E. Sippel und Alfred Nordheim
Abschnitt I: **DNA-Struktur**		
Die Struktur der Erbsubstanz DNA	**10**	F. H. C. Crick
Die Feinstruktur der DNA-Helix	**18**	Richard E. Dickerson
DNA-Topoisomerasen	**34**	James C. Wang
Das Nucleosom	**46**	Roger D. Kornberg und Aaron Klug
Abschnitt II: **DNA als Molekül genetischer Information**		
Die DNA-Synthese	**62**	Arthur Kornberg
Der genetische Code	**74**	F. H. C. Crick
Gestückelte Gene: ein Informations-Mosaik	**82**	Pierre Chambon
Ein Schalter für Gene	**96**	Mark Ptashne, Alexander D. Johnson und Carlo O. Pabo
Abschnitt III: **Gentechnologie**		
Genmanipulation	**108**	Stanley N. Cohen
Manipulationen am Erbgut von Säugerzellen	**120**	W. French Anderson und Elaine G. Diacumakos
Die Debatte um DNA-Rekombinationstechniken	**132**	Clifford Grobstein
Abschnitt IV: **DNA und Analyse molekularer Prozesse**		
Springende Gene beim Mais	**146**	Nina V. Fedoroff
Molekulare Grundlagen von Krebs	**158**	Robert A. Weinberg
Genverpflanzung und die Analyse von Entwicklungsvorgängen	**170**	E. M. De Robertis und J. B. Gurdon
Wie Gene ein angeborenes Verhalten steuern	**180**	Richard H. Scheller und Richard Axel
Autoren- und Literaturverzeichnis	**190**	
Bildnachweise	**195**	
Index	**196**	

Einführung

Von Albrecht E. Sippel und Alfred Nordheim

Kaum eine chemische Substanz steht heute mehr im Zentrum des naturwissenschaftlichen Interesses als die, die sich hinter dem Kürzel DNA verbirgt – der internationalen Abkürzung für Desoxyribonucleinsäure, auch DNS genannt. Aber die DNA weckt nicht nur Eifer und Faszination der Forscher, an ihr entzünden sich auch gesellschaftspolitische Diskussionen. Warum ein Molekül aus der Welt der lebenden Materie zum Brennpunkt des Interesses werden kann, versucht dieser Band, dem gebildeten Laien verständlich zu machen.

Schon 1871 wurde die DNA von F. Miescher aus Spermien der Rheinforellen isoliert. Solange nur die chemische Zusammensetzung dieser Substanz untersucht werden konnte, hat sie die Phantasie der Forscher nicht sonderlich beflügelt. DNA schien ungeeignet, das Substrat der Vererbung zu sein, zu wenig differenziert, um das Geheimnis der schier unendlichen Vielfalt der Lebenserscheinungen in sich bergen zu können. Noch nachdem Avery 1944 die DNA eindeutig als Erbmolekül identifiziert hatte, waren die Zweifler nur schwer zu überzeugen. Erst die Entdeckung der molekularen Struktur der DNA führte zu einem Einblick in die Funktionsweise der Vererbung. Als im April 1953 Watson und Crick in der britischen Wissenschaftszeitschrift „Nature" ihre Schlußfolgerungen aus der von ihnen postulierten Doppelhelix-Struktur der DNA mitteilten, schlossen sie ihren kurzen Artikel mit dem scheinbar lapidaren Satz ab: „It has not escaped our notice that the specific pairing we have postulated immediately suggests a possible copying mechanism for the genetic material."

Damit war der DNA das erste wichtige Geheimnis abgerungen: Genetische Information ist in komplementärer (sozusagen spiegelbildlicher) Form *zweifach* in dem Doppelhelix-Molekül repräsentiert. Dieses Prinzip der Komplementarität zwischen „Matrize" und „Abdruck" war ein Schlüssel, um zu verstehen, wie sich die DNA so verdoppeln kann, daß die genetische Information während der Zellteilung fehlerfrei weitergegeben wird. Chemisch betrachtet, besteht jeder DNA-Einzelstrang aus vier Bausteinen, den als Nucleotide bezeichneten Untereinheiten mit den heterozyklischen Basen Adenin (A), Thymin (T), Guanin (G) und Cytosin (C). Diese Nucleotide sind in unterschiedlicher Abfolge durch Phosphat- und Zuckermoleküle langkettig miteinander verbunden. Bei der Doppelhelix ist jedem Adenin des ersten Stranges immer ein Thymin in dem komplementären zweiten Strang gegenüber positioniert und umgekehrt. Die gleiche Komplementarität existiert zwischen Guanin und Cytosin.

Das Prinzip der eindimensionalen Anordnung der Basen entlang eines DNA-Stranges (Basensequenz) birgt den Schlüssel zum Verständnis der DNA als Informationsträger. Die Basen (A, G, T, C) bilden dabei die „Buchstaben" für die „Schrift der Erbinformation". So sind die Informationsprinzipien der DNA am besten zu erklären, wenn wir sie mit Analog-Beispielen aus unserem eigenen Erfahrungsbereich versehen: Uns allen ist die Welt der Buchstaben, der Schrift, der Bücher und Bibliotheken geläufig. Die Artikel dieses Sammelbandes, die die Natur der Erbinformation in der DNA aufzeigen, handeln – in diesem Bild gesprochen – von der Struktur der Buchstaben und dem Papier, auf dem sie geschrieben stehen, von den Wörtern und Sätzen, die eine Aussage bilden, von den Regeln der Grammatik, die den Satzbau bestimmen, von den Büchern, die die Information enthalten, von den Kopiermaschinen, die die Information vervielfältigen, und letztlich von den Bibliotheken, in denen die gesamte Information zusammengefaßt ist.

Es bedurfte mehr als zehnjähriger intensiver Forschungsarbeit, bis nach der Entdeckung der doppelhelikalen DNA-Struktur auch der genetische Code dechiffriert werden konnte. Die Information in bestimmten Abschnitten der DNA – den Genen – wird in ein chemisch sehr ähnliches einsträngiges Molekül umgeschrieben, in RNA. Auf dieser Boten-RNA codieren nun immer drei Basen für eine der 20 natürlich vorkommenden Aminosäuren, die linear aneinandergereiht die Aminosäureketten der Proteine bilden. Diese Ketten falten sich in dreidimensionale Gebilde nach Gesetzen, die ihren individuellen Aminosäuresequenzen innewohnen. Der Informationsfluß DNA→RNA→Protein wird als das zentrale Dogma der Molekularbiologie bezeichnet, jener Disziplin der Biologie, die Methoden der Biophysik, der Biochemie und der Genetik in sich vereinigt. Dieser Zugriff auf die Ebene chemischer Moleküle trug entscheidend dazu bei, daß sich die Biologie von einer beschreibenden in eine analytisch-induktive Wissenschaft entwickelt hat.

Ein weiterer Meilenstein in der Molekulargenetik war die Entdeckung (und Isolierung) von Enzymen, die DNA an ganz spezifischen Stellen schneiden (Restriktionsendonucleasen) beziehungsweise DNA wieder verkleben (Ligasen). Damit war der Weg frei, DNAs verschiedener Herkunft neu zu kombinieren. Man konnte nun fremde DNA-Fragmente in eine sich selbständig vermehrende bakterielle Erbeinheit (Plasmidvektor) einfügen und in lebende Bakterienzellen zurückführen, so daß sie dort vermehrt werden. Diese Klonierungstechnik hat für die Biologie dramatische Entwicklungen in Gang gesetzt. Die beteiligten Forscher erleben eine wahre Explosion des Wissens um die molekularen Funktionsmechanismen von lebender Materie. Beispielsweise wurde es jetzt möglich, mit der Methode der „Nucleotid-Sequenzierung" DNA-Sequenzen langer Chromosomenabschnitte zu lesen, den genetischen Informationsgehalt zu bestimmen und einzelne Gene zu identifizieren und zu charakterisieren. Wir beginnen die außerordentliche Komplexität der Erbinformation in der DNA höherer Zellen zu verstehen. Natürlich sind wir weit davon entfernt, die aus etwa $3{,}5 \times 10^9$ Buchstaben bestehende Gesamtinformation der menschlichen DNA zu kennen. Würden wir jede Sekunde einen Buchstaben lesen, bräuchten wir dazu etwa 120 Jahre. Dennoch läßt sich schon jetzt erkennen, daß die DNA wie ein Buch über die Geschichte der Evolution Auskunft geben kann. (Diesen Aspekt diskutiert Manfred Eigen in einem anderen Spektrum-Buch aus der Reihe Verständliche Forschung, das 1982 unter dem Titel „Evolution" erschien.) Computer werden helfen müssen, die riesigen Informationsinhalte, die entziffert werden, sinnvoll auszuwerten.

Die Entdeckungen der Molekularbiologie haben auch weitreichende anwendungsorientierte Aspekte. Mit der Gentechnologie schickt sich die Menschheit an, den in der DNA der Lebewesen schlummernden Erfahrungsschatz der Evolution für sich nutzbar zu machen. In dem neuen Industriezweig der Gentechnologie fängt das mit der biologischen Erzeugung von kommerziell interessanten Substanzen mit Hilfe genetisch manipulierter Mikroorganismen an. Und es ist abzusehen, daß in der Züchtungsforschung durch Einbringen neuer Gene in das Erbgut durchaus Nutzpflanzen nach Maß entstehen können. Vor allem aber werden sich die biomedizinischen Anwendungen der Gentechnologie nachhaltig auf die Lebensbedingungen der Gesellschaft auswirken. Hier ist eine tiefgreifende Diskussion sowohl zwischen den Fachleuten als auch in der informierten Öffentlichkeit von entscheidender Wichtigkeit.

Das vorliegende Buch faßt populärwissenschaftlich geschriebene Artikel zusammen, die sich mit den wissenschaftlichen und auch gesellschaftlich relevanten Aspekten der DNA, dem universellen Träger der Erbinformation, beschäftigen. Die Einzelartikel sind in vier Abschnitte geordnet, in denen die DNA auf verschiedenen, für die biologische Funktion relevanten Ebenen beschrieben wird: 1) die molekulare Struktur der DNA; 2) DNA als Träger der Erbinformation; 3) DNA als Substrat der genetischen Manipulation; 4) DNA als Medium für die Erklärung komplexer biologischer Zusammenhänge.

Der erste Abschnitt faßt Artikel zur chemischen und physikalisch-chemischen Struktur des Makromoleküls DNA zusammen, beginnend mit dem historischen Aufsatz von Crick, der ja unmittelbar an der Strukturaufklärung der DNA beteiligt war. Dieser Artikel wurde als Einführung gewählt, um dem Leser die damalige Attraktivität des Doppelhelix-Modells so authentisch wie möglich zu vermitteln; die Fortschritte der folgenden 30 Jahre sind im Beitrag zur Feinstruktur der DNA von Dickerson zusammengefaßt: Das grundlegende Funktionsprinzip der DNA ist zwar bereits im Doppelhelix-Modell von Watson und Crick angelegt, aber neue Erkenntnisse über die Flexibilität dieser Struktur liefern Erklärungsmöglichkeiten für die detaillierte Arbeitsweise des DNA-Moleküls. Die Simplizität des „Vier-Buchstaben-Alphabets" einerseits und die Variation in der Feinstruktur und Oberflächenform (Topologie) des eindimensionalen DNA-Kettenmoleküls andererseits vermitteln die geniale Lösung, die die Natur für das Problem der Informationsübertragung im Laufe der Evolution gefunden hat. Der Abschnitt über die Struktur der DNA klingt aus mit einem Artikel zur Frage, wie denn dieser in der Summe etwa zwei Meter lange Faden – um mehr als das 10 000fache komprimiert – in jeder einzelnen Körperzelle des Menschen Platz finden kann.

Der Informationsgehalt der DNA ist Leitthema des zweiten Abschnitts. Das Grundprinzip von Matrize und Abdruck steht an der Basis der Vererbungsvorgänge durch die DNA – genau wie bei der Informationsweitergabe seit der Erfindung der Buchdruckerkunst. Hier werden die Begriffe Nucleotid, Codon, Gen und Signalsequenz entsprechend ihrer Bedeutung als Buchstaben, Wörter, Sätze und Satzzeichen in der Schrift der DNA behandelt. Das Wissen in unseren Bibliotheken wäre totes Wissen, gäbe es nicht die Leser, die Teilinformationen kopieren und mit nach draußen nehmen. Genauso ist es mit dem Informationsgehalt in der DNA eines Organismus. Erst im Zusammenspiel mit Enzymen und DNA bindenden Proteinen kann die DNA ihren Plan verwirklichen. Dieser Aspekt der Kontrolle der Genexpression wird im Artikel von Ptashne behandelt, wo am Beispiel des Bakteriophagen „Lambda" das Wechselspiel von DNA und Proteinen während des regulierten Ablesens von Erbinformation beschrieben ist. Wenn man bedenkt, daß nur wenige Prozent des gesamten DNA-Moleküls eines höheren Organismus für Proteine kodieren und damit in Genen organisiert sind, wird einem klar, daß biologische Evolution nicht so sehr heißt, neue Gene zu entwickeln, sondern diese besser zu verschalten, cleverer zu regeln. Vor allem dazu werden weitere Informationsinhalte in der DNA gebraucht.

Ein Wissenschaftsgebiet wird geboren mit der Entwicklung neuer Methoden. Um die Grundprozesse der molekularen Genetik zu erforschen, wurden Techniken entwickelt, die – konsequent weitergeführt – heute die Basis der Gentechnologie bilden, dem Thema des dritten Abschnitts. Die Manipulation von Genen und ihren Schaltern, die Neuverknüpfung von DNA-Abschnitten als Information für nie zuvor dagewesene Eigenschaften, der Einsatz von Mikroorganismen und Zellen als Produzenten biologisch aktiver Substanzen, all das gehört zum Handwerkszeug der Geningenieure. Wie in dem Artikel von Grobstein angesprochen, ist es unerläßlich, daß sich hier die Wissenschaftler den Fragen der Öffentlichkeit stellen. Nur aus dem Dialog zwischen Fachmann und interessierten Betroffenen geht jeder mit den geschärften Augen hervor, die nötig sind, um neues Wissen zum Wohl der Gesellschaft zu nutzen und Mißbrauch oder auch nur nachteilige Folgen zu vermeiden.

Vorerst führen die potenten Techniken der Molekularbiologen hauptsächlich noch zu einem rasanten Wissenszuwachs über die Funktionsmechanismen der Lebensvorgänge selbst. Dies soll im letzten Kapitel an einigen ausgewählten Beispielen sichtbar werden. Wir haben jetzt die Werkzeuge in der Hand, komplexe biologische Fragestellungen anzugehen. Es ist abzusehen, daß die Prinzipien der Entwicklungsvorgänge höherer Lebewesen, die Entwicklung von der befruchteten Eizelle zum erwachsenen Organismus, entschlüsselt werden können. Um die Krankheit Krebs ursächlich bekämpfen zu können, müssen wir die molekularen Grundlagen ihrer Entstehung verstehen. Dies können wir nicht, ohne weitere Geheimnisse der normalen Zelldifferenzierung und Entwicklungsprinzipien zu entschleiern. Die molekularen Einblicke in Bau und Funktion der Erbsubstanz DNA lassen uns nicht nur die Prinzipien der konstanten Informationsspeicherung verstehen, sondern geben auch Erklärungsmöglichkeiten für die kontinuierliche Veränderung der Erbinformation in den Zeitspannen der Evolution von Lebewesen. Dieser Aspekt von Konstanz und Variabilität des Erbguts ist von Fedoroff am Beispiel des Mais beschrieben. (Dieser Artikel deckt gleichzeitig einen Aspekt ab, der auch unter den Abschnitt „Genetische Information" fällt: die transponierbaren genetischen Elemente.) In welcher Weise die DNA auch Baupläne für die Entwicklung und Funktion des Zentralnervensystems enthält, zeigen Scheller und Axel am Beispiel der genetischen Fixierung eines angeborenen Verhaltens.

Welche Möglichkeiten die molekularbiologische Forschung für Medizin, Agrarwissenschaften, synthetische Chemie und Energiewirtschaft tatsächlich eröffnet, das wird sich in vollem Umfang erst mit wachsendem Wissen herausstellen. Zu einer umfassenden Naturbetrachtung gehört aber auch, den Bezug zu den klassischen Disziplinen der Biologie, Zoologie und Botanik, im Auge zu behalten. Eine gesamtheitliche Betrachtung unserer Biosphäre bietet die Chance, mit ihr vernünftiger umzugehen als bisher.

Anliegen dieses Buches ist es, dem interessierten Nichtfachmann Einblicke in die weitreichenden Konsequenzen der molekularbiologischen Analyse des Erbmoleküls DNA zu geben, denn für eine gesamtgesellschaftlich wünschenswerte Anwendung wissenschaftlicher Resultate ist der intensive Informationsaustausch zwischen den Wissenschaftlern und der Öffentlichkeit Voraussetzung.

Die Struktur der Erbsubstanz DNA

Desoxyribonucleinsäure – bis in die fünfziger Jahre war das ein Molekül mit unbekannter Struktur, dessen Rolle als Erbsubstanz noch unklar blieb. 1954 wurde dieser Bericht über die Entdeckung der DNA-Doppelhelix geschrieben.

Von F. H. C. Crick

Eines der faszinierendsten Schauspiele, die man unter dem Mikroskop betrachten kann, ist die Zellteilung (Mitose): Aus einer Zelle entstehen zwei neue. Wer dies im Zeitraffertempo verfolgt, der wird von der Fähigkeit lebender Materie zur dynamischen Selbstorganisation beeindruckt sein. Aber noch aufregender ist das Entstehen zweier völlig identischer Chromosomensätze. Diese Verdoppelung gehört zu den größten Herausforderungen der Biologie: Wie werden aus einem Chromosomensatz zwei, und zwar zwei völlig gleiche? Leider reicht das Auflösungsvermögen von Mikroskopen nicht aus, um diesen Verdoppelungsprozeß direkt zu beobachten, aber es gibt auch andere Methoden.

Eine Methode besteht darin, Natur und Verhalten von intakten lebenden Zellen zu untersuchen; ein anderer Weg wäre, Substanzen aus Zellen zu extrahieren und zu analysieren. Wir werden hier nur auf die zweite Methode eingehen, obwohl beide unerläßlich sind, wenn man das Rätsel lösen will; und in der Tat beruhen einige der aufregendsten Ergebnisse auf einer Art Kombination beider Methoden.

Chromosomen bestehen im wesentlichen aus drei chemischen Substanzklassen: Proteinen, Desoxyribonucleinsäure (international abgekürzt DNA) und Ribonucleinsäure (abgekürzt RNA). (Da die RNA nur einen geringen Anteil ausmacht, gehen wir hier nicht im Detail auf sie ein.) Nucleinsäuren und Proteine haben mehrere charakteristische Eigenschaften gemeinsam: Beides sind Makromoleküle. Und beide besitzen die gleiche Grundstruktur: Sie bestehen aus einem Rückgrat, an dem Seitengruppen sitzen. Andererseits weisen Proteine etwa 20 verschiedenartige Seitengruppen auf, Nucleinsäuren dagegen normalerweise nur vier (und dazu völlig andere). Hier fällt die geringe Zahl der Varianten auf – aus chemischer Sicht gibt es keinen einsichtigen Grund, weshalb es nicht viel mehr Arten von Seitengruppen geben sollte. Ähnlich auffallend ist die Tatsache, daß sowohl Proteine als auch Nucleinsäuren nur in einer optischen Isomerieform vorkommen: Ein spiegelbildliches Molekül (Isomer) fehlt. Offenbar spielt die Form der Moleküle eine wichtige Rolle.

Diese Generalisierungen gelten (mit kleineren Abweichungen) für alle lebenden Organismen, von Viren und Bakterien bis hin zu Pflanzen und Tieren. Man kann sich des Eindrucks kaum erwehren, daß hier ein universelles Grundprinzip lebender Materie schlechthin vorliegt, das viel einfacher ist, als wir je zu hoffen wagten. Dies ermutigt, auch was die Entstehung dieser Makromoleküle betrifft, nach einfachen Erklärungen zu suchen.

Die wichtigste Funktion von Proteinen besteht darin, als Enzym – eine Art Werkzeugmaschine der lebenden Zelle – zu wirken. Ein Enzym katalysiert eine spezifische biochemische Reaktion und ist oft hochspezifisch für diese Reaktion. Darüber hinaus lassen chemische Untersuchungen und Röntgenanalysen vermuten, daß die Struktur jedes einzelnen Enzyms strikt festgelegt ist. Wahrscheinlich

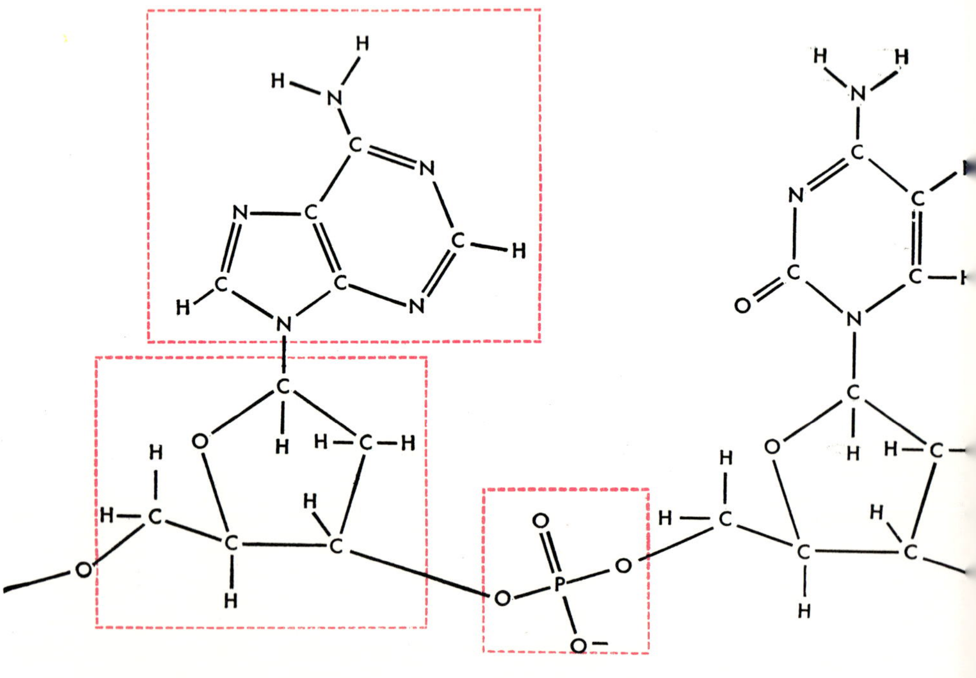

Bild 1: Ausschnitt aus einer Kette Desoxyribonucleinsäure (DNA). Gezeigt sind die drei Grundbausteine, die sich in einer langen Kette ständig wiederholen: Pentose-Zuckermoleküle

sind die Seitengruppen eines bestimmten Enzyms in einer festen Reihenfolge längs des jeweiligen Polypeptid-Rückgrats angeordnet. Wenn wir herausfinden könnten, wie die Zelle die geeigneten Enzyme produziert und dabei die einzelnen Seitengruppen jedes Enzyms in der richtigen Reihenfolge einbaut, wären wir ein gehöriges Stück weiter, was ein chemisch-physikalisches Verständnis der einfacheren Lebensvorgänge betrifft.

Wir vermuten, daß die Chromosomen die Reihenfolge der Seitengruppen festlegen. Dabei hat sich der Verdacht erhärtet, daß der Schlüssel für die spezifische Rolle der Chromosomen nicht in ihrem Protein, sondern in der DNA liegt. Die DNA findet sich – von wenigen Ausnahmen abgesehen – ausschließlich in den Chromosomen. In vielen Fällen ist die DNA-Menge pro Chromosomensatz spezifisch für eine bestimmte Art. Ein Spermium, das nur halb so viele Chromosomen besitzt wie eine normale Körperzelle, enthält auch nur etwa die Hälfte DNA. Tetraploide Leberzellen, die über doppelt so viele Chromosomen verfügen wie Körperzellen, scheinen auch die doppelte Menge an DNA aufzuweisen. Dieses konstante Verhältnis zwischen Chromosomenzahl und DNA entspricht dem, was man von einer Substanz erwartet, die das Vererbungsschema bestimmt.

Außerdem gibt es überzeugende Hinweise darauf, daß die DNA auch allein, ohne Protein, genetische Information tragen könnte. So hat man entdeckt, daß die „transformierenden" Bestandteile von Bakterien – Bestandteile, die in Zellen vererbbare Veränderungen hervorrufen können – wohl nur aus DNA bestehen. Der zweite Hinweis ergibt sich aus der Tatsache, daß Bakteriophagen, die ein Bakterium infizieren, nur ihre Phagen-DNA in das Bakterium injizieren, während die gesamte Proteinhülle zurückbleibt (Bakteriophagen sind Viren, die ausschließlich Bakterien befallen).

Die chemische Formel

Man kann DNA mit schonenden chemischen Methoden aus Zellen isolieren, und nach langjährigen Experimenten gelang es auch, ihre chemische Natur aufzuklären – ein bemerkenswerter Erfolg. Heute weiß man, daß die DNA aus einer sehr langen Kette besteht, in der sich Zucker- und Phosphatgruppen alternierend abwechseln (Bild 1). Es handelt sich stets um den gleichen Zucker, nämlich Desoxyribose, und die ist immer auf die gleiche Weise mit einer Phosphatgruppe verbunden. In dieser langen, absolut gleichförmigen Kette wiederholt sich so immer wieder die gleiche Zucker-Phosphat-Sequenz.

Dennoch ist das Molekül als Ganzes keineswegs so gleichförmig wie die Phosphat-Zucker-Kette. An jedem Zucker hängt nämlich eine Base, und das kann jeweils eine andere sein. Im allgemeinen findet man vier verschiedenartige Basen: zwei Purine mit Namen Adenin und Guanin sowie zwei Pyrimidine, Thymin und Cytosin. Die Reihenfolge der Basen scheint von einem DNA-Abschnitt zum anderen zu variieren, und wir vermuten, daß die Basensequenz ein spezifisches Merkmal einer bestimmten DNA ist. Da die Basensequenz unbekannt ist (*Anmerkung der Redaktion:* Dieser Artikel wurde 1954 geschrieben), können wir nur sagen, daß eine *allgemeine* Formel für die DNA gefunden wurde – aber diese Formel dürfte eine der großen Errungenschaften der Biochemie sein. Sie ist Grundlage für all die Ideen, die im folgenden beschrieben werden.

Zunächst glaubte man, die vier Basen kämen in der DNA in gleichen Mengen vor. Aber diese Vorstellung haben Erwin Chargaff, A. E. Mirsky und seine Gruppe sowie G. R. Wyatt widerlegt. Sie haben die Mengen der Basen für DNA aus vielen verschiedenen Organismen bestimmt und gezeigt, daß sie für jede einzelne Art anders sind; innerhalb einer Art ergaben sich – unabhängig vom Individuum oder Organ, aus dem die DNA stammte – immer die gleichen Mengenverhältnisse zwischen den vier Basen. Für DNA aus verwandten Arten weicht dieses Verhältnis möglicherweise nur wenig ab.

Obwohl wir aus der chemischen Formel der DNA wissen, daß es sich um eine Kette handelt, sagt dies allein noch wenig über die Form des Moleküls. Es enthält viele Einfachbindungen, um die es sich drehen kann – die Kette könnte sich in allen möglichen Formen aufwickeln. Wir wissen jedoch aus physikalisch-chemischen Messungen und aus elektronenmikroskopischen Aufnahmen, daß das Molekül normalerweise lang, dünn und ziemlich gerade ist – ähnlich wie ein

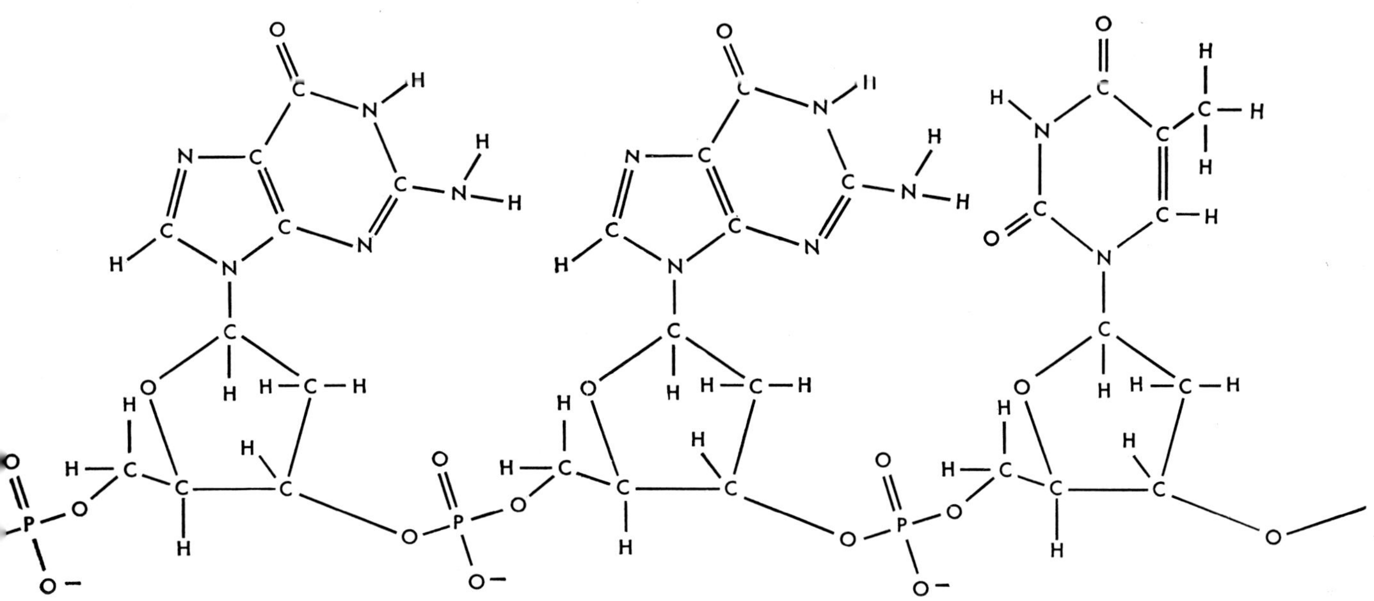

(im mittleren Kasten), Phosphatgruppen (Kasten unten rechts) und die Basen Adenin (oberer Kasten), Cytosin, Guanin (zweimal) und Thymin (Vergleiche auch Bild 5). Das Rückgrat der Kette, die 1000mal länger als dick ist, bilden Pentose-Zucker und Phosphatgruppen.

Stück Tau. Freilich ist dieses „Mikrotau" nur ungefähr 20 Ångström dick, das entspricht zwei Millionstel Millimetern und ist in der Tat nicht viel mehr als der Platzbedarf von einem Dutzend Atomen. Die Länge der DNA scheint auf irgendeine Weise davon abzuhängen, wie man sie präpariert. Ein gutes Präparat kann gut und gerne 20 000 Ångström lang sein – also 1000mal so lang, wie es dick ist. In der Zelle könnte es sogar noch viel länger sein – wenn das DNA-Molekül bei der Extraktion aus der Zelle an mehreren Stellen zerbricht.

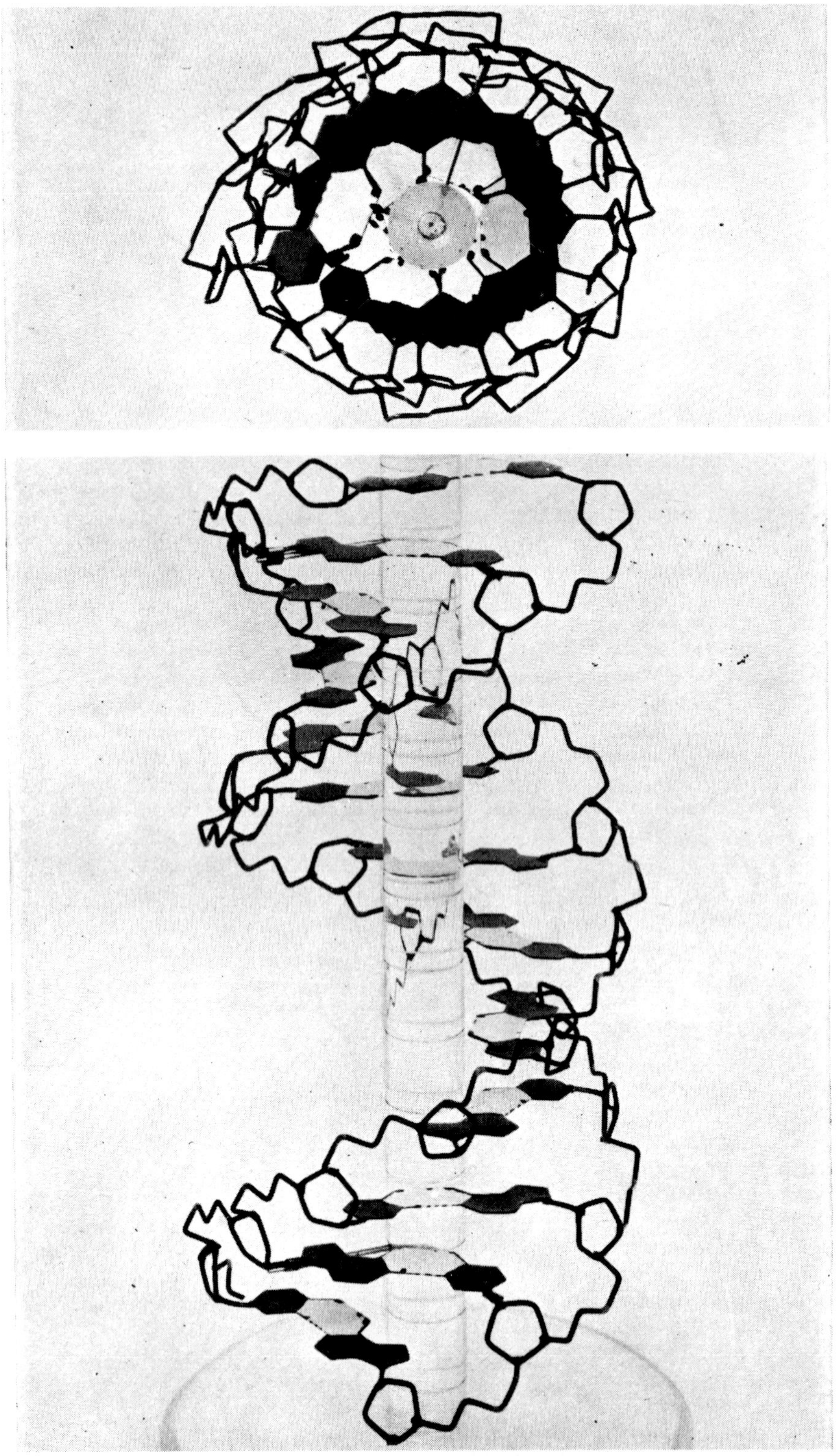

Bild 2: Strukturmodell für ein Paar von DNA-Ketten, die als Doppelhelix um die (gemeinsame) Faserachse gewunden sind. Die Pentose-Zucker sind deutlich zu sehen. Aus beiden Ketten ragt an jedem Zucker eine Base, die über Wasserstoffbrückenbindungen mit einer gegenüberliegenden Base verbunden ist. Diese Basenpaarungen stabilisieren den Zusammenhalt der Ketten. Oben ist eine Aufsicht auf die Helix gezeigt (mit Blick parallel zur Faserachse).

Bilder vom DNA-Molekül

Keine der bisher beschriebenen Methoden gibt Auskunft über die genaue räumliche Anordnung der Atome im DNA-Molekül. Hier kommt man weiter, wenn man die Beugung von Röntgenstrahlen an Atomen ausnutzt. In einem organischen Molekül beträgt der durchschnittliche Abstand zwischen gebundenen Atomen etwa 1,5 Ångström, zwischen ungebundenen Atomen drei bis vier Ångström. Die Wellenlängen von Röntgenstrahlen wären klein genug, um Atome sichtbar zu machen, aber bei der Beugung von Röntgenstrahlen erhält man keine Bilder im üblichen Sinn. Da sich Röntgenstrahlen nicht wie Licht bündeln lassen, kann man ein Beugungsbild nur auf indirektem Wege gewinnen, und darüber hinaus spiegelt es nur den periodisch oder gleichmäßig wiederkehrenden Aufbau eines Moleküls wider.

Mit Geduld und Geschick erhielten einige englische Wissenschaftler gute Beugungsbilder von DNA, die sie aus Zellen extrahiert und zu langen Fasern gedehnt hatten. Noch bevor Einzelheiten sichtbar wurden, ergaben die ersten Untersuchungen zwei überraschende Befunde: Zum einen zeigte sich, daß der Aufbau der DNA zweierlei Formen ermöglicht. Bei relativ geringem Feuchtigkeitsgehalt – das heißt einem Wasseranteil unter 40 Prozent – zeigten die DNA-Moleküle Beugungsmuster, wie sie für Kristalle typisch sind: In allen drei Raumdimensionen sind sie gleichmäßig ausgerichtet. Sobald die Fasern mehr Wasser aufnahmen und der Feuchtigkeitsgehalt über 40 Prozent stieg, wuchs ihre Länge um etwa 30 Prozent, und das Beugungsmuster wurde „parakristallin". Die Moleküle liegen dann weniger geordnet nebeneinander, so als könnten die langen Moleküle ein Stück übereinander weggleiten.

Als zweite Überraschung stellte sich heraus, daß die DNA von verschiedenen Arten das gleiche Beugungsbild ergibt, ungeachtet der Tatsache, daß sich das Mengenverhältnis der vier verschiedenen Basen unterscheidet. Angesichts des kristallinen Beugungsmusters schien das besonders merkwürdig. Denn wie können Strukturen so gleichmäßig erscheinen, wenn sie sich in den Basen unterscheiden? Es sah so aus, als sei die Grundstruktur des DNA-Moleküls völlig unabhängig von der genauen Abfolge der Basen, und man zog daraus den Schluß, daß die Basen für den Zusammenhalt des Moleküls keine Rolle spielen – ein Fehlschluß, wie sich inzwischen gezeigt hat.

Die ersten Röntgenbeugungsbilder machten noch eine dritte Besonderheit der DNA deutlich: Das kristallographi-

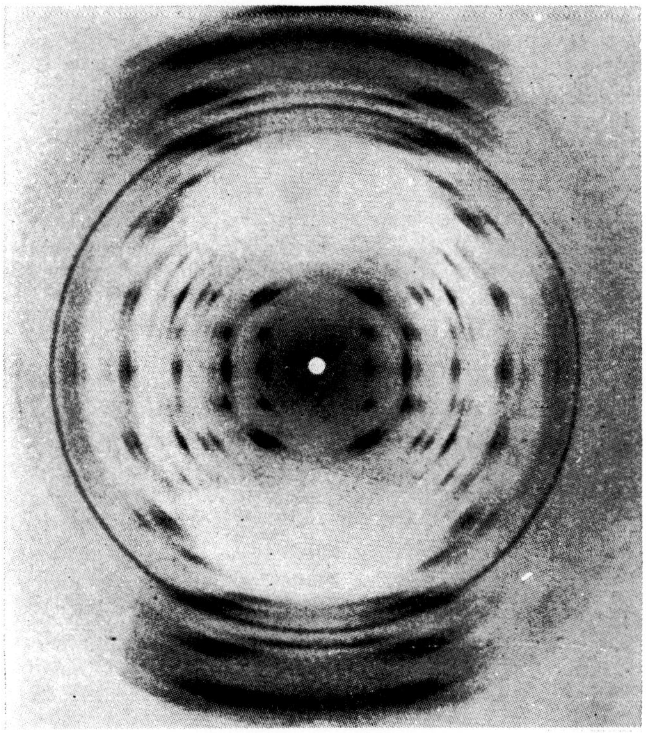

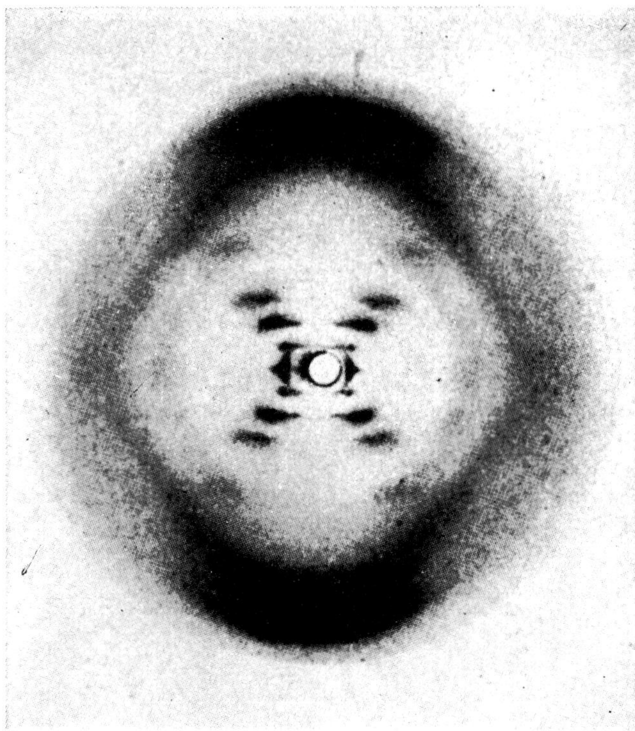

Bild 3: Beugungsmuster von DNA, wie sie bei der Röntgenstrukturanalyse erstellt werden. Das linke Muster entstand durch Beugung von Röntgenstrahlen an kristalliner DNA, wie man sie bei relativ niedrigem Feuchtigkeitsgehalt findet. (Die Aufnahme stammt von H. R. Wilson.) Rechts ist das Beugungsbild der parakristallinen Form der DNA gezeigt, deren Molekül (bei höherer Feuchtigkeit) weniger gleichmäßig aufgebaut ist. (Die Aufnahme stammt von R. E. Franklin.) Die Symmetrie des Beugungsmusters spiegelt eine Symmetrie im molekularen Aufbau wider.

sche Muster (und damit die Elementarzelle) wiederholt sich in viel größeren Abständen als die chemischen Bausteine des Moleküls. Während der Abstand zwischen den Phosphatgruppen höchstens etwa sieben Ångström betragen kann, kehrt das kristallographische Beugungsmuster erst nach 28 Ångström wieder, und in der parakristallinen Form sind es sogar 34 Ångström.

Die Helix

J. D. Watson und ich waren nach unseren Experimenten am Cavendish-Laboratorium in Cambridge überzeugt, daß wir der DNA-Struktur näherkommen könnten, wenn wir maßstabsgerechte Modelle nach den Röntgenbeugungsmustern bauen würden, die M. H. F. Wilkins, Rosalind Franklin und ihre Mitarbeiter am King's-Institut in London aufgenommen hatten. Man kannte schon ziemlich genau die Abstände zwischen gebundenen Atomen in Molekülen, die Bindungswinkel und Größen der Atome sowie die sogenannten van-der-Waals-Abstände, auf die sich nichtgebundene Atome annähern können. Diese Größen lassen sich leicht in maßstabsgetreue Modelle umsetzen – wenn man das dreidimensionale Puzzle löst, die molekularen Bausteine über drehbare „Gelenke“ (Einzelbindungen zwischen den Atomen) richtig zu verbinden.

Um an dieser Stelle überhaupt weiterzukommen, mußten wir einige Annahmen voraussetzen: Die wichtigste Bedingung ergab sich aus der Tatsache, daß sich das kristallographische Muster in viel größeren Abständen wiederholt, als es die chemischen Bausteine der Kette tun. Als mögliche Erklärung bot sich an zu vermuten, daß alle Glieder der Kette gleich, aber verdreht sind, so daß die Röntgenstrahlen, sagen wir, nur bei jedem zehnten Glied im selben Winkel auftreffen.

Was für eine Kette kann solche Muster erzeugen? Die Antwort war einfach: eine Kette, die zu einer Helix aufgerollt ist. (Die Helix wird oft unpräziserweise als Spirale bezeichnet; der Unterschied liegt darin, daß eine Helix sich nicht um einen Kern, sondern schraubenartig um einen Zylinder windet wie etwa auch eine Wendeltreppe.) Der Abstand zwischen gleichen kristallographischen Grundmustern müßte dann in der Kette dem Abstand von einer Helixwindung zur nächsten entsprechen.

Anfangs hatten wir einige Schwierigkeiten, weil wir die Basen außer acht ließen und versuchten, nur mit dem Phosphat-Zucker-Rückgrat zu arbeiten. Schließlich erkannten wir die Bedeutung der Basen und konnten dann auch ziemlich schnell die Struktur der DNA klären.

Bei unserem Modell gehen wir von zwei DNA-Ketten aus, die sich um eine gemeinsame Achse winden und durch ihre Basen miteinander verbunden sind. Eine Base der einen Kette hängt über sehr schwache Bindungen mit einer Base auf gleicher Höhe der anderen Kette zusammen. Alle Basen sind so über die gesamte Länge des Doppelstranges miteinander verbunden. In Bild 2 sind die Phosphat-Zucker-Ketten als dunkle Bänder zu erkennen; die Basenpaare, die die Stränge zusammenhalten, wirken wie waagerechte Sprossen einer verdrillten Strickleiter. Paradoxerweise mußten wir die beiden Ketten gegenläufig anordnen, um eine möglichst symmetrische Struktur zu erhalten: Die Abfolge der Atome ist im Rückgrat beider Ketten in entgegengesetzter Richtung gleich. Egal welches Ende nach oben gehalten wird, das Molekül sieht strukturell immer gleich aus.

Wir stellten fest, daß wir die Basen nicht in jeder gewünschten Weise anordnen konnten; die vier Basen passen nur in bestimmten Paarungen in die Helix-Struktur. In jedem Paar darf jeweils nur eine große (Purin) und eine kleine (Pyrimidin) Base vertreten sein. Ein Paar aus Pyrimidinen wäre zu kurz, um die Lücke zwischen den beiden Ketten zu überbrücken, während ein Purin-Paar zu groß wäre, um Platz zwischen den Ketten zu haben.

An diesem Punkt machten wir eine weitere Annahme. Die Basen konnten theoretisch zwar in einer Reihe von Formen vorkommen, je nachdem, an welcher Stelle die Wasserstoffatome sitzen, aber wir nahmen an, daß eine Form viel wahrscheinlicher als alle anderen war. Man kann sich die Wasserstoffatome als eine Art Knöpfe an den Basen vorstellen, und von der Lage dieser Knöpfe hängt es ab, wie die Basen zusammenpassen. Aus unserer Annahme ergab sich, daß nur zwei Basenpaarungen möglich sind: Adenin mit Thymin und Guanin mit Cytosin.

Wie diese Paare gebildet werden, ist in Bild 4 gezeigt. Die gestrichelten Linien kennzeichnen Wasserstoffbrückenbindungen, die die beiden Basen eines Paars zusammenhalten. Es sind sehr schwache Bindungen; ihr Energiegehalt ist kaum größer als die Energie der thermischen Molekularbewegung bei Zimmertemperatur. (Dieselben Wasserstoffbrückenbindungen halten im wesentlichen die Wassermoleküle zusammen, und weil sie so schwach sind, ist Wasser bei Zimmertemperatur flüssig, wenn auch kein Gas.)

Nach unserem Modell muß sich Adenin immer an Thymin binden und Guanin stets an Cytosin – jede andere Kombination läßt sich unmöglich in die Helix einpassen. (Wahrscheinlich ist die Paarung Adenin-Thymin für die Biologie überaus bedeutend, und ich kann nicht umhin, mir vorzustellen, daß eines Tages ein enthusiastischer Wissenschaftler seine neugeborenen Zwillinge einmal Adenin und Thymin taufen wird!) Unser Modell schränkt jedoch die Abfolge der Basenpaare im Doppelstrang nicht ein – sie ist beliebig. Basenpaare sind flache Gebilde, die in diesem Modell wie Münzen gestapelt sind, und es spielt keine Rolle, welches Paar über dem anderen liegt.

Man sollte sich aber an dieser Stelle vor Augen halten, daß sich die spezifische Paarung der Basen als direkte Folge der Annahme ergibt, daß beide Phosphat-Zucker-Ketten helikal sind. Durch diese regelmäßige Anordnung ist der Abstand zwischen einer Zuckergruppe der einen Kette und der korrespondierenden Zuckergruppe auf gleicher Höhe der anderen Kette stets gleich, einerlei welche Stelle der Kette man betrachtet. Nur deshalb steht den Basen, die an die Zucker gebunden sind, überall der gleiche Platz zur Verfügung. Die spezifische Basenpaarung wurzelt also im regelmäßigen Aufbau der Doppelhelix.

Das Bild klärt sich

Während ich diesen Artikel schreibe (1954, *die Redaktion*), ist Wilkins Gruppe am King's College noch dabei, die Röntgenbeugungsbilder bis ins Detail auszuwerten. Erst die Ergebnisse dieser Auswertungen können den letzten Beweis für die vermutete Helix-Struktur erbringen. Dennoch gibt es für bestimmte Merkmale des Modells schon jetzt ziemlich gute experimentelle Belege, so daß sie wahrscheinlich als endgültig anzusehen sind. Dichte und Wassergehalt, die man bei DNA-Fasern gemessen hat, und die Beobachtung, daß sich die Fasern in der Länge dehnen können, legen den Schluß sehr nahe, daß in der DNA zwei Ketten vorhanden sind. Auch in den Beugungsbildern spiegelt sich deutlich das auffällige Grundmuster wider, das wir nun als charakteristisches Zeichen für eine Helix-Struktur erkennen können. So gibt es viele Stellen, an denen die Intensität im Beugungsmuster ver-

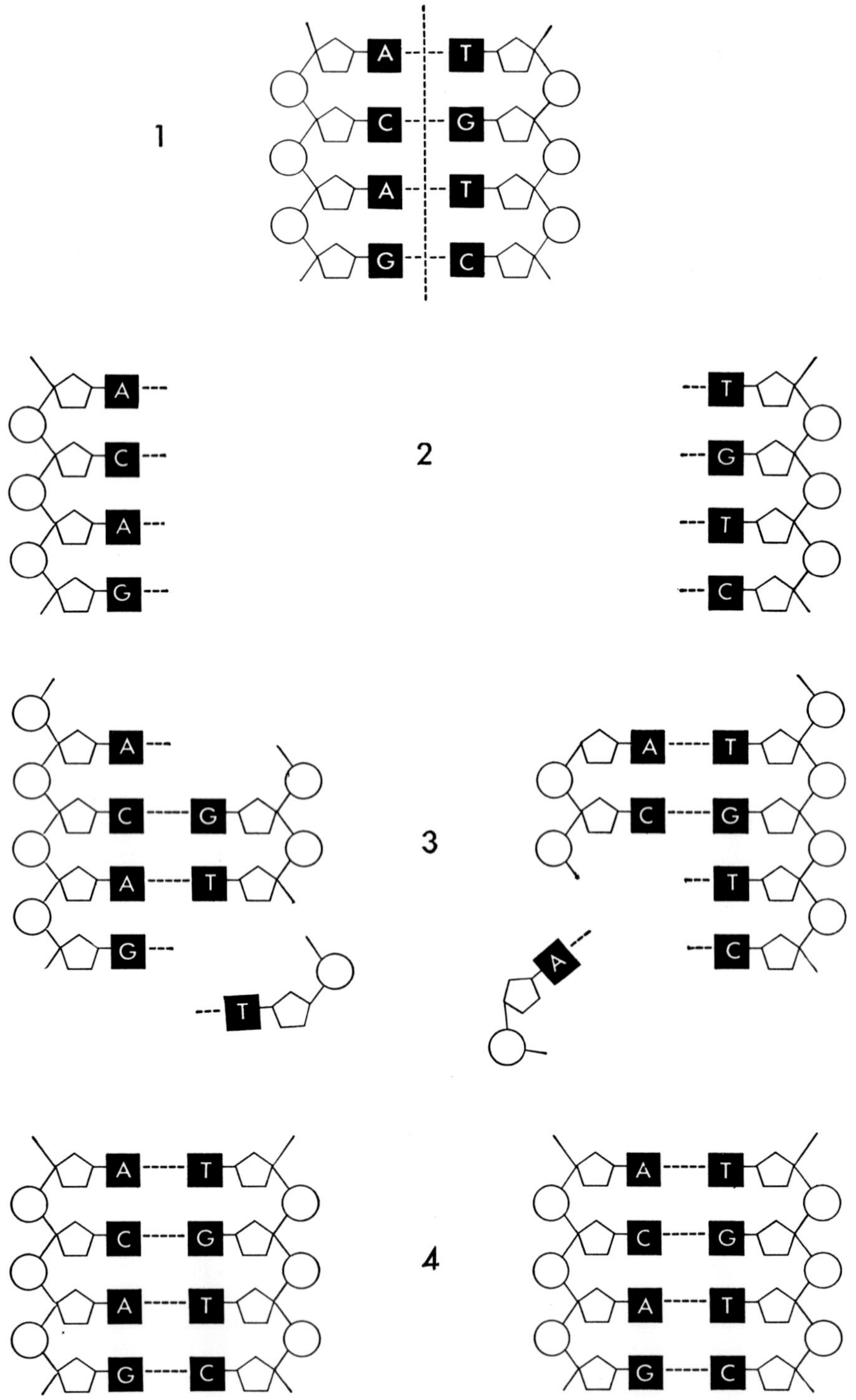

Bild 4: Die Verdoppelung oder Replikation der DNA ist hier schematisch dargestellt: 1) Die beiden DNA-Ketten einer Helix entwinden und trennen sich, so daß 2) zwei komplementäre Einzelketten entstehen. 3) Innerhalb der Zelle beginnen sich DNA-„Vorläufer"-Bausteine, die dort frei herumschwimmen, an die Einzelketten anzuhängen. Sind 4) an alle Basen wieder gepaart, liegen zwei identische Kopien der ursprünglichen Helix vor. Die Buchstaben A, T, G und C sind Abkürzungen für die Basen Adenin, Thymin, Guanin und Cytosin.

schwindet oder fast verschwindet, und diese Stellen befinden sich genau dort, wo man es bei einer Helix dieser Art erwartet. Weiterhin war eine zylindrische Symmetrie in der Intensitätsverteilung der gebeugten Röntgenstrahlen zu erwarten, und genau das hat man auch beobachtet. Wilkins und seine Mitarbeiter haben Details im Röntgenbeugungsmuster der kristallinen (DNA-)Form analysiert und gezeigt, daß das Beugungsbild mit einer Helix-Struktur im Einklang steht – auch wenn die Basen in der kristallinen Form nicht senkrecht zur Faserachse stehen wie in unserem Modell, sondern schräg orientiert sind. Unser Modell stützt sich auf die parakristalline Form.

Viele der physikalischen und chemischen Eigenschaften der DNA lassen sich mit diesem Modell verstehen. Zum Beispiel erklärt die verhältnismäßig steife Struktur fast von selbst, warum die DNA auch in Lösung eine lange, faserähnliche Form beibehält. Die Wasserstoffbrückenbindungen passen genau zu den Auswirkungen, die Schwankungen des pH-Wertes (Wasserstoffionenkonzentration) auf die DNA haben. Der wohl auffälligste Befund bei allen Arten von DNA, die bis jetzt untersucht wurden, ist das Mengenverhältnis der Basen: Der Gehalt an Adenin und Thymin beziehungsweise Guanin und Cytosin ist jeweils ungefähr gleich. „Über Kreuz" können die Verhältnisse (etwa zwischen Adenin und Guanin) von Art zu Art aber beträchtlich variieren. Chargaff hat diese bemerkenswerte Tatsache entdeckt, und genau das ist nach unserem Modell auch zu erwarten. Denn danach ist für Adenin nur die Paarung mit Thymin und für Guanin nur die mit Cytosin möglich.

Mit Recht wird man fragen, ob die künstlich hergestellten Fasern der extrahierten DNA, auf die sich unser Modell stützt, auch wirklich intakte DNA der Zelle repräsentieren. Dafür sprechen in der Tat alle Hinweise. Zudem ist schwer vorstellbar, wie die charakteristischen Merkmale des Modells künstlich durch den Extraktionsvorgang entstehen sollten. Darüber hinaus hat Wilkins auch intaktes biologisches Material wie den Kopfteil von Spermien und Bakteriophagen untersucht und ein ganz ähnliches Beugungsmuster erhalten wie bei den extrahierten DNA-Fasern. Man kann also mit einiger Sicherheit annehmen, daß die DNA aus zwei helikalen Ketten besteht, die sich schraubenartig um eine gemeinsame Achse winden und durch Wasserstoffbrückenbindungen zwischen spezifischen Basenpaaren zusammengehalten werden.

Das wohl Aufregendste an einem Helix-Modell dieser Art ist, daß es gleich mit erklärt, wie die DNA eine exakte Kopie von sich selbst erzeugen kann. Die Helix besteht aus zwei Teilen, von denen jeder dem anderen genau entspricht. Von daher könnte jede Kette als eine Art Schablone dienen, an der eine komplementäre Kette synthetisiert wird.

Die Matrix

Nehmen wir einmal an, die beiden Ketten entdrillen und trennen sich. Jede beginnt, eine neue, zu ihr passende Kette aufzubauen. Wenn der Vorgang abgeschlossen ist, haben wir zwei Kettenpaare, wo vorher nur eines war. Wegen der spezifischen Basenpaarung wird dabei die Abfolge der Basen genau kopiert; mit anderen Worten, an der Matrix werden nicht nur die richtigen Bausteine angesetzt, sondern auch noch in der richtigen Reihenfolge.

Stellen wir uns vor, wir haben eine einzelne helikale DNA-Kette, um die herum in der Zelle ein Vorrat an Molekülen schwimmt, die Vorstufen der vier Bausteinsorten für eine neue Kette darstellen. Leider kennen wir die Struktur dieser Vorstufen noch nicht genau; es könnten Nucleotide aus einem Phosphat, einem Zucker und einer Base sein, wenngleich das nicht wahrscheinlich scheint. (*Anmerkung der Redaktion:* Heute weiß man, daß es sich um Nucleosidtriphosphate handelt, die aus einer Base, dem Zucker und drei miteinander verbundenen Phosphatgruppen bestehen.) Auf jeden Fall wird sich von Zeit zu Zeit ein freier Baustein mit seiner Base an eine der Basen des freien DNA-Einzelstrangs anlagern. Ein weiterer Baustein mag sich an die auf dem Strang benachbarte Base anlagern. Wenn die neu dazugekommenen Bausteine nicht die richtigen Partner für die vorhandenen Basen sind, kommt keine Bindung zustande; einer oder beide Neuankömmlinge werden bald wegdriften und durch neue Bausteine ersetzt, bis die richtigen Partner für den Gegenpart in der Kette anlangen, so daß die passenden Partner miteinander verknüpft werden und ein Glied einer neuen Doppelhelix bilden. Somit erhält an jeder beliebigen Position nur der Baustein mit der richtigen Base einen festen Platz. Schließlich werden passende Partner alle Lücken entlang der sich bildenden Kette auffüllen. An dem zweiten Einzelstrang der ursprünglichen DNA-Helix wird sich ebenfalls eine neue, komplementäre Kette bilden.

Diese Vorstellung ist zunächst nur als Arbeitshypothese zu verstehen. Es gibt noch kaum einen direkten Beweis (*Anmerkung der Redaktion:* Das war 1954), aber offensichtlich eine ganze Reihe von Schwierigkeiten. Zum Beispiel enthalten gewisse Organismen eine geringe Menge einer fünften Base, 5'-Methyl-Cytosin. Bezüglich des Modells paßt 5'-Methyl-Cytosin so gut wie Cytosin, und vielleicht zeigt es sich, daß es dem Organismus nichts ausmacht, welche Base benutzt wird. Aber auch hier fehlen noch letzte Beweise.

Auf eine grundlegendere Schwierigkeit führt die Frage, wodurch sich die beiden DNA-Ketten zu Beginn der Verdoppelung entwinden. Die Stränge müssen sehr stark verdrillt sein, denn die DNA eines einzelnen Chromosoms ist rund vier Zentimeter – oder 400 Millionen Ångström – lang. Damit sie ins Chromosom paßt, muß sie in mehr als zehn Millionen Windungen kompakt aufgewickelt sein – wenn auch nicht notwendig in einem Stück.

Der Verdoppelungsprozeß scheint plausibel, wenn man annimmt, daß die Synthese der beiden neuen Ketten in dem Moment beginnt, in dem die beiden DNA-Ketten anfangen, sich zu entwinden. Auf diese Weise liegt nur ein kleiner Abschnitt der Ketten einzelsträngig vor. Dann könnte das Wachstum der beiden neuen Ketten die ursprüngliche Doppelhelix weiter entwinden. Von der Energiebilanz her wäre dies sogar wahrscheinlich, weil für jede gelöste Wasserstoffbrückenbindung zwei neue entstehen. Und auch die Tatsache, daß die doppelsträngige Kette eine ziemlich steife Struktur bildet, spricht dafür, daß die wachsende Kette dazu neigt, den alten Doppelstrang zu entwinden.

Das Entdrillen und Trennen der beiden Ketten ist topologisch problematisch, weil sich die beiden Stränge umeinander winden. Es würde keine Schwierigkeit bereiten, eine einzelne helikale Kette zu „strecken", da es sehr viele Einzelbindungen in der Kette gibt, um die eine Drehung möglich wäre. Wenn jedoch in der Doppelhelix eine Kette brechen sollte, könnte sich die andere leicht um sie herum abwickeln – die Energie dafür steckt als Torsionsenergie in der Wicklung. Zum Schluß könnten sich die beiden Enden der gebrochenen Kette, da sie immer noch nahe beieinander liegen, wieder miteinander verbinden. Einiges weist darauf hin, daß die DNA-Ketten in der Tat beim Extraktionsvorgang brechen, und zwar gleich an einer ganzen Reihe von Stellen; trotzdem wird die Doppelhelix durch die Wasserstoffbrückenbindungen zusammengehalten, weil Brüche auf gleicher Höhe in beiden Ketten nicht vorkommen. Trotz alledem bleibt das Aufwinden der DNA ein schwieriges Problem.

Wir müssen noch ein grundlegendes Rätsel lösen: Wie entfaltet die DNA ihren Einfluß bei der Vererbung? Als Erbsubstanz muß sie zwei Aufgaben erfül-

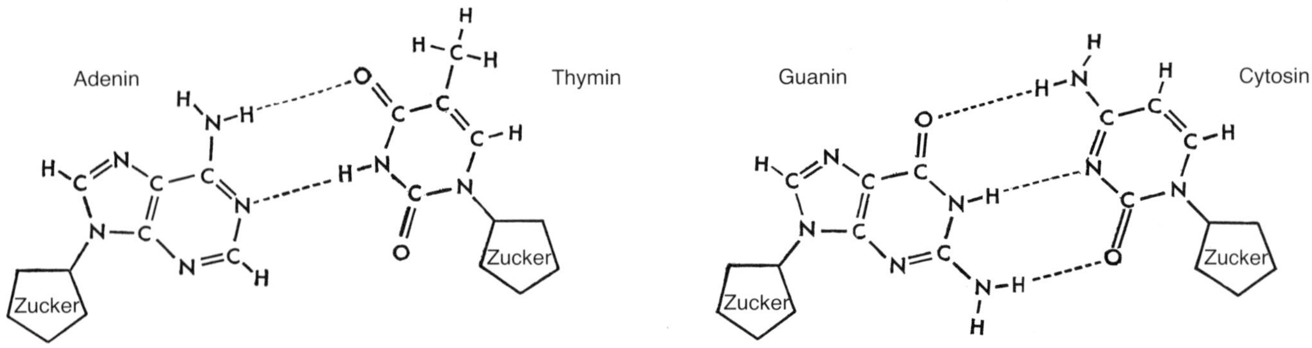

Bild 5: Nur zwei Basenpaarungen sind zwischen den beiden DNA-Ketten der Doppelhelix möglich: Adenin-Thymin und Guanin-Cytosin. Denn nur die Verbindung zwischen einer großen und einer kleinen Base paßt genau in den Abstand zwischen den Ketten. Mit Wasserstoffbrückenbindungen zwischen den Basen läßt sich die tatsächliche Konfiguration der DNA ausschließlich anhand dieser beiden Basenpaarungen erklären.

len: Sie muß sich selbst vervielfältigen und die Entwicklung des Rests der Zelle auf spezifische Art und Weise steuern. Wir haben gesehen, wie die erste Aufgabe zu lösen ist, aber die Struktur der DNA gibt noch keine eindeutigen Hinweise auf die Steuerungs- und Regulationsmechanismen.

DNA und genetischer Code

Wir vermuten, daß die Abfolge der Basen als eine Art genetischer Code fungiert. Die Basensequenz kann nach einfachen Kombinationsregeln eine ungeheure Informationsmenge verschlüsseln. Stellen wir uns einmal vor, die Basenpaare entsprächen den Punkten und Strichen des Morsecodes. Dann würde die DNA einer einzigen Zelle des menschlichen Körpers ausreichen, um 1000 umfangreiche Lehrbücher zu verschlüsseln. Wir wollen aber wissen, wie dies mit Hilfe von Atomen und Molekülen zu bewerkstelligen ist und um was für eine Art von Code es sich bei der DNA handelt.

Wir haben gesehen, daß die drei wichtigsten Bestandteile der lebenden Materie – Proteine, RNA und DNA – wahrscheinlich auf dem gleichen Grundbauplan beruhen: Sie besitzen ein einheitliches Rückgrat, und ihre Vielfalt erwächst aus der Reihenfolge verschiedener Seitengruppen. Es liegt daher nahe anzunehmen, daß die Basenabfolge der DNA einen Code für die Reihenfolge der Aminosäuren in der Polypeptidkette der Proteine darstellt, die die jeweilige Zelle produzieren muß. Der Physiker George Gamow hat vor kurzem eine ziemlich abstrakte Möglichkeit vorgeschlagen, wie die DNA-Information übertragen werden könnte. Allerdings führt sein Vorschlag zu einigen Schwierigkeiten, und es bleibt unklar, wie diese Vorstellung in genaue Molekülkonfigurationen umzusetzen wäre.

Was sind nun die besonderen Vorteile des vorgeschlagenen Modells? In erster Linie wohl die Tatsache, daß die vorgeschlagene Konfiguration der Atome im Molekül die Struktur der DNA für den Chemiker annehmbar erklärt. Die Paarung der Basen kann ziemlich genau beschrieben werden. Die exakte Position der Atome im Rückgrat ist weniger definiert, aber sie läßt sich eingrenzen – und hier dürfte eine detaillierte Analyse der Röntgendaten, die am King's College ausgewertet werden, die Grenzen noch beträchtlich einengen. Weiterhin erklärt die Doppelhelix-Struktur zwei bemerkenswerte Beobachtungen, die auf den ersten Blick scheinbar nichts miteinander zu tun haben: das Eins-zu-Eins-Verhältnis von Adenin und Thymin sowie Guanin und Cytosin und die Beugungsmuster aus der Röntgenstrukturanalyse. Beide Befunde erweisen sich nun als zwei Seiten einer Medaille. Und ist es nicht ein – vorsichtig ausgedrückt – bemerkenswerter Zufall, daß diese Schlüsselsubstanz genau die Merkmale aufweist, die für einen Vervielfältigungsmechanismus gebraucht werden: Vielfalt und Komplementarität?

Und nicht zuletzt besticht dieses Modell durch seine Einfachheit. Chromosomen besitzen offensichtlich eine ziemlich komplizierte Struktur, aber ihre molekulare Grundlage kann sehr wohl relativ einfach sein. Wenn dem so ist, dürfte es sich als nicht allzu schwer herausstellen, auch Experimente zur Aufklärung dieser Struktur zu entwerfen. Selbstverständlich würde es enorm weiterhelfen, wenn die Biochemiker die unmittelbaren Vorstufen der DNA nachweisen könnten. Wenn wir die Bausteine kennen, aus denen die Natur DNA, RNA und Proteine aufbaut, könnten wir möglicherweise sehr aussagekräftige Experimente im Reagenzglas durchführen. Wie dem auch sei, ein wohldefiniertes Modell der DNA und ihres Vervielfältigungsvorgangs sollte es zumindest ein wenig leichter machen, bei der Suche nach Antworten klärende Experimente zu ersinnen.

Die Feinstruktur der DNA-Helix

An synthetischen DNA-Molekülen ließ sich die Struktur der Erbsubstanz erstmals im Detail untersuchen. Dabei fand man eine linksherum gewundene DNA-Form. Zudem zeigte sich, daß die Basensequenz die lokale Struktur der DNA entscheidend beeinflußt. Das könnte für die Genregulation von Bedeutung sein.

Von Richard E. Dickerson

Die DNA-Doppelhelix birgt zwei Arten genetischer Information, die in höchst verschiedener Weise gespeichert und abgerufen werden. Die eigentliche genetische Botschaft, in der die Baupläne von Proteinen verschlüsselt sind, liegt in Form des bekannten genetischen Triplett-Codes vor. Dieser Code ist linear und wird extrinsisch entschlüsselt. Dabei legt die Folge der längs eines Einzelstrangs der Helix aufgereihten Tripletts aus sogenannten Basen fest, in welcher Reihenfolge einzelne Aminosäuren zu einer Eiweißkette verknüpft werden. Zwischen einem Basentriplett und der von ihm codierten Aminosäure besteht offenbar keine natürliche strukturelle Beziehung. Vielmehr wird die Information indirekt von einer komplexen, externen Maschinerie übertragen, zu der Boten-RNA, Ribosomen, Transfer-RNA und ein Satz von Begleitenzymen gehören.

Die DNA enthält jedoch nicht nur die verschlüsselte genetische Botschaft selbst, sondern auch die Anweisungen für deren selektive Realisierung (Expression). Das wenige, was wir über diese Art von Information wissen, stammt aus Untersuchungen über die Genregulation bei Bakterien. Auf dem bakteriellen Chromosom werden ganze Genblöcke dadurch abgeschaltet, daß sich ein Repressorprotein an einen bestimmten DNA-Bereich (den Operator) anlagert, den es an einer speziellen Basensequenz erkennt. Die Gene werden erst aktiv, wenn sich verschiedene kleine Moleküle ihrerseits an den Repressor heften und ihn dadurch vom Operator ablösen. Obwohl viele Details noch unklar sind, erwarten die meisten Molekularbiologen, daß die Genregulation bei den höheren Lebensformen ähnlich funktioniert.

Ein bakterieller Repressor erkennt seinen Operator direkt – wahrscheinlich dadurch, daß sich zwischen den Stickstoff- und Sauerstoff-Atomen seiner Aminosäuren und den entsprechenden Atomen an den Kanten der komplementären Basenpaare der DNA-Doppelhelix Wasserstoffbrücken-Bindungen bilden. Die Helix und eine bestimmte Konfiguration des Proteins passen haargenau zusammen. Die Information zur Steuerung der Genaktivität ist demnach dreidimensional und wird intrinsisch entschlüsselt: Ihre Realisierung hängt von den Strukturmerkmalen sowohl des Proteins als auch der Helix ab.

Spielt die DNA bei diesem Erkennungsprozeß nur eine passive Rolle, so daß die Aminosäure-Seitenketten ohne ihr Zutun in die Furchen der statischen Doppelhelix einrasten, oder wird die Helixstruktur durch die Basensequenz selbst derart abgewandelt, daß sie die Regulatorproteine beim Erkennen ihrer Bindungsstellen unterstützt? Noch vor wenigen Jahren wäre diese Frage witzlos gewesen: Mit den damaligen Daten hätte sie sich nicht beantworten lassen.

James D. Watson und Francis Crick haben 1953 bekanntlich das Doppelhelix-Modell der DNA aufgestellt. Sie taten das auf der Basis von Röntgenbeugungsbildern, die Rosalind Franklin und Maurice Wilkins aufgenommen hatten. Die Aufnahmen stammten von DNA-Fasern. Die genauere Analyse solcher Beugungsmuster ergab, daß DNA-Fasern in zwei Formen vorliegen können: als *B*-DNA (bei hoher Feuchtigkeit) und als *A*-DNA (bei niedriger Feuchtigkeit). Für beide Formen wurden Molekülmodelle entwickelt.

Der Informationsgehalt von an Fasern gewonnenen Beugungsmustern ist allerdings von Natur aus dadurch begrenzt, daß die DNA um die Faserachse und parallel zu ihr nicht völlig regelmäßig angeordnet ist. So konnte man bestenfalls eine über die gesamte Helix gemittelte Struktur daraus ableiten. Jede örtlich begrenzte Strukturänderung, wie sie durch eine bestimmte Basensequenz hervorgerufen werden könnte, mußte dabei verborgen bleiben.

Heute aber lassen sich solche Abweichungen nachweisen und genau ausmessen. Verbesserte Methoden der organischen Synthese kurzer DNA-Stücke mit beliebiger Sequenz machten es erstmals möglich, DNA-Oligomere (kurze DNA-Ketten) mit einer Länge von 4 bis 24 Basen in ausreichender Menge und Reinheit herzustellen, so daß sie kristallisiert und mittels konventioneller Röntgenbeugungsmethoden untersucht werden konnten. Dieser Beitrag soll über einige der aufregenden, neuen Ergebnisse informieren, die die Strukturanalyse kurzer DNA-Doppelhelix-Moleküle zu zeitigen beginnt.

Röntgenbeugung an Fasern

Die Analyse der Röntgenbeugungsmuster von gestreckten Fasern und dünnen Filmen aus natürlicher DNA offenbarte die Grundstruktur der zwei Hauptformen, in denen die Doppelhelix vorliegt: die *B*-Konfiguration, die bei einer relativen Feuchtigkeit von etwa 92 Prozent stabil ist, und die *A*-Konfiguration, in die die meisten Basensequenzen übergehen, wenn die Feuchtigkeit unter 75 Prozent sinkt.

In beiden Fällen hat die DNA die Gestalt einer biegsamen Leiter, die sich schraubenförmig um eine zentrale Achse

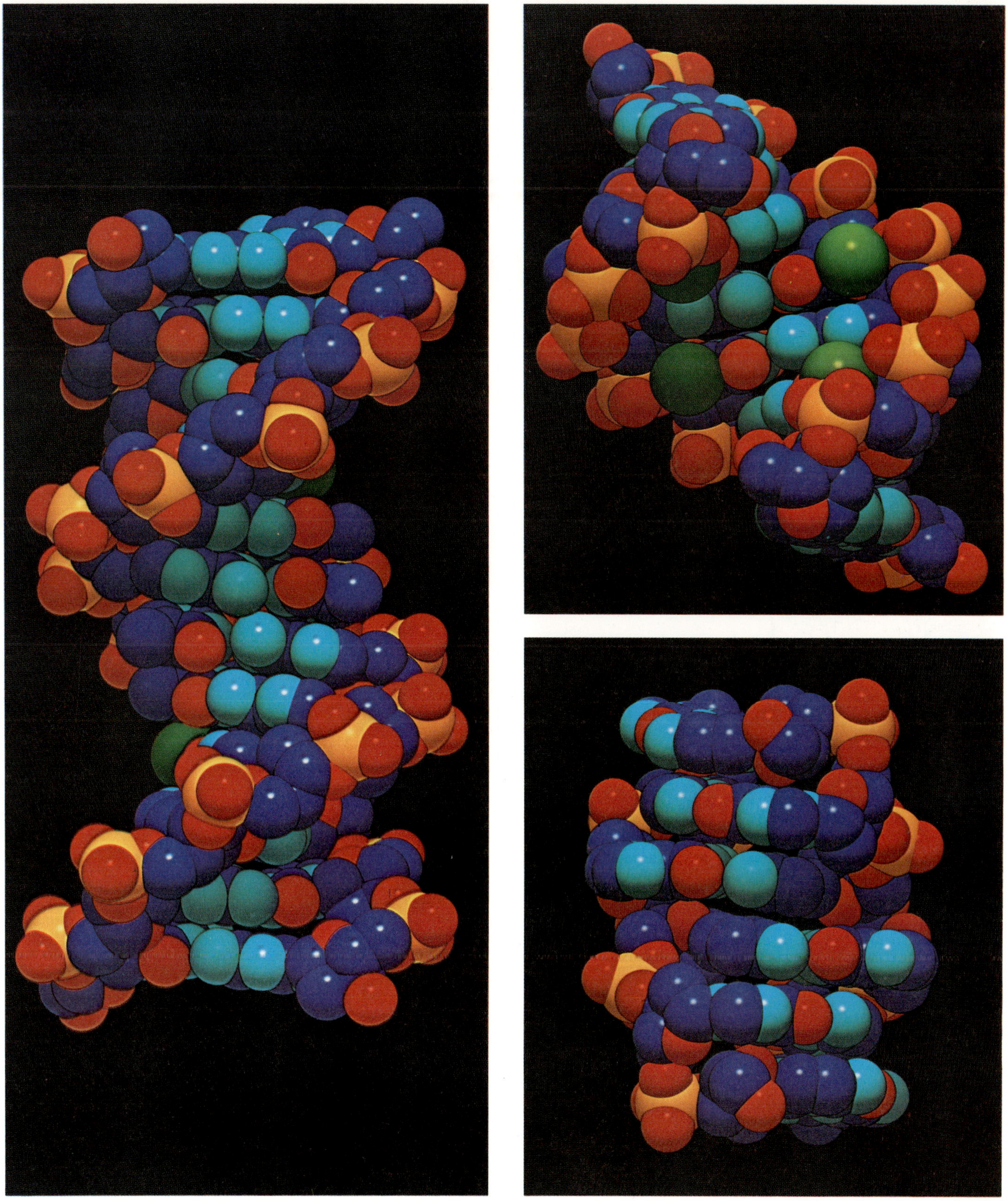

Bild 1: Drei Doppelhelix-Typen sind auf diesen Bildern, die Nelson Max vom Lawrence Livermore National Laboratory per Computer erzeugt hat, in Form raumfüllender Kalottenmodelle zu sehen. Es handelt sich um drei der kurzen doppelhelikalen DNA-Moleküle, deren Strukturen kürzlich durch Einkristall-Röntgenbeugungsanalyse aufgeklärt worden sind. Kohlenstoff-Atome sind dunkelblau, Stickstoff-Atome hellblau, Sauerstoff-Atome rot, Phosphor-Atome gelb und die Brom-Atome an einigen Basen grün gezeichnet. Die *B*-DNA (links) wird durch ein zwölf Basen langes Molekül verkörpert, dessen Struktur der Autor und seine Mitarbeiter aufgeklärt haben. Der Betrachter blickt direkt auf die große Furche der Helix. An dem Phosphat-Rückgrat läßt sich deutlich erkennen, daß die Helix rechtsherum gewunden, also rechtshändig ist. Rechtshändig ist auch der acht Basen lange Abschnitt einer *A*-DNA (rechts oben), dessen Struktur Olga Kennard, Zippora Shakked und M. A. Viswamitra bestimmt haben. Der Blick in die sehr tiefe große Furche zeigt, wie die Basenpaare gegenüber der vertikalen Helixachse geneigt sind. Die Struktur eines sechs Basen langen *Z*-DNA-Moleküls (unten rechts) haben Andrew H.-J. Wang, Alexander Rich und Mitarbeiter aufgeklärt. Wie die Phosphatgruppen rechts oben und links unten im Bild erkennen lassen, ist die *Z*-Helix linkshändig. Sie hat ein zickzackförmiges Rückgrat, und die Basen sind nicht wie üblich als Einzel-, sondern als Doppelpaare übereinandergestapelt, was der Helix eine alternierende Struktur verleiht.

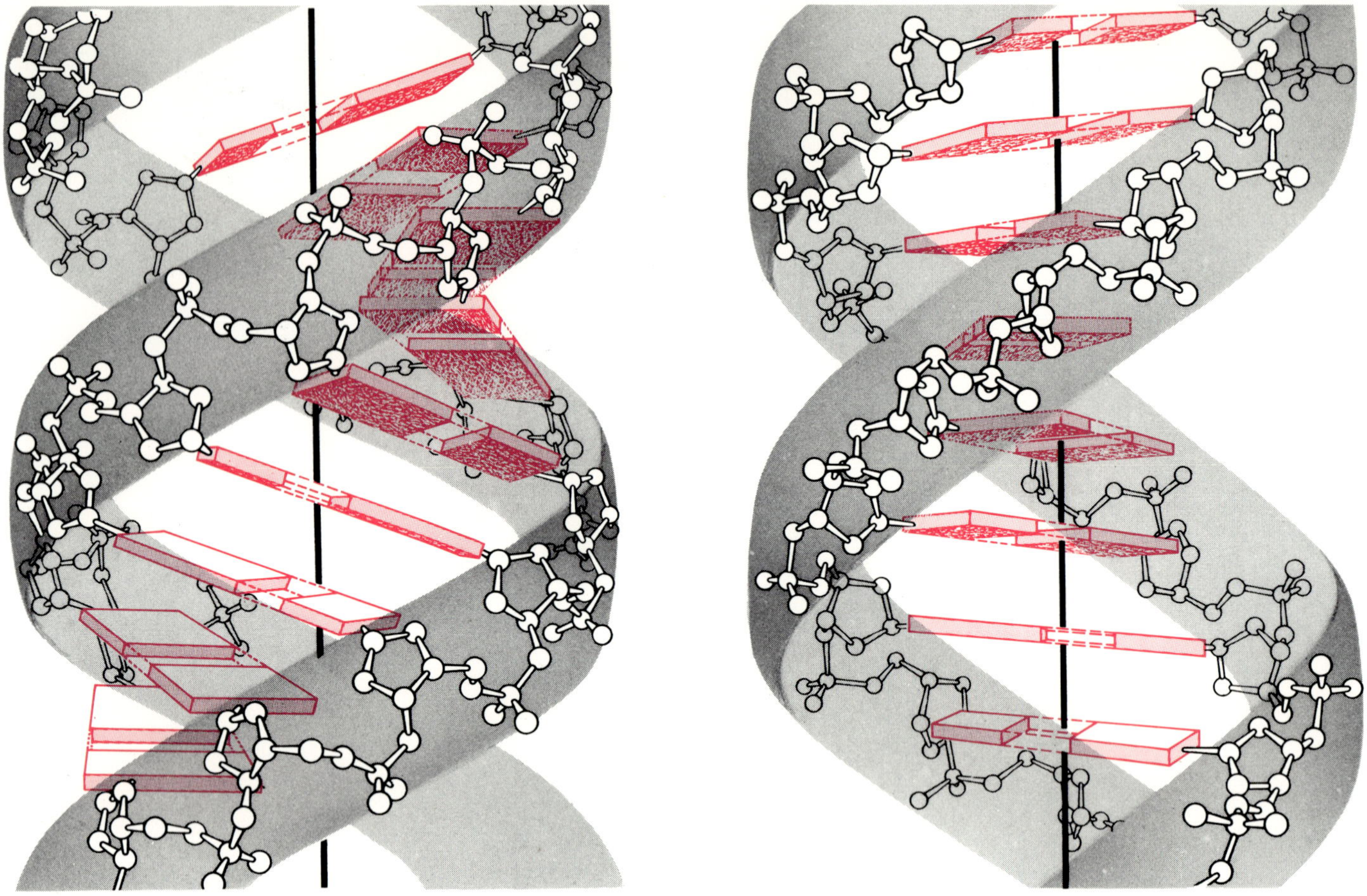

Bild 2: Strukturanalysen an DNA-Fasern, die vor den in diesem Artikel beschriebenen Einkristall-Untersuchungen durchgeführt wurden, ergaben das in diesen schematischen Zeichnungen von I. Geis gezeigte Bild. Die das Rückgrat der Doppelhelix bildenden Zucker-Phosphat-Ketten erscheinen als graue Bänder, die sie verbindenden Basenpaare als farbige Brettchen. In der *A*-DNA sind die Basenpaare geneigt und aus der Achse der Doppelhelix herausgerückt. In der *B*-DNA sitzen sie dagegen mitten auf der Helix-Achse und bilden einen rechten Winkel mit ihr.

windet (Bild 2). Die beiden Holme bestehen aus alternierenden Ketten von Phosphatgruppen und ringförmigen Molekülen eines Desoxyribose genannten Zuckers (Bild 3). Die Sprossen sind Purin-Pyrimidin-Basenpaare. Die DNA enthält zwei Arten von Purinbasen, Adenin (*A*) und Guanin (*G*), und zwei Arten von Pyrimidinen, Thymin (*T*) und Cytosin (*C*). Purine bestehen aus Doppel-, Pyrimidine dagegen nur aus Einzelringen. Die Basenpaare werden durch Wasserstoffbrücken-Bindungen zusammengehalten. Normalerweise paart sich Adenin über zwei Wasserstoffbrücken mit Thymin, Guanin dagegen über drei solche Brücken mit Cytosin (Bild 4).

Die beiden Stellen, an denen die Basenpaare jeweils mit den Zuckerringen verknüpft sind, liegen sich nicht diametral gegenüber (siehe Bild 4). Dies wirkt sich auf die Geometrie der Doppelhelix aus. Jene Kante eines Basenpaares, längs derer die Bindungsstellen einen Winkel unter 180 Grad einschließen, bezeichnet man als die Kante der kleinen Furche. Entsprechend heißt die Kante, deren Bindungswinkel größer als 180 Grad ist, Kante der großen Furche. Werden die Basenpaare nämlich zu einer Helix übereinandergestapelt, so bilden ihre Kanten den Boden zweier Vertiefungen oder Furchen, einer kleinen und einer großen, die sich wie Schraubenrillen um die Helixachse winden. Die Seitenwände dieser Furchen bestehen aus dem Zuckerphosphat-Rückgrat der beiden verflochtenen DNA-Stränge.

Der Boden der großen Furche ist gleichsam gepflastert mit Stickstoff- und Sauerstoff-Atomen, die mit den Aminosäure-Seitenketten der Proteine Wasserstoffbrücken-Bindungen eingehen und daher eine bedeutende Rolle für den intrinsischen Code spielen können. Das Muster dieser zur Bildung von Wasserstoffbrücken fähigen Gruppen unterscheidet sich in den beiden Arten von Basenpaaren. Das *A-T*-Paar bietet, vom Purin zum Pyrimidin hin betrachtet, ein Stickstoff-Atom (einen Wasserstoff-Akzeptor), eine NH_2-Gruppe (einen Donor) und ein Sauerstoff-Atom (wieder einen Akzeptor). In einem *G-C*-Paar treten die gleichen Gruppen dagegen in anderer Reihenfolge auf: zunächst ein Stickstoff-Atom (ein Akzeptor), dann ein Sauerstoff-Atom (ein Akzeptor) und schließlich eine NH_2-Gruppe (ein Donor). Da jedes Basenpaar (*A-T* und *G-C*) auch umgedreht als *T-A* und *C-G* vorkommt, können einem Repressor oder einem anderen Steuerprotein auf jeder Helixwindung vier verschiedene Muster dargeboten werden. Der Boden der großen Furche enthält in Form der Basensequenz der DNA daher eine Botschaft, die für andere große Moleküle lesbar ist.

Die kleine Furche ist in dieser Hinsicht weniger informativ: Die zur Bildung von Wasserstoffbrücken fähigen Gruppen sind hier spiegelsymmetrisch angeordnet. Bei *A-T*-Basenpaaren findet man einfach zwei Akzeptoren, während bei den *G-C*-Basen noch eine NH_2-Gruppe als Donor zwischengeschaltet ist. Das macht die kleine Furche zu einem schlechteren potentiellen Informationsträger. Wie sich später zeigen wird, übt sie statt dessen eine andere wichtige Funktion in der *B*-DNA aus.

A- und *B*-DNA unterscheiden sich hauptsächlich in der Anordnung der Basenpaare um die Helixachse sowie in der Neigung der Basen, das heißt im Winkel, um den sie gegen das Lot auf die Helixachse gekippt sind (Bild 2). In der *B*-DNA beträgt dieser Winkel nahezu null Grad (die Basenpaare sind fast senkrecht zur Helixachse angeordnet), und die Achse verläuft durch den Mittelpunkt jedes Basenpaares. Zudem sind beide Furchen, obwohl die kleine auf Grund der asymmetrischen Bindung der Basenpaare an die Zuckerringe schmaler ist als die große, ungefähr gleich tief.

Bei der *A*-DNA sind die Basenpaare dagegen um 13 bis 19 Grad aus der Senkrechten gekippt und überdies zum Rand der Helix hin verschoben. Dadurch liegt die Helixachse nun in der großen Furche außerhalb der Basen. Das macht die kleine Furche so flach, daß sie kaum mehr als eine kleine Rille ist, die sich schraubenförmig um die Zylinderoberfläche windet. Die große Furche dagegen gleicht einem tief eingekerbten Hohlraum, der sich über die Zylindermitte hinaus bis zur gegenüberliegenden Seite erstreckt.

Die *B*-DNA enthält pro Helix-Windung im Schnitt zehn Basenpaare. Der Abstand zwischen ihnen beträgt – entlang der Helixachse gemessen – 3,4 Ångström. In der *A*-Helix entfallen fast elf Basenpaare auf eine Windung; und da die Basenpaare in Schräglage gestapelt werden, beträgt der Abstand zwischen ihnen längs der Achse nur 2,9 Ångström. Diese Abstände stellen freilich nur Mittelwerte dar, die aus Röntgendiagrammen von Fasern abgeleitet wurden. Die an Einkristallen gewonnenen Daten zeigen, daß große lokale Abweichungen von den Mittelwerten vorkommen.

Dies war in etwa der Wissensstand über die Struktur der DNA-Doppelhelix bis vor rund fünf Jahren. Viele Fragen blieben offen, ja schienen prinzipiell unbeantwortbar. Warum ist die *B*-Helix die bei hoher Feuchtigkeit stabile Konfiguration? In welcher Form liegt die DNA in den Chromosomen vor, und kann sich im lebenden Organismus die eine Form in die andere umwandeln? Erkennen Proteine wie Repressoren, die sich spezifisch an bestimmte DNA-Sequenzen anlagern, den Code am Boden der Furchen?

Einkristall-Untersuchungen

Als es durch Fortschritte bei der DNA-Synthese in den späten siebziger Jahren erstmals möglich wurde, Einkristalle von kurzen Molekülen jeder gewünschten Sequenz zu untersuchen, hat sowohl die Gruppe um Alexander Rich am Massachusetts Institute of Technology (MIT) als auch unsere eigene Arbeitsgruppe, die damals am California Institute of Technology arbeitete, unabhängig voneinander *C-G*-Copolymere synthetisiert. Das sind kleine Moleküle, in denen sich Cytosin- und Guanin-Moleküle abwechseln. Für die Wahl dieser Sequenz gab es einen Grund: Experimente in Lösung deuteten darauf hin, daß das *C-G*-Copolymer bei hohen Salz- oder Alkoholkonzentrationen irgendeine Art von Strukturänderung durchmacht. Daher war es das vielversprechendste Studienobjekt für Übergänge zwischen den Helix-Typen.

Im Sommer 1979 klärte Andrew H.-J. Wang vom MIT die Struktur des Hexamers *CGCGCG* auf, und einige Monate später bestimmte Horace R. Drew aus unserem Laboratorium die Struktur des Tetramers *CGCG*. Zur allgemeinen Überraschung stellten sich die beiden Moleküle weder als *A*- noch als *B*-DNA heraus. Sie waren nicht einmal rechtshändige Helices. Statt dessen handelte es sich um linkshändige Schraubenspiralen eines ganz neuen Typs. Ihr seltsam zickzackförmiges Rückgrat trug dieser Struktur die Bezeichnung *Z*-Helix ein. Die Untersuchungen an Fasern hatten uns eine wohldurchdachte, präzise Frage eingegeben: Liegen diese Moleküle in der *A*- oder in der *B*-Form vor? Die Natur aber gab uns die schnöde und fast gemeine Antwort „nein".

Nach dieser Überraschung zum Auftakt lieferten die nächsten beiden doppelhelikalen DNA-Moleküle, die mit der Einkristall-Röntgenbeugung untersucht wurden, dann doch noch Beispiele für je eine *B*- und eine *A*-DNA-Struktur. Drew synthetisierte das Dodekamer *CGCGAATTCGCG*, das wir aus zwei Gründen ausgewählt hatten. Es vereinigte *Z*-kompatible *CGCG*-Enden mit einem *Z*-inkompatiblen *AATT*-Zentrum und bot damit die Möglichkeit zu prüfen, inwieweit sich *CGCG* mit seiner Tendenz zur *Z*-Bildung in einer fremden Umgebung durchsetzt. Zudem enthielt die Verbindung die Sequenz *GAATTC*, die deshalb von Interesse ist, weil sie als Erkennungs- und Schnittstelle für die Restriktions-Endonuclease *Eco R*I dient. Restriktions-Endonucleasen sind Enzyme, die DNA-Moleküle spezifisch an bestimmten Stellen spalten.

Nebenbei bemerkt ist das Oligomer *CGCGAATTCGCG* gleich den anderen für diese Untersuchung synthetisierten Verbindungen selbstkomplementär: Die Basenfolge, von rechts nach links gelesen, ergibt das komplementäre Gegenstück zur von links nach rechts verlaufenden Sequenz. Daher können sich je zwei solche Ketten zu einer Doppelhelix vereinigen. Das spart Zeit und Mühe, da immer nur ein Strang der Doppelhelix synthetisiert werden muß.

Wie sich zeigte, hatte die Struktur von *CGCGAATTCGCG* nichts mit der *Z*-DNA gemeinsam, sondern bot das klas-

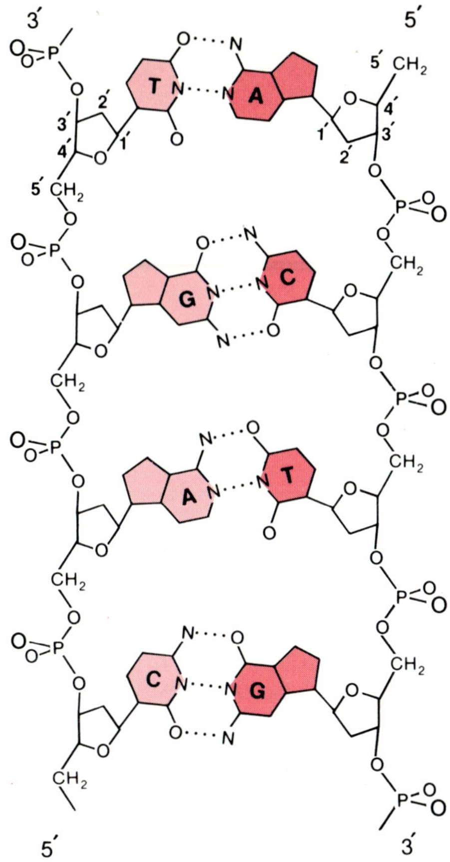

Bild 3: Entrollt gleicht die DNA-Helix einer Leiter. Die Zucker-Phosphat-Holme laufen in entgegengesetzte Richtungen; die 3′- und 5′-Enden sind nach den 3′- und 5′-Kohlenstoff-Atomen der Zuckerringe benannt. Jede Basenpaar-Sprosse besteht aus einem Purin, Adenin (*A*) oder Guanin (*G*), und einem Pyrimidin, Thymin (*T*) oder Cytosin (*C*), die über Wasserstoffbrücken (Punkte) verknüpft sind.

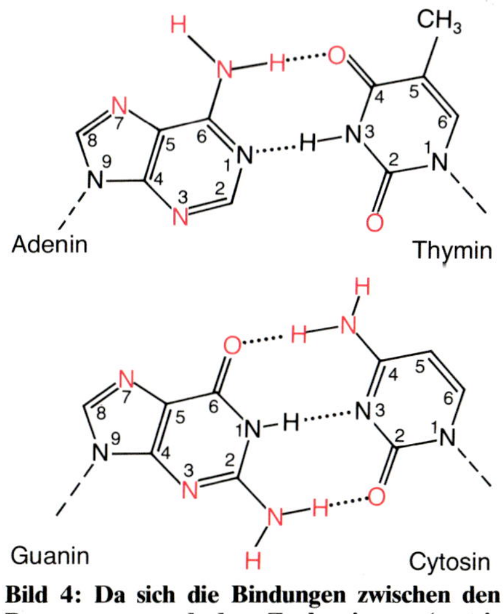

Bild 4: Da sich die Bindungen zwischen den Basenpaaren und den Zuckerringen (gestrichelte Linien) nicht diametral gegenüberliegen, verfügt jedes Basenpaar über eine längere und eine kürzere Kante. Die längere ist der großen, die kürzere der kleinen Furche zugewandt. An jeder Kante sitzen Gruppen (farbig), die mit Regulatorproteinen Wasserstoffbrücken-Bindungen bilden können. Dabei wirken die Aminogruppen als Wasserstoff-Donoren, die Stickstoff- und Sauerstoff-Atome dagegen als Akzeptoren. Vermutlich können Regulatorproteine das für ein Basenpaar charakteristische Muster aus Donoren und Akzeptoren erkennen.

sische Beispiel einer *B*-Helix. Daneben synthetisierte Benjamin N. Conner in unserem Laboratorium das Tetramer *CCGG*, klärte seine Struktur auf und zeigte, daß es ein Ausschnitt aus einer *A*-DNA war.

Aus mehreren Laboratorien kamen nun in rascher Folge die Strukturen weiterer DNA-Doppelhelices. Eine *A*-Helix bilden das *CCGG*, das am MIT untersuchte *GGCCGGCC* sowie das *GGTATACC*, das eine Gruppe um Olga Kennard an der Universität Cambridge und Zippora Shakked am Weizmann-Institut in Israel aufgeklärt hat. Wang wies ferner nach, daß in der *A*-Form auch ein doppelhelikaler RNA-DNA-„Zwitter" kristallisiert, nämlich (*GCG*)*TATACGC*. (Die eingeklammerten Buchstaben stehen für RNA-Basen, so daß die drei Basenpaare an beiden Enden der Doppelhelix aus RNA-DNA-Hybriden bestehen, während es sich bei den vier Basenpaaren im Zentrum um reine DNA handelt.) Die *B*-DNA wird bislang nur vom *CGCGAATTCGCG* und seinen Abkömmlingen verkörpert. Die *Z*-DNA schließlich findet sich in den erwähnten *C-G*-Copolymeren *CGCG* und *CGCGCG* sowie in einem Derivat des letzteren, bei dem die Cytosin-Moleküle Methyl-Gruppen (CH_3) tragen (was die *Z*-Struktur begünstigt). An diesen Molekülen läßt sich nun überprüfen, inwieweit die aus der Faserbeugung abgeleiteten Voraussagen über die *A*- und *B*-DNA zutreffen, wie groß die Abweichungen von den gemittelten Helix-Eigenschaften sind und bis zu welchem Grad diese Abweichungen von der Basensequenz der DNA selbst abhängen.

Strukturmerkmale

Die aus Einkristall-Untersuchungen gewonnenen Mittelwerte für die Strukturparameter der verschiedenen Helixtypen zeigt Bild 5. Die *A*- und die *B*-DNA sind beide rechtshändig. Der durchschnittliche Helix-Drehwinkel zwischen benachbarten Basenpaaren liegt bei 33,1 beziehungsweise 35,9 Grad, was 10,9 beziehungsweise 10,0 Basenpaaren pro 360-Grad-Drehung entspricht. Das stimmt ebenso gut mit den Voraussagen auf Grund von Faseruntersuchungen überein wie der Wert für den Anstieg pro Basenpaar längs der Helixachse.

Überraschend ist allerdings, wie stark die Helix-Drehwinkel um die Mittelwerte schwanken. Die Standardabweichung beträgt ± 6 Grad für die *A*- und ± 4 Grad für die *B*-Form. In Einzelfällen sind Drehwinkel in der *A*-DNA nur 16 Grad klein oder aber 44 Grad groß; in der *B*-DNA reicht ihr Spektrum von 28 bis 42 Grad.

Die Basen sind etwa um die Werte gegen das Lot auf die Helixachse geneigt, die auch Faseruntersuchungen ergeben hatten: 13 Grad bei der *A*-DNA und rund 2 Grad bei der *B*-DNA.

Eine größere Abweichung von den auf Faserstudien basierenden Erwartungswerten ergab sich beim „Propeller-Twist" der einzelnen Basenpaare. Darunter versteht man den Winkel, um den die beiden Basen eines Paars parallel zu ihrer Längsachse gegeneinander gedreht sind (Bild 6). Er wird als positiv betrachtet, wenn die beim Blick entlang dieser Achse zunächst liegende Base gegenüber der anderen im Uhrzeigersinn gedreht ist. In den Faseruntersuchungen war der Propeller-Twist sträflich vernachlässigt worden. Ein 1972 publizierter Koordinatensatz für die *A*-DNA enthielt implizit einen negativen Propeller-Twist, während ein nicht veröffentlichter revidierter Satz einen positiven Propeller-Twist aufwies, der jedoch nur 8 Grad betrug.

Wie Einkristall-Strukturanalysen zeigen, ist der Propeller-Twist stets positiv; die Mittelwerte liegen bei 15 Grad für die *A*- und 12 für die *B*-DNA. Auch hier schwanken die einzelnen Werte beträchtlich: von nur 3 bis zu 25 Grad. Bei einer rechtshändigen Helix bewirkt ein positiver Propeller-Twist, daß sich die Basen längs eines jeden Einzelstrangs kompakter stapeln lassen, benachbarte Basen also dichter zusammenrücken können. Andererseits aber bringt er die Purine (*G* und *A*) an benachbarten Basenpaaren auf den sich gegenüberliegenden Strängen in ungemütlich engen Kontakt. Dies ist laut C. R. Calladine von der Universität Cambridge die Hauptursache für eine Reihe wichtiger, sequenzabhängiger Abwandlungen der Helix-Struktur, die sowohl den Propeller-Twist selbst als auch die lokale Helixdrehung und den sogenannten Basen-Rollwinkel betreffen.

Der Basen-Rollwinkel ist ein Maß dafür, wie stark ein Basenpaar als Ganzes (das heißt eine durch das Purin und das Pyrimidin gelegte, angenäherte „Mittelebene") um die Längsachse des Paars gedreht ist. Wenn zwei aufeinanderfolgende Basenpaare in entgegengesetzter Richtung „gerollt" sind, bilden sie einen Winkel miteinander, der sich entweder zur großen oder zur kleinen Furche hin öffnet. Öffnet er sich zur kleinen Furche hin, ist der Rollwinkel zwischen den beiden Paaren definitionsgemäß positiv, im anderen Fall negativ.

Es gibt keine Möglichkeit, den Basen-Rollwinkel aus Beugungsdaten von Fasern zu bestimmen; nach Einkristallstudien aber zählt er zu den wichtigen Helix-Parametern. Da in der *B*-DNA die Basenpaare fast senkrecht auf der Helixachse stehen, gibt es keinen strukturbedingten mittleren Rollwinkel zwischen benachbarten Paaren. In der *A*-Form ist die DNA-Leiter jedoch derart um die Helixachse gewickelt, daß sich die Basen wie ein Akkordeon zur kleinen Furche hin öffnen müssen. Der mittlere Rollwinkel liegt hier bei 6 Grad. Wesentlicher aber ist die Schwankung des Rollwinkels, die bei *A*- und *B*-DNA gleichermaßen ± 5 Grad um den Mittelwert beträgt.

Extrapolation auf unendliche Helices

Die längste DNA-Doppelhelix, von der bisher eine Einkristall-Röntgenstrukturanalyse vorliegt, ist das Dodekamer *CGCGAATTCGCG*. Um einen Eindruck davon zu erhalten, wie längere Helices aussehen würden, kann man jedoch drei typische Moleküle (Bild 1) einfach zu entsprechend langen Strängen erweitern (Bilder 8 bis 13).

Dazu programmiert man einen Computer darauf, das Bild eines vorliegenden Schraubenmoleküls so lange um seine Achse zu drehen, bis die Atome am Anfang des verschobenen Bildes mit den entsprechenden Atomen am Ende des Originalbildes zusammenfallen. Die Prozedur läßt sich beliebig oft wiederholen. Auf diese Weise wurde aus den mittleren sechs Basenpaaren des *A*-helikalen *GGTATACC* beispielsweise die 24 Basenpaare lange Helix *GTATACGTATACGTATACGTATAC* erzeugt. So gelang es erstmals, aus Molekülen, von denen Einkristall-Röntgenstrukturanalysen vorlagen, eine lange Doppelhelix aufzubauen, bei der lokale, sequenzbedingte Schwankungen in der Helixstruktur nicht herausgemittelt oder idealisiert wurden.

Wie nach den Faseruntersuchungen zu erwarten, ist die *A*-Helix gedrungen und dick mit einer tiefen großen sowie einer breiten und flachen kleinen Furche (Bilder 8 und 9). Die *B*-Helix erscheint schlanker und gestreckter mit einer weiten großen und einer schmalen, etwa genauso tiefen kleinen Furche (Bilder 10 und 11). Bei weitem am dünnsten und längsten gestreckt bietet sich freilich die neue, linkshändige *Z*-Helix dar (Bilder 12 und 13). Sie besitzt eine tiefe, schmale kleine Furche sowie eine große „Furche", die an die Oberfläche gerückt ist, so daß sie gar keine echte Furche mehr darstellt.

Da das Zucker-Phosphat-Rückgrat zickzackförmig verläuft, besteht die Identitätsperiode der *Z*-Helix nicht wie bei der *A*- und *B*-DNA aus nur einem, sondern aus zwei benachbarten Basenpaaren: *C-G*, gefolgt von *G-C*. Dies beruht darauf, daß die Cytosin- und Guanin-Moleküle in der *Z*-DNA auf unterschiedliche Art mit ihren Zuckerringen verknüpft sind (Bild 7).

An jedem Cytosin ist der Zucker so um die Bindung zu seiner Base gedreht, daß der gewellte Zuckerring von der kleinen Furche weg weist. Diese sogenannte *anti*-Konformation (von griechisch *anti*, gegen) liegt im Fall der *A*- und *B*-DNA ausnahmslos bei allen vier Basen vor. Bei der *Z*-DNA dagegen ist der mit dem Guanin verknüpfte Zuckerring um 180 Grad gegenüber dieser Stellung verdreht, so daß er nun einwärts in Richtung kleine Furche weist.

Eine solche *syn*-Konformation (von griechisch *syn*, mit) ist stereochemisch nur möglich, wenn der Zucker mit dem kleinen Fünfring eines Purins und nicht dem großen Sechsring eines Pyrimidins verbunden ist: Das mit O2 bezeichnete Sauerstoff-Atom eines Cytosin- oder Thymin-Ringes würde einem *syn*-Zuckerring zu nahe kommen. Es ist der periodische Wechsel zwischen einem Purin (*G*) und einem Pyrimidin (*C*) in beiden Strängen der *Z*-DNA, der eine alternierende *syn-anti*-Konformation zwischen Zuckern und Basen hervorbringt und dabei das zickzackförmige Rückgrat erzeugt. Der Weg von einem Phosphor-Atom an einem Guanin vorbei zum nächsten Phosphor führt fast parallel an der Helixachse entlang; der gleiche Weg an einem Cytosin vorbei verläuft dagegen tangential zur zylindrischen Helixhülle und senkrecht zur Helixachse. Infolgedessen enthält die wirkliche Identitätsperiode längs der Helix zwei aufeinanderfolgende Basenpaare. Obwohl die *Z*-Helix also zwölf Basenpaare pro Windung aufweist, handelt es sich formal um eine linkshändige Sechserhelix mit sechsmal zwei Basenpaaren pro Windung.

RNA

Bisher war nur von der DNA (Desoxyribonucleinsäure) die Rede, dem Trägermaterial, auf dem die Erbinformation im Zellkern gespeichert ist. Zur Expression, das heißt Verwertung oder Realisierung, dieser Information ist gewöhnlich eine eng verwandte Nucleinsäure nötig: die RNA (Ribonucleinsäure).

Dabei wird die Basensequenz eines Strangs der DNA-Helix in einen einzelnen Boten-RNA-Strang umgeschrieben (transkribiert). Transfer-RNA-Moleküle lesen die Sequenz und bringen die entsprechenden Aminosäuren zu den Ribosomen, wo sie zur Eiweißkette verknüpft werden. Auch die Ribosomen selbst bestehen teilweise aus RNA.

DNA und RNA unterscheiden sich lediglich in zwei Punkten. Statt des Thy-

	A-DNA	*B*-DNA	*Z*-DNA
Händigkeit	rechts	rechts	links
Helix-Drehwinkel in Grad			
Mittelwert und Standardabweichung	33,1 ± 5,9	35,9 ± 4,3	*G-C:* –51,3 ± 1,6 *C-G:* –8,5 ± 1,1
Schwankungsbereich	16,1 bis 44,1	27,7 bis 42,0	
Basenpaare pro Windung	10,9	10,0	12,0
Anstieg der Helix pro Basenpaar in Ångström	2,92 ± 0,39	3,36 ± 0,42	*G-C:* 3,52 ± 0,22 *C-G:* 4,13 ± 0,18
Basen-Neigungswinkel in Grad	13,0 ± 1,9	–2,0 ± 4,6	8,8 ± 0,7
Propeller-Twist in Grad	15,4 ± 6,2	11,7 ± 4,8	4,4 ± 2,8
Basen-Rollwinkel in Grad	5,9 ± 4,7	–1,0 ± 5,5	3,4 ± 2,1

Bild 5: Mittlere Helixparameter mit Standardabweichungen für die drei DNA-Arten. Die Daten beruhen auf Einkristall-Röntgenstrukturanalysen an den hier beschriebenen Molekülen.

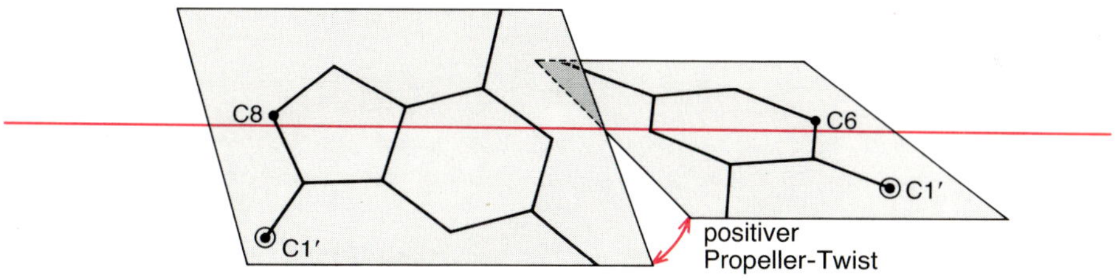

Bild 6: Als Propeller-Twist bezeichnet man den Winkel, um den die Basen eines Paars gegeneinander gedreht sind. Wenn beim Blick in Richtung (wie herum ist egal) der Längsachse des Basenpaars (farbig) die vordere Base im Uhrzeigersinn gegen die hintere gedreht ist, gilt der Winkel als positiv. Durch den Propeller-Twist werden die C1′-Atome, über welche die Basen mit den Zucker-Phosphat-Ketten verbunden sind, nach oben und unten verschoben.

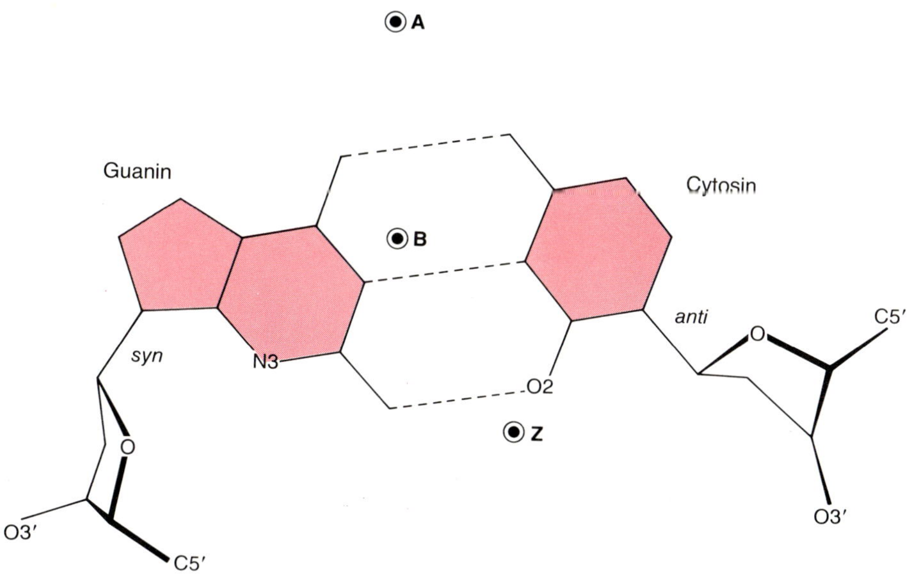

Bild 7: Für die C-N-Bindung zwischen einer Base und ihrem Zuckerring existieren zwei verschiedene Konformationen. Die *anti*-Konformation (rechts) tritt in allen *A*- und *B*-DNAs sowie in der *Z*-DNA an den Stellen auf, wo ein Cytosin als Base vorliegt. Im Fall eines Guanins als Base stellt sich in der *Z*-DNA die *syn*-Konformation (links) ein. Der periodische Wechsel zwischen einem Purin und einem Pyrimidin längs des Strangs einer *Z*-DNA ermöglicht die alternierende *syn-anti*-Konformation, die dem Rückgrat der *Z*-Helix die Zickzackform verleiht. Die Punkte A, B und Z markieren die Position, in der sich bei den drei DNA-Typen jeweils die Helix-Achse relativ zum Basenpaar befindet. Bei der *A*-DNA liegt sie in der großen Furche, bei der *B*-DNA im Basenpaar und bei der *Z*-DNA in der kleinen Furche.

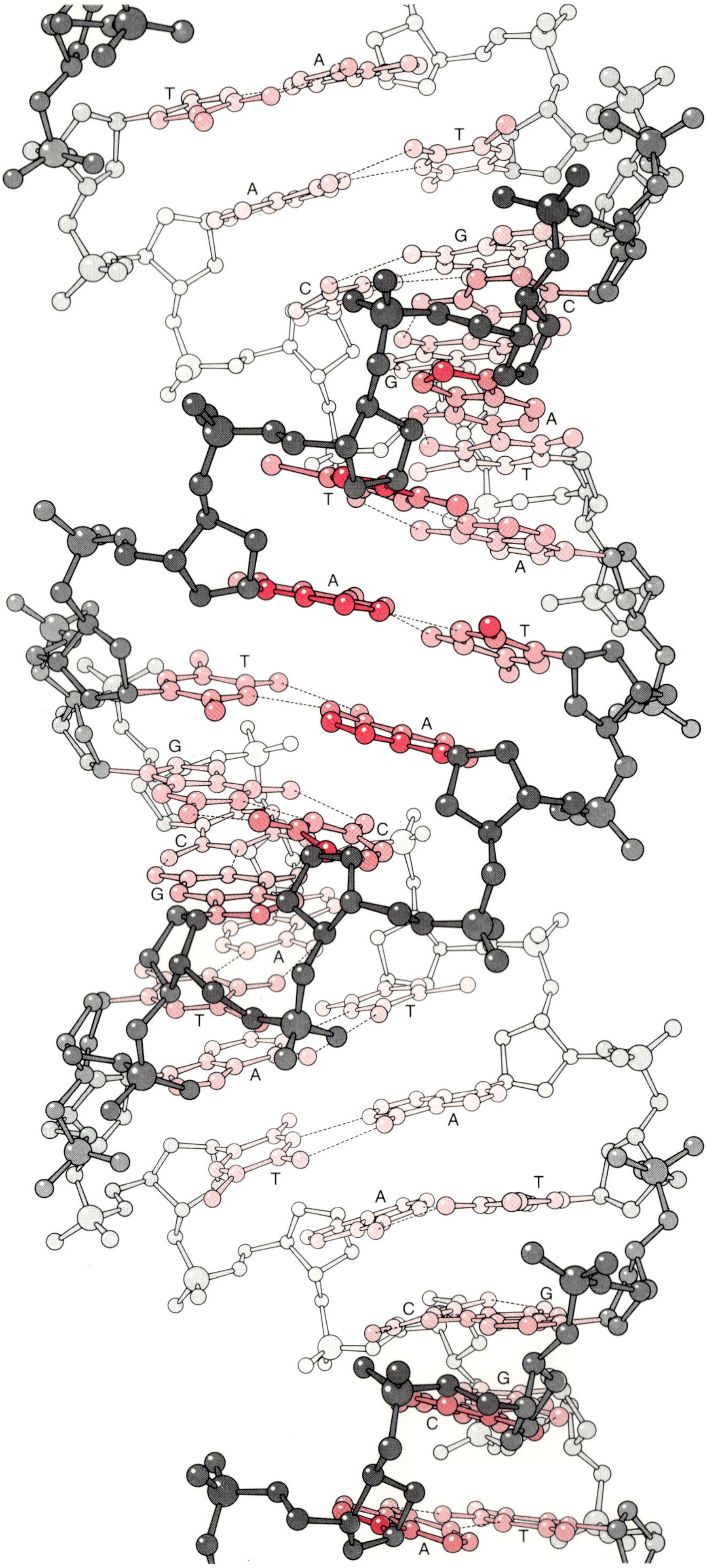

mins in der DNA enthält die RNA ein Uracil, dem der Methyl-Seitenrest des Thymins fehlt. Außerdem besteht der Zuckerring im Rückgrat des RNA-Moleküls nicht wie bei der DNA aus Desoxyribose. sondern aus Ribose. In der Desoxyribose ist die Hydroxyl(OH)-Gruppe, welche die Ribose am 2′-Kohlenstoff-Atom trägt, durch Wasserstoff ersetzt.

Eine wichtige Konsequenz der zusätzlichen Hydroxyl-Gruppe in der RNA ist, daß die RNA offenbar keine *B*-Doppelhelix bilden kann. In einer hypothetischen *B*-RNA säße die OH-Gruppe inmitten eines Käfigs aus Atomen, die zu den nachfolgenden Phosphat-, Zucker- und Basengruppen gehören. Der Abstand zwischen dem Extra-Sauerstoff und mehreren dieser Atome wäre unannehmbar kurz und die Struktur daher stereochemisch ungünstig. In der *A*-RNA weist die 2′-OH-Gruppe dagegen von der Helix-Oberfläche nach außen, weg von allen benachbarten Atomen.

Bei den selbstkomplementären, doppelhelikalen Schleifen und Schraubenwindungen im kleeblattförmigen Transfer-RNA-Molekül muß es sich daher um Abwandlungen der *A*-Helix handeln. Wenn, wie verschiedentlich vorgeschlagen, kurze selbstkomplementäre Abschnitte der ansonsten einzelsträngigen Boten-RNA über Wasserstoffbrücken gebundene Haarnadelschleifen bilden können, müßten auch diese in der *A*- und nicht in der *B*-Form vorliegen. (Bisher ist nur ein einziger Fall bekannt, in dem RNA in einer *B*-Helix vorkommt. Dabei handelt es sich um ein synthetisches RNA-DNA-Hybrid, bei dem der RNA-Strang durchweg Adenin- und der DNA-Strang entsprechend Thymin-Moleküle enthält. In diesem Beispiel paßt sich die aufdringliche OH-Gruppe dadurch ein, daß sie eine Wasserstoffbrükke zum 4′-Sauerstoff-Atom der nachfolgenden Ribose bildet.) Niemand hat bislang ernsthaft die Möglichkeit einer *Z*-RNA erwogen. Sieht man sich die Struktur genau an, so zeigt sich denn auch, daß ein zusätzliches OH am Zucker eines Cytosin-Nucleotids wahrscheinlich zu dicht am vorspringenden O2-Atom des Cytosins liegen würde.

Bild 8: Die *A*-DNA-Helix in perspektivischer Darstellung. Die Zeichnung beruht auf dem per Computer erzeugten stereoskopischen Bildpaar auf der Seite gegenüber. Grundlage dieses Bildpaares waren die inneren sechs Basen in dem Oktamer *GGTATACC*, dessen Struktur Kennard, Shakked und Viswamitra bestimmt haben. Die Basenpaare sind genau so, wie sie bei der Röntgenstrukturanalyse herauskamen, und nicht idealisiert gezeichnet. Beachten Sie, wie sich die Phosphatgruppen des Rückgrats über die große Furche hinweg gegenüberstehen.

Stabilisierung durch Hydratisierung

Durch Einkristall-Röntgenstrukturanalyse wurden drei und nicht nur zwei Grundtypen der DNA-Doppelhelix sowie eine Form der RNA-Doppelhelix nachgewiesen. Im Fall der DNA ist die *B*-Form bei hoher Feuchtigkeit die stabile Konfiguration, und so dürfte es diese Form sein, in der die DNA im Zellkern vorliegt. Wird im Verlauf der Transkription von DNA in Boten-RNA vorübergehend eine RNA-DNA-Mischhelix gebildet, so besitzt sie wahrscheinlich die *A*-Struktur. Unter dem Einfluß bestimmter Kräfte kann rechtshändige DNA mit einer Purin-Pyrimidin-Wechselfolge in speziellen Fällen in die linkshändige *Z*-Form umklappen. Bei den üblichen Sequenzen und in wäßrigem Milieu scheint die *B*-DNA jedoch die Regel zu sein. Wie kommt es, daß Wasser die *B*-Helix stabilisiert?

Nachdem die Struktur eines DNA-Moleküls bei der Röntgenanalyse verfeinert ist, kann man vorsichtig nach Lösungsmittel-, sprich Wassermolekülen in seiner Umgebung Ausschau halten, die zufällig hochgeordnet, das heißt so fest an die DNA gebunden sind, daß sie bei allen Molekülen des Kristalls an der gleichen Stelle sitzen. (Weniger fest gebundene Wassermoleküle, die von Molekül zu Molekül andere Plätze einnehmen, erscheinen im Beugungsbild verschmiert und heben sich kaum vom Untergrundrauschen ab.)

Eine stark ausgeprägte Hydratationsstruktur findet sich innerhalb der schmalen kleinen Furche der *B*-DNA (Bild 15). Der Propeller-Twist der einzelnen Basenpaare in Kombination mit der Helixdrehung von einem Basenpaar zum nächsten bringt ein Sauerstoff- oder Stickstoff-Atom des einen DNA-Stranges in enge Nachbarschaft zu einem Sauerstoff- oder Stickstoff-Atom, das zu einem angrenzenden Basenpaar am anderen Strang gehört. Die beiden Wasserstoff-Akzeptoren werden von einem Wassermolekül überbrückt. Diese Moleküle der ersten Schicht sind nun ihrerseits durch eine zweite Schicht von Wassermolekülen verbunden. Zusammen bilden die beiden Molekül-Garnituren einen Zickzackkamm, der die kleine Furche entlangläuft und sich mit ihr zusammen um die *B*-Helix windet.

Dieser Hydratationskamm ist gut ausgeprägt, wo sich *A*-*T*-Basenpaare befinden, verschwindet aber in *G*-*C*-Bereichen. Ursache dafür ist vermutlich, daß die NH_2-Gruppe der Guanin-Moleküle in die kleine Furche hineinragt. In künstlichen DNA-Fasern verhalten sich alle Basenpaare, bei denen das Guanin durch Hypoxanthin, dem diese NH_2-Gruppe fehlt, ersetzt wurde, insofern wie ein

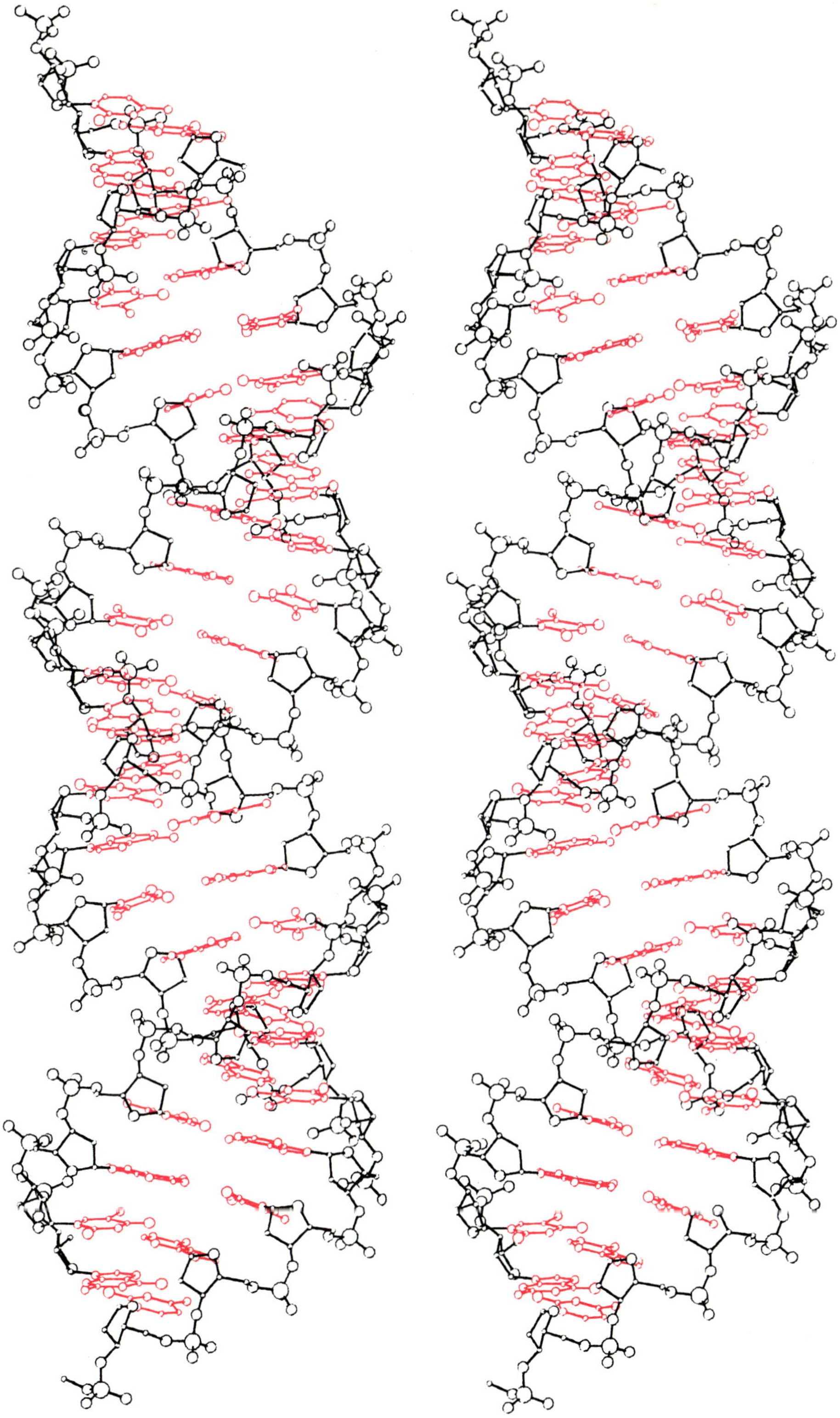

Bild 9: Zur Erzeugung dieses Stereobildpaares diente der dreidimensionale Koordinatensatz einer Computer-Darstellung des doppelhelikalen *A*-DNA-Hexamers *GTATAC*. (Die Basenpaare an den Enden des Original-Oktamers wurden weggelassen, da sie keine Phosphatgruppe besitzen.) Eine Kopie der Darstellung des Hexamers wurde gedreht und so weit längs der Helix-Achse verschoben, bis das Phosphatpaar am unteren Ende der Kopie mit dem Phosphatpaar am oberen Ende des unverschobenen Originalbildes zusammenfiel. Durch mehrfaches Wiederholen dieser Prozedur ergab sich eine praktisch endlose *A*-Helix, wie sie in der Natur vorliegt. Mit dieser raffinierten Methode läßt sich ein langes Stück einer bestimmten DNA erzeugen, ohne daß sequenzbedingte lokale Variationen in der Helix-Struktur verlorengehen. Man kann das Stereobildpaar auch ohne ein mit Vergrößerungslinsen bestücktes Stereoskop als ein einziges, räumliches Bild sehen, wenn man es durch Üben schafft, zwei normalerweise miteinander verknüpfte Sehreflexe zu entkoppeln: Man muß die Augen streng parallel stellen, als wären sie auf ein fernes Objekt gerichtet, die Augenlinsen aber zugleich für nahes Sehen fokussieren. Beachten Sie, wie tief die große Furche ist. Die Helix ähnelt einem doppelsträngigen Gummiband, das um die Außenseite eines Zylinders gewunden ist.

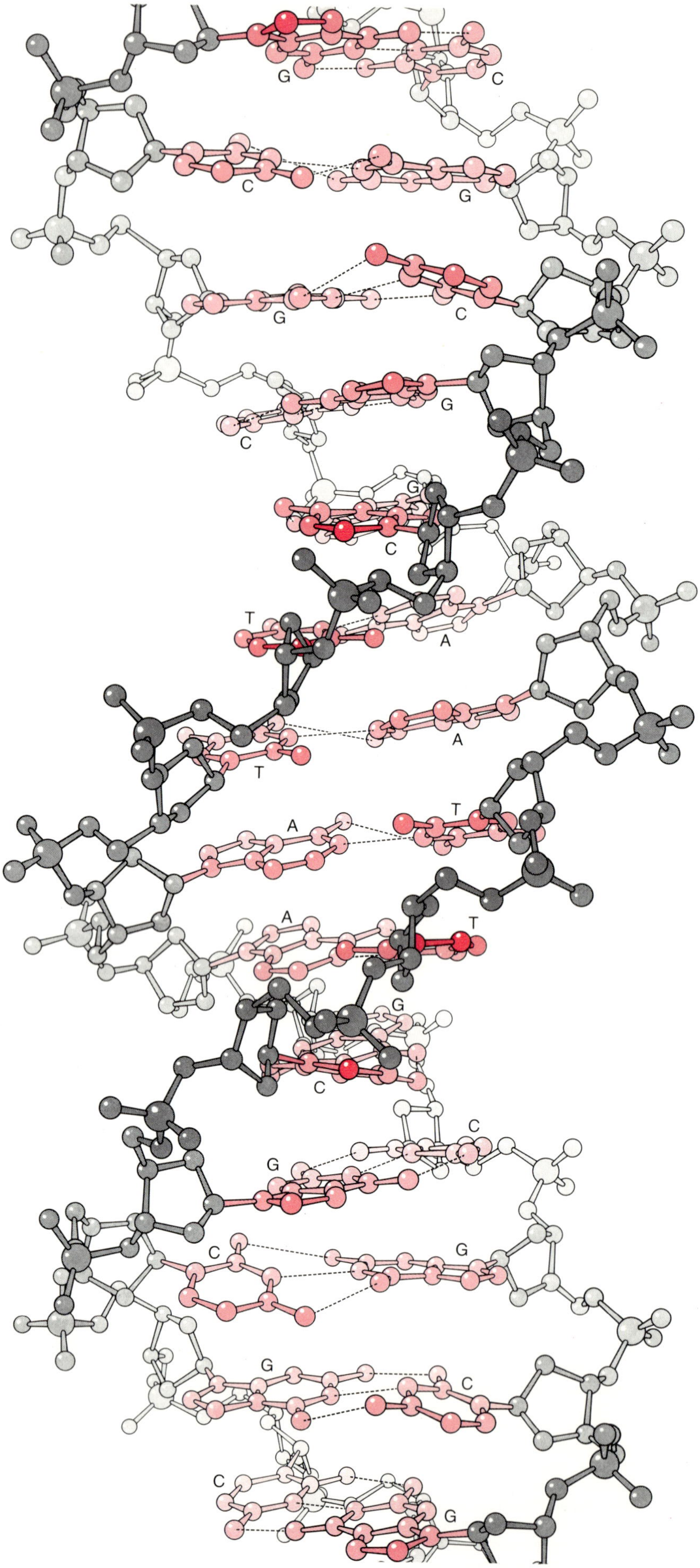

T-A- und nicht wie ein *G-C*-Paar, als sie gleichfalls zur Stabilisierung der *B*-Struktur beitragen.

Wir glauben daher, daß der Hydratationskamm in der kleinen Furche ein entscheidendes stabilisierendes Element der *B*-DNA ist, das aufgebrochen werden muß, ehe sich die kleine Furche öffnen und die Helix in die *A*-Form übergehen kann. Eine Möglichkeit, das im Experiment zu tun, ist, die Fasern zu trocknen und dabei zu entwässern. Eine zweite Möglichkeit besteht darin, mehr NH_2-Gruppen in die kleine Furche zu packen. Nach Röntgenbeugungs-Studien von Struther Arnott an der Purdue-Universität geht mit steigendem *G-C*-Gehalt eine Faser beim Trocknen leichter von der *B*- in die *A*-Form über.

Bei der *A*- und der *Z*-Helix wurde keine derartige geordnete Hydratationsstruktur gefunden. Zwar verteilen sich Wassermoleküle lose um solche DNA-Atome, die Wasserstoffbrücken-Bindungen eingehen könnten, doch existiert kein mit dem Hydratationskamm in der kleinen Furche der *B*-DNA vergleichbares Gebilde, das als integraler Strukturbestandteil gelten könnte. Bei der *A*-DNA scheint die breite kleine Furche sogar weniger hydratisiert zu sein als andere Teile der Helix. Derzeit läßt sich jedoch noch nichts Sicheres über die Hydratisierung der *A*-DNA sagen, da in allen drei untersuchten *A*-DNA-Kristallen – *CCGG/CCGG* (letztlich zwei zu einem Oktamer gestapelten Tetrameren), *GGCCGGCC* und *GGTATACC* – die Basenpaare am Ende eines Oktamerblocks jeweils dicht gegen die kleinen Furchen der Nachbarblocks gepackt sind, so daß sie die normale Hydratisierung, die bei einzeln in Lösung schwimmenden Molekülen zu erwarten wäre, sicher zum Teil verhindern.

Steuerung der Gen-Aktivität

Wenden wir uns nun den vielleicht wichtigsten biologischen Folgerungen aus den Einkristall-Röntgenstrukturanalysen der DNA-Doppelhelix zu: dem Einfluß der Basensequenz auf die lokale Helixstruktur und der Rolle, die dieser Effekt bei der Expression der genetischen Information spielen könnte. Wenn die *Z*-Helix tatsächlich auf einige wenige Basensequenzen mit alternierenden Pu-

Bild 10: Diese *B*-DNA-Helix entstand durch Wiederholung der inneren zehn Basenpaare des Dodekamers *CGCGAATTCGCG*. Deutlich zu erkennen ist der große Propeller-Twist. Zugleich sieht man, wie dieser Twist eine dichtere Stapelung der Basen entlang jedes einzelnen Rückgratstranges der *B*-Helix ermöglicht.

rinen und Pyrimidinen beschränkt ist, sollte sie in den Gen-Bereichen, in denen Proteine verschlüsselt sind, kaum von Bedeutung sein.

Anders verhält es sich bei DNA-Abschnitten, die dazu dienen, den Zugang zur Erbinformation und das Ablesen der genetischen Botschaft zu steuern. Hier könnte, wie Rich und andere meinen, die Fähigkeit bestimmter Steuerbereiche, ihren Helix-Drehsinn umzukehren, eine entscheidende Rolle spielen; denn diese Umkehr würde zum Beispiel das Ausmaß verringern, in dem geschlossene DNA-Ringe zu Überspiralen verdrillt sind.

Ein solcher Mechanismus wäre ein Fall, in dem die Basensequenz nicht den Inhalt, sondern die Expression der genetischen Botschaft bestimmen würde. Die selektive Realisierung (Expression) oder Unterdrückung (Repression) der Erbinformation in bestimmten Zellen zu bestimmten Zeiten, wie immer sie erreicht werden mag, bildet jedenfalls den Schlüssel zur Individualentwicklung von höheren, mehrzelligen Lebensformen. Darüber hinaus kann ein Versagen der Gen-Regulation mit an der Krebsentstehung und am Alterungsprozeß beteiligt sein.

Unser heutiges Wissen über die Steuerung der genetischen Information in höheren Lebensformen reicht allerdings noch nicht sehr tief. Es entspricht vielleicht dem, was 1953, als Watson und Crick ihre Doppelhelix vorstellten, über die *Verschlüsselung* dieser Information bekannt war.

Der Übergang von der rechtshändigen *B*- zur linkshändigen *Z*-DNA stellt eine massive sequenzabhängige Konformationsänderung dar. Es gibt jedoch auch subtilere Mechanismen, wie die Helixstruktur das Ablesen der genetischen Information beeinflussen kann. Davon zeugt das genaue Studium der lokalen Schwankungen der Helixstruktur sowohl in der *A*- wie in der *B*-DNA. Wie erwähnt, stimmen die Mittelwerte der Helixparameter im allgemeinen mit den Ergebnissen der Faserstudien überein; doch die örtlichen Abweichungen davon sind unerwartet hoch.

Selbst die Kristallographen wollten diese lokalen Fluktuationen zunächst nicht glauben, so daß sie ihre Analysen noch einmal genau überprüften, um sicherzustellen, daß es sich nicht um Artefakte der Verfeinerungsprozedur handelte. Nachdem diese Bedenken ausgeräumt und bei verschiedenen, mit drei unterschiedlichen Methoden verfeinerten Strukturen ähnliche Variationen beobachtet worden waren, hieß die nächste Frage natürlich, ob sich auch die Fluktuationen voraussagen lassen oder aber nicht.

Von der Sequenz zur Struktur

Mehrere Anläufe wurden gemacht, die Strukturschwankungen aus der Basensequenz der DNA zu erklären. Den bei weitem erfolgreichsten unternahm Calladine, der die Prinzipien des elastischen Stabes auf die Doppelhelix anwandte. Danach beruhen die lokalen Variationen im Helix-Dreh- und Basen-Rollwinkel darauf, daß sich die großen Purin-Basen sterisch behindern. Ursache dieser Behinderung aber ist der Propeller-Twist einzelner Basenpaare, der eine bessere Stapelung der Basen längs eines Einzelstrangs der Doppelhelix erlaubt.

Weil ein Purin (*A* oder *G*) mit seinem Doppelring größer ist als ein nur aus ei-

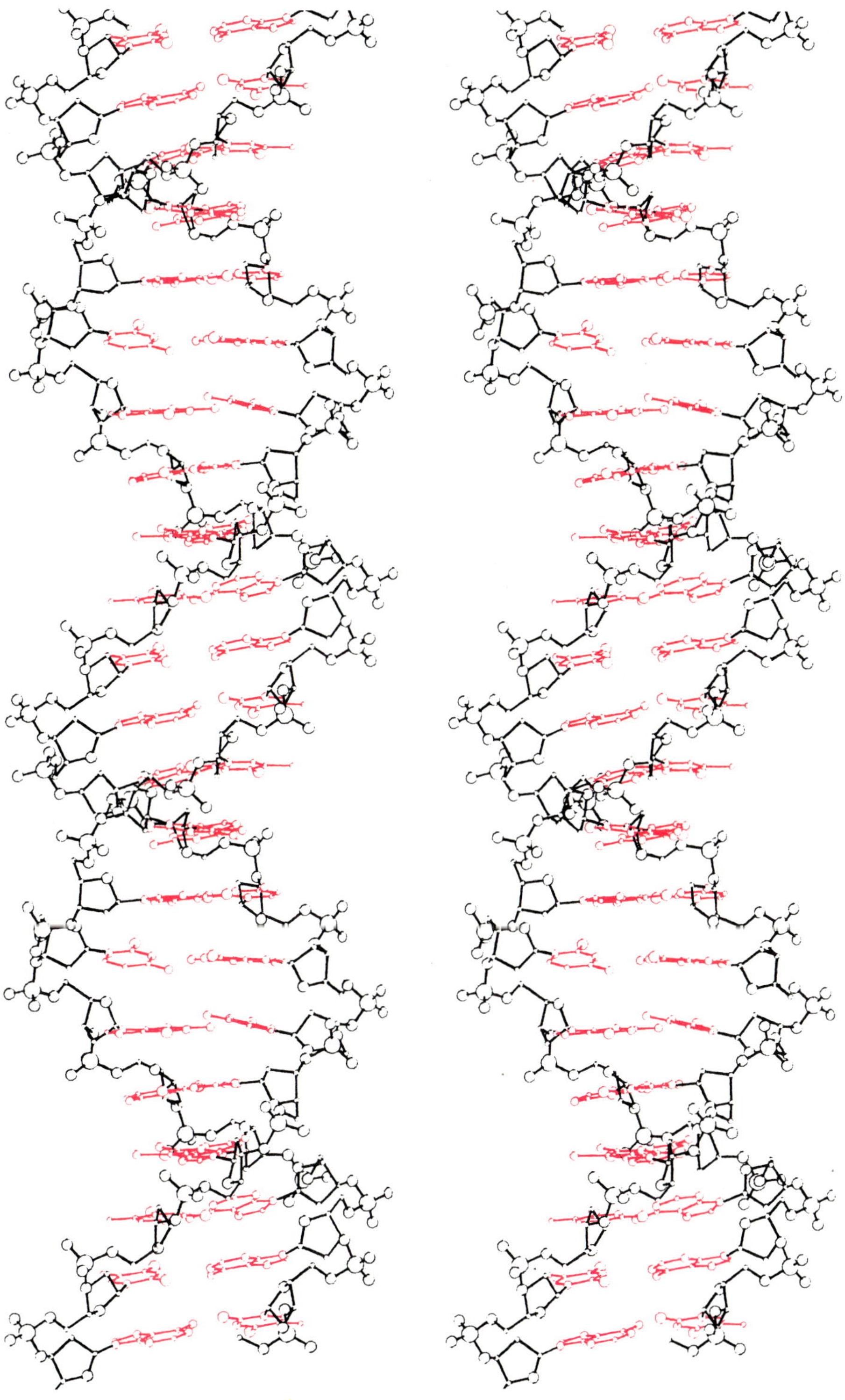

Bild 11: Für dieses Stereobildpaar wurde die Sequenz *GCGAATTCGC* mehrfach aneinandergereiht. Man erkennt, daß die große und die kleine Furche ungefähr gleich tief sind, obwohl die kleine schmaler ist. Besonders schmal wird sie in der *AATT*-Region im vorderen Teil, während sie sich in den rückwärts gelegenen Bereichen mit den *G-C*-Basenpaaren aufweitet.

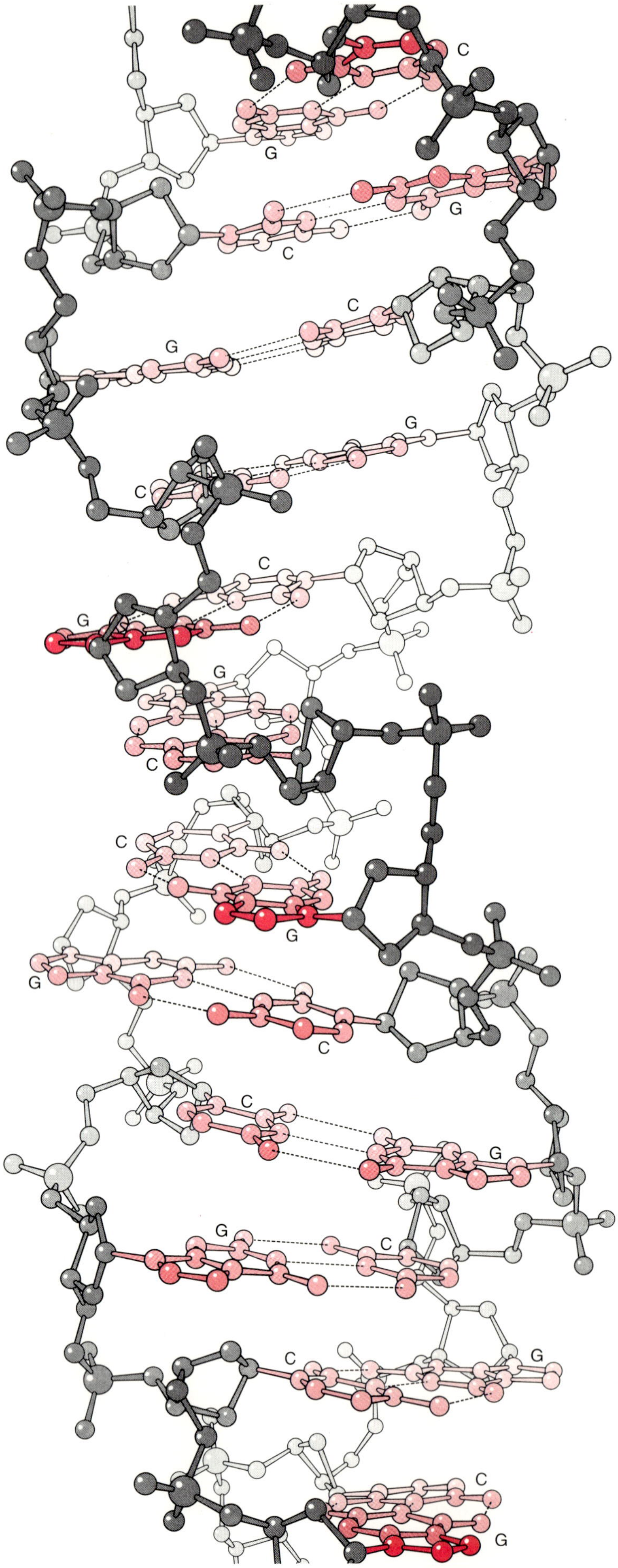

nem einzelnen Ring bestehendes Pyrimidin (*T* oder *C*), reicht es in jedem Basenpaar über die Helixachse (bei der *B*-DNA) hinaus. Befinden sich zwei zu benachbarten Basenpaaren gehörende Purine an gegenüberliegenden Rückgratsträngen, so überlappen sie daher etwas, wenn man ihre Projektion längs der Helixachse betrachtet. Gibt man jedem Basenpaar nun einen positiven Propeller-Twist, so kommen sich die Kanten der Purine unerträglich nahe (Bild 16). Ein stereochemischer „Zusammenstoß" ist das Ergebnis. Folgt in der normalen 5′-3′-Richtung längs des Rückgrats ein Pyrimidin auf ein Purin, so ereignet sich die Kollision in der großen, im anderen Fall in der kleinen Furche. Wie aber läßt sich der Zusammenstoß verhindern?

Eine Möglichkeit besteht einfach darin, den Basen-Rollwinkel auf der Seite aufzuweiten, wo sich die Purine zu nahe kommen. Wenn bei der Abfolge Pyrimidin-Purin der Zusammenstoß in der kleinen Furche erfolgt, wäre das angemessene Ausweichmanöver, den Winkel zwischen den Mittelebenen der Basenpaare zur kleinen Furche hin zu öffnen, so daß der Rollwinkel stärker positiv wird. Bei der Abfolge Purin-Pyrimidin sollte der Rollwinkel dagegen zur großen Furche hin geöffnet werden, was den Rollwinkel stärker negativ macht. Drew und ich hatten genau dieses sequenzabhängige Verhalten des Rollwinkels bei der Struktur von *CGCGAATTCGCG* beobachtet, doch war unsere Erklärung umständlicher und weniger einleuchtend als die von Calladine.

Unabhängig davon, auf welcher Seite eines Basenpaares die Kollision mit einem Nachbarn stattfindet, kann sie auch dadurch abgeschwächt werden, daß sich der örtliche Helix-Drehwinkel zwischen den beiden verringert. Demgemäß könnte die Variation der Helix-Drehung dieselbe einfache, stereochemische Ursache haben wie die des Rollwinkels.

Schließlich läßt sich der Zusammenstoß zwischen zwei gegenüberliegenden Purinen noch auf zwei weitere Arten abmildern: entweder direkt, indem der Propeller-Twist bei einem oder bei beiden Basenpaaren abnimmt, oder indirekt, indem sich ein Basenpaar entlang seiner Längsachse verschiebt, so daß das Purin etwas aus dem Helixstapel heraus-

Bild 12: Die Z-DNA-Helix in dieser Zeichnung ist linksherum gewunden und besteht abwechselnd aus den Basen Guanin und Cytosin. Erzeugt wurde sie aus den mittleren vier Basenpaaren des Moleküls *CGCGCG*, das Wang, Rich und Mitarbeiter untersucht haben. Der Propeller-Twist ist kleiner als in den beiden rechtshändigen Helices. Die Phosphatgruppen auf den verschiedenen Strängen sitzen sich hier über die tiefe kleine Furche hinweg gegenüber.

gezogen wird. Aus der Analyse des letztgenannten Effektes schloß Calladine, daß die sterische Behinderung in der kleinen Furche etwa doppelt so stark sein sollte wie in der großen und dort folglich eine doppelt so große Anpassung der Helix-Parameter nötig sei.

Die Variation wird berechenbar

Von Calladines Überlegungen ausgehend entwickelte unsere Arbeitsgruppe (die sich inzwischen an der Universität von Kalifornien in Los Angeles befand) vier einfache Summenfunktionen, mit denen sich aus der Basensequenz einer DNA die lokalen Schwankungen in der Helix-Drehung, im Basen-Rollwinkel, im Propeller-Twist und im Torsionswinkel vorausberechnen lassen. (Der Torsionswinkel gibt an, wie stark der Rückgratstrang um die Bindung zwischen den Atomen C3′ und C4′ des Zuckerrings gedreht ist.) Die Funktionen für Propeller-Twist und Torsionswinkel scheinen nur auf die *B*-DNA anwendbar zu sein, doch die beiden anderen gelten auch für *A*-Helices. Im folgenden sei als Beispiel beschrieben, wie die Summenfunktion Σ_1 (sprich: Sigma 1) für den Helix-Drehwinkel bestimmt wird:

1. Ordne jedem Schritt von einem Basenpaar zum nächsten eine Zahl zu, die die relative Tendenz zur Verringerung der Helix-Drehung in diesem Schritt widerspiegelt. Als Maß dieser Tendenz gilt dabei die stereochemische Behinderung zwischen gegenüberliegenden Purinen. Sei unsere Maßzahl demnach zum Beispiel -2 für den Schritt von einem Purin zu einem Pyrimidin, der mit einer weniger gravierenden Kollision in der großen Furche einhergeht, so beträgt sie -4 für den Schritt von einem Pyrimidin zu einem Purin, bei dem es zu einem ernsteren Zusammenstoß in der kleinen Furche kommt. Für den Schritt Purin-Purin oder Pyrimidin-Pyrimidin ist die Maßzahl null, da dabei keine sterische Behinderung auftritt.

2. Ordne den beiden benachbarten Schritten halb so große Zahlen mit entgegengesetzten Vorzeichen zu; denn wenn sich der Helix-Drehwinkel im mittleren Intervall um einen bestimmten Betrag verringert, muß er sich in den benachbarten Intervallen zum Ausgleich logischerweise um jeweils den halben Betrag vergrößern. Folglich beträgt der gesamte Beitrag zur Summenfunktion für jeden Schritt von einem Purin zu einem Pyrimidin $+1, -2, +1$ und für jeden Schritt von einem Pyrimidin zu einem Purin $+2, -4, +2$.

3. Addiere die einzelnen Beiträge für jedes Intervall. Die Summe ist dann ein Maß für die sequenzbedingte Abweichung vom mittleren Helix-Drehwinkel in dem jeweiligen Intervall. Die Summen für alle Intervalle zusammen bilden die Summenfunktion Σ_1 für das betrachtete Molekül.

Bild 17 illustriert am Beispiel einer *B*-Doppelhelix, nämlich des Dodekamers *CGCGAATTCGCG*, wie die Summenfunktion Σ_1 gebildet wird. Ferner sind berechnete und beobachtete Werte einander gegenübergestellt. Eine lineare Regressions-Analyse ergibt einen Korrelationskoeffizienten von 0,994 zwischen den beobachteten Winkeln und Σ_1; es

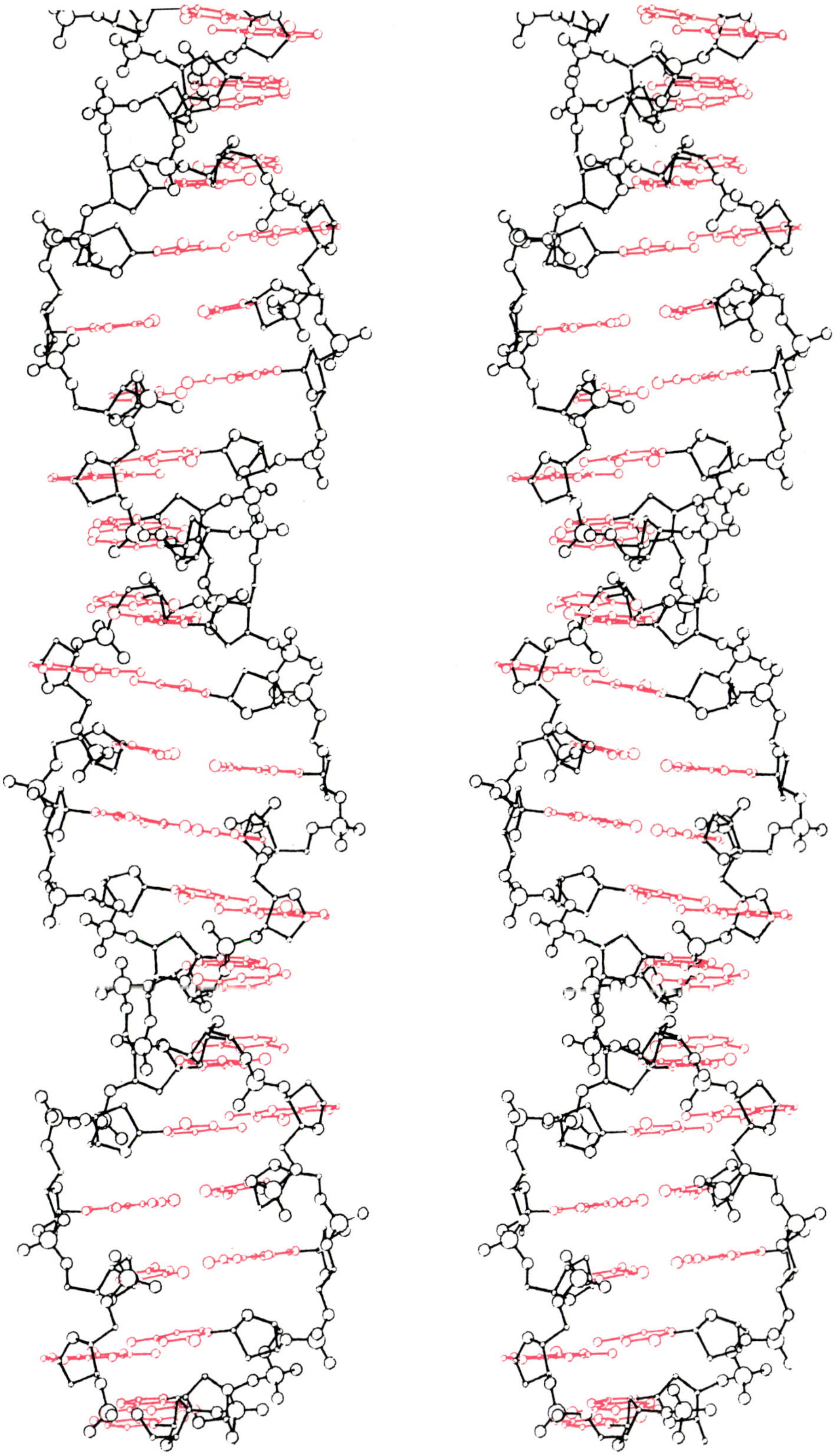

Bild 13: Stereobildpaar der *Z*-Helix aus *GCGC*-Tetrameren. Die *Z*-DNA bildet strukturell das Gegenteil der *A*-DNA. Sie ist gestreckt und schlank mit einer tiefen kleinen und flachen großen Furche sowie einem kleinen Propeller-Twist. Die *A*-DNA ist gedrungen und breit mit einer tiefen großen und flachen kleinen Furche, sowie einem großen Propeller-Twist.

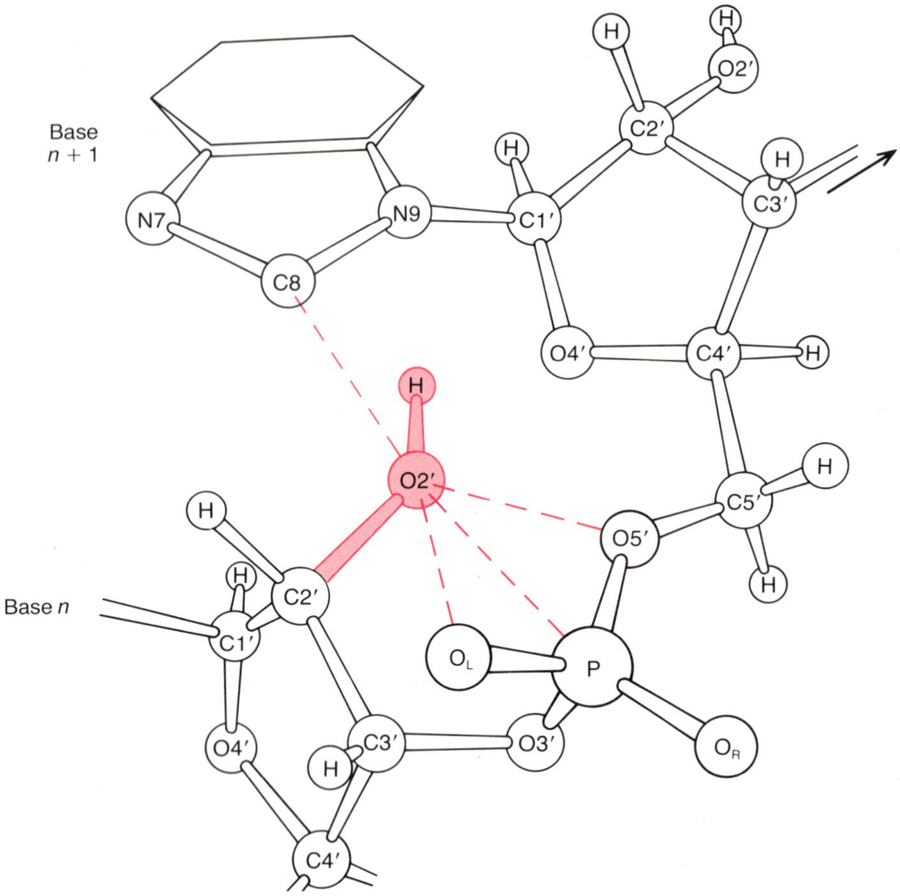

Bild 14: Die RNA (Ribonucleinsäure) bildet keine *B*-helikale Struktur, wenn sie sich zu einer selbstkomplementären Doppelhelix zusammenlagert. Der Grund dafür dürfte sein, daß die Ribose-Ringe der RNA eine Hydroxyl-Gruppe (OH) tragen, wo im Desoxyribose-Ring der DNA nur ein Wasserstoff-Atom sitzt. Um eine *B*-RNA zu simulieren, wurde hier ein OH an ein *B*-DNA-Rückgrat angefügt. Der zusätzliche Sauerstoff kommt, wie man sieht, vier Atomen der benachbarten Phosphat-, Zucker- und Basengruppen ungemütlich nahe.

besteht also eine hochsignifikante Korrelation zwischen den beiden Größen. Die Summenfunktion spiegelt das Auf und Ab der gemessenen Winkel getreulich wider; nur an den Enden, wo die Helix durch Überlappung der Moleküle im Kristall verzerrt wird, treten größere Abweichungen auf.

Nach einem ähnlichen Verfahren läßt sich die Summenfunktion Σ_2 berechnen, die die lokale Variation im Rollwinkel beschreibt. Der einzige Unterschied ist, daß bei dem Schritt von einem Pyrimidin zu einem Purin die Maßzahlen ihr Vorzeichen umkehren und nun −2, +4, −2 lauten; denn bei einem solchen Schritt nimmt die sterische Behinderung dann ab, wenn sich der Rollwinkel zur kleinen Furche hin öffnet, also stärker positiv wird. Wie man Σ_2 ermittelt und wie gut es mit den beobachteten Basen-Rollwinkeln übereinstimmt, ist gleichfalls in Bild 17 am Beispiel des *CGCGAATTCGCG* gezeigt. Auch in diesem Fall werden, abgesehen von den Helix-Enden, Zu- und Abnahme des Rollwinkels exakt beschrieben.

Würden diese Summenfunktionen nur für eine Helix eines bestimmten Typs gelten, so erginge es ihnen wie so vielen klugen wissenschaftlichen Ideen, die in den Händen ihres Erfinders einmal ein schönes Ergebnis liefern, doch dann nie mehr wieder bei irgend jemandem sonst. In diesem Fall ist es zum Glück anders. Werden dieselben Regeln auf die vier bekannten *A*-Helices angewandt, so sind

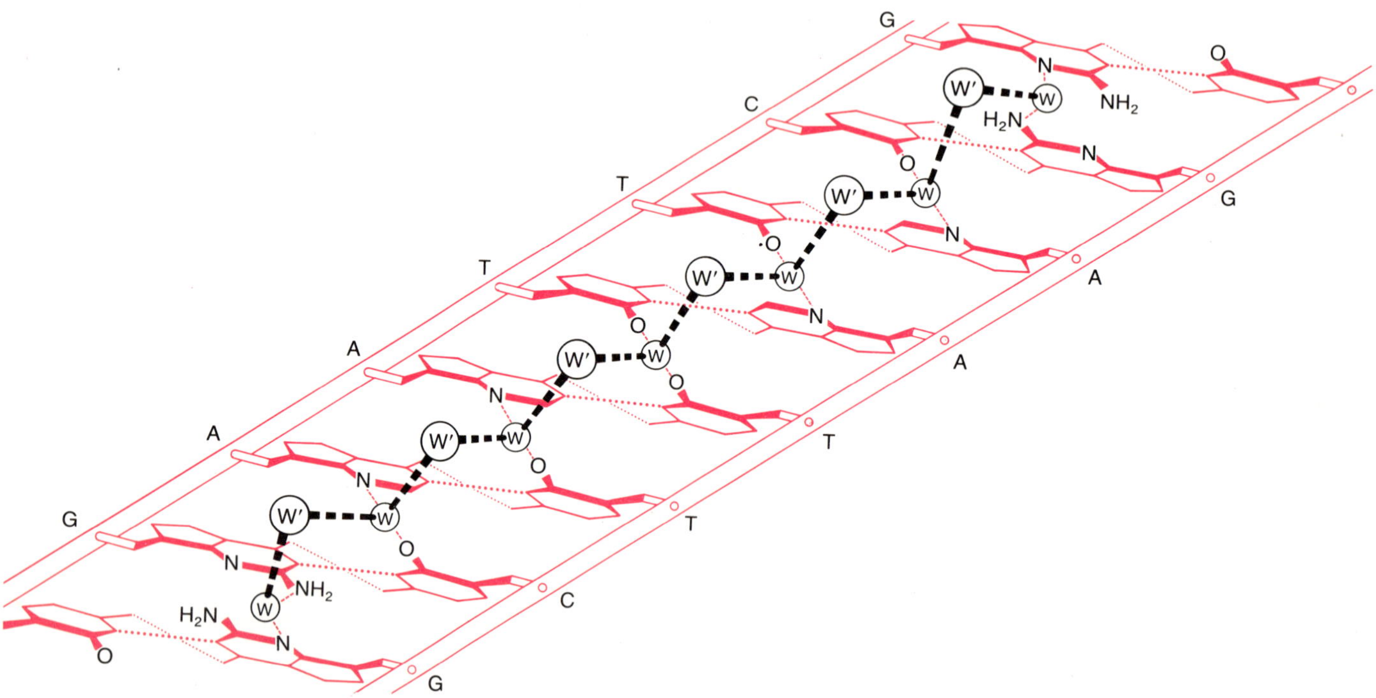

Bild 15: Ein Hydratationskamm (schwarz) aus sägezahnartig angeordneten Wassermolekülen trägt entscheidend zur Stabilisierung der *B*-DNA bei. Gezeigt ist der Blick in die kleine Furche der entrollten Helix eines *B*-DNA-Dodekamers. Die Rückgratstränge sind stark schematisch gezeichnet, und der Propeller-Twist ist übertrieben dargestellt. Eine untere Schicht von Wassermolekülen (W) ist über Wasserstoffbrücken-Bindungen mit Stickstoff- und Sauerstoff-Atomen benachbarter Basenpaare verbunden. Diese Moleküle sind über eine zweite Schicht von Wassermolekülen (W′) zum Kamm verknüpft. Der Kamm hält die kleine Furche davon ab, sich zu öffnen und zu jener flachen Vertiefung zu entarten, die in der *A*-DNA vorliegt. Daher gilt er als entscheidender Faktor, der die *B*-Form bei hoher Feuchtigkeit zur stabilen DNA-Struktur werden läßt.

die Ergebnisse kein bißchen schlechter als bei der *B*-Sequenz.

Ein besonders kritischer Testfall unter den *A*-Strukturen war das *CCGG/CCGG*. Hier sind im Kristall zwei Tetramer-Moleküle übereinandergestapelt und bilden ein Pseudo-Oktamer, in dem die beiden Basenpaare in der Mitte allerdings nicht über eine Phosphatbrücke verbunden sind. Trotz der fehlenden kovalenten Verknüpfung stimmen sowohl der Helix-Drehwinkel als auch der Basen-Rollwinkel zwischen dem letzten Basenpaar des unteren und dem ersten des oberen Tetramers genau mit den Werten überein, die die Summenfunktion für ein intaktes, kovalentes Oktamer voraussagt. Somit scheinen die Stapelkräfte zwischen den Basenpaaren die Struktur der DNA-Doppelhelix stärker zu bestimmen als die Torsionsspannungen im Zucker-Phosphat-Rückgrat. Die Helix-Drehwinkel- sowie Basen-Rollwinkelfunktionen gelten natürlich auch für das *A*-helikale *GGTATACC*; und selbst bei den RNA-DNA-Hybrid-Basenpaaren der gemischten Helix *(GCG)TATACGC* versagt nur die Drehwinkelfunktion.

Von der Struktur zur Regulation

Beeinflussen diese lokalen Fluktuationen tatsächlich die Erkennung von DNA-Basensequenzen durch Repressoren und andere Regulatorproteine? Wenn man die Idee akzeptiert, daß am Lesevorgang die Bildung von Wasserstoffbrücken zwischen den Seitenketten des Proteins und den Stickstoff- und Sauerstoff-Atomen an den Kanten der Basen beteiligt sind, so ist es kaum vorstellbar, daß Abweichungen um volle 15 Grad vom Mittelwert keinen Einfluß auf den Erkennungsvorgang haben sollten. Vielleicht bewirken solche sequenzbedingten Fluktuationen, daß DNA und Protein auch in den Feinheiten ihrer Struktur exakt aufeinander abgestimmt werden. Damit würden sie dem Lesevorgang eine Dimension verleihen, die über die richtige Anordnung der Donoren und Akzeptoren für die Wasserstoffbrücken an den Kanten der Basenpaare hinausgeht.

Ob das der Fall ist, läßt sich nur durch Röntgenstrukturanalysen von Komplexen zwischen einem Erkennungsprotein und seiner speziellen DNA-Sequenz klären. Mehrere solche Analysen sind derzeit im Gange – unter anderem mit dem *lac*-, dem *lambda*- und dem *cro*-Repressor, dem Katabolit-Aktivator-Protein (CAP) und verschiedenen Restriktionsenzymen. John Rosenberg hat vor kurzem an der Universität Pittsburgh eine Elektronendichtekarte des an seinen

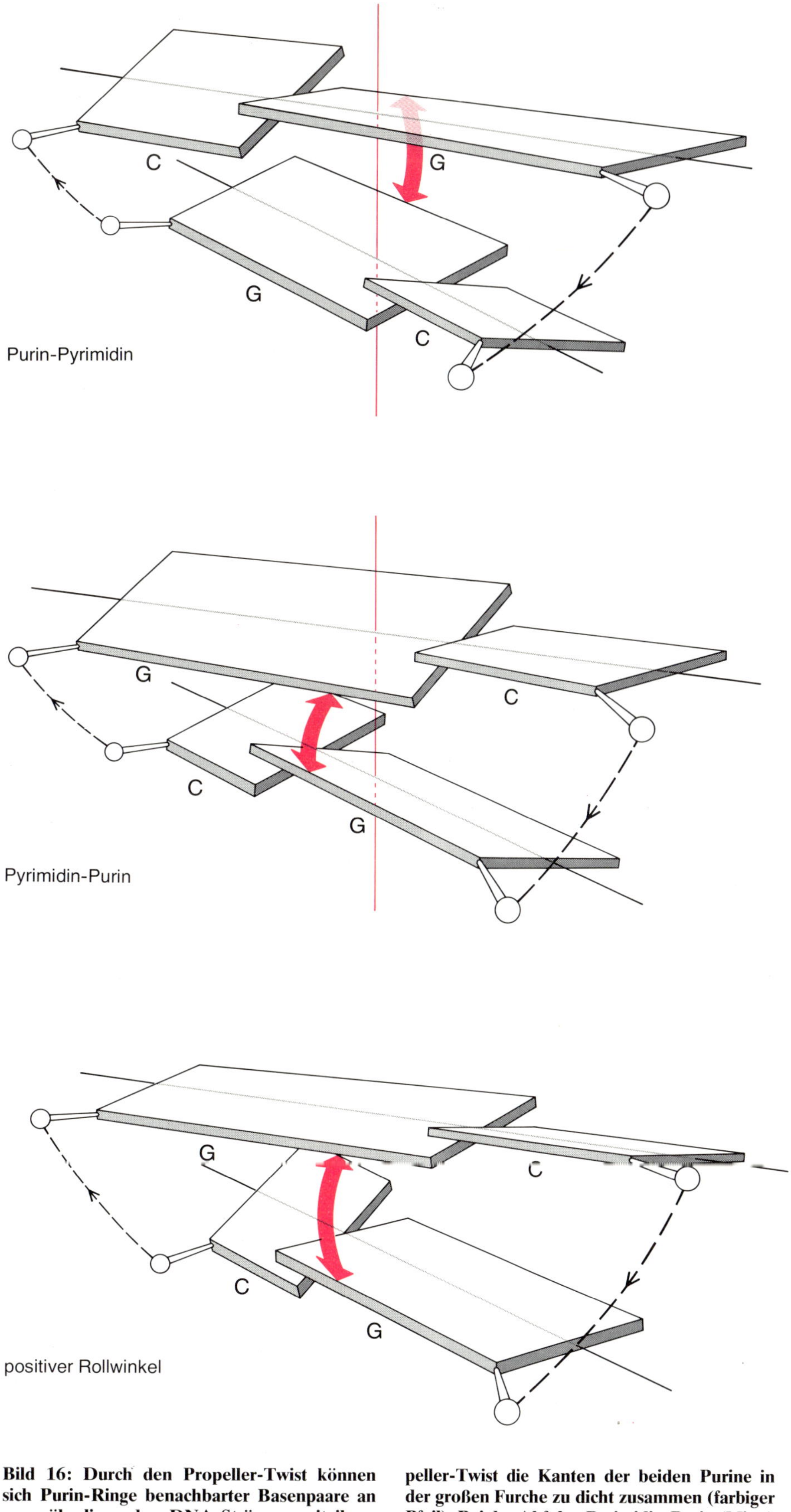

Bild 16: Durch den Propeller-Twist können sich Purin-Ringe benachbarter Basenpaare an gegenüberliegenden DNA-Strängen mit ihren Kanten zu nahe kommen. Die Purin- und Pyrimidin-Ringe sind in dieser Zeichnung schematisch als Brettchen und die C1′-Atome der Zuckerringe als Kügelchen dargestellt. Das Rückgrat ist jeweils zu einer gestrichelten Linie zusammengeschrumpft, wobei ein Pfeil in die 5′-3′-Richtung weist. Folgt auf ein Purin ein Pyrimidin (oben), so bringt ein positiver Propeller-Twist die Kanten der beiden Purine in der großen Furche zu dicht zusammen (farbiger Pfeil). Bei der Abfolge Pyrimidin-Purin (Mitte) kommt es in der kleinen Furche zu einem derart ungünstigen Kontakt. Eine Möglichkeit, den Kanten etwas Platz zu verschaffen (unten), besteht darin, den Basen-Rollwinkel (den Winkel, den die beiden Basenpaare als Ganzes, das heißt ihre Mittelebenen, zueinander bilden) dort zu öffnen, wo es zur Kollision kommt – im gezeigten Beispiel also in der kleinen Furche.

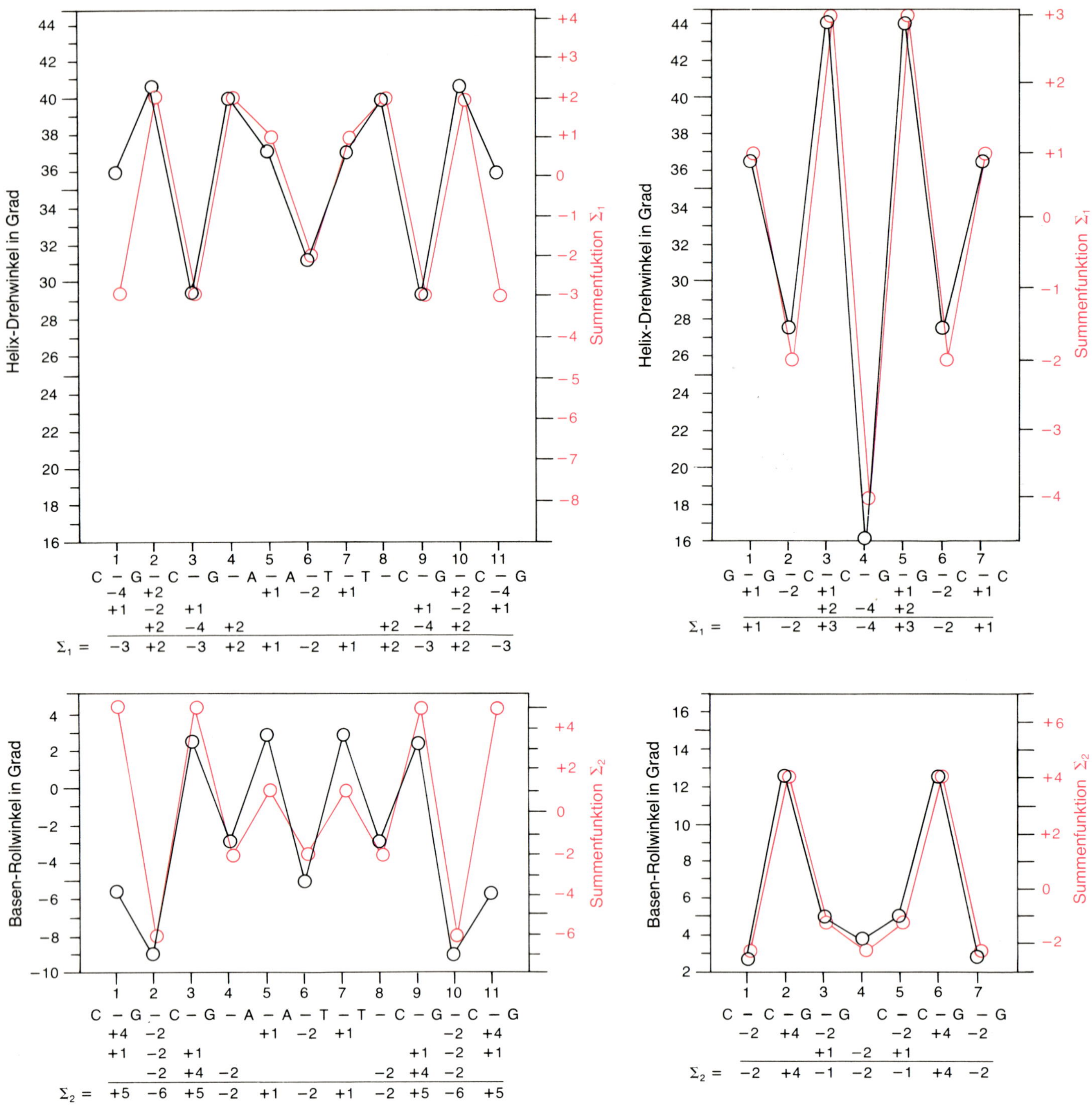

Bild 17: Die örtlichen Schwankungen im Helix-Dreh- sowie Basen-Rollwinkel lassen sich über die Summenfunktionen Σ_1 und Σ_2 aus der Basensequenz vorausberechnen. Wie das geht, ist hier für das *B*-helikale Dodekamer (links), ein *A*-helikales Oktamer (rechts oben) und ein ebensolches Pseudo-Oktamer (rechts unten) demonstriert. In allen Diagrammen geben schwarze Linien die beobachteten und rote die vorausgesagten Werte an. Unter dem Diagramm ist jeweils die im Text beschriebene Ableitung der Summenfunktion für jedes Intervall zwischen benachbarten Basenpaaren gezeigt. Die Kurven für gemessene und berechnete Werte stimmen durchweg gut überein: Die Korrelationskoeffizienten zwischen den Wertepaar-Sätzen betragen 0,994 für den Drehwinkel sowie 0,917 für den Basen-Rollwinkel der *B*-Helix, 0,991 für den Drehwinkel des *A*-Oktamers und 0,995 für den Basen-Rollwinkel des *A*-Pseudo-Oktamers. Das Pseudo-Oktamer (in Wahrheit zwei übereinandergestapelte Tetramere, die nicht über Phosphatgruppen verbrückt sind) verhält sich in diesem Zusammenhang also wie ein echtes Oktamer. Für die lokale Helix-Struktur scheint die Stapelung der Basenpaare folglich wichtiger zu sein als eventuelle Torsionsspannungen im Zucker-Phosphat-Rückgrat.

Erkennungsort auf dem Dodekamer *CGCGAATTCGCG* gebundenen Restriktionsenzyms *Eco R*I berechnet. Er berichtet, daß die gebundene DNA in der *B*-Form bleibt, die Helix jedoch verzerrt wird.

Welche Fragen man sinnvollerweise stellen kann, hängt immer von dem ab, was man bereits weiß. Neue Erkenntnisse können ein Thema aus dem Reich müßiger Spekulation in den Mittelpunkt wissenschaftlicher Forschung rücken. Genau das ist durch die Einkristall-Röntgenstrukturanalyse mit Fragen geschehen wie der, auf welche Weise die Basensequenz in doppelhelikaler DNA wohl Struktur und Verhalten der Helix beeinflusse, und inwieweit dieser Effekt eine Rolle beim Ablesen der genetischen Information spiele. Die Antworten gehen erst langsam ein. Doch die Fragen sind sinnvoll, und so werden sie uns zweifellos dem Verständnis der Genregulation näherbringen.

DNA-Topoisomerasen

Sie sind Enzyme, die ringförmige Stücke der Erbsubstanz DNA verdrehen, verflechten oder sogar verknoten und sie so in andere topologische Formen überführen. Was nach müßiger Spielerei aussieht, ist in Wirklichkeit bittere Notwendigkeit, um an die verschlüsselte Erbinformation heranzukommen.

Von James C. Wang

Die Erbsubstanz der meisten Lebewesen ist die Desoxyribonucleinsäure (international abgekürzt: DNA) – ein Molekül, das in der Reihenfolge seiner Bausteine die gesamte genetische Information gespeichert hat. Gleichgültig wie es sich auch verdrillt, verknäult oder verknotet, sein Informationsgehalt bleibt stets der gleiche. Was sich jedoch ändert, ist die Funktionsfähigkeit, denn die wird – wie sich im Laufe des vergangenen Jahrzehnts herausstellte – von der topologischen Form, also der Gestalt der DNA, entscheidend beeinflußt.

Offenkundig spielen Enzyme, die das Molekül von einer topologischen Form in die andere überführen, bei so zentralen genetischen Prozessen wie der Replikation (Vermehrung), Transkription (Umschreiben) und Rekombination (Neukombination) der DNA eine grundlegende Rolle. Diese Enzyme sind die DNA-Topoisomerasen.

Gewöhnlich stellt man sich die DNA als zwei Stränge vor, die sich in Form einer Doppelspirale (Doppelhelix) um eine gemeinsame gerade Achse winden. In vielen Fällen jedoch bildet sie einen Ring – entweder aus einem einzelnen Strang oder aus zwei zur Doppelhelix spiralisierten Strängen. Beide Ringarten lassen sich in andere topologische Formen (Konfigurationen) überführen. So kann man einen einzelsträngigen Ring verknoten oder zwei davon zu einem doppelsträngigen Ring verbinden. Ebenso ist es möglich, die Doppelhelix eines solchen Rings um einige Windungen zurückzudrehen, was allerdings zu Torsionsspannungen führt, durch die sich die gemeinsame Achse der beiden Stränge nun ihrerseits zu einer Spirale windet. Man spricht dann von einer überspiraligen Form der DNA.

Es mag zwar so aussehen, als ob völlig verschiedene Manöver erforderlich wären, um all diese topologischen Umgestaltungen zu bewerkstelligen. Doch der Schein trügt. Sämtliche Transformationen beruhen auf dem gleichen Prinzip: Der Ring wird vorübergehend geöffnet, ein Abschnitt der DNA durch die Schnittstelle geführt und diese danach verschlossen. Im Jahre 1971 stieß ich in Bakterien auf einen natürlichen Wirkstoff, der die gesamte Prozedur ausführte – bei dem also jedes einzelne Molekül alle drei Arbeitsgänge beherrscht. Die erste von vielen DNA-Topoisomerasen war entdeckt.

Heute weiß man, daß es zwei Typen gibt: Die einen durchtrennen nur einen einzigen Strang, die anderen dagegen beide Stränge gleichzeitig. Sie kommen in vielen Organismen vor – selbst in so grundverschiedenen wie Bakterien und Menschen. Trotz ihrer Allgegenwart wären diese Enzyme vielleicht Kuriositäten geblieben – biologisch aktive Moleküle, die mathematische Arbeit leisten – wenn sich nicht herausgestellt hätte, daß ihre Manipulationen mit wichtigen Stadien des Zellzyklus zusammenfallen. Damit die genetische Information eines DNA-Moleküls verdoppelt, abgelesen oder mit der von anderen Genen kombiniert werden kann, muß eine Vielzahl von Enzymen an die Nucleotidbasen der DNA herankommen. In manchen topologischen Konfigurationen sind die sich paarweise gegenüberstehenden Basen für solche Enzyme zugänglich, in anderen dagegen nicht.

Beispielsweise kann sich die Doppelhelix eines Ringes leichter entwinden und die Basen in ihrem Inneren den Enzymen freigeben, wenn sie in überspiraliger Form vorliegt. In einigen Organismen scheint das sogar die Voraussetzung dafür zu sein, daß sich die DNA verdoppeln oder in Ribonucleinsäure (international abgekürzt: RNA) umschreiben, also transkribieren läßt. Da eine der Topoisomerasen imstande ist, Ringe zu überspiralisieren, andere aber das Gegenteil bewirken können, ist es durchaus möglich, daß diese Enzyme die Verdoppelungs- und Transkriptionsgeschwindigkeit steuern helfen, indem sie den Grad der jeweiligen Überspiralisierung regulieren.

Ringe – was sie auszeichnet und woraus sie bestehen

Der Verdacht, daß sich die topologische Form der DNA auf Struktur und Funktion auswirken kann, begann überhaupt erst zu keimen, nachdem man ringförmige DNA-Moleküle entdeckt hatte. Anfang der sechziger Jahre stellten Robert L. Sinsheimer und Walter Fiers am California Institute of Technology fest, daß die Erbsubstanz des Bakterienvirus Φ X 174 – eine einzelsträngige DNA – die Form eines Rings besaß. Die Entwicklung effizienter Methoden zur Bestimmung der Basensequenz ermöglichte es, jeden Teil des Rings genau unter die Lupe zu nehmen. Dabei bestätigte sich, daß der Ring geschlossen und an keiner Stelle unterbrochen war.

Doppelsträngige Ringe wurden erstmals 1963 von John Cairns an der Australian National University beobachtet. Heute weiß man, daß die DNA vieler Organismen diese Form hat. So kommen doppelsträngige Ringe in Bakterien und Viren recht häufig vor. Auch in den Mitochondrien (den energieproduzierenden Organellen höherer Organismen) und in den Chloroplasten (den Photosyntheseorganellen pflanzlicher Zellen) sind sie anzutreffen.

Einzel- und doppelsträngige Ringe können nun in unterschiedlichen topologischen Konfigurationen auftreten. Besonders faszinierend sind solche, die ein Ring aus zwei intakten Doppelsträngen annehmen kann. Eine Größe, die darauf bedeutenden Einfluß hat, ist der Verflechtungsgrad. Er gibt an, wie oft sich der eine Strang vollständig um den anderen windet.

Der Verflechtungsgrad ist eine topologische Eigenschaft doppelsträngiger Ringe. Topologische Eigenschaften hängen zwar von der räumlichen Anordnung einer Struktur ab, unterscheiden sich aber völlig von geometrischen; denn sie bleiben, was ihr charakteristisches Kennzeichen ist, bei einer Verformung unverändert erhalten. Gleichgültig wie man den Ring auch dehnt oder verdrillt, der Verflechtungsgrad wird – solange nicht mindestens einer der Stränge bricht – davon in keiner Weise berührt.

Um zu verstehen, wie diese Größe die Konfiguration und die physikalischen Eigenschaften eines Rings beeinflußt, ist es zunächst notwendig, den Aufbau der DNA kennenzulernen. Biologische Moleküle besitzen mehrere Strukturniveaus. Auf dem untersten stehen die kovalent aneinandergebundenen Atome. (Bei einer solchen Bindung teilen sich benachbarte Atome Elektronen miteinander, was den stärkstmöglichen Zusammenhalt ergibt). In der DNA verteilen sich nun die einzelnen Atome auf drei Stoffgruppen: Zuckereinheiten mit fünf Kohlenstoffatomen, Phosphatgruppen und Nucleotidbasen. Zucker- und Phosphatgruppen wechseln einander ab und bilden das Rückgrat eines Strangs (Bild 2). (Dieser Aufbau der DNA ist in Richard E. Dickersons Beitrag zur Feinstruktur der DNA beschrieben.) Jede Zuckereinheit darin ist über ihr sogenanntes 5′-Kohlenstoffatom mit der einen und über ihr 3′-Kohlenstoffatom mit der anderen benachbarten Phosphatgruppe kovalent verbunden. So läßt sich auch dem Rückgrat des Strangs eine Richtung zuordnen: Entweder fährt man ihn vom 5′- zum 3′-Atom der Zuckereinheit oder eben in umgekehrter Richtung ab.

An jedem Zuckermolekül hängt eine Nucleotidbase – Adenin (A), Thymin (T), Cytosin (C) oder Guanin (G) – die nahezu rechtwinklig vom Rückgrat absteht. Diese Basen sind es nun, die für das zweite Strukturniveau, die Doppel-

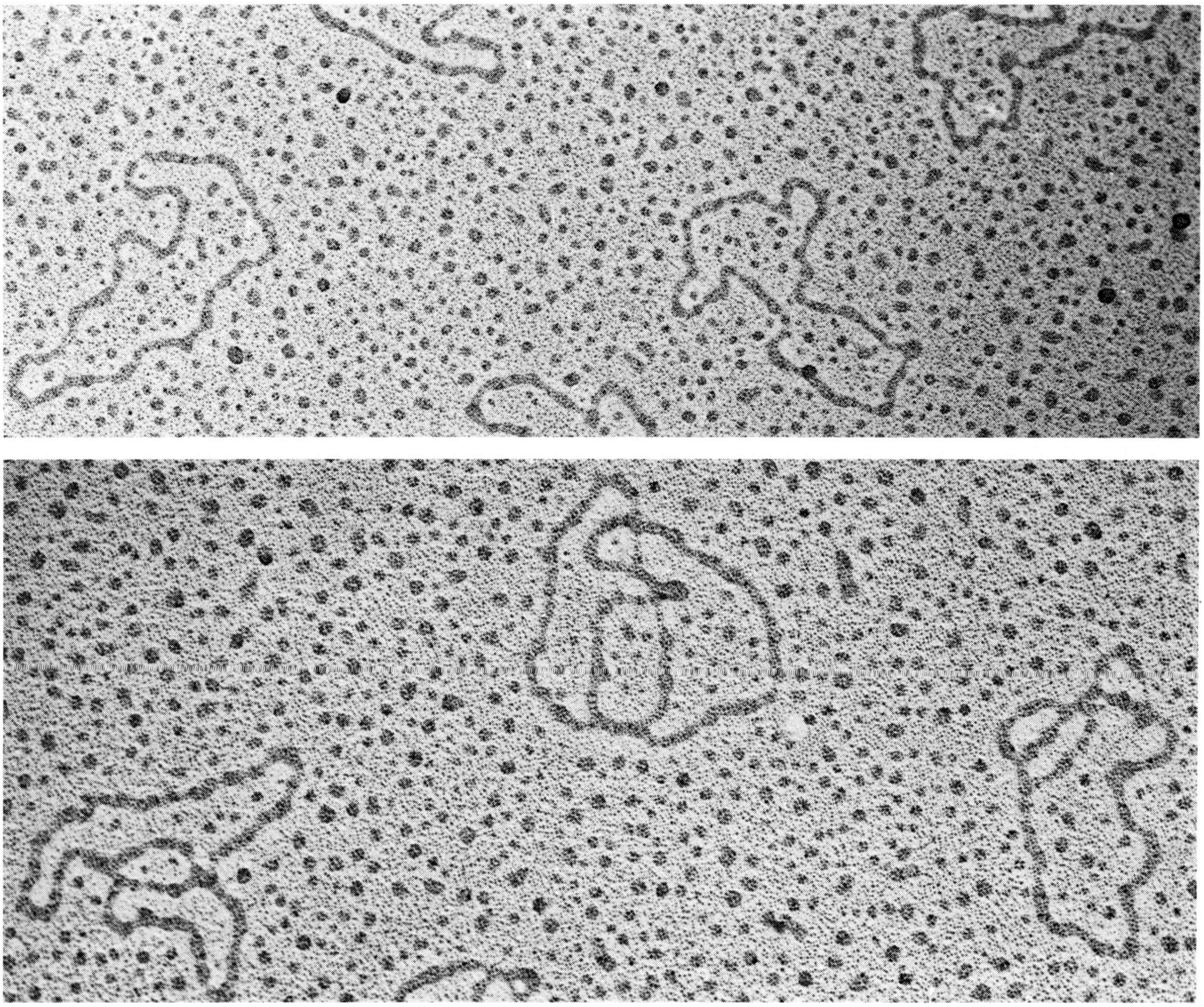

Bild 1: DNA-Topoisomerasen sind Enzyme, die mathematische Arbeit leisten: Sie führen die Desoxyribonucleinsäure (international abgekürzt: DNA) in verschiedene topologische Formen über. Ein Kunststück, das sich allerdings nur im Reagenzglas beobachten läßt, ist das Verknoten von DNA-Ringen. Solche Ringe kommen in vielen Organismen vor: Sie bestehen entweder aus nur einem oder aus zwei, zu einer Doppelhelix gewundenen DNA-Strängen (Bild 2). Die obere elektronenmikroskopische Aufnahme zeigt einzelsträngige DNA-Ringe. Sie stammen aus dem Bakteriophagen *fd* – einem Virus, das Bakterien infiziert. Setzt man das genetische Material nun einer aus dem Bakterium *Escherichia coli* isolierten Topoisomerase aus, so ergibt sich das untere Bild. Das Enzym hat in jeden der Ringe einen Knoten hineingebunden. Dazu mußte es den Strang durchtrennen, einen Abschnitt durch die Öffnung schieben und diese wieder verschließen – drei Arbeitsgänge, die für die Tätigkeit aller Topoisomerasen unentbehrlich sind. Manche Enzyme schneiden nur einen Strang (Typ I), andere dagegen beide Stränge gleichzeitig durch (Typ II).

helix, verantwortlich zeichnen. Sie können nämlich untereinander Wasserstoffbrücken ausbilden: schwache Bindungen, die durch die elektrostatische Anziehung zwischen einem polarisierten Wasserstoffatom und einem Sauerstoff- oder Stickstoffatom zustande kommen. In der Doppelhelix stehen sich die Basen beider Stränge wie Zähne eines Reißverschlusses gegenüber. Ihre Form und chemische Zusammensetzung läßt jedoch nur zu, daß sich Adenin mit Thymin und Cytosin mit Guanin „paart". Wo also auf dem einen Strang ein A steht, muß auf dem gegenüberliegenden ein T erscheinen, und umgekehrt. Das gleiche gilt für Guanin und Cytosin. Stränge, in denen sich der Reißverschluß lückenlos schließen kann, sind demnach einander komplementär. In der Doppelhelix laufen sie in entgegengesetzte Richtungen: der eine von 5′ nach 3′, der andere von 3′ nach 5′.

Wenn sich zwischen den Basenpaaren Wasserstoffbrücken ausbilden, schrauben sich die Stränge aufgrund der Geometrie und chemischen Zusammensetzung ihrer Untereinheiten umeinander. Die Doppelhelix, die dabei entsteht, ist eine rechtshändige Spirale: Sie hat das gleiche Gewinde, sprich den gleichen Drehsinn, wie eine gewöhnliche Holzschraube. Die Struktur der Doppelhelix wurde von J. D. Watson und F. H. Crick aufgeklärt. Sie analysierten kristalline Fasern aus linearer DNA und stellten fest, daß sich die Stränge darin alle zehn Basenpaare einmal umrunden. Es ist dies die sogenannte B-Konfiguration oder Watson-Crick-B-Helix. Neuere Ergebnisse von meiner Arbeitsgruppe an der Harvard-Universität und von Aaron Klug am British Medical Research Council Laboratory of Molecular Biology in Cambridge zeigen, daß jede Windung der Doppelspirale 10,5 Basenpaare enthält, wenn die DNA-Moleküle nicht kristallin, sondern wie in natura in Lösung vorliegen.

Wie ich bereits erwähnte, gibt der Verflechtungsgrad eines doppelsträngigen Rings an, wie oft sich ein Strang einmal vollständig um den anderen wickelt. Wenn man also ein lineares DNA-Molekül, bei dem eine volle Windung 10,5 Basenpaare umfaßt, zu einem Ring schließt, ist dessen Verflechtungsgrad gleich der Gesamtzahl der Basenpaare geteilt durch 10,5. Da die Zahl der Basenpaare in der DNA selbst bei kleinen Viren in die Tausende und bei Bakterien in die Millionen geht, schwankt dort der Verflechtungsgrad doppelsträngiger Ringe zwischen mehreren Hundert und einigen Hunderttausend. Heute weiß man, daß zu den topologischen Operationen, die Topoisomerasen an doppelsträngigen Ringen ausführen, auch die

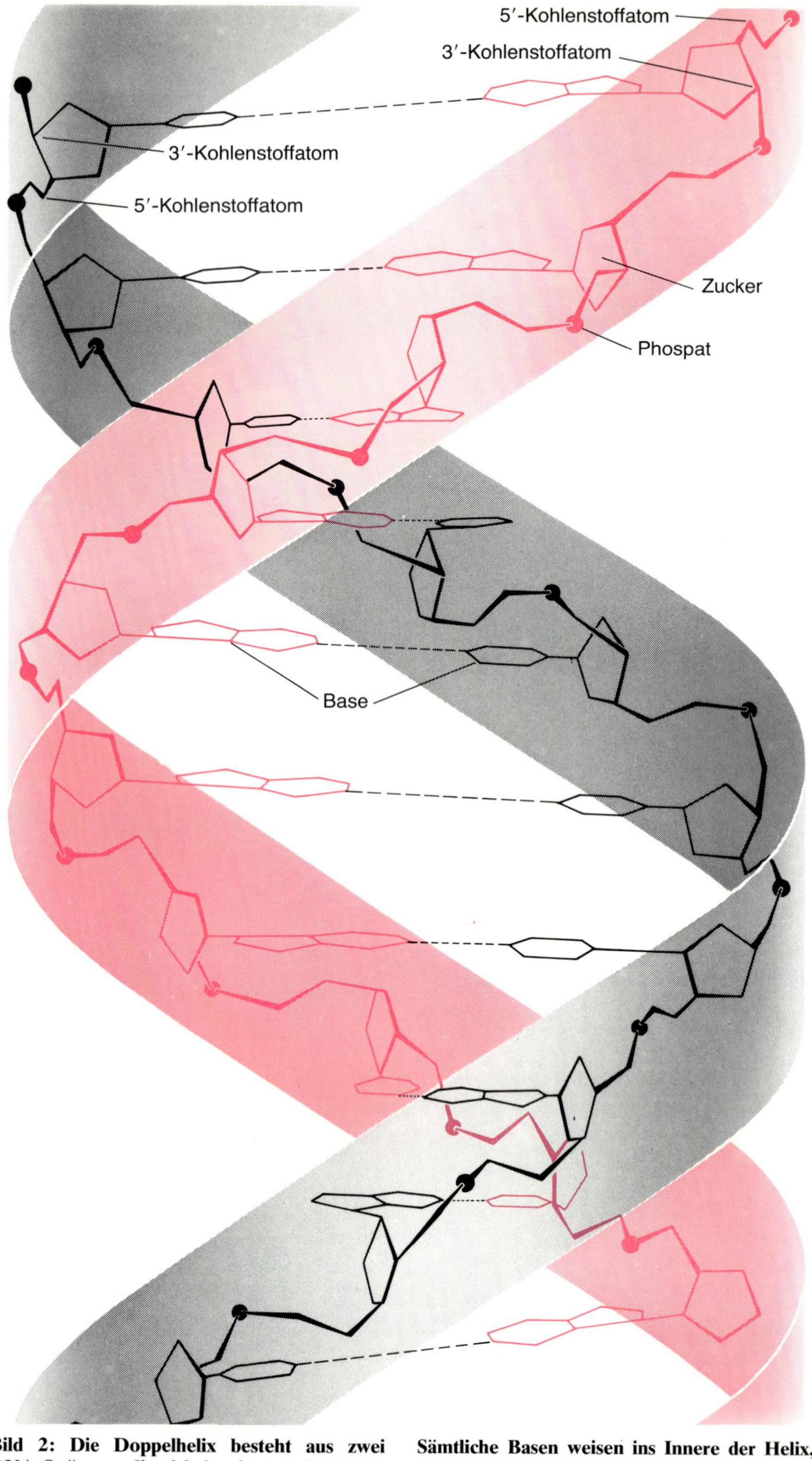

Bild 2: Die Doppelhelix besteht aus zwei DNA-Strängen, die sich in einer rechtshändigen Spirale umeinander winden. Das der Außenseite zugewandte Rückgrat eines Strangs bilden Zucker- und Phosphatgruppen, die einander abwechseln und kovalent, also fest miteinander verbunden sind. Jedes der aus fünf Kohlenstoffatomen bestehenden Zuckermoleküle hat über das sogenannte 5′-Atom zur vorhergehenden Phosphatgruppe und über sein 3′-Atom zur darauffolgenden Gruppe Verbindung. Die Stränge sind gegenläufig angeordnet, was sich leicht erkennen läßt, wenn man sie von 5′ nach 3′ abfährt. An jeder Zuckereinheit hängt eine von vier Nucleotidbasen: Adenin (A), Thymin (T), Cytosin (C) oder Guanin (G). Sämtliche Basen weisen ins Innere der Helix, wo sie Wasserstoffbrücken ausbilden – eine chemische Bindung, die schwächer ist als die kovalente. Adenin kann sich dabei nur mit Thymin und Cytosin nur mit Guanin „paaren". Wo also ein A sitzt, muß auf dem gegenüberliegenden Strang ein T stehen und umgekehrt. Aufgrund der Basenpaarung sind die Stränge der Doppelhelix einander komplementär. In der Reihenfolge dieser Basen liegt die genetische Information verschlüsselt. Die Form und chemische Zusammensetzung aller Untereinheiten bewirkt, daß die natürliche Helix am stabilsten ist, wenn sich die Stränge alle 10,5 Basenpaare einmal umrunden. Für kristalline DNA wurde ein Wert von zehn gemessen.

Änderung des Verflechtungsgrades gehört.

An dieser Stelle läßt sich nun erklären, wie die Topoisomerasen überhaupt zu ihrem Namen kamen. Zwei Moleküle, die sich nur in ihrer Struktur, aber nicht in ihrer chemischen Zusammensetzung unterscheiden, nennt man Isomere. Folglich sind auch zwei doppelsträngige DNA-Ringe mit der gleichen Basensequenz, aber verschiedenem Verflechtungsgrad Isomere. Weil sie sich in einer topologischen Größe unterscheiden, spricht man genauer von Topoisomeren. Ein Enzym, das die topologische Form von DNA-Molekülen ändert, ist also eine DNA-Topoisomerase.

Überspiralige Ringe

Wenn man den Verflechtungsgrad eines doppelsträngigen Rings verringert (wozu man einen Strang vorübergehend öffnen muß) und ihm dadurch eine geringere Anzahl von Windungen aufzwingt, führt dies zu Torsionsspannungen, die nun die Doppelhelix selbst, oder anschaulicher ihre Achse, zu einer Schraube verdrillen (Bild 3, oben). Solche überspiralisierten Ringe wurden erstmals von Jerome Vinograd vom California Institute of Technology beschrieben. Vinograd und seinen Kollegen war aufgefallen, daß die DNA des Polyoma-Virus – ein kleines Virus, das bei Mäusen Geschwulste hervorruft – sich physikalisch etwas anders verhält, als man allein aufgrund ihrer Größe erwarten würde. Sie bildet einen doppelsträngigen, etwa 5000 Basenpaare umfassenden Ring. Die ungewöhnlichen Eigenschaften dieses Rings waren – wie Vinograd zeigen konnte – das Resultat einer Überspiralisierung, die selbst wieder auf eine Verminderung des Verflechtungsgrades zurückging.

Daß der Verflechtungsgrad und damit das Ausmaß der Überspiralisierung die physikalischen Eigenschaften eines doppelsträngigen Rings erheblich beeinflussen, läßt sich demonstrieren, indem man gleiche Ringe mit jeweils unterschiedlichem Verflechtungsgrad herstellt. Eine Methode dafür kannte man sogar schon vor der Entdeckung der Topoisomerasen. Ausgangspunkt ist eine Lösung mit doppelsträngigen DNA-Ringen bekannter Länge aber beliebigem Verflechtungsgrad. Dann setzt man ein Enzym ein, die pankreatische DNase I, um in jedem Ring einen Strang zu durchschneiden (Bild 4). DNasen brechen das Rückgrat der DNA, indem sie die kovalente Bindung zwischen einer Zucker- und einer Phosphatgruppe sprengen. Gleichzeitig spalten sie ein Wassermolekül, dessen Teile nun als Pflaster dienen: Der Wasserstoff wird an den Zucker, die

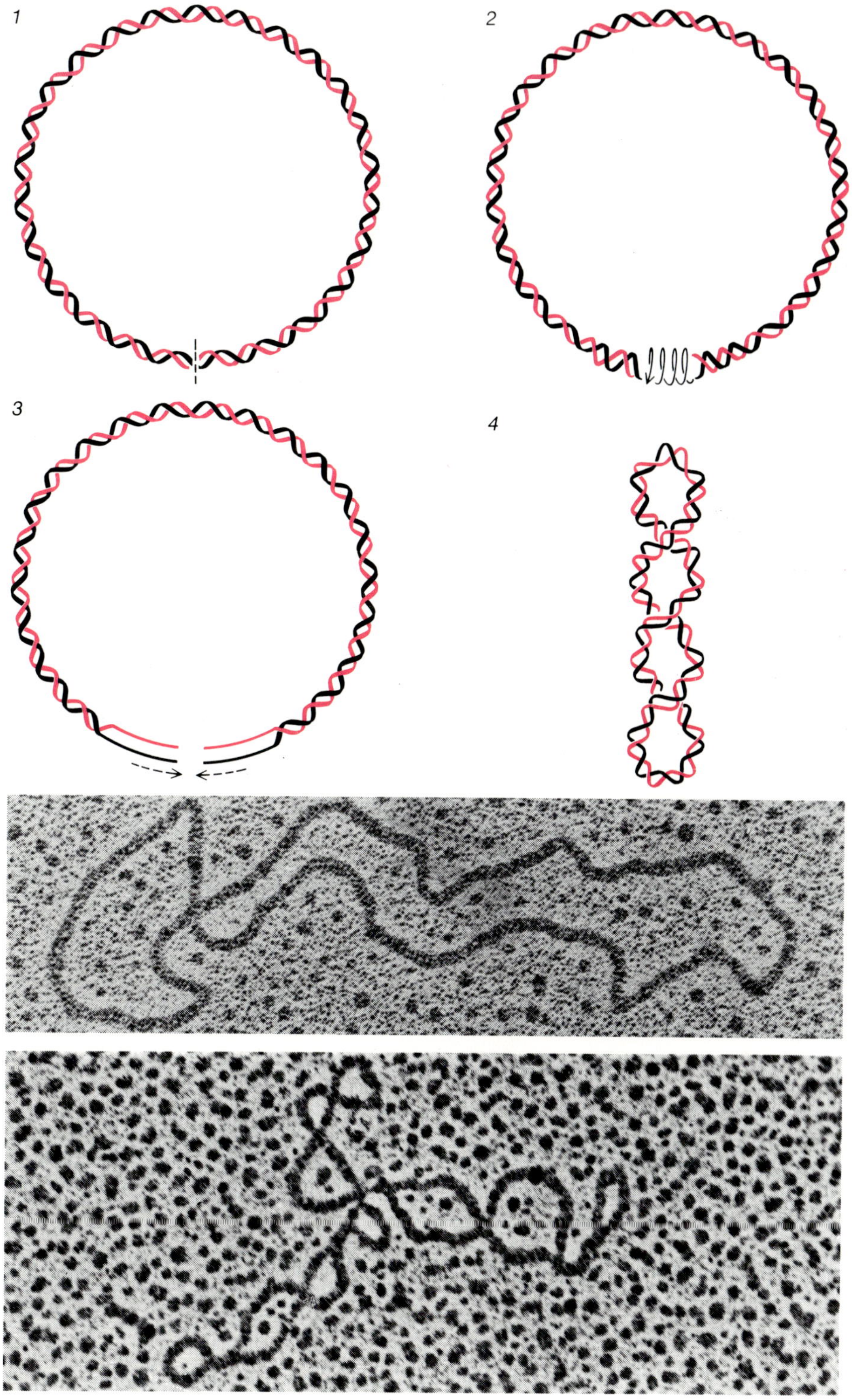

Bild 3: Doppelsträngige Ringe können mit Hilfe der Topoisomerasen unterschiedliche Formen annehmen. So führt eine Überspiralisierung zu kompakteren und verdrillteren Gebilden. Eine Größe, die darauf bedeutenden Einfluß hat, ist der Verflechtungsgrad. Es gibt an, wie oft sich der eine Strang vollständig um den anderen windet. Gleichgültig wie man den Ring auch dehnt oder verdrillt, der Verflechtungsgrad läßt sich – solange die Stränge intakt bleiben – nicht ändern. Er ist also eine topologische Größe. Werden die Stränge aber durchschnitten (1) und gegensinnig zur Händigkeit der Doppelhelix umeinander gedreht (2), so entwindet sich das Molekül (3). Wenn man dann die Enden wieder verbindet, hat der Ring einen geringeren Verflechtungsgrad als zuvor; jede Umdrehung macht ihn um eine Einheit ärmer. (Das Schema soll hier nur das Prinzip verdeutlichen.) In einer linearen Doppelhelix umrunden sich die Stränge alle 10,5 Basenpaare einmal, weil das die spannungsärmste Anordnung ist. Man spricht daher von „entspannten" Ringen, wenn die Zahl ihrer Basenpaare dividiert durch den Verflechtungsgrad 10,5 ergibt. Ändert sich der Quotient, so führt das zu Spannungen, die das Molekül durch Überspiralisierung auszugleichen sucht (4). Eine Verminderung des Verflechtungsgrades liefert negative Überspiralen, eine Erhöhung dagegen positive. Die obere elektronenmikroskopische Aufnahme zeigt einen entspannten DNA-Ring des Bakteriophagen *PM2*, die untere Aufnahme die negativ überspiralige Form.

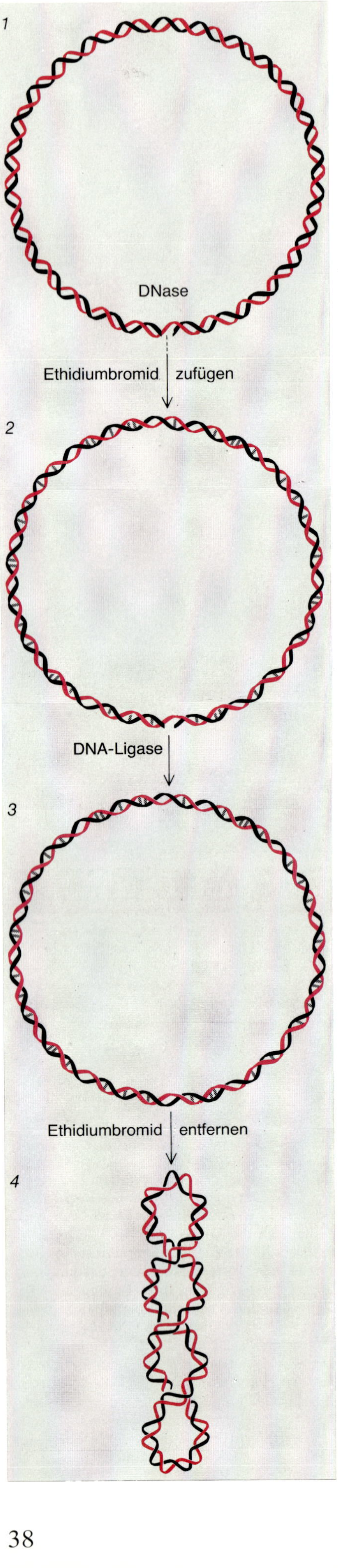

OH-Gruppe an den Phosphatrest gehängt.

Ist erst einer der Stränge gekappt, so zwingt nichts mehr den Ring, den ihm auferlegten Verflechtungsgrad beizubehalten. Der durchschnittene Strang kann sich jetzt frei um den intakten drehen und dabei den Verflechtungsgrad erhöhen oder erniedrigen. Die spannungsärmste und damit stabilste Konfiguration einer linearen Doppelhelix ist die, bei der jede Windung 10,5 Basen enthält. Bricht ein Strang im Ring, so wird die Doppelhelix nach und nach in diese Konfiguration zurückkehren. Wenn der Verflechtungsgrad „normal", also gleich der Anzahl der Basenpaare geteilt durch 10,5 ist, spricht man von „entspannten" Ringen.

Der Verflechtungsgrad läßt sich nun auch unter den des entspannten Zustands verringern, indem man Ethidiumbromid einsetzt – ein ebenes Molekül, das sich bei der Bindung an die Doppelhelix zwischen zwei Basenpaare schiebt (Bild 4). Jedes gebundene Molekül entwindet die DNA um etwa 26 Grad; vierzehn davon machen sie also um eine Windung ärmer und damit den Verflechtungsgrad um eine Einheit niedriger. Wie stark er insgesamt abnimmt, hängt von der Menge gebundener Ethidiumionen und die wiederum von der Konzentration in der Lösung ab. Der Verflechtungsgrad läßt sich daher um einen vorhersehbaren Betrag verkleinern, indem man eine bestimmte Konzentration an Ethidiumbromid einstellt.

Bild 4: Überspiralige Ringe lassen sich auch mit Ethidiumbromid herstellen – einem ebenen Molekül, das sich bei der Bindung an die Doppelhelix zwischen zwei Basenpaare schiebt. Die doppelsträngigen DNA-Ringe werden zunächst mit einem Enzym, einer DNase, behandelt, die einen der Stränge öffnet (1). Die losen Enden können nun frei um den intakten Strang rotieren, so daß der Ring in den spannungsärmsten Zustand übergeht. Fügt man der Lösung jetzt Ethidiumbromid zu, so zwängen sich die Ethidiumionen in die entspannte Helix (2). Jedes gebundene Ion entwindet die Helix um 26 Grad; vierzehn davon reduzieren den Verflechtungsgrad also um eine Einheit. Danach versiegelt ein zweites Enzym, eine DNA-Ligase, die durchtrennten Enden (3). Der neue Ring hält den verringerten Verflechtungsgrad gewissermaßen fest und geht, wenn man die Ethidiumionen entfernt, in eine negativ überspiralige Form über (4). Das Ausmaß der Überspiralisierung läßt sich über die Konzentration der Ethidiumionen in der Lösung steuern. So kann man sich eine Garnitur überspiraliger Ringe herstellen, die zwar in der chemischen Zusammensetzung gleich, im Verflechtungsgrad aber verschieden sind. Die chemisch identischen Moleküle unterscheiden sich also in der Form und in den physikalischen Eigenschaften. Man bezeichnet sie daher als Topoisomere und die Enzyme, die den Verflechtungsgrad ändern, als Topoisomerasen.

Anschließend fügt man das Enzym DNA-Ligase zu, das die Enden des gebrochenen Strangs miteinander verschweißt. Es wirkt genau umgekehrt wie die DNase und entfernt die anstelle der Zucker-Phosphat-Bindung eingebauten und von ihm jetzt wiedervereinigten Teile des Wassermoleküls. In dem nun wieder intakten Doppelring ist der verkleinerte Verflechtungsgrad gewissermaßen eingefroren. Wird das Ethidium entfernt, so spiralisiert sich die Achse der Doppelhelix. Nach dieser Prozedur wirken die Ringe im Elektronenmikroskop verdrillter und kompakter als ihre entspannten Gegenstücke – und zwar um so mehr, je stärker der Verflechtungsgrad erniedrigt wurde (Bild 3, unten).

Ringe, die sich auf diese Weise verformen, nennt man negativ überspiralisiert. Sie sind in der Natur üblich. Positive Überspiralen kommen durch eine Erhöhung des Verflechtungsgrades zustande. Sie wurden jedoch nur im Labor hergestellt. Aber welches Vorzeichen die Ringe auch tragen, sobald einer ihrer Stränge bricht, entspannen sie sich wieder.

Die Überspiralisierung mag zwar wenig anschaulich erscheinen, doch begegnet man ihr auch im alltäglichen Leben. Wenn Sie ein Telefon mit Spiralkabel besitzen, brauchen Sie nur den Hörer abzunehmen und einige Male zu drehen. Der Drehsinn spielt dabei keine Rolle. Sobald Sie den Hörer auflegen, verdrillt sich das Kabel zu einer „Superhelix". Noch genauer lassen sich die Ringe mit einem Stück Gummischlauch nachahmen, den man mehrmals um einen Stab wickelt, bevor die Enden fest miteinander verbunden werden. Entfernt man den Stab, so verdrillt sich der Schlauch zu einer Art Zopf, an dessen Enden zwei glatte Schleifen herausragen.

Eine häufig benutzte Technik, mit der sich überspiralige DNA-Ringe untersuchen lassen, ist die Gelelektrophorese. Dazu setzt man die DNA-Moleküle auf einen Gelstreifen, dem ein elektrisches Feld anliegt. Sie wandern dann wegen ihrer negativen Ladung in Richtung des positiven Pols. Ihre Geschwindigkeit hängt dabei nicht nur von der Höhe der Ladung, sondern auch vom Raumbedarf des einzelnen Moleküls ab. Weil nun ein doppelsträngiger Ring mit wachsender Überspiralisierung kompakter wird, wirkt sich der Verflechtungsgrad auf die Wandergeschwindigkeit aus. Nach einer gewissen Zeit schaltet man das Feld ab und behandelt das Gel mit einem in ultraviolettem Licht fluoreszierenden DNA-Farbstoff, der die Position der Ringe sichtbar macht. Unterwirft man ein DNA-Gemisch einer solchen Prozedur, so erhält man ein Muster aus diskreten, hellrot aufleuchtenden Banden vor einem dunklen Hintergrund. Da sich der

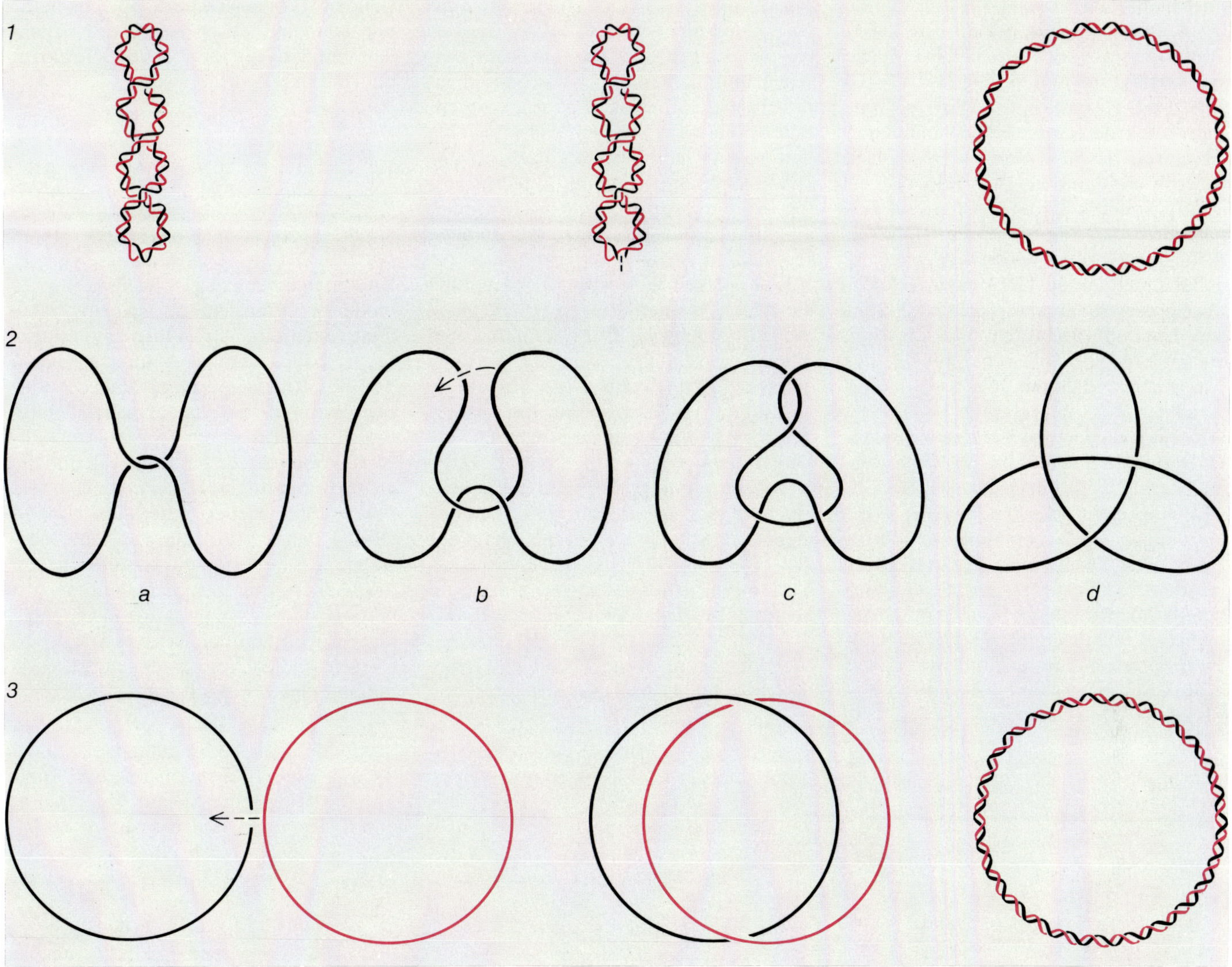

Bild 5: DNA-Topoisomerasen, die dem Typ I angehören, durchtrennen nur einen Strang. Das erste Enzym dieser Art wurde 1971 vom Autor in dem Bakterium *Escherichia coli* entdeckt. Es führt, wie andere Typ I-Topoisomerasen auch, verschiedene topologische Operationen aus. So kann das Enzym überspiralige Ringe entspannen, in dem es einen der Stränge kappt (1), oder einzelsträngige Ringe verknoten, sofern darin komplementäre Abschnitte vorkommen (2). Wenn sich zwei solcher Abschnitte zu einer kurzen Doppelhelix umeinanderwinden, bleiben seitlich zwei Schleifen stehen (a), die sich zusammenführen lassen. Das Enzym kann dann eine der Schleifen öffnen, und die andere hindurchstecken, bevor es die Öffnung wieder verschließt (b und c). Die Strukturen c und d sind topologisch äquivalent: Sie lassen sich ineinander überführen, ohne den Strang zu öffnen. Das gleiche Enzym ist auch imstande, zwei einzelsträngige Ringe mit komplementären Basensequenzen zu einer Doppelhelix zu verflechten (3). All diese topologischen Operationen – so unterschiedlich sie auch aussehen – beruhen auf dem gleichen Arbeitsprinzip: Ein Strang wird vorübergehend aufgeschnitten, ein Abschnitt der DNA durch die Öffnung geführt und diese danach verschlossen.

Verflechtungsgrad in unmittelbar benachbarten Banden genau um eine Einheit unterscheidet, lassen sich selbst Ringe mit solch geringen Unterschieden säuberlich trennen.

Die erste Topoisomerase: ein Typ I-Enzym

Die Überspiralisierung der DNA und die Technik, sie im Labor zu induzieren, waren schon einige Jahre bekannt, als ich das erste Enzym entdeckte, das eine solche topologische Transformation rückgängig machen konnte. Ich isolierte es aus einer der bestuntersuchten Bakterienarten: *Escherichia coli*. Weil das Enzym nur einen DNA-Strang auf einmal durchtrennt, also zum Typ I zählt, lautet heute seine genaue Bezeichnung *E. coli* Typ I-Topoisomerase.

Wodurch sich dieses Enzym zuerst bemerkbar machte, war seine Fähigkeit, überspiralisierte, doppelsträngige DNA-Ringe zu entspannen. Allerdings geht ihm bei negativen Überspiralen die Arbeit weitaus leichter von der Hand als bei positiven. Trotzdem zählt das Entspannen überspiraliger Ringe zu seinen einfachsten Übungen, braucht dazu doch nur ein Strang geöffnet und wieder verschlossen zu werden (Bild 5, oben). Einige Jahre später stellte man nämlich fest, das die *E. coli* Typ I-Topoisomerase auch andere topologische Umwandlungen ausführt. So kann sie einen Knoten in einen einzelsträngigen Ring hineinbinden, aber auch wieder lösen (Bild 5, Mitte). Und sie kann darüber hinaus zwei komplementäre einzelsträngige Ringe zu einem doppelsträngigen verbinden (Bild 5, unten).

Das Verknoten einzelsträngiger Ringe war von Leroy F. Liu erforscht worden, der damals an meinem Laboratorium in Cambridge (USA) arbeitete. Anhand seiner Ergebnisse lassen sich die Techniken veranschaulichen, mit denen man die Wirkungsweisen der Topoisomerasen aufklären kann. Die einzelsträngigen DNA-Ringe in Lius Experimenten stammen aus dem Bakteriophagen *fd*, einem Virus, das die Zellen von *E. coli* befällt.

Fügt man einer Lösung, die diese virale DNA enthält, neben der *E. coli* Typ I-Topoisomerase noch eine geringe Menge an Magnesiumionen zu (sie sind für die Arbeit des Enzyms unerläßlich), so vollzieht sich eine erstaunliche Wandlung – die einzelsträngigen Ringe sehen danach verdrillt und kompakt aus (Bild 1).

Aus weiteren Experimenten läßt sich schließen, daß Knoten in die Ringe geschlungen wurden. Unterzieht man die unbehandelte virale DNA einer Gelelektrophorese, so ergeben sich zwei Banden. Eine entspricht dem intakten Ring, die andere dem linearen Molekül, das von einem zufälligen Bruch des Rings herrührt. Eine enzymatisch behandelte DNA liefert dagegen eine Gruppe weiterer Banden. Sie umfaßt Moleküle, die mit geringfügig unterschiedlichen Geschwindigkeiten, aber stets schneller als die ursprünglich einfachen Ringe wandern.

Für diese Erscheinung gibt es mehrere mögliche Erklärungen. Einige lassen sich bereits durch einfache Überlegung ausschließen. Das Medium, in dem die Gelelektrophorese durchgeführt wurde, war hochalkalisch, was eine Paarung der Basen verhinderte. Daher können die neuen Banden nicht von Strukturen herrühren, wie sie bei einer Basenpaarung zwischen komplementären Abschnitten eines Rings auftreten. Das Elektronenmikroskop verriet zudem, daß es sich bei den neuen Gebilden um einzelsträngige DNA-Moleküle handelte. Daher konnten die unterschiedlichen Geschwindigkeiten auch nicht von Zusammenschlüssen mehrerer Moleküle herrühren.

Eine plausible Erklärung wäre, daß die neuen Banden Ringen entsprechen, die zu unterschiedlich komplizierten Knoten verschlungen sind. Es gibt eine einfache Möglichkeit, diese Hypothese zu prüfen: Ein einziger Schnitt wird jeden Ring – wie kompliziert er auch verknotet sein mag – in einen linearen Strang verwandeln. Wenn also die neuen, nach der Behandlung mit Topoisomerase entstandenen Formen der Phagen-DNA wirklich das Ergebnis einer Verknotung waren, dann sollten sie in geöffnetem Zustand eine einzige Bande ergeben – genau in Höhe der linearen Moleküle im ursprünglichen Gel. Genau das geschah, als die DNA aus den neuen Banden herausgeschnitten, vorsichtig mit der pankreatischen DNase I behandelt und danach erneut einer Gelelektrophorese unterworfen wurde.

Wie Typ I arbeitet

Wie sieht aber der topologische und chemische Mechanismus aus, durch den es der *E. coli* Typ I-Topoisomerase gelingt, Knoten in einen einzelsträngigen Ring zu binden? Offensichtlich spielen dabei komplementäre Abschnitte eine bedeutende Rolle, denn sie können in einem Teil des Rings eine Doppelhelix ausbilden. Wenn das Enzym die beiden Schleifen an den Enden der Helix zusammenzerrt, könnte es die eine knacken und die andere hindurchschieben, bevor die Bruchstelle wieder verschlossen wird (Bild 5, Mitte). Wie komplex der so entstandene Knoten ist, dürfte teilweise von der Länge des komplementären Abschnitts und – wenn es mehr als einen gibt – auch von der Art und Weise abhängen, wie die verschiedenen Schleifen miteinander verknüpft werden.

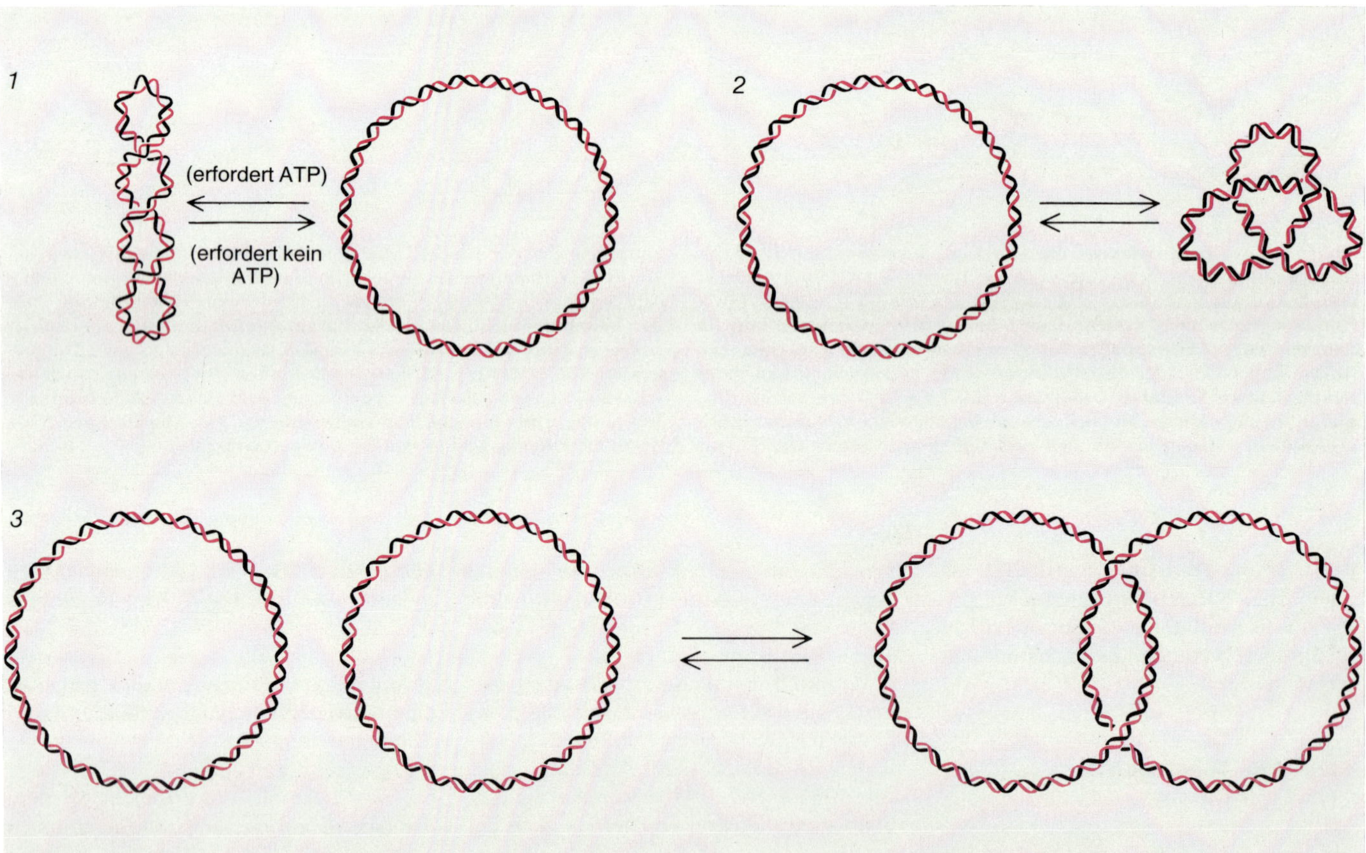

Bild 6: DNA-Topoisomerasen, die dem Typ II angehören, arbeiten nur mit doppelsträngigen Ringen, denen sie beide Stränge gleichzeitig durchtrennen. Das erste Enzym dieser Art, die DNA-Gyrase, wurde gleichfalls in *Escherichia coli* entdeckt. Es kann, wenn ihm als Energiespender ATP zur Verfügung steht, einen entspannten doppelsträngigen Ring negativ überspiralisieren (1). Für die umgekehrte Reaktion braucht es kein ATP, arbeitet dann aber sehr langsam. Auch können Typ II-Topoisomerasen doppelsträngige Ringe in ganz ähnlicher Weise verknoten und wieder entknoten, wie es die Typ I-Enzyme mit einzelsträngigen Ringen tun (2). An einem Ring arbeiten oft mehrere Moleküle gleichzeitig. Trotzdem geraten die geöffneten Enden nicht durcheinander, weil sie kovalent mit dem Enzym verbunden sind. Eine Umordnung der Basensequenz läßt sich daher nicht beobachten. Die DNA-Gyrase kann schließlich auch zwei doppelsträngige Ringe miteinander verflechten oder trennen (3).

Man weiß, daß Topoisomerase-Moleküle auch zu mehreren an einem einzigen Ring arbeiten. Dann könnte es aber geschehen, daß – sofern die Schnitte gleichzeitig erfolgen – die losen Enden voneinander wegdriften und danach falsch wiedervereinigt werden. Ob die Topoisomerasen die Anordnung der Basen ändern, läßt sich direkt nachprüfen, indem man die Sequenz der Ringe vor und nach der Enzymbehandlung bestimmt. Die Analyse zeigte jedoch, daß die Reihenfolge auch dann erhalten bleibt, wenn viele Moleküle den Ring gleichzeitig bearbeiten. Die aufgeschnittenen Enden können also nicht frei voneinander wegdriften.

Möglicherweise wird dies erreicht, indem das Enzym seine Schnitte stets in dem Teil des Rings anbringt, der durch komplementäre Basen eine Doppelhelix ausbildet. Der intakte komplementäre Strang könnte dann dazu dienen, die geöffneten Enden zusammenzuhalten. Es ist aber auch möglich, daß das Enzym selbst die Enden auf irgendeine Weise festhält.

Detaillierte Fragen des Mechanismus dürften jedoch kaum zu beantworten sein, solange man nicht mehr über die Struktur der Topoisomerasen weiß. Wie andere biologische Moleküle haben auch diese Enzyme mehrere Strukturniveaus. Bisher wurde nur ihre chemische Zusammensetzung bestimmt, und das auch nur für die *E. coli* Typ I-Topoisomerase. Sie ist eine Kette aus 895 Aminosäuren, deren Reihenfolge sich aus der Basensequenz des bakteriellen Gens ermitteln ließ. Wie sich die Kette jedoch im Bakterium faltet, darüber weiß man so gut wie gar nichts.

Wie ich bereits erwähnte, erfordern die von den Typ I-Isomerasen katalysierten Reaktionen alle den gleichen Arbeitsablauf. Das Enzym muß das Zucker-Phosphat-Rückgrat brechen, einen Abschnitt der DNA hindurchstecken und danach die Bruchstelle wieder verschließen. Es gibt verschiedene Möglichkeiten, wie es die drei Arbeitsgänge ausführen könnte. Eine wäre, daß jedes Topoisomerase-Molekül in sich die Fähigkeiten der DNase und der Ligase vereint – also die kovalente Bindung zwischen einer Zucker- und einer Phosphatgruppe durch den Einbau von einem Molekül Wasser spaltet und später die Verbindung unter Austritt von Wasser wiederherstellt.

Die energetischen Verhältnisse der Hin- und Rückreaktion lassen jedoch darauf schließen, daß die Topoisomerasen nicht auf diese Weise arbeiten. Die Spaltung wie die Bildung einer chemischen Bindung kann entweder Energie verbrauchen oder freisetzen. Eine bestimmte Reaktion vermag in beide Richtungen abzulaufen; welche dabei bevorzugt wird, hängt vom energetischen Gleichgewicht ab. Ein Enzym bestimmt aber nicht die Richtung einer Reaktion; es beschleunigt sie bloß in die begünstigte Richtung.

Bei der DNA ist die Spaltung der Zucker-Phosphat-Bindung energetisch begünstigt. Sie kann daher spontan auftreten und wird durch die DNase nur beschleunigt. Der umgekehrte Vorgang geschieht jedoch wegen des ungünstigen Gleichgewichts nicht von selbst. So kann die DNA-Ligase die Bindung nur über eine Hilfsreaktion mit einem energiereichen Molekül – einem Cofaktor – wiederherstellen. Sie spaltet dieses Molekül, was ihr genügend Energie liefert, um Zucker- und Phosphatgruppe zu verbinden. Die DNA-Ligasen der Bakterien nutzen als Cofaktor das Nicotinamid-adenin-dinucleotid (NAD), die Ligasen anderer Organismen greifen dagegen auf das Adenosintriphosphat (ATP) zurück.

Typ I-Topoisomerasen brauchen jedoch keinen Cofaktor, und daher dürften sie auch nicht wie Ligasen arbeiten. Das führte mich zu der Hypothese, daß eine Typ I-Topoisomerase das Zucker-Phosphat-Rückgrat der DNA auf völlig andere Art und Weise bricht und danach wieder verheilt. Sie könnte anstelle des Wassermoleküls sich selbst spalten, wobei ein winziger Teil des Enzyms – ein Wasserstoffatom – an den Zucker und der übrige Teil kovalent an die Phosphatgruppe gebunden wird.

Wenn meine Hypothese stimmt, müßte der vorübergehende Bruch des Stranges mit der Bildung eines kovalenten Komplexes aus Enzym und DNA einhergehen. Doch der Versuch, solche Komplexe zu finden, blieb jahrelang erfolglos. Kürzlich konnte man jedoch zeigen, daß sie häufig entstehen, wenn man einer Mischung aus DNA und Topoisomerase eine Substanz zufügt, die die Faltstruktur von Proteinmolekülen (also auch von Enzymen) zerstört. Wie die Bindung zwischen Enzym und DNA-Strang aussieht, ließ sich inzwischen für drei bakterielle Topoisomerasen aufklären. Bei allen ist die Phosphatgruppe am freien 5′-Ende des Strangs kovalent mit einem Tyrosin, einer der Aminosäuren im Enzym, verknüpft.

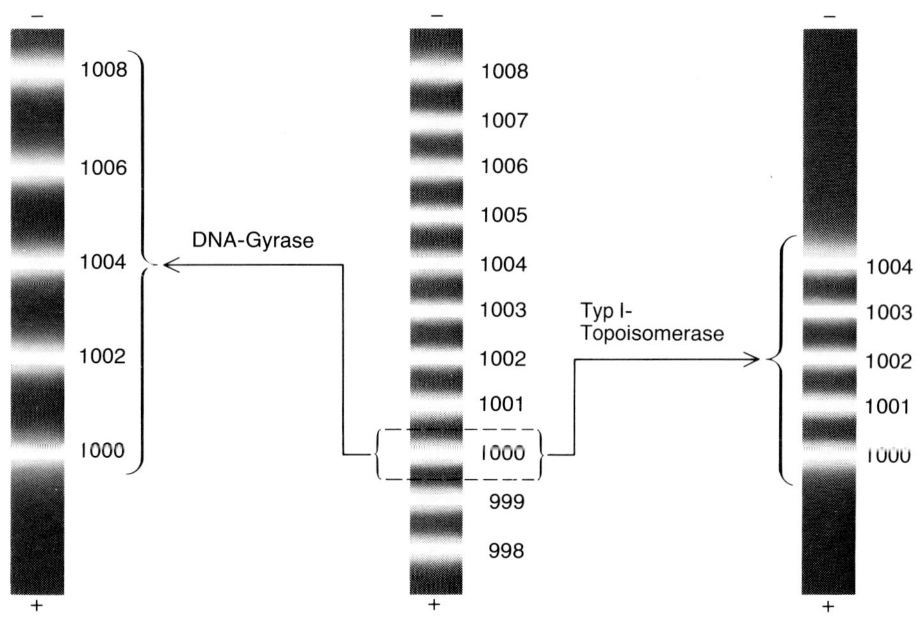

Bild 7: Die DNA-Gyrase verringert den Verflechtungsgrad eines doppelsträngigen Rings stets um einen durch zwei teilbaren Betrag, was sich mit Hilfe der Gelelektrophorese nachweisen läßt. Dabei wandern die DNA-Moleküle durch ein Gel, dem ein elektrisches Feld anliegt. Sie tun das umso schneller, je stärker der Verflechtungsgrad des Rings von dem des entspannten Zustands abweicht; denn sie erhalten mit wachsender Überspiralisierung eine verdrilltere und kompaktere Form. Die Elektrophorese liefert daher ein Muster aus Banden, in denen die Ringe nach ihrem Verflechtungsgrad aufgetrennt sind. Ein fluoreszierender Farbstoff bringt die Banden zum Leuchten, so daß sie sich als helle Streifen abzeichnen. Mit Hilfe von Ethidiumbromid kann man Topoisomere mit unterschiedlichen Verflechtungsgraden herstellen (Bild 4) und sie dann einer Gelelektrophorese unterziehen. Das Resultat ist eine Reihe dicht aufeinanderfolgender Banden (Mitte). Eine einzelne Bande enthält dann nur Ringe mit dem gleichen Verflechtungsgrad, beispielsweise von 1000. Man kann dieses Stück herausschneiden und mit der Typ I-Topoisomerase aus *Escherichia coli* behandeln. Das Enzym entspannt schrittweise die Ringe, wobei sich der Verflechtungsgrad jeweils um eine Einheit erhöht (rechts). Wird das gleiche Stück jedoch der DNA-Gyrase ausgesetzt, so erscheint in Abwesenheit von ATP ein etwas weniger enges Bandenmuster. Ein Vergleich der Abstände zeigt, daß sich die Ringe im Verflechtungsgrad jeweils um zwei Einheiten unterscheiden (links).

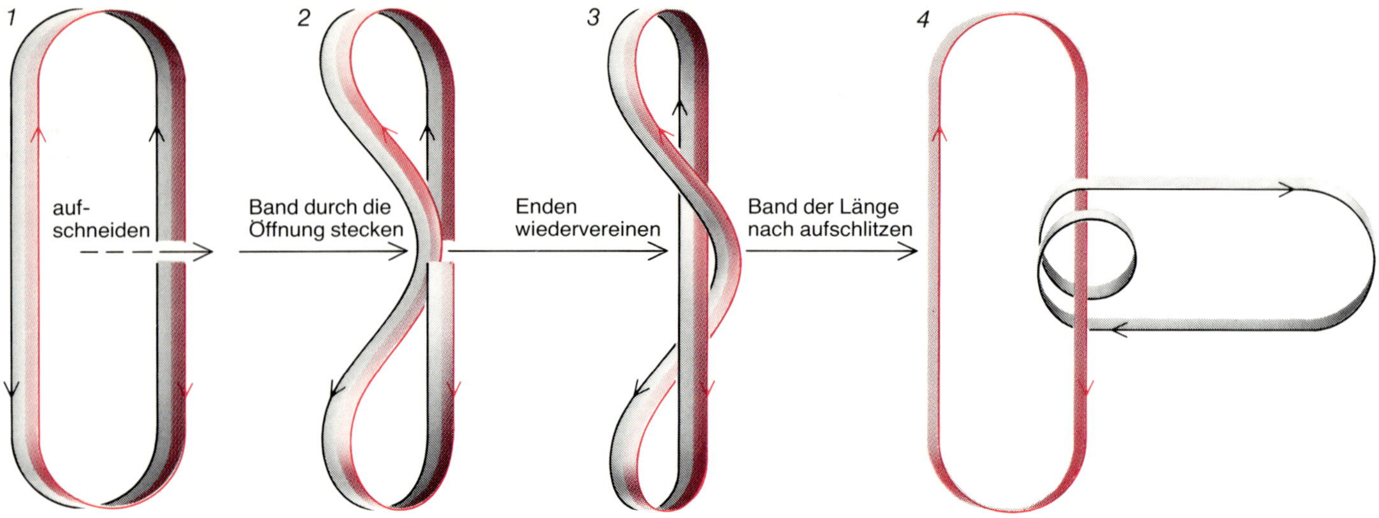

Bild 8: An einem zweifarbigen unverdrillten Band läßt sich das Prinzip veranschaulichen, nach dem die DNA-Gyrase den Verflechtungsgrad doppelsträngiger Ringe stets um einen geradzahligen Betrag ändern kann. Die Webkanten des Bandes stellen die gegenläufig angeordneten DNA-Stränge dar. Da sie sich in diesem Fall nicht umschlingen, ist ihr Verflechtungsgrad Null. Wenn man das Band quer schneidet (1), einen gegenüberliegenden Abschnitt durch die Öffnung steckt (2) und die Enden – ohne sie irgendwie zu verdrehen – wieder verbindet (3), erhält das neue Gebilde einen um zwei Einheiten höheren Verflechtungsgrad. Das läßt sich auf einfache Weise verdeutlichen. Man schlitzt das Band der Länge nach auf und zieht die Ringe auseinander: Der eine windet sich dann zweimal um den anderen. Ob sich der Verflechtungsgrad erhöht oder erniedrigt, hängt davon ab, wie man das Band durch die Öffnung steckt. Wird dabei eines der offenen Enden um 360 Grad gedreht, so ändert sich der Verflechtungsgrad um einen ungeraden Betrag, weil eine Umdrehung hinzukommt. Da die DNA-Gyrase stets in Zweierschritten arbeitet, muß sie die Enden der DNA-Stränge irgendwie festhalten und während der Manipulation am Verdrillen hindern.

Typ II-Topoisomerasen

Erst mehrere Jahre nach der Entdeckung der *E. coli* Typ I-Topoisomerase stieß man auf ein Enzym, das – wie sich bald herausstellte – beide Stränge gleichzeitig durchschneidet. Dieses Typ II-Enzym wurde 1976 von Martin Gellert an den National Institutes of Health gefunden, als er die Infektion von *Escherichia coli* mit einem Virus, dem Phagen λ untersuchte. Die DNA des Phagen kann sich im Bakterium zu einem doppelsträngigen Ring schließen und sich unter bestimmten Bedingungen dann auch in die DNA des Wirtes einbauen. Die Reaktion wird von einem Enzym katalysiert, dessen genetische Information der Phage beisteuert. Das Enzym mit der Bezeichnung λ-Integrase durchtrennt sowohl den viralen als auch den bakteriellen DNA-Ring und fügt danach die offenen Enden überkreuz zusammen, so daß die Phagen-DNA zu einem Teil des Bakterienchromosoms wird.

Im Jahre 1975 gelang es Howard A. Nash vom National Institute of Mental Health und Kiyoshi Mizuuchi von den National Institutes of Health, diesen Einbau im Labor nachzuvollziehen, indem sie der viralen und bakteriellen DNA einen Extrakt aus Zellen zufügten, die mit dem Phagen λ infiziert worden waren. Dabei beobachteten sie, daß der Einbau ATP erfordert, wenn der virale DNA-Ring im entspannten Zustand vorliegt. Kein ATP wird dagegen gebraucht, wenn der Ring negativ überspiralisiert ist. Nash, Mizuuchi und ihre Kollegen Gellert und Mary H. O'Dea stellten daher die Hypothese auf, daß der Ring – damit ein Einbau überhaupt stattfinden kann – zunächst überspiralisiert werden muß und daß das dafür erforderliche Enzym als Cofaktor ATP benötigt. Diese Vorstellungen haben sich seither bewahrheitet.

Im Jahre 1976 isolierte Gellert mit seinen Kollegen das überspiralisierende Enzym aus *E. coli*. Es trägt den Namen DNA-Gyrase und vermag doppelsträngige Ringe in eine Reihe topologischer Konfigurationen zu überführen. Die Gyrasen der Bakterien sind die einzigen Topoisomerasen, von denen man weiß, daß sie entspannte DNA-Ringe überspiralisieren können. ATP dient hier als Cofaktor: Seine Spaltung liefert den Treibstoff für die energieaufwendige Umwandlung zur Superhelix. Ohne ATP arbeitet die Gyrase in umgekehrter Richtung: Sie entspannt dann, wenn auch nur sehr langsam, negativ überspiralige Ringe (Bild 6).

Als die Gyrase entdeckt wurde, glaubte man, daß sie wie alle anderen damals bekannten Topoisomerasen bei jedem Schnitt nur einen Strang der Doppelhelix durchtrennt. Im Jahre 1977 behandelten dann die Arbeitsgruppe von Gellert und die von Nicholas R. Cozzarelli an der Universität von Chicago Lösungen von DNA-Ringen und Gyrase mit einer Substanz, die Proteine denaturiert. Sie erhielten lineare doppelsträngige DNA-Moleküle. Das Enzym öffnete also zweifellos beide Stränge auf einmal. Darüber hinaus war ein Teil des Moleküls kovalent an das freie 5′-Ende eines jeden Stranges gebunden.

Die Bedeutung dieser Ergebnisse wurde erst voll erkannt, als man zwei weitere, von der Gyrase katalysierte Reaktionen entdeckte. So fanden 1980 Leroy Liu, Chung-Cheng Liu und Bruce M. Alberts an der Universität von Kalifornien in San Francisco, daß eine Topoisomerase, die von der DNA des Bakteriophagen T4 codiert wird, einen doppelsträngigen Ring verknoten kann. Das Enzym löst auch die Knoten, was die Gyrase gleichfalls fertig bringt. Etwa zur gleichen Zeit zeigten Cozzarelli und Kenneth N. Kreuzer an der Universität Chicago, daß die Gyrase imstande ist, zwei doppelsträngige Ringe ineinander zu verflechten und auch wieder zu trennen (Bild 6).

Um Knoten in einem doppelsträngigen Ring zu lösen, muß das Enzym beide Stränge kappen und einen Abschnitt der DNA durch die Öffnung schieben. Auch um verflochtene Ringe zu trennen, ist es notwendig, in einem davon beide Stränge zu durchschneiden. Das Enzym braucht jedoch nicht unbedingt beide Schnitte gleichzeitig durchführen. Es könnte zunächst den einen Strang öffnen, den durchzuschiebenden Abschnitt ins Innere der Helix stecken und die Öffnung wieder versiegeln, bevor es den zweiten Strang angreift. Ein solcher Mechanismus wirkt jedoch gegenüber der eleganten Lösung, beide Stränge auf einmal zu durchtrennen, reichlich unbeholfen und schwerfällig.

Einige der überzeugendsten Hinweise, daß die DNA-Gyrase tatsächlich den

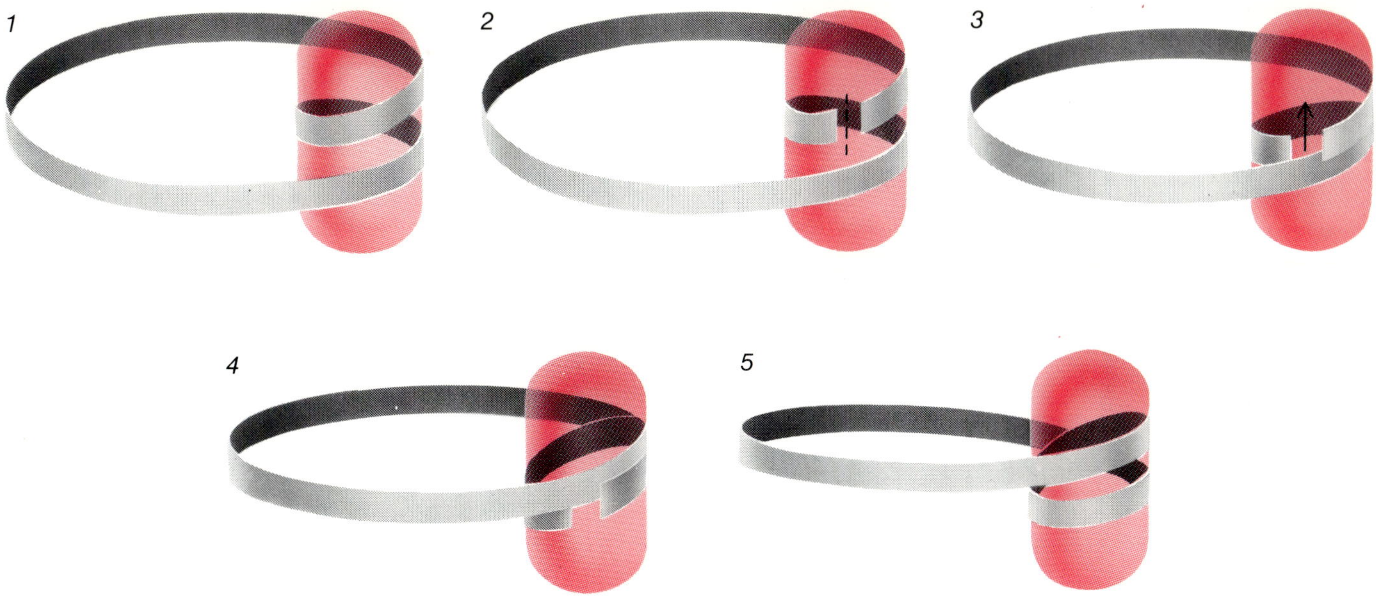

Bild 9: Das Schema zeigt einen möglichen Wirkungsmechanismus der DNA-Gyrase. Der DNA-Ring wickelt sich in einer rechtshändigen Spirale um die Gyrase (1), die sich mit einem etwa 150 Basenpaaren langen Abschnitt verbindet. Das Enzym sprengt die kovalente Bindung zwischen einer Zucker- und Phosphatgruppe im Rückgrat der DNA (2). Danach wird ein Abschnitt des Rings durch die Lücke geführt (3 und 4), die das Enzym hinter ihm wieder verschließt. Durch das Manöver hat sich nicht nur der Verflechtungsgrad um zwei Einheiten geändert, sondern auch die Händigkeit der Spirale um das Enzym (5). Vor einem erneuten Durchgang muß vermutlich der ursprüngliche Drehsinn wiederhergestellt werden.

eleganten Weg beschreitet, stammen aus Untersuchungen über die Art und Weise, wie das Enzym den Verflechtungsgrad ändert. Setzt man beispielsweise negativ überspiralige Ringe mit einem Verflechtungsgrad von 1000 einer Typ I-Topoisomerase aus, so steigt dieser in Einerschritten allmählich an, bis der entspannte Zustand erreicht ist. Wird die Reaktion vorher unterbrochen, so liefert die Elektrophorese eine Familie von Topoisomeren, deren Verflechtungsgrad über 1000 liegt. Ein solches Experiment wurde erstmals 1975 von Vinograd und seinen Kollegen durchgeführt. Sie stellten fest, daß die neuen Werte den ursprünglichen um irgendeinen ganzzahligen Betrag übertreffen und in so feinen Abstufungen wie nur einer Einheit variieren können (Bild 7, rechts).

Behandelt man die doppelsträngigen Ringe jedoch mit einer Typ II-Topoisomerase wie der Gyrase, so weichen die neuen Werte vom ursprünglichen nur um einen durch zwei teilbaren Betrag ab. Dabei spielt es keine Rolle, ob das Enzym überspiralige Ringe entspannt oder – in Anwesenheit von ATP – überhaupt erst in die Superhelix überführt.

Zwei Stufen auf einmal

Wie es die Gyrase anstellen könnte, den Verflechtungsgrad eines doppelsträngigen Rings jeweils um zwei Einheiten zu ändern, mag ein einfaches Beispiel erhellen. Betrachten wir einmal ein zweifarbiges Band: Seine Webkanten sollen die komplementären, also gegenläufigen Stränge eines linearen DNA-Moleküls darstellen (Bild 8). Schließt man das Band, ohne es dabei zu verdrillen, dann bilden die Kanten – sprich Stränge – zwei geschlossene Ringe, die sich nicht durchdringen. Daß ihr Verflechtungsgrad Null ist, läßt sich leicht zeigen, indem man das Band der Länge nach aufschlitzt: die Hälften fallen dann auseinander.

Angenommen man schneidet das Band nicht längs, sondern quer durch und hält beide Enden, ohne sie zu verdrillen, in der alten Lage fest. Wenn man jetzt einen der Lücke gegenüberliegenden Abschnitt durch die Öffnung schiebt und die Enden wieder verklebt, verändert sich der Verflechtungsgrad der Kanten um zwei Einheiten. Daß sich sein Betrag von Null auf zwei erhöht, läßt sich wieder demonstrieren, indem man das Band der Länge nach aufschlitzt und die Ringe auseinanderzieht. Beide bleiben ineinander verschlungen, wobei der eine sich zweimal um den anderen windet. Ob sich der Verflechtungsgrad erhöht oder erniedrigt, hängt davon ab, wie das Band durch die Lücke geführt wird. Da er zu Anfang Null war, stellt unser Beispiel nur einen Spezialfall dar. Doch läßt sich zeigen, daß der Verflechtungsgrad stets in Zweierschritten wechselt, gleichgültig welchen Betrag er auch zuvor haben mochte.

Die hier beschriebene Methode, den Verflechtungsgrad um geradzahlige Beträge zu ändern, wurde erstmals von Brock Fuller, einem Mathematiker am California Institute of Technology, erwähnt – und zwar bevor die Arbeiten über die Typ II-Topoisomerasen abgeschlossen waren.

Die Untersuchungen über die DNA-Gyrase scheinen die Vorstellung zu untermauern, daß das Enzym einen doppelsträngigen Ring in der generell gleichen Weise handhabt wie Fuller sein Band. Die Bedingung dabei war, die losen Enden nicht zu verdrehen. Verdrillt man nämlich das eine Ende um 360 Grad, dann ändert sich der Verflechtungsgrad nur um eine Einheit, also um einen ungeraden Betrag. Daher muß auch die DNA-Gyrase irgendwie verhindern, daß sich die Enden während des Manövers verdrehen.

Verschiedene Laboratorien arbeiten ebenso wie mein eigenes daran, die Struktur des Enzyms aufzuklären. Die DNA-Gyrase ist ein Protein mit einem Molekulargewicht von ungefähr 400 000. Sie setzt sich aus zwei paarweise vorhandenen Untereinheiten zusammen, die man mit den Buchstaben A und B kennzeichnet. Wird das Enzym denaturiert, während es den Ring durchtrennt, so findet man die A-Untereinheiten an den offenen 5′-Enden wieder. Das dürfte erklären, warum sich die Enden des durchschnittenen Rings nicht voneinander fortbewegen: Die 5′-Enden sind mit den A-Untereinheiten verknüpft, die selbst wieder durch die B-Untereinheiten zusammengehalten werden. Weitere Analysen haben gezeigt, daß sich das Enzym an ein ungefähr 150 Basenpaare langes Stück DNA bindet.

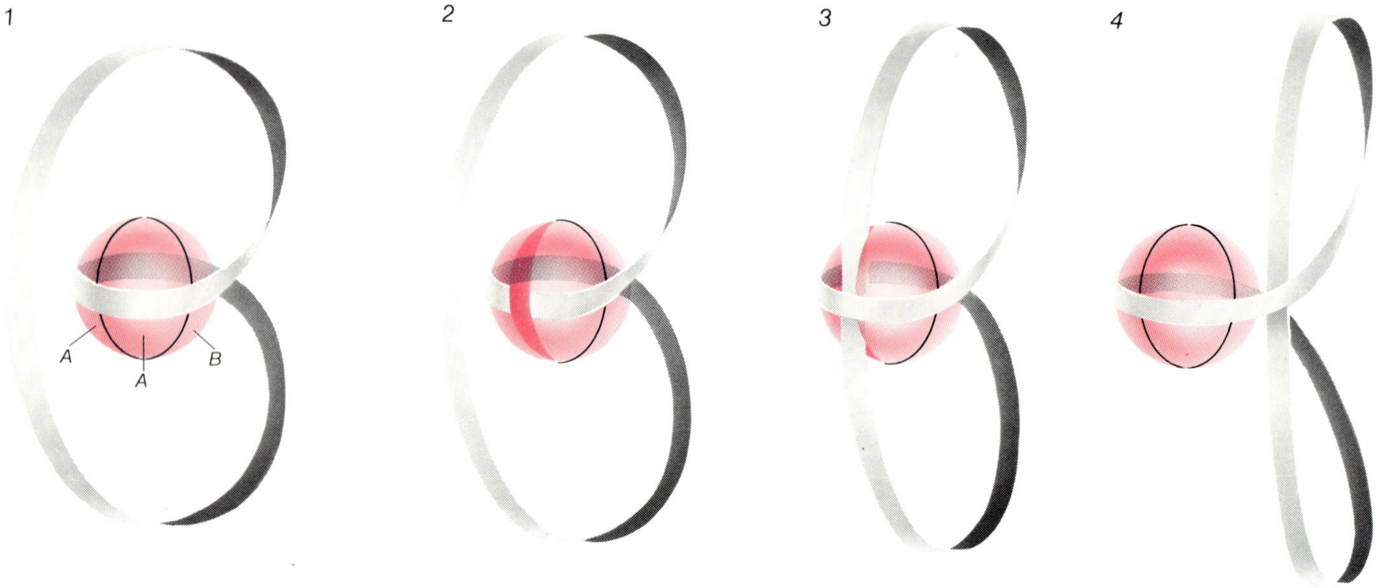

Bild 10: Die DNA-Gyrase könnte auch den Verflechtungsgrad ändern, indem sie einen Teil des Rings durch ihren „Körper" hindurchschleust. Über die genaue dreidimensionale Struktur des Enzyms ist zwar wenig bekannt, aber man weiß, daß ein einziges Molekül aus zwei Paar identischen Untereinheiten, A und B, besteht. Das in Bild 9 erwähnte 150 Basenpaare lange Stück des DNA-Rings wickelt sich in einer rechtshändigen Spirale quer um das Enzym, wobei sein Mittelteil auf die Oberfläche der beiden A-Untereinheiten zu liegen kommt (1). Die beiden drücken sich dann auseinander und sprengen den Ring (2). Die freie Schleife wird senkrecht zur Wicklung heran und durch die geöffnete „Tür" ins Innere der Gyrase gezogen (3). Bis sie in der Mitte angelangt ist, hat das Enzym den DNA-Ring und die Eingangstür wieder verschlossen. Die beiden B-Untereinheiten öffnen sich synchron dazu und werfen die eingewanderte Schleife zur Hintertür hinaus (4).

Der größte Teil davon scheint sich in Windungen um die Gyrase zu legen.

Es gibt mehrere Überlegungen, auf welche Weise die Gyrase den Verflechtungsgrad ändern könnte. Nach einem Vorschlag von Cozzarelli und Patrick O. Brown soll sich ein Stück des DNA-Rings in einer rechtshändigen Spirale um das Enzym wickeln und an einer Stelle brechen, an der es der Oberfläche anliegt (Bild 9). An diesen Komplex aus DNA und Gyrase bindet sich ein Molekül ATP, was zur Folge hat, daß sich ein der Bruchstelle benachbarter Abschnitt des Rings durch die Lücke schiebt, die sich dann hinter ihm schließt. Eine solche Passage ändert nicht nur den Verflechtungsgrad um zwei Einheiten, sondern kehrt auch den Drehsinn der Spirale um, in der sich die DNA um das Enzym schlingt. Nach der Spaltung des ATP-Moleküls würde sich – so Cozzarelli und Brown – die ursprüngliche Rechtshändigkeit irgendwie wieder einstellen.

Nach einem anderen Vorschlag soll sich das DNA-Molekül zwar auch um die Gyrase wickeln, aber die einmal gewählte Händigkeit während der gesamten Reaktion beibehalten. Seine einzige Windung liegt dabei quer über dem Enzym, während seine „freie" Schlinge senkrecht dazu herangeführt wird (Bild 10). Der Doppelstrang bricht etwa in der Mitte der Windung und läßt das herangezogene Stück passieren. Die Bindung mit einem ATP-Molekül verformt dann die Gyrase, so daß sie sich öffnet und die Schlinge ins Innere vordringen läßt. Die nachfolgende Spaltung des ATP-Moleküls führt dazu, daß das Enzym das eingedrungene Stück gewissermaßen zur Hintertür hinauswirft. Beide vorgeschlagenen Mechanismen können die bislang bekannten, von der DNA-Gyrase ausgeführten topologischen Transformationen erklären. Doch wird man noch beträchtliche Arbeit leisten müssen, um zu entscheiden, welcher der beiden der Wirklichkeit entspricht.

Die biologische Funktion

Während die Forschungsarbeiten über die molekulare Wirkungsweise der Topoisomerasen liefen, durchforstete man die Organismen nach weiteren solchen Enzymen. Mit Erfolg. Man fand sie in vielen Arten bis hin zum Menschen. So wie es jetzt aussieht, haben anscheinend alle pro- und eukaryontischen Organismen sowohl Typ I- als auch Typ II-Topoisomerasen. (Bakterien beispielsweise zählen zu den Prokaryonten: Ihr genetisches Material ist – anders als bei den Eukaryonten – nicht in einem Zellkern eingeschlossen.)

Die Topoisomerasen der Eukaryonten weichen offensichtlich etwas von denen der Prokaryonten ab. Bald nach meiner Entdeckung der Typ I-Topoisomerase in *Escherichia coli*, fand James J. Champoux und Renato Dulbecco am Salk-Institute for Biological Studies auch im Kern von Mäusezellen ein Enzym des gleichen Typs. Die Mäuse-Topoisomerase kann ohne weiteres negativ wie positiv überspiralige doppelsträngige DNA-Ringe entspannen, während das bakterielle Enzym die negativen bereitwilliger bearbeitet. Darüber hinaus bindet sich das Mäuse-Enzym nicht an das 5'- sondern an das 3'-Ende des geöffneten DNA-Strangs. Diese Eigenschaften scheint es mit den Typ I-Topoisomerasen anderer Eukaryonten zu teilen.

Auch die Typ II-Topoisomerasen wurden in vielen Organismen gefunden. Von ihnen kann jedoch nur die DNA-Gyrase einen DNA-Ring überspiralisieren. Was sie sonst noch beherrscht, wie das Verknoten und Verketten doppelsträngiger Ringe, bringen die Typ II-Topoisomerasen der Viren und Eukaryonten allerdings auch fertig.

Die weite Verbreitung der Topoisomerasen wirft natürlich die Frage nach der biologischen Funktion dieser Moleküle auf. Die heute verfügbaren Informationen stammen hauptsächlich aus Untersuchungen an Bakterien und den sie infizierenden Viren. Aber selbst diese begrenzten Daten deuten darauf hin, daß die Enzyme bei der Replikation und Transkription der DNA sowie bei bestimmten Arten der Rekombination eine Rolle spielen.

Anscheinend ist die DNA der meisten Bakterienarten normalerweise negativ überspiralisiert, wobei die Topoisomerasen das Ausmaß kontrollieren: Die Gyrase überspiralisiert die DNA, eine Typ I-Topoisomerase kann sie auf das erforderliche Maß entspannen.

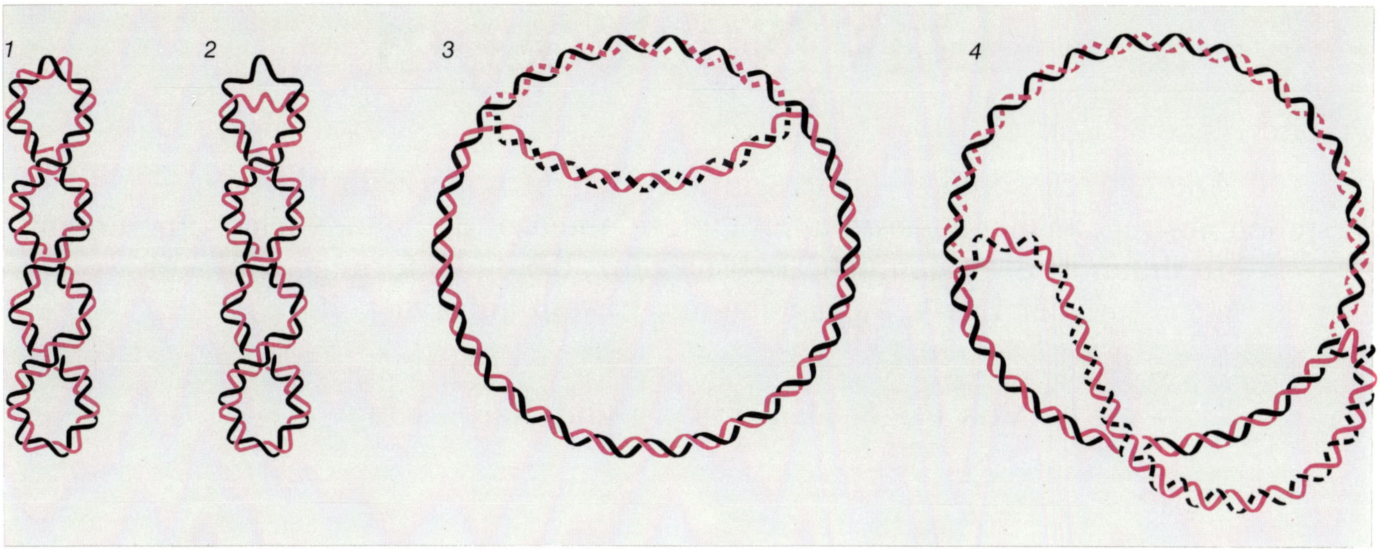

Bild 11: Eine Zelle muß, bevor sie sich teilt, ihre genetische Information, also die gesamte Basensequenz ihrer DNA, verdoppeln. Möglicherweise helfen ihr Topoisomerasen dabei. Bei der Verdoppelung, das heißt der Replikation eines doppelsträngigen DNA-Rings, wird an jedem der ursprünglichen Stränge ein neuer komplementärer hergestellt. Dazu müssen sich jedoch die alten Stränge trennen, also entwinden. Bei Bakterien überspiralisiert die Gyrase den Ring (1), und in dieser Form kann sich die Doppelhelix dann leichter entwinden (2). Wahrscheinlich ist für manche Organismen sogar ein hohes Maß an Überspiralisierung notwendig, damit die Replikation beginnen kann. Die Synthese schreitet entlang der alten, als Matrize dienenden Stränge fort, die dabei fortlaufend entwunden werden müssen (3). Diese Arbeit dürften ein oder mehrere Topoisomerase-Moleküle ausführen, die zugleich den Verflechtungsgrad ständig verringern (4). Nur wenn er den Wert Null erreicht, können sich die beiden doppelsträngigen Ringe am Ende der Replikation voneinander trennen. Ist er nicht exakt Null, bleiben die Ringe ineinander verflochten.

Bevor sich die DNA verdoppeln oder in RNA abschreiben läßt, muß ihr Reißverschluß – also die Wasserstoffbrücken zwischen den Basenpaaren – geöffnet werden. Eine negative Überspiralisierung (ein Defizit an Windungen im Ring) erleichtert es den beiden Strängen, sich zu entwinden und damit zu trennen. Der Grund dafür ist leicht einzusehen. Wenn sich ein Teil der Doppelhelix entwindet, ohne daß ein Strang geöffnet wird, bleibt der Verflechtungsgrad des Rings natürlich gleich. Die hier überflüssig gewordenen Wicklungen müssen sich auf den Rest des Rings verteilen, also mit den anderen auf einer kürzeren Strecke zusammendrängen. So läßt sich dort näherungsweise der günstige, also entspannte Zustand von 10,5 Basenpaaren pro Windung erreichen.

Eine negative Überspiralisierung kann nun – weil sich die Stränge der Doppelhelix williger trennen – sowohl die Replikation als auch die Transkription erleichtern. Das zeigt sich beispielsweise an einem Enzym, das im Lebenszyklus des Bakteriophagen Φ X 174 eine bedeutende Rolle spielt. Die genetische Information dafür liegt auf dem sogenannten A-Gen der ringförmigen Virus-DNA. In der Wirtszelle leitet das Enzym dann die Replikation ein, indem es den DNA-Ring spaltet. Im Reagenzglas führt es jedoch die Schneidarbeit nur aus, wenn die DNA negativ überspiralisiert ist. Möglicherweise muß diese Voraussetzung auch in der Bakterienzelle erfüllt sein.

Bevor sich eine bakterielle oder eukaryontische Zelle teilt, wird ihre genetische Information verdoppelt. Auch dies kann nur geschehen, wenn sich die Stränge trennen. Während sie auseinanderrücken, entsteht an jedem alten Strang ein dazu komplementärer. In manchen Organismen ist möglicherweise ein hoher Grad an Überspiralisierung nötig, um den Replikationsprozeß in Gang zu setzen.

Darüber hinaus müssen die Stränge der DNA, während die Verdoppelung voranschreitet, fortlaufend entwunden werden – und zwar muß das so geschehen, daß sich der Verflechtungsgrad ständig verringert. Er muß am Ende der Replikation gleich Null sein, damit sich die neuen doppelsträngigen Ringe voneinander trennen können. Ist er nicht genau Null, bleiben die Ringe ineinander verflochten. So etwas läßt sich bei der Vermehrung viraler DNA beobachten. Vermutlich besorgt eine Topoisomerase die endgültige Trennung.

Die Fähigkeit der Topoisomerasen, eine Doppelhelix zu überspiralisieren, dürfte in ähnlicher Weise bei der Transkription in Anspruch genommen werden. Das Enzym RNA-Polymerase leitet den Vorgang ein, indem es sich an das DNA-Molekül bindet. Es trennt etwa zehn Basenpaare gleichzeitig, deren Sequenz dann in RNA umgeschrieben wird. Auch hier erleichtert die Überspiralisierung die Trennung der Stränge. An manche DNA-Sequenzen bindet sich die RNA-Polymerase bereitwilliger, wenn andere Proteine benachbarte Stellen besetzt halten. In vielen Fällen wird auch die Bindung dieser Proteine vom Grad der Überspiralisierung beeinflußt. Die Topoisomerasen könnten diesen Grad einstellen und damit die Geschwindigkeit der Transkription – ein entscheidendes Element im Stoffwechsel der Zelle – regulieren helfen.

Auch bei der Rekombination der Gene werden die Stränge der DNA zerschnitten und die Teile – wenn auch in neuer Anordnung – wieder zusammengefügt. Eines der bestuntersuchten Beispiele liefert der Phage λ. Seine Integrase besorgt – wie bereits erwähnt – den Einbau der viralen DNA in die der Wirtszelle. Sie durchtrennt beide DNAs und fügt die Enden so zusammen, daß ein einziger großer Ring entsteht. Nash und Yoshiko Kikuchi konnten zeigen, daß die λ-Integrase tatsächlich eine DNA-Topoisomerase ist. Sie entspannt ganz offensichtlich die negativ überspiralisierte DNA und bindet sich kovalent an das Molekül, wenn es die Stränge durchtrennt.

So komplizierte biologische Prozesse, wie sie die Topoisomerasen an der DNA ausführen, können eigentlich nur lebenswichtige Funktionen haben. Sonst hätte die Evolution zu weniger aufwendigen Prinzipien gegriffen. Wenn wir erst mehr über diese Enzyme wissen, werden wir wahrscheinlich feststellen, daß sie sogar noch tiefer in die genetischen Angelegenheiten der Zelle verwickelt sind, als man bislang nachgewiesen hat.

Das Nucleosom

Die Chromosomen – sie tragen das Erbgut höherer Lebewesen – bestehen aus regelmäßig angeordneten Untereinheiten: die man Nucleosomen nennt. In ihnen ist die eigentliche Erbsubstanz, das fadenförmige Molekül der DNA, auf Spulen aus Eiweiß aufgewickelt.

Von Roger D. Kornberg und Aaron Klug

Als man die Chromosomen, die Träger des Erbguts höherer Lebewesen, vor etwa hundert Jahren zum ersten Mal im Mikroskop beobachtete, erschienen sie als dicke Fäden, die in zwei Gruppen zu den entgegengesetzten Enden einer sich teilenden Zelle wanderten (Bild 2). Man sah, wie jede der beiden Tochterzellen die ihr zugeteilten Chromosomen in eine Membran – die Membran des künftigen Zellkerns – einschloß. Dann geschah etwas Merkwürdiges: Die Chromosomen schienen zu verschwinden! Natürlich hatten sie sich nicht wirklich in Luft aufgelöst. Sie waren nur so dünn und diffus geworden, daß man sie im Mikroskop nicht mehr sehen konnte (Bild 2). Während der Zellteilung hatten sie in einer kompakten Form vorgelegen, in der sie leicht transportiert und auf die Tochterzellen verteilt werden konnten. Nun waren sie aus der Transport- in die Arbeitsform übergegangen, bildeten ein lockeres Knäuel und ermöglichten damit den Zugriff auf die genetische Information, von der Wachstum und Funktionsfähigkeit der Tochterzellen abhingen.

Das Erbgut eines jeden Lebewesens setzt sich aus Einzelinformationen zusammen, die man als Gene bezeichnet. Jedes Gen entspricht einem von Tausenden von Abschnitten im Chromosom einer typischen Tier- oder Pflanzenzelle. Es enthält den Bauplan für jeweils einen Eiweißstoff (ein Protein), der eine bestimmte Aufgabe innerhalb der Zelle zu erfüllen hat. Da diese Aufgaben von Zelltyp zu Zelltyp variieren, synthetisieren beispielsweise Blutzellen andere Proteine als Leber- oder Gehirnzellen. Dennoch enthalten sämtliche Zellen eines Organismus die gleichen Gene. Was sich von Zelle zu Zelle und von Zeit zu Zeit ändert, ist, welche Gene exprimiert, das heißt in Proteine übersetzt werden. Entsprechend liegen unterschiedliche Teile der Chromosomen in der locker gepackten Arbeitsform vor (Bild 1): Nur diejenigen Genregionen, die in einer bestimmten Zelle gerade exprimiert werden, sind voll aufgefaltet und frei zugänglich. Der Vielzahl verschiedener Zelltypen entspricht daher ein großer Formenreichtum bei den Chromosomen. Worauf gründet er sich? Vor allem aber: Wie lassen sich in einem Zellkern mit einem Durchmesser von weniger als einem Hundertstel Millimeter Chromosomen unterbringen, die im gestreckten Zustand rund zwei Meter lang sind?

Dieser Artikel berichtet über Untersuchungen, die eine Teilantwort auf diese Fragen ermöglichten. Wir haben seit mehr als zehn Jahren, manchmal gemeinsam, meist aber unabhängig voneinander und in der Regel auch zu verschiedenen Zeiten, in den molekularbiologischen Laboratorien des Medical Research Council in Cambridge den Aufbau der Chromosomen erforscht und dabei eng mit folgenden Kollegen zusammengearbeitet: Jean O. Thomas von der Universität Cambridge, Marcus Noll, der jetzt an der Universität Basel tätig ist, und John T. Finch vom Laboratorium für Molekularbiologie in Cambridge. Der Einfachheit halber werden wir uns im folgenden meist auf das kollektive „wir" beschränken und nicht im Verlauf der Geschichte jedesmal den oder die Beteiligten namentlich aufführen.

Eine unerklärliche Periodizität

Die ersten Untersuchungen an Chromosomen galten dem Rätsel ihrer Zusammensetzung. Die Chromosomen höher entwickelter Zellen bestehen aus einer Substanz mit Namen Chromatin (Bild 3), die aus zwei Arten chemischer Verbindungen aufgebaut ist: Proteinen und der Desoxyribonucleinsäure (internationale Abkürzung: DNA). Obwohl die Eiweißkomponente überwiegt, steckt die genetische Information allein in der DNA. Welche Funktion hat dann das Eiweiß? Die Eigentümlichkeit der Chromatinproteine machte diese Frage besonders interessant. Anfang der siebziger Jahre war nämlich klar geworden, daß die Eiweißkomponente des Chromatins im wesentlichen aus nur fünf veschiedenen Proteinen bestand, die man als Histone bezeichnete. Die gleichen fünf Histone finden sich im gesamten Reich der eukaryotischen Organismen (das sind solche, deren Zellen einen Kern besitzen), angefangen von den primitiven Hefe- und Schimmelpilzen bis hin zum Menschen.

Den ersten Hinweis auf die Rolle der Histone lieferten Röntgenbeugungsexperimente, die Maurice F. Wilkins vom King's College der Universität London und Vittorio Luzzati vom Centre de Génétique Moléculaire in Paris gemeinsam mit ihren Mitarbeitern durchführten. Mit Hilfe der Röntgenbeugung lassen sich periodische Strukturen untersuchen, wie sie zum Beispiel in Kristallen auftreten, bei denen sich bestimmte Muster aus Atomen oder Molekülen in den drei Raumrichtungen regelmäßig wiederholen. Wilkins und Luzzati erhielten ein aufregendes Ergebnis: Sie fanden Anzeichen für eine periodische Struktur im Chromatin. Der Ordnungsgrad erschien, verglichen mit Kristallen, ziemlich gering, aber die Periodizität war unverkennbar. Überdies ließ sich die gleiche Periodizität bei einer Mischung aus Histonen und DNA beobachten. Die Auswertung der Röntgendaten ergab, daß das sich wiederholende Strukturelement eine Länge von etwa hundert Ångström hatte (ein Ångström entspricht 10^{-10} Metern oder einem Zehnmillionstel Millimeter).

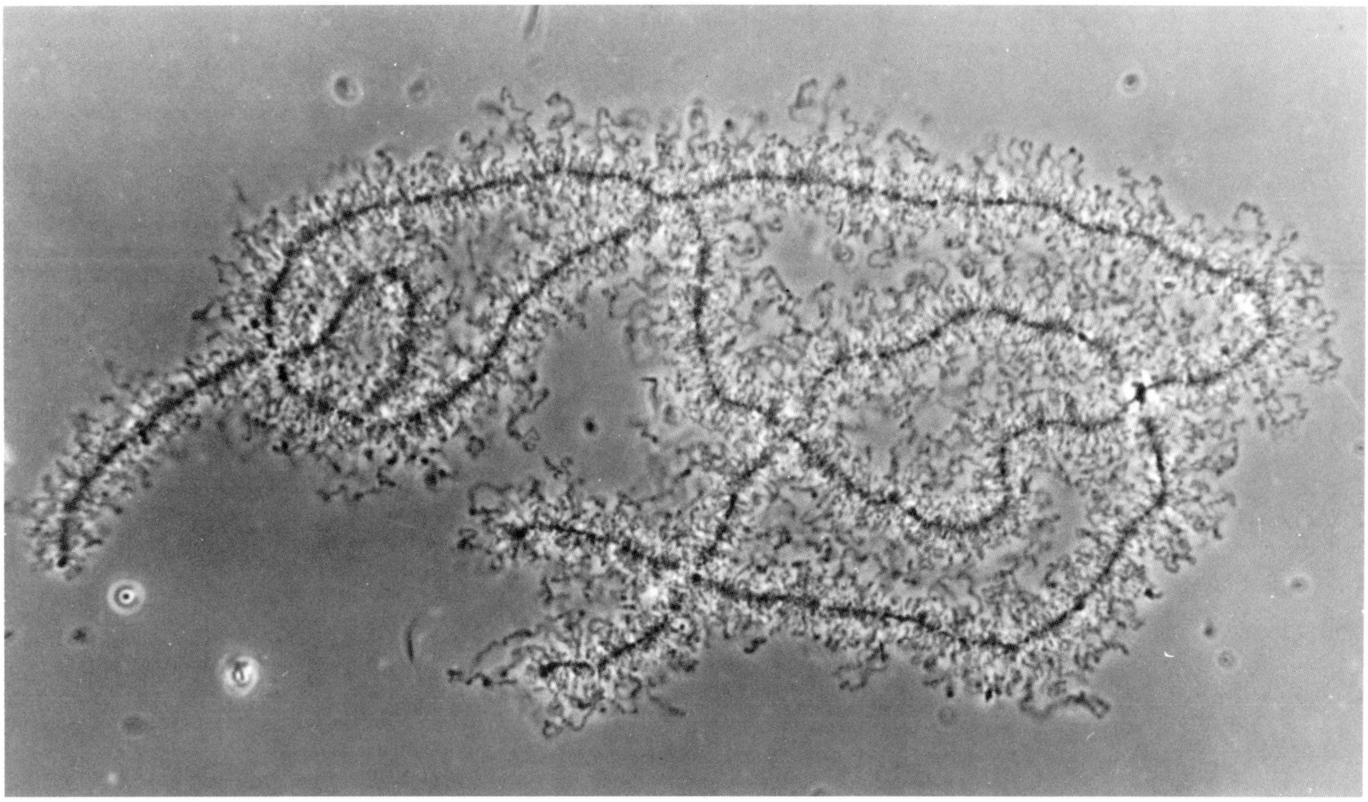

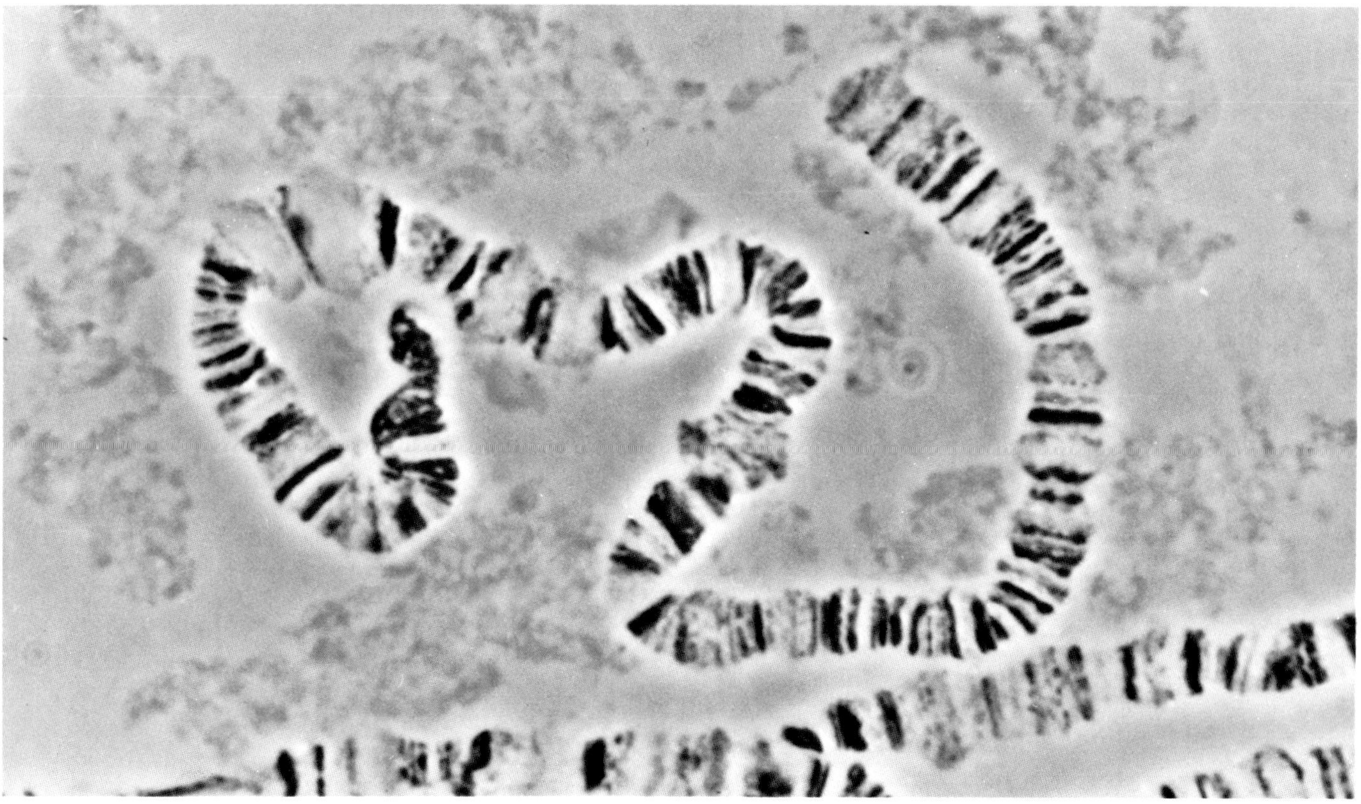

Bild 1: Chromosomen sind fadenförmige Gebilde, die das Erbgut der höher entwickelten Lebewesen tragen. Sie zeichnen sich durch einen außerordentlichen Formenreichtum aus. Neben den in Bild 2 gezeigten Chromosomenzuständen, die man zu bestimmten Zeiten in den Zellen aller Gewebearten beobachten kann, gibt es die beiden hier gezeigten Sonderformen. Lampenbürstenchromosomen (oben), die man in den Keimzellen vieler Tiere findet, sind aktive Chromosomen — also solche, an denen einzelne Gene gerade abgelesen werden. Diese Gene sind in Schleifen angeordnet, die radial vom Hauptfaden abstehen. Die Photographie zeigt in ungefähr 570-facher Vergrößerung ein Lampenbürstenchromosom in Oozyten (unreifen Eizellen) des Wassermolchs. Sie stammt von Joseph G. Gall von der Yale-Universität. — Riesenchromosomen (unten) finden sich beispielsweise in den Zellen von Fliegenlarven. Sie bestehen jeweils aus Hunderten von parallel nebeneinanderliegenden Kopien eines einzelnen Chromosoms. Das hier gezeigte, 3750-fach vergrößerte Bild eines Riesenchromosoms der Fruchtfliege *Drosophila melanogaster* hat George Lefevre von der California State University in Northridge aufgenommen.

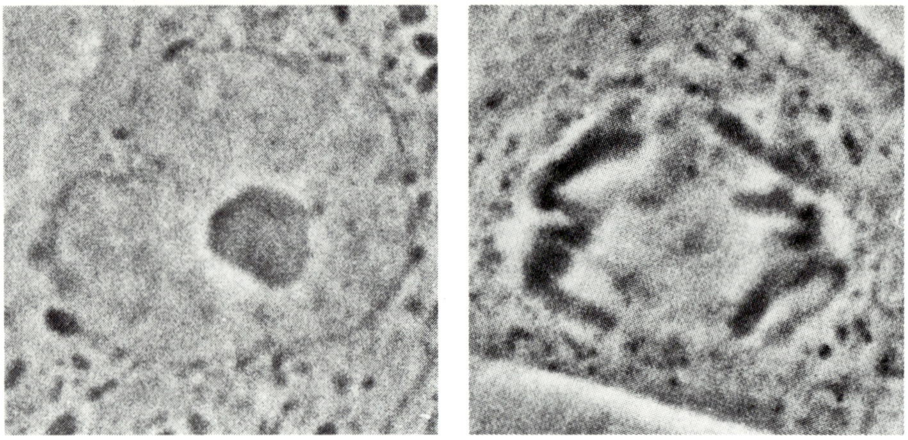

Bild 2: Chromosomen können in zwei grundverschiedenen Formen vorliegen: der Transport- und der Arbeitsform. Im aktiven Zustand (links) ist das Chromosomenmaterial diffus über den Zellkern verteilt und daher nicht sichtbar. (Was als dunkelgraue Scheibe erscheint, ist das Kernkörperchen; der Zellkern wird von einer Membran umschlossen, die als graue, annähernd kreisförmige Linie erkennbar ist.) In einer sich teilenden Zelle (rechts) wandern die Chromosomen aus dem Kern zu den Rändern der Zelle. Dabei liegen sie als kurze, dicke, V-förmige Fäden vor, die sich leicht im Mikroskop erkennen lassen. Die Aufnahmen zeigen in etwa 3000-facher Vergrößerung Ausschnitte aus Zellen der Känguruhratte. Sie stammen von Susan Stallman und Zacheus Cande von der Universität Berkeley.

Um das Überraschende an dieser Periodizität zu verstehen, müssen wir den Aufbau der Proteine und der DNA näher betrachten (Bild 3). Ein Protein ist ein kettenförmiges Molekül; als Kettenglieder fungieren zwanzig verschiedene Aminosäuren. Die daraus gebildeten Eiweißstränge liegen nicht gestreckt vor, sondern sind auf komplizierte Weise umeinandergeschlungen, wobei die Art dieser „Faltung" durch die Reihenfolge der Aminosäuren festgelegt ist. Das gefaltete Protein ist gewöhnlich kompakt und enthält nur auf der Oberfläche Höhlungen und Wölbungen, die als selektive Bindungsstellen für andere Moleküle dienen. Sie sind für die Funktionsfähigkeit verantwortlich. Beispielsweise binden Proteine, die als Enzyme wirken, andere Moleküle an sich und leiten dadurch deren chemische Umwandlung ein; Antikörper, ebenfalls Proteine, spielen eine Schlüsselrolle bei der Immunabwehr, indem sie sich an Fremdstoffe heften, die in den Körper eindringen. Die Histone schließlich erfüllen ihre Aufgabe im Chromatin dadurch, daß sie sich an die DNA binden. Verantwortlich dafür ist eine ionische Wechselwirkung: Viele der Aminosäuren in den Histonen tragen eine positive Ladung und verbinden sich mit den negativ geladenen Phosphat-Gruppen in der DNA.

Damit beeinflussen sie auch die Anordnung der DNA. Als langer, dünner Faden läuft sie durchgehend von einem Ende eines Chromosoms bis zum anderen. Dieser Faden besteht aus zwei Einzelsträngen, die in Form einer Doppelspirale, der berühmten Doppelhelix, umeinandergewunden sind. Die Einzelstränge bauen sich aus vier verschiedenen Untereinheiten auf: den Nucleotiden, in deren Reihenfolge die genetische Information verschlüsselt ist.

Die ziemlich steife Doppelhelix besitzt keine Strukturmerkmale, die alle hundert Ångström wiederkehren. Und doch treten solche periodischen Muster auf, wenn sich die DNA mit den Histonen zum Chromatin vereinigt. Eine mögliche Erklärung wäre, daß die Doppelhelix bei diesem Vorgang noch einmal zu einer Spirale gewunden wird. Auf diese Weise würde auch verständlich, wieso die Histone entscheidend dazu beitragen, die DNA in der beobachteten kompakten Form im Chromatin unterzubringen.

Für diese Deutung sprachen Befunde aus einer ganz anderen Richtung. Dean R. Hewish und Leigh A. Burgoyne von der Flinders-Universität in Südaustralien isolierten aus Rattenleberzellen eine Nuclease – ein Enzym, das DNA-Moleküle zerschneidet. Sie ließen es auf Chromatin einwirken und untersuchten die entstehenden Bruchstücke mit Hilfe der Gelelektrophorese – einem Analyseverfahren, bei dem man die Moleküle unter dem Einfluß eines elektrischen Feldes durch eine poröse Matrix wandern läßt. Durch den Siebeffekt der Matrix werden die Teilchen nach ihrer Größe getrennt: Kleine Moleküle wandern schneller und daher weiter als große. Hewish und Burgoyne fanden, daß die DNA-Bruchstükke ein regelmäßiges Bandenmuster im Gel erzeugten (Bild 4). Ein solches Muster konnte nur entstehen, wenn es sich bei den Bruchstücken um ganzzahlige Vielfache eines kleinsten Einheitsfragments handelte. Im Gegensatz dazu erhielt man bei entsprechenden Versuchen

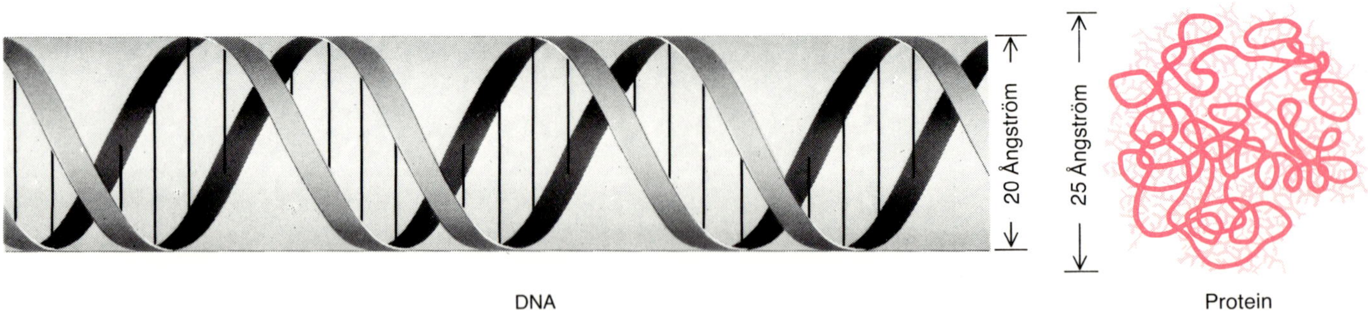

Bild 3: Das Chromatin, die Grundsubstanz der Chromosomen höherer Zellen, besteht aus Desoxyribonucleinsäure (internationale Abkürzung: DNA) und Eiweißstoffen (Proteinen). Fünf dieser Eiweißstoffe treten nur im Chromatin auf und werden als Histone bezeichnet. Ganz allgemein besteht ein Protein aus einer Kette von zwanzig verschiedenen Aminosäuren. Wie die äußerst schematische Darstellung der Struktur eines Proteins (ganz rechts) zeigt, ist die Hauptkette (dunkelfarbige Linie) stark verknäuelt und mit seitlich herausragenden Aminosäure-Resten bestückt. – Die DNA, ein langes, stabförmiges Molekül, besteht aus zwei Einzelsträngen (hier dargestellt durch zwei graue Bänder), die in Form einer Doppelspirale (einer Doppelhelix) umeinandergewunden sind. Sie ist aus Nucleotiden aufgebaut, deren Reihenfolge die genetische Information bestimmt. Die um die DNA gezeichnete Hülle soll die effektive Dicke des Moleküls verdeutlichen.

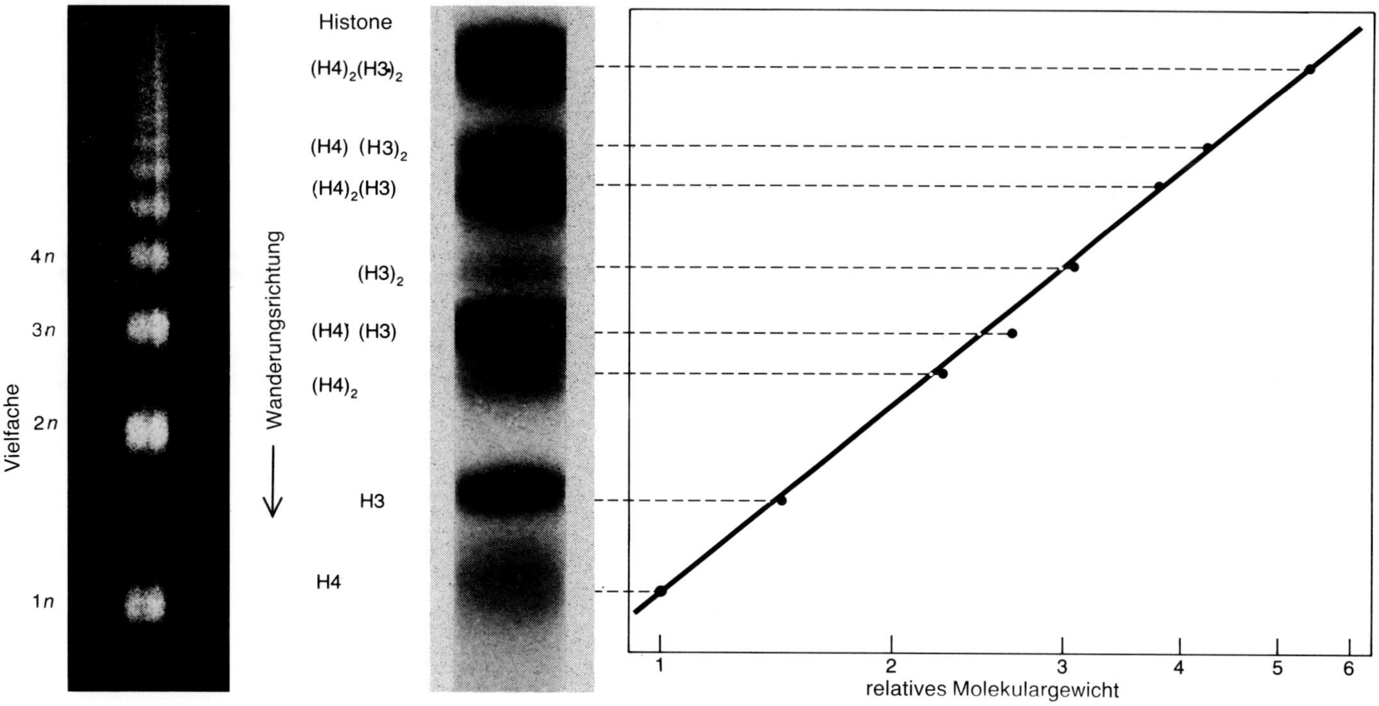

Bild 4: Die ersten Hinweise darauf, daß das Chromatin aus regelmäßig wiederkehrenden Untereinheiten, den Nucleosomen, aufgebaut ist und daß diese Untereinheiten Histon-Aggregate enthalten, lieferte die Gelelektrophorese. Bei diesem Verfahren trennt man Moleküle nach der Größe, indem man sie unter dem Einfluß eines elektrischen Feldes durch ein Gel wandern läßt. Die Wanderungsgeschwindigkeit ist dabei umgekehrt proportional zum Logarithmus des Molekulargewichts. Wenn man eine Nuclease (ein Enzym, das DNA zerschneidet) auf Chromatin einwirken läßt und die entstehenden DNA-Fragmente extrahiert und einer Gelelektrophorese unterwirft, bilden sie ein Muster aus diskreten Banden, das man durch Färben mit einem Fluoreszenzfarbstoff sichtbar machen kann (ganz links). Jede Bande entspricht dem Vielfachen einer Struktureinheit, die zweihundert Nucleotid-Paare lang ist. Daraus folgt, daß Nucleasen das Chromatin an gleichweit voneinander entfernten Stellen schneiden, nämlich den Verbindungsstücken zwischen den Nucleosomen. Um etwas über die Anordnung der Histone im Nucleosom zu erfahren, extrahierte man die Histone aus dem Chromatin und trennte sie auf schonende Weise, so daß ihre natürliche Anordnung weitgehend erhalten blieb. Dabei ergab sich eine Fraktion, die aus den Histonen H3 und H4 bestand. Auf diese Fraktion ließ man ein chemisches Reagens einwirken, das benachbarte Eiweißketten in einem Protein-Aggregat dauerhaft verknüpft. Anschließend wurden die Histone mit einem Detergens behandelt, das alle nicht dauerhaft verknüpften Aggregate auflöste. Wenn man die dabei entstandenen Fragmente durch Gelelektrophorese trennte, ergaben sich nach dem Anfärben acht Banden. Sie entsprachen den acht möglichen Verknüpfungsstufen zwischen einzelnen Histonen und einem Aggregat, das aus je zwei Molekülen H3 und H4 bestand. Offensichtlich liegen die Histone H3 und H4 in Form eines Vierer-Aggregats (eines Tetramers) im Nucleosom vor.

mit „nackter“ DNA einen gleichmäßig über das Gel verschmierten Fleck. Mit anderen Worten: Die Rattenleber-Nuclease spaltete das Chromatin an Stellen, die im gleichen Abstand aufeinanderfolgten, während die nackte DNA an beliebigen Punkten zerschnitten wurde. Hewish und Burgoyne schlossen daraus, daß die im Chromatin enthaltenen Proteine bestimmte, regelmäßig wiederkehrende, gleichlange Abschnitte der DNA gegen den Angriff der Nuclease schützten. Das war nur möglich, wenn die Histone periodisch entlang der DNA angeordnet waren.

Fragen über Fragen

Im Rückblick erkennt man, daß diese Ergebnisse schon die Lösung des Problems in sich bargen, aber damals warfen sie mehr Fragen auf als sie beantworteten. Ließen sich beide Befunde allein durch die Annahme erklären, daß die DNA in regelmäßiger Weise gefaltet war? Oder sagten sie nichts über strukturelle Besonderheiten der DNA aus, sondern hatten nur etwas mit der regelmäßigen Anordnung der Proteine zu tun? Bestand zwischen den beiden Versuchsergebnissen überhaupt ein Zusammenhang? Wenn eine Faltung der DNA des Rätsels Lösung war, wie sah sie aus? Handelte es sich bei den möglicherweise beteiligten Proteinen um Histone? Wenn ja, wirkten alle fünf Histone mit, oder kamen einige nicht in Betracht? Für zusätzliche Verwirrung sorgte die damals weit verbreitete Ansicht, daß die Histone für die Verschiedenartigkeit der Chromosomenstrukturen verantwortlich waren und auch darüber entschieden, welche genetischen Informationen in Proteine „übersetzt“ (exprimiert) wurden. Mit dieser Vorstellung ließ sich eine einfache, periodische Anordnung der Histone entlang der DNA nicht vereinbaren. Vielmehr hätte man in verschiedenen Bereichen eines Chromosoms unterschiedliche Kombinationen der fünf Proteine finden müssen; nur so konnte, wie man glaubte, eine komplizierte, abwechslungsreiche Struktur zustandekommen.

Vor diesem Hintergrund aus ungelösten Fragen hatten Wilkins und seine Kollegen anhand der Röntgendaten ein ganz konkretes Modell vorgeschlagen, das zeigte, wie die DNA gefaltet sein sollte. Danach war die Doppelhelix ihrerseits zu einer größeren Helix gewunden, und der Abstand zwischen den Windungen dieser „Superhelix“ betrug etwa hundert Ångström. Wilkins ging zwar davon aus, daß auch die Histone an der Struktur beteiligt waren, konnte aber nicht genau sagen wie.

Obwohl das Superhelix-Modell mit den Beugungsdaten in Einklang stand, wurde es nur von wenigen Fachkollegen akzeptiert. Das lag nicht so sehr am Modell selbst als an der geringen Zahl von Meßdaten. Es gab viele Möglichkeiten, die DNA so zu falten, daß ein hundert Ångström langes, periodisches Muster entstand, das die Daten erklären konnte. 1971 analysierten F. C. H. Crick und einer von uns (Klug) am molekularbiologi-

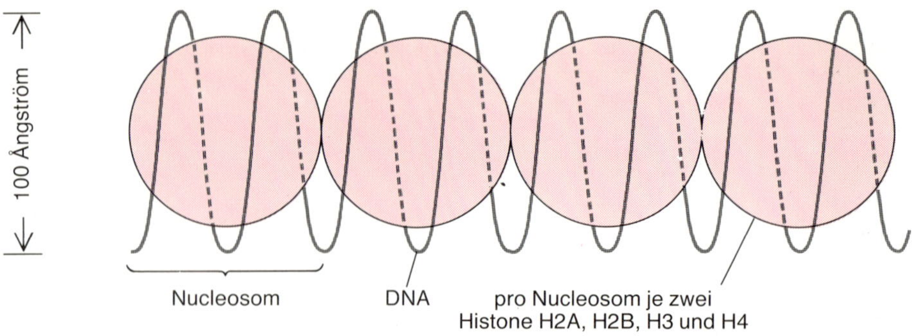

Bild 5: Ein erster Vorschlag, wie die hundert Ångström dicke Chromatinfaser aufgebaut sein könnte, wurde 1974 gemacht. Danach sollte die DNA um aneinandergereihte „Perlen" aus Proteinen gewickelt sein, wobei auf eine Perle jeweils ein zweihundert Nucleotid-Paare langer Abschnitt entfiel. Man wußte bereits, daß die Perlen aus acht Histonen aufgebaut sind, nämlich je zwei Molekülen H2A, H2B, H3 und H4. Nicht bekannt war die genaue Gestalt dieses Histon-Aggregats und die tatsächliche Anordnung der DNA.

schen Laboratorium in Cambridge die theoretisch denkbaren Alternativen des Superhelix-Modells. Der andere (Kronberg) wandte sich Röntgenbeugungsuntersuchungen am Chromatin zu – in der Hoffnung, daß zusätzliche Daten helfen würden, eine Unterscheidung zwischen den möglichen Strukturen zu treffen. Eine Zeitlang zehrten wir von dieser Hoffnung und glaubten, das jeweils nächste Beugungsmuster würde die Lösung bringen. Doch ein Jahr und vielleicht hundert Röntgenaufnahmen später traten wir immer noch auf der Stelle.

Ein großer Schritt vorwärts

Dennoch waren unsere Anstrengungen nicht fruchtlos. Nebenher versuchten wir nämlich festzustellen, welche Histone an der Faltung oder Verwindung der DNA beteiligt waren. Dazu brachten wir DNA und isolierte Histone zusammen und untersuchten, ob sich beide zum Chromatin vereinigten. Den Grad der Vereinigung konnten wir mit Hilfe des charakteristischen Beugungsmusters des Chromatins bestimmen. Wenn wir DNA mit einem natürlichen Gemisch aus unfraktionierten Histonen zusammenbrachten, verbanden sich neunzig Prozent zum Chromatin. Dagegen mißlangen alle Versuche, aus DNA und einer Mischung der fünf isolierten und gereinigten Histone Chromatin zu erhalten. Wir schlossen daraus, daß die Histone bei der Isolierung denaturiert worden waren: Die kompakt gefaltete „native" Konformation, von der die biologische Wirksamkeit abhing, war zerstört worden. Was wir brauchten, war offensichtlich ein schonenderes Isolierungsverfahren.

Die Trennung der fünf Histon-Moleküle – H1, H2A, H2B, H3 und H4 – wurde durch ihre Ähnlichkeit erschwert. Es handelt sich nämlich um fast gleichlange Ketten (nur H1 ist doppelt so lang wie die anderen) mit sehr ähnlicher Zusammensetzung: Zwanzig Prozent der Aminosäuren sind jeweils positiv geladen (basisch), der Rest ist größtenteils neutral. Der Isolierung stand zusätzlich eine besondere Eigenschaft der Histone im Wege: ihre Neigung aneinander zu haften. Dieser Effekt läßt sich zwar durch Zugabe von konzentrierten Säuren und Harnstoff verhindern – aber meist nur auf Kosten einer Denaturierung der betreffenden Proteine.

Deneys R. van der Westhuyzen und Claus von Holt von der Universität Kapstadt hatten sich ein Jahr vor unseren Experimenten von den gebräuchlichen Methoden abgewandt und versucht, Histone unter Bedingungen zu trennen, bei denen die native, gefaltete Struktur erhalten blieb. Sie filtrierten Histongemische über eine Trennsäule, die mit Teilchen aus einem porösen Gel beschickt war. Auf diese Weise erhielten sie eine saubere Auftrennung in zwei Fraktionen. Die erste bestand aus den Histonen H1, H3 und H4, die zweite enthielt die Histone H2A und H2B.

Wir waren fasziniert von der Bedeutung, die diesem Ergebnis möglicherweise zukam. Bei der Gelfiltration erreicht man eine Auftrennung der Moleküle nach ihrer Größe, weil kleine Moleküle in die Poren eindringen können und sich darin „verheddern", während große Moleküle nicht eindringen können, sondern um die Teilchen herum wandern und die Säule folglich schneller durchqueren. (Das ist die umgekehrte Situation wie bei der Gelelektrophorese, wo man ein zusammenhängendes und nicht aus einzelnen Teilchen bestehendes Gel verwendet, so daß alle Moleküle durch das Gel wandern müssen und kleine Moleküle schneller vorankommen als große.) Überraschend am Verhalten der Histone bei der Gelfiltration war, daß H3 und H4 genauso schnell wanderten wie H1, obwohl sie nur halb so groß sind. Das brachte uns auf die Idee, daß H3 und H4 normalerweise als Doppelmolekül (Dimer), das die gleiche Größe hat wie H1, vorliegen könnten. Nun war das nicht die einzige denkbare Erklärung. Ebensowenig ließ sich sofort erkennen, was die Anwesenheit von Dimeren aus H3 und H4 für die Struktur des Chromatins zu bedeuten hätte. Aber zu einer Zeit, als niemand so recht wußte, wie es weitergehen sollte, waren wir für jedes neue Ergebnis dankbar. Wir beschlossen also nachzuprüfen, ob H3 und H4 tatsächlich Dimere bildeten, und fanden, daß diese Vermutung genau die „halbe" Wahrheit war.

Die ganze Wahrheit

Wir stellten zunächst fest, daß sich das Material, das wir mit der schonenderen Trennmethode gewonnen hatten, bei unseren Experimenten zur Vereinigung von Histonen und DNA tatsächlich wie die unbehandelten Histone verhielt. Mischten wir das Aggregat aus H3 und H4, das wir bei der Gelfiltration erhalten hatten, mit den Histonen H2A und H2B (die wir im selben oder einem gesonderten Experiment isoliert hatten), so entstand durchweg Chromatin, das das charakteristische Beugungsmuster des nativen Materials besaß.

Im nächsten Schritt gingen wir sodann der Frage nach, ob die Idee eines H3-H4-Dimers richtig war. Zu diesem Zeitpunkt stieß Jean Thomas zu uns, der Protein-Protein-Aggregate mit Hilfe einer Methode untersuchte, bei der die Bestandteile eines Aggregats durch ein chemisches Reagens dauerhaft verknüpft wurden und daher auch bei Anwendung energischer Trennverfahren nicht auseinanderfallen konnten. Die wirksamste Variante dieser Methode stammte von Gregg E. Davies und George R. Stark von der medizinischen Fakultät der Stanford-Universität. Dabei behandelt man eine Lösung des Aggregats mit einem Reagens, das zwei Imidoester-Gruppen trägt. Solche Gruppen bilden stabile Bindungen mit den Aminogruppen der Aminosäuren. Verbinden sich die beiden Imidoester-Gruppen des Reagens mit je einer Aminogruppe an zwei benachbarten Proteinen eines Aggregats, so werden die beiden Bestandteile des Aggregats zu einem Doppelmolekül verknüpft. Dieses läßt sich durch Behandeln mit Natriumlaurylsulfat (SDS) – einem Detergens, das nicht durch stabile Atombindungen verknüpfte Protein-Aggregate spaltet und Proteine denaturiert – und anschließende Gelelektrophorese nachweisen. Wir erwarteten, daß nach der Behandlung des vermeintlichen H3-H4-Dimers mit dem Imidoester bei der Gelelektrophorese drei Banden zum Vorschein kämen: eine, die dem verknüpften H3-H4-Doppelmolekül, und zwei, die den einzelnen Histonen H3 und H4 entsprächen. Zu unserer großen Überraschung fanden wir jedoch nicht drei, sondern acht Banden! Sie entsprachen den folgenden Protein-Kombinationen: H3, H4, H3-H3, H3-H4, H4-H4, H3-H3-H4, H3-H4-H4, H3-H3-H4-H4. Es bedurfte nicht vieler Überlegung, um zu erkennen, daß dies sämliche Zwischenstufen waren, die entstehen konnten, wenn benachbarte Moleküle in einem Aggregat aus zwei H3- und zusätzlich zwei H4-Molekülen miteinander verknüpft wurden. Offenbar bildeten H3 und H4 nicht ein Dimer, sondern ein Doppelpaar aus Dimeren: ein $(H3)_2(H4)_2$-Tetramer. Dies ließ sich durch weitere Experimente bestätigen.

Eine kühne Hypothese

Welche Folgerungen ergaben sich daraus für die Struktur des Chromatins? Die Tatsache, daß alle H3- und H4-Moleküle in Form ein und desselben Tetramers vorlagen, legte den Schluß nahe, daß es sich dabei um eine feste Struktureinheit handelte. Das Mengenverhältnis zwischen diesen beiden Proteinen und den anderen Histonen sowie der DNA sollte demnach Aufschluß über die strukturellen Beziehungen zwischen den einzelnen Bestandteilen des Chromatins geben. Das Chromatin besteht zu etwa gleichen Teilen aus H2A, H2B, H3 und H4, und auf jedes dieser Moleküle entfallen ungefähr fünfundzwanzig Nucleotid-Paare der DNA-Doppelhelix. Wenn das Chromatin tatsächlich aus identischen Einheiten aufgebaut wäre, deren jede genau ein $(H3)_2(H4)_2$-Tretramer enthielte, müßte es sich – so unsere Überlegung – bei dieser Einheit um ein Oktamer handeln, in dem jedes der vier Histone zweimal vorkäme. Außerdem sollte sie ein zweihundert Nucleotid-Paare langes Stück DNA enthalten.

Von seinem Aufbau her hat das $(H3)_2(H4)_2$-Tetramer eine bemerkenswerte Ähnlichkeit mit anderen Proteinen. So ist auch der rote Blutfarbstoff Hämoglobin ein Tetramer, das aus zweimal zwei Untereinheiten besteht: zwei Alpha- und zwei Beta-Ketten. Wie man aus Röntgenstrukturanalysen des Hämoglobins und anderer Proteine, die aus mehreren Aminosäure-Ketten bestehen, weiß, sind sie dicht gepackt und nahezu kugelförmig. In keinem Fall enthalten sie Löcher, in die ein so großes Molekül wie die DNA hineinpassen würde. Wenn das aus viermal zwei Histon-Molekülen gebildete Oktamer gleichfalls eine dicht gepackte Struktur besäße, dann müßte die daran gebundene DNA auf der Außenseite des Komplexes liegen, und ein einzelner, langer DNA-Faden würde sich von einem Oktamer zum nächsten über das gesamte Chromosom hinziehen. Vor unserem geistigen Auge erstand das Chromosom als eine Kette aus kugelförmigen Untereinheiten, die wie Perlen auf einer Schnur aufgereiht waren (Bild 5).

Um das Bild zu vervollständigen, brauchte man Größenangaben. Es war nicht schwer, die entsprechenden Werte aus den vorhandenen Informationen abzuschätzen. Angenommen die Perlen waren mit den durch die Röntgenbeugung festgestellten periodischen Strukturelementen identisch, dann betrug der Abstand zwischen den Mittelpunkten zweier Perlen hundert Ångström. Der gleiche Wert ergab sich, wenn man annahm, daß die Perlenketten den Chromatinfasern entsprachen, die auf elektronenmikroskopischen Aufnahmen von locker gepackten Chromosomen sichtbar waren. Über die Dicke dieser Fasern wurden unterschiedliche Angaben gemacht: Die Werte schwankten zwischen dreißig und dreihundert Ångström, lagen aber meist in der Nähe von hundert Ångström.

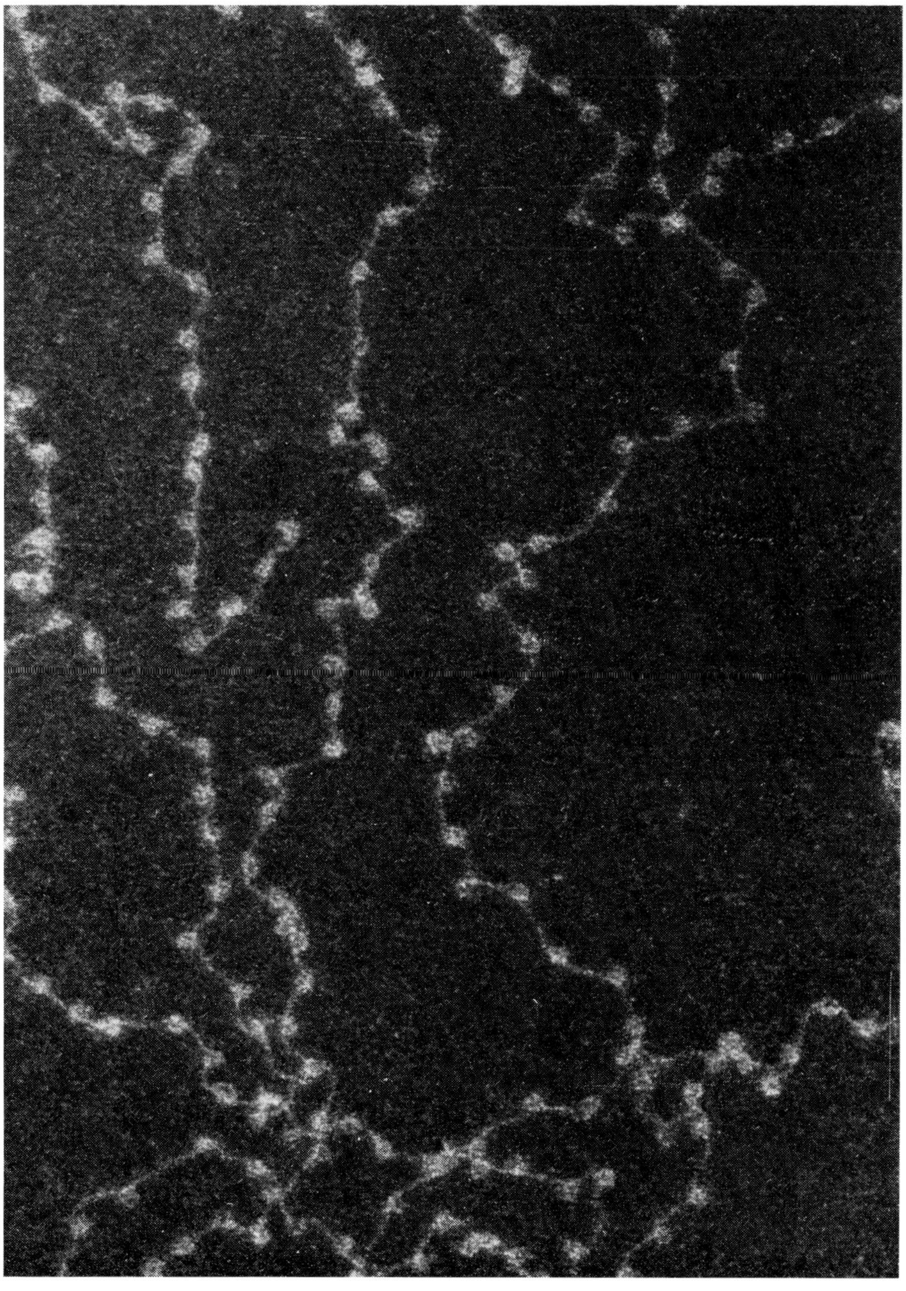

Bild 6: Wie Perlenschnüre sehen die Chromatinfasern aus, die in 325 000-facher Vergrößerung auf dieser elektronenmikroskopischen Aufnahme abgebildet sind. Sie stammen aus den Kernen roter Blutkörperchen von Hühnern. Während der Präparation wurde das Chromatin gestreckt, so daß sich der Abstand zwischen benachbarten Nucleosomen vergrößerte: Auf dem Bild sind sie dadurch leichter zu unterscheiden. Um die Chromatinfasern sichtbar zu machen, wurden sie mit Uranylacetat „negativ" gefärbt. Die Aufnahme stammt von Ada L. und Donald E. Olins von der Universität des Staates Tennessee.

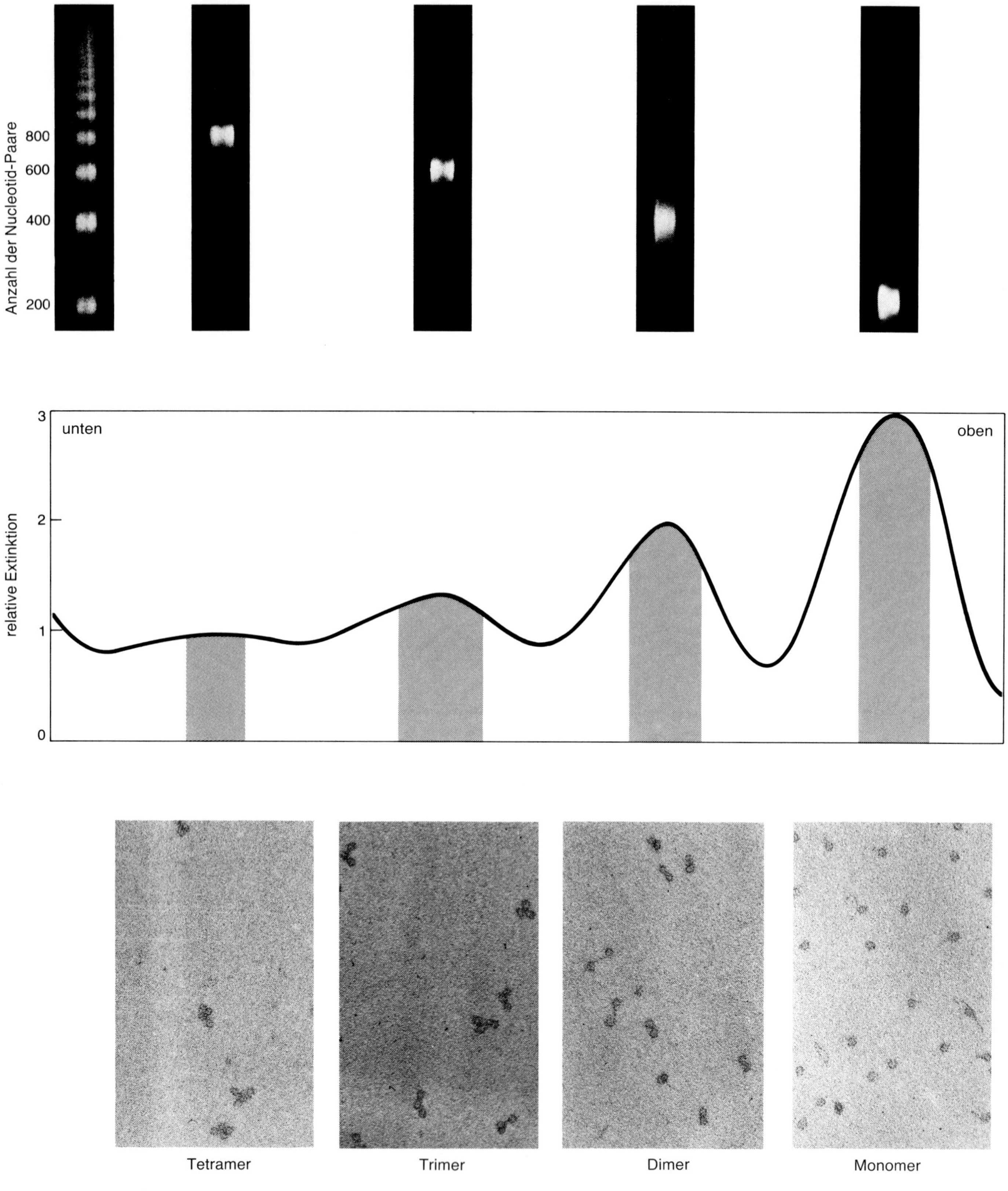

Bild 7: Mit diesem Experiment bewies man, daß die Untereinheiten des Chromatins, deren Existenz sich bei biochemischen (Bild 4) und elektronenmikroskopischen Untersuchungen (Bild 6) herausgestellt hatte, identisch sind. Die Bruchstücke, die bei der kurzfristigen Einwirkung von Micrococcus-Nuclease auf Chromatin entstanden, zentrifugierte man in einer Rohrzucker-Lösung, in der ein Dichtegradient herrschte, so daß sie nach ihrer Größe getrennt wurden. Zur Lokalisation der entstandenen Fraktionen durchstrahlte man die Rohrzucker-Lösung mit ultraviolettem Licht und maß die Absorption: Maxima in der Absorptionskurve entsprachen Stellen, an denen der DNA-Histon-Komplex angereichert war (Mitte). Aus jeder Fraktion (graue Bereiche) entnahm man Proben, extrahierte die DNA und unterwarf sie einer Gelelektrophorese (oben). Die Länge der DNA-Stücke wurde durch Vergleich mit dem Bandenmuster bestimmt, das ein nicht aufgetrenntes Gemisch aus Chromatin-Spaltprodukten bei der Elektrophorese ergab (oben links). Die aus jeder der vier Fraktionen stammende DNA bildete eine einzige Bande, die entweder der zweihundert Nucleotid-Paare langen Struktureinheit selbst (dem Monomer, rechts oben) oder dem doppelten (dem Dimer), dreifachen (dem Trimer) oder vierfachen dieser Einheit (dem Tetramer) entsprach. Elektronenmikroskopische Aufnahmen der DNA aus den vier Fraktionen (unten) zeigten bei 160 000-facher Vergrößerung in Übereinstimmung damit einzelne perlenartige Gebilde in der leichtesten Fraktion (unten rechts), Perlenpaare (Dimere) in der nächstschwereren und so weiter.

Die Bewährungsprobe

All das waren vorerst nur Spekulationen, die man vielleicht im Freundeskreis anstellen aber unter keinen Umständen der Kritik der Fachkollegen aussetzen würde. Die Wende brachte die Erkenntnis, daß eine Struktur, die wie eine Perlenkette aussah, die Ergebnisse der Nuclease-Verdauungsexperimente von Hewish und Burgoyne erklären konnte: Die regelmäßige Abfolge von auf Perlen liegenden DNA-Abschnitten und kurzen DNA-Verbindungsstücken dazwischen trug der Tatsache Rechnung, daß bei den Verdauungsexperimenten ein regelmäßiges Muster von Spaltstücken entstand; denn die freistehenden DNA-Abschnitte sind für die Nuclease besser zugänglich und können daher leichter zerschnitten werden. Die entstehenden Fragmente wären dann ganzzahlige Vielfache des DNA-Gehalts einer Perle – oder, wie wir nun vorhersagen konnten, Vielfache eines zweihundert Nucleotid-Paare langen Stücks. Damit stand unser Modell vor seiner ersten Bewährungsprobe. Würde sich unsere Vorhersage bestätigen?

Die Ungewißheit dauerte nicht lange. Es gab nämlich schon einen Hinweis in der wissenschaftlichen Literatur. Hewish und Burgoyne hatten in ihrer Arbeit von einem ähnlichen Muster aus DNA-Fragmenten berichtet; Robert Williamson von der Universität Glasgow hatte es in anderem Zusammenhang beobachtet. Wir schlugen in Williamsons Veröffentlichung nach, und dort stand, daß die Zahl der Nucleotid-Paare in den DNA-Fragmenten ungefähr zweihundert oder ein ganzzahliges Vielfaches davon betrug. Von diesem Moment an waren wir von der Richtigkeit unserer Idee überzeugt. Sie auch zu beweisen war freilich eine andere Sache.

Williamson hatte die Größe der Bruchstücke nur ungefähr bestimmt, und es war nicht klar, welcher Zusammenhang zwischen seinen DNA-Fragmenten und denen von Hewish und Burgoyne bestand. Es blieb uns nichts anderes übrig, als beide Versuche zu wiederholen und vor allem die Fragment-Größen genau zu bestimmen. Für diese Bestimmung benutzten wir eine Methode, bei der das Fragment-Gemisch zusammen mit DNA-Stücken bekannter Zusammensetzung und damit auch bekannter Länge einer Gelelektrophorese unterworfen und aus dem Vergleich der zurückgelegten Wegstrecken aller beteiligten Teilchen die Längen der Fragmente ermittelt wurden. Marcus Noll, der diese Untersuchungen durchführte, erhielt für die Länge der drei kürzesten Fragmente Werte von 205, 405 und 605 Nucleotid-Paaren. Damit konnten wir unsere Bedenken hinsichtlich der Fragmentgröße ein für allemal vergessen.

Eine weitere Entdeckung von praktischer Bedeutung war, daß neben der Rattenleber-Nuclease auch andere Enzyme die DNA im Chromatin an jeweils zweihundert Nucleotid-Paare voneinander entfernten Stellen zerschnitten. Auf die Spur dieser Entdeckung brachten uns Untersuchungen von Gary Felsenfeld vom Nationalen Institut für Arthritis, Stoffwechsel- und Verdauungskrankheiten und Kensal E. van Holde von der Oregon State University über die Spaltung von Chromatin durch die Micrococcus-Nuclease – ein aus Micrococcen (kleinen, kugelförmigen Bakterien) isoliertes Enzym. Nach ausgiebiger Verdauung mit dieser Nuclease war etwa die Hälfte der DNA vollständig abgebaut, und der Rest, der sich nach Felsenfeld und van Holde aus etwa 100 bis 175 Nucleotid-Paare langen Stücken zusammensetzte, widerstand jedem weiteren Angriff. Das nicht verdaute Material lag in einer kompakten Form vor; denn es setzte sich schneller in der Zentrifuge ab als fadenförmige histon-freie DNA-Stücke gleicher Länge.

Wir fragten uns, ob diese Teilchen etwas mit unseren Perlen zu tun hatten. Daher ließen wir Micrococcus-Nuclease unterschiedlich lange auf Chromatin einwirken und untersuchten die entstehenden DNA-Fragmente mit Hilfe der Gelelektrophorese. Nach kurzer Einwirkung ergab sich das gleiche Bandenmuster aus Vielfachen einer zweihundert Nucleotid-Paare langen Struktureinheit wie bei den Experimenten mit der Rattenleber-Nuclease. Bei längerer Einwirkung fanden wir nur noch zweihundert Basenpaare lange Einheitsbruchstücke (und schließlich ging der Abbau bis zu den von Felsenfeld und van Holde beobachteten noch kleineren Bruchstücken weiter; wir kommen darauf zurück). Wie diese Experimente zeigten, war die Zerlegung von Chromatin an gleichweit voneinander entfernten Stellen entlang der DNA eine Eigenschaft der Chromatin-Struktur und nicht die einer bestimmten Nuclease. Außerdem war es für unsere weiteren Experimente eine große Erleichterung, anstelle des Rattenleber-Enzyms, das wir selbst isolieren mußten, die käufliche Micrococcus-Nuclease verwenden zu können.

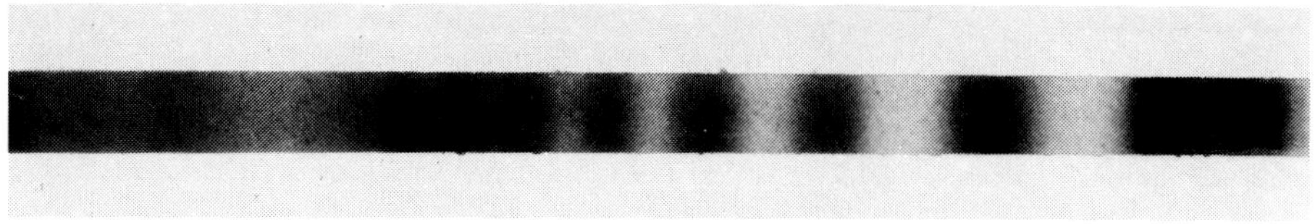

Bild 8: Behandelt man Chromatin mit einem Reagens, das benachbarte Eiweißketten in einem Protein-Aggregat dauerhaft verknüpft, und trennt die Verknüpfungsprodukte elektrophoretisch auf, so entsteht das hier gezeigte Bandenmuster. Die Banden lassen die Anwesenheit von Histon-Monomeren (1) und allen höheren Verknüpfungsprodukten bis hin zum Oktamer (8) erkennen. (Unterschiedliche Histontypen sind bei der verwendeten Gelgröße nicht zu unterscheiden.) Wie das Versuchsergebnis zeigt, treten Histone im Chromatin ganz überwiegend in Achtergruppen auf. Die ziemlich schwachen Banden am linken Ende des Gelstreifens stammen vermutlich von Vielfachen des Oktamers.

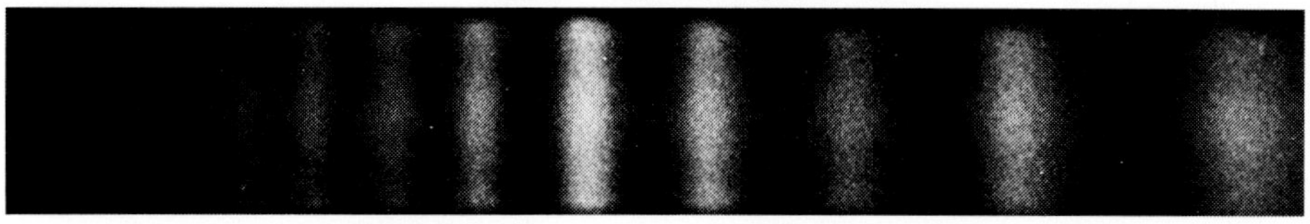

Bild 9: Behandelt man Chromatin anstatt mit Micrococcus-Nuclease mit Pankreas-DNase I, so entstehen einzelsträngige DNA-Fragmente. Bei der Gelelektrophorese bilden sie Banden, deren Abstände einem etwa zehn Nucleotide langen DNA-Stück entsprechen. Die Fragmente sind also Vielfache einer rund zehn Nucleotide langen Einheit. Anscheinend kann das Enzym jeweils nur einen der beiden Stränge der Doppelhelix zerschneiden – und auch das nur an Stellen, die ungefähr zehn Nucleotide auseinanderliegen; die andere Seite ist durch den Histonkern des Nucleosoms geschützt. Da eine Windung der Doppelhelix gleichfalls zehn Nucleotid-Paare enthält, zeigt dieses Experiment, daß sich die DNA auf der Oberfläche des Nucleosoms befindet und um die Histone gewikkelt ist.

Sichtbare Beweise

Etwa um die gleiche Zeit erfuhren wir von Arbeiten aus einer ganz anderen Ekke. Ada L. und Donald E. Olins vom Oak Ridge National Laboratory, C. L. F. Woodcock von der Universität von Massachusetts, Pierre Chambon und seine Mitarbeiter am Laboratoire de Génétique Moléculaire des Eucaryotes in Straßburg und Jack D. Griffith von der Stanford-Universität hatten die Methoden, Chromatin-Fasern für elektronenmikroskopische Aufnahmen zu präparieren, so weit verbessert, daß in solchen Bildern eine klare, mehr oder weniger regelmäßige Substruktur sichtbar wurde (Bild 6). Die Fasern erschienen als Schnüre aus aneinandergereihten, kugelförmigen Teilchen – jedes mit einem Durchmesser von etwa hundert Ångström –, die durch dünne Stränge aus augenscheinlich nackter DNA miteinander verbunden waren. Die Olinses beschrieben sie als „Teilchen auf einem Faden". Ihre Aufnahmen verwandelten unsere Idee von den „Perlenketten" in sichtbare Realität.

Natürlich war es möglich, daß die Teilchen, die auf den elektronenmikroskopischen Aufnahmen zu sehen waren, nichts mit den zweihundert Nucleotid-Paare langen Struktureinheiten zu tun hatten, auf die wir bei den Untersuchungen an Histonen und bei den Nuclease-Verdauungsexperimenten gestoßen waren: Die Verbindung zwischen den elektronenmikroskopischen und biochemischen Untersuchungen mußte noch hergestellt werden. Das gelang zuerst Chambons Arbeitsgruppe und dann auch uns (Bild 7). Wir ließen Micrococcus-Nuclease gerade so lange auf Chromatin einwirken, daß die DNA an einigen, aber nicht allen, zweihundert Nucleotid-Paare auseinanderliegenden Stellen zerschnitten wurde. Auf diese Weise erhielten wir eine Mischung, die aus der Struktureinheit selbst (Monomeren) sowie aus dem Doppelten (Dimeren), Dreifachen (Trimeren) und Vierfachen (Tetrameren) dieser Einheit bestand. Die verschieden langen Bruchstücke konnten wir durch Zentrifugation voneinander trennen, da sie sich um so schneller absetzten, je größer sie waren.

Wir prüften die Reinheit der einzelnen Fraktionen, indem wir die darin enthaltene DNA einer Gelelektrophorese unterwarfen. Die Gele zeigten für jede Fraktion nur eine einzige Bande (Bild 7 oben). Dabei entsprach die Bande für die Monomeren einem zweihundert Nucleotid-Paare langen DNA-Stück, die Bande für die Dimeren einem doppelt so langen Fragment und so weiter. Untersuchte man dieselben Fraktionen im Elektronenmikroskop, so waren bei der Monomer-Fraktion nur einzelne Teilchen mit einem Durchmesser von hundert Ångström, bei der Dimer-Fraktion dagegen nur Teilchenpaare zu sehen und so weiter (Bild 7 unten). Die exakte Entsprechung bewies, daß die aus zweihundert Nucleotid-Paaren bestehenden Struktureinheiten tatsächlich mit den im Elektronenmikroskop sichtbaren Teilchen übereinstimmten. Diese Struktureinheit ist heute als Nucleosom bekannt.

Was von der Perlenketten-Idee jetzt noch auf eine sichere experimentelle Grundlage gestellt werden mußte, war der Zusammenhang zwischen den elektronenmikroskopisch nachgewiesenen Teilchen und den Histonen. Wieder spielte die Technik der chemischen Verknüpfung eine wichtige Rolle. Während wir zuvor jedoch mit freien Histonen in Lösung experimentiert hatten, galt es nun, die Untersuchungen auf Histone im Chromatin auszudehnen. Zu diesem Zweck mußten wir zunächst Chromatin in reiner, löslicher Form gewinnen. Das erreichten wir, indem wir Micrococcus-Nuclease kurze Zeit auf Zellkerne einwirken ließen. Dabei lösten sich lange Ketten aus praktisch unverändertem Chromatin ab. Das nächste Problem war, daß im Chromatin gebundene Histone weniger leicht mit Imidoestern reagieren als freie, so daß kaum Verknüpfungen entstanden. Nachdem es uns gelungen

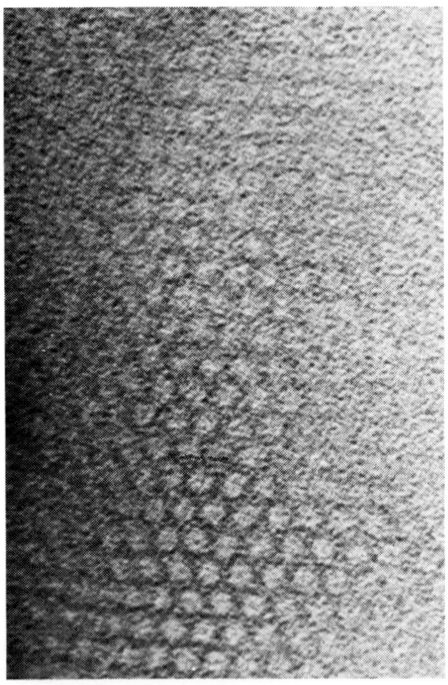

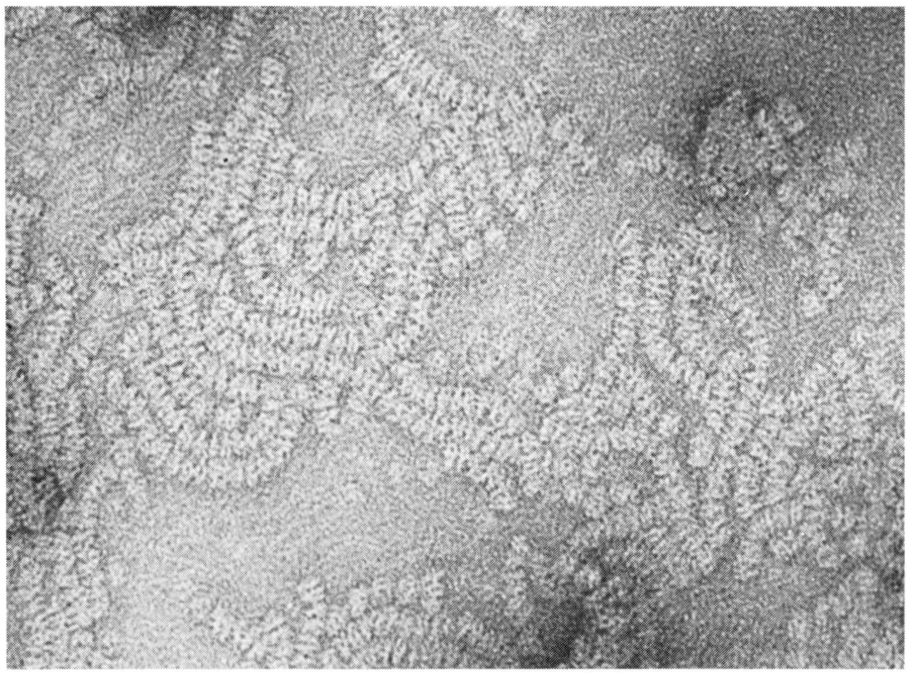

Bild 10: Als Rumpfteilchen (core particles) bezeichnet man die Kerne von Nucleosomen, die bei langfristiger Einwirkung einer Nuclease übrig bleiben. Solche Rumpfteilchen besitzen eine einheitliche Größe und Zusammensetzung und lassen sich daher gut kristallisieren. Die beiden elektronenmikroskopischen Aufnahmen zeigen bei etwa 425 000-facher Vergrößerung mit Uranylacetat „negativ" gefärbte Nucleosomen-Rümpfe in einem dünnen Kristall. Darin sind die Rumpfteilchen zu Säulen übereinandergestapelt. Blickt man von oben auf die Säulen (links), so sieht man, daß sie hexagonal gepackt sind. Der Abstand zwischen den Zentren zweier benachbarter Säulen (und damit der Durchmesser des Rumpfteilchens) beträgt 110 Ångström. Von der Seite lassen sich die Säulen in einem wachsenden Kristall beobachten (rechts). Man erkennt die Rumpfteilchen als flache, scheibenförmige, grob zweigeteilte Objekte mit einer Höhe von etwa 55 Ångström. Da sie keilförmig sind, entstehen bei ihrer Stapelung keine geraden, sondern schlangenförmig gebogene Säulen.

war, die Reaktionsfähigkeit durch eine Änderung der Reaktionsbedingungen zu steigern, erhielten wir schließlich das erwartete Resultat (Bild 8): Es bildeten sich sämtliche Verknüpfungsprodukte bis hin zum Oktamer, aber kaum größere Einheiten. Außerdem entsprach das Molekulargewicht des verknüpften Oktamers genau dem eines Aggregats aus je zwei Molekülen H2A, H2B, H3 und H4.

Der endgültige Beweis für die Existenz des Oktamers wurde erbracht, als es gelang, die Ionenbindung zwischen Histonen und DNA in Lösungen mit hoher Salzkonzentration aufzubrechen und damit das Oktamer frei von DNA zu isolieren. Das „nackte" Oktamer ließ sich mit der Imidoester-Technik zu einem stabilen Gebilde vernetzen und ergab bei der anschließenden Elektrophorese nur eine Bande. Überdies konnten wir auch das nicht vernetzte Oktamer anhand seiner Sedimentationsgeschwindigkeit in der Zentrifuge nachweisen. Zu guter Letzt ließ sich durch eine Kombination der Verknüpfungs- und der Nuclease-Verdauungsuntersuchungen zeigen, daß ein Histon-Oktamer tatsächlich ein zweihundert Nucleotid-Paare langes Stück DNA an sich bindet.

Durch die Idee mit den Perlenketten war das Histon-DNA-Problem zwar im Prinzip gelöst, doch blieben noch viele Fragen offen. So wußten wir, daß es perlenähnliche Gebilde, die Nucleosomen, gab. Aber wie sahen sie genau aus und wie waren sie aufgebaut? Wir hatten festgestellt, daß das Nucleosom aus einem Aggregat von acht Histonen bestand. Wie waren sie angeordnet? Vor allem aber mußte die DNA kompakt gefaltet sein. Nur, wie kam diese Faltung zustande? Schließlich gab es noch das fünfte Histon, H1. Wo lag es und wozu war es da?

DNA: innen oder außen?

Daß die DNA gefaltet sein mußte, folgte allein schon aus einem Vergleich zwischen dem kleinen Durchmesser einer Perle – etwa hundert Ångström – und der Länge des daran gebundenen DNA-Stücks – ungefähr siebenhundert Ångström. Nach dieser Diskrepanz zu urteilen, mußte die DNA sogar sehr stark geknickt oder sehr eng gewunden sein – eine Annahme, die sich nur schwer mit der wohlbekannten Steifheit dieses Moleküls vereinbaren ließ. Man konnte sich nur staunend fragen, wie die Histone etwas Derartiges fertigbrachten. Die verschiedensten Vorschläge wurden gemacht und praktisch alle Möglichkeiten erörtert – bis auf die richtige.

Da mit den bisherigen Methoden keine Entscheidung zu erreichen war, verlagerte sich das Schwergewicht der Unter-

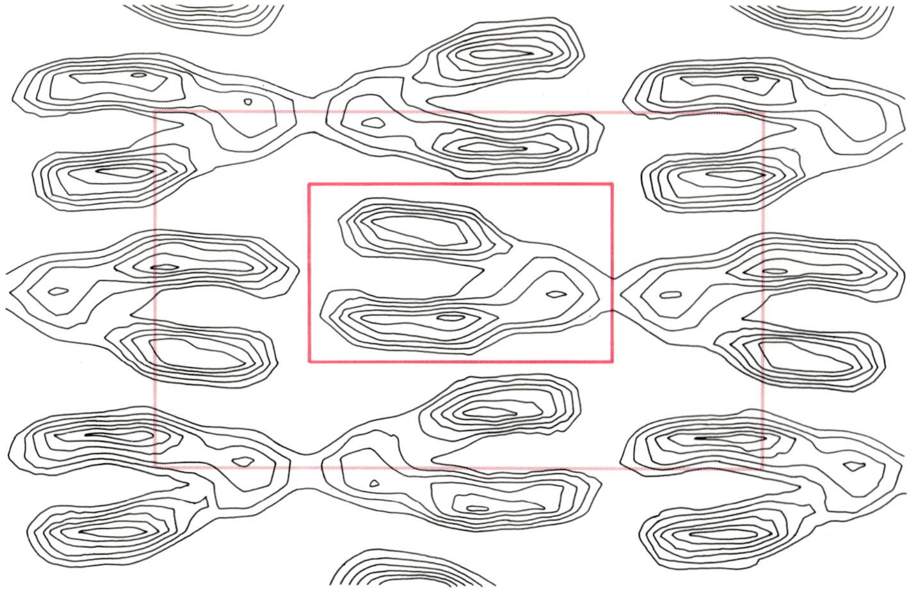

Bild 11: Diese Elektronendichtekarte entspricht einer Seitenansicht der aus den Rumpfteilchen gebildeten Säulen. Sie entstand durch eine Kombination röntgenographischer und elektronenmikroskopischer Daten und zeigt eine Projektion der gesamten Elektronendichte in der Blickrichtung, das heißt senkrecht zur Papierebene. Das äußere farbige Rechteck markiert den Umriß der Elementarzelle – der periodisch wiederkehrenden Untereinheit des Kristalls. Das innere umschließt genau ein Rumpfteilchen, das als in etwa zweigeteiltes, keilförmiges Gebilde erscheint. In der Karte lassen sich nur Merkmale unterscheiden, die weiter als zwanzig Ångström auseinanderliegen.

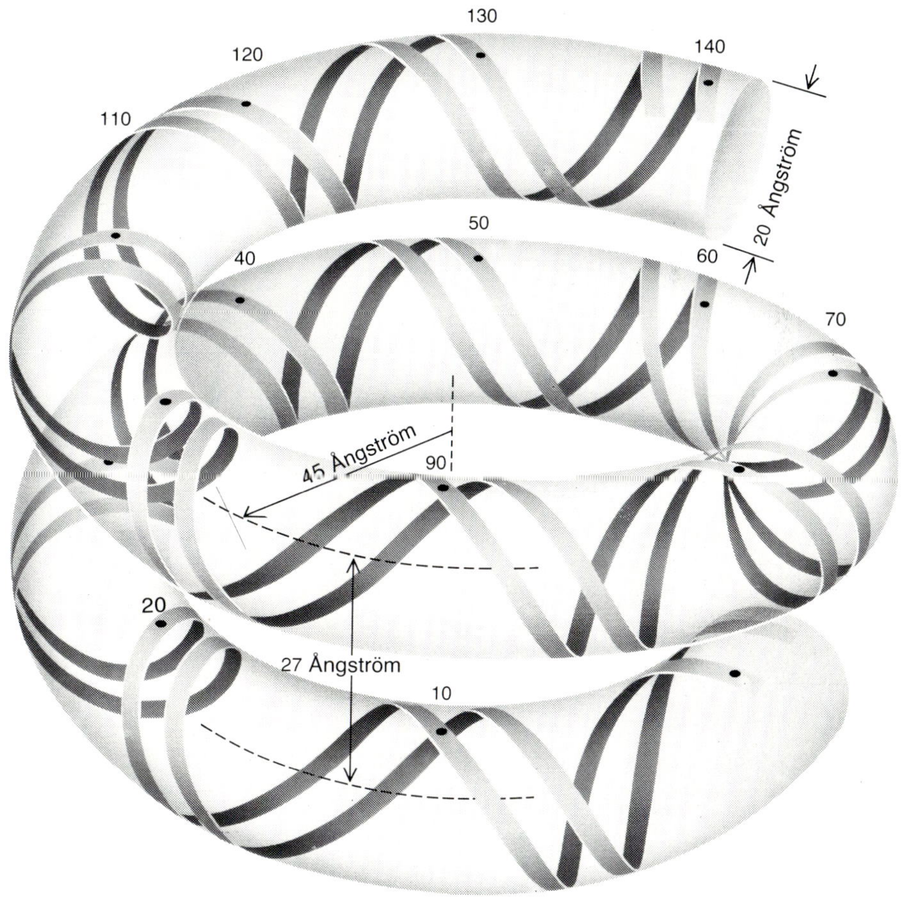

Bild 12: Die Anordnung der DNA, durch die sich die zweigeteilte Struktur des Rumpfteilchens am besten erklären läßt, ist eine Superhelix mit einem äußeren Durchmesser von 110 Ångström und einer Ganghöhe von 27 Ångström. Da die Doppelhelix einen Durchmesser von zwanzig Ångström besitzt, berühren sich die Windungen der Superhelix fast. Jede Windung ist ungefähr achtzig Nucleotid-Paare lang. Das Rumpfteilchen, das beim vollständigen Abbau des Nucleosoms mit Micrococcus-Nuclease zurückbleibt, enthält nur etwa 140 Nucleotid-Paare – das entspricht ungefähr eindreiviertel Superhelix-Windungen.

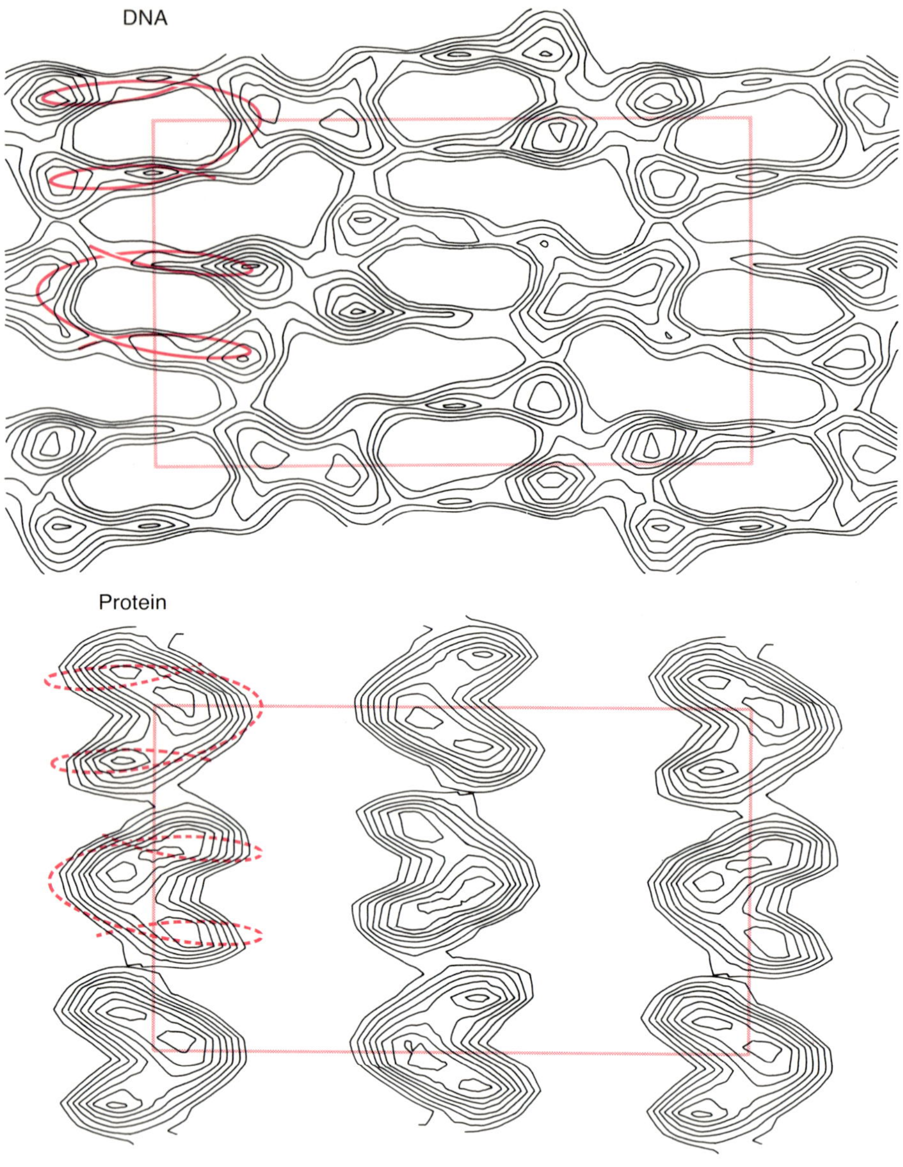

Bild 13: Mit Hilfe der Neutronenstreuung lassen sich Karten von kristallisierten Rumpfteilchen gewinnen, in denen die DNA und das Protein getrennt abgebildet sind. Die Karte für die DNA (oben) läßt sich gut im Sinne einer Superhelix interpretieren, die eindreiviertel Windungen pro Rumpfteilchen beschreibt (dunkelfarbige Schleifen). Wie die gestrichelte farbige Kurve in der unteren Karte zeigt, ist eine solche Superhelix dem keilförmigen Eiweißkern, dem Histon-Oktamer, wie auf den Leib geschneidert. Das hellfarbige Rechteck markiert wieder jeweils den Umriß der Elementarzelle.

suchungen von der Biochemie auf die Röntgenstrukturanalyse: Anstatt die Rolle der Histone bei der Faltung der DNA zu erforschen, erschien es sinnvoller zu fragen, wie die DNA im Nucleosom angeordnet ist. Dabei waren wir uns einer Sache von Anfang an ganz sicher: Die DNA mußte auf der Außenseite der Histone liegen. Am deutlichsten zeigte das die Spaltung des Chromatins mit Pankreas-DNase I. Während die Micrococcus-Nuclease nämlich DNA, die auf einem festen Träger aufliegt, kaum angreift und die DNA im Chromatin daher bevorzugt zwischen den Nucleosomen spaltet, zerschneidet die Pankreas-DNase I einen der beiden Teilstränge der Doppelhelix auch dann, wenn die DNA auf einer festen Unterlage haftet.

Zunächst beobachtete Noll in unserem Laboratorium, daß bei der Spaltung mit DNase I einzelsträngige Fragmente entstanden, die bei der Gelelektrophorese ein periodisches Bandenmuster ergaben. Dieses war jedoch viel enger als das, das sich bildete, wenn man den gleichen Versuch mit Micrococcus-Nuclease durchführte (Bild 9). Der Abstand zwischen den Banden ließ erkennen, daß die Fragmente Vielfache eines ungefähr zehn Nucleotid-Paare langen Stücks waren. (Wie spätere Untersuchungen zeigten, betrug die Länge dieser Grundeinheit genau 10,4 Nucleotid-Paare.) Die einfachste Erklärung dafür ist, daß das Enzym nur von einer Seite angreifen kann, da ihm der Zugang von der anderen Seite durch das Histon verwehrt ist, und daß jeder Einzelstrang der Doppelhelix abwechselnd freiliegt und geschützt ist – und zwar mit der gleichen Periodizität, mit der die Doppelhelix gewunden ist; denn jede Windung der Doppelhelix enthält ebenfalls 10,4 Nucleotid-Paare. Kurz gesagt: Die Ergebnisse der Versuche mit der DNase I lassen sich durch die Annahme erklären, daß die DNA auf der Oberfläche des Nucleosoms liegt und um die Histone herumgewickelt ist.

Damit hatte sich unsere frühere Vermutung (die auf der Feststellung basierte, daß die Histone einen dicht gepackten, globulären Komplex bilden) bestätigt, wonach nicht die Histone die DNA, sondern die DNA-Moleküle die Histone umhüllen. In der Tat wäre es richtiger, die Chromatinfaser nicht mit auf einer Schnur aufgereihten Perlen, sondern mit einer um Perlen gewickelten Schnur zu vergleichen. Daß die DNA auf der Außenseite des Nucleosoms liegt, zeigten auch Neutronenbeugungsexperimente, die John F. Pardon, Brian M. Richards und ihre Kollegen an den Searle-Forschungslaboratorien durchführten (die Ergebnisse wurden später von E. Morton Bradburys Gruppe am Polytechnikum Portsmouth bestätigt). Danach war die DNA weiter vom Zentrum des Nucleosoms entfernt als das Protein.

Der Nucleosomen-Rumpf

Mit Hilfe der Nuclease-Verdauungsexperimente und der Röntgenbeugung in Lösung ließen sich einzelne Strukturmerkmale des Nucleosoms erkennen. Eine vollständige Beschreibung der Struktur erforderte jedoch eine Röntgenstrukturanalyse, die Informationen über den Aufbau in den drei Raumrichtungen lieferte. Sie konnte nur an perfekten Kristallen vorgenommen werden. Daher machten wir uns im Sommer 1975 daran, Nucleosomen in einer für die Kristallisation brauchbaren Form zu präparieren.

Da Nucleosomen, die bei der Einwirkung von Micrococcus-Nuclease auf Chromatin als Spaltprodukte entstehen, nicht alle genau zweihundert Nucleotid-Paare enthalten, kristallisieren sie nicht. (Die unterschiedliche Größe der Bruchstücke kommt dadurch zustande, daß die Nuclease den DNA-Abschnitt zwischen zwei Nucleosomen nicht nur an einer, sondern an mehreren benachbarten Stellen durchtrennen kann.) Einheitliche Bruchstücke erhält man, wenn man die Micrococcus-Nuclease längere Zeit einwirken läßt. Dabei wird die DNA von beiden Seiten weiter „angeknabbert“, bis durchweg Teilchen entstehen, die ziemlich genau 146 Nucleotid-Paare enthalten. Diese enzymatisch gestutzte Form des Nucleosoms nennt man Rumpfteilchen (core particle); das abgespaltene DNA-Stück heißt Bindeglied-DNA (linker DNA).

Rumpfteilchen sind nicht nur gleich groß, sondern stimmen auch in ihrer Zusammensetzung überein. Jedes besitzt den vollen Satz von acht Histonen (je zwei H2A-, H2B-, H3- und H4-Moleküle), während es praktisch alle anderen Bestandteile des Chromatins verloren hat: auch – und das ist besonders bemerkenswert – das fünfte Histon, H1. Unserem Kollegen Leonard C. Lutter gelang es schließlich, außergewöhnlich einheitliche Präparationen von Rumpfteilchen zu erhalten und brauchbare Einkristalle zu züchten. In den folgenden Jahren zogen Daniela Rhodes, Ray Brown und Barbara Rushton Kristalle aus Rumpfteilchen, die aus dem Chromatin von sieben verschiedenen Organismen stammten. Sie alle ergaben nahezu identische Beugungsmuster – ein Befund, der die universelle Gleichartigkeit der Nucleosomen bezeugt. Überdies zeigten die erfolgreichen Kristallisationsversuche, daß auch die Nucleosomen, aus denen ein bestimmtes Chromosom besteht, in ihrer großen Mehrzahl identisch sind. Die Vorstellung, daß die Chromosomen aus regelmäßig wiederkehrenden Untereinheiten bestehen, wäre noch vor fünfzehn Jahren, als die Ansicht vorherrschte, daß Unterschiede im Aufbau der Chromosomen für die Verschiedenartigkeit der beobachteten Chromosomenstrukturen und die Genexpression verantwortlich seien, kaum denkbar erschienen.

Die Röntgenstrukturanalyse eines großen Moleküls ist ein aufwendiges Unternehmen, das Jahre beanspruchen kann. Daher beschränkten wir uns darauf, durch eine Kombination von Röntgenbeugung und Elektronenmikroskopie ein nicht sehr hoch aufgelöstes Bild des Rumpfteilchens zu erhalten. Das würde, wie wir hofften, genügen, um eine Antwort auf die Frage zu erlauben, wie die DNA im Nucleosom angeordnet ist.

Betrachtet man eine Seite eines dünnen Kristalls aus Nucleosomen-Rümpfen, so sieht man runde Objekte mit einem Durchmesser von etwa 110 Ångström, die in Form regelmäßiger Sechsecke (hexagonal) angeordnet sind (Bild 10 links). Bei den runden Objekten handelt es sich um Säulen aus übereinander gestapelten Rumpfteilchen. Die Dicke der Säulen, die man durch Röntgenmessungen exakter bestimmen kann, entspricht dem äußeren Durchmesser eines Nucleosoms. Kippt man den Kristall um neunzig Grad und macht erneut eine

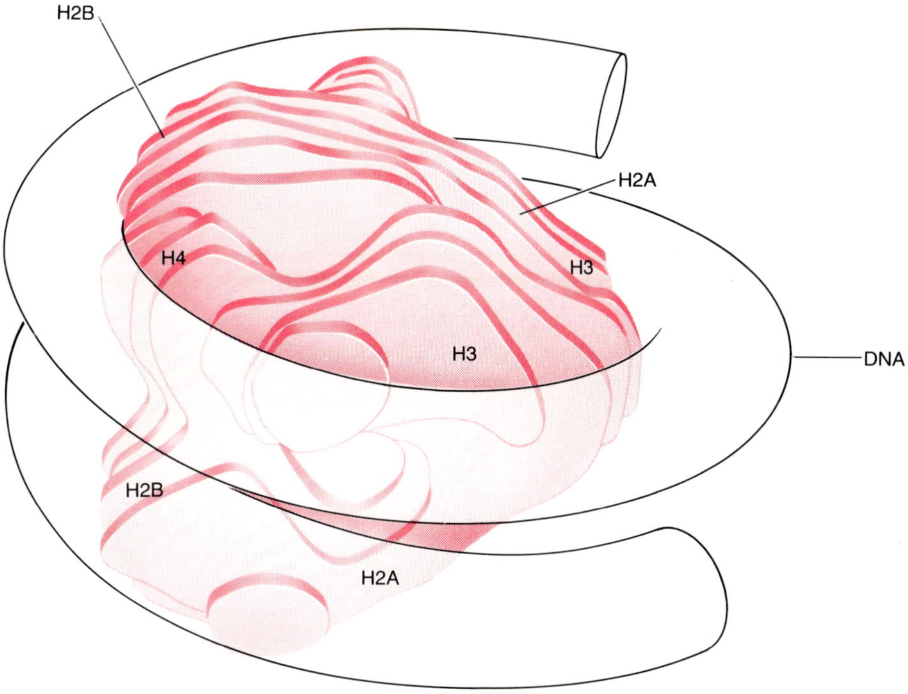

Bild 14: Das bisher detaillierteste Strukturmodell eines Nucleosomen-Rumpfes basiert auf einer dreidimensionalen Karte des Histon-Oktamers, die aus elektronenmikroskopischen Aufnahmen abgeleitet wurde. Die Wülste auf der Oberfläche des Oktamers bilden ein mehr oder weniger geschlossenes Schraubengewinde, auf das ein 146 Nucleotid-Paare langes DNA-Stück (hier symbolisiert durch einen Schlauch) gewickelt werden kann. Die Positionen der einzelnen Histone (deren Umrisse sich bei dieser Auflösung nicht angeben lassen) wurden durch Verknüpfungsexperimente zwischen Histonen und DNA ermittelt.

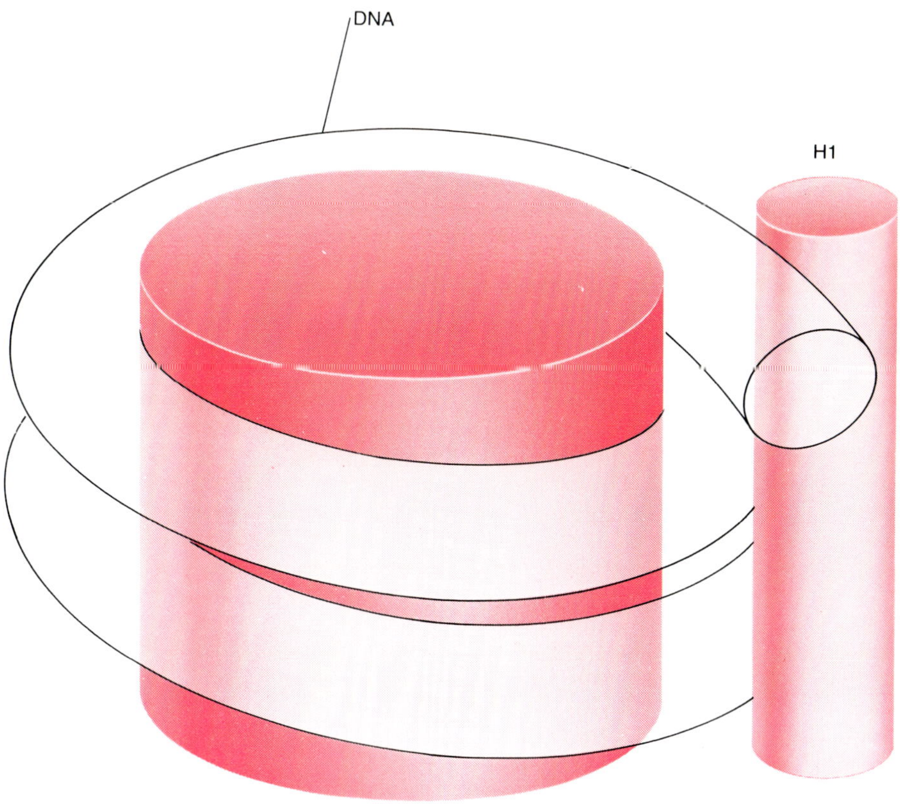

Bild 15: Die Rolle des fünften Histons, H1, ist in diesem schematischen Strukturmodell des vollständigen Nucleosoms angedeutet. Im Gegensatz zum Rumpfteilchen enthält das vollständige Nucleosom ein 166 Nucleotid-Paare langes DNA-Stück, das zwei volle Windungen um das (hier vereinfacht als Zylinder dargestellte) Histon-Oktamer beschreibt. Das Histon H1 (dessen wahre Gestalt noch nicht bekannt ist) sitzt als eine Art „Plombe", die das Teilchen versiegelt, an der Seite des Nucleosoms, an der die DNA ein- und austritt.

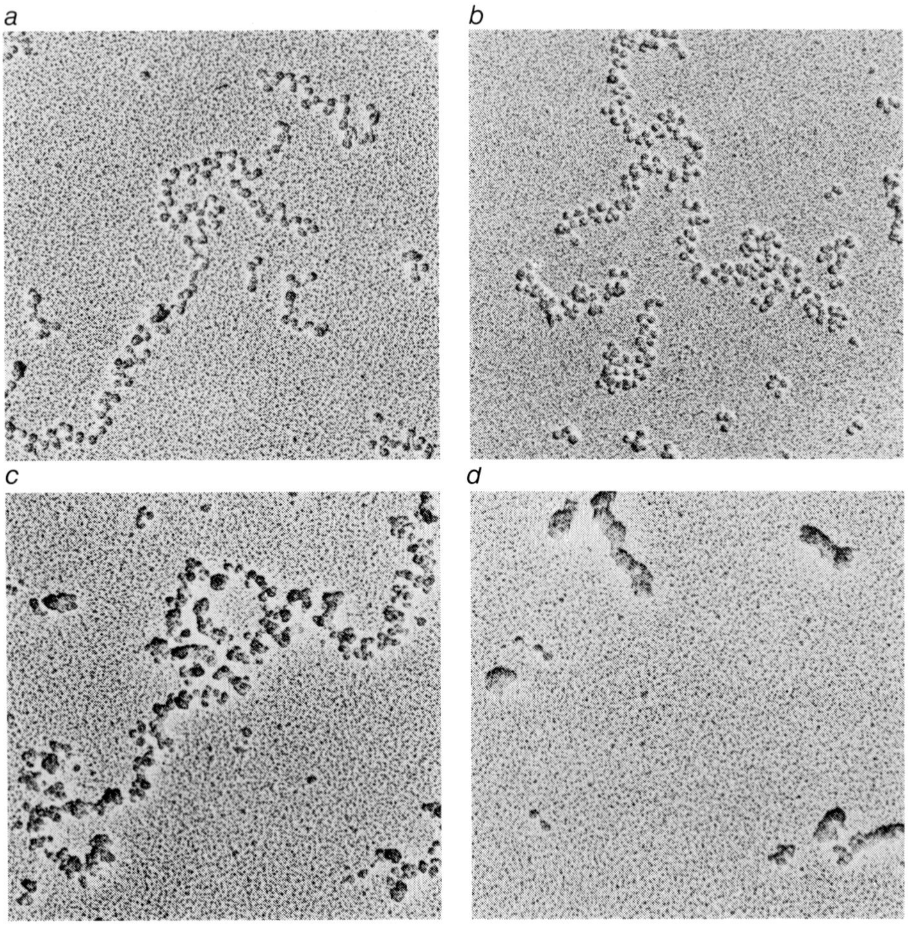

Bild 16: In diesen elektronenmikroskopischen Aufnahmen ist zu sehen, wie sich das Chromatin mit zunehmendem Salzgehalt der Lösung verdichtet. Bei sehr kleiner Salzkonzentration (a) bildet es einen lockeren, etwa hundert Ångström dicken Faden; er besteht aus Nucleosomen, die über kurze DNA-Abschnitte miteinander verknüpft sind. Liegt die Salzkonzentration in der Nähe des physiologischen Wertes (d), so bildet das Chromatin dichte, etwa zweihundertfünfzig bis dreihundert Ångström dicke Fäden. Wie diese Fäden entstehen, zeigen die Aufnahmen des Chromatins bei mittleren Salzkonzentrationen (b und c). Man sieht, daß sich die lockeren, dünnen Fasern zu einer Schraubenspirale, einem sogenannten Solenoid, aufwickeln. Die etwa 80 000-fach vergrößerten Bilder stammen von Fritz Thoma und Theo Koller von der Eidgenössischen Technischen Hochschule Zürich.

elektronenmikroskopische Aufnahme, so müßte man die Säulen in Seitenansicht sehen. Da sie sich jedoch überlappen, sind weder einzelne Säulen noch einzelne Nucleosomen zu erkennen. Einzelne Säulen kann man am besten in wachsenden Kristallen beobachten, die erst aus einer einzigen Schicht bestehen (Bild 10 rechts). Die Säulen erscheinen dann in der Seitenansicht als Stapel aus Platten oder Scheiben, deren jede ungefähr 55 Ångström hoch ist. Da die Säulen nicht wie gerade Stäbe, sondern eher wie krumme Äste aussehen, können die Platten nicht völlig planparallel sein: Sie sind leicht keilförmig, etwa wie die Schlußsteine von Rundbögen. Grob betrachtet entsprechen die Nucleosomen-Rümpfe also mehr einem 110 Ångström dicken und 55 Ångström hohen Zylinder als einer Kugel.

Um detailliertere Informationen aus den elektronenmikroskopischen Aufnahmen zu gewinnen, muß man Röntgenbeugungsdaten zu Hilfe nehmen und Bildwandlungs- und -rekonstruktionsverfahren anwenden, die wir im Laufe der letzten zwanzig Jahre in unserem Laboratorium entwickelt haben. Dabei macht man sich den periodischen Aufbau der Kristalle zunutze, um das „Rauschen" in den Aufnahmen (das heißt Hintergrundsignale, die nicht zum Bild gehören) sowie Unregelmäßigkeiten in der Packung der Nucleosomen herauszumitteln und so ein Bild der tatsächlichen (und nicht nur scheinbaren oder zufälligen) Strukturmerkmale zu erhalten. Auch Abbildungsfehler, die von einer Verzerrung der Struktur herrühren, zu der es während der Präparation und Färbung der Teilchen für die elektronenmikroskopische Aufnahme kommen kann, lassen sich mit Hilfe der Röntgenbeugungsdaten korrigieren. Durch eine Kombination der von Röntgenbeugung und Elektronenmikroskopie gelieferten Informationen lassen sich somit detaillierte Karten der Elektronendichteverteilung im Kristall erstellen (Bild 11). Sie zeigen die drei verschiedenen Ansichten oder Projektionen der Elektronendichten entlang den drei Hauptachsen des Kristalls. Am informativsten ist die Karte, auf der man die Säulen von der Seite aus einem Blickwinkel sieht, bei dem sie sich so wenig wie möglich gegenseitig überlappen (Bild 11). Die Keilform der Nucleosomen-Rümpfe ist darin deutlich zu erkennen. Außerdem sieht man, daß sich die Elektronendichte mehr oder weniger symmetrisch auf zwei Hälften verteilt (so daß man sich an das Bild einer geöffneten Auster erinnert fühlt).

Die Anordnung der DNA

Am einfachsten läßt sich eine solche zweigeteilte Struktur erklären, wenn man annimmt, daß die DNA-Doppelhelix ihrerseits zu einer Spirale, einer Superhelix, gewunden ist (Bild 12) und sich in zwei Schleifen um die „Taille" des Nucleosomen-Rumpfes legt. Die beiden Schleifen müssen sich dabei nahezu berühren, da der Durchmesser der Doppelhelix zwanzig Ångström und die Höhe des Rumpfteilchens nur fünfundfünfzig Ångström beträgt. Aus der Struktur der Doppelhelix und dem Durchmesser des Rumpfteilchens kann man berechnen, daß die beiden Schleifen etwa 160 Nucleotid-Paare lang sein müßten. Da der experimentell ermittelte Wert jedoch lediglich 146 Nucleotid-Paare beträgt, vollführt die DNA offenbar nur ungefähr eindreiviertel Windungen. Wegen des fehlenden Stücks sollte das Rumpfteilchen also auf der einen Seite etwas dünner sein, womit sich auch die Keilform zumindest teilweise erklären läßt.

Die Auflösung der erwähnten Karten beträgt nur etwa 22 Ångström, so daß sich Strukturelemente, die näher beieinanderliegen, nicht unterscheiden lassen. Für eine höhere Auflösung muß man kompliziertere Methoden wie den isomorphen Ersatz zu Hilfe nehmen (dabei ersetzt man einzelne Atome durch solche mit einer anderen Elektronendichte); zur Zeit beschäftigen wir uns mit diesem schwierigen Problem. Außerdem zeigten die ersten Karten nur die Elektronendichte des gesamten Nucleosoms: Eiweiß und DNA waren nicht zu unterscheiden. Um beide getrennt abzubilden, wandten wir uns einer anderen Methode zu: der Neutronenstreuung bei niedriger Auflösung unter Verwendung der Technik der Kontrastvariation. Mit dieser Methode hat man bereits große Moleküle, die aus zwei Komponenten bestehen, in Lösung untersucht – beispielsweise Viren (die Nucleinsäure und Protein enthalten) und Zellmembranen (die sich aus Protein und Fett zusammensetzen). Das Prinzip dieser Methode besteht darin, das Neutronen-Streuvermögen der Lö-

Bild 17: Anordnung und Funktion des Histons H1 im Chromatin werden beim Vergleich elektronenmikroskopischer Aufnahmen deutlich, die in 200 000-facher Vergrößerung Chromatinfasern mit und ohne H1 zeigen. In Gegenwart von H1 treten bei relativ niedrigen Salzkonzentrationen zunächst lockere, zickzackförmige Strukturen auf (a). Sie entstehen dadurch, daß sich die Nucleosomen mit den Stellen, an denen die DNA ein- und wieder austritt, möglichst dicht zusammenlagern (aber auch dadurch, daß die Nucleosomen bei der Präparation die Tendenz haben, sich mit der flachen Seite auf das Trägernetzchen zu legen). Bei einer etwas höheren Salzkonzentration sieht die zickzackförmige Struktur straffer und enger aus (b). Fehlt das Histon H1 (c und d), so zeigt das Chromatin keinen geordneten Aufbau. Bei niedrigen Salzkonzentrationen öffnen sich die Nucleosomen sogar (c), so daß DNA-Fäden entstehen, auf deren Außenseite Histone sitzen. Aus alledem kann man schließen, daß das Histon, wie in Bild 15 gezeigt, seitlich am Nucleom sitzt, es versiegelt und dadurch stabilisiert.

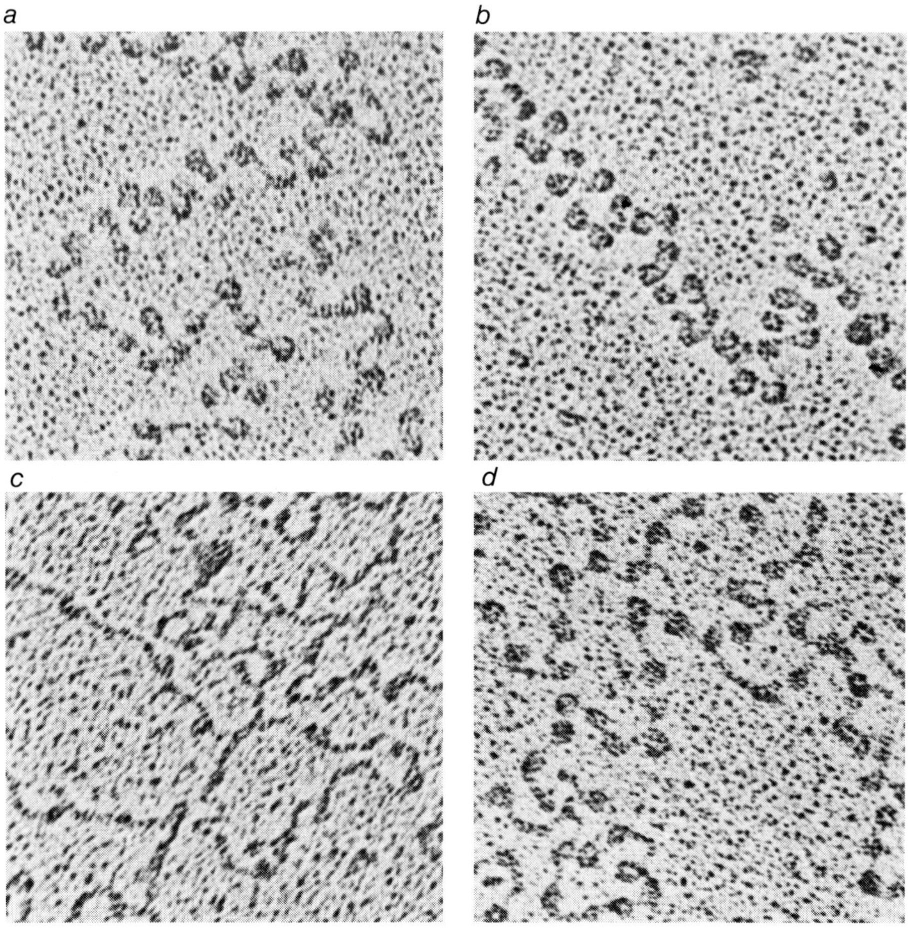

sung demjenigen einer der beiden Komponenten der zu untersuchenden Substanz anzugleichen. Dann beobachtet man einzig und allein die Streuung durch die andere Komponente. Zu diesem Zweck mischt man normales mit schwerem Wasser (in dem der Wasserstoff durch sein schwereres Isotop Deuterium ersetzt ist). Enthält die Mischung 39 Prozent schweres Wasser, so stimmt das Streuvermögen des Lösungsmittels mit dem des Proteins überein, und die Neutronen „sehen" quasi nur die DNA. Beträgt der Anteil an schwerem Wasser dagegen 65 Prozent, dann besitzen Lösungsmittel und DNA das gleiche Streuvermögen, und nur die Proteine werden „sichtbar".

Andere Forscher hatten schon früher die Methode der Kontrastvariation angewandt, um Nucleosomen-Rumpfteilchen in Lösung zu untersuchen. Da die Teilchen in diesem Fall jedoch rein zufällig orientiert sind, erhält man keine richtungsabhängigen Informationen. Bei unseren Untersuchungen mit Neutronenstreuung an Rumpfteilchen verwendeten wir deshalb Kristalle und waren so in der Lage, die relative Anordnung von DNA und Protein in den drei Raumrichtungen zu bestimmen. Allerdings ist die Neutronenstreuung schwach, so daß man große Einkristalle braucht. Sie wurden in unserem Laboratorium gezüchtet. Die Streuexperimente selbst führten dagegen Finch, Graham Bentley, Anita Lewit und andere am Institut Laue-Langevin in Grenoble durch. Sie erstellten gesonderte Projektionen für die DNA und das Protein (Bild 13). Die Karte für die DNA bestätigte die früheren, auf Elektronenmikroskopie und Röntgenbeugung gestützten Annahmen über die Anordnung der DNA. Die Proteinkarte schließlich zeigte, daß auch das Histon-Oktamer selbst Keilform besitzt. Eine solche Gestalt ist zu erwarten, wenn die Histone eine Art kurzes Gewindestück darstellen, um das die DNA gewickelt ist.

Die Struktur des Histon-Oktamers

Anstatt DNA und Protein durch Neutronenbeugung getrennt sichtbar zu machen, kann man auch die DNA ablösen und das Histon-Oktamer allein untersuchen. Wie erwähnt, läßt sich das Oktamer in Lösungen mit hohem Salzgehalt isolieren und stabilisieren. Wir haben nun versucht, die Oktamere aus solchen Lösungen in kristalliner Form zu gewinnen, um dann ihre Struktur aufklären zu können. Der endgültige Erfolg blieb uns bisher versagt, doch im Verlauf der Versuche erhielten wir immerhin regelmäßig aufgebaute Fasern. Diese geordneten Aggregate untersuchten wir im Elektronenmikroskop und verarbeiteten die Bilder praktisch nach denselben Verfahren, die wir bereits bei den kristallisierten Nucleosomen-Rümpfen angewandt hatten. Auf Grund der besonderen Geometrie der Aggregate enthält jedes Bild Ansichten des Oktamers aus mehreren Blickrichtungen. Sie wurden nach einer Methode vereint, die David J. DeRosier und einer von uns (Klug) im Jahre 1968 eingeführt hatten. Dabei erzeugt man das Bild einer dreidimensionalen Struktur aus einem Satz zweidimensionaler Projektionen.

Das Ergebnis war ein dreidimensionales Strukturmodell, das sämtliche Merkmale zeigte, die wir schon aus den durch Röntgen- und Neutronenbeugung gewonnenen Projektionen abgeleitet hatten (Bild 14). Insbesondere war die keilförmige Gestalt und die Zweiteilung deutlich zu erkennen. Die Form des Histon-Oktamers zeigt, daß es dieses Aggregat ist, das die DNA zwingt, sich zur Superhelix zu winden: Das Oktamer bestimmt den Bau des Nucleosoms.

Die Karte des Oktamers besitzt eine zu niedrige Auflösung, als daß man die Positionen der einzelnen Histone ausmachen könnte. Aber die Ergebnisse unserer Histon-Histon-Verknüpfungs-Experimente und ähnlicher Untersuchungen, bei denen Andrei D. Mirzabekov und seine Kollegen vom Institut für Molekularbiologie in Moskau chemische Brükken zwischen den Histon-Molekülen und der DNA herstellten, halfen uns in diesem Punkt weiter. Mirzabekov und seine Mitarbeiter hatten bestimmte Stellen entlang der DNA-Superhelix lokalisiert, die in spezifischer Weise mit einem der vier Arten von Histonen in Wechselwir-

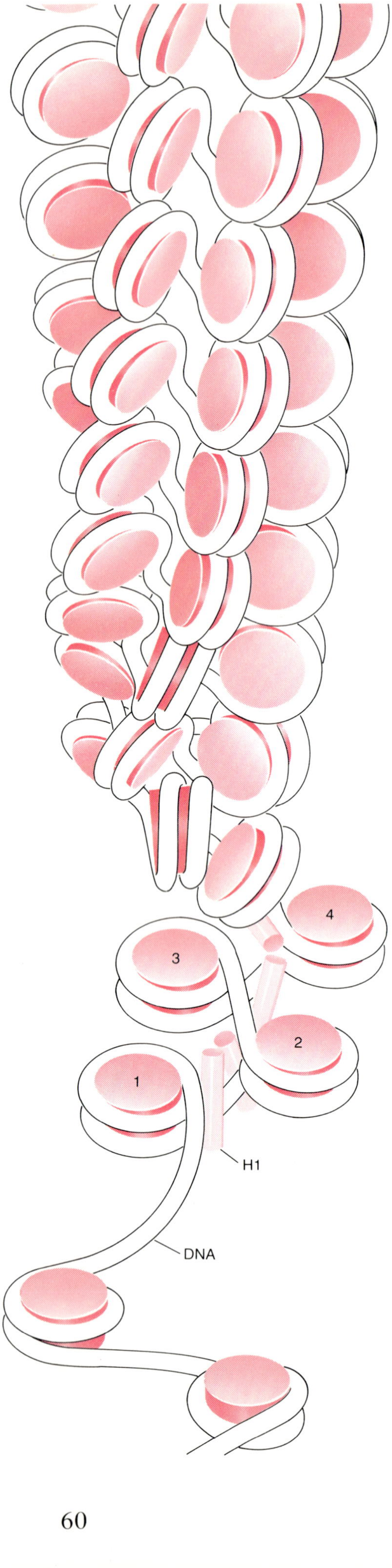

kung treten. Indem wir den Windungen der DNA in unserem Nucleosom-Modell folgten, gelang es uns, die zu diesen Stellen passenden Regionen in der Karte des Oktamers ausfindig zu machen und auf diese Art die Anordnung der Histone zu bestimmen (Bild 14).

Damit konnten wir auch angeben, in welcher Weise die einzelnen Histone an der Faltung der DNA im Nucleosom beteiligt sind. Das $(H3)_2(H4)_2$-Tetramer sorgt für das Zustandekommen der zentralen Schleife. An beide Seiten dieses Kernstücks schließt sich ein (H2A)(H2B)-Dimer an, das jeweils einen weiteren DNA-Abschnitt bindet und damit die Superhelix vervollständigt. Mit diesem Aufbau ist auch die von vielen Wissenschaftlern gemachte Beobachtung zu erklären, daß sich die Histone H3 und H4 allein bereits mit DNA zu nucleosomen-ähnlichen Gebilden verbinden, während H2A und H2B diese Fähigkeit nicht besitzen.

Die Rolle des fünften Histons

Aus alldem ergab sich zwar ein ziemlich deutliches Bild vom inneren Aufbau des Nucleosoms, aber wie die Nucleosomen zur Chromatinfaser verknüpft sind, blieb weiterhin unklar. Um auch darüber etwas zu erfahren, wandten wir uns erneut den Verdauungs-Experimenten mit Micrococcus-Nuclease zu. Wie erwähnt, baut dieses Enzym das Nucleosom bei langfristiger Einwirkung bis zum Rumpfteilchen ab. Eingehendere Untersuchungen zeigten jedoch, daß der Abbau bei einem Zwischenzustand mit einer DNA-Länge von 166 Nucleotid-Paaren kurzzeitig stockt. Erst wenn dieses Zwischenteilchen schließlich zum 146 Nucleotid-Paare langen Rumpfteilchen abgebaut wird, fällt das Histon H1 ab. Da das Rumpfteilchen aus zwei symmetrischen Hälften besteht, darf man erwarten, daß die Verkürzung von 166 auf 146 Nucleotid-Paare dadurch zustandekommt, daß von beiden Enden des DNA-Strangs je zehn Nucleotid-Paare entfernt werden. Das legt den Schluß nahe, daß das Histon H1 mit den beiden Enden des um das Rumpfteilchen gewickelten DNA-Abschnitts verknüpft ist (Bild 15). Überdies enthält das neu entdeckte Zwischenteilchen ein genau zwei Windungen langes DNA-Stück. Damit liegen die beiden Enden so dicht, wie es irgend geht, zusammen, so daß ein einzelnes Molekül imstande ist, sich mit beiden zu verbinden. Wir folgerten daraus, daß sich das Histon H1 an der Seite des Nucleosoms befindet, an der die DNA-Superhelix ein- und wieder austritt.

Nach allem war klar, daß H1 nicht für die Wicklung der DNA um das Rumpfteilchen benötigt wird. Stattdessen mußte dieses Histon etwas mit der weiteren Verdichtung der DNA in der Chromatinfaser zu tun haben. Die Anzeichen dafür hatten sich im Laufe der Jahre gehäuft, aber niemand wußte, wie das H1-Protein diese zusätzliche Verdichtung zustande brachte. Hans Ris von der Universität von Wisconsin hatte bei elektronenmikroskopischen Untersuchungen an vollständigen Chromosomen festgestellt, daß je nachdem ob er bei der Präparation chelatbildende Agenzien (die Metallionen maskieren) zugesetzt hatte oder nicht, Chromatinfasern mit einem Durchmesser von rund hundert oder dreihundert Ångström auftraten. Die dreihundert Ångström dicken Fasern hatte man teils als spiralig gewundene Formen einzelner hundert Ångström dicker Fasern, teils als Doppelfasern aus zwei beieinanderliegenden dünnen Einzelfasern gedeutet.

Es gelang uns, diese Streitfrage zu klären, indem wir herausfanden, daß sich die beiden Formen unter bestimmten Bedingungen ineinander umwandeln. Betrachteten wir die hundert Ångström dicken Fasern während dieser Umwandlung unter dem Mikroskop, so konnten wir sehen, daß sie sich einzeln zu einer dreihundert Ångström dicken Helix mit fünf bis sechs Nucleosomen pro Windung aufwickelten – und zwar so eng, daß der Abstand zwischen den Zentren benachbarter Windungen nur rund hundert Ångström betrug. Die entstandenen Strukturen nannten wir Solenoide (nach der Bezeichnung für die Wicklungen elektrischer Spulen). Gleichzeitig durchgeführte Röntgen-Untersuchungen deuteten darauf hin, daß es der Abstand zwischen zwei Windungen des Solenoids ist und nicht der zwischen zwei benachbarten Nucleosomen, der das periodische Muster auf den Beugungsaufnahmen erzeugt. Schließlich zeigten wir, daß das Histon H1 an der Umlagerung der dünnen in die dicken Fasern beteiligt ist:

Bild 18: Solenoide, also zu Spulen aufgewickelte Ketten aus Nucleosomen, könnten sich bei steigender Salzkonzentration in der hier dargestellten Weise bilden (der Salzgehalt nimmt von unten nach oben zu). Aus der lockeren Anordnung entsteht durch Hinzutreten eines Histons H1 zunächst eine zickzackförmige Struktur (wie sie die vier, mit den Zahlen 1 bis 4 bezeichneten Nucleosomen verdeutlichen), die sich schließlich zu einem Solenoid verdichtet, das etwa sechs Nucleosomen pro Windung enthält (es ist wahrscheinlich weniger regulär gebaut, als hier gezeigt). Aus Verknüpfungsexperimenten kann man entnehmen, daß sich die H1-Moleküle an benachbarten Nucleosomen berühren. Wie es scheint, bilden sie bei hohen Salzkonzentrationen ein schraubenförmig gewundenes Polymer (hier nicht gezeigt). Noch ist freilich nicht bekannt, wie dieser Vorgang im einzelnen abläuft.

Wenn wir dieselben Versuche mit Chromatin wiederholten, aus dem wir das Histon H1 entfernt hatten, ergaben sich keine geordneten Strukturen, sondern nur regellos zusammengeballte Klumpen (Bild 17).

Ähnliche, aber ausgefeiltere Experimente machten Fritz Thoma und Theo Koller von der Eidgenössischen Technischen Hochschule in Zürich (Bild 16). Sie zeigten, daß die einfache, hundert Angström dicke Faser – die gestreckte „Perlenkette" – nur bei sehr niedrigen Ionenstärken auftritt – nämlich dann, wenn das Chromatin in seiner lockersten Form vorliegt. Mit zunehmender Ionenstärke wandelt sich die gestreckte Faser zunächst in ein zickzackförmiges Gebilde und dann in ein Solenoid um (Bild 17). Anhand dieser Befunde überlegten wir uns, wie das Histon H1 die dünnen, gestreckten Fasern dazu bringen könnte, sich zum Solenoid aufzuwickeln, und schlugen den folgenden Mechanismus vor (Bild 18): Die zickzackförmige Anordnung in der Zwischenform entsteht offenbar dadurch, daß die DNA an nah benachbarten Stellen auf derselben Seite des Nucleosoms ein- und wieder austritt und daß diese Regionen, an die auch das Histon H1 gebunden ist, in aufeinanderfolgenden Nucleosomen eng beieinanderliegen oder sich gar berühren. Mit zunehmender Ionenstärke lagern sie sich dann zu einem spiralartigen Polymer zusammen, und das ganze Gebilde nimmt die Form eines Solenoids an. In der Tat hat man die Existenz von H1-Polymeren mit der schon mehrfach erwähnten Methode der chemischen Verknüpfung nachgewiesen. Nur der Beweis, daß sie die ihnen zugeschriebene Rolle auch wirklich spielen, steht noch aus. In jedem Fall aber ist sicher, daß das Histon H1 an der Bildung des Solenoids beteiligt ist und möglicherweise sogar die entscheidende Rolle dabei spielt.

Mit diesem Vorschlag über die Art und Weise, wie sich die dreihundert Ångström dicken Fasern bilden, sind wir so weit gegangen, wie man auf der Grundlage gesicherter Tatsachen gerade noch gehen kann. Von einem vollständigen Verständnis der Kondensation (Verdichtung) der DNA sind wir freilich noch weit entfernt. Wie weit, das zeigt sich am deutlichsten, wenn man als Maß der Kondensation das Packungsverhältnis betrachtet. Darunter versteht man das Verhältnis zwischen der Länge der DNA im gestreckten und im gewundenen, kondensierten Zustand. Bei der Bildung eines Nucleosoms mit zwei DNA-Windungen wird beispielsweise ein 166 Nucleotid-Paare umfassender DNA-Abschnitt mit einer Länge von ungefähr 600 Ångström zu einer 55 Ångström hohen „Spule" komprimiert. Das entspricht einem Packungsverhältnis von ungefähr zehn. Bei der weiteren Verwindung dieser Kette zum Solenoid erhöht sich das Packungsverhältnis noch einmal um das Fünffache und erreicht insgesamt einen Wert von fünfzig. Im Zustand größter Verdichtung während der Zellteilung ist das Packungsverhältnis jedoch noch hundertmal größer: Es besitzt den Wert fünftausend. Natürlich kann man sich Modelle ausdenken, bei denen sich auch die dreihundert Ångström dicke Faser noch einmal verwindet oder Schleifen bildet, um eine so dichte Pakkung zu erreichen. Bislang gibt es jedoch keine eindeutigen experimentellen Ergebnisse, die für eines der vielen Denkmodelle sprechen würden.

Soviel ist sicher: Im Zellkern reichlich vorhandene und allgegenwärtige Proteine, die Histone, bilden den Kern des Nucleosoms, des Grundbausteins der Chromosomen. Das bringt einen wesentlichen Vorteil: Aus dem vertrackten Problem, einen steifen Draht – nämlich das DNA-Molekül – zu „verpacken" wird das handlichere, den Draht auf einzelne Spulen zu wickeln und die Spulen zu verpacken.

Die Histone sind – auch das ist gewiß – nicht direkt an der Genexpression beteiligt, könnten aber die Änderungen der Chromosomenstruktur, die mit dem Übergang bestimmter Gene in den aktiven Zustand einhergehen, erleichtern oder fördern. Zwar ist über diesen Übergang kaum etwas bekannt, doch hat man kürzlich herausgefunden, daß auch im aktiven Chromatin gebundene Histone vorliegen und – was noch verblüffender ist – in ihrer Anordnung die gleiche Periodizität aufweisen wie die Nucleosomen. Es gibt Hinweise aus verschiedenen Laboratorien, daß aktives Chromatin neben den Histonen auch Nicht-Histonproteine enthält, die bewirken, daß sich die Nucleosomen aufweiten. Das geht beispielsweise daraus hervor, daß aktives Chromatin leichter von Nucleasen wie der DNase I gespalten wird als inaktives Chromatin.

Doch hier beginnt ein neuer Abschnitt in unserer Geschichte. Es ist, als ob man in einem dunklen Theater säße, nachdem am Ende des ersten Aktes der Vorhang gefallen ist. Wir haben die Hauptdarsteller kennengelernt – die DNA und die Histone – und die Rollen, die sie spielen. Aber noch sind nicht alle Figuren aufgetreten, und keiner der Zuschauer weiß, wie die Handlung weitergeht.

Die DNA-Synthese

Seit langem haben sich die Biochemiker bemüht, lebenswichtige Riesenmoleküle der lebenden Zelle im Reagenzglas nachzubauen. Die Synthese der DNA-Doppelhelix, in der die Erbinformation der Organismen gespeichert ist, markiert einen Höhepunkt dieser Entwicklung.

Von Arthur Kornberg

Im Jahre 1954, ein Jahr, nachdem Watson und Crick ihr Doppelhelix-Modell der DNA (Bild 1) vorgestellt hatten, begannen meine Mitarbeiter und ich mit Versuchen, Nucleinsäuren erstmals außerhalb der lebenden Zelle allein mit Hilfe zellulärer Enzyme zu synthetisieren. Wir erreichten unser Ziel innerhalb eines Jahres. Aber erst 14 Jahre später konnten wir von der ersten vollkommen synthetischen DNA berichten, die mit natürlicher DNA als Matrize hergestellt war und die gleiche biologische Wirksamkeit entfaltete wie das Ursprungsmaterial auch.

Ausgangsmaterial war die einzelsträngige DNA des Bakteriophagen ΦX174, die in Form einer in sich geschlossenen Schleife vorliegt. Wenn ΦX174 das Bakterium *Escherichia coli* infiziert, wirkt die einzelsträngige Virus-DNA für die zelleigenen Enzyme als Matrize, an der ein zweiter DNA-Ring hergestellt wird. Die beiden aneinandergelagerten Schleifen bilden eine ringförmig geschlossene Doppelhelix, die der DNA-Helix gleicht, wie sie in Bakterien und höheren Organismen vorkommt. Wir haben nun in unserem Labor an der Stanford-Universität den komplementären DNA-Strang zur viralen DNA und schließlich die gesamte Doppelhelix außerhalb der Zelle synthetisiert. Damit ist der Weg frei, auch andere DNA künstlich herzustellen: DNA von Viren, die beim Menschen Krankheiten verursachen, von Bakterien, von vielzelligen Organismen und sogar von Wirbeltieren und insbesondere Säugern.

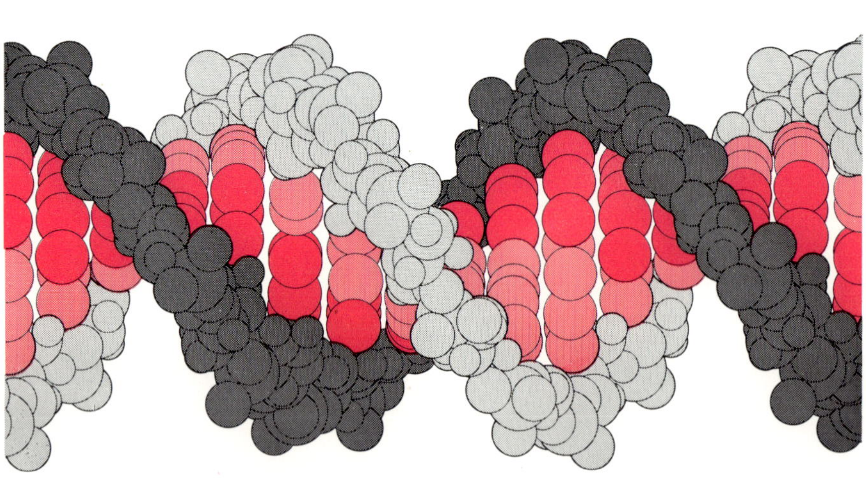

Bild 1: DNA-Doppelhelix nach dem Modell von James D. Watson und F. H. C. Crick. Die DNA besteht aus zwei Strängen, die durch Basenpaare (farbige Querverbindungen) zusammengehalten werden. Dabei gibt es für jede der insgesamt vier Basen nur einen möglichen Partner, so daß jeder Strang der Doppelhelix mit seiner Basensequenz ein komplementäres Gegenstück des anderen darstellt. Daher kann jeder Strang als Matrize für die Rekonstruktion des anderen dienen. In der Reihenfolge der Basen ist dabei die Erbinformation verschlüsselt.

Die ersten Anfänge

Die Geschichte der zellfreien DNA-Synthese begann bereits vor der Aufklärung der Doppelhelix-Struktur im Jahre 1953; die Anfänge liegen bereits um 1900, als man die Vergärung von Fruchtsäften zu Alkohol als biochemischen Prozeß erkannte. Schon in der Mitte des 19. Jahrhunderts hatte Louis Pasteur seine Zeitgenossen davon überzeugt, daß lebende Hefezellen beim Gärungsprozeß eine entscheidende Rolle spielen. Und 1897 entdeckte Eduard Buchner, daß Zellsaft aus Hefe Zucker ebenso wirksam in Alkohol umwandelt wie die intakten Zellen. Diese Entdekkung leitete das Zeitalter der modernen Biochemie ein.

Während der ersten Hälfte dieses Jahrhunderts fanden die Biochemiker schließlich heraus, daß die Vergärung von Zucker (Saccharose) in Alkohol eine Kette aus 14 chemischen Reaktionsschritten ist, die jeweils von einem bestimmten Enzym katalysiert werden. Findet der Umwandlungsprozeß unter Luftausschluß statt, so wird die beim Abbau eines Moleküls Saccharose freigesetzte Energie in Form von vier Molekülen Adenosintriphosphat (ATP) gespeichert. Dieser Energiegewinn sichert Wachstum und Vermehrung der Hefezellen auch ohne Sauerstoff. Wenn allerdings Luftsauerstoff zur Verfügung steht, wird die Saccharose vollständig zu Kohlendioxid und Wasser verbrannt; dabei wird 18mal mehr Energie frei als im anaeroben Fall (ohne Sauerstoff). Als man einmal verstanden hatte, wie die Verbrennung von Zucker zur Energieversorgung der Zellen beiträgt, wurden bald darauf auch Stoffwechselwege für die Oxidation von Fettsäuren, Amino-

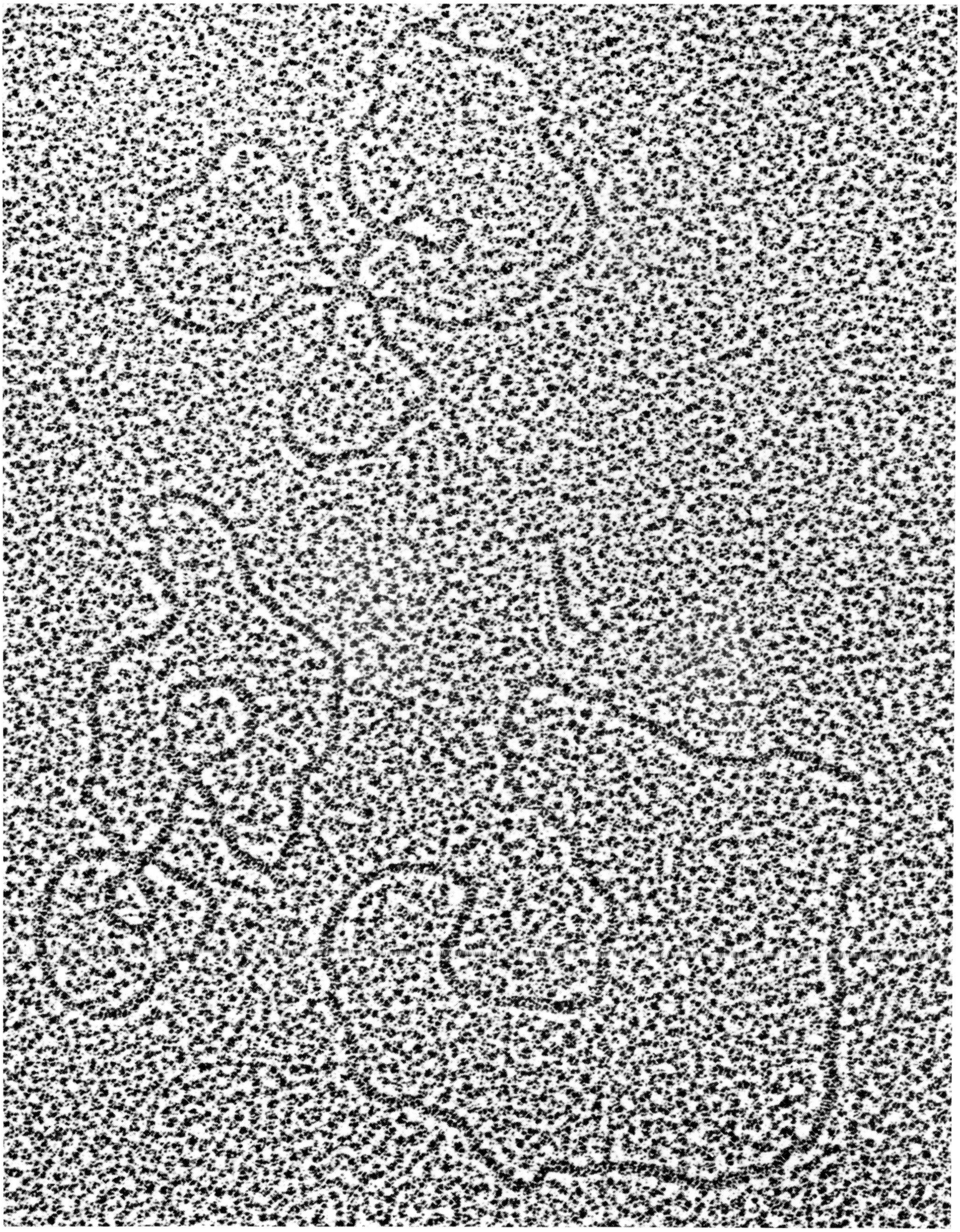

Bild 2: Die elektronenmikroskopische Aufnahme zeigt drei geschlossene DNA-Schleifen, die jeweils aus einer vollständigen Doppelhelix bestehen. Ein Strang entspricht dann der natürlichen einzelsträngigen DNA des Bakteriophagen ΦX174; ein solcher Strang wurde bei der enzymatischen Synthese im Reagenzglas benutzt, um einen künstlichen komplementären Strang herzustellen. So entstanden Zwittermoleküle (Hybrid-DNA), die biologisch wirksam waren. Der Nachweis der biologischen Wirksamkeit war zugleich auch ein Beleg dafür, daß das Enzym DNA-Polymerase für eine fehlerfreie Replikation der DNA sorgt. Die Schleifen, die etwa 5400 Basenpaare enthalten, sind hier etwa 200 000fach vergrößert gezeigt. Im Maßstab von Bild 1 würde keiner der Ringe auf eine Buchseite passen, denn jeder hätte einen Umfang von circa 45 Metern.

säuren und die Bausteine der Nucleinsäuren aufgeklärt.

Um 1950 waren die Abbauwege biologischer Riesenmoleküle nahezu vollständig bekannt, aber wie die Zelle große Moleküle synthetisiert, darüber hatte man bis dahin nur wenig nachgedacht oder gar geforscht. Viele Biochemiker bezweifelten sogar, daß sich biosynthetische Stoffwechselwege in zellfreien Systemen erfolgreich nachvollziehen lassen.

Später hat die intensive Erforschung der zellfreien Biosynthese von Makromolekülen jedoch gezeigt, daß es sehr wohl möglich ist, Makromoleküle im Reagenzglas zusammenzusetzen, und zwar mit Hilfe gereinigter Enzyme und Hilfsstoffe (Cosubstrate). Zweitens hat sich herausgestellt, daß aufbauende und abbauende Stoffwechselwege verschieden sind. Einige Biochemiker hatten vermutet, daß die Abbauwege Einbahnstraßen seien, deren Fluß irgendwie umgekehrt werden könne, aber in Wirklichkeit wird der molekulare Verkehr über getrennte Fahrspuren geleitet.

Alle Zellen verfügen über eine enzymatische Maschinerie, die die meisten Bausteine für Makromoleküle aus einfachen Grundstoffen wie Glucose, Ammoniak und Kohlendioxid herstellen kann. Darüber hinaus besteht auch die Möglichkeit, vorgefertigte Bausteine – soweit vorhanden – zu nutzen. Was wir heute darüber wissen, schafft die Voraussetzungen, um wichtige Zellbestandteile und vielleicht komplexe Viren im Reagenzglas zusammenzusetzen; langfristig wäre sogar die Synthese einer vollständigen Zelle denkbar.

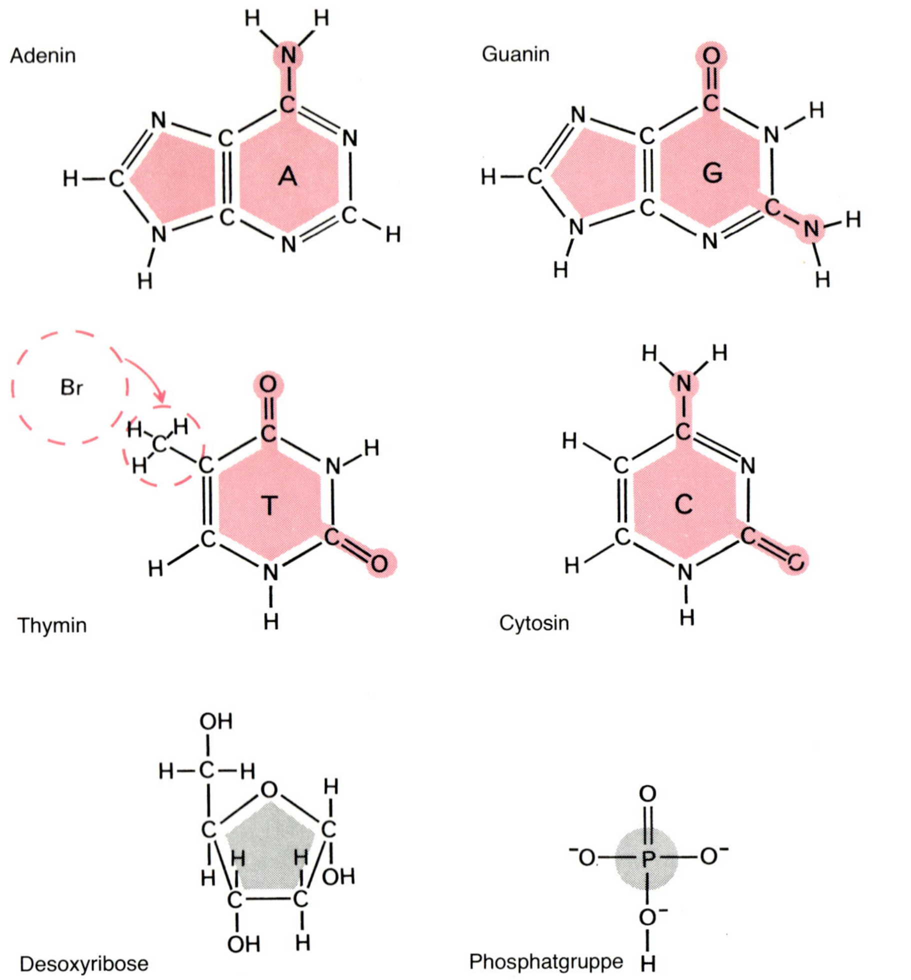

Bild 3: Die DNA baut sich aus vier verschiedenen organischen Basen, dem Zucker Desoxyribose und (anorganischen) Phosphatgruppen auf. Die Basen sind Adenin (A) und Thymin (T), die ein Paar bilden können, sowie Guanin (G) und Cytosin (C), die ebenfalls miteinander paaren. Desoxyribose und Phosphatgruppen bilden das Rückgrat der DNA. Die Basen sind die Buchstaben des genetischen Codes. Wenn man künstliche DNA durch eine erhöhte Dichte kenntlich machen will, kann Thymin durch ein Analog ersetzt werden, das anstelle der leichteren Methylgruppe (-CH_3) des Thymins ein Bromatom trägt: das 5-Bromuracil.

Die Nucleotide

Als wir an der Universität von Washington in St. Louis die ersten Versuche unternahmen, Nucleinsäuren im Reagenzglas zu synthetisieren, waren die Bestandteile der Nucleinsäuren bereits bekannt (Bilder 3 und 4). Stellt man sich die DNA als Kette vor, dann entsprechen die Glieder Molekülen, die man als Nucleotide bezeichnet. Ein solches Nucleotid besteht aus einer Phosphatgruppe, die an einen Zucker aus fünf Kohlenstoffatomen – die Desoxyribose – gekoppelt ist. An der Desoxyribose hängt überdies eine von vier verschiedenen Stickstoffbasen: Adenin (A), Thymin (T), Guanin (G) oder Cytosin (C). In der DNA-Doppelhelix wechseln sich Phosphat und Desoxyribose in den verdrillten „Holmen“ der Helix-Leiter ab. Die „Sprossen“ zwischen den Holmen bestehen jeweils aus zwei Basen. Dabei tritt A stets paarweise mit T und G immer mit C auf. Nur diese Basenpaarungen sind

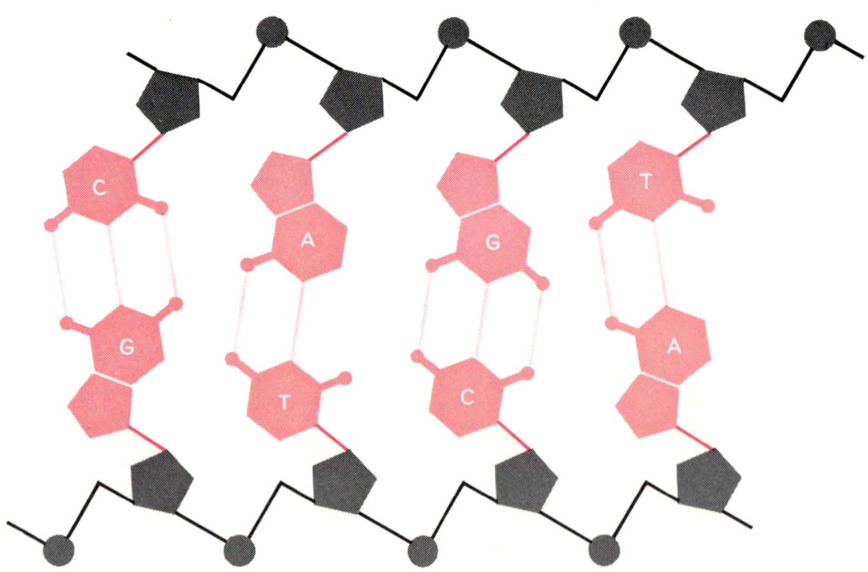

Bild 4: Die DNA erinnert an eine Leiter, deren „Holme“ aus einer alternierenden Kette von Desoxyribose und Phosphatgruppen bestehen. Die Sprossen sind dann jeweils zwei Basen (farbig hervorgehoben) und zwei (A mit T) oder drei (G mit C) Wasserstoffbrückenbindungen.

möglich – die Kernaussage des DNA-Modells von Watson und Crick –, und das bedeutet: Wenn die beiden Stränge einer Doppelhelix getrennt werden und sich dabei die Bindungen zwischen den Basenpaaren auflösen, können sich an jeden Strang die Bausteine für einen zweiten Strang wie an einer Matrize anlagern. Bei einem Einzelstrang mit der Basenfolge ...AGGCAT... wird als passender (komplementärer) Strang ...TCCGTA... entstehen. Die Basenpaarung ermöglicht es der Zelle, vor jeder Teilung exakte Kopien ihrer DNA-Moleküle anzufertigen.

Wenn ein DNA-Strang gliedweise gespalten wird (indem man ihn mit Säure oder bestimmten Enzymen behandelt), so befindet sich die Phosphatgruppe oft am Kohlenstoffatom Nummer 3 der Desoxyribose gebunden. Ein solches Molekül wird 3'-Nucleosidmonophosphat genannt. Wir nahmen jedoch an, daß die besseren Bausteine für unsere Synthesezwecke die 5'-Nucleosidmonophosphate sind (Bild 5), bei denen die Phosphatgruppe an Kohlenstoff Nummer 5 gekoppelt ist.

Diese Annahme stützte sich im wesentlichen auf zwei Anhaltspunkte. Einer davon hing mit der Synthese der Nucleotide in der Zelle zusammen, die – wie man wußte – Nucleotide aus Traubenzucker (Glucose), Ammoniak, Kohlendioxid und Aminosäuren aufbaut. Wie John M. Buchanan zeigen konnte, werden Nucleotide, die die Basen A und G enthalten, in der Zelle mit einer 5'-Phosphatgruppe gebildet, und Entsprechendes stellten wir für Nucleotide mit den Basen C und T fest. Der zweite Anhaltspunkt ergab sich aus früheren Arbeiten an den National Institutes of Health, bei denen wir herausgefunden hatten, daß gewisse Cosubstrate (die aus zwei Nucleotiden bestehen) aus 5'-Nucleotid-Bausteinen gebildet werden. Vor der eigentlichen enzymatischen Verknüpfung müssen die Nucleotide durch zwei zusätzliche Phosphatgruppen aktiviert werden (Bild 6). Es schien also wahrscheinlich, daß sich aktivierte 5'-Nucleotide (Nucleosid-5'-Triphosphate) zu langen Nucleinsäureketten verbinden können, wenn man nur für die richtige enzymatische Steuerung sorgt.

Bei unseren ersten Versuchen einer Nucleinsäuresynthese verwendeten wir im wesentlichen zwei Techniken. Zum einen arbeiteten wir mit radioaktiven Atomen, um die Nucleotide zu markieren und so den Einbau selbst kleinster Mengen in Nucleinsäuren nachweisen zu können. Wir untersuchten Extrakte aus der Thymusdrüse, dem Knochenmark und auch aus Bakterienzellen, um die enzymatische Maschinerie der Nucleinsäuresynthese zu verstehen. Nun werden Nucleinsäuren von solchen Extrakten jedoch auch abgebaut, weil sie Enzyme (DNasen) enthalten, die Nucleinsäuren spalten. Trotzdem setzten wir unsere markierten Nucleotide einem größeren Pool von Nucleinsäuren zu – in der Hoffnung, daß sie in Moleküle eingebaut würden und wenigstens einige dieser markierten Moleküle überleben könnten. Selbst wenn die Nucleinsäuren zum überwiegenden Teil verschwinden, sollten einige markierte Moleküle überleben und sich anhand ihrer Radioaktivität nachweisen lassen. Neben der radioaktiven Markierung machten wir uns die Tatsache zunutze, daß Nucleinsäuren mit Trichloressigsäure aus einer Lösung ausgefällt werden können; die freien Nucleotide dagegen bleiben in Lösung.

Unsere ersten Versuche mit Extrakten tierischer Zellen endeten durchweg ohne Erfolg. Deshalb verlegten wir uns auf *E. coli*, das den Vorzug einer kurzen Generationszeit (eine Zellteilung in 20 Minuten) bot. Und dann kam ein erster Hoffnungsschimmer: Bei einigen Proben hatten wir radioaktiv markierte Nucleotide zugesetzt und danach eine Zerfallsrate von einer Million pro Minute gemessen; nach dem Ausfällen mit Säure registrierten wir in der Nucleinsäurefraktion eine Radioaktivität von 50 Zerfällen pro Minute. Dieser Wert war zwar verschwindend gering, lag aber deutlich über dem Hintergrundrauschen. Diese Spur verfolgten wir mit Hilfe der Enzymreinigung, die ursprünglich zur Erforschung der alkoholischen Gärung entwickelt worden war.

Die DNA-Polymerase

Bei den nun folgenden Versuchsreihen beobachteten Uriel Littauer (ein Stipendiat des Weizmann-Instituts in Israel) und ich, daß Adenosinmonophosphat (AMP) in Ribonucleinsäure (RNA) eingebaut wurde. Bei der RNA ist die Pentose Desoxyribose im Rückgrat der Molekülkette durch Ribose ersetzt. Der erste sichere Nachweis für die Synthese eines RNA-ähnlichen Moleküls in einem zellfreien System gelang im Labor von Severo Ochoa (im Jahre 1955). Als Ochoa gemeinsam mit Marianne Grunberg-Manago an der Medizinischen Fakultät der Universität New York Experimente zum Energiestoffwechsel machte, beobachteten beide zu ihrer Überraschung, daß einer der Reaktanden, nämlich Adenosindiphosphat (ADP), durch Zellextrakte zu einer Kette vom AMP-Molekülen zusammengebaut (polymerisiert) wurde, und diese Kette glich der natürlichen RNA.

Um DNA in einem zellfreien System zu synthetisieren, setzten wir bei unseren ersten Versuchen das Desoxynucleosid Desoxythymidin ein. Morris E. Friedkin, der damals an der Universität Washington war, hatte herausgefunden, daß diese Substanz von Knochenmarkzellen und anderen tierischen Zellen sehr schnell in DNA eingebaut wird, und ihm verdanken wir auch das benötigte radioaktiv

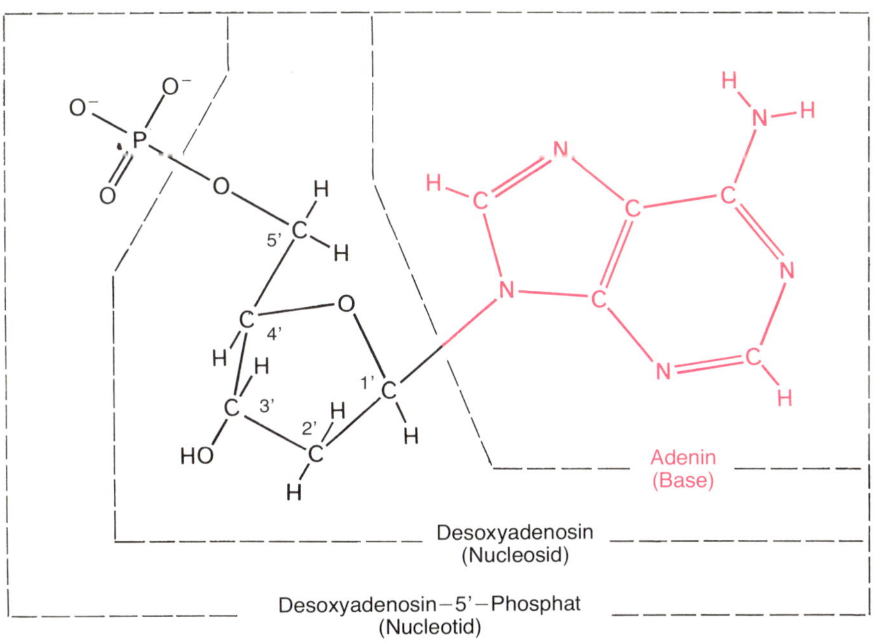

Bild 5: Die Grundbausteine der DNA sind Nucleotide. Dabei gibt es für die vier verschiedenen Basen (A, T, G und C) vier verschiedene Nucleotide. Eines davon ist Desoxyadenosin-5'-Phosphat in Verbindung mit der Base Adenin. Steht anstelle der Phosphatgruppe ein Wasserstoffatom, so wird die entsprechende Verbindung als Nucleosid bezeichnet.

markierte Desoxythymidin. Wir hofften, daß auch Extrakte von *E. coli* das Desoxythymidin in DNA einbauen könnten. Dazu mußte es zunächst durch schrittweises Anhängen von drei Phosphatgruppen in seine aktivierte Form, Desoxythymidin-5'-Triphosphat, übergeführt werden – und genau das bewirkten die *E. coli*-Extrakte dann auch bei unseren Versuchen. Nur wenige Monate später konnten Ernest Simms und ich das Desoxythymidin-5'-Triphosphat und andere aktivierte Nucleotide ebenso auf chemischem Wege oder mit Hilfe von Enzymen herstellen. (Im folgenden werden wir die einzelnen Desoxynucleoside in der 5'-Triphosphat-Form durch den Anfangsbuchstaben ihrer Base und einen Stern abkürzen, Desoxythymidin-5'-Triphosphat also durch T*.)

Im November 1955 machte sich I. Robert Lehmann (der später nach Stanford ging) daran, das Enzymsystem zu reinigen, das in unseren Extrakten von *E. coli* für den Einbau von T* in DNA gesorgt hatte. Einige Wochen später schloß sich Maurice J. Bessman unserer Arbeitsgruppe an, und schließlich konnten wir Schritt für Schritt ein Enzym von anderen Makromolekülen abtrennen, das inzwischen den Namen DNA-Polymerase bekommen hat. Es war eine aufregende Zeit, als mit jedem Reinigungsschritt die Eigenschaften der DNA-Synthesereaktion deutlicher zutage traten. Als im Juni 1956 an der Johns-Hopkins-Universität eine Konferenz über die chemischen Grundlagen der Vererbung stattfand, konnten wir von zwei wichtigen Ergebnissen berichten – auch wenn wir auf viele Fragen noch keine Antworten parat hatten.

Erstens: Für eine erfolgreiche DNA-Synthese braucht man neben gereinigter DNA und DNA-Polymerase im Reaktionsansatz alle vier Desoxynucleoside in ihrer aktivierten (Triphosphat-)Form, also A*, G*, T* und C*. Zweitens: Die DNA-Polymerase, die wir aus *E. coli* gewonnen hatten, wirkt gleichermaßen bei Virus-, Bakterien- oder Tier-DNA. Ungeklärt war zu diesem Zeitpunkt jedoch, ob die künstliche DNA ein vollkommen neues Molekül oder nur die Erweiterung eines bereits vorhandenen Moleküls war. Hatte die synthetische DNA dasselbe Zucker-Phosphat-Rückgrat und dieselbe physikalische Struktur wie die natürliche? Traten die Basen in gleichen Mengenverhältnissen auf wie bei natürlicher DNA, also stets ebensoviel A wie T und soviel G wie C? Und vor allem, entsprach die Zusammensetzung der synthetischen DNA dem Abschnitt der natürlichen DNA, von dem die künstliche abgelesen wurde?

Diese und ähnliche Fragen klärten sich in den folgenden drei Jahren durch Arbeiten von Julius Adler, Sylvy Kornberg und Steven B. Zimmerman. Tatsächlich hat die künstliche DNA den gleichen chemischen Aufbau und dasselbe Verhältnis von A-T- zu G-C-Paaren wie der natürliche DNA-Abschnitt, der als Matrize für die Neusynthese diente (Bild 7). Für die Zusammensetzung der neuen DNA spielt es keine Rolle, in welcher Konzentration die vier Desoxynucleosidtriphosphate im Syntheseansatz vorhanden sind; ausschlaggebend ist einzig und allein die Zusammensetzung der Matrize. Um das zu illustrieren, sei hier ein interessantes Beispiel vorgestellt, auch wenn wir damit ein wenig vom Thema abschweifen.

Howard K. Schachman von der Universität von Kalifornien in Berkeley verbrachte 1957/58 ein Forschungssemester bei uns an der Universität Washington, um die physikalischen Eigenschaften der synthetischen DNA zu untersuchen. Sie hatte DNA-typische physikalische Eigenschaften: hohe Viskosität (Zähigkeit) der gelösten DNA und vergleichsweise niedrige Wanderungsgeschwindigkeit in der Ultrazentrifuge. Bei der künstlichen DNA handelte es sich also wie bei natürlicher DNA um ein langes, fädiges Riesenmolekül. Es paßte in dieses Bild, daß die Viskosität während der Synthesereaktion zunahm – weil die synthetische DNA länger wurde und sich auch die Menge erhöhte. Es war jedoch eine Überraschung, als wir eines Tages auch in einem Kontrollansatz eine Zunahme der Viskosität registrierten, obwohl eines der aktivierten Triphosphate (G*) fehlte. Während der üblichen Beobachtungszeit

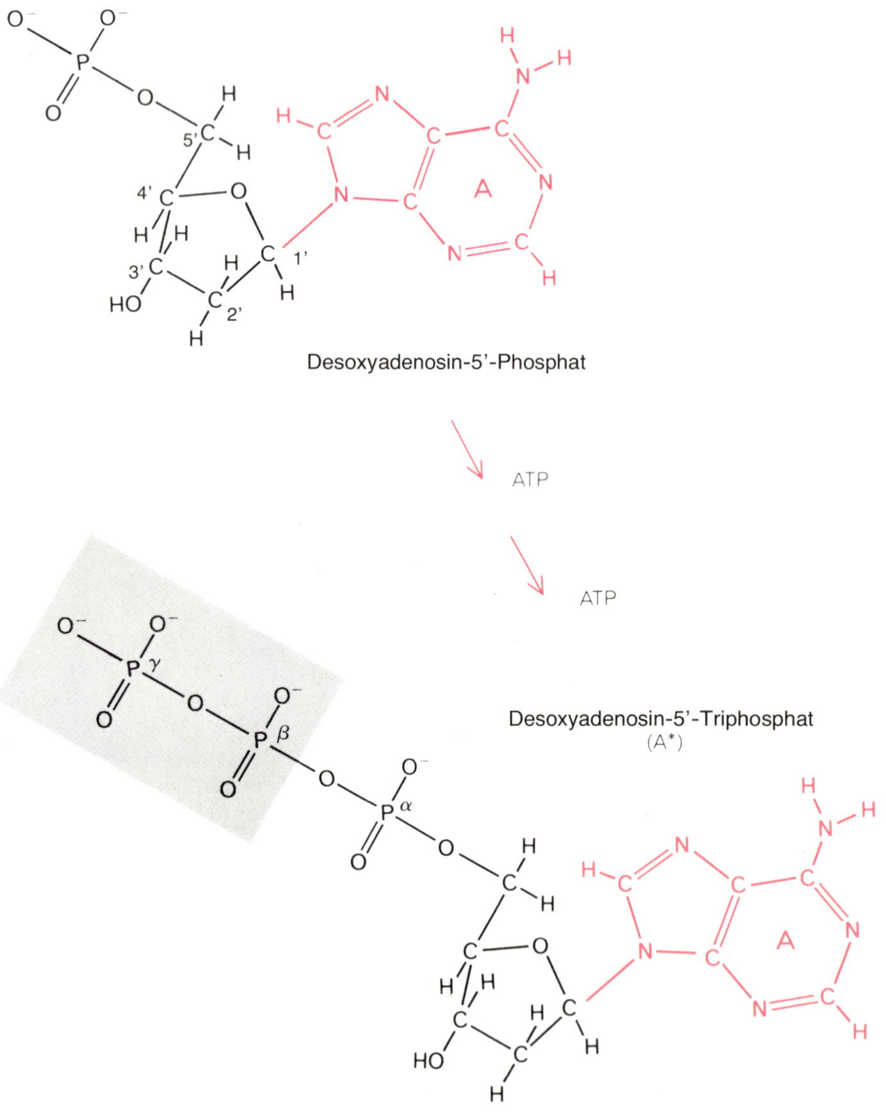

Bild 6: Die DNA-Grundbausteine müssen in aktivierter Form vorliegen, damit sie zur enzymatischen DNA-Synthese an einer Matrize eingesetzt werden können. Für das Nucleotid mit der Base Adenin ist Desoxyadenosin-5'-Triphosphat (im Text mit „A*" bezeichnet) die aktivierte Form. Ausgangsmolekül ist Desoxyadenosin-5'-Monophosphat, an das durch zwei Enzyme schrittweise Phosphatgruppen aus Adenosintriphosphat (ATP) angehängt werden.

(und Reaktionszeit) von ein bis zwei Stunden war keinerlei Reaktion festzustellen, aber nach mehreren Stunden hatte sich unter den üblichen Versuchsbedingungen ein viskoses Produkt gebildet.

Die Analyse ergab, daß es sich hier um eine DNA handelte, die nur die Nucleotide A und T enthielt, und diese beiden Nucleotide wechselten sich in der Kette alternierend ab. Diese DNA – genannt dAT oder Poly-dAT – verhielt sich wie jede andere DNA: Als Matrize konnte sie die Synthese von noch mehr dAT dirigieren. Die Frage war nun, ob bei einer solchen Synthese auch G^* oder C^* eingebaut wird, wenn sie in gleicher oder erheblich höherer Konzentration vorliegen als A^* und T^*. Wir konnten einen solchen Einbau von G oder C nicht feststellen, obwohl die Meßgenauigkeit ausgereicht hätte, um unter 100 000 A oder T ein G ausfindig zu machen. Offenbar unterläuft der DNA-Polymerase – wenn überhaupt – nur selten der Fehler, G oder C mit A oder T zu paaren.

Die DNA eines Chromosoms ist – grob gesprochen – eine lineare Abfolge von Genen (als Gene bezeichnet man dabei in der Regel diejenigen DNA-Abschnitte, in denen jeweils der Bauplan für ein Eiweißmolekül verschlüsselt ist). Jedes Gen besteht aus etwa 1000 Nucleotiden in exakt festgelegter Reihenfolge. Unklar war, ob diese Reihenfolge bei der Reagenzglassynthese der DNA von der DNA-Polymerase fehlerlos kopiert wird oder ob Basen ausgelassen, eingefügt oder auch falsch gepaart werden. Leider gab es keine Techniken zur genauen Bestimmung der Nucleotidsequenz. Um die Reihenfolge der Nucleotide von natürlicher DNA und ihren künstlichen Kopien zu vergleichen, nutzten wir deshalb zwei andere Methoden, mit denen sich die Zuverlässigkeit der DNA-Polymerase bei der DNA-Synthese prüfen läßt: Wir bestimmten die Nachbarschaftshäufigkeiten und untersuchten Kopien von DNA mit definierter biologischer Aktivität.

Die Analyse der Nachbarschaftshäufigkeiten

Im Jahre 1959 entwickelten John Josse, A. Dale Kaiser und ich ein Verfahren, mit dem sich die relative Häufigkeit bestimmter „Nachbarschaften" zwischen Nucleotiden in einer synthetischen DNA feststellen läßt. Es gibt insgesamt 16 Kombinationen für zwei benachbarte Basen: vier für A (AA, AG, AT und AC), vier für G (GA, GG, GT und GC) und entsprechend jeweils vier für T und C. Wie läßt sich die Häufigkeit solcher Dinucleotide in einer Kette künstlicher DNA bestimmen? Man setzt in eines der Nucleosidtriphosphate, die für die DNA-Synthese gebraucht werden, ein radioaktiv markiertes Phosphoratom ein und spaltet die synthetisierte DNA mit einem speziellen Enzym, so daß die markierte Phosphatgruppe am benachbarten Nucleotid verbleibt. Wird die Synthese beispielsweise mit radioaktivem A^* durchgeführt, dessen innere Phosphatgruppe markiert ist, so taucht diese Phosphatgruppe schließlich im Rückgrat der künstlichen DNA auf, wo sie eine normale Bindung zum vorhergehenden Nucleotid in der Kette ausbildet (Bild 9) – bei einem typischen Experiment geschieht das 10^{16}mal!

Die synthetische DNA wird nun gereinigt und anschließend durch eine DNase

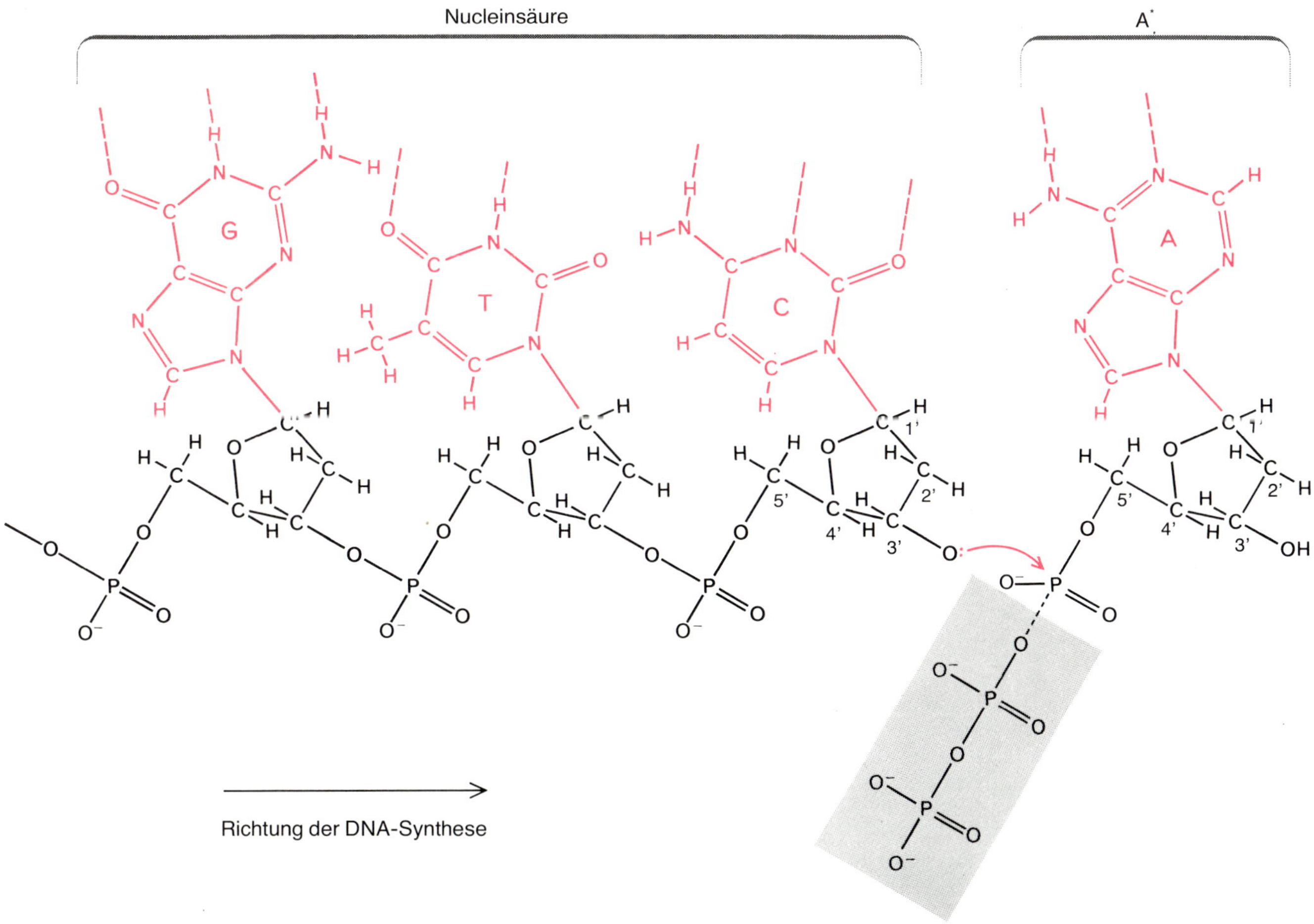

Bild 7: Bei der Synthese der DNA wird in jedem Schritt ein aktiviertes Nucleotid in die wachsende Kette eingebaut. Hier ist das für Adenosin-5'-Triphosphat (A^*) gezeigt, das über eine Phosphodiesterbindung angekoppelt wird. Sie verknüpft das 3'-Kohlenstoffatom der Desoxyribose des letzten Nucleotids in der wachsenden Kette mit dem 5'-Kohlenstoffatom des nächsten. (Der untere Pfeil markiert die Syntheserichtung.)

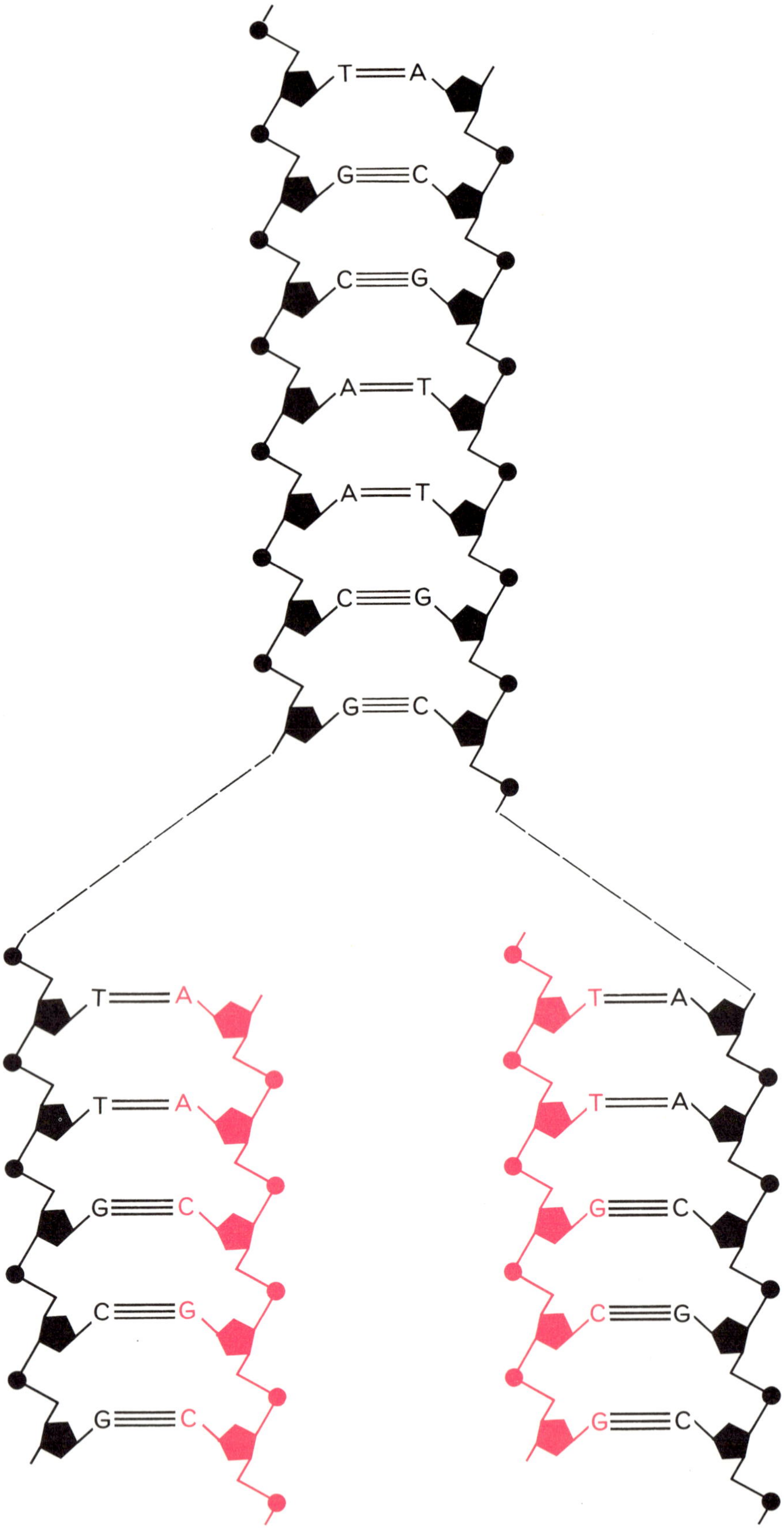

Bild 8: Bei der Synthese von DNA-Doppelsträngen entstehen durch Replikation zwei Hybridmoleküle, die jeweils aus einem Strang der natürlichen Eltern-DNA und aus einem synthetischen Tochterstrang bestehen. Sie gleichen sich untereinander und dem ursprünglichen Doppelstrang vollkommen, denn die beiden Hälften des Eltern-Doppelstranges (schwarz) waren die Matrize für den Aufbau der Tochterstränge (farbig). Da A nur mit T und G nur mit C paart, wird der Doppelstrang durch den Replikationsprozeß nahezu fehlerfrei kopiert.

gespalten, die die Bindungen zwischen dem 5'-Kohlenstoffatom der Desoxyribose und der Phosphatgruppe löst. Die markierte Phosphatgruppe verbleibt dann am Nachbarnucleotid, das ursprünglich nicht markiert war.

Man kann nun im nächsten Schritt die vier verschiedenen Nucleotide durch Elektrophorese oder Papierchromatographie trennen und jeweils die Radioaktivität messen. Die Zerfallsraten sind dann ein Maß dafür, wie häufig A* in der DNA mit A, G, T oder C verknüpft war. Diese Prozedur wird mit markiertem G* wiederholt, um die Häufigkeiten der Dinucleotide GA, GG, GT und GC zu bestimmen, und anhand der entsprechenden Reaktionen mit radioaktivem T* und C* erhält man schließlich die Häufigkeiten aller 16 möglichen Nachbarschaftspaare.

Diese Analyse wurde inzwischen vielfach bei synthetischer DNA durchgeführt, deren DNA-Matrize aus Viren, Bakterien, Pflanzen und Tieren isoliert war. Stets wiesen die künstlichen DNA-Moleküle die gleichen Nachbarschaftshäufigkeiten wie ihre Matrizen auf. Wurde die künstliche DNA ihrerseits als Matrize für eine neuerliche DNA-Synthese (Replikation) benutzt, entstand gleichfalls eine DNA mit identischen Nachbarschaftshäufigkeiten.

Bei diesen Analysen wurde überdies auch eine grundlegende Struktur der „halbkünstlichen“ Doppelhelix sichtbar: Der neu synthetisierte DNA-Strang ist gegensinnig zur Matrize orientiert. Daraus konnten wir schließen, daß die Stränge der natürlichen DNA-Doppelhelix ebenfalls eine gegensätzliche Laufrichtung aufweisen – genau wie es Watson und Crick vermutet hatten.

Die Nachbarschaftshäufigkeiten lassen sich jedoch nur mit 98prozentiger Sicherheit bestimmen – genauer läßt sich die Analyse auch bei größter Sorgfalt nicht durchführen. Deshalb konnten wir über die Genauigkeit, mit der DNA-Stücke in Genlänge (1000 oder mehr Nucleotide) repliziert werden, keine sicheren Aussagen machen. Unklar blieb, ob die Synthese von DNA an einer genetisch oder biologisch aktiven Matrize auch einschließt, daß die Aktivität dupliziert wird.

Die biologische Aktivität bakterieller DNA läßt sich an ihrer Fähigkeit zur Transformation erkennen. Die Transformation ist ein Prozeß, bei dem DNA einer Bakterienart die genetischen Eigenschaften einer anderen Art verändert. Zum Beispiel kann ein Stamm von *Bacillus subtilis* DNA von einem anderen Stamm aufnehmen, der resistent gegen das Antibiotikum Streptomycin ist, und dadurch selbst ebenfalls gegen Streptomycin resistent werden; der ursprünglich nicht resistente Empfängerstamm und all seine Abkömmlinge tragen schließlich das Merkmal der Streptomycin-Resistenz. Die Transformationsfähigkeit einer DNA läßt sich ganz allgemein also daran erkennen, daß die Empfängerzelle nach der Aufnahme der DNA ein Merkmal trägt, das ihr zuvor fehlte. Bei der synthetischen DNA mußten wir jedoch feststellen, daß die Transformationsfähigkeit der Matrize abhanden gekommen war.

Die Schwierigkeit, biologisch aktive DNA zu synthetisieren, beruhte zum Teil darauf, daß unsere DNA-Polymerase immer noch mit Spuren von Nucleasen verunreinigt war; und Nucleasen sind Enzyme, die das Rückgrat der DNA spalten können. Aber schon ein einziger Bruch in einer langen DNA-Kette genügt, um ihre genetische Aktivität zu zerstören. Wir mußten die DNA-Polymerase also noch besser reinigen. Hier haben Charles C. Richardson, Thomas Jovin, Paul T. Englund und LeRoy L. Bertsch in einigen Jahren eine neue Reinigungsmethode erarbeitet, die zugleich einfach und wirksam war. Nachdem wir im April 1967 schließlich 100 Kilogramm *E. coli* aufgearbeitet hatten, gewannen wir ungefähr ein halbes Gramm hochreines nucleasefreies Enzym, das keine störenden Einzelstrangbrüche erzeugte. (Bei der Darstellung des hochreinen Enzyms wurden wir personell und apparativ vom Enzymzentrum von Neu England unterstützt und finanziell von der Nationalen Gesundheitsbehörde an der Medizinischen Fakultät der Universität Tuft gefördert.)

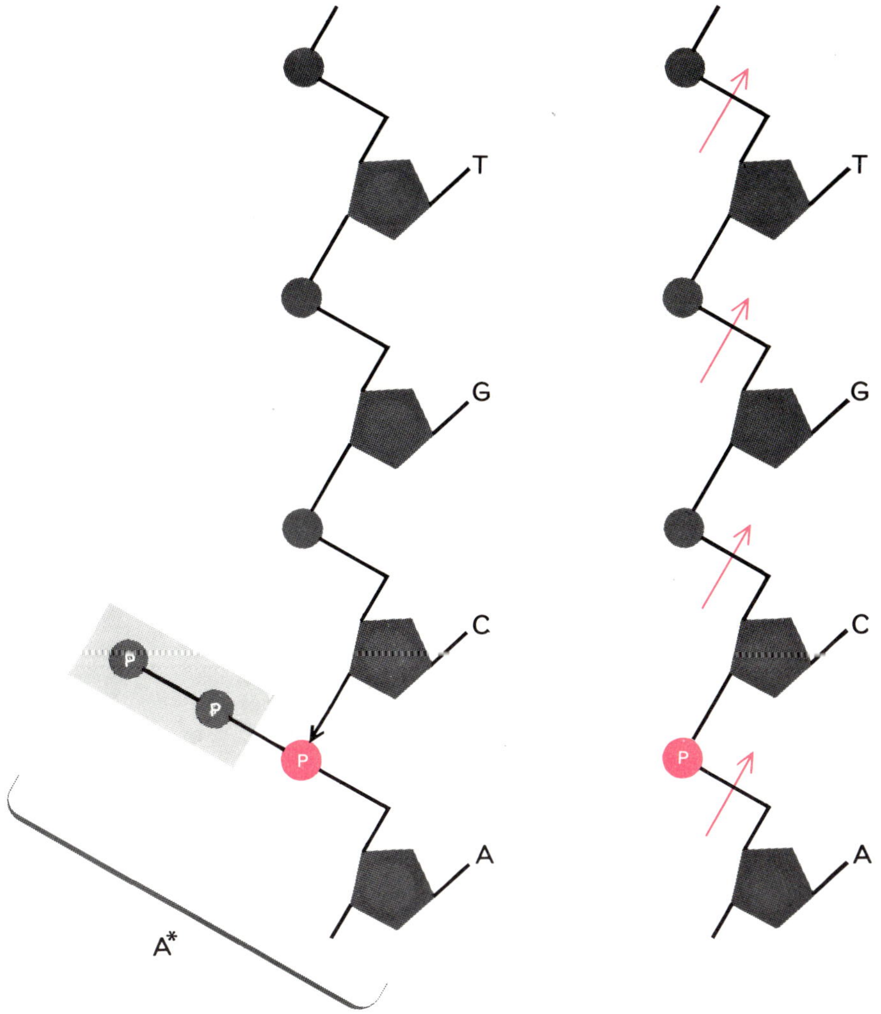

Bild 9: Nachbarschaftshäufigkeiten sind ein Indiz dafür, wie oft eines der vier Nucleotide in einem künstlichen DNA-Einzelstrang mit jedem anderen Nucleotid und mit sich selbst benachbart ist. Angenommen, es soll gemessen werden, wie oft A neben A, T, G oder C zu finden ist, dann markiert man zunächst das aktivierte Nucleotid A* in seiner α-Position mit radioaktivem Phosphor (farbig). Anschließend wird das synthetische DNA-Molekül mit einem Enzym behandelt, das das Rückgrat jeweils zwischen einer Phosphatgruppe und dem 5'-Kohlenstoffatom der Desoxyribose vollständig spaltet. Die markierte Phosphatgruppe befindet sich danach nicht mehr am ursprünglichen Nucleotid, sondern an dessen Nachbarn – hier einem C. Man trennt die vier Nucleotide nun durch Papierchromatographie und mißt ihre Radioaktivitäten.

Zu unserer Enttäuschung war selbst die hochreine DNA-Polymerase nicht in der Lage, eine biologisch aktive DNA an einer bakteriellen DNA-Matrize herzustellen. Wir vermuten, daß die DNA aus Bakterien wie *B. subtilis* einfach eine schlechte Matrize darstellt. Das gesamte natürliche Chromosom von *B. subtilis*, ein doppelsträngiger DNA-Ring von etwa einem Millimeter Umfang, wäre eine gute Matrize gewesen, aber wenn man es aus den Bakterien isoliert, entstehen willkürlich 100 oder mehr Bruchstücke. Welcher Mechanismus dafür sorgt, daß ein so großes und komplexes DNA-Molekül wie das Chromosom von *B. subtilis* mit Hilfe von DNA-Polymerase und verwandten Enzymen repliziert wird, darüber wird in vielen Laboratorien geforscht.

Der Bakteriophage ΦX174

Bereits 1964 hatten wir überlegt, ob sich biologisch aktive DNA nicht leichter synthetisieren läßt, wenn man eine einfachere Form von genetisch aktiver DNA verwendet. Solche DNA findet man bei Viren wie dem Bakteriophagen ΦX174; sie besteht aus einem einzelsträngigen Ring. Dieses „Chromosom“ hat nicht nur eine einfachere Struktur als die *B. subtilis*-DNA, sondern es ist auch klein genug, um relativ leicht ohne Einzelstrangbrüche isoliert werden zu können: Aus Arbeiten von Robert L. Sinsheimer (California Institute of Technology) wußten wir, daß ΦX174-DNA, wenn sie in *E. coli* eingedrungen ist, als erstes eines der Wirtsenzyme „umfunktioniert“, damit es den fremden Einzelstrangring in einen DNA-Doppelstrang umwandelt, wobei diese Doppelhelix nach wie vor als geschlossener Ring vorliegt. Sinsheimer bezeichnete diesen doppelsträngigen Ring als „replikative Form“.

Wir fragten uns nun, ob das Wirtsenzym, das die virale DNA kopiert, mit der DNA-Polymerase identisch sein könnte, die wir aus *E. coli* isoliert hatten. Es war abzusehen, daß es bei der Synthese ringförmiger DNA neue Schwierigkeiten geben würde. Konnte sich die DNA-Polymerase überhaupt auf einer Matrize orientieren und mit der Replikation beginnen, auch wenn es dort weder Anfang noch Ende gibt? Aber es gelang Shashanka Mitra und später auch Peter Richard, Bedingungen zu schaffen, unter denen das Enzym den Einzelstrangring tatsächlich kopiert, wie elektronenmikroskopische Aufnahmen der Produkte bewiesen. Wir fragten uns daraufhin, ob die DNA von ΦX174 wirklich nur ein einfacher gleichmäßiger Ring war, wie er sich unter dem Elektronenmikroskop darstellt. Möglicherweise handelte es

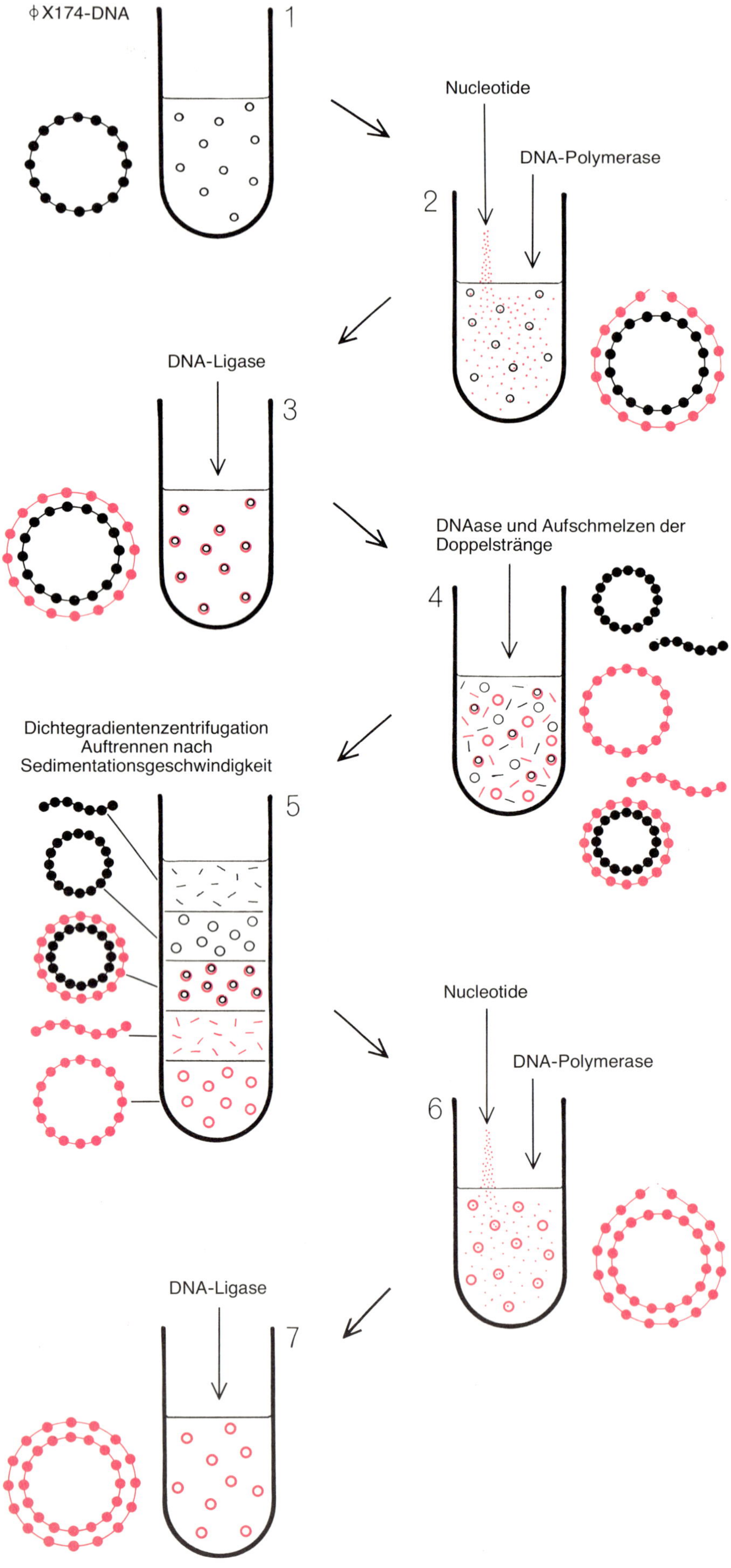

sich doch, wie einige Wissenschaftler vorgeschlagen hatten, um eine Kette mit einem „Verschluß" aus Substanzen, die keine Nucleotide waren. Nach Sinsheimers Befunden mußte die DNA von ΦX174 ein vollständiger Ring sein, um infektiös zu wirken; aber andererseits wußten wir, daß unsere Polymerase nur lineare Moleküle erzeugen kann. Wie sollte da bei der Synthese ein wirklich geschlossener Ring zustandekommen? Entweder fehlte uns der „Verschluß", um aus dem kopierten Einzelstrang einen Ring zu machen, oder wir mußten eine neue Art von Enzym finden, das den Ring schließen kann.

Hier half uns die Entdeckung eines Enzyms weiter, das Polynucleotide miteinander verknüpfen kann – die DNA-Ligase. Es wurde 1966 fast gleichzeitig in fünf Laboratorien nachgewiesen: von Martin F. Gellert und seinen Mitarbeitern an den National Institutes of Health, von Richardson und Bernard Weiss an der Harvard-Universität, von Jerard Hurwitz und seinen Kollegen des Albert-Einstein-Colleges in New York, von Lehmann und Baldomero M. Olivera aus Stanford und Nicholas R. Cozzarelli aus meiner eigenen Arbeitsgruppe. Für unsere Experimente benutzten wir DNA-Ligase, die nach dem Verfahren von Lehmann und Olivera hergestellt war.

DNA-Ligase besitzt die Fähigkeit, Einzelstrangbrüche im Rückgrat der DNA zu reparieren – vorausgesetzt, alle Nucleotide sind intakt und es fehlt nur eine chemische Bindung zwischen einem Zucker und dem benachbarten Phosphat. Mit Hilfe der DNA-Ligase konnten wir prüfen, ob DNA-Polymerase mit diesem Verknüpfungsenzym geschlossene und biologisch aktive Ringe der Virus-DNA erzeugen kann.

Bild 10: Wie vollständig synthetische ΦX174-DNA hergestellt und nachgewiesen wurde: Ringförmige Einzelstrang-DNA von ΦX174 – radioaktiv markiert mit Tritium – diente als Matrize (1). Zugesetzt wurden die aktivierten Nucleotide A*, G*, C* und 5-Bromuridin-5'-Triphosphat (anstelle von T*) sowie DNA-Polymerase, wobei eines der aktivierten Nucleotide mit radioaktivem Phosphor markiert war. Der künstliche Strang wurde vollständig repliziert, aber nicht zum Ring geschlossen (2); verknüpft wurden die Enden mit DNA-Ligase (3). Um die synthetischen Ringe abzutrennen, wurde soviel DNase zugesetzt, daß im Mittel bei der Hälfte aller intakten Doppelstrangringe ein Einzelstrangbruch entstand (4). Das Ergebnis war eine Mischung aus intakten Doppelsträngen, ringförmigen Matrizen, künstlichen Ringen, linearen Matrizen und künstlichen linearen Strängen. Da die synthetischen Stränge 5-Bromuracil enthielten, waren sie schwerer als die Matrizen und konnten durch Zentrifugation abgetrennt werden (5). Die isolierten künstlichen Ringe dienten schließlich als Matrizen für die Synthese künstlicher DNA-Ringe (6 und 7).

Für virale ΦX174 als Matrize sprach ein entscheidender Vorteil gegenüber bakterieller DNA. Mit bakterieller DNA lassen sich nur Gene oder Genteile übertragen, die bestimmte Stellen im Empfängerchromosom ersetzen; bei dieser Transformation erhält man keine stichhaltigen Befunde, weil die Empfängerzelle nur kleine Abschnitte der Fremd-DNA in ihr Chromosom einbaut und dabei womöglich nur fehlerhafte Abschnitte durch richtige Sequenzen ihres eigenen Genoms „ausbessert". Dagegen wird bei der Transfektion mit Phagen-DNA ein komplettes Chromosom übertragen, das zur Bildung ganzer Phagenpartikel führt. Es kommt jedoch nur dann zu einer Infektion, wenn die DNA exakt kopiert wurde. Wie Sinsheimer für die ΦX174-DNA gezeigt hatte, kann der Austausch lediglich eines von 5400 Nucleotiden ausreichen, um die Infektiösität des Phagen zu zerstören. Wenn sich also eine synthetische Phagen-DNA als infektionsfähig erweist, kann man auf eine praktisch fehlerfreie Synthese entsprechend vieler Nucleotide rückschließen. Das Erbmaterial (Genom) des Phagen ΦX174 umfaßt neun Gene, von denen jedes einzelne für Reifung und Freisetzung neuer Phagenpartikel unersetzlich ist.

Es dauerte nicht einmal ein Jahr, bis wir die DNA von ΦX174 schließlich im Reagenzglas synthetisiert hatten. Die wichtigsten Schritte lassen sich wie folgt zusammenfassen. Matrizen-DNA wurde aus ΦX174 gewonnen und mit Tritium, dem radioaktiven Isotop des Wasserstoffs, markiert – daran konnten wir später die Matrize wiedererkennen. Zur Matrize gaben wir DNA-Polymerase, gereinigte DNA-Ligase, ein für deren Funktion wichtiges Cosubstrat (Nicotinamidadenindinucleotid, kurz: NAD) sowie A^*, G^*, T^* und C^*. Von diesen vier Nucleosidtriphosphaten war eines mit radioaktivem Phosphor markiert, der als Erkennungszeichen für die synthetische DNA dienen sollte. Wir sorgten nun dafür, daß die Reaktion lange genug ablaufen konnte, um genügend Nucleotide einzubauen und damit eine vollständige Kopie der Matrize zu gewährleisten. Wann das der Fall war, ließ sich leicht durch einen Vergleich der Radioaktivitäten von Matrize und neu synthetisierter DNA bestimmen.

Nach den Aktivitätsmessungen zu schließen, hatten wir tatsächlich vollständige synthetische DNA-Ringe erhalten, die komplementär zur Matrize waren. Wir bezeichneten die komplementären Ringe mit (−), um sie von den Matrizenringen (+) zu unterscheiden. Wir mußten freilich noch beweisen, daß es sich bei den synthetischen (−)-Ringen wirklich um komplementäre Ringe handelte. Hatte die Polymerase die Matrize vollständig kopiert? Waren die beiden Enden der synthetischen Kette von der Ligase verknüpft worden? Verschiedene physikalische Meßmethoden, darunter die Elektronenmikroskopie, bestätigten, daß als Produkt ein geschlossener Ring entstanden war, der sich eng um die Matrize wickelte. Gemeinsam hatten der aneinandergelagerte (+)- und (−)-Strang die gleiche Größe und auch ansonsten die gleichen Eigenschaften wie die natürliche replikative Form der Phagen-DNA in infizierten Zellen. Damit war ein „Verschluß", der nicht aus Nucleotiden besteht, auszuschließen.

Es blieb noch zu klären, ob der synthetische (−)-Ring biologisch aktiv war und seinerseits als Matrize für einen vollkommen synthetischen Doppelstrang dienen konnte. Um das zu klären, mußten wir zunächst die synthetischen (−)-Stränge von den halbsynthetischen Doppelsträngen abtrennen.

Aus Gründen, die im folgenden noch deutlich werden, hatten wir bei der Synthese nun anstelle von Thymin mit Bromuracil gearbeitet, einem künstlichen, aber biologisch aktiven Analog des Thymins (Bild 3). Um die „halbsynthetischen" Doppelstrangringe zu trennen, setzten wir gerade soviel Nuclease zu, daß es im Durchschnitt bei der Hälfte aller Moleküle zum Einzelstrangbruch kam. Die Doppelstrangringe mit Einzelstrangbruch bestanden nun aus einem ringförmigen und einem linearen Einzelstrang. Die linearen Stränge konnten dann einfach durch Kochen (100 Grad Celsius) von ihren ringförmigen Begleitern abgelöst werden. So erhielten wir eine Mischung, in der (+)-Matrizenringe, synthetische (−)-Ringe, lineare (+)- und (−)-Stränge und intakte Doppelstrangringe in etwa gleichen Mengen vertreten waren.

Und jetzt kam das Bromuracil zum Tragen. Da die Methylgruppe des Thymins bei Bromuracil durch ein Bromatom ersetzt ist, ist das Analog schwerer als Thymin. Moleküle, die Bromuracil enthalten, lassen sich von den leichteren thyminhaltigen Molekülen durch Hochgeschwindigkeitszentrifugation in einer Schwermetallsalzlösung trennen (mit Hilfe der Dichtegradiententechnik, die Jerome R. Vinograd vom California Institute of Technology entwickelt hat). Dabei reichern sich die verschiedenen Bestandteile eines Gemischs je nach ihrer Dichte weiter unten oder oben im Zentrifugenröhrchen an. Von oben nach unten erhielten wir folgende Fraktionen: leichte (+)-Einzelstränge der thyminhaltigen Matrize, Doppelstränge von mittlerer Dichte und (−)-Einzelstrang-DNA mit erhöhter Dichte durch Bromuracil. Die einzelnen Fraktionen konnten wir anhand der Radioaktivitätsverteilung im Zentrifugenröhrchen lokalisieren. Außerdem entsprach die mittlere Dichte der Fraktionen genau den Dichten von Kontroll-DNAs, die Thymin beziehungsweise Bromuracil enthielten.

Durch nochmaliges Zentrifugieren ließen sich lineare und ringförmige Moleküle der synthetischen DNA trennen – aufgrund ihrer unterschiedlichen Wanderungsgeschwindigkeiten im Zentrifugenröhrchen. Schließlich konnte die Ring-DNA auf ihre Infektionsfähigkeit geprüft werden. Einen entsprechenden Test hatte Sinsheimer schon früher für ringförmige DNA von ΦX174 entwikkelt. Wir ließen unsere (−)-Ringe auf *E. coli*-Zellen einwirken. Dazu hatten wir die Zellwände zuvor mit Hilfe des Enzyms Lysozym entfernt, so daß die zu testende Phagen-DNA leichter in die Bakterien eindringen konnte. Sofern die synthetische DNA infektiös war, mußten vollständige Phagenpartikel entstehen. Die Wirkung solcher Phagenpartikel läßt sich an der Zerstörung intakter *E. coli*-Bakterien nachweisen: In einem gleichmäßigen Bakterienrasen auf einer Platte mit festem Nährmedium entstehen bei Infektion „Löcher". Unsere künstlichen Ringe zeigten hier die gleiche Wirkung wie ihre natürlichen Gegenstücke.

In weiteren Experimenten setzten wir die künstlichen (−)-Ringe als Matrize ein, um vollkommen synthetische Doppelstrangringe zu erzeugen. Dabei mußte das gleiche Produkt herauskommen, das man in infizierten Zellen findet. Weil die synthetischen (−)-Ringe mit radioaktivem Phosphor markiert waren, kennzeichneten wir das Nucleotid (C^*) im Reaktionsansatz mit Tritium. Ansonsten benutzten wir die gleichen Arbeitsschritte wie bei der Synthese des (−)-Stranges; wir erhielten vollkommen künstliche DNA-Doppelstränge von ΦX174. Wir trennten nun die (+) Ringe ab, und auch sie glichen in jeder Hinsicht den natürlichen Vorbildern, und wieder ließ sich ihre Infektiösität nachweisen. Die biologische Funktionsfähigkeit unserer Kunstprodukte bewies, wie genau die DNA-Polymerase bei der Replikation arbeitet.

Ausblick

Mit der Synthese infektiöser Phagen-DNA im Reagenzglas war der Nachweis erbracht, daß die DNA-Polymerase ein kleines Chromosom (in unserem Fall mit neun Genen) fehlerlos kopieren kann, sofern die vier Desoxynucleosidtriphosphate zur Verfügung stehen. Darüber hinaus zeigte sich, daß dieses Chromosom ebenso einfach aufgebaut ist wie lineare DNA, nämlich ausschließlich aus den vier Nucleotiden. Bis zum menschlichen Chromosom, das etwa 10 000mal größer ist, liegt noch ein weiter Weg vor uns, aber wir sind entschlossen, unser Verfahren zur Synthese des kleinen ΦX174-Chromosoms auch auf größere Chromosomen anzuwenden.

Wie wird es weitergehen? Ich sehe wenigstens drei erfolgversprechende Perspektiven: Es liegt nahe, die physikalischen und chemischen Eigenschaften der DNA-Polymerase genauer zu untersuchen, um herauszubekommen, wie sie eine fehlerfreie DNA-Replikation zustandebringt. Solange wir die Struktur des Enzyms nicht kennen und seine Arbeitsweise nicht einmal unter den eingeschränkten Bedingungen im Reagenzglas verstehen, können wir seine Funktion in der lebenden Zelle nur unzureichend nachvollziehen.

In eine andere vielversprechende Richtung führt die Frage, wie die DNA-Replikation in der einzelnen Zelle und im gesamten Organismus gesteuert wird. Warum findet in der reifen Leberzelle keine DNA-Synthese statt? Und warum setzt sie 24 Stunden nach einer Leberoperation, bei der Gewebe entfernt wurde, plötzlich ein? Welcher Mechanismus sorgt dafür, daß sich gereifte Zellen langsamer teilen – und ihre DNA replizieren – als Embryonal- oder Krebszellen? Die Zeit ist reif, um den Faktoren nachzugehen, die die DNA-Synthese in den Zellen eines Organismus in Gang setzen und ihre Geschwindigkeit steuern. Bei alledem sollten Ziel und unsere gemeinsame Verantwortung darin liegen, die gentechnologischen Möglichkeiten für eine bessere Lebensqualität der Menschen zu nutzen.

Als fruchtbares Feld für die Forschung bietet sich schließlich die Synthese von DNA des Polyomavirus an, das bei einer Reihe von Nagetieren bösartige Geschwüre hervorruft. In seiner infektiösen Form besitzt Polyoma eine ringförmige doppelsträngige DNA, die wahrscheinlich auch in dieser Form in den Zellen vermehrt wird. Wenn es gelingt, die DNA des Polyomavirus im Reagenzglas zu synthetisieren, gibt es verschiedene Ansatzmöglichkeiten, diese DNA speziell daraufhin zu untersuchen, an welchen Stellen des Chromosoms die Fähigkeit zur Krebsauslösung liegt. Man könnte das Virus dann vielleicht sogar so verändern, daß es letztendlich seine tumorauslösende Wirkung verliert.

Wenn man diese Überlegungen auch auf große DNA-Moleküle ausdehnt, könnte man etwa spekulieren, daß sich ein Insulinmangel, der auf einem genetischen Defekt beruht, medikamentös mit einer synthetischen DNA behandeln ließe. Voraussetzung für eine derartige Heilung von Diabetes wäre natürlich, daß man Wege findet, um die verabreichte DNA auch in die Zellen zu schleusen – aber selbst das scheint nicht ausgeschlossen. Für diese Möglichkeit spricht eine äußerst interessante Arbeit von Stanfield Rogers (Oak Ridge National Laboratory): Rogers hatte gezeigt, daß das für den Menschen völlig harmlose SPV-Virus bei Kaninchen die Produktion des Enzyms Arginase hervorruft und gleichzeitig Krebs erzeugt. Bei Wissenschaftlern, die mit diesem Virus gearbeitet hatten, stellte Rogers einen deutlich erniedrigten Arginin-Spiegel im Blut fest; da die Aminosäure Arginin von Arginase zerstört wird, war offenbar die Arginaseaktivität erhöht. Könnte es dann nicht auch möglich sein, gezielt ähnliche nichtpathogene Viren für die Behandlung zu nutzen, damit sie heilende Gene in die Körperzellen des Patienten einschleusen?

Der genetische Code

Mit ihrer Vier-Buchstaben-Sprache verschlüsseln die beiden Nucleinsäuren DNA und RNA die genetische Bauanleitung für alle lebenswichtigen Eiweißmoleküle. Entschlüsseln läßt sich der genetische Code mit einem „Wörterbuch", das die Vier-Buchstaben-Sprache der Nucleinsäuren in die 20-Buchstaben-Sprache der Proteine übersetzt.

Von F. H. C. Crick

Seit mehr als einem halben Jahrhundert hat man vermutet, daß die Gene der Zelle alle Informationen enthalten, um lebenswichtige Funktionen in Gang zu halten. Das bedeutet: Die Gene müssen – in verschlüsselter Form – detaillierte Bauanweisungen für all die Eiweißmoleküle (Proteine) einschließen, die eine Zelle braucht, um sich mit Nahrung und Energie zu versorgen, zu vermehren oder auch eventuelle Schäden selbst zu reparieren.

Aber nach diesen Vermutungen vergingen Jahrzehnte, bis man tatsächlich Einblick in die chemische Natur des genetischen Materials gewann. Viele Forscher haben dazu beigetragen herauszufinden, wie in den Molekülen der Erbsubstanz Anweisungen codiert sein können, die für die Maschinerie einer Zelle „lesbar" sind und die Produktion von Proteinmolekülen dirigieren. In diesem Artikel soll die Entdeckungsgeschichte des genetischen Codes nachgezeichnet werden, am Beispiel von Experimenten, mit denen sich die Übermittlung der codierten Botschaft von ihrem Ursprungsort im genetischen Material bis zum fertigen Protein verfolgen läßt.

Die Erbsubstanz der lebenden Zelle ist das kettenförmige Molekül der Desoxyribonucleinsäure (DNA). Bakterienzellen enthalten nur eine einzige Kette, während in den Zellen der Säugetiere Dutzende solcher Ketten in den Chromosomen zusammengelagert sind. Die DNA-Moleküle haben ein sehr langes Gerüst, das aus sich wiederholenden Gruppen von Phosphat und einer Pentose besteht, einem Zucker, dessen Moleküle aus fünf Kohlenstoffatomen aufgebaut sind. An dieses Gerüst sind in regelmäßigen Abständen Seitengruppen angeheftet, die man Basen nennt. Es gibt vier Standardbasen: Adenin (A), Guanin (G), Thymin (T) und Cytosin (C). Sie sind die vier Buchstaben, die für die genetische „Schrift" gebraucht werden. Die lineare Reihenfolge der Basen innerhalb eines DNA-Moleküls bestimmt die Struktur eines Proteinmoleküls.

Proteine werden in jedem Lebewesen aus den gleichen Bausteinen aufgebaut: aus 20 verschiedenen Aminosäuren, die in der Natur vorkommen. Diese Aminosäuren werden miteinander verknüpft, um die langen Polypeptidketten der Proteinmoleküle zu bilden (Bild 1). Jedes Protein zeichnet sich durch eine charakteristische Reihenfolge der Aminosäuren aus – bei typischen Polypeptidketten sind es 100 bis 300 oder mehr Aminosäuren.

Der genetische Code ist nicht die Botschaft selbst, sondern nur das „Wörterbuch", das die Zelle benutzt, um die Vier-Buchstaben-Sprache der Nucleinsäure in die 20-Buchstaben-Sprache des Proteins zu übersetzen. Bei dieser Übersetzung verwendet die Zelle eine Vielzahl zusätzlicher Moleküle und Mechanismen. Die in der DNA verschlüsselte Botschaft wird zuerst in ein ähnliches Molekül, die Boten-RNA, umgeschrieben – diesen Vorgang bezeichnet man als Transkription. (Bei vielen Viren – wie etwa dem Tabakmosaikvirus – liegt das genetische Material als RNA vor.) Auch die RNA besitzt als Seitengruppen vier verschiedene Basen: Adenin, Guanin und Cytosin wie die DNA und anstelle von Thymin als vierte Base Uracil. Bei der Transkription der genetischen Botschaft werden die Code-Buchstaben A, G, T und C nacheinander in U, C, A und G übersetzt. Mit anderen Worten, wo immer ein A in der DNA auftritt, steht in der dazugehörigen RNA ein U; für ein G in der DNA wird ein C in die RNA eingebaut, und so weiter. Üblicherweise wird der genetische Code in den RNA-Buchstaben U, C, A, G geschrieben – und nicht in der komplementären DNA-Buchstabierung A, G, T, C.

Der genetische Code wäre leicht zu entschlüsseln, wenn man die Aminosäuresequenz des Proteins bestimmen und mit der Basensequenz des Nucleinsäure-Abschnitts vergleichen könnte, die dieses Protein codiert. Aus verschiedenen Gründen war die Basensequenz eines langen Nucleinsäuremoleküls anfangs nur unter Schwierigkeiten herauszubekommen, und man mußte sich mit indirekteren „Decodierungs"-Ansätzen behelfen.

Die meisten Hinweise auf den genetischen Code waren schon Anfang 1965 bekannt, und der Großteil dieser ersten Vermutungen hat sich seitdem bei der weiteren experimentellen Prüfung als richtig erwiesen. In diesem Artikel wird die Entdeckung des genetischen Codes beschrieben. Wie ich in einem Scientific-American-Artikel vom Oktober 1962 bereits diskutiert habe, ist der genetische

Code ein Triplett-Code: Die Basen auf der Boten-RNA werden in Dreiergruppen gelesen, wobei die Tripletts oder Codons jeweils einer besonderen Aminosäure entsprechen. Wenn man aus vier Symbolen Dreiergruppen bildet, gibt es 64 verschiedene Kombinationsmöglichkeiten. 1962 war anhand der experimentellen Daten bereits abzusehen, daß die meisten Tripletts für eine Aminosäure codieren – was zugleich besagt, daß eine Aminosäure gewöhnlich von mehreren Codons repräsentiert wird. Für benachbarte Aminosäuren codieren benachbarte Codons, die sich nicht überlappen.

Im März 1963 schrieb Marshall Nirenberg vom National Institute of Health eine Fortsetzung meines Artikels im Scientific American. Darin erläuterte er, wie die Zusammensetzung bei einem Großteil der 64 Tripletts experimentell bestimmt wurde: mit Hilfe der Synthese von Polypeptidketten in einem zellfreien System. Dieses System, das aus aufgebrochenen Zellen des Darmbakteriums *Escherichia coli* extrahiert wurde, enthält neben der Maschinerie zur Proteinsynthese dieses Bakteriums eine Energiequelle, 20 Aminosäuren und jeweils verschiedene Typen künstlicher RNA. Die Experimente zeigten, daß jeder Typ synthetischer RNA nur den Einbau bestimmter Aminosäuren dirigiert.

Mit dieser Methode konnte man bei vielen Codons die quantitative Zusammensetzung bestimmen, aber die Reihenfolge der Basen innerhalb der Tripletts war damit noch nicht zu ermitteln. Insbesondere Codons mit mehreren G ließen sich nur schwer untersuchen. Außerdem schlichen sich einige Fehler ein. Von 40 Codons, die Nirenberg in seinem Artikel auflistet, sind 35 richtig.

Der Triplett-Code

In seinen Grundzügen wurde der genetische Code mit einer anderen Technik entschlüsselt, die Nirenberg zusammen mit Philip Leder entwickelt hatte. Dabei stellt man keine künstlichen Peptide her, sondern setzt immer nur ein Triplett ein – als Bindeglied in der Maschinerie zur Proteinsynthese.

Die Proteinfabriken der Zelle sind relativ große Strukturen, die man Ribosomen nennt. Sie fahren die Kette der Boten-RNA entlang und bauen dabei die Polypeptidkette des Proteins auf – an deren Aminoende beginnend. Die Aminosäuren gelangen freilich nicht als freie Moleküle zu den Ribosomen, sondern jede wird durch ein spezielles Enzym mit einem spezifischen RNA-Molekül verbunden, das die Codons auf der Boten-RNA erkennt. Diese Moleküle – sie sind unter dem Namen Transfer-RNA (*t*RNA) bekannt – besitzen jeweils ein spezielles Basentriplett, Anticodon genannt, das durch Basenpaarung das passende Codon auf der Boten-RNA finden kann (Bild 1).

Leder und Nirenberg untersuchten, welche Aminosäure-*t*RNA-Verbindungen in Anwesenheit eines bestimmten Tripletts an die Ribosomen gebunden wurden: das heißt, an eine „Botschaft“

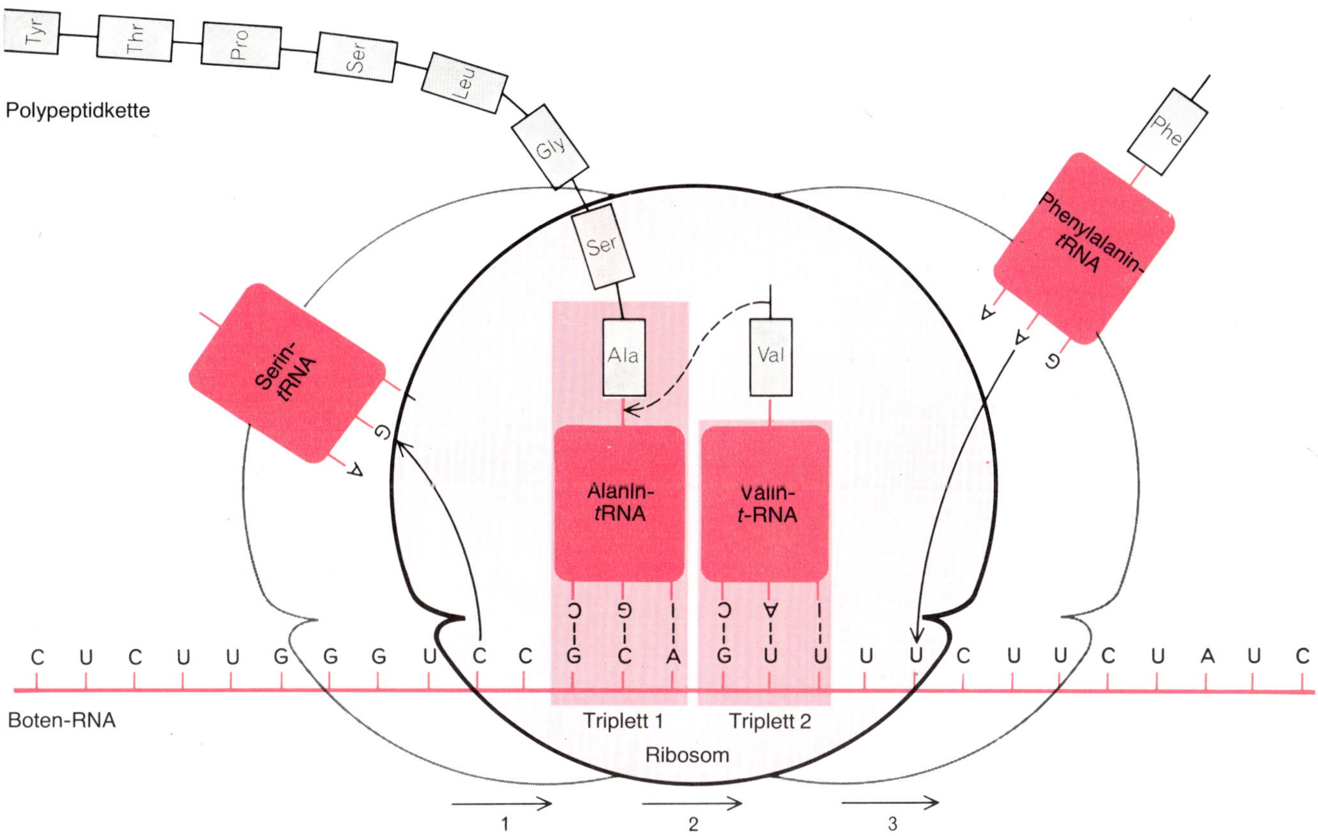

Bild 1: Die Proteinfabriken der Zelle, die Ribosomen, bauen Aminosäuren nach Anweisung des genetischen Codes zu Proteinmolekülen zusammen. Diese Anweisungen sind auf einem Strang Boten-RNA in einem Vier-Buchstaben-Code verschlüsselt. Die Buchstaben entsprechen dabei den vier Basen Uracil (U), Cytosin (C), Adenin (A) und Guanin (G). Drei benachbarte Basen – ein Triplett oder Codon – codieren dabei für eine der 20 Aminosäuren, die in der Natur als Proteinbausteine vorkommen. Die Aminosäuren werden von spezifischen RNA-Molekülen – Transfer-RNA oder kurz *t*RNA genannt – zu den Ribosomen transportiert. Die *t*RNA besitzt das Anticodon für eine Aminosäure, das sich vorübergehend an das komplementäre Codon auf der Boten-RNA binden kann. Während dieser Zeit kann die Aminosäure vom Ribosom an das letzte Glied der Peptidkette angehängt werden. Das Ribosom verfügt nämlich über zwei „Anlegestellen“ für *t*RNA: An der ersten hängt noch die *t*RNA mit der bereits angeketteten Aminosäure und somit das angefangene Proteinmolekül, und an der zweiten Stelle wartet die nächste Aminosäure. Das Ribosom wandert an der Boten-RNA entlang und „liest“ die Basensequenz, bis das Proteinmolekül fertig ist. Die Aminosäurebausteine sind mit Kürzeln (hier Tyrosin, Threonin, Prolin, Serin, Leucin, Glycin, Alanin, Valin und Phenylalanin) gekennzeichnet (siehe Bild 2).

aus nur drei Buchstaben. Dabei bedienten sie sich eines physikalisch-chemischen Kunstgriffes: Sie ließen die Mischung aus Ribosomen und Aminosäure-*t*RNA-Verbindungen durch ein Nitrozellulosefilter passieren, in dem die Ribosomen hängenbleiben. Die *t*RNA-Moleküle kommen nur durch das Filter, solange sie nicht über das Triplett an die Ribosomen gebunden sind. Welche Aminosäure-*t*RNA-Verbindungen im Filter blieben, ließ sich nun einfach bestimmen: indem man Aminosäuremischungen benutzte, bei denen jeweils eine Aminosäure radioaktiv markiert war, und die Radioaktivität des Filters registrierte.

Das Triplett GUU bindet zum Beispiel die *t*RNA für die Aminosäure Valin, während die Tripletts UGU und UUG für Cystein und Leucin codieren. (GUU steht hier für das Trinucleosid Diphosphat GpUpU.)

Nirenberg und seine Kollegen synthetisierten alle 64 möglichen Tripletts und untersuchten ihre Codierungseigenschaften; ähnliche Resultate erhielten H. Godbind Khorana und seine Mitarbeiter an der Universität von Wisconsin. Verschiedene andere Gruppen haben die Codon-Zuweisungen in Einzelfällen überprüft.

Etwa 50 der 64 Tripletts lassen sich im Bindungstest eindeutig zuordnen. Die restlichen zeigen entweder nur eine schwache Bindung oder sie binden mehr als eine Aminosäure. Andere Resultate, die ich später beschreiben werde, legen den Schluß nahe, daß solche Mehrfachbindungen ein Scheinprodukt des Bindungstests sind. Kurz, dieser Test ergibt für die Mehrheit der Tripletts zwar die richtige Bedeutung, legt aber nicht alle eindeutig fest.

Der so erhaltene genetische Code ist in Bild 3 – mit geringen Ergänzungen – wiedergegeben. Die 64 möglichen Tripletts sind so in Zeilen und Spalten angeordnet, daß die Beziehungen zwischen ihnen deutlich werden; insbesondere ist ersichtlich, daß Tripletts, die für die gleiche Aminosäure codieren, oft sehr ähnlich sind. Beispielsweise codieren alle vier Tripletts, die mit AC anfangen, für Threonin. Das gleiche gilt auch für sieben andere Aminosäuren. In jedem Fall codieren Tripletts der Form XYU und XYC für die gleiche Aminosäure, und vielfach sind XYA und XYG gleichbedeutend (wobei Methionin und Tryptophan Ausnahmen bilden). Demnach wird eine Aminosäure offenbar hauptsächlich von den ersten beiden Basen eines Tripletts ausgewählt. Ein Triplett für Valin sollte also mit GU beginnen, und zwar unabhängig von der dritten Base. Dieses Grundmuster gilt für alle Aminosäuren, bis auf drei Ausnahmen: Leucin kann mit UU oder CU beginnen, Serin mit UC oder AG, und Arginin mit CG und AG. Die Umkehrung ist dagegen nicht so oft eindeutig: Ein Triplett, das mit CA beginnt, kann entweder für Histidin oder Glutamin codieren.

Synthetische Boten-RNAs

Der direkteste Weg, den genetischen Code zu bestätigen, führt über ein synthetisches Boten-RNA-Molekül. Man stellt es mit einer genau definierten Basensequenz her und bestimmt die Aminosäuresequenz des Polypeptids, das unter dem Einfluß dieses RNA-Moleküls entsteht. Diese Methode haben vor allem Khorana und seine Mitarbeiter genutzt, wobei sie in einer brillanten Kombination allgemein chemischer und enzymkatalysierter Synthese lange RNA-Moleküle mit verschiedenen, sich wiederholenden Basensequenzen herstellten und deren Codierungseigenschaften untersuchten. Eines dieser künstlichen RNA-Moleküle hatte zum Beispiel die Sequenz UGUGUGUGUGUG... Wenn die biochemische Maschinerie diese Sequenz als Triplett liest, lautet die Botschaft UGU-GUG-UGU-GUG... Man sollte also erwarten, daß ein Polypeptid entsteht, in dem sich zwei Aminosäuren alternierend abwechseln. In der Tat wird in unserem Beispielfall das Polypeptid Cys-Val-Cys-Val... synthetisiert. Das besagt jedoch noch nicht, welches Triplett mit welcher Aminosäure übereinstimmt. Aber in Verbindung mit den Befunden der Bindungstests wird ersichtlich, daß UGU für Cystein und GUG für Valin codiert.

Mit den gleichen Methoden hat Khorana Ketten mit sich wiederholenden Sequenzen vom Typ XYZ... und XXYZ... hergestellt. Beim Typ XYZ... erwartet man ein „Homopolypeptid“ aus nur einer, immer wiederkehrenden Aminosäure – eben der, die dem Codon XYZ entspricht. Da der Startpunkt nicht eindeutig definiert ist, werden natürlich auch die Homopolypeptide synthetisiert, die YZX und ZXY entsprechen. Daher läßt Poly-AUC Polyisoleucin, Polyserin und Polyhistidin entstehen – was bestätigt, daß AUC für Isoleucin, UCA für Serin und CAU für Histidin codiert. Eine sich wiederholende Sequenz von vier Basen ergibt Polypeptidketten, die aus vier Aminosäuren aufgebaut sind. Wie diese Sequenzmuster der RNA mit der Reihenfolge der Aminosäuren zusammenhängen, zeigt Bild 4.

Aminosäure	Kürzel
Alanin	Ala
Arginin	Arg
Asparagin	AspN
Asparaginsäure	Asp
Cystein	Cys
Glutaminsäure	Glu
Glutamin	GluN
Glycin	Gly
Histidin	His
Isoleucin	Ileu
Leucin	Leu
Lysin	Lys
Methionin	Met
Phenylalanin	Phe
Prolin	Pro
Serin	Ser
Threonin	Thr
Tryptophan	Tryp
Tyrosin	Tyr
Valin	Val

Bild 2: 20 verschiedene Aminosäuren bilden die Grundbausteine aller Proteine. Gelegentlich kommen zusätzlich einige andere Aminosäuren in Proteinen vor. Man nimmt an, daß sie durch chemische Veränderungen bereits eingebauter Standard-Aminosäuren entstanden.

Mutationen

Die Ergebnisse der beiden bisher beschriebenen Methoden konnte man freilich noch anzweifeln, weil sie nicht auf Experimenten mit lebenden Zellen beruhen. Diesem Einwand läßt sich entgegenhalten, daß der genetische Code auch mit Methoden entschlüsselt werden konnte, bei denen die Proteinsynthese in der Zelle stattfindet. Die beiden Methoden stützten sich auf die Auswirkungen von Mutationen auf die Aminosäuresequenz eines Proteins.

Man kennt zwei verschiedenartige kleine Mutationen: Basenaustausch- und Leseraster-Mutationen. Im ersten Fall wird eine Base durch eine andere ersetzt, ohne daß sich die Gesamtzahl der Basen ändert. Im zweiten Fall werden eine oder wenige Basen in die Sequenz eingefügt oder daraus entfernt.

Es gibt inzwischen umfassende Daten über Basenaustausch-Mutationen, insbesondere bei drei Proteinen, die für Experimente besonders geeignet sind: Hämoglobin des Menschen, das Protein des Tabakmosaikvirus und das A-Protein des Enzyms Tryptophan-Synthetase des Darmbakteriums *Escherichia coli*. Mindestens ein paar Dutzend veränderte Typen des menschlichen Hämoglobins wurden von verschiedenen Arbeitsgruppen untersucht, und beim Protein des Tabakmosaikvirus ist es ähnlich: Hans Wittman vom Max-Planck-Institut für Molekulare Genetik in Tübingen sowie Akita Tsugita und Heinz Fraenkel-Conrat von der Universität von Kalifornien in Berkeley berichteten schon 1964 über 40 mutierte Formen. Charles Yanofsky und seine Gruppe hatten an der Stanford-Universität zu dieser Zeit etwa 25 verschiedene Mutationen des A-Proteins der Tryptophan-Synthetase spezifiziert.

Ein bemerkenswertes Ergebnis dieser Untersuchungen war, daß schon der Austausch einer einzigen Base in der Nucleinsäure bewirken kann, daß eine Aminosäure in der Polypeptidkette anderweitig ersetzt wird. Die erste Veränderung dieser Art wurde beim Hämoglobin eines Patienten beobachtet, der an Sichelzellen-Anämie litt: Glutamin wurde durch Valin ersetzt. Wie aus dem „Wörterbuch" des genetischen Codes in Bild 3 zu entnehmen, könnte dieser Austausch durch eine Mutation entstanden sein, die GAA in GUA oder aber GAG in GUG verwandelt. In jedem Fall umfaßt die Veränderung nur eine Base von Hunderten, die beide Proteintypen des Hämoglobins codieren.

Eine Ausnahme von der Regel, daß alle Vertauschungen einzelner Aminosäuren mit dem Austausch einer einzelnen Base zu erklären sind, hat Charles Yanofsky gefunden. In diesem Fall wurde Glutaminsäure durch Methionin ersetzt, was nach dem Wörterbuch des genetischen Codes nur durch Austausch zweier Basen bewerkstelligt werden kann. Glutaminsäure wird nämlich entweder durch GAA oder GAG codiert, Methionin jedoch nur durch AUG. Diese Mutation hat Yanofsky bei seinen Untersuchungen nur einmal beobachtet, und sie war die einzige von all den Mutationen, die nicht zum Wildtyp zurückmutierte. Man kann also sicher sein, daß hier der seltene Fall eines doppelten Basenaustausches vorliegt. Ansonsten bestätigen die Experimente, daß Basenaustausch-Mutationen normalerweise durch Veränderungen einer einzigen Base hervorgerufen werden. Allerdings können nur etwa 40 Prozent aller kombinatorisch möglichen Aminosäurewechsel durch Austausch einzelner Basen entstehen – das ergibt die Analyse des genetischen Codes –, und im Experiment sind auch nur diese Basenaustausch-Mutationen beobachtet worden.

Leider läßt sich aus einer bekannten Aminosäuresequenz nicht direkt die zugehörige RNA-Sequenz ableiten, weil im allgemeinen mehrere Codons für eine Aminosäure codieren. Wenn wir jedoch

zweiter Buchstabe

erster Buchstabe	U		C		A		G		dritter Buchstabe
U	UUU	Phe	UCU		UAU	Tyr	UGU	Cys	U
	UUC		UCC	Ser	UAC		UGC		C
	UUA	Leu	UCA		UAA	„Ocker"	UGA	?	A
	UUG		UCG		UAG	„Bernstein"	UGG	Tryp	G
C	CUU		CCU		CAU	His	CGU		U
	CUC	Leu	CCC	Pro	CAC		CGC	Arg	C
	CUA		CCA		CAA	GluN	CGA		A
	CUG		CCG		CAG		CGG		G
A	AUU		ACU		AAU	AspN	AGU	Ser	U
	AUC	Ileu	ACC	Thr	AAC		AGC		C
	AUA		ACA		AAA	Lys	AGA	Arg	A
	AUG	Met	ACG		AAG		AGG		G
G	GUU		GCU		GAU	Asp	GGU		U
	GUC	Val	GCC	Ala	GAC		GGC	Gly	C
	GUA		GCA		GAA	Glu	GGA		A
	GUG		GCG		GAG		GGG		G

Bild 3: Der genetische Code besteht aus 64 Triplett-Kombinationen. Die Tripletts UAA und UAG, die hier mit „Ocker" und „Bernstein" etwas willkürlich bezeichnet sind, dienen als Signale für das Ende einer Polypeptidkette. ***(Nachtrag der Redaktion:*** **UGA ist ein Stop-Codon.)**

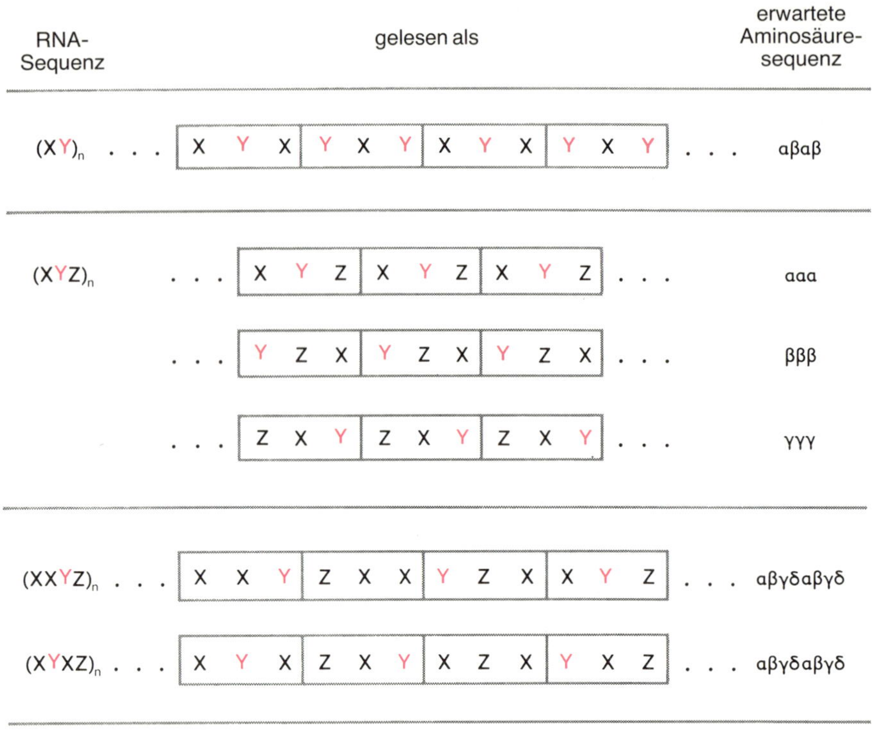

Bild 4: RNA-Moleküle mit periodisch wiederkehrenden Basensequenzen setzten H. Godbind Khorana und seine Kollegen an der Universität von Wisconsin ein, um den genetischen Code zu entziffern. Sie stellten RNA mit zwei oder drei verschiedenen Basen (X, Y, Z) her, die zu Zweier-, Dreier- oder Vierergruppen kombiniert wurden. In zellfreien Systemen, die aber noch die Maschinerie für die Proteinsynthese enthalten, werden solche periodischen Sequenzen als Tripletts gelesen (Mitte) und in Aminosäuresequenzen (rechts) umgesetzt.

wissen, welche Aminosäure bei einer Mutation durch eine andere ersetzt wurde, läßt sich der Basenaustausch in der RNA-Sequenz oft anhand des genetischen Codes rekonstruieren. Glutaminsäure zum Beispiel kann von GAA oder GAG codiert werden, Valin von GUU, GUC, GUA oder GUG. Man darf annehmen, daß bei einer Mutation, die Glutaminsäure durch Valin ersetzt hat, nur ein Einzelbasenaustausch beteiligt war. Der einzige Austausch, der Valin an die Stelle von Glutamin setzen kann, ist also ein Wechsel von A nach U in der Mittelposition des Codons – unabhängig davon, ob GAA in GUA oder GAG in GUG übergeht.

In vielen Fällen läßt sich die Natur des Basenaustauschs mit dem chemischen Mutagen in Beziehung setzen, das diese Mutation auslöst. Wenn man RNA mit Salpetriger Säure behandelt, wird C in U und A in G umgewandelt. Hydroxylamin kann in doppelsträngiger DNA unter bestimmten Bedingungen einige Cytosine in Thymin (das DNA-Äquivalent des Uracils) umwandeln. Dies bedingt, daß die Guanine, die normalerweise Basenpaare mit Cytosinen bilden, in der doppelsträngigen DNA durch Adenine ersetzt werden.

Das basenanaloge Mutagen 2-Aminopurin kann bei der Verdopplung (Replikation) doppelsträngiger DNA die gleichen Veränderungen hervorrufen wie Hydroxylamin. Man spricht dann von Transitionen. Beide Mutagene führen – mit unwesentlichen Ausnahmen – zu Ersetzungen einzelner Aminosäuren, wie sie aufgrund des genetischen Codes zu erwarten sind.

Dabei ist anzumerken, daß der genetische Code, der hauptsächlich bei Studien an *E. coli* entziffert wurde, ebenso beim Menschen und der Tabakpflanze Anwendung zu finden scheint. Dies legt die Vermutung nahe, daß der genetische Code bei den meisten Organismen gleich oder doch sehr ähnlich ist.

Eine zweite Methode, mit der man den Code in lebenden Zellen überprüfte, beruhte auf Leseraster-Mutationen. Diese Mutationen, bei denen beispielsweise eine Base zur Botschaft hinzukommen kann, beruhen möglicherweise auf Fehlern bei der Umverteilung des genetischen Materials (also der Rekombination) oder bei der Verdopplung des DNA-Moleküls. Solche Fehler führen hinter der Sequenzänderung zu einer Verschiebung des Leserasters für die genetische Botschaft. Dieses Leseraster kann wieder zurechtgerückt werden, wenn an irgendeiner Stelle hinter der zusätzlichen Base eine andere Base aus der Botschaft entfernt wird. Eine solche Doppel-Mutation verändert natürlich nicht nur zwei Aminosäuren, sondern betroffen sind auch alle Aminosäuren, die von Basen zwischen den veränderten Stellen codiert werden. Diese Basen werden natürlich nach wie vor als Tripletts „verstanden", wobei sich die Dreiergruppierung gegenüber der normalen Botschaft verschoben hat.

Das bestätigten Untersuchungen von Georg Streisinger und seinen Mitarbeitern der Universität von Oregon. Sie analysierten Mutationen des Proteins Lysozym, das der Bakteriophage T4 produziert (T4 infiziert das Darmbakterium). Eine der beobachteten Leseraster-Mutationen betraf die Aminosäuresequenz ...Lys-Ser-Pro-Ser-Leu-AspN-Ala-Ala-Lys...; eine Doppel-Leseraster-

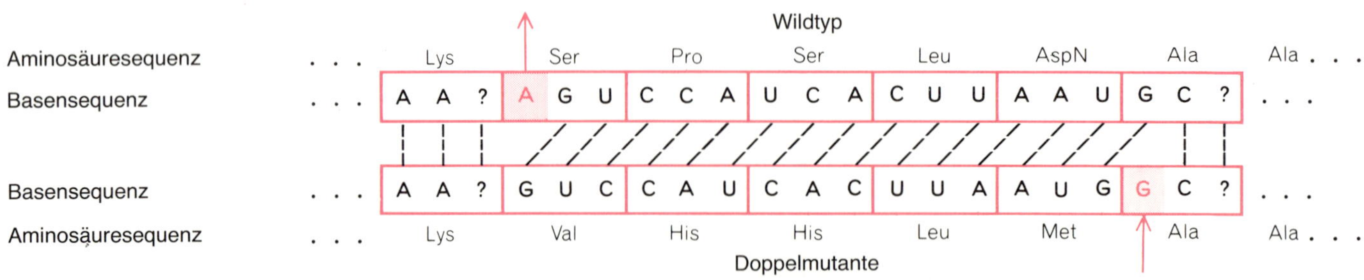

Bild 5: Leseraster-Mutationen geben Hinweise auf die Codons, die Lebewesen bei der Proteinsynthese tatsächlich verwenden. Diese beiden Ausschnitte aus Aminosäuresequenzen stammen aus einem Protein des Bakterienvirus T4, dem Lysozym. Georg Streisinger und seine Kollegen der Universität von Oregon haben die Basensequenzen für diese Proteinabschnitte anhand von zwei Leseraster-Mutationen bestimmt. Eine Base (A) wurde entfernt und 15 Basen weiter ein G hinzugefügt. Mit Hilfe des genetischen Codes ließ sich die Basensequenz dann theoretisch ableiten.

Codon	Anticodon
U	A G
C	G
A	U
G	U C
I	U C A

Bild 6: Die Basenpaare zwischen Codon und Anticodon sind an der dritten Position des Codons vermutlich „wacklig". Zum Beispiel kann sich die Anticodon-Base Inosin (I) offenbar mit drei verschiedenen Basen (U, C und A) paaren. Da Inosin nahe mit Guanin (G) verwandt ist, hatte man ursprünglich eine Basenpaarung mit C erwartet.

Mutation ergab die Sequenz ...Lys-Val-His-His-Leu-Met-Ala-Ala-Lys...

Anhand dieser beiden Sequenzen sollte der Leser in der Lage sein, einen kurzen Ausschnitt der Nucleinsäurebotschaft für das Originalprotein und die Doppelmutante zu rekonstruieren – man braucht dazu nur das Wörterbuch des genetischen Codes in Bild 3. Das Ergebnis ist in Bild 5 gezeigt; es bestätigt nicht nur einige Codons wie UAA für Leucin und AGU für Serin, sondern zeigt auch, welche Codons wirklich in einer genetischen Botschaft auftreten. Allerdings ist diese Decodierungstechnik zu schwierig, um breite Anwendung zu finden.

Streisingers Ergebnisse bestätigten darüber hinaus, daß Schreib- und Leserichtung übereinstimmen. Daß die Zelle die Sprache der Nucleinsäure- und Aminosäuresequenzen tatsächlich in der Richtung übersetzt, in der sie aufgeschrieben wurden, hatten Severo Ochoa und seine Kollegen von der Universität von New York allerdings schon vorher auf direktem biochemischen Wege bestätigt. Per Konvention ist die Schreibrichtung so festgelegt, daß Proteine mit ihrem Aminoende (NH_2) beginnend von links nach rechts geschrieben werden; Nucleinsäuren werden mit dem freien 5'-Kohlenstoffatom, ebenfalls am linken Molekülende beginnend, abgebildet. (Die Bezeichnung 5'-Kohlenstoffatom bezieht sich auf ein bestimmtes Kohlenstoffatom im ringförmigen Ribose- oder Desoxyribosemolekül der Nucleinsäuren.)

Die Entdeckung der Anticodons

Eine weitere Decodierungsmethode für den genetischen Code besteht darin, die drei Basen von Anticodons verschiedener Transfer-RNA-Moleküle zu bestimmen. Die erste *t*RNA, deren gesamte Sequenz bestimmt wurde, war Alanin-*t*RNA von Hefe; untersucht hat sie Robert W. Holley mit seinen Kollegen an der Cornell-Universität. Diese Alanin-*t*RNA enthält 77 Basen; ungefähr in der Mitte wurde ein mögliches Anticodon gefunden, das die Sequenz IGA aufweist (dabei steht I für Inosin, eine Base, die mit Guanin nahe verwandt ist). Seitdem haben Hans Zachau und seine Kollegen an der Universität Köln die Sequenz von zwei verwandten Serin-*t*RNA-Molekülen der Hefe bestimmt, und James Madison analysierte mit seiner Gruppe am amerikanischen Laboratorium für Pflanzen-, Boden- und Ernährungsforschung in Ithaca die Sequenz einer Tyrosin-*t*RNA, die ebenfalls aus der Hefe stammte.

Aus dem Vergleich dieser drei Sequenzen ergaben sich als Anticodon für Alanin IGC, für Serin IGA und für Tyrosin GΨA (wobei Ψ für Pseudo-Uridylsäure steht, die dieselben Basenpaarungen eingehen kann wie Uracil). Andere Arbeitsgruppen ordnen Valin und Phenylalanin die Anticodons IAC und GAA zu.

Diese Ergebnisse bestätigen die Regel, daß die Basenpaarungen zwischen Codon und Anticodon gegenläufig angeordnet sind. In den beiden ersten Positionen des Codons sind die Basenpaare vom Standardtyp: A paart mit U und G mit C. In der dritten Position sind die Dinge komplizierter. Nach den Beobachtungen von Nirenberg, Khorana und ihren Mitarbeitern scheint eine *t*RNA mehrere Codons erkennen zu können, und zwar dann, wenn sich diese Codons jeweils nur in der letzten Base unterscheiden. So erkennt Holleys Alanin-*t*RNA ganz offensichtlich GCU, GCC und GCA, jedoch CGC – wenn überhaupt – nur sehr schlecht.

„Wacklige" Basenpaarungen

Die Fähigkeit der *t*RNA, mehrere Codons zu erkennen, beruht, wie ich vermute, auf einem „Wackeln" der Basenpaarung an der dritten Stelle – jedenfalls konnte ich zeigen, daß ein entsprechendes theoretisches Modell viele Beobachtungen erklären würde. Die entsprechenden Regeln für die Paarung an der dritten Stelle des Anticodons sind in Bild 7 dargestellt. Wie die „wackligen" Ba-

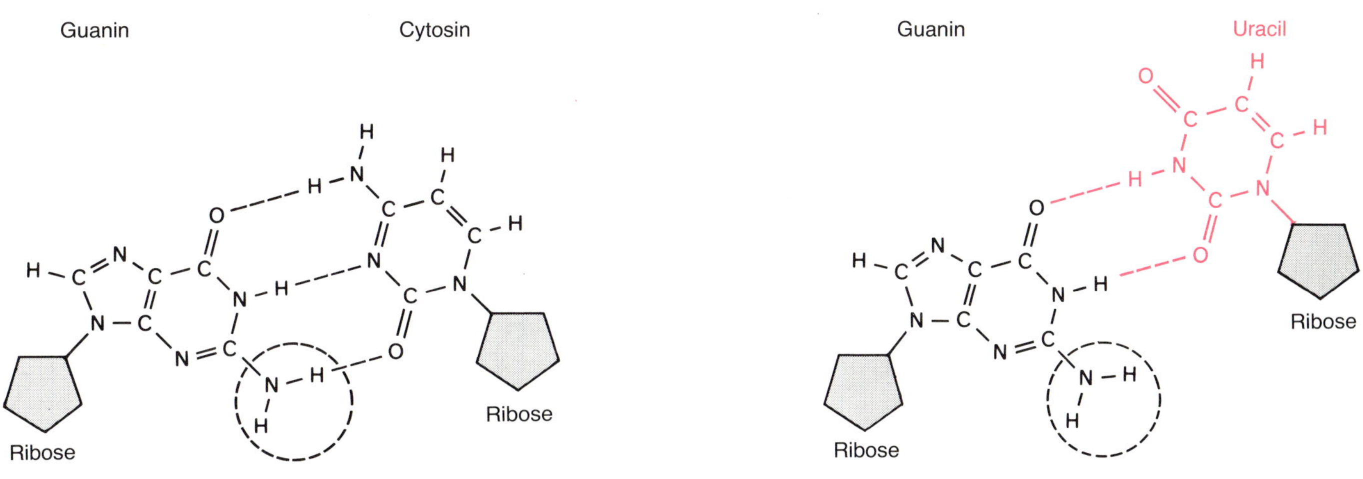

Bild 7: Basenpaarungen beruhen auf Wasserstoffbrückenbindungen zwischen bestimmten Basen. Bei der Standardpaarung zwischen Guanin und Cytosin (links) werden drei Wasserstoffbrückenbindungen gebildet. Die Basen sind hier so dargestellt, wie sie in der RNA vorliegen – angebunden über den Kohlenstoffring der Ribose. Bei einer „wackligen" Paarung (rechts) ist Guanin über nur zwei Wasserstoffbrücken mit Uracil verbunden. Die guaninverwandte Base Inosin besitzt anstelle der Aminogruppe (NH_2) des Guanins (gestrichelter Kreis) ein Wasserstoffatom und kann „wacklige" Basenpaarungen mit U, aber auch mit C und A eingehen (diese vom Autor erstmals vermuteten Paarungen sind hier nicht gezeigt.)

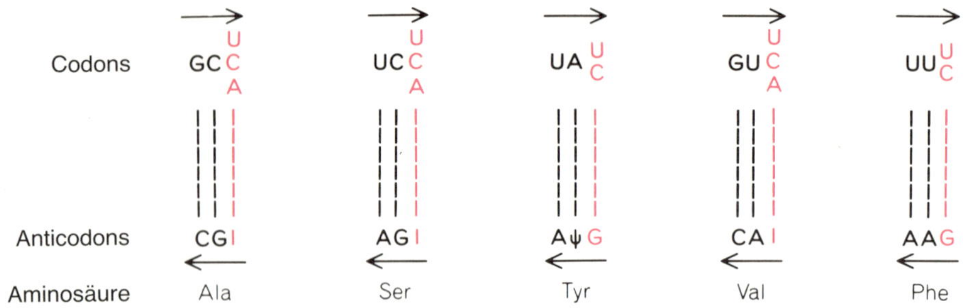

Bild 8: Paarungen zwischen Codons und Anticodons sind antiparallel, so daß die Schreib- und Leserichtung der Anticodons genau umgekehrt läuft wie bei den Codons. Die fünf Anticodons sind in den Transfer-RNAs für Alanin, Serin, Tyrosin, Valin und Phenylalanin experimentell identifiziert worden. Möglicherweise „wacklige" Paarungen sind farbig dargestellt.

senpaarungen zwischen Codon- und Anticodon-Paarungen für Valin GU, Serin VC, Tyrosin, Alanin und Phenylalanin VV aussehen, bei denen die allgemeineren Basenpaarungsregeln jeweils in den beiden ersten Positionen erfüllt sind, zeigt Bild 8.

Die Satzzeichen der Signale für Kettenende und Kettenanfang sind nur teilweise verstanden; wahrscheinlich beenden die Tripletts UAA und UGA die Polypeptidkette. Die Bezeichnungen „Bernstein" und „Ocker", die wir in Bild 3 für diese Tripletts angegeben haben, gehen auf historische Wurzeln zurück und kennzeichnen nicht etwa sichtbare Farben.

Ein Mechanismus für den Kettenstart wurde 1966 entdeckt: Beim Darmbakterium bildet offenbar Formyl-Methionin den Kettenanfang, das an eine spezielle *t*RNA gebunden ist. Es wäre möglich, daß alle Ketten mit Formyl-Methionin starten. Normalerweise findet man im fertigen Protein keine Formylgruppe (CHO) – sie wird offensichtlich von einem Enzym abgetrennt. Wahrscheinlich wird manchmal sogar das ganze Methionin entfernt.

Von vornherein läßt sich nicht ausschließen, daß einzelne Codons doppeldeutig sein könnten – so lassen sich auch einige der ersten Befunde lesen. Die Hinweise auf einen kleinen Anteil doppeldeutiger Codons sind aber nicht zwingend. Eine solche Doppeldeutigkeit würde es – wenn es sie gibt – natürlich schwer machen, den genetischen Code richtig zu entschlüsseln.

Bilanz und Perspektiven

Der genetische Code, wie wir ihn hier beschrieben haben, enthält noch nicht alle Codons, die Satzzeichen bedeuten, und noch sind mögliche Doppeldeutigkeiten nicht ausgeschlossen, aber das, was wir über seine Form gesagt haben, ist ziemlich sicher richtig. Wir müssen noch bestimmen, ob neben den aufgelisteten Codons alternative Codons gleichberechtigt auftreten – bisher sprechen die Befunde dagegen. Über die Maschinerie der Proteinsynthese können wir noch viel herausfinden. Auch der Aufbau der Ribosomen wirft Fragen auf: Wie funktionieren sie, und warum bestehen sie aus zwei Untereinheiten? Und bei der Steuerung und Kontrolle der Proteinsynthese und insbesondere ihrer Geschwindigkeit sind wir noch weit davon entfernt, alles zu verstehen.

Wenn es gelingt, all diese Fragen zu beantworten, bleibt als entscheidendes Problem noch der Ursprung des genetischen Codes. Ist er lediglich das Ergebnis einer Reihe von evolutionären Zufällen? Dann wäre die Zuordnung der Tripletts zu Aminosäuren in gewissem Maß willkürlich. Oder gibt es strukturelle Gründe dafür, daß etwa Phenylalanin nur von UUU und UUC und keinem anderen Triplett codiert wird? Solche Fragen werden schwer zu beantworten sein, denn der genetische Code entstand vor mindestens drei Milliarden Jahren und hat eine zu lange Entwicklung hinter sich, um alle Ereignisse in der richtigen Reihenfolge zu rekonstruieren. Der Ursprung des genetischen Codes liegt sehr nahe am Ursprung des Lebens, und viele Spuren, die wir gerne fänden, sind wahrscheinlich seit langem verwischt.

Dennoch ist der genetische Code ein wichtiger Meilenstein auf dem langen Weg der Molekularbiologie. Die Vier-Buchstaben-Sprache der Nucleinsäuren haben wir inzwischen gelernt, und wir wissen auch, wie sie die 20-Buchstaben-Sprache der Proteine kontrolliert. Auch wenn viele Probleme ungelöst bleiben, dieses Wissen ist gesichert.

Gestückelte Gene: ein Informations-Mosaik

Im Jahr 1977 machten die Molekulargenetiker eine überraschende Entdeckung. Die meisten Gene der höheren Organismen waren keineswegs die kompakten Informationsträger, für die man sie gehalten hatte, sondern ein Mosaik aus informativen und scheinbar sinnlosen Abschnitten.

Von Pierre Chambon

Durch die gesamte Geschichte der modernen Biologie zieht sich wie ein roter Faden der Begriff der Gene. Bereits um die Mitte des letzten Jahrhunderts wies Gregor Mendel nach, daß erbliche „Faktoren" in den Keimzellen für die Merkmale eines Organismus verantwortlich sind, doch die von ihm gefundenen Gesetze wurden erst um die Jahrhundertwende wiederentdeckt. Der dänische Biologe Wilhelm Johannsen nannte Mendels Faktoren dann Gene. In den ersten Jahrzehnten unseres Jahrhunderts stellte man schließlich fest, daß die einzelnen Erbfaktoren linear auf den Chromosomen angeordnet sind und dort jeweils einen festen Platz einnehmen. Ein Gen war damit – laut Definition – eine genau begrenzte, linear angeordnete Untereinheit der Chromosomen. Doch erst im Jahre 1944 konnte man die eigentliche Erbsubstanz identifizieren: Es handelt sich um Moleküle der Desoxyribonucleinsäure (internationale Abkürzung: DNA), deren Struktur neun Jahre später aufgeklärt wurde. Damit war endlich die stoffliche Substanz der Gene bekannt. In den folgenden zwanzig Jahren fanden Molekularbiologen und Genetiker auch die Antwort darauf, wie die Erbinformation in den Genen, das heißt in der DNA, verschlüsselt ist. Ihre Untersuchungen, die sie hauptsächlich an einem einfachen Objekt, dem Bakterium *Escherichia coli*, durchführten, lieferten zudem erste Erkenntnisse darüber, wie die genetische Information in jene Eiweißstoffe (Proteine) übersetzt wird, die letztlich Struktur und Funktion aller Zellen und Organismen bestimmen.

Dabei stellte sich heraus, daß – zumindest in Bakterien – ein Struktur-Gen aus einem abgegrenzten, nicht unterbrochenen DNA-Stück besteht und daß diese DNA in verschlüsselter Form die Anweisung für die Synthese eines bestimmten Proteins enthält. Die Anweisung ist dabei in einer einzigen langen „Zeile" niedergeschrieben und die Zelle übersetzt sie Wort für Wort in Aminosäuren, die dann ihrerseits in der gleichen Reihenfolge zu einem linearen Proteinmolekül verknüpft werden. Man nahm an, daß dieses Prinzip der Colinearität nicht nur für Bakterien, sondern auch für höhere Zellen gilt. Im Jahr 1977 stellte sich das jedoch als großer Irrtum heraus. Die Gene der Säugetiere, Vögel und Amphibien sind nämlich grundsätzlich anders organisiert: Sie enthalten die genetische Anweisung meist nicht in zusammenhängender, sondern in gestückelter Form. Diese Entdeckung zeigte neben einigen anderen Befunden der letzten Jahre, daß der genetische Apparat der Zelle komplizierter, variabler und dynamischer ist, als irgend jemand angenommen hatte.

Die genetische Maschinerie

Die DNA ist ein langes doppelsträngiges Molekül, bei dem sich die beiden Einzelstränge in Form einer Doppelschraube (der berühmten Doppelhelix) umeinander winden. Jeder der Stränge besteht aus einer Kette von Untereinheiten, die man als Nucleotide bezeichnet. Charakteristisch für ein solches Nucleotid ist, daß es als chemische Gruppe eine Base trägt – nämlich Adenin (A), Guanin (G), Thymin (T) oder Cytosin (C). Gewöhnlich gibt man die Reihenfolge der Nucleotide mit Hilfe der Anfangsbuchstaben ihrer Basen (A, T, C und G) an (Bild 2). Jeweils zwei der Nucleotide, nämlich A und T beziehungsweise G und C, können sich paaren. Man bezeichnet sie als komplementär. In einem Doppelstrang stehen sich stets komplementäre Nucleotide gegenüber. Ihre Reihenfolge beinhaltet die genetische Information. Dabei bildet ein Triplett aus drei aufeinanderfolgenden Basen ein Codewort, auch Codon genannt, das eine der zwanzig verschiedenen Aminosäuren bezeichnet, die als Bausteine eines Proteins in Frage kommen. Die genetische Information eines DNA-Stranges wird allerdings nicht direkt in Aminosäuren (also letztlich Proteine) übersetzt, sondern erst in ein der DNA-ähnliches Molekül, die Ribonucleinsäure (internationale Abkürzung: RNA), umgeschrieben. Dabei entsteht, entsprechend den Basenpaarungsregeln, ein komplementärer RNA-Strang. Er enthält allerdings anstelle des Thymins jeweils ein Uracil (U) (Bild 2). Bei Bakterien stellt dieser RNA-Strang bereits die sogenannte Boten-RNA dar, die in ein Protein übersetzt wird. Nahe am Anfang einer solchen Boten-RNA steht ein Startcodon (das Triplett AUG) und gegen Ende ein Stopcodon. Die dazwischenliegenden Codons bestimmen dann in der vorgegebenen Reihenfolge, welche Aminosäure als nächste an die wachsende Proteinkette zu heften ist.

Da jeweils drei Nucleotide eine Aminosäure codieren, läßt sich leicht berechnen, daß das Gen für ein durchschnittliches Protein (mit etwa 300 Aminosäuren) eine Länge von ungefähr 900 Basenpaaren haben muß. Prokaryontische („kernlose") Zellen wie *Escherichia coli* besitzen nur ein einziges Chromosom: ein DNA-Molekül, das mit einer Länge von ungefähr drei Millionen Basenpaaren gerade lang genug ist, um etwas mehr als 3000 Proteine zu codieren. Diese Zahl stimmt in etwa mit der Zahl verschiedener Proteine überein, die man für ein Bakterium erwarten würde. Die Größe des Genoms, das heißt die gesamte in einer Zelle vorhandene Menge an DNA, wächst im allgemeinen mit der evolutionären Komplexität. In den Zellen höherer Organismen wie der Säugetiere ist die DNA in einem membranumhüllten Zellkern eingeschlossen und auf einen Satz von Chromosomen verteilt. Mit ei-

Bild 1: Die Erbsubstanz aller Zellen besteht aus Desoxyribonucleinsäure (internationale Abkürzung: DNA), die bei höheren Organismen in einem Zellkern eingeschlossen ist. Bis vor vier Jahren glaubte man, daß jedes Gen ein genau begrenzter und nicht unterbrochener Abschnitt auf der DNA ist. Dann stellte sich jedoch heraus, daß die genetische Information durch dazwischenliegende scheinbar sinnlose Abschnitte in Stücke zerlegt ist. Sie lassen sich mit Hilfe des Elektronenmikroskops bei 180 000facher Vergrößerung sichtbar machen (oben), wenn man die Moleküle zuvor mit Schwermetallen bedampft. Die Schleifen, die dem von links nach rechts führenden Faden entspringen, stellen solche sinnlosen Bereiche dar. Um dieses Bild verstehen zu können, muß man sich die Wirkungsweise der Gene vor Augen halten. Fast alle Gene werden in Eiweißstoffe (Proteine) übersetzt, die im Cytoplasma der Zelle entstehen. Mittler zwischen Zellkern und Plasma ist eine Ribonucleinsäure (international als RNA abgekürzt), die eine Abschrift der genetischen Information darstellt (Bild 2) und nach der das Protein konstruiert wird. Diese Boten-RNA läßt sich aus der Zelle isolieren und als Vergleichsmaßstab benutzen. Einzelsträngige RNA (farbiger Faden, mitte) kann nämlich mit einzelsträngiger DNA (schwarzer Faden) an den Stellen einen gemischten Doppelstrang (ein Hybridmolekül) bilden, wo die Basen zueinander komplementär sind (Bild 2). Beim hier gezeigten Ovalbumin-Gen (Ovalbumin ist das Hauptprotein des Eiklars) entstand bei der Hybridisierung ein Doppelstrang, aus dem sieben DNA-Schleifen (A bis G) herausragen. Jede dieser Schleifen stellt ein sogenanntes Intron dar, das für die Synthese des Proteins bedeutungslos sein muß. Von den acht informativen Abschnitten oder Exons, die tatsächlich in Boten-RNA umgeschrieben wurden, bezeichnet man das erste als „Vorspann" oder Leader (L), die restlichen sind hier mit 1 bis 7 numeriert. Das Ende einer Boten-RNA bildet der sogenannte Poly-A-Schwanz (Bild 6). Die Schemazeichnung des Ovalbumin-Gens (unten) zeigt, daß es mehr Intron-Information (weiß) als Exon-Information (farbig) enthält.

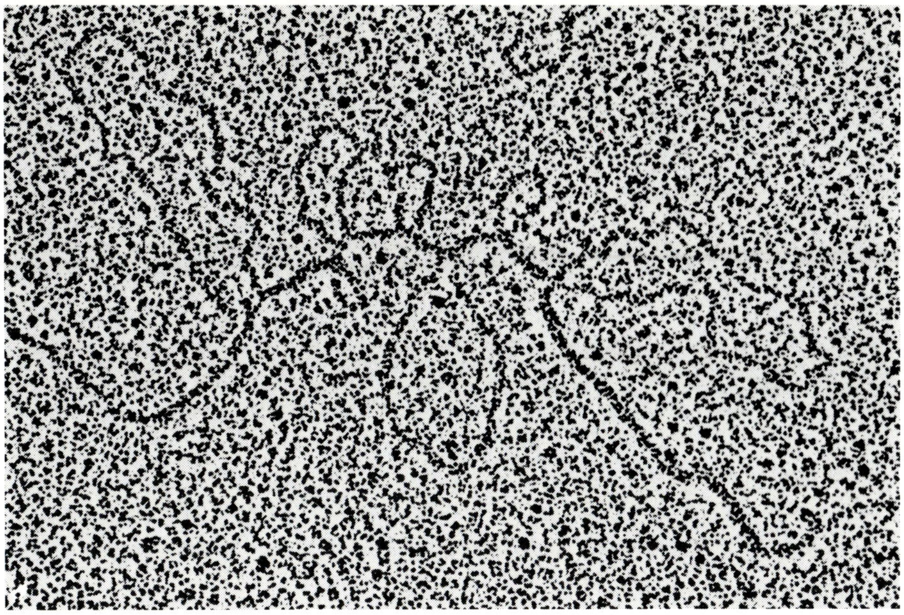

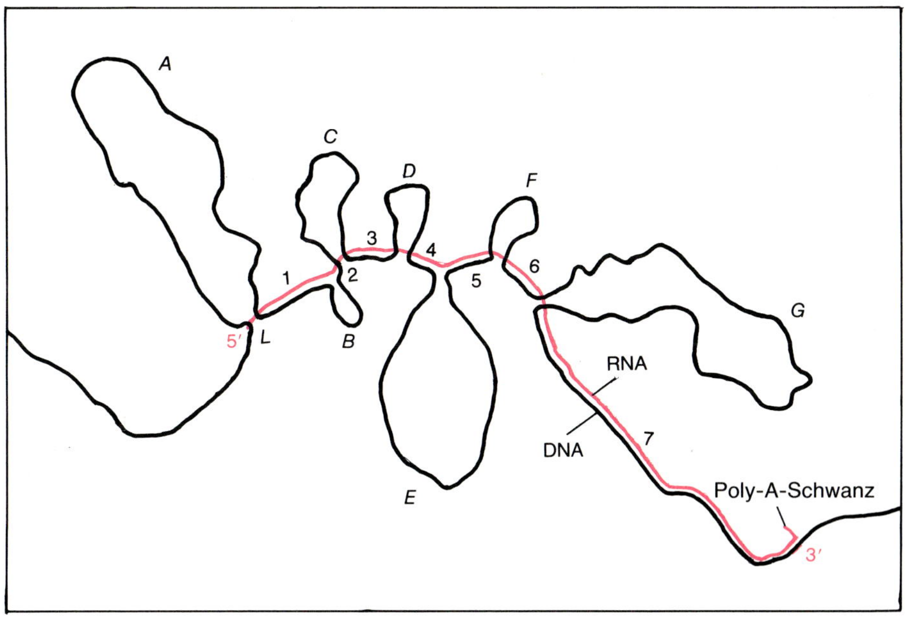

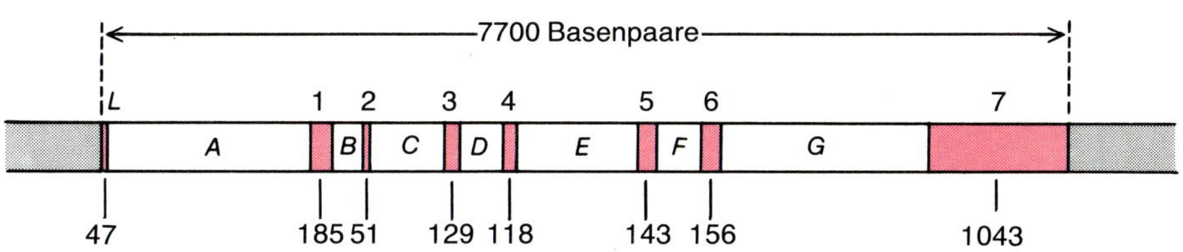

ner Länge von insgesamt drei bis vier Milliarden Basenpaaren könnte sie über drei Millionen Proteine codieren. Doch diese Zahl steht (wie sich vor einigen Jahren herausstellte) in keinem vernünftigen Verhältnis zur Zahl der tatsächlich von einem Säugetier erzeugten Proteine. Vieles deutete darauf hin, daß wahrscheinlich nicht mehr als 150 000 und manchmal sogar nur 30 000 verschiedene Proteine hergestellt werden. Wie also kann man sich einen derartigen Überschuß an DNA erklären?

Untersuchungen am Genom eukaryontischer Zellen (die einen echten Zellkern besitzen) brachten einige Aufschlüsse darüber. So unterscheidet sich die genetische Maschinerie dieser Zellen von der in den prokaryontischen Zellen. Während bei Prokaryonten Abschrift (Transkription) und Übersetzung (Translation) zur gleichen Zeit am gleichen Ort stattfinden, sind die beiden Vorgänge bei Eukaryonten räumlich und zeitlich getrennt. Im Zellkern entsteht als Abschrift zuerst ein Vorläufer der Boten-RNA. Die Vorläufermoleküle werden im Zellkern weiterverarbeitet (nämlich an den Enden chemisch verändert und erheblich verkürzt) und zur „reifen" Boten-RNA umgeformt, die dann durch die Poren der Kernmembran in das Cytoplasma der Zelle gelangt. Dort findet die Übersetzung in Proteine statt.

Die Gewinnung eines Gens

Zweifellos konnte der Verarbeitungsschritt – zumindest teilweise – erklären, weshalb zwischen der Menge an DNA und Boten-RNA (und damit der Zahl der Proteine) eine solche Diskrepanz besteht. (Es gab auch Hinweise auf andere Erklärungen: So werden jene DNA-Sequenzen, die sich mehrfach wiederholen, und einige „Abstandshalter", die zwischen vervielfachten Genen sitzen, sowie die Teile der DNA, die regulatorische Signale für die Transkription enthalten, überhaupt nicht in RNA abgeschrieben.) Nun erhob sich die Frage, welche Stücke der Vorläufer-RNA im Laufe der Weiterverarbeitung zu entfernen sind. Es

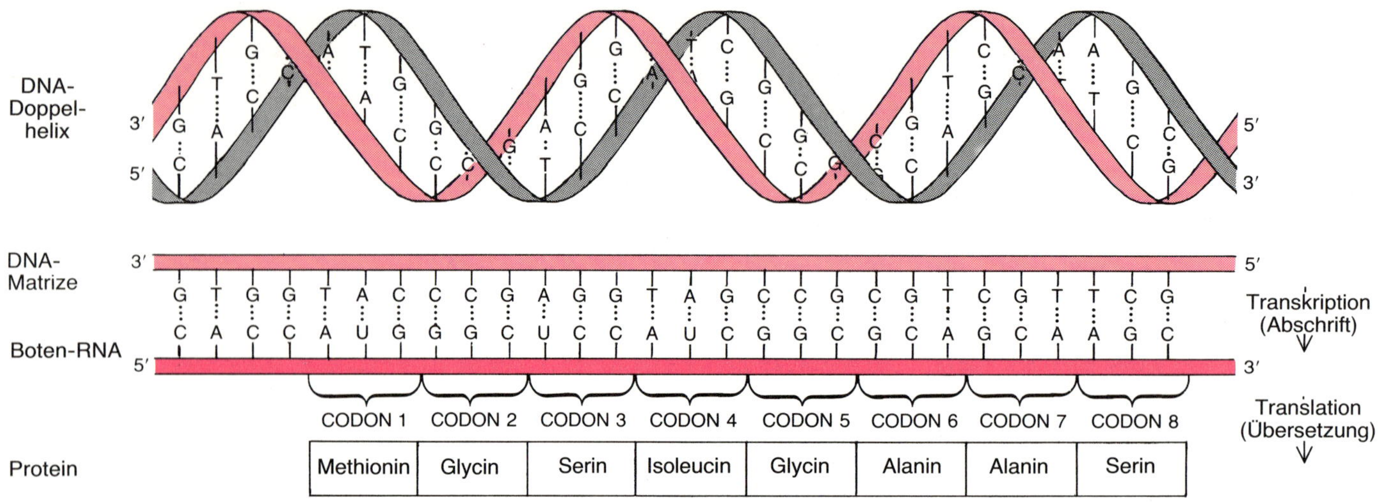

Bild 2: Die genetische Information fließt von der DNA über die RNA zum Protein. Die DNA besteht aus zwei Strängen, die in Form einer Doppelschraube (Doppelhelix) gewunden sind. Ihre Bausteine, die Nucleotide, bilden die Buchstaben des genetischen Alphabets. Jedes dieser Nucleotide enthält als chemische Gruppe eine Base. Die vier in der DNA vorkommenden Basen heißen Adenin (A), Guanin (G), Thymin (T) und Cytosin (C), wobei die Anfangsbuchstaben meist stellvertretend für das gesamte Nucleotid stehen. In einem Doppelstrang sind die Nucleotide paarweise komplementär, das heißt, es stehen sich immer A und T sowie G und C gegenüber. Diese Paarung hält über Wasserstoffbrücken (gepunktete Linien) die Einzelstränge zusammen. Jeder Strang besitzt ein 3′ und ein 5′ Ende, wobei einer dem anderen entgegenläuft. Der Matrix-Strang der DNA (helle Farbe) wird dann in einen komplementären Strang aus RNA umgeschrieben. Dabei steht in der Boten-RNA anstelle eines Thymins ein Uracil (U). Sie wandert dann zu der Zellmaschinerie, die die genetische Information in Proteine übersetzt. Jeder Aminosäure im Protein entspricht ein Nucleotid-Triplett (ein Codon) der DNA. Die Reihenfolge der Codons bestimmt also die Reihenfolge der Aminosäuren. Hier sind es die ersten acht Aminosäuren des Ovalbumins. Bei Bakterien ist die an der DNA abgeschriebene RNA bereits die fertige Boten-RNA. Bei höheren Organismen existiert eine hier nicht gezeigte Zwischenstufe: die primäre Abschrift (oder Vorläufer-RNA). Sie wird im Zellkern aufgearbeitet und schrittweise in Boten-RNA verwandelt (Bild 7). Dabei schneidet die Zelle die den Introns entsprechenden Abschnitte heraus und spleißt die den Exons entsprechenden Abschnitte zusammen. (Der Einfachheit halber werden diese Abschnitte im folgenden nur als Exons und Introns bezeichnet.)

gab Modelle, nach denen in der Zelle ein oder sogar beide Enden des Vorläufermoleküls beschnitten werden. Bis vor kurzem ließ sich jedoch der Wahrheitsgehalt solcher Modelle nicht testen, weil es unmöglich war, in einem Genom, das aus mehreren Millionen Basenpaaren besteht, ein einzelnes Gen zu finden und zu isolieren. Der Durchbruch kam mit der Entwicklung von neuen Techniken wie der Neukombinierung von DNA (DNA-Rekombination) und ihrer selektiven Vermehrung (molekularen Klonierung). Sie ermöglichen es, große Mengen reiner DNA von der Größe eines Gens zu gewinnen.

Ausgangspunkt ist ein langes DNA-Molekül, auf dem irgendwo das interessierende Gen liegt. Zuerst zerschneidet man die DNA durch geeignete Enzyme in kurze Teilstücke. Auf einem dieser Fragmente muß dann das gesuchte Gen sitzen. Um das aber feststellen zu können, benötigt man jedes einzelne Fragment in erheblicher Menge in hochreiner Form. Man kann ein solches DNA-Stück mit Hilfe eines Bakteriums vervielfältigen, das sich zu einer Kolonie, einem Klon, vermehrt – daher auch der Name DNA-Klonierung. Doch zuerst muß man ein geeignetes Vehikel wählen, das ein DNA-Stück in ein Bakterium transportieren kann. Solche Vehikel stellt die Natur in Form der Plasmide und Bakteriophagen zur Verfügung. Plasmide sind kleine ringförmige DNA-Moleküle, die als eine Art Zusatzchromosom neben dem Bakterienchromosom vorkommen. Sie lassen sich leicht aus Bakterien gewinnen und wieder dorthin zurückschleusen. Die Bakteriophagen nehmen dem Genetiker auch diese Arbeit ab. Es handelt sich dabei um Viren, die Bakterien infizieren, sich von deren Zellmaschinerie vermehren lassen und dann aber die Wirtszelle zerstören, um den gleichen Zyklus von neuem zu beginnen.

Hat man nun ein Plasmid isoliert, wird der Ring an einer Stelle geöffnet (Bild 3). Auch dafür stellt die Natur Hilfsmittel zur Verfügung: Es sind dies Enzyme, die man als Restriktionsendonucleasen bezeichnet und aus bestimmten Bakterien gewinnen kann. Inzwischen kennt man ungefähr hundert solcher Enzyme, von denen jedes die DNA an einer anderen spezifischen Stelle spaltet, das heißt, jedes Enzym kann eine bestimmte Nucleotidsequenz erkennen und dort angreifen. Das DNA-Fragment, das man klonieren will, fügt man nun so in den geöffneten Plasmidring ein, daß die Öffnung wieder geschlossen ist. (Dabei greift man gleichfalls auf Enzyme zurück.) Auf ähnliche Weise läßt sich auch ein Bakteriophage zum Vehikel umbauen. Die veränderten Plasmide mischt man dann mit Bakterien, deren Zellmembran durchlässig gemacht wurde. So gelangen einige davon in Bakterien zurück. Damit man diese Zellen erkennen kann (der Genetiker spricht von transformierten Zellen), benutzt man ein Plasmid, das seine Wirtszellen gleichzeitig gegen ein Antibiotikum resistent macht. Züchtet man die Bakterien auf einer Kulturplatte, die dieses Antibiotikum enthält, so überleben nur die transformierten Zellen, und nur sie wachsen zu Kolonien heran (Bild 3, Mitte). Bei den Phagen verfährt man anders. Sie werden auf einem Bakterienrasen – einer gleichmäßig bewachsenen Kulturplatte – in starker Verdünnung ausgesät. Jeder erfolgreiche Phage hinterläßt im Rasen ein Loch – eine Plaque –, weil er sich dort vermehrt und die Bakterien zerstört hat.

Der nächste Schritt besteht darin, unter den transformierten Zellen oder Phagenplaques jene herauszufinden, die nur das gewünschte DNA-Fragment enthalten. Dies gelingt mit Hilfe der Hybridisierungstechnik. Sie beruht auf der Neigung einzelsträngiger DNA- oder RNA-Moleküle, sich mit einem fremden Strang zu paaren, sofern die Nucleotidsequenzen beider Stränge in größeren Abschnitten komplementär sind. Die Zusammenlagerung erfolgt dann nach den Regeln der Basenpaarung und das Resultat ist ein „Bastard", ein Hybrid-Doppelstrang. Zuerst überträgt man die transformierten (oder phageninfizierten) Kolonien auf ein Filterpapier aus Zellulosenitrat. Dann zerstört man die Bakterien an Ort und Stelle, so daß die in ihnen enthaltene DNA austritt. Eine Behandlung mit einem alkalischen Reagens denaturiert die Doppelstränge, das heißt, sie trennen sich zu Einzelsträngen, die gleichzeitig an das Papier fixiert werden.

Als nächstes tränkt man das Papier mit einer radioaktiv markierten Probe einzelsträngiger DNA- und RNA-Moleküle, die sich mit dem gesuchten Fragment paaren können. Da solche Fragmente ihre Partner „festhalten", lassen sich nicht hybridisierte Probemoleküle herauswaschen. Bringt man jetzt das Papier mit einem strahlenempfindlichen Film in Kontakt, dann läßt sich nach längerer „Belichtung" auf dem entwickelten Film die Lage der radioaktiv markierten Moleküle als schwarzer Fleck erkennen (Bild 3). Die Hybridisierungstechnik macht es möglich, daß eine einzige Person in einem einzigen Arbeitsgang mehrere hunderttausend Bakterien- oder Phagenklone durchmustern kann. Wenn erst einmal ein Klon identifiziert ist, läßt er sich in riesigen Mengen weiterzüchten und liefert dann das reine DNA-Fragment in unbegrenzten Mengen.

Das widerspenstige Ovalbumin-Gen

Als meine Kollegen vom Straßburger Laboratorium für Molekularbiologie der Eukaryonten und ich mit den Untersuchungen begannen, die zur Entdeckung gestückelter Gene führten, hatten wir keineswegs vor, die Genstruktur als solche zu untersuchen. Unser Interesse galt der Differenzierung von Zellen. So hofften wir herauszufinden, wie die weiblichen Geschlechtshormone (die Östrogene und Gestagene) die Differenzierung jener Zellen steuern, die im Eileiter eines Huhns das Eiklar produzieren. Insbesondere beschäftigte uns die Frage, auf welche Weise diese Hormone die Aktivität des Gens regulieren, das für Ovalbumin codiert. (Ovalbumin ist das Hauptprotein des Eiklars und besteht aus 386 Aminosäuren.)

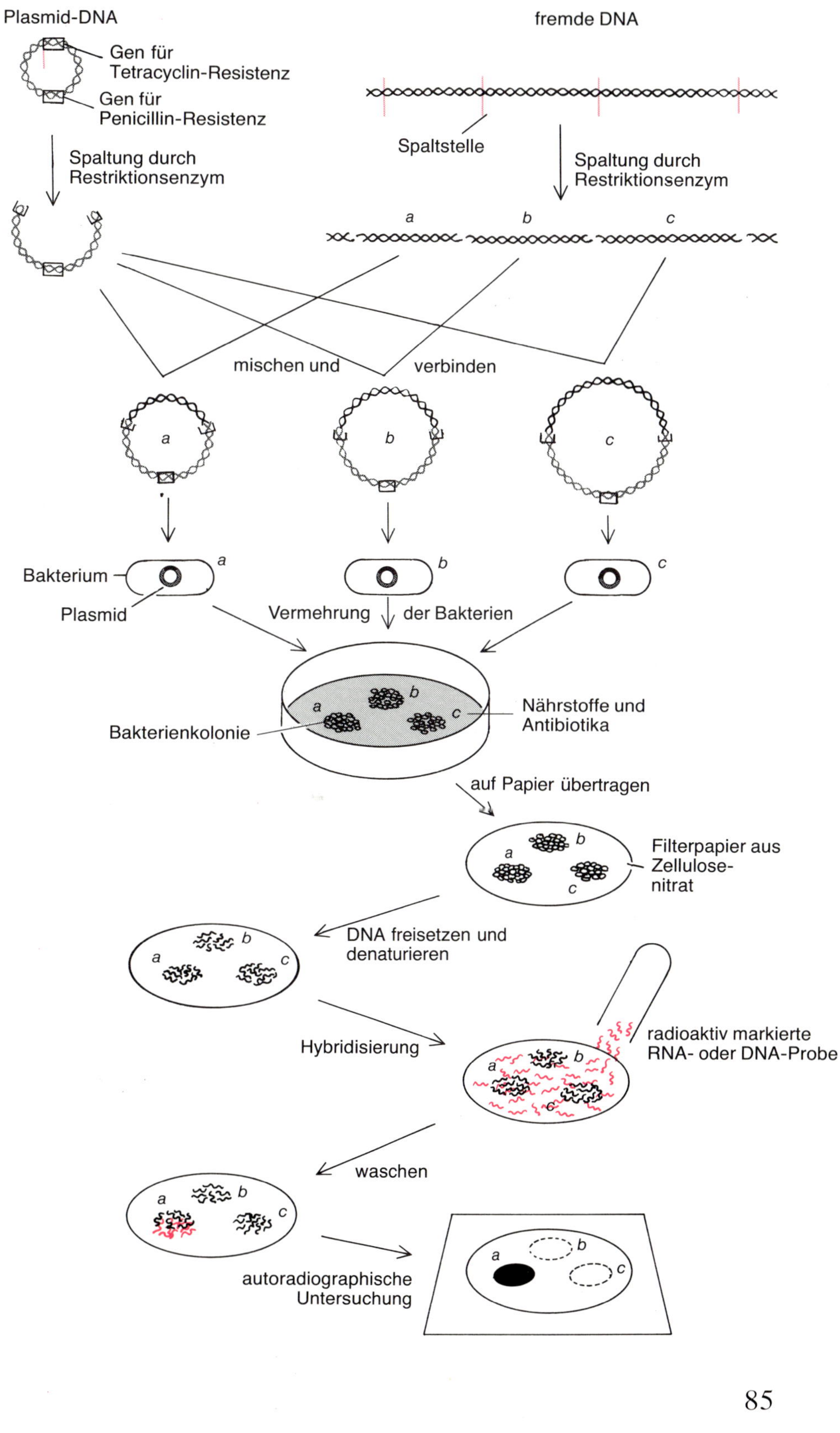

Bild 3: Um aus einem Genom ein einzelnes Gen oder einen kleinen DNA-Abschnitt zu isolieren und zu vermehren, bedient man sich der molekularen Klonierung. Dabei setzt man das zu vermehrende DNA-Stück in ein „Vehikel" ein, das dieses Stück in Bakterien bringt, welche es dann vermehren. Als Vehikel benutzt man ein Plasmid, ein kleines ringförmiges DNA-Molekül, das als eine Art Zusatzchromosom in Bakterien vorkommt. Das Plasmid und die fremde DNA werden mit einer Restriktionsendonuclease gespalten. Das ist ein Enzym, das die DNA an nur einer Stelle innerhalb einer bestimmten Basensequenz spaltet, und zwar so, daß einzelsträngige, einander überlappende komplementäre Enden entstehen. Mischt man diese Fragmente mit den Plasmiden, so fügen sich beide aufgrund der überlappenden Enden zu einem größeren Ring zusammen. Ein anderes Enzym, Ligase genannt, läßt die Schnittstellen „verheilen". Die so veränderten Plasmide werden in Bakterien gebracht, die man zu Kolonien (Klonen) heranwachsen läßt. Da das Plasmid auch ein Gen trägt, das dem Wirtsbakterium Resistenz gegen ein Antibiotikum (hier Tetracyclin) verleiht, lassen sich die plasmidhaltigen Bakterien leicht aussondern. Denn auf einem Nährboden mit Tetracyclin werden nur sie zu Kolonien heranwachsen. Mit Hilfe der Hybridisierungstechnik kann man dann diejenigen Bakterien identifizieren, die das gewünschte DNA-Fragment enthalten. Dazu überträgt man die Kolonien auf Filterpapier aus Zellulosenitrat, bricht die Zellwände auf, trennt die DNA in Einzelstränge (man spricht auch von Denaturierung der DNA) und fixiert die Stränge am Filterpapier. Dann fügt man als Prüfsubstanz radioaktiv markierte einzelsträngige RNA oder DNA zu, die zu dem gewünschten Fragment komplementär ist. Die Prüfmoleküle lagern sich mit jedem komplementären Molekül zu einem gemischten Doppelstrang (Hybridstrang) zusammen und werden so an das Papier fixiert. Die restlichen nicht gebundenen Prüfmoleküle wäscht man aus. Dann bedeckt man das Papier mit einem strahlungsempfindlichen Film. Dort, wo dieser sich schwärzt, befindet sich das gewünschte Fragment und damit der Klon (a), der das Fragment vermehren kann.

Jede Körperzelle eines Tieres enthält das vollständige Genom, aber je nach Zeitpunkt und Zellart sind nur bestimmte Gene aktiv, das heißt nur von diesen Genen wird eine Boten-RNA erzeugt. So synthetisieren nur die hochspezialisierten schlauchförmigen Drüsenzellen des Eileiters das Ovalbumin, und auch das nur dann, wenn das Huhn in der Legephase ist. Fehlen die weiblichen Hormone, dann bleibt das Gen stumm. Folglich wird keine Boten-RNA und kein Ovalbumin produziert. Um diesen regulatorischen Prozeß auch auf molekularer Ebene klären zu können, war es notwendig, die Struktur der stummen und der aktiven Form miteinander zu vergleichen. Dazu brauchten wir aber das Ovalbumin-Gen, und zwar sowohl aus den spezialisierten Drüsenzellen des Eileiters als auch aus anderen Zellen, in denen das Gen inaktiv ist. Mit Hilfe der neuen Gentechnologie schien sich unser Wunsch erfüllen zu lassen, und so schickten wir uns an, das Ovalbumin-Gen des Huhns zu klonieren.

Die ersten Schritte vollzogen Peter Humphries, Madeleine Cochet, Andrée Krust, Marianne Le Meur und Pierre Gerlinger. Sie isolierten die Ovalbumin-Boten-RNA aus den Eileiterzellen (von legenden Hühnern), wo diese RNA glücklicherweise bereits 50 Prozent aller Boten-RNA ausmacht. Das Molekül besteht aus einer Kette von 1872 Nucleotiden, von denen 1158 die 386 Aminosäuren des Proteins codieren (Bild 6). Ein „Vorspann" oder Leader aus 64 Nucleotiden (am sogenannten 5'-Ende der RNA) und ein 650 Nucleotide langer Abschnitt (am 3'-Ende) werden nicht übersetzt. Aus der Ovalbumin-Boten-RNA ließ sich die dazu komplementäre DNA-Sequenz (und damit das Gen) verhältnismäßig einfach rekonstruieren. Das aus Viren stammende Enzym reverse Transcriptase kopiert nämlich RNA zu einem Strang DNA um, und ein anderes Enzym, die DNA-Polymerase ergänzt ihn zum Doppelstrang (Bild 4, oben). Damit hatten wir ein „künstliches" Ovalbumin-Gen in der Hand. Es wurde nun in ein Plasmid eingesetzt und in *Escherichia coli* kloniert. Auf diese

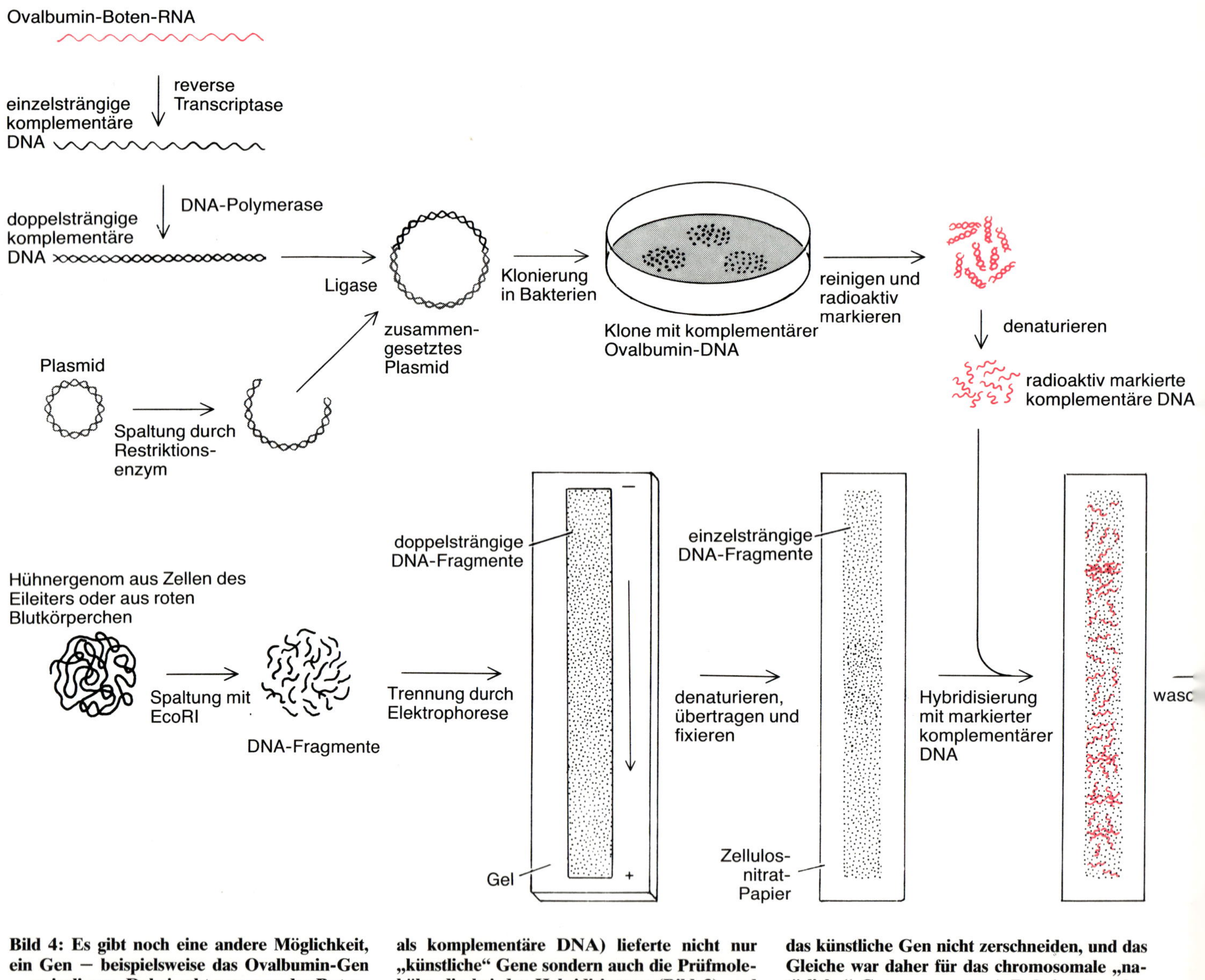

Bild 4: Es gibt noch eine andere Möglichkeit, ein Gen – beispielsweise das Ovalbumin-Gen – zu isolieren. Dabei geht man von der Boten-RNA aus und übersetzt diese mit Hilfe des Enzyms reverse Transkriptase in eine komplementäre einzelsträngige DNA zurück. Das Enzym Polymerase macht daraus einen Doppelstrang, der sich mit der in Bild 3 beschriebenen Methode in ein Plasmid einsetzen und in Bakterien vermehren läßt. Die vermehrte und radioaktiv markierte DNA (man bezeichnet sie als komplementäre DNA) lieferte nicht nur „künstliche" Gene sondern auch die Prüfmoleküle, die bei der Hybridisierung (Bild 3) und der sogenannten „Saugpapier"-Methode eingesetzt werden. Diese Methode erlaubt es, aus einer großen Menge von Fragmenten (die beispielsweise bei der Spaltung eines vollständigen Genoms entstehen) das richtige herauszusuchen. Das gesamte Genom bestimmter Hühnerzellen wurde hier mit dem Restriktionsenzym EcoRI gespalten. (Dieses Enzym konnte das künstliche Gen nicht zerschneiden, und das Gleiche war daher für das chromosomale „natürliche" Gen zu erwarten.) Dabei entstanden etwa 500 000 Fragmente, die zwischen 1000 und 15 000 Basenpaare lang waren. Sie wurden in eine Vertiefung am Rande eines Agarosegels gefüllt und elektrophoretisch aufgetrennt. Je kleiner die Fragmente waren, um so weiter wanderten sie in Richtung des positiven Pols. Nach der Denaturierung wurden die Stücke durch Hinterlegen mit saugkräftigem Filterpa-

Weise erhielten wir genügend Ausgangsmaterial, um einen ersten Schritt in der strukturellen Erforschung des Gens unternehmen zu können.

Ein solcher Schritt besteht darin, eine Restriktionskarte zu erstellen. Dabei setzt man Proben der interessierenden DNA jeweils verschiedenen Restriktionsenzymen aus, analysiert die entstehenden Spaltstücke und bestimmt die genaue Lage der einzelnen Erkennungsstellen. Das Muster dieser Erkennungsstellen ist gleichsam die Kennkarte der betreffenden DNA, an der man sie wiedererkennen und Änderungen ihrer Struktur feststellen kann. Unter anderem zeigte sich, daß die beiden Restriktionsenzyme EcoRI und HindIII unser künstliches Ovalbumin-Gen nicht zerschnitten, das heißt, in ihm fanden sich keine der Sequenzen, die von diesen Enzymen erkannt werden (Bild 5).

Als nächstes wollten wir die Struktur des natürlichen Ovalbumin-Gens untersuchen. Damals steckte jedoch die Klonierungstechnik, mit der man ein Gen isolieren kann, welches nur den millionsten Teil eines Genoms ausmacht, noch in den Kinderschuhen. Deshalb beschlossen wir, die Struktur des Ovalbumin-Gens zunächst auf andere Weise zu analysieren. Wir wollten es vor dem Hintergrund des gesamten Hühnergenoms untersuchen.

Mit Hilfe der Enzyme EcoRI und HindIII spalteten wir gemeinsam mit

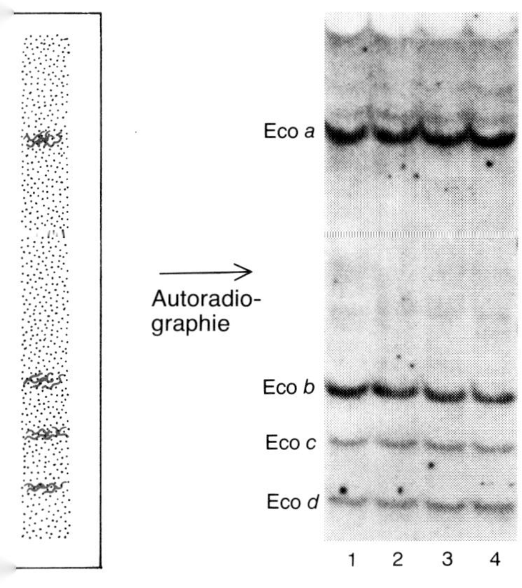

pier auf ein dazwischengelegtes Filterpapier aus Zellulosenitrat übertragen und dort fixiert. Die anschließende Hybridisierung verlief wie in Bild 3 erklärt. Der Film zeigte jedoch überraschenderweise nicht nur eine Bande – also ein Fragment, das hybridisieren konnte – sondern insgesamt vier. Es war dabei gleichgültig, ob das Genom aus Zellen des Eileiters (Spur 3 und 4) oder aus roten Blutkörperchen stammte (Spur 1 und 2). Die Vierteilung hatte also nichts mit der Aktivität des Gens zu tun.

unserem neuen Mitarbeiter Richard Breathnach DNA, die wir aus Zellen des Eileiters (aktives Gen) und aus roten Blutkörperchen (inaktives Gen) gewonnen hatten. Unter den Hunderttausenden von Spaltstücken sollten einige das vollständige Ovalbumin-Gen enthalten. Denn nach unseren Ergebnissen am künstlichen Gen erwarteten wir, daß keines der beiden Enzyme das natürliche Gen zerteilen würde. Die zahlreichen Spaltstücke wollten wir dann mit Hilfe der Elektrophorese auf einem Agarosegel der Größe nach sortieren. Als wir die noch nicht erkennbare DNA nach der Prozedur mit einem fluoreszierenden Farbstoff sichtbar machten, erschienen nicht die gewünschten Querbanden, sondern ein sich über die gesamte Länge des Gels erstreckender Schmierstreifen.

Die Fragmente waren zwar jetzt entsprechend ihrer Größe sortiert, aber zwischen dem kürzesten und längsten Fragment gab es kontinuierlich alle Zwischengrößen, so daß man keine Banden, das heißt Gruppen von Fragmenten gleicher Länge erkennen konnte. Unsere Aufgabe bestand nun darin, irgendwo in diesem verschmierten Längsstreifen das Ovalbumin-Gen zu finden.

Wir lösten sie mit Hilfe der „Saugpapier"-Methode, die von E. M. Southern von der Universität Edinburgh entwickelt worden war. Sie basiert auf der gleichen Technik, die ich bereits für die Hybridisierungsexperimente (Bild 3) beschrieben habe. Die DNA-Fragmente wurden denaturiert und von dem Gel auf ein Zellulosenitrat-Filterpapier „hinübergesaugt" und dort fixiert (Bild 4). Darüber gossen wir als Prüfsubstanz unsere reine Ovalbumin-DNA, die wir radioaktiv markiert und gleichfalls denaturiert hatten. Alle chromosomalen DNA-Fragmente, die eine dazu komplementäre Nucleotidsequenz trugen, konnten hybridisieren und dadurch die Prüfmoleküle binden. Die nicht gebundenen Moleküle wuschen wir heraus. Die Autoradiographie (mit Hilfe eines strahlenempfindlichen Films) zeigte die Lage der markierten Moleküle und damit die der chromosomalen Ovalbumin-DNA.

Da weder EcoRI noch HindIII unser künstliches Gen (die komplementäre Ovalbumin-DNA) zerschnitten hatten, erwarteten wir, daß auch jetzt nur eine einzige radioaktive Bande auftreten würde. Das wären dann die Genomfragmente mit dem gesamten Ovalbumin-Gen. Überraschenderweise sahen wir jedoch auf dem Film mehrere Banden, unabhängig davon, ob die Fragmente durch die Einwirkung von EcoRI oder HindIII entstanden waren (Bild 4, rechts unten). Die DNA-Fragmente aus den Eileiterzellen und aus den roten Blutkörperchen bildeten dabei das gleiche Muster.

Ein Fehler oder eine Entdeckung?

Als wir im Frühjahr 1977 auf einer Tagung der Europäischen Organisation für Molekularbiologie über unsere Ergebnisse berichteten, dachten weder wir noch irgend jemand anderes daran, daß das Ovalbumin-Gen stückweise auf dem Hühnergenom verteilt sein könnte und deshalb solche Mehrfachbanden erzeugte. Die meisten Wissenschaftler vermuteten, daß es sich hier um ein Artefakt bei der Übertragung oder Hybridisierung handeln müsse.

Einige Monate später wurde auf einem Symposium in Cold Spring Harbor (im Staate New York) berichtet, daß es bei Viren DNA-Moleküle gibt, bei denen zusammengehörende Nucleotidsequenzen getrennt voneinander vorliegen. Und zwar lag diejenige Sequenz, die einen nicht zu übersetzenden Abschnitt am Anfang der Boten-RNA codiert, nicht unmittelbar neben den übrigen Sequenzen, die den Hauptteil der RNA codierten. Diese Nachricht ermutigte uns zu der Annahme, daß unsere Befunde beim Ovalbumin keineswegs Artefakte waren, sondern vermutlich eine unerwartete Anomalie in der Struktur des Ovalbumin-Gens widerspiegelten. Breathnach, Jean-Louis Mandel und ich fingen nun an, die Ovalbumin-Sequenz im Genom zu kartieren, das heißt, wir prüften das Genom mit bestimmten Restriktionsenzymen, die sowohl die komplementäre (künstliche) als auch die chromosomale (natürliche) DNA zerschneiden konnten. Es stellte sich heraus, daß die einzelnen, einander entsprechenden Schnittstellen bei beiden Molekülarten an verschiedenen Positionen saßen. So fanden wir beispielsweise, daß das chromosomale EcoRI-Fragment, das wir b genannt hatten, diejenigen Sequenzen umfaßt, die die ersten 500 Nucleotide der Boten-RNA codieren, während die Sequenz für den letzten Teil der RNA im Fragment a enthalten ist (Bild 5). Wir entwickelten dann nach und nach eine genaue Restriktionskarte des natürlichen Gens und verglichen sie mit der Karte unseres künstlichen Gens, das die Struktur der Boten-RNA widerspiegelt.

Gegen Ende des Sommers hatten wir dann den Beweis, daß die chromosomale DNA (von der die Ovalbumin-Boten-RNA abgeschrieben wird) von fremder DNA unterbrochen ist, deren Sequenz sich in der Boten-RNA nicht wiederfindet. Noch verblüffender war, daß – im Gegensatz zu den Berichten über virale DNA – einige dieser Unterbrechungen mitten in den DNA-Sequenzen lagen, die den in Proteine zu übersetzenden Teil der Boten-RNA codieren. Es waren also auch die proteincodierenden Sequenzen unterbrochen. Ungefähr zur gleichen Zeit kamen die Arbeitsgruppen von R. A. Flavell an der Universität Amsterdam und von Philip Leder vom National Institute of Child Health and Human Development in den Vereinigten Staaten zu einem ähnlichen Ergebnis. Sie fanden, daß beim Kaninchen und bei der Maus die DNA-Sequenz unterbrochen ist, die die Boten-RNA für das Beta-Globin (eine Komponente des Hämoglobinmoleküls) codiert. Susumu Tonegawa vom Baseler Institut für Immunologie entdeckte ein entsprechendes Phänomen bei einigen Genen, die die genetische Information für die Bildung von Antikörpern tragen. Unabhängig von uns berichtete N. M. Carey von den G. D. Searle Research Laboratories in Großbritannien, daß das Ovalbumin-Gen wahrscheinlich in Stücken vorliegt. Mehr und mehr zeichnete sich ab, daß gestückelte Gene bei Eukaryonten nichts Ungewöhnliches sind.

Die Struktur

Das Auflösungsvermögen unserer bis dahin verwendeten Verfahren war allerdings zu gering, um die Struktur eines solchen „Mosaik"-Gens vollständig zu klären. Um eine genauere Analyse des chromosomalen Ovalbumin-Gens durchführen zu können, hätten wir es von der übrigen chromosomalen DNA isolieren müssen. Wenige Zeit später boten neue Klonierungstechniken auch diese Möglichkeit. In Zusammenarbeit mit Philippe Kourilsky und seinen Kollegen vom Pasteur-Institut klonierten wir mit Hilfe des Bakteriophagen Lambda die EcoRI-Fragmente der Hühner-DNA. Wir konnten jetzt auch auf eine „Bibliothek" von Lambda-Phagen zurückgreifen, die alle möglichen Teile des Hühnergenoms trugen. Diese Bibliothek enthielt das gesamte Genom und war von Jerry B. Dodgson vom California Institute of Technology, Judith Strommer von der University of California in Los Angeles und James D. Engel von der Northwestern University entwickelt worden. Wir isolierten dann mehrere Klone, die entweder das gesamte Ovalbumin-Gen oder einige seiner EcoRI-Fragmente enthielten, wobei wir jeweils unsere komplementäre Ovalbumin-DNA als Prüfstein benutzten.

Frank Gannon, Jean-Paul Le Pennec sowie Cochet und Fabienne Perrin denaturierten eine solche Phagen-DNA, in die das vollständige Ovalbumin-Gen eingebaut war. Dann mischten sie die DNA mit gereinigter Ovalbumin-Boten-RNA, und zwar unter Bedingungen, die eine RNA-DNA-Paarung begünstigten, aber eine DNA-DNA-Paarung verhinderten. Elektronenmikroskopische Aufnahmen der Moleküle lieferten einen schlagenden Beweis für die Zerstückelung des Gens. Die chromosomale DNA war nur teilweise an die Ovalbumin-Boten-RNA gebunden und die nicht hybridisierten DNA-Abschnitte ragten als Schleifen aus dem DNA-RNA-Hybrid heraus (Bild 1). An diesen Stellen standen der DNA keine komplementären Nucleotidsequenzen gegenüber, an die sie sich hätte binden können. Die sieben Schleifen stellten sieben DNA-Abschnitte dar, die nicht in Boten-RNA umgeschrieben werden. Diese Introns genannten Abschnitte teilen die „verwendbare" DNA in acht als Exons bezeichnete Teile.

Ein Intron, das aus weniger als ungefähr 50 Basenpaaren besteht, hätte sich im Elektronenmikroskop nicht entdecken lassen. Um sicher zu stellen, daß beim Ovalbumin-Gen außer den im Elektronenmikroskop sichtbaren schleifenförmigen Abschnitten keine weiteren Unterbrechungen existieren, mußten wir die Nucleotidsequenz der Exons mit der der Boten-RNA vergleichen. An unserem künstlichen Gen (einem Gegenstück der Boten-RNA) führten wir daher eine Sequenzanalyse durch. Die Methode dazu hatten Allan M. Maxam und Walter Gilbert von der Harvard-Universität entwickelt. Auf diese Weise erhielten wir die gesamte Sequenz der Ovalbumin-Boten-RNA (Bild 6). Es stellte sich heraus, daß die Codons dieser RNA eine Kette von Aminosäuren codierten, die hervorragend mit der Reihenfolge der Aminosäuren im Ovalbumin übereinstimmte, welche von anderen Wissenschaftlern anhand einer wesentlich aufwendigeren Proteinanalyse ermittelt worden war. Unabhängig von uns kamen auch Bert W. O'Malley vom Baylor College of Medicine und George B. Brownlee vom Medical Research Council Laboratory of Molekular Biology in Großbritannien zum gleichen Ergebnis, als sie die Ovalbumin-Boten-RNA analysierten. Damit war auch klar, daß sich während des Klonierens so gut wie keine Fehler in die Nucleotidsequenz einschleichen. Außerdem zeigt die Übereinstimmung zwischen Aminosäure- und Nucleotidsequenz, daß die DNA-Sequenzierung – sofern man das betreffende Strukturgen klonieren kann – die bessere (weil schnellere) Methode ist, um die Aminosäuresequenz eines Proteins zu bestimmen.

Christophe Benoist, Kevin O'Hare und Breathnach verglichen nun die Sequenz der Ovalbumin-Boten-RNA mit der DNA-Sequenz der Ovalbumin-Exons und stellten fest, daß das erste Nucleotid der Boten-RNA am 5'-Ende des ersten Exons (dem Leader L) und ihr letztes Nucleotid am 3'-Ende des letzten Exons (Nr. 7) codiert wird. In keinem der acht Exons ließen sich irgendwelche Unterbrechungen entdecken. Damit stand fest, daß das Ovalbumin-Gen des Huhns aus acht Exons besteht, zwischen denen jeweils ein Intron liegt. Keines dieser Introns existierte als Gegenstück in der Boten-RNA. Die Sequenzuntersuchung bestätigte, daß die Exons auf der DNA in der gleichen Weise angeordnet sind wie in der Abschrift auf der Boten-RNA und wie die Aminosäuren im Protein. Das Prinzip der Colinearität bleibt also trotz der Unterbrechungen gewahrt. Die gesamte Länge des Ovalbumin-Gens (Exons und Introns zusammengenommen) beträgt ungefähr 7700 Basenpaare (Bild 7, oben). Damit ist dieses Gen etwa viermal länger als die fertige Boten-RNA (1872 Basenpaare) und fast sie-

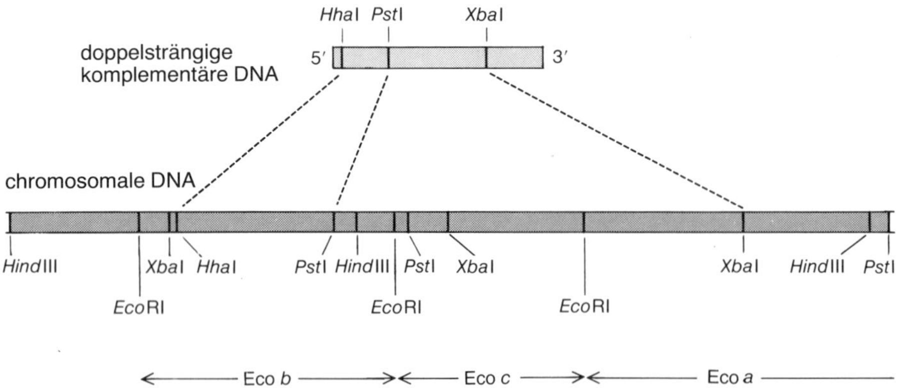

Bild 5: Als man für das Ovalbumin-Gen eine Restriktions-Karte aufstellte, ließ sich eindeutig erkennen, daß auf diesem Gen die Information stückweise verteilt ist. Für eine solche Karte spaltet man das aus der Boten-RNA rückübersetzte Gen (die komplementäre, doppelsträngige DNA) und die chromosomale DNA mit verschiedenen Restriktionsenzymen und bestimmt dann die Größe und Anordnung der Fragmente mit Hilfe der Saugpapier-Methode (Bild 4). EcoRI zerlegte die hier gezeigte Version des Gens in drei Spaltstücke (a, b, c), während es die komplementäre DNA nicht angriff. Ähnliches gilt für das Enzym HindIII. Die komplementäre DNA wird von HhaI, PstI und XbaI je einmal gespalten, und diese Stellen lassen sich auch auf der chromosomalen DNA wiederfinden. Damit war der Beweis erbracht, daß das Ovalbumin-Gen nicht-informative Sequenzen enthält, die in der fertigen Boten-RNA fehlen.

Bild 6: Dieses Schema zeigt die Basensequenz der Boten-RNA, die das Protein Ovalbumin codiert. Sie besteht aus dem Leader-Exon, das als „Vorspann" dient und sieben weiteren Exons. Am 5' Ende sitzt ein als „Hütchen" (englisch: cap) bezeichnete methyliertes Guanin, und am 3' Ende ein Schwanz aus mehreren Adenin-Nucleotiden. Beide Strukturen sind für Boten-RNA-Moleküle charakteristisch. Die eingerahmten Codons AUG und UAA stellen das Start- und Stopsignal für die Übersetzung dar. Die dazwischenliegenden Sequenzen codieren die 386 Aminosäuren des Ovalbumins. Die vorstehenden und nachfolgenden Sequenzen bleiben unübersetzt.

benmal länger als der RNA-Abschnitt (1158 Basenpaare), der schließlich in Protein übersetzt wird.

Nachdem wir nun ein gestückeltes Gen gefunden hatten, fragten wir uns, ob sich die Stückelung im Laufe der Differenzierung der Eileiterzellen – dies war ja unser ursprünglicher Untersuchungsgrund – verändern könnte. Gannon, Perrin und Jean-Marc Jeltsch verglichen dazu das aus Eileiter-DNA gewonnene Ovalbumin-Gen mit einem gleichen Gen, das diesmal aber aus den roten Blutkörperchen legender Hühner stammte. Sie fanden keinerlei Anzeichen dafür, daß das Gen während der Differenzierung deutlich verändert wird. Ihre Ergebnisse stimmten mit denen anderer Forschungsgruppen überein, die beispielsweise das Seidenfibrin-Gen der Seidenspanner und das Globin-Gen untersucht hatten. Beide Gene sind nur in bestimmten hochspezialisierten Zellen aktiv. Andererseits konnten Tonegawa, Leder und andere überzeugend beweisen, daß die gestückelten Antikörper-Gene der Lymphozyten (das sind Blutzellen, die Antikörper produzieren) sich im Laufe der Differenzierung umgestalten. Die einzelnen Stücke werden umgruppiert und diese Umgruppierung ist der Schlüssel für die ungeheure Vielfalt der Antikörper.

Die meisten Strukturgene der Säuger, Vögel und Amphibien liegen – sofern sie bisher untersucht sind – in gestückelter Form vor. Zu den bemerkenswerten Ausnahmen zählen die Gene für die Histone (Proteine, die mit der DNA komplexiert sind) und für die Interferone. Zwar hat man auch bei Insekten und niederen Eukaryonten wie den Hefen einige gestückelte Gene entdeckt, aber dieses Phänomen scheint bei höheren Organismen wesentlich verbreiteter zu sein. Inzwischen konnte man auch die Vermutung widerlegen, daß die Stückelung eine Besonderheit jener Gene ist, deren Proteine nur in spezialisierten Zellen synthetisiert werden. Zwar waren solche Gene – hauptsächlich aus technischen Gründen – die ersten, die man untersuchte, aber heute weiß man, daß auch einige der „gewöhnlichen" Gene (die für die

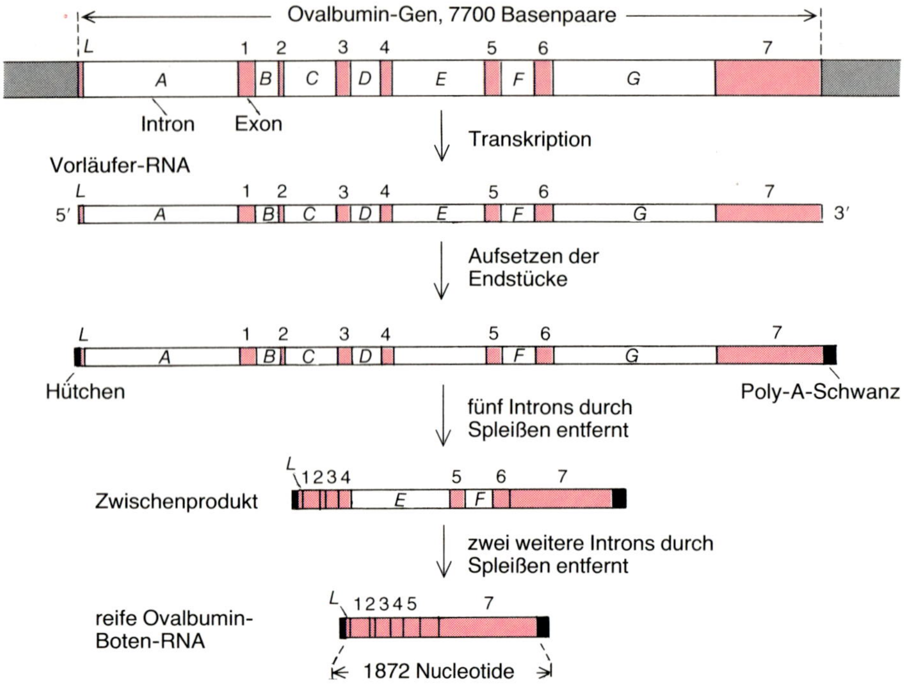

Bild 7: Die reife Boten-RNA entsteht im Zellkern durch schrittweise Verkürzung der primären Abschrift oder Vorläufer-RNA. Diese Vorläufer-RNA ist das genau Gegenstück zum Ovalbumin-Gen. In einem nächsten Schritt erhält dieses Molekül das charakteristische Hütchen und den Poly-A-Schwanz (Bild 6). Anschließend werden die Introns nach und nach herausgeschnitten und die Enden der Exons wieder zusammengefügt. Man bezeichnet diesen Vorgang als Spleißen der RNA. Eines der dabei entstehenden Zwischenprodukte ist hier dargestellt: Bei ihm sind bereits sieben der fünf Introns entfernt.

routinemäßigen, alltäglichen Abläufe in jeder Zelle notwendig sind) in gestückelter Form vorliegen.

Im allgemeinen sind die Introns länger als die Exons. Es scheint keine Grenzen zu geben, über die hinaus sich Länge und Zahl der Introns nicht mehr mit einer Boten-RNA gegebener Größe vereinbaren lassen. Man hat sogar Introns gefunden, die mehrere tausend Basenpaare lang sind. Beim Huhn entdeckten wir in dem Gen, das das Protein Ovotransferrin codiert, allein 16 Introns, und Robert T. Schimke von der Stanford-Universität berichtete über ein Mäuse-Gen, das über zwanzigmal länger als seine Boten-RNA ist.

Introns finden sich nicht nur bei Genen, die Proteine codieren. David S. Hogness von der medizinischen Fakultät der Stanford-Universität entdeckte sie als erster bei der Taufliege *Drosophila*, und zwar in Genen, die ribosomale RNA codieren. Ribosomale RNA ist ein Baustein der Ribosomen, also der Zellorganellen, an denen die Boten-RNA in Protein übersetzt wird. An der Übersetzung beteiligt sich noch eine andere Sorte RNA (Transfer-RNA genannt), und einige der zugehörigen Gene enthalten gleichfalls Introns, die aber sehr klein sind.

Das Spleißen der RNA

Wie kann nun an diesem Intron-Exon-Mosaik eine zusammenhängende Boten-RNA entstehen? Verschiedene Mechanismen wären denkbar, aber die Tatsache, daß man im Zellkern RNA-Moleküle beobachtet, die länger als die entsprechende Boten-RNA im Cytoplasma sind, weist darauf hin, daß das Enzym RNA-Polymerase zunächst eine durchlaufende, primäre Abschrift (das primäre Transkript) des gesamten Gens mit allen seinen Introns und Exons herstellt. Dann werden die Introns aus dieser Vorläufer-RNA herausgeschnitten, und die Exons zur fertigen Boten-RNA zusammengeschweißt. Diesen Vorgang bezeichnet man als „Spleißen" der RNA (englisch: RNA splicing) und er läuft wahrscheinlich bei allen proteincodierenden Mosaik-Genen gleich ab. Erste Beweise für ein solches Spleißen fand man, als man die Vorläufer-RNA des Beta-Globin-Gens und die RNA von bestimmten Genen der Adenoviren analysierte.

Beim Ovalbumin-Gen würde man erwarten, daß die vollständige Vorläufer-RNA ungefähr 7700 Nucleotide, also die gesamte Länge der Exons und Introns umfaßt. O'Malley und wir fanden im Zellkern von Eileiterzellen genau solche (und keine längeren) RNA-Moleküle. Vorläufer-RNA und Gen sind also deckungsgleich. Daneben entdeckten wir auch eine Reihe unterschiedlich großer RNA-Moleküle, die zwar kürzer als die primäre Abschrift, aber länger als die fertige Boten-RNA waren – ein deutlicher Hinweis, daß das Spleißen schrittweise geschieht, wobei mit jedem Schritt eine kürzere Zwischenstufe entsteht.

Wir konnten diese Zwischenstufen untersuchen, indem wir RNA aus dem Zellkern mit unserem künstlichen Ovalbumin-Gen hybridisierten. Eines der Ergebnisse ist in Bild 8 zu sehen: Es zeigt die Zwischenstufe einer RNA, bei der die Introns A, B, C, D und G bereits entfernt, die Introns E und F dagegen noch vorhanden sind. Es gibt Hinweise darauf, daß die Vorläufer-RNA gewöhnlich erst dann eingekürzt wird, wenn bereits das „Hütchen" und der Poly-A-Schwanz daranhängen. Das Hütchen (englisch: cap) ist ein methyliertes Guanin, das sich an den Anfang (das 5′-Ende) der RNA heftet. Der Poly-A-Schwanz (eine Kette von Adenin-Nukleotiden) verlängert, wie schon sein Name sagt, das andere Ende der RNA (Bild 7). Diese Anbauten sind für alle Moleküle der Boten-RNA charakteristisch. Wahrscheinlich spielen sich alle diese Vorgänge im Zellkern ab, denn im Cytoplasma findet man weder eine Vorläufer-RNA noch die Zwischenstufen, die bei der schrittweisen Verwandlung zur reifen Boten-RNA auftreten.

Welche Maschinerie der Zelle führt das Spleißen aus? Es muß zumindest ein Enzym vorhanden sein, das die zu schneidenden Stellen erkennt. Dieses Enzym müßte zudem äußerst genau arbeiten, denn ein Nucleotid zuviel oder zuwenig würde bereits eine sinnlose Boten-RNA entstehen lassen, weil sich das „Leseraster" und damit jedes Dreiercodon verschiebt. Da wir annahmen, daß das Spleißenzym bestimmte Sequenzen am Übergang von Introns und Exons erkennt, analysierten wir die Übergangsstellen in der Vorläufer-RNA des Ovalbumin-Gens. Wir fanden erstaunliche Übereinstimmungen: Jedes Intron begann mit der Zweiersequenz GU und endete mit AG (Bild 9). Dies gilt nicht nur für diese Abschrift, sondern für alle 90 Exon-Intron-Übergänge, die man bisher bei Eukaryonten untersucht hat. In den meisten Fälle reihten sich daran noch andere Sequenzen an, die eine, wenn auch nur begrenzte Übereinstimmung besaßen. Wir bezeichneten diese Bereiche als „Consensus"-Sequenzen.

Mit den Zweiersequenzen und ihren Nachbarbereichen allein läßt sich wahrscheinlich nicht die Genauigkeit des Spleißens erklären. Vielleicht gibt es außer der in der Sequenz enthaltenen Information weitere Merkmale: Beispielsweise könnte sich die RNA im Bereich der Erkennungsstellen in bestimmter Weise falten oder an Proteine anlagern, mit denen sie zusammen vorkommt. All dies könnte zur Spezifität des Spleißens beitragen. Möglicherweise gibt es auch einen kleinen Helfer: eine niedermolekulare „Spleiß-RNA“, die zu den Consensus-Sequenzen komplementär ist und daher Brücken bilden kann. Jedenfalls deuten die allgemein gültige GU-AG-Regel und die Consensus-Sequenzen darauf hin, daß alle Spleiß-Enzyme, die die Vorläufer-Boten-RNA der heutigen Eukaryonten weiterverarbeiten, von einem gemeinsamen Urenzym abstammen.

Enzym und RNA sprechen eine universelle Sprache, denn die primäre Abschrift eines Hühner-Ovalbumin-Gens wird, wenn man es in kultivierte Mäusezellen hineinbringt, dort genauso weiterverarbeitet, wie es in Hühnerzellen der Fall ist. Die GT-AG-Regel gilt allerdings nicht mehr uneingeschränkt für die gestückelten Gene der Transfer-RNA und der ribosomalen RNA. Wahrscheinlich besitzt jede der drei RNA-Klassen ihr eigenes Spleißenzym.

Die Rolle der Introns

In Zusammenarbeit mit der Arbeitsgruppe Kourilsky stellten wir fest, daß das Ovalbumin-Gen einer Familie von drei dicht nebeneinanderliegenden ähnlichen Genen angehört. Erste Hinweise für eine solche Familienzusammengehörigkeit tauchten auf, als Kourilskys Assistent Axel Garapin das Ovalbumin-Gen klonierte. Er isolierte einen Klon, der nur schwach mit der Prüf-DNA hybridisierte. Mandel und andere zeigten, daß dieser Klon, der die Bezeichnung X erhalten hatte, ein Gen enthielt, das dem Ovalbumin-Gen ähnelte.

Für unsere weiteren Klonierungsexperimente benutzten wir anstelle von Plasmiden ein sogenanntes Cosmid, das John Collins von der Gesellschaft für Biotechnische Forschung in West-Deutschland und Barbara Hohn von der Universität Basel entwickelt hatten. In den Cosmiden stecken einige der Eigenschaften von Plasmiden und Lambda-Phagen, und das ermöglicht es, auch sehr große DNA-Moleküle, beispielsweise das Ovalbumin-Gen mitsamt seiner Nachbarschaft, zu klonieren. Ließ man nun die DNA eines solchen Klons (sie war ungefähr 40000 Basenpaare lang) und die gesamte Boten-RNA der Eileiterzellen miteinander hybridisieren, so zeigte sich im Elektronenmikroskop, daß der DNA-Abschnitt neben dem Ovalbumin-Gen noch zwei weitere Gene enthält. Eines davon war mit dem X-Gen identisch, das andere nannten wir Y. Bei weiterer Untersuchung stellte sich heraus, daß die Gene X und Y jeweils acht (ein L und sieben weitere) Exons enthielten, die in Länge und Sequenz den Exons des Ovalbumin-Gens ähnelten (Bild 10). Anzahl und Lage der Exons waren zwar innerhalb der drei Gene gleich, aber die Länge und die Sequenz der entsprechenden Introns verschieden. Nur die typischen Spleißsequenzen stimmten überein.

Es steht außer Zweifel, daß das Ovalbumin-Gen sowie die Gene X und Y durch Vervielfachung eines Urgens entstanden sind, das dieselbe Struktur aus acht Exons hatte. Aus der Anzahl an Unterschieden zwischen den drei Sequenzen und aus der üblichen Mutationsrate haben wir berechnet, daß das Ovalbumin-Gen und das Gen X vor ungefähr 50 Millionen Jahren entstanden sein müssen. Ein weiteres Beispiel dafür, daß die Anordnung von Exons und Introns im Laufe der Evolution beibehalten wird, bietet die Globin-Genfamilie: Die Sequenzen, die im Alpha- und Beta-Globin-Gen die Boten-RNA codieren, sind vor ungefähr 500 Millionen Jahren entstanden. Sie sind von zwei Introns unterbrochen, deren Lage innerhalb der beiden Gene gleich ist.

Nach allen verfügbaren Daten scheinen sich die Sequenzen der Exons im Laufe der Evolution nur langsam und zwar hauptsächlich durch Punktmutationen (bei denen eine Base durch eine andere ersetzt wird) zu verändern, während sich die Sequenzen der Introns erheblich schneller entwickeln, und zwar durch Einfügen (Insertion) oder Entfernung (Deletion) von Abschnitten verschiedener Größe. Individuen mit Insertionen oder Deletionen in den Exons werden dagegen vermutlich durch natürliche Auslese ausgemerzt. Gestückelte Gene bestehen also offenbar aus relativ stabilen proteincodierenden Abschnitten, die in eine schnell wandelnde Umgebung eingebettet sind.

Diese Umgebung macht im Ovalbumin-Gen einen erheblichen Teil der DNA aus. In dem von uns untersuchten DNA-Abschnitt codieren offensichtlich nur neun Prozent der 40000 Basenpaare Aminosäuren. Wenn das gesamte Genom des Huhns und der anderen höheren Organismen in vergleichbarer Weise organisiert ist, dann wird zumindest ein beträchtlicher Teil der Diskrepanz zwischen Größe des Genoms und der Zahl der Gene abgedeckt.

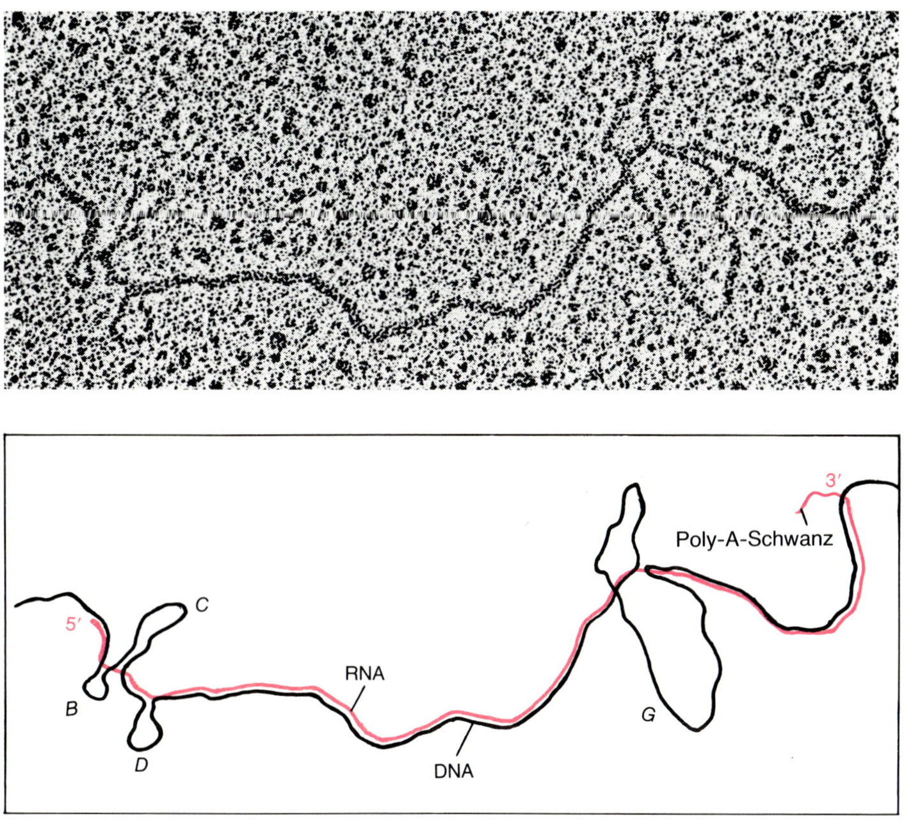

Bild 8: Das Zwischenprodukt eines Spleißvorgangs (Bild 7) läßt sich bei 180 000facher Vergrößerung im Elektronenmikroskop darstellen (oben). Man hybridisiert dazu die chromosomale DNA mit der „unreifen“ Boten-RNA. Die vier Schleifen zeigen hier an, daß aus der RNA bereits die Introns B, C, D und G entfernt wurden, während die Introns E und F noch vorhanden sind (unten). Intron A fehlt gleichfalls, doch ist es zu kurz, als daß die DNA eine Schleife bilden könnte.

Wie ich bereits erwähnte, gibt es beim Ovalbumin-Gen und einer Reihe anderer gestückelter Gene keine Anzeichen dafür, daß die Organisationsform bei der Differenzierung eine Rolle spielt, während die Antikörper-Gene vermutlich ihre Exons dabei umgruppieren. Welche Rolle könnten dann die Introns bei der Regulation von Genen spielen? Sind sie überhaupt daran beteiligt? Die Allgemeingültigkeit der GU-AG-Regel macht es wenig wahrscheinlich, daß die Aktivität der Gene über die Konzentration verschiedener Spleißenzyme gesteuert wird. Aber vielleicht ist der Spleißmechanismus komplizierter, als es den Anschein hat. Möglicherweise existiert für alle Zellen und Arten nur ein grundlegendes Spleißenzym, das von einem spezifischeren Element – einem Protein oder einer Spleiß-RNA – ergänzt wird, welches gezielt die Geschwindigkeit des Spleißens modifiziert. Doch diese Möglichkeit läßt sich erst untersuchen, wenn man die Spleiß-Maschinerie aus den Zellen isolieren kann.

Das Spleißen scheint nicht nur den Zweck zu haben, die Introns aus der Vorläufer-RNA herauszuschneiden. Möglicherweise ist es auch zur Stabilisierung der RNA und für ihren Transport aus dem Zellkern ins Cytoplasma notwendig. Mehrere amerikanische Wissenschaftler konnten nämlich zeigen, daß beim Affenvirus SV 40 eine stabile Boten-RNA nicht mehr produziert wird, wenn man aus dem Genom exakt ein einziges Intron herausschneidet. Doch scheint nicht die gesamte Sequenz des Introns nötig zu sein, sondern lediglich die Abschnitte unmittelbar am Intron-Exon-Übergang. Offensichtlich ist dann der Spleißvorgang als solcher und weniger eine bestimmte Sequenz des Introns von Bedeutung. Möglicherweise liegt der Spleißapparat in der Kernmembran, so daß nur gespleißte RNA durch die Membran ins Cytoplasma gelangen kann. Ein Schwachpunkt dieser Hypothese liegt allerdings darin, daß eben nicht alle proteincodierenden Gene der Eukaryonten als Mosaikgene vorliegen. Mehr noch, wenn ein einziger Spleißvorgang ausreicht, um eine stabile RNA entstehen zu lassen, dürften die meisten Introns als solche dabei keine Rolle spielen.

Bisher gibt es keine Anzeichen dafür, daß die am Ovalbumin-Gen oder einem der anderen gestückelten Gene erzeugte RNA beim Spleißen so verändert werden kann, daß verschiedene Boten-RNA-Moleküle entstehen, die dann auch verschiedene Proteine codieren. (Eine Ausnahme könnten die Antikörper-Gene machen.) Bei den DNS-Viren hingegen findet man eindeutig Fälle, wo ein und derselbe Genomabschnitt verschiedene Proteine codiert, je nachdem wie seine Vorläufer-RNA gespleißt wird. So kann eine fertige Boten-RNA Sequenzen enthalten, die in einer anderen fehlen; Introns werden dabei zu Exons und umgekehrt, da ihre Übergänge nicht eindeutig festgelegt sind. Diese Art des variablen Spleißens dürfte jedoch, wie F. H. C. Crick vom Salk Institute for Biological Studies meint, im allgemeinen auf Viren beschränkt sein, die mit wenig DNA auskommen müssen. Bei eukaryontischen Zellen dürfte sie hingegen die Ausnahme sein, da diese Zellen über reichlich DNA verfügen. Andererseits nehmen Gilbert und Tonegawa an, daß das variable Spleißen bei der Evolution eine große Rolle spielen könnte, weil es einer Zelle ermöglicht, ein neues Genprodukt herzustellen und gleichzeitig das alte weiterzuproduzieren.

Könnte ein Intron auch ein Gen im Gen sein? Bei chromosomalen Genen sind solche Fälle nicht bekannt. In den Mitochondrien von Hefen scheint es jedoch so etwas zu geben. Die Mitochondrien sind Zellorganellen mit einem eigenen genetischen Apparat, und in einem dieser mitochondrischen Gene haben Piotr P. Slonimski und seine Kollegen vom Zentrum für Molekulare Genetik in Gifsur-Yvette möglicherweise ein als Gen wirkendes Intron gefunden. Es sitzt im Cytochrom-b-Gen, und manche der in diesem Intron auftretenden Mutationen wirken sich auf das Spleißen der Vorläufer-RNA aus. Wahrscheinlich verhält sich die dem Intron entsprechende Vorläufer-RNA zumindest in einem Teil wie eine Boten-RNA. Sie scheint nämlich ein kleines Proteinmolekül zu codieren, das seinerseits am Spleißen der gesamten Vorläufer-RNA beteiligt ist. Mit anderen Worten heißt das, daß manche Introns beim Spleißen ihres eigenen Produkts regulatorisch eingreifen können.

Die Evolution gestückelter Gene

Was jetzt noch zu diskutieren bleibt, ist die Frage, auf welche Weise im Laufe der Evolution die gestückelten Gene und das Spleißen entstanden sind. Der geeignetste Mechanismus dafür scheint das ungleiche Crossing-over zu sein – ein Vorgang, der die Gene untereinander „vermischt“. Das normale Crossing-over ist für die Meiose charakteristisch, also für jene Art der Zellteilung, die zu Geschlechtszellen führt. Dabei legen sich die beiden zu einem Paar gehörenden Chromosomen parallel aneinander, brechen an einander entsprechenden Punkten auf, tauschen die Bruchstücke aus

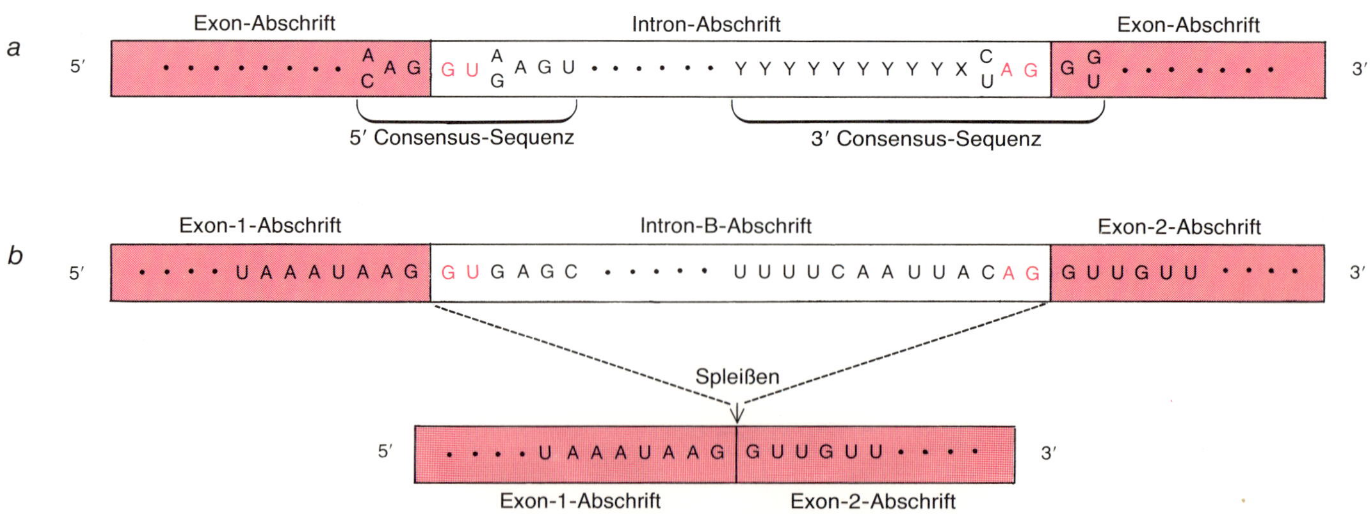

Bild 9: Man hat inzwischen bei 90 Introns (aus verschiedenen Genen) die Exon-Intron-Übergänge anhand der Boten-RNA analysiert. Die Sequenzen, die man dabei am häufigsten gefunden hat, sind in der oberen Zeile dargestellt. In jeder Boten-RNA beginnt ein Intron mit GU und endet mit AG. In der Nachbarschaft der Exon-Intron-Übergänge gibt es weitere „Consensus“-Sequenzen: Ein Y steht für ein Cytosin oder Uracil, und ein X für irgendeine der vier Basen. Zwei Basen an der gleichen Stelle bedeuten, daß man sie dort gleich häufig findet. Ein Beispiel für die GU-AG-Regel stellt das Intron B in der Boten-RNA des Ovalbumin-Gens dar (b).

und „heilen“ wieder zusammen. Diese Bruchstücke sind einander homolog, das heißt sie haben gleiche genetische Funktion und fast die gleichen DNA-Sequenzen. Durch ein solches homologes Crossing-over werden Allele (also verschiedene Varianten des gleichen Gens) zwischen den beiden Partnerchromosomen ausgetauscht. Diese Neukombination oder Rekombination erhöht schließlich die genetische Vielfalt der Nachkommen. Beim etwas selteneren asymmetrischen Crossing-over liegen die Chromosomen versetzt nebeneinander. Damit überkreuzen sich nichthomologe Abschnitte, was zu einer „illegitimen“ Rekombination führt. Die Vorgänge dabei sind noch wenig bekannt, aber sie bringen eine wesentlich radikalere Umgruppierung zustande. Auf diese Weise kommt es beispielsweise auch zur Verdoppelung von Genen (Bild 11a).

Viele Fachleute glauben, daß die so verdoppelten Gene eine wichtige Rolle in der molekularen Evolution gespielt haben. Sie könnten sich die meisten heutigen Gene über eine Verdoppelung aus wenigen Urgenen entwickelt haben. Das bedeutet, daß auch der größte Teil der heute bekannten Proteine von wenigen Urproteinen abstammen muß. Durch „diskrete“ Verdoppelung eines einzelnen Gens entstehen zwei räumlich getrennte, aber identische Gene (Bild 11, b1). Mutationen in einer der beiden Kopien können ein neues Protein hervorbringen, während die andere Kopie weiterhin das ursprüngliche Protein herstellt. Dadurch vergrößert sich das Repertoire an Proteinen. Es kann sich aber auch das ursprüngliche Gen (oder Teile davon) verdoppeln und über ein Intron mit dem ursprünglichen Gen „fusionieren“. Das Ergebnis ist ein verlängertes Gen, das ein neues Protein codiert.

Die Untersuchung der Genfamilien läßt keinen Zweifel daran, daß die Herkunft der vielen, heute bekannten Gene auf die Verdoppelung weniger Urgene zurückzuführen ist, die bereits in gleicher oder ähnlicher Weise Introns enthalten hatten. Selbst das Entstehen dieser gestückelten Urgene läßt sich durch Verdoppelung erklären. Bei manchen Antikörpermolekülen treten innerhalb ein und derselben Kette homologe Proteinabschnitte auf, die von einer Reihe homologer Exons codiert werden. Tonegawa, der dies mit seinen Mitarbeitern entdeckt hat, nimmt an, daß die Introns durch eine Reihe von Crossing-over-Ereignissen entstanden sind. Zunächst verdoppelte sich ein intronfreies Urgen, das von einigen nicht zum Gen gehörenden DNA-Sequenzen flankiert war (Bild 11, b1). Dadurch entstanden zwei Kopien des ursprünglichen Gens mit einem „Abstandshalter“ dazwischen. Später konn-

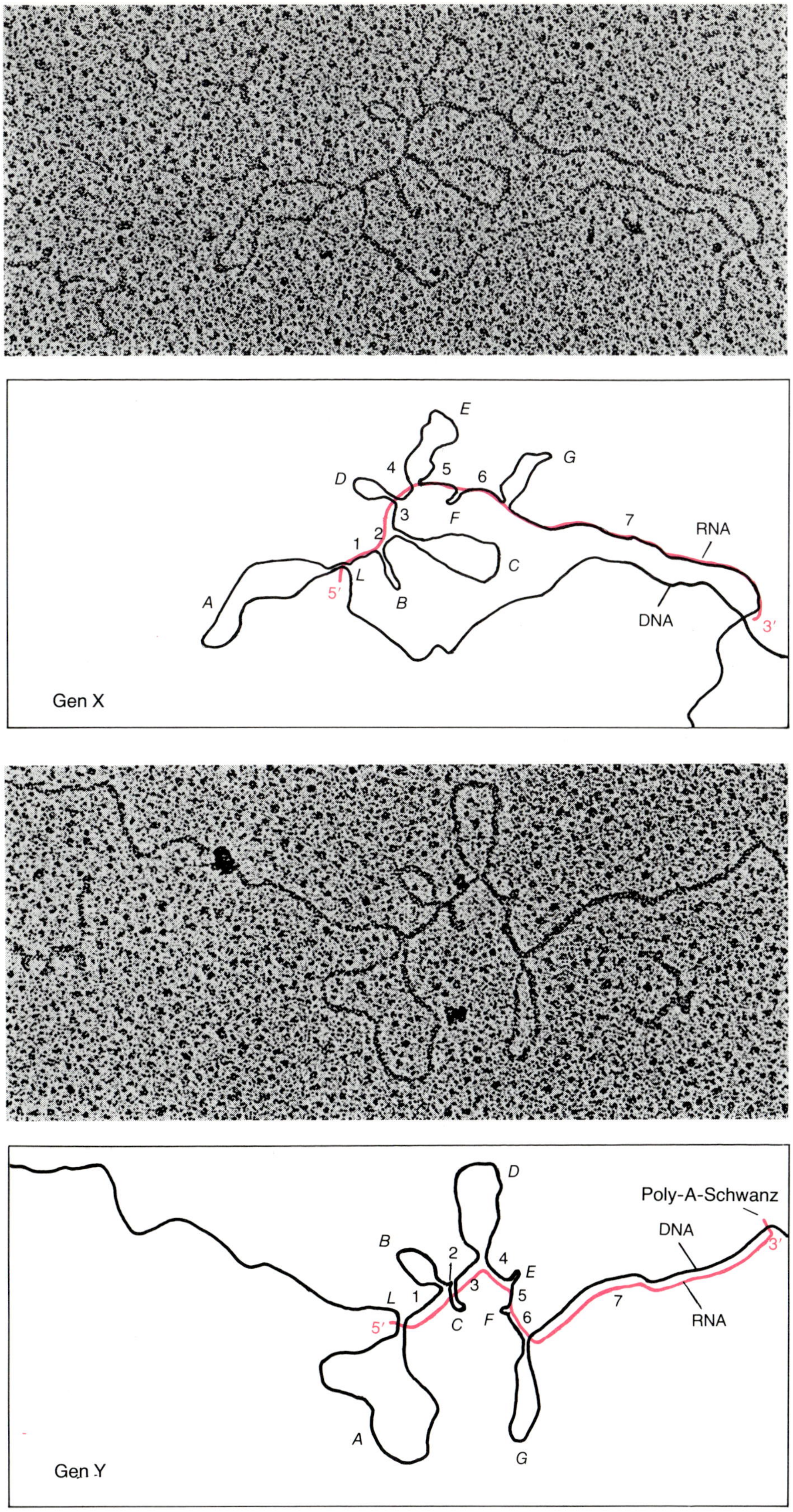

Bild 10: Das Ovalbumin-Gen gehört zu einer Familie, der neben diesem Gen noch zwei weitere Ovalbumin-Gene (X und Y) angehören. Die Struktur des X-Gens (oben) und des Y-Gens (unten) läßt sich auf die gleiche Weise darstellen, wie es in Bild 8 für das Ovalbumin-Gen beschrieben ist. Alle drei Gens besitzen – wie die Schleifen zeigen – acht Exons (L, 1 bis 7) und sieben Introns. Einander entsprechende Exons haben die gleiche Länge, während die Introns von Gen zu Gen in der Länge variieren. Beide Aufnahmen sind 12 000fach vergrößert.

ten sich die Start- und Stop-Anweisungen beider Kopien so verändern, daß Kopien und Abstandshalter als eine Einheit abgelesen wurde. Dadurch wäre eine Art Intron enstanden, das die beiden proteincodierenden Sequenzen „fusioniert“ (Bild 11, b2). Aus der RNA könnte anschließend dieses Zwischenstück herausgeschnitten werden, so daß die Boten-RNA jetzt etwa doppelt so lang wie die des Urgens ist. Die Boten-RNA codiert dann ein neues Protein mit zwei homologen Abschnitten. Das bedeutet, daß die Spleißsignale entweder bereits an den Enden des ursprünglichen Gens vorhanden waren oder daß sie durch Mutation an den Enden der dazwischenliegenden DNA entstanden sind.

Der evolutionäre Vorteil des Spleißens liegt auf der Hand: Neue Gene, die längere Proteine codieren, können eher entstehen, wenn die trennende DNA-Sequenz zu einem Intron aufgewertet wird, als wenn das trennende Stück durch ein viel selteneres Mutationsergebnis, eine exakte Deletion, entfernt werden muß. Der gleiche Mechanismus könnte – von dem ersten gestückelten Gen ausgehend – weitere solche Gene hervorbringen. Untersuchungen in unserem Laboratorium weisen darauf hin, daß beispielsweise das Ovotransferrin-Gen der Hühner mit seinen 17 Exons aus einem Vorläufergen entstanden ist, das bereits sieben oder acht Exons besaß.

Besonders interessant wäre ein Crossing-over zwischen nichthomologen Introns zweier Allele („Partnergene“). Es könnte zur Verdoppelung eines oder mehrerer Exons führen, ohne daß neue Spleißsignale benötigt werden. Auf diese Weise wäre es möglich, daß sich innerhalb eines Gens ein einzelnes Exon (oder eine Gruppe von Exons) vervielfacht (Bild 11, c).

Ein solcher Mechanismus könnte auch erklären, warum es in dem Gen, das bei den schweren Ketten eines Antikörpers die konstante Region codiert, mehrere homologe Exons gibt. (Antikörper setzen sich aus schweren und leichten Ketten zusammen, die einen Abschnitt mit variabler und einen mit konstanter Aminosäuresequenz besitzen.) Vielleicht war die Existenz des RNA-Spleißmechanismus eine Voraussetzung für die schnelle Entwicklung neuer Zellfunktionen über die Genverdopplung. Ohne die Introns gäbe es nämlich in der DNA nur wenige Stellen, an denen ein asymmetrisches Crossing-over einen für die Anpassung (oder Adaptation) bedeutsamen DNA-Abschnitt verdoppeln könnte.

Man kann noch nicht davon ausgehen, daß die meisten der heute vorkommenden Mosaikgene tatsächlich durch „diskrete“ oder „fusionierte“ Verdopplung entstanden sind. Die Häufigkeit des ungleichen Crossing-over ist allerdings groß genug, um diese Annahme zumindest nicht unwahrscheinlich erscheinen zu lassen. So fehlen zwar im Ovalbumin-Gen homologe Exons und auch die Introns sind offensichtlich zufällig angeordnet, trotzdem ist nicht auszuschließen, daß dieses Gen durch mehrfache Verdopplung erzeugt wurde. Diese Ereignisse nachzuvollziehen, dürfte allerdings wegen der im Laufe der Evolution wiederholt aufgetretenen Mutationen schwierig werden.

Sicherlich gibt es außer der Genverdopplung noch eine andere Möglichkeit, wie Introns entstanden sein könnten. So stellte Gilbert die Hypothese auf, daß zumindest einige gestückelte Gene aus Exons entstanden sind, die alle ein anderes funktionelles Protein codierten. Zunächst waren diese Exons über das gesamte Genom verteilt. Zufällige Umschichtungen brachten sie so nahe zusammen, daß sie eine neue Leseeinheit

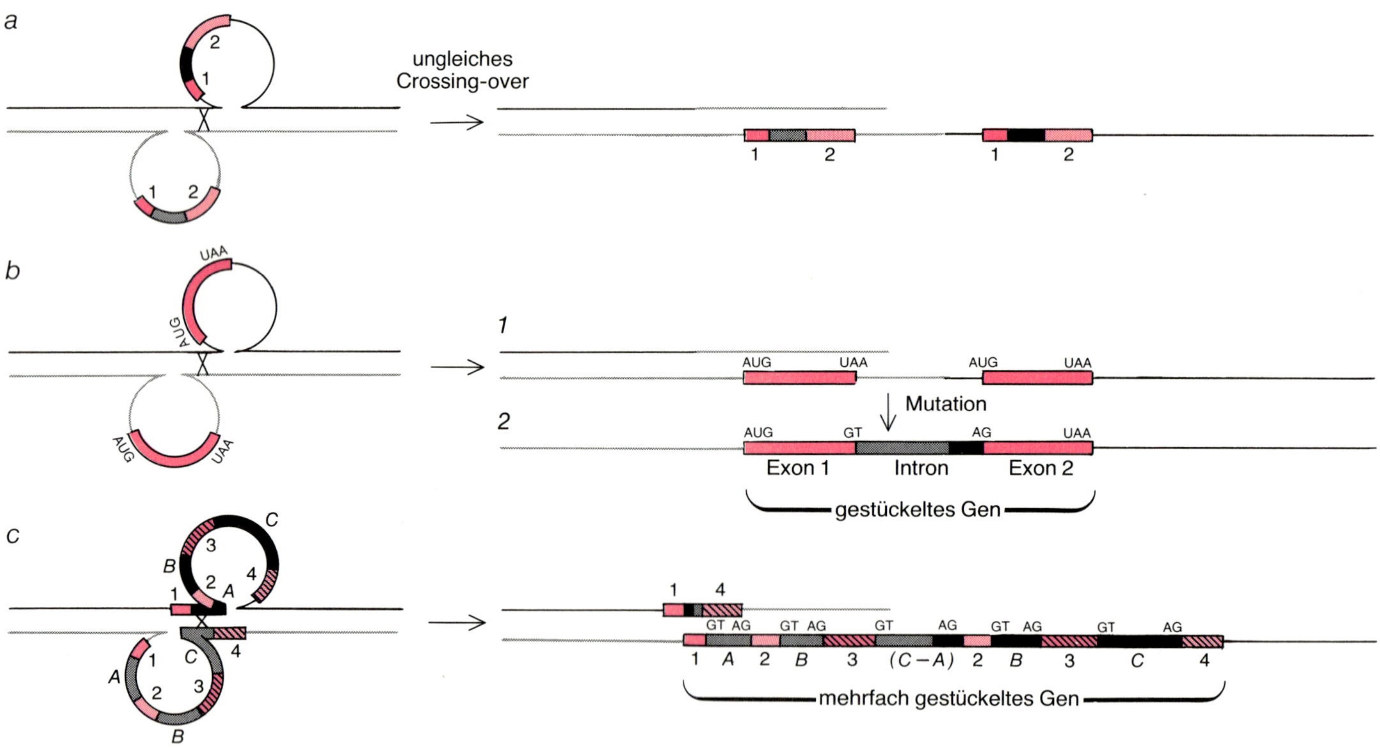

Bild 11: Ungleiches Crossing-over kann über den Weg der Genverdoppelung zu gestückelten Genen führen. Beim normalen Crossing-over werden einander entsprechende Teile der chromosomalen DNA zwischen den beiden Hälften (den Chromatiden) eines Chromosoms ausgetauscht. (In dieser schematischen Zeichnung stellt eine Linie jeweils ein Chromatid dar.) Liegen die Chromosomen jedoch etwas versetzt nebeneinander (a), dann führt ein Austausch an der mit X gekennzeichneten Stelle zu einem Chromosom, das das gestückelte Urgen (mit seinen beiden Exons 1 und 2) zweimal enthält, während das andere leer ausgeht. Das Ergebnis ist eine „diskrete“ Genverdoppelung. Ganz ähnlich entsteht aus einem ungestückelten Urgen ein Gen mit zwei Exons (b). Der erste Schritt ist wieder eine diskrete Genverdoppelung (b1). Spätere Mutationen können je ein Stop- und Start-Codon (Bild 6) ersetzen und die für Introns charakteristischen GT- und AG-Sequenzen entstehen lassen (b2). Damit werden die beiden ursprünglichen Einheiten zu einem neuen Gen fusioniert. Man spricht dann von „fusionierter“ Gegenverdoppelung. Ein mehrfach gestückeltes Gen, das aus sechs Exons und fünf Introns besteht, kann durch ungleiches Crossing-over zweier Urgene entstehen, die sich aus je vier Exons (1–4) und drei Introns (A-C) zusammensetzen (c).

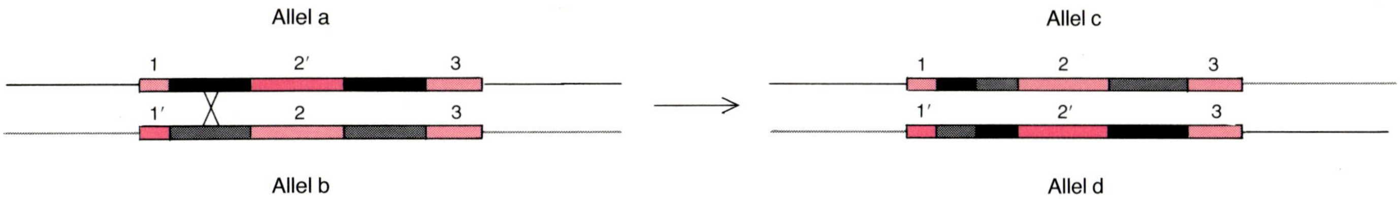

Bild 12: Introns dürften, selbst wenn sie keinen Informationswert haben, für die Evolution eines Lebewesens von Vorteil sein. Da die Introns (schwarz) die informativen Sequenzen (farbig) „auseinanderschieben", erhöht sich die Chance, daß einander entsprechende, aber etwas verschiedene Gene (man bezeichnet sie als Allele) ihre Informationen austauschen können. Besitzt beispielsweise Allel a eine vorteilhafte Mutation im Exon 2′ und Allel b eine solche in Exon 1′, dann führt ein Crossing-over zwischen den ersten Introns zu zwei neuen Allelen c und d. Damit sind in dem Allel d beide vorteilhaften Exons vereint, während Allel c in den Urzustand zurückversetzt ist.

bilden konnten. Gestützt wird diese Hypothese durch die Tatsache, daß bei manchen Genen (beispielsweise denen für Globin) eine Beziehung zwischen den Exons und anderen funktionelle Proteine codierende DNA-Regionen besteht, während Hinweise auf irgendeine Genverdopplung fehlen.

Die Introns – eine Erfindung der Eukaryonten?

Sind die Introns erst entstanden, als sich die eukaryontischen Zellen entwikkelten oder gab es sie schon vorher? Da das Spleißen eine universelle Eigenschaft der Eukaryonten zu sein scheint, ist anzunehmen, daß es bereits die erste Eukaryontenzelle konnte. Aber die Tatsache, daß primitive Organismen wie die Prokaryonten keine Introns besitzen, muß keineswegs bedeuten, daß das Genom der Prokaryonten die frühe Entwicklungsstufe repräsentiert. Es könnte auch umgekehrt sein, und dann hätten die in grauer Vorzeit noch gestückelten Gene ihre Introns nach und nach verloren. Das bedeutet natürlich, daß die Deletion (der Stückverlust) jeweils genau ein Intron betreffen muß, was ein sicher seltenes Ereignis ist. Bei Ratten haben jedoch kürzlich Gilbert und seine Kollegen in einem der verdoppelten Insulin-Gene Hinweise für eine solche Deletion gefunden. Jedenfalls darf man nicht davon ausgehen, daß die heutigen Prokaryonten Repräsentanten jener Prokaryonten sind, von denen sich die Eukaryonten vor über zwei Milliarden Jahren abgespaltet haben.

In Anlehnung an die Hypothese von James E. Darnell junior von der Rockefeller-Universität und W. Ford Doolittle von der Dalehousie-Universität in Neuschottland neige ich zu der Annahme, daß der Mechanismus des Spleißens älter ist als die Eukaryonten – vielleicht sogar älter als die membranumhüllten Zellen überhaupt. So haben D. C. Reanney von der La Trobe-Universität in Australien und Manfred Eigen und seine Mitarbeiter vom Max-Planck-Institut für biophysikalische Chemie in Göttingen darauf hingewiesen, daß bei vorzellulären Systemen die RNA und nicht die DNA das primäre genetische Material gewesen sein könnte. Selbst wenn das Spleißen der RNA zunächst höchst ungenau ablief, hätte es doch für die vorzellulären Systeme einen enormen Vorteil mit sich gebracht, weil es ihnen die Möglichkeit eröffnete, durch verschiedenartiges Spleißen aus einem einzigen RNA-Molekül eine Vielzahl unterschiedlicher Moleküle herzustellen. Damit könnte das System nützliche Informationen zusammenstellen, die zuvor über einen großen Bereich des primitiven Genoms verteilt waren.

Folgt man dieser Argumentation, dann sind die heutigen Prokaryonten nicht die Ahnen der Eukaryonten, sondern vielmehr Abkömmlinge von Zellen, die im Lauf der Evolution ihre nichtcodierende DNA verloren haben. Da sich auf diese Weise die DNA-Menge verringert, die vor jedem Teilungsschritt verdoppelt werden muß, erhöhte sich die Wachstumsgeschwindigkeit solcher Organismen. Als schließlich alle Introns verschwunden waren, wurde auch der Spleißapparat überflüssig. Bei anderen Systemen wurde er dagegen verfeinert, als sich aus ihnen Organismen entwickelten, für die eine große Menge nichtcodierender DNA keine nennenswerte Belastung darstellte. Für diese Organismen bot das Spleißen eine wundervolle Möglichkeit aus alten Funktionen neue zu entwickeln und damit neue Wege der Evolution zu beschreiten. Wenn die Evolution, wie François Jacob einmal sagte, wie ein Pfuscher arbeitet, dann ist das Spleißen der RNA ein wunderbares Mittel, um den Pfusch mit der genetischen Information zu beschleunigen.

Es reizt natürlich, den Gedanken zu verfolgen, daß gestückelte Gene die Organisation primitiver Gene widerspiegeln und daß die meisten heute vorhandenen Introns Nebenprodukte der Genverdopplung sind, die neue Funktionen entstehen läßt. Dem ließe sich aber entgegenhalten, daß die Introns auch bewegliche genetische Elemente sein könnten (ähnlich den sogenannten Transposonen der Prokaryonten) die im Lauf der Evolution in ehemals „ganze" Gene eingefügt wurden. Zwar gibt es keine Hinweise dafür, daß die heutigen gestückelten Gene auf diese Art entstanden sind, aber die Möglichkeit, daß solche Insertionen in einem früheren Stadium der Evolution zur Entstehung der Introns beigetragen haben, ist nicht auszuschließen.

Warum haben sich aber – und das ist die letzte Frage – die Introns nur bei den Eukaryonten erhalten? Es ist unwahrscheinlich, daß die heutigen Introns regulierende oder codierende Elemente enthalten, die so unentbehrlich sind, daß sie durch Mutation nicht verschwinden können. Sicherlich ist die Evolution auch nicht vorausschauend, und daher läßt sich nicht annehmen, daß die Introns nur beibehalten wurden, weil sie irgendwann einmal einen Vorteil bringen könnten. Als einfachste Erklärung bietet sich an, daß die Introns schlicht deshalb erhalten blieben, weil die Zellen keine Möglichkeit haben, sie exakt herauszuschneiden. Dann wären die meisten Introns, wie auch ein Großteil der übrigen „funktionslosen" DNA in der Zelle, nur Überbleibsel der Evolution.

Das bedeutet nun aber nicht, daß solche heute anscheinend überflüssigen Sequenzen damals nur Ballast waren. Beispielsweise wiesen Gilbert und andere darauf hin, daß Introns in einem gestükkelten Gen die Wahrscheinlichkeit erhöhen, daß ein Crossing-over einzelne Exons zweier Allele gegeneinander austauscht. (Die Wahrscheinlichkeit, daß zwischen zwei DNA-Abschnitten ein Crossing-over stattfindet, ist nämlich um so höher, je weiter die Abschnitte auseinanderliegen.) Dies hat zur Folge, daß vorteilhaft mutierte Exons, die auf verschiedenen Allelen desselben Gens liegen, eine größere Chance haben, zu rekombinieren und dadurch ein doppelt vorteilhaftes neues Allel zu bilden (Bild 12). All das ist jedoch noch Spekulation, denn bis jetzt kann man nicht ausschließen, daß die Introns an einer Vielzahl verschiedener noch zu klärender Funktionen beteiligt sind, die die Organisation und Steuerung der genetischen Information in eukaryontischen Zellen beeinflussen.

Ein Schalter für Gene

Nicht alle Viren, die Bakterien infizieren, richten ihre Wirte zugrunde. Einige sind auch zu einer friedlichen Koexistenz bereit – zumindest solange es die Umstände erlauben. Sie nisten sich häuslich ein und schalten ihre Gene ab, bis auf jenes, das den Hebel auf Aus hält. Der zugehörige Schalter sitzt in der Erbsubstanz des Virus.

Von Mark Ptashne, Alexander D. Johnson und Carl O. Pabo

Bestimmte Stämme des Darmbakteriums *Escherichia coli* beherbergen einen blinden Passagier, ein friedlich schlummerndes Virus namens Lambda. Bestrahlt man eine Kultur solcher Bakterien kurzfristig mit ultraviolettem Licht, so werden plötzlich virale Gene „eingeschaltet", die bis dahin unterdrückt waren. Programmgemäß leiten sie die Vermehrung ein, und ungefähr 45 Minuten später platzen die Wirtszellen unter dem Ansturm neuer Viruspartikel auf. Ohne die induzierende Bestrahlung hingegen wachsen die Bakterien Generation um Generation unbehelligt weiter. Nur selten kommt es doch einmal zu einer spontanen Vermehrung des Virus. Da sich bakterielle Viren auf Kosten ihrer Wirtszellen vermehren, nennt man sie etwas irreführend auch Bakteriophagen – „Bakterienfresser".

In allen Organismen – von Viren über Bakterien bis hinauf zum Menschen – kommen die Instruktionen für Entwicklung und Wachstum aus der verschlüsselten Erbinformation der Gene. Diese Gene werden reguliert, das heißt, zeitgerecht an- oder abgeschaltet, wie es die fortschreitende Entwicklung und die Anpassung an wechselnde Umweltbedingungen gerade verlangen. Ein eindrucksvolles Beispiel für eine solche Genregulation bietet die eben geschilderte Induktion eines Bakteriophagen durch UV-Licht. Beschrieben wurde sie erstmals kurz nach dem zweiten Weltkrieg von Andrè Lwoff und seinen Kollegen am Pariser Pasteur-Institut.

Das Problem der Genregulation läßt sich an Bakterien viel leichter untersuchen als an den wesentlich komplizierter gebauten Zellen höherer Organismen, und seit Lwoffs Entdeckung hat man sich auch zunehmend in die Mechanismen vertieft, die virale Gene in Bakterien regulieren. Heute, nach fast 35 Jahren, wissen wir mit beachtlicher Genauigkeit über den fein reagierenden und wirkungsvollen Schaltmechanismus der Gene von Lambda Bescheid.

Das Ein- und Ausschalten geschieht durch regulatorische Proteine, die mit spezifischen Bereichen der viralen DNA in Wechselwirkung treten. Ziel unserer Gruppe an der Harvard-Universität war, diese Wechselwirkung auf molekularer Ebene zu ergründen. Im ersten Teil dieses Artikels werden wir die wesentlichen Eigenschaften des genetischen „Schalters" vorstellen und erklären, wie er funktioniert. Die Grundlage dafür schuf eine lange Reihe biochemischer und genetischer Experimente, die wir hier aber nicht beschreiben wollen. Durch sie gelang es, Sitz sowie ungefähre Größe und Form der molekularen Komponenten im Lambdaschalter zu bestimmen. Im zweiten Teil des Artikels wollen wir dann über neuere Ergebnisse berichten, die die dreidimensionale Struktur von einigen regulatorischen Molekülen genauer beleuchten.

Bild 1: Ein Kugelmodell des Lambdarepressors (links) und der von ihm besetzten Desoxyribonucleinsäure (international abgekürzt DNA). Jede Kugel entspricht einem Atom, wobei die im Rückgrat der beiden gewundenen DNA-Stränge rot, die in den verbindenden Basenpaaren blau dargestellt sind. Der hier gelb und grün hervorgehobene Repressor ist ein regulatorisches Protein des Bakterienvirus Lambda – ein Eiweißmolekül, das sein eigenes Gen stimuliert, andere Virusgene jedoch unterdrückt. Es besteht aus zwei Untereinheiten: die eine Domäne schließt das Aminoende, die andere das Carboxylende des Moleküls ein. Die erste sorgt für die Bindung zur DNA, die zweite für die Dimerisierung des Repressors, der sich als Doppelmolekül (Dimer) an die DNA heftet. Das Modell zeigt nur die beiden Amino-Domänen eines solchen Dimers, die eine in Gelb, die andere in Grün. Jede schmiegt sich mit einem paßgenauen Vorsprung in die größere der beiden DNA-Furchen hinein, wo die Basenpaare zugänglich sind, an denen sie eine spezifische Stelle der DNA erkennen kann (Bilder 8 und 9). Das Modell wurde per Computer von Richard J. Feldmann an den National Institutes of Health angefertigt und basiert auf einer Röntgenstrukturanalyse von Carl O. Pabo (einem der Autoren) und Mitchell Lewis.

Der Schalter von Lambda

Der Lambdaphage besteht aus einem langen, in eine schützende Proteinhülle verpackten Molekül Desoxyribonucleinsäure (international abgekürzt DNA). Die DNA, seine Erbsubstanz, umfaßt etwa 35 bis 40 Gene, von denen jedes die verschlüsselte Information für ein anderes Protein in sich trägt. Bei der Infektion heftet sich der Phage an ein Colibakterium, dem er dann seine DNA regelrecht unter die „Haut", sprich Zellwand, injiziert (Bild 2). Die leere Proteinhülle bleibt auf der Außenseite zurück. Für den weiteren Verlauf der Infektion gibt es zwei Möglichkeiten. Im einen Fall veranlaßt die virale DNA sofort die Synthese bestimmter Enzyme, die von ihr selbst Kopien anfertigen, und anschließend die Synthese von Hüllproteinen, die alle neuen DNA-Moleküle verpacken. Auf diese Weise werden in jeder Zelle etwa hundert neue Phagenpartikel zusammengebaut. Da die Zelle dann platzt – oder lysiert, wie man in der Fachsprache sagt – bezeichnet man

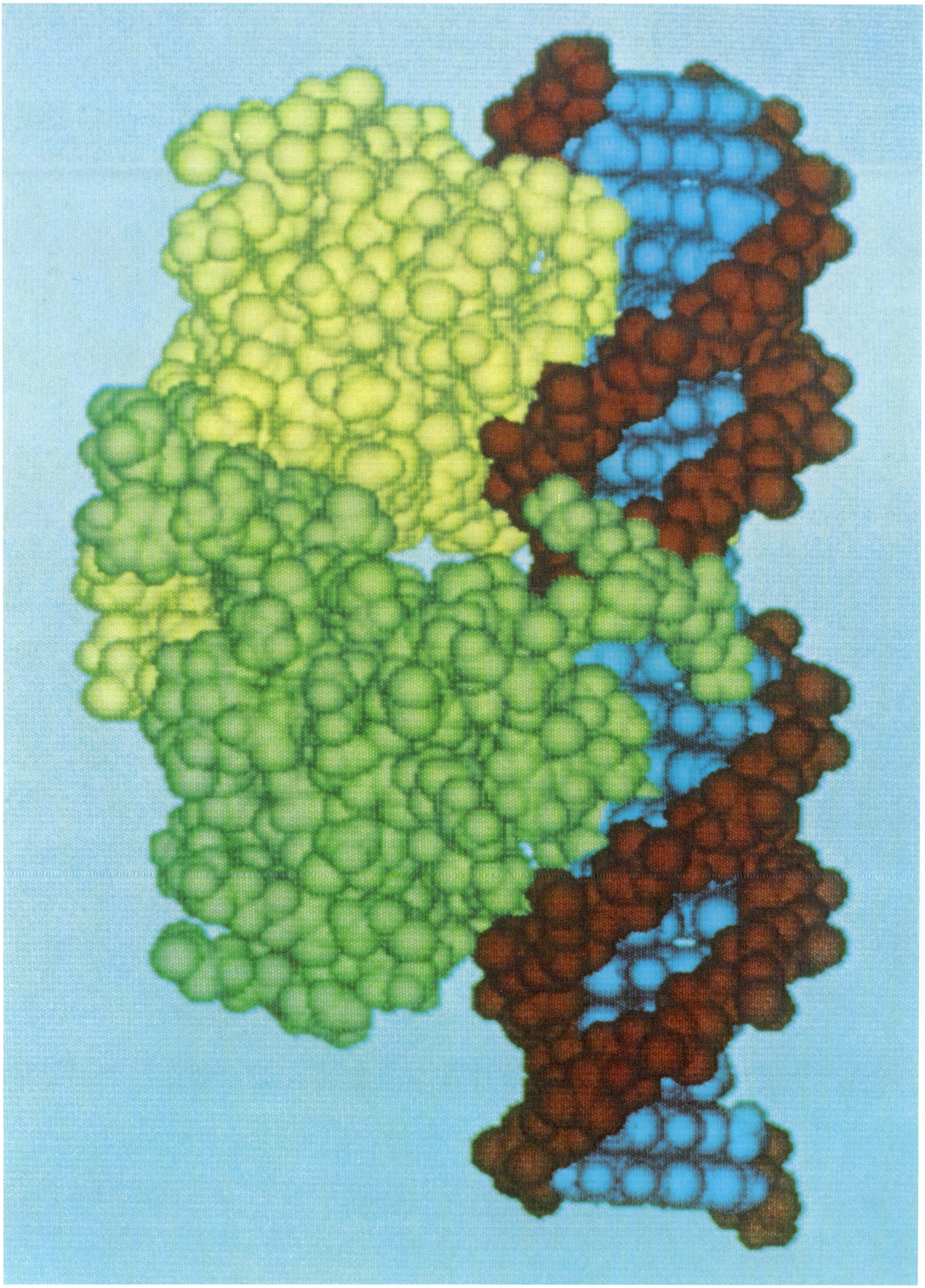

die gesamte Abfolge als lytischen Vermehrungszyklus.

Eine solche Infektion muß allerdings für das Colibakterium nicht tödlich enden, denn Lambda zählt zu den „gemäßigten", den temperenten Phagen. Anstatt sich in der Wirtszelle zu vermehren und sie dabei zu zerstören, kann dieser Phage seine Gene abschalten und sein DNA-Molekül in das Chromosom des Bakteriums einbauen. Die virale DNA wird dann wie ein Bestandteil des Bakterienchromosoms behandelt, bei allen Teilungen der Zellen mit vermehrt und damit an die Nachkommen weitergegeben. Eine so schlummernde Virus-DNA bezeichnet man als Prophagen und die ihn beherbergenden Zellen als lysogene Bakterien. Ein Prophage läßt sich nicht nur durch UV-Strahlen, sondern auch durch viele andere Agentien dazu bringen, den lytischen Weg einzuschlagen. All diese induzierenden Agentien haben eines gemeinsam: Sie schädigen die DNA und bedrohen so das Leben der Wirtszelle. Die Induktion ermöglicht dem Phagen die Flucht, ist also nichts anderes als ein Überlebensmechanismus. Da die meisten krebserregenden Stoffe die DNA schädigen, liefert die Induktion von Prophagen in einem lysogen Bakterienstamm auch einen empfindlichen Test auf derartige Stoffe.

In beiden Vermehrungszyklen werden jeweils andere Gene des Phagen exprimiert, das heißt, in Proteine übersetzt. Im Prophagenstadium geschieht dies nur mit einem einzigen, dem *c*I-Gen (Bild 3). Es sorgt für die Synthese des sogenannten Lambdarepressors: ein Protein, das alle anderen Phagengene abschalten. Die Existenz eines solchen Repressors wurde schon 1961 von François Jacob und Jacques Monod, zwei Kollegen von Lwoff, vorausgesagt. Aber sieben Jahre vergingen, ehe es zwei Forschungsgruppen an der Harvard-Universität gelang, Repressoren, darunter den von Lambda, biochemisch nachzuweisen und als Proteine zu identifizieren. Die eine Gruppe leitete einer von uns (Ptashne), die andere Walter Gilbert. Beide konnten überdies zeigen, daß jeder Repressor bestimmte Gene abschaltet, indem er sich an spezielle Stellen der DNA bindet. Heute weiß man, daß der Lambdarepressor noch eine zweite wichtige Aufgabe hat, die eigentlich seinem Namen nicht ganz gerecht wird. Zwar schaltet er andere Phagengene ab, sein eigenes aber – das *c*I-Gen – stimuliert er. Der Repressor ist damit nicht nur ein negativer, sondern auch ein positiver Regulator der Genexpression.

Im lytischen Vermehrungszyklus wird ein anderer negativer Regulator hergestellt, der nun das Repressorgen *c*I abschaltet. Das regulatorische Protein und

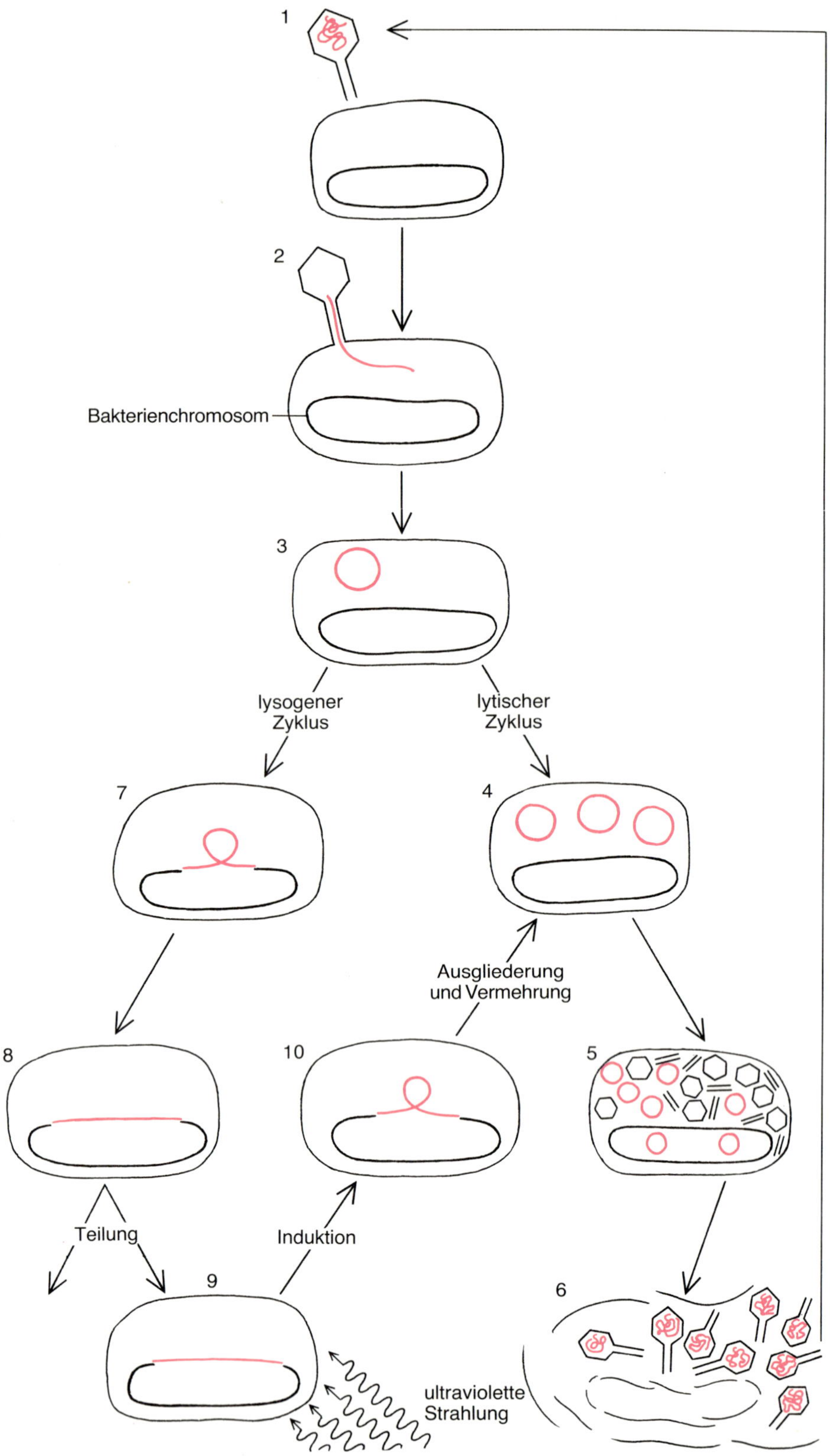

Bild 2: Lambda ist ein Bakteriophage, also ein Virus, das Bakterien befällt. Als Wirt dient ihm das Darmbakterium *Escherichia coli*. Die Infektion beginnt, wenn sich der Phage, Schwanz voran, an die Zellmembran heftet (1) und seine DNA (farbig) ins Zellinnere injiziert (2 und 3). Da Lambda zu den temperenten, das heißt, „gemäßigten" Phagen zählt, muß er nicht den lytischen Vermehrungszyklus einschlagen, bei dem seine DNA für die Produktion neuer Phagenbestandteile sorgt (4 und 5), die dann zu etwa hundert neuen Partikeln zusammengebaut die Wirtszelle sprengen (6) – oder, wie der Fachmann sagt, lysieren. Stattdessen kann sich Lambda in das ringförmige Chromosom seiner Wirtszelle integrieren (7 und 8), wo er ohne jedes eigene Zutun vermehrt und bei jeder Zellteilung an die Tochterzellen weitervererbt wird. Ein solch „schlummerndes" Virus bezeichnet man als Prophagen und seine Wirte als lysogene Zellen. Ein Prophage vermag generationenlang auszuharren, doch durch DNA-schädigende Agentien, beispielsweise ultraviolette Strahlung, läßt er sich dazu bringen, den lytischen Vermehrungszyklus einzuschlagen (9 und 10). Die induzierenden Agentien legen gewissermaßen den genetischen Schalter um, der bisher für die lytischen Gene auf „Aus" stand.

sein zugehöriges Gen tragen die Kurzbezeichnung cro – ein Name, dessen Ursprung heute im Dunkeln liegt. Wahrscheinlich steht er für „control of repressor and other things". Die Induktion dreht die Synthese des Repressors ab und dafür die des cro-Proteins an (Bild 3). Die beiden Regulatoren arbeiten zwar gegeneinander, aber erstaunlicherweise binden sie sich an dieselbe Region der Lambda-DNA: an einen Abschnitt, den man den rechten Operator (O_R) nennt. Wie können aber zwei regulatorische Proteine dieselbe Stelle besetzen und sich trotzdem genau entgegengesetzt auswirken? Um diese Frage zu beantworten, beginnt man am besten mit der Organisation der O_R-Kontrollregion. Vorher aber ist es notwendig, sich mit der allgemeinen Struktur der viralen DNA zu beschäftigen.

Der rechte Operator

Das DNA-Molekül von Lambda besteht aus zwei um eine gemeinsame Achse gewundenen Strängen von Nucleotiden, die eine rechtsgängige Doppelschraube (Doppelhelix) bilden. Jedes Nucleotid setzt sich aus einer Phosphatgruppe, einer Zuckergruppe und einer davon abstehenden Nucleotidbase zusammen. Die sich abwechselnden Zucker- und Phosphatgruppen dienen als Rückgrat des Strangs, während die Basen als „Rippen" ins Innere der Doppelhelix ragen und mit einer Base der Gegenseite Wasserstoffbrücken bilden. Es gibt vier verschiedene Basen: Adenin (A), Guanin (G), Thymin (T) und Cytosin (C). Ihre Anordnung ist komplementär: Einem A auf dem einen Strang steht stets ein T auf dem anderen gegenüber, entsprechendes gilt für G und C (Bild 4c). In der Reihenfolge dieser Basenpaare ist die genetische Information enthalten. Die DNA des Lambdaphagen umfaßt ungefähr 45 000 solcher Basenpaare, ein typisches Gen darin ungefähr 1000 Paare.

Die Nucleotidstränge einer DNA sind so umeinandergewunden, daß mit ihnen zwei Furchen um die Längsachse der Helix laufen, ganz ähnlich wie die Rille im Gewinde einer Schraube. Eine davon ist breiter und wird große Furche, die andere logischerweise kleine Furche genannt (Bild 4d). Im Bereich dieser Furchen sind die Basenpaare etwas leichter von außen zugänglich.

Es gibt zwei Wege, an die in der DNA steckende Information heranzukommen. Der eine wird benutzt, wenn ein Gen die Synthese eines Proteins befiehlt. Dazu windet das Enzym RNA-Polymerase die beiden DNA-Stränge ein Stück weit auf und schreibt die Basensequenz des einen in ein Molekül Boten-RNA um. Diese

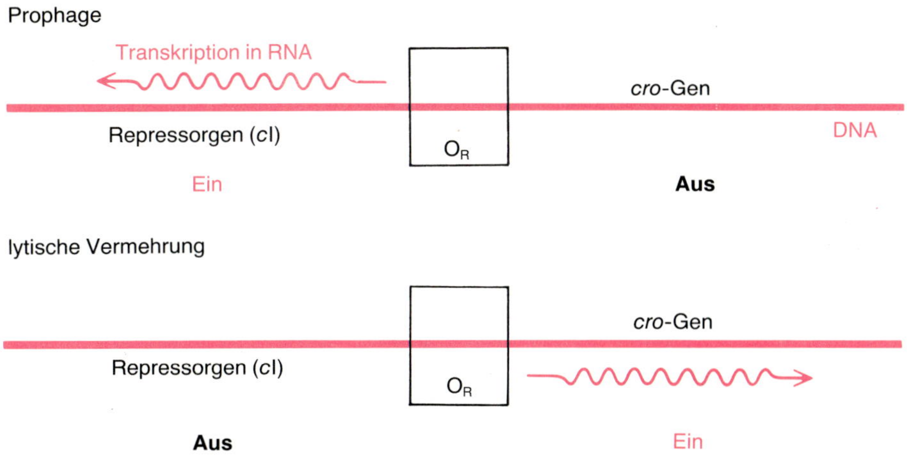

Bild 3: Von der Einstellung des molekularen Schalters hängt es ab, ob Lambda als Prophage ausharrt oder den lytischen Zyklus einschlägt. Der Schalter sitzt im sogenannten rechten Operator (O_R) – einer Region der Phagen-DNA, die von zwei Genen flankiert wird, die für regulatorische Proteine codieren. Das linke Gen (*c*I) codiert für den in Bild 1 vorgestellten Lambda-Repressor, das rechte (*cro*) für den Gegenspieler, das cro-Protein. Im Prophagenstadium ist das *cro*-Gen ab-, das *c*I-Gen aber angeschaltet, so daß dieses in RNA abgeschrieben (geschlängelte Linie) und dann in das Repressorprotein übersetzt wird. In der Frühphase der lytischen Vermehrung sieht die Sache genau umgekehrt aus: Das *c*I-Gen wird abgeschaltet und das *cro*-Gen in RNA abgeschrieben und schließlich in Protein übersetzt.

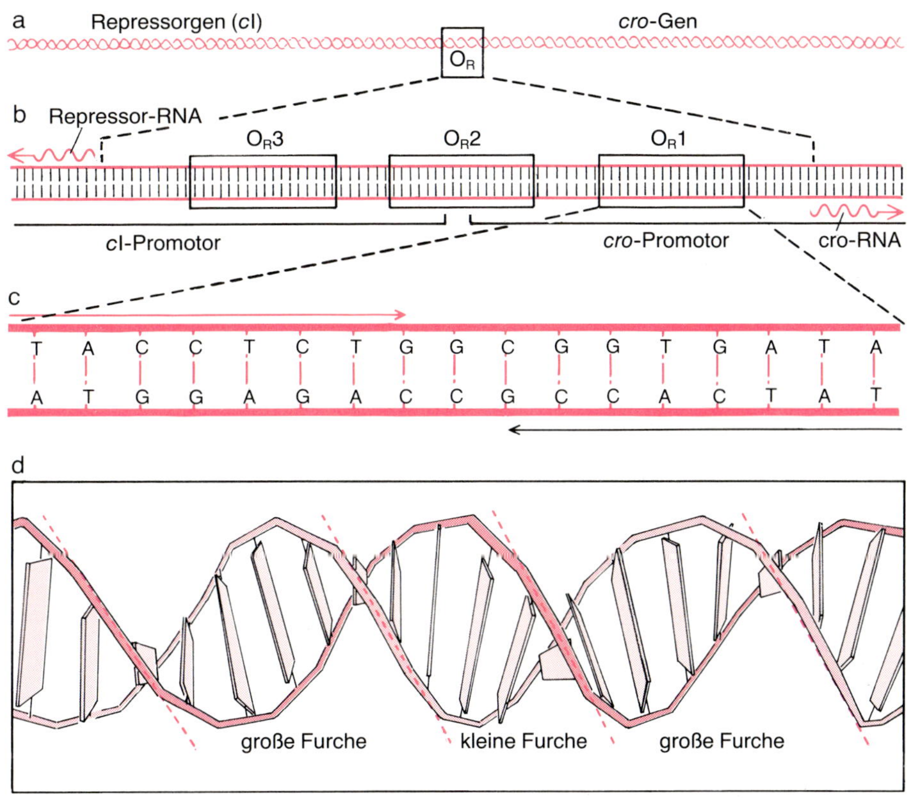

Bild 4: Die Zeichnungen stellen den rechten Operator (O_R) von Lambda in wachsender Ausschnittvergrößerung dar. Er umfaßt etwa 80 Basenpaare (a). Links von ihm sitzt das für den Repressor zuständige *c*I-Gen, rechts von ihm das für das *cro*-Protein zuständige Gen. Der darunterliegende Ausschnitt (b) läßt die drei Unterregionen des Operator erkennen: O_R1, O_R2 und O_R3. Sie sind die Erkennungsstellen, an die sich der Repressor und das cro-Protein binden können. Das Dreiergespann überschneidet sich mit zwei Promotoren: Basensequenzen (schwarz) am Rückgrat der DNA (farbig), an die sich das Enzym RNA-Polymerase heftet, um von dort aus die zugehörigen Gene in RNA abzuchreiben. Der nächste Ausschnitt zeigt die Basensequenz der O_R1-Stelle. Die vier Basen der DNA – Adenin (A), Guanin (G), Thymin (T) und Cytosin (C) – sind einander komplementär, das heißt, A paart sich stets mit T und G stets mit C. In der Sequenz der O_R1-Stelle offenbart sich eine gewisse palindromische Symmetrie, die für viele Protein-Bindungsstellen der DNA charakteristisch ist: Von den Enden zur Mitte gelesen (Pfeile) sind die Sequenzen der beiden Gegenstränge recht ähnlich. Die Stränge selbst winden sich derart umeinander, daß in der Doppelhelix eine große und eine kleine Furche entsteht (d), wo die Basen von außen leichter zugänglich sind.

Ribonucleinsäure (international abgekürzt RNA) gleicht in ihrer Struktur der DNA, bleibt jedoch einzelsträngig. Je drei ihrer aufeinanderfolgenden Basen stehen als Codewort für eine der Aminosäuren, aus denen alle Proteine bestenen. Die eigentliche Übersetzung der genetischen Information in Protein geschieht in einer komplizierten molekularen Maschinerie, die Stück für Stück die vorgeschriebenen Bausteine zu einer Kette verknüpfen. Eine solche Aminosäurekette faltet sich spontan zu einem charakteristischen dreidimensionalen Gebilde zusammen, wobei das Wie von der Reihenfolge der Aminosäuren und damit letzlich von der Basensequenz im Gen bestimmt wird.

Der zweite Weg, an die in der DNA steckende Information heranzukommen, wird von den regulatorischen Proteinen beschritten, zu denen auch der Lambda-Repressor und das cro-Protein zählen. Beide müssen einen bestimmten Bereich auf dem DNA-Molekül erkennen – in diesem Fall O_R – und sich dort anheften. Anders als die RNA-Polymerase winden sie aber die Doppelhelix nicht auf. Stattdessen durchmustern sie (bildlich gesprochen) die große Furche des Doppelstrangs und binden sich dann an die passende Basensequenz (Bild 1).

Der rechte Operator ist ein 80 Basenpaare langer Abschnitt auf der DNA von Lambda (Bild 4a). Unmittelbar zu seiner Rechten sitzt das *cro*-Gen, unmittelbar zu seiner Linken das *c*I-Gen des Repressors. (Die Seitenangaben beziehen sich auf die konventionell vorgeschriebene Reihenfolge.) Die Operator-DNA, die nicht in Protein übersetzt wird, umfaßt drei getrennte, je 17 Basenpaare lange Erkennungsstellen: O_R1, O_R2 und O_R3 (Bild 4b). Ihre Basensequenzen sind zwar ähnlich, aber nicht identisch. Wichtig ist, daß sich sowohl der Repressor als auch das cro-Protein (aber nicht beide zugleich) an irgendeine der drei Erkennungsstellen binden können.

Darüber hinaus schließt die Region zwischen *cro*- und Repressorgen noch zwei Promotoren ein. Ein Promotor ist eine Basensequenz, die der RNA-Polymerase befiehlt, sich mit einer bestimmten Orientierung anzubinden und die Nachbargene so in der vorgegebenen Richtung abzuschreiben. Der eine Lambdapromotor weist die Polymerase an, die DNA nach rechts abzulesen, so daß das *cro*-Gen und einige andere in Leserichtung gelegenen Gene abgeschrieben werden, deren Produkte in der Frühphase des lytischen Vermehrungszyklus eine Rolle spielen. Der andere Promotor hat eine genau entgegengesetzte Orientierung und veranlaßt die Polymerase, die DNA nach links abzulesen, so daß nun das Repressorgen abgeschrieben wird. Die beiden gegensinnigen Promotoren überschneiden sich mit den Operatorstellen, an die sich das cro-Protein und der Repressor binden – eine Anordnung, die entscheidend für die Arbeitsweise des Schalters vom Lambda ist. Denn ein regulatorisches Molekül, das sich an seine Erkennungsstelle (oder Stellen) in der Operatorregion gebunden hat, versperrt zwangsläufig der Polymerase den Zutritt zum rechten oder linken Promotor. Entsprechend wird die eine oder die andere Leserichtung blockiert.

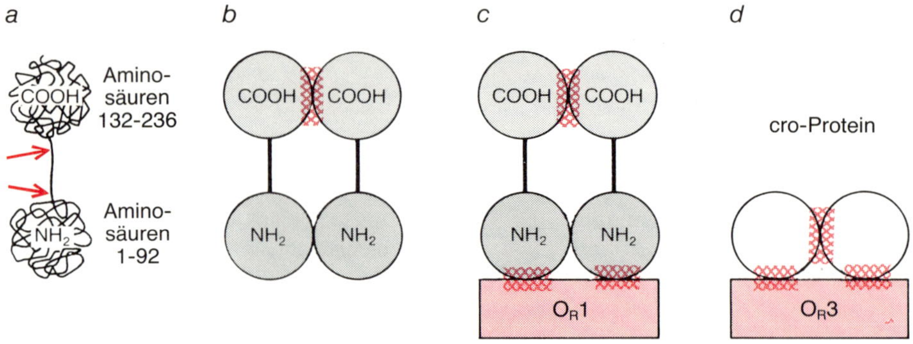

Bild 5: Das Repressorprotein von Lambda besteht aus einer Kette von 236 Aminosäuren, die sich zu einem hantelförmigen Gebilde mit zwei Unterstrukturen zusammenfaltet: die eine Domäne birgt das Carboxylende (–COOH), die ander das Aminoende (–NH_2) des Moleküls (a). Beide sind durch ein Zwischenstück miteinander verbunden, das leicht durch proteinspaltende Enzyme (Proteasen) angegriffen wird. Das Enzym Papain beispielsweise spaltet die Kette an den mit farbigen Pfeilen gekennzeichneten Stellen (a). Einzelne Repressormoleküle (Monomere) suchen sich zu Doppelmolekülen (Dimeren) zusammenzuschließen (b). Ein solches Dimer kann wiederum in die beiden Monomere zerfallen. Der Zusammenhalt wird hauptsächlich durch den Kontakt (farbiges Lochraster) der beiden Carboxyl-Domänen gewährleistet. Die Repressordimere können sich mit ihren Amino-Domänen an die Erkennungsstellen des Operators binden (und auch wieder abfallen), wobei sie zur O_R1-Stelle die größte Affinität haben (c). Das cro-Protein (d) besteht nur aus einer einzigen Domäne; auf ihr gibt es einmal Stellen, die eine Dimerisierung erlauben, und zum anderen Stellen, die die Bindung des Dimers an den Operator begünstigen – und zwar bevorzugt an O_R3.

Die beiden regulatorischen Proteine

Der Repressor ist eine Kette aus 236 Aminosäuren, die sich zu einer Art Hantel zusammenfalten (Bild 5). Ein kurzes Zwischenstück verbindet zwei kugelige Unterstrukturen, die sogenannten Domänen. Beide haben unterschiedliche Funktionen: Die Domäne mit dem Aminoende (NH_2–) der Kette bindet sich an die Operator-DNA, die mit dem Carboxylende (COOH–) sucht dagegen Kontakt zur Domäne eines anderen Repressormoleküls zu knüpfen. Daher neigen einzelne Repressormoleküle (Monomere) dazu, sich zu Doppelmolekülen (Dimeren) zusammenzuschließen. Das Zwischenstück des Repressormoleküls ist besonders empfindlich gegen den Angriff von Proteasen, also proteinspaltenden Enzymen. Dadurch lassen sich beide Domänen voneinander trennen und einzeln untersuchen.

Ein Repressordimer verbindet sich sehr viel fester mit der DNA als ein Monomer. Fest heißt hier einfach, daß es statistisch gesehen häufiger gebunden als ungebunden ist – denn wenn ein Monomer des Doppelmoleküls momentan von der DNA abläßt, hält sich wahrscheinlich das andere noch fest. Und nur wenn im Wechselspiel der Hin- und Rückreaktionen beide zufällig gleichzeitig loslassen, ist die Bindung zur DNA gelöst. Es sind daher die Repressordimere, die sich an O_R binden und die Genexpression kontrollieren. Neben den Operator-gebundenen Dimeren existieren noch etwa 200 weitere Repressormoleküle in der Zelle. Die meisten davon bilden Dimere, aber viele bleiben freie Monomere. Die Neigung der Dimere, in Monomere zu zerfallen hat bedeutende Auswirkungen auf die Ansprechbarkeit des genetischen Schaltmechanismus.

Das cro-Protein ist viel kleiner als der Repressor und seine Kette aus 66 Aminosäuren faltet sich nur zu einer einzigen kugeligen Domäne zusammen. Wie der Repressor aber bindet es sich als Dimer an die Erkennungsstellen von O_R (Bild 5d). Daher muß seine Domäne sowohl eine Stelle besitzen, die für die Dimerisierung, als auch eine, die für die Bindung zur DNA zuständig ist. Der Anschaulichkeit halber kann man sich das Repressordimer als Doppelhantel und das cro-Dimer als Doppelkugel vorstellen. An jede der drei Erkennungsstellen der O_R-Region vermag sich entweder ein Repressor- oder ein cro-Dimer anzuheften. Von grundlegender Bedeutung für den Schaltmechanismus ist, daß sich beide in ihrer Affinität zu den drei Stellen unterscheiden – ihre Vorlieben sind sogar genau entgegengesetzt. Daß sich die beiden regulatorischen Moleküle an verschiedene Erkennungsstellen zu binden suchen, ist weitgehend auch der Grund dafür, warum sie sich gegensätzlich auf das Abschreiben der DNA auswirken.

Genkontrolle in einem lysogenen Bakterium

In einem lysogenen Bakterium mit einem ruhenden Prophagen halten die Repressordimere O_R1 und O_R2 besetzt, lassen jedoch O_R3 frei. Der dahinführende Prozeß läuft folgendermaßen ab. Ein Repressordimer fühlt sich am stärksten zu O_R1 hingezogen und bindet sich dort als erstes an. Sobald dies geschehen ist, wird O_R2 für ein anderes Repressordimer weitaus attraktiver und im Nu besetzt. Ohne eine solche „Nachhilfe" würde O_R2 erst bei einer höheren als der üblicherweise vorherrschenden Konzentration an Repressordimeren aufgefüllt. Dieses Helferverhalten ist ein Beispiel für eine Erscheinung, die in der Biochemie als Kooperativität bezeichnet wird. Hier heißt das einfach: Die Bindung eines Repressordimers an O_R1 erleichtert die eines zweiten an O_R2. Es ist aber keineswegs so, daß nun das an O_R2 gebundene Dimer selbst wieder die Bindung eines dritten an O_R3 begünstigt, und so bleibt die dritte Stelle gewöhnlich frei. Sie würde nur dann von Repressormolekülen besetzt, wenn deren Konzentration in der lysogenen Zelle weit über normale Werte anstiege.

Wie aber kommt es zu der kooperativen Bindung? Wahrscheinlich nimmt das an O_R1 gebundene Repressordimer mit seiner Carboxyl-Domäne Kontakt zur gleichen Domäne eines noch ungebundenen Kollegen auf, dem es dadurch hilft, O_R2 zu besetzen. Wir schlagen diesen Mechanismus vor, weil Repressormoleküle, denen die Carboxyl-Domäne entfernt wurde, keine Kooperativität mehr zeigen.

Warum aber hilft das zweite Dimer nicht mehr einem dritten, sich an O_R3 zu binden? Hieran hat das stabförmige Zwischenstück des Moleküls schuld. Es ist flexibel genug, um dem Dimer an O_R2 zu erlauben, sich nach links oder rechts zu „lehnen" und mit einem eingesessenen Nachbarn Kontakt aufzunehmen. Das geht freilich nicht nach beiden Seiten zugleich. Ein an O_R2 gebundenes Repressordimer, das dort dank des hilfreichen Kontakts zu seinem rechten Nachbarn (dem an O_R1) Stellung gefunden hat, ist nicht mehr in der Lage, sich nach links zu lehnen und mit einem anderen Repressordimer an O_R3 zu interagieren. Stütze für unsere Erklärung liefert ein mutierter Lambdaphage, dem

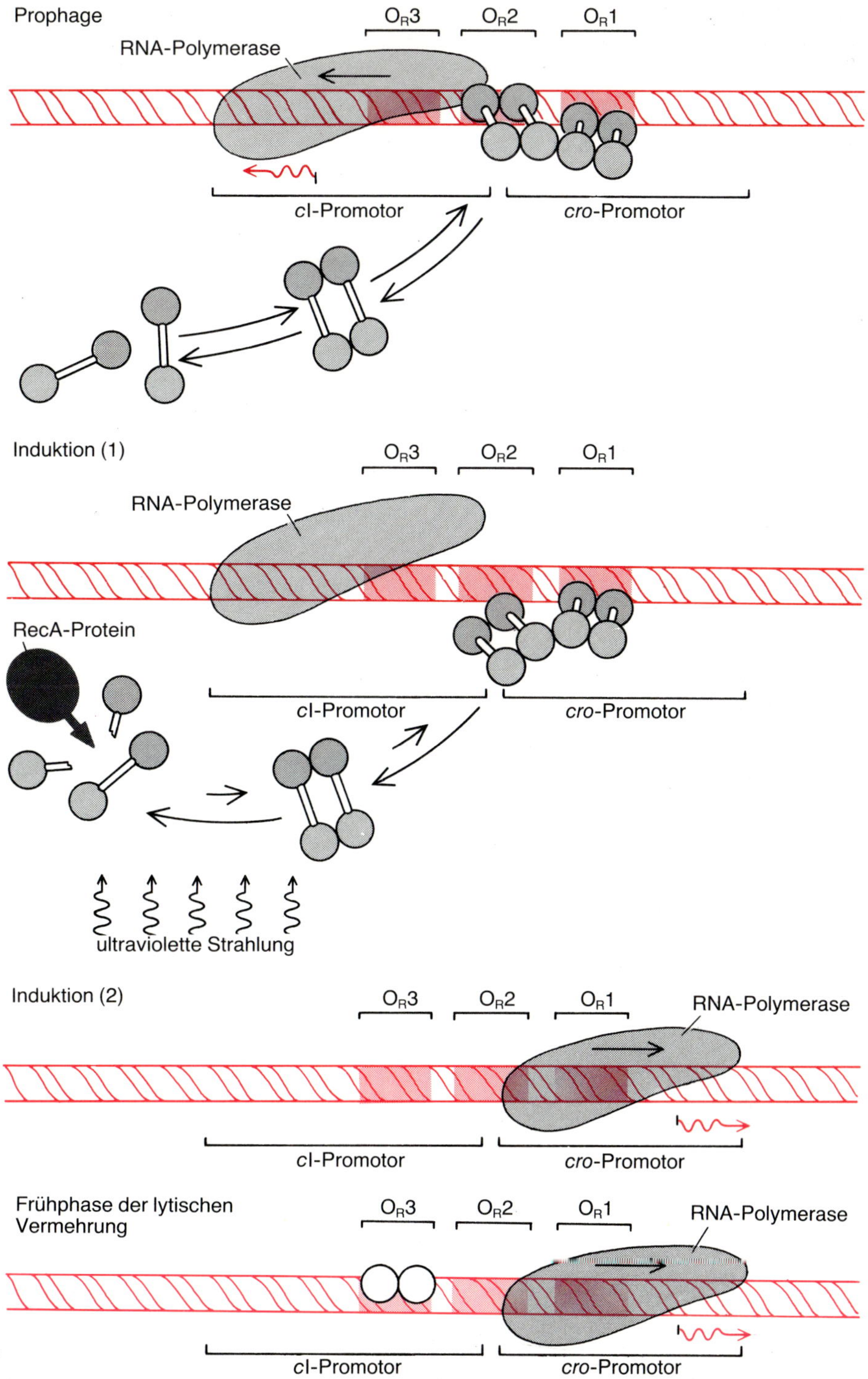

Bild 6: Der genetische Schalter von Lambda in vier verschiedenen Lebensphasen. Der lysogene Zyklus, in dem das Virus als Prophage ruht, wird dann eingeschlagen, wenn sich ein Repressordimer an O_R1 bindet und damit die Wahrscheinlichkeit erhöht, daß sich sofort ein weiteres an O_R2 heftet. Im Prophagen (oben) verhindern die auf O_R1 und O_R2 sitzenden Repressordimere, daß sich die RNA-Polymerase an den rechts gerichteten Promotor bindet und das *cro*-Gen in RNA abschreibt. Damit ist die Synthese des cro-Proteins blockiert (negative Kontrolle). Gleichzeitig fördern die beiden Dimere die Bindung der Polymerase an den linksgerichteten Promotor, mit dem Resultat, daß das *c*I-Gen in RNA (Wellenlinie) abgeschrieben, mehr an Repressor synthetisiert und der lysogene Zustand aufrecht erhalten wird (positive Kontrolle). Die Induktion erfolgt, wenn ultraviolette Strahlen das zelluläre Protein RecA aktivieren, das dann als Protease Repressormonomere spaltet. Dadurch wird das Gleichgewicht zwischen freien Monomeren sowie freien und gebundenen Dimeren gestört, was zur Folge hat, daß diese die Operatorstellen verlassen und die Bindung der Polymerase an den linksgerichteten Promotor nicht länger begünstigen. So wird auch kein Repressor mehr synthetisiert. Sobald alle Operatorstellen frei sind, kann sich die RNA-Polymerase an den rechten Promotor binden und die Voraussetzungen für die Synthese des cro-Proteins schaffen. In der Frühphase des lytischen Vermehrungszyklus nimmt dann ein cro-Dimer O_R3 in Beschlag – die Stelle, für die es die größte Affinität besitzt. Nun kann sich die Polymerase nur noch an den rechtsgerichteten Promotor binden. Von dort aus schreibt sie das *cro*-Gen und andere sogenannte frühe Gene in RNA ab. Damit ist die Vermehrungslawine ins Rollen gekommen.

O_R1 einfach fehlt. Bei ihm konnten wir in der Tat eine Wechselwirkung zwischen Repressormolekülen an O_R2 und O_R3 feststellen.

Die Anordnung der Repressoren auf der Operatorregion (O_R1 und O_R2 besetzt, O_R3 frei) wirkt sich auf das *cro*- und Repressorgen genau gegenteilig aus. Zum einen maskieren die an O_R1 und O_R2 sitzenden Repressormoleküle DNA-Sequenzen des rechten Promotors (den von *cro*) und hindern so die RNA-Polymerase, sich dort anzuheften und die DNA in rechter Richtung abzuschreiben (Bild 6, oben). Damit sind das *cro*-Gen und andere lytische Gene abgeschaltet. Umgekehrt aber kurbeln die an O_R1 und O_R2 gebundene Repressormoleküle die Synthese von noch mehr Repressor an. Denn die Polymerase bindet sich dann an den linken Promotor und beginnt ihre Schreibarbeit etwa zehnmal häufiger als ohne Repressor.

Wie aktiviert aber der Repressor das Abschreiben seines eigenen Gens? Wir nehmen an, daß der an O_R2 gebundene Repressor mit der Polymerase Kontakt aufnimmt und ihr dabei hilft, sich an den Promotor zu binden und mit dem Abschreiben (der Transkription) zu beginnen. Die Wechselwirkung zwischen Repressor und Polymerase ähnelt in etwa der Kooperation zwischen den Repressordimeren an O_R1 und O_R2. Während hierfür die Carboxyl-Domänen der beiden verantwortlich sind, wird die Bindung der RNA-Polymerase durch die Amino-Domäne des Dimers an O_R2 beeinflußt. Eine Förderung läßt sich jedoch nicht beobachten, wenn nur O_R1 von einem Repressordimer besetzt ist. Trotzdem muß diese Stelle intakt sein, wenn das Gen abgeschrieben werden soll, denn ein dort sitzender Repressordimer stellt überhaupt erst sicher, daß sich ein zweites an O_R2 bindet.

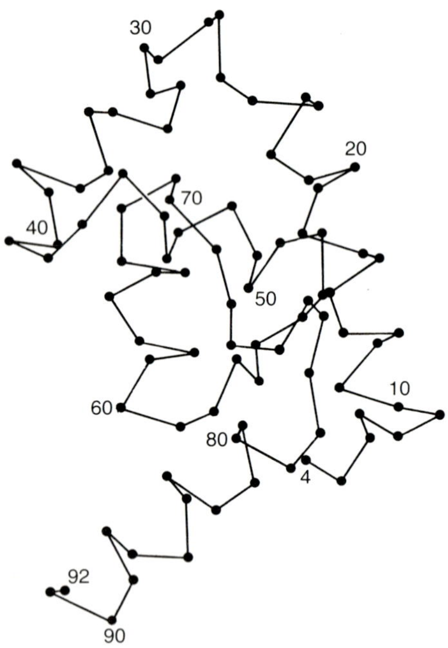

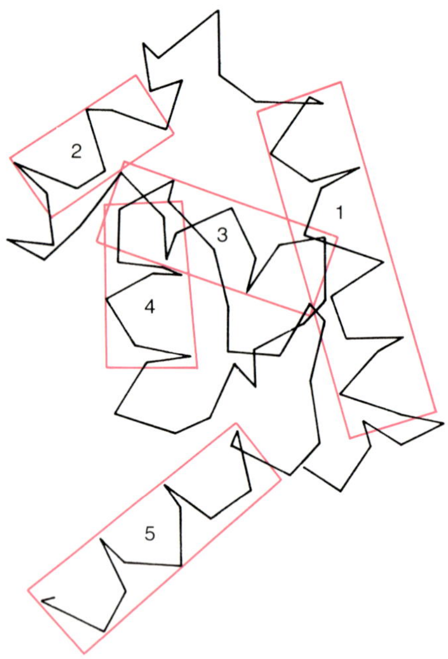

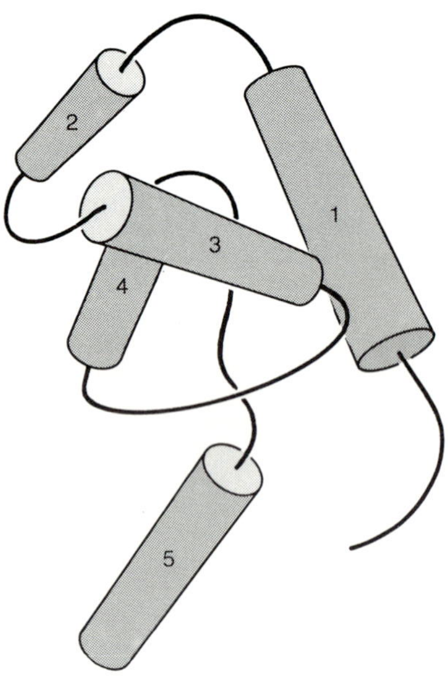

Bild 7: Wie sich die Aminosäurekette des Lambdarepressors faltet, konnte eine Röntgenstrukturanlayse seiner kristallisierten Amino-Domänen klären (die Kristallisierung des vollständigen Proteins ist noch nicht gelungen). Die Abbildung links oben zeigt die Faltung in einer zweidimensionalen Darstellungsweise. Jeder Punkt steht für eine Aminosäure, genauer für das Zentralkohlenstoffatom jeder Aminosäure. (Die ersten drei Aminosäuren wurden weggelassen, weil die Kette dort so flexibel ist, daß die Positionen bei den einzelnen Repressormolekülen eines Kristalls variieren.) Fünf Abschnitte der Kette zeigen die Struktur einer Alpha-Helix. Sie sind in der Zeichnung rechts oben farbig umrandet und mit einer Numerierung versehen. Das darunterstehende schematische Modell der Domäne stellt die Helices als Zylinder dar, die durch dünne, nichthelikalen Bereichen entsprechende Linien miteinander verbunden sind. Helix 3 ragt aus dem Molekül heraus (hier aus der Bildebene nach oben). Sie ist ebenso wie der flexible Arm am Aminoende von Helix 1 für die Bindung mit der DNA von Nutzen.

Der genetische Schalter

Wenn man ein lysogenes Colibakterium, das einen Lambdaprophagen beherbergt, einem induzierenden, also DNA schädigenden Agens wie ultraviolettem Licht aussetzt, so wird der Lambdarepressor inaktiviert. Unsere Kenntnisse über das, was dabei geschieht, verdanken wir größtenteils Jeffrey W. Roberts und seinen Kollegen an der Cornell- und Harvard-Universität. Diese Wissenschaftler konnten zeigen, daß Schäden an der DNA ein zelleigenes als RecA bezeichnetes Protein veranlassen, als Protease zu arbeiten. Normalerweise katalysiert es die Rekombination von DNA-Molekülen. Merkwürdigerweise heftet sich irgendein im Gefolge der Schäden entstandener Faktor – vielleicht kurze einzelsträngige DNA-Bruchstücke – an das RecA-Protein und verändern dessen Aktivität derart, daß es zur Protease wird.

Als Protease spaltet RecA Repressormonomere von Lambda an einer Stelle zwischen der Amino- und der Carboxyl-Domäne. Die abgetrennten Aminodomänen können nicht mehr effizient genug dimerisieren und binden sich daher auch nicht mehr effizient genug an den Operator – mit der Folge, daß sich das ehemals zugunsten der Bindung wirkende Reaktionsgleichgewicht umkehrt (Bild 6, Mitte). Die von der DNA abfallenden Dimere dissoziieren in Monomere, die dann von der Protease gespalten werden. Damit sinkt in der Zelle die Konzentration an Repressordimeren, und schon bald sind O_R1 und O_R2 verwaist.

Dies wiederum hat zwei wichtige Auswirkungen. Erstens fällt die Synthesegeschwindigkeit für Repressormoleküle rasch ab, weil keines mehr auf O_R2 sitzt und die Transkription des eigenen Gens (*c*I) stimuliert. Zweitens ist jetzt der rechte Promotor für die RNA-Polymerase frei, die nun das *cro*-Gen und andere lytische Gene in RNA abschreiben kann.

Wir haben bereits erwähnt, daß sich das cro-Protein an die gleichen drei Stellen von O_R bindet wie der Repressor, dabei aber genau entgegengesetzte Neigungen offenbart. In seiner Beliebtheitsskala steht O_R3 an erster Stelle, während O_R2

und O_R1 erst bei hohen Konzentrationen besetzt werden. Anders als Repressordimere zeigen die cro-Dimere keine Kooperativität und erleichtern auch nicht die Bindung der RNA-Polymerase an den cro-Promotor, was die eigene Synthese stimulieren würde.

Sobald nun der Operator von Repressoren frei ist, beginnt die Herstellung des cro-Proteins. Die ersten neusynthetisierten Moleküle heften sich an O_R3 und decken so einen Teil des *c*I-Promotors ab, was die Transkription des Repressorgens blockiert (Bild 6, unten). Damit ist der genetische Schalter umgelegt und auf lytisches Wachstum gestellt. Im weiteren Verlauf steigt die Konzentration an cro-Protein immer mehr an, bis schließlich auch O_R2 und O_R1 besetzt sind. So wird die Transkription des *cro*-Gens und die aller anderen „frühen" Gene wieder abgeschaltet und die Synthese von Produkten gestoppt, die für die frühen Phasen des lytischen Zyklus erforderlich sind. Eine solche Repression ist offensichtlich notwendig, wenn die Gene für die späteren Phasen programmgemäß fortfahren sollen.

Die Ansprechbarkeit des genetischen Schalters

Der genetische Schalter von Lambda behält gewöhnlich seine einmal angenommene Stellung sehr zuverlässig bei, und doch läßt er sich bereitwillig anknipsen, wenn gewisse Umwelteinflüsse einwirken. Während ein Prophage spontan nur einmal unter einer Million Zellteilungen induziert wird, bringt das ein entsprechendes Agens in praktisch allen Zellen einer Bakterienkultur zuwege.

Unserer Meinung nach sind für die Empfindlichkeit des Schalters mehrere „bauartbedingte" Charakteristika des Repressors verantwortlich: seine Dimerisierung, sein kooperatives Verhalten bei der Bindung an die DNA und schließlich die Aktivierung seiner eigenen Synthese. Wir können in diesem Artikel keine detaillierten quantitativen Betrachtungen anstellen, das würde den Rahmen sprengen, aber die folgende Be-

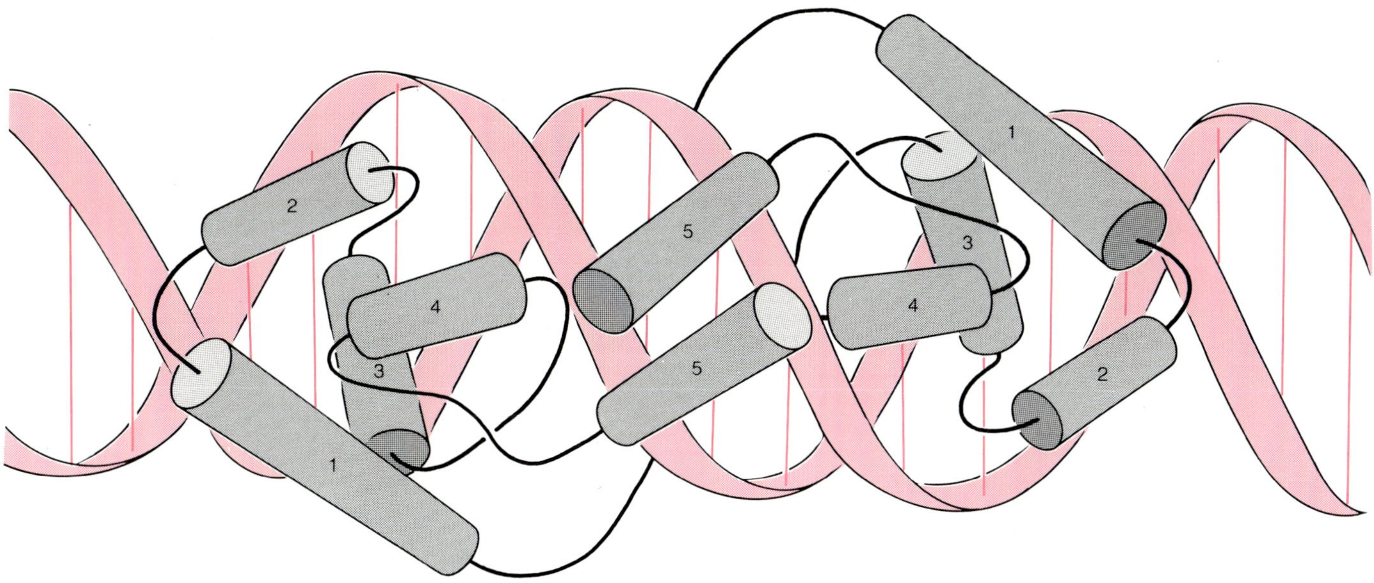

Bild 8: Diese Abbildung zeigt, wie sich die beiden Amino-Domänen eines Repressordimers an die DNA binden. Sie sind symmetrisch zueinander angeordnet und überdecken gerade eine einzige Operatorstelle. Helix 3 einer jeden Domäne ragt in die größere der DNA-Furchen hinein, wo sie vermutlich Kontakt mit spezifischen Basen aufnimmt. Das gleiche dürfte Helix 2 mit dem Zucker-Phosphat-Rückgrat der DNA tun. Die Helix-5-Regionen der Domänen treten möglicherweise miteinander in Wechselwirkung und helfen so, den gebundenen Komplex zu stabilisieren.

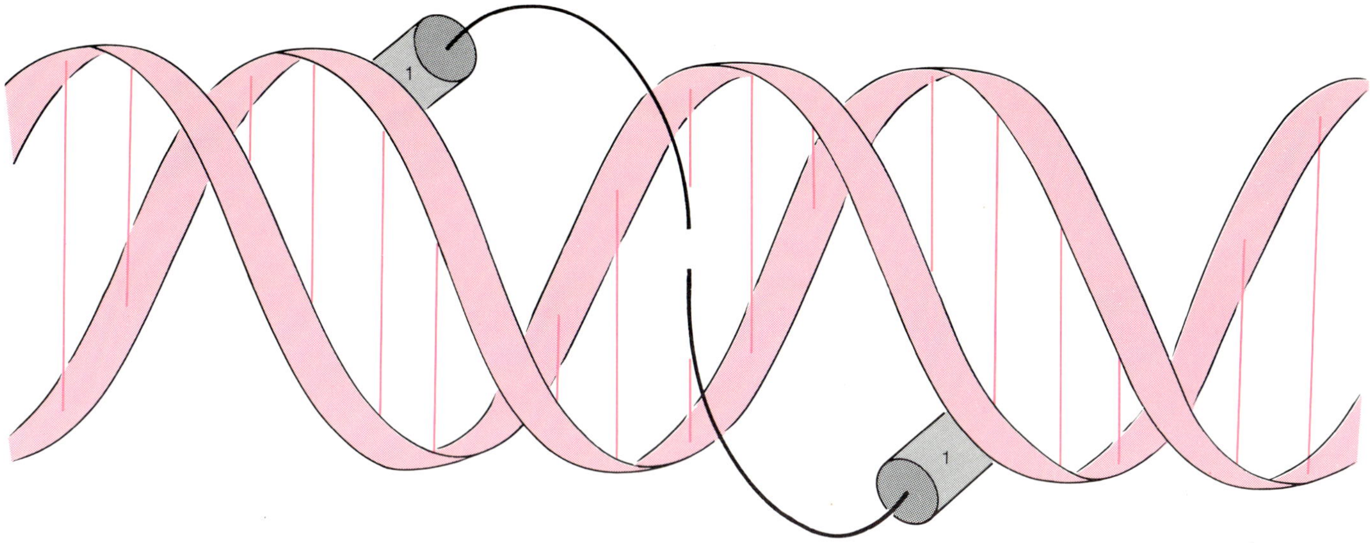

Bild 9: Die biegsamen Endarme der Helix-1-Regionen schlagen sich um die DNA bis zu deren „Rückseite" herum und sorgen für zusätzliche Kontakte mit der großen Furche. Vermutlich tun sie dies, nachdem sich das Repressordimer an die „Vorderseite" der DNA angelagert hat.

schreibung mag unsere wesentlichen Ideen verdeutlichen. Während das RecA-Protein die Repressormonomere spaltet, fällt die Konzentration an ungebundenen Repressordimeren rapide ab. (Die Dimerkonzentration verändert sich nämlich mit dem Quadrat der Monomerkonzentration.) Wenn sich ein kooperativ gebundenes Repressordimer vom Operator löst, neigt es wie schon beschrieben dazu, in Monomere zu zerfallen, die, ehe sie sich wiedervereinigen können, gespalten werden. Mit dem Verwaisen des Operators geht die Synthese von Repressormolekülen rasch zurück, weil eine fortwährende Transkription des *c*I-Gens von einer Aktivierung durch DNA-gebundene Repressormoleküle abhängt.

Die drei Charakteristika des genetischen Schalters sorgen also vereint dafür, daß sich das ursprünglich destabilisierende Ereignis – die Spaltung der Repressormonomere durch RecA – in seiner Wirkung vervielfacht. Die Inaktivierung des Repressors führt nun rasch zur Synthese des cro-Proteins, das selbst wieder die Synthese des Repressors unterbindet. Damit sind alle Weichen in Richtung lytische Vermehrung gestellt. Der genetische Schalter von Lambda hält das ganze System so in der Schwebe, daß sich eine mäßige Änderung der Repressorkonzentration (um einen Faktor kleiner als 10) bereits drastisch auf die Expression der Gene auswirkt.

Vergleichbare genetische Schalter besitzen auch zwei andere temperente Bakterienviren: der Phage 434, der gleichfalls *Escherichia coli* infiziert, und der Phage P22, der *Salmonella*-Bakterien befällt. Wie Lambda können auch sie zu Prophagen werden, die sich durch ultraviolettes Licht wirkungsvoll aktivieren lassen. Bei unserer Untersuchung fanden wir heraus, daß die genetischen Schalter von 434 und P22 ganz erstaunlich dem von Lambda gleichen. Was Repressor, cro-Protein und Operator anbelangt, so unterscheiden sich beide zwar im Detail von Lambda, aber immer finden wir diese Charakteristika: einen dreigeteilten Operator, einen Repressor und ein cro-Protein mit gegensätzlichen Bindungsvorlieben, eine Stimulierung der eigenen Synthese durch den Repressor, eine kooperative Bindung von Repressormolekülen an O_R1 und O_R2 und schließlich Repressordimere, die bereitwillig in von RecA angreifbare Monomere zerfallen. Das verbreitete Vorkommen dieser Charakteristika stützt unsere Ansicht, das sie für die Arbeit des genetischen Schalters bedeutsam sind.

So wie wir bisher den Schaltmechanismus beschrieben haben, bleiben noch einige wichtige Fragen offen. Warum binden sich Repressor und cro-Protein gezielt an die Operatorstellen und nicht an eine andere Region der DNA und wie machen sie das? Gibt es ein gemeinsames Rezept, nach dem alle regulatorischen Proteine spezifische Basensequenzen der DNA erkennen? Ist die Vorstellung wirklich richtig, daß der Repressor die Ablesung seines eigenen Gens stimuliert, indem er mit der RNA-Polymerase in Kontakt kommt? Um all diese Fragen beantworten zu können, müssen wir uns die dreidimensionale Struktur des cro-Proteins und des Repressors genauer ansehen.

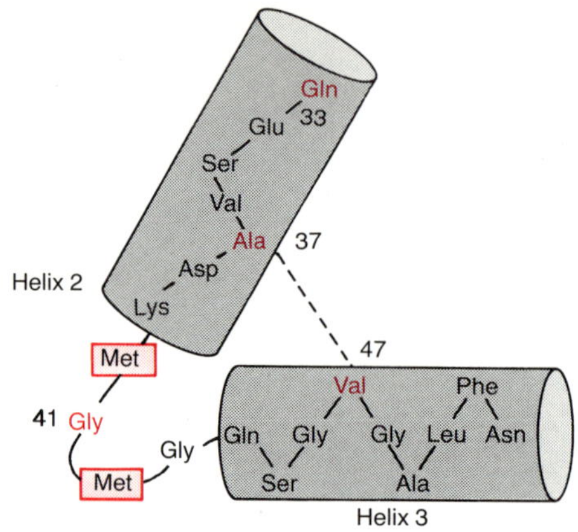

Ala	Alanin	**Leu**	Leucin
Arg	Arginin	**Lys**	Lysin
Asn	Asparagin	**Met**	Methionin
Asp	Aspartat	**Phe**	Phenylalanin
Cys	Cystein	**Pro**	Prolin
Gln	Glutamin	**Ser**	Serin
Glu	Glutamat	**Thr**	Threonin
Gly	Glycin	**Trp**	Tryptophan
His	Histidin	**Tyr**	Tyrosin
Ile	Isoleucin	**Val**	Valin

Bild 10: Die regulatorischen Proteine der Phagen Lambda, 434 und P22 sowie des Bakteriums *Escherichia coli* stimmen in gewissen Teilen ihrer Aminosäuresequenzen bemerkenswert überein, was sich deutlich bei einem Vergleich mit der sogenannten Helix-Knick-Helix-Region erkennen läßt, die bei der Röntgenstrukturanalyse von Repressor und cro-Protein des Phagen Lambda zutage kam. Die Zeichnung links im Bild gibt diese Region im Detail wieder. (Die Abkürzungen für die einzelnen Aminosäuren lassen sich nebenstehender Ta-

Struktur und Funktionsweise

Zusammen mit Mitchell Lewis hat einer von uns (Pabo) die Amino-Domäne des Lambdarepressors in ihrer dreidimensionalen Struktur aufgeklärt. (Sie ist der Teil des Moleküls, der sich an die DNA bindet.) Nach einem erfolglosen Versuch, den gesamten intakten Repressor für eine Röntgenstrukturanalyse zu kristallisieren, wurde die Amino-Domäne mit dem Enzym Papain abgespalten, gereinigt, kristallisiert und mit Hilfe der Röntgenbeugung analysiert. Diese Methode liefert eine Karte über die Verteilung der Elektronendichte, aus der sich auf die Position eines jeden Atoms im Protein schließen läßt. So fand man in der aminoterminalen Domäne des Repressors fünf Bereiche, in denen die Proteinkette eine Alpha-Helix bildet, eine besonders stabile schraubige Konfiguration, wie sie für viele Proteine üblich ist. Zwischen den fünf liegt jeweils ein nichthelikaler Bereich (Bild 7). Am Aminoende selbst ragt ein langer flexibler Arm aus dem Körper der Domäne heraus.

Nachdem Pabo und Lewis die dreidimensionale Struktur der DNA-bindenden Domäne bekannt war, konnten sie ein Modell entwickeln, wie der Repressor mit dem Operator in Wechselwirkung tritt. Danach sind die beiden Amino-Domänen eines Dimers in ihrer Form der Repressorbindungsstelle des Operators angepaßt. So ragt ein Alpha-Helix (Helix 3) aus der Domäne heraus und schmiegt sich der großen Furche auf der DNA-Doppelhelix an (Bilder 1 und 8). Eine weitere, Helix 2, liegt ebenfalls dicht an der DNA, ohne jedoch in eine der beiden Furchen vorzustoßen. Möglicherweise hat ein Teil von ihr mit dem DNA-Rückgrat Kontakt. Darüber hinaus umfaßt der aus jedem Repressormolekül herausragende flexible Arm die DNA etwa in der Mitte der Operatorstelle (Bild 9). Wir nehmen an, daß zwischen den Aminosäuren von Helix 3 und einigen exponierten Basenpaaren der großen Furche mehrere schwache, aber spezifische chemische Bindungen geknüpft werden. Spezifische Kontakte nimmt auch der flexible Arm auf der „Rückseite" der DNA auf, und zwar wieder in der großen Furche. Derzeit versuchen wir herauszufinden, welche Aminosäuren mit welchen Basen reagieren, um auf diese Weise zu erfahren, wie die verschiedenen Kontakte die Spezifität der Bindung bestimmen.

Den Wechselwirkungen der einzelnen Proteine mit der DNA scheinen eine Reihe fundamentaler Prinzipien zugrundezuliegen. Das jedenfalls legt ein struktureller Vergleich zwischen dem cro-Protein und der Amino-Domäne des Repressors von Lambda nahe. Wie das cro-Protein aussieht, wurde im letzten Jahr von Brian W. Matthews und seinen Kollegen an der Universität von Oregon aufgeklärt. In einigen Dingen unterscheidet es sich erheblich vom Repressor: Einmal fehlt ihm der Arm, mit dem sein Gegen-

	33	34	35	36	37	38	39	40	41	42	43	44	45	46	47	48	49	50	51	52
Repressor von Lambda	Gln	Glu	Ser	Val	Ala	Asp	Lys	Met	Gly	Met	Gly	Gln	Ser	Gly	Val	Gly	Ala	Leu	Phe	Asn
cro-Protein von Lambda	Gln	Thr	Lys	Thr	Ala	Lys	Asp	Leu	Gly	Val	Tyr	Gln	Ser	Ala	Ile	Asn	Lys	Ala	Ile	His
Repressor von 434	Gln	Ala	Glu	Leu	Ala	Gln	Lys	Val	Gly	Thr	Thr	Gln	Gln	Ser	Ile	Glu	Gln	Leu	Glu	Asn
cro-Protein von 434	Gln	Thr	Glu	Leu	Ala	Thr	Lys	Ala	Gly	Val	Lys	Gln	Gln	Ser	Ile	Gln	Leu	Ile	Glu	Ala
Repressor von P22	Gln	Ala	Ala	Leu	Gly	Lys	Met	Val	Gly	Val	Ser	Asn	Val	Ala	Ile	Ser	Gln	Trp	Gln	Arg
cro-Protein von P22	Gln	Arg	Ala	Val	Ala	Lys	Ala	Leu	Gly	Ile	Ser	Asp	Ala	Ala	Val	Ser	Gln	Trp	Lys	Glu
lac-Repressor von *Escherichia coli*	Leu	Tyr	Asp	Val	Ala	Glu	Tyr	Ala	Gly	Val	Ser	Tyr	Gln	Thr	Val	Ser	Arg	Val	Val	Asn

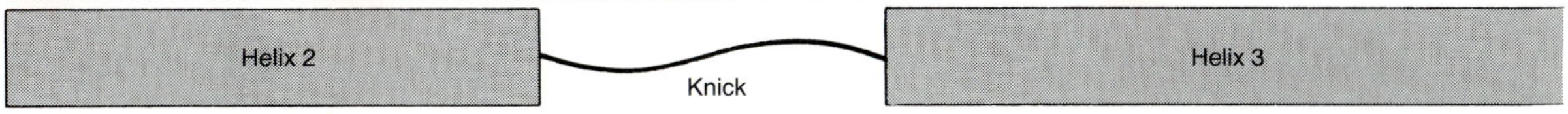

belle entnehmen.) An den vier farbig hervorgehobenen Positionen sind die Aminosäuren praktisch gleich: Sie entsprechen jeweils der Aminosäure 33 (Glutamin), 37 (Alanin), 41 (Glycin) und 47 (Valin) des Lambdarepressors, der in der Aufstellung zuoberst steht. Isoleucin, das häufig statt Valin auftaucht, ist funktionell mit diesem identisch. Darüber hinaus sind die Aminosäuren beiderseits des immer vorhandenen Glycins in Position 41 durchweg hydrophob, also wasserabstoßend. Ein Glycin findet sich häufig an besonderen scharfen Knicken in der Faltung eines Proteins (links). Die Seitenketten des Alanins in Position 37 und des Valins in Position 47 haben Kontakt zueinander. Sie kontrollieren den Abstand zwischen den Aminosäuren (gestrichelte Linie) und stabilisieren damit den Winkel zwischen Helix 2 und 3.

spieler die DNA umschlingt, und zum anderen enthält es Bereiche mit sogenannter Beta-Faltblattstruktur. Doch in einigen Teilen gleichen sich die beiden Moleküle bemerkenswert. Im cro-Protein kommen drei Alpha-Helixbereiche vor und wie beim Repressor ragt die dritte davon heraus, paßgenau in die große DNA-Furche. Ebenso liegt die zweite Helix dicht an der DNA und auch sie dürfte Kontakt zum Rückgrat der DNA aufnehmen. Obwohl die räumliche Anordnung von Helix 2 und 3 in cro-Protein und Repressor gleich ist, unterscheiden sich beide dort in der Sequenz ihrer Aminosäuren. Genau das war auch zu erwarten. Diese Unterschiede in der Sequenz und besonders die in Helix 3 sind es, die unserer Meinung nach dem Repressor und dem cro-Protein erlauben, in der großen DNA-Furche verschiedene spezifische Kontakte zu schließen und so unter den drei ähnlichen, aber geringfügig voneinander abweichenden Bindungsstellen des Operators zu unterscheiden.

Die räumliche Anordnung von Helix 2 und 3 in Repressor und cro-Protein dürfte für viele andere DNA-bindende Proteine charakteristisch sein. Kürzlich haben Thomas A. Steitz und seine Mitarbeiter an der Yale-Universität die Struktur eines regulatorischen Proteins aus *Escherichia coli* geklärt. Dieses CAP-Protein besitzt ebenfalls zwei Alpha-Helices und zwar in einer Region, die mit der DNA in Kontakt treten kann. Als die beiden Arbeitsgruppen von Matthews und Steitz ihre Ergebnisse miteinander verglichen, zeigte sich, daß die räumliche Anordnung der beiden Alpha-Helices im CAP-Protein praktisch mit der von Helix 2 und 3 des cro-Proteins identisch war, das darin seinerseits – wie wir jetzt wissen – dem Repressor glich.

Weiterhin fanden die Arbeitsgruppe von Matthews und die von Robert T. Sauer am Massachusetts Institute of Technology heraus, daß eine ganze Reihe von Proteinen, die sich an spezifische Stellen der DNA binden, in Teilen ihrer Aminosäurensequenz verblüffend übereinstimmen. Aus den festgestellten Ähnlichkeiten läßt sich schließen, daß bei jedem Protein ein Paar von Helices mit der DNA Verbindung hat, das genauso angeordnet ist wie Helix 2 und 3 des Lambdarepressors (Bild 10). Unseren Vorstellungen nach hat jedesmal eine Helix – analog zu Helix 2 von Repressor und cro-Protein – Kontakt zum Rückgrat der DNA. Die andere sollte – analog zu Helix 3 – in die große Fuche passen. Ihre Aminosäuren würden mit bestimmten Basensequenzen der DNA in Wechselwirkung treten und so dem Protein ermöglichen, seine Operatorstelle zu finden.

Positive Kontrolle

Der Repressor stimuliert schließlich auch die Transkription seines eigenen Gens. Wie ihm das gelingen könnte, haben wir ursprünglich aus biochemischen und genetischen Experimenten geschlossen. Unserem Vorschlag nach sollte die an O_R2 gebundene Amino-Domäne des Repressors mit der RNA-Polymerase Fühlung aufnehmen und ihr helfen, sich an den Promotor zu binden. Schützenhilfe dafür liefert nun auch unser Strukturmodell des Repressors, denn mit den strukturellen Details war es möglich, die exakte Orientierung eines an O_R2 gebundenen Repressormoleküls zu bestimmen.

Obgleich wenig über den räumlichen Aufbau der RNA-Polymerase bekannt ist, konnten wir doch genau beschreiben, welche DNA-Region ein auf dem Promotor sitzendes Molekül abdecken würde. Und damit konnten wir auch vorhersagen, mit welchem Teil seiner Oberfläche ein benachbarter Repressor die Polymerase berühren würde. Unserem Modell nach sollte die Kontaktzone im Bereich der Helix 2 und am „Knick" zur Helix 3 liegen. Vermutlich begünstigt ihre spezielle Aminosäuresequenz eine fruchtbare Zusammenarbeit mit der Polymerase. Mit einer geänderten Sequenz wäre der Repressor wahrscheinlich nicht länger in der Lage, die Bindung der Polymerase zu stimulieren.

Um diese Hypothese zu prüfen, isolierten einige unserer Mitarbeiter eine Klasse mutierter Lambdaphagen, deren Repressoren sich normal (oder zumindest fast normal) an die DNA heften, aber nicht mehr die Bindung der Polymerase fördern können. In den mutierten Repressormolekülen ist die DNA Bindungsstelle noch intakt, die Kontaktstelle zur Polymerase jedoch defekt. Als die Aminosäuresequenz von dreien dieser Repressormoleküle bestimmt wurde, stellte sich heraus, daß jedesmal nur eine einzige Aminosäure ausgetauscht war – entweder in Helix 2 oder im Knick zwischen ihr und Helix 3. Und jede lag auf der vorausgesagten Kontaktfläche zur Polymerase (Bild 11, oben). Gleichzeitig erhöht sich dort durch den Austausch die positive Ladung. Ob sich dadurch der Einfluß des Repressors auf die Polymerase mindert, läßt sich allerdings solange nicht eindeutig sagen, bis wir mehr über die Struktur der Polymerase wissen.

Unsere Untersuchungen zeigen, daß im Falle des Lambdarepressors die Voraussetzungen für eine positive Kontrolle (Genaktivierung) subtiler sind als für ei-

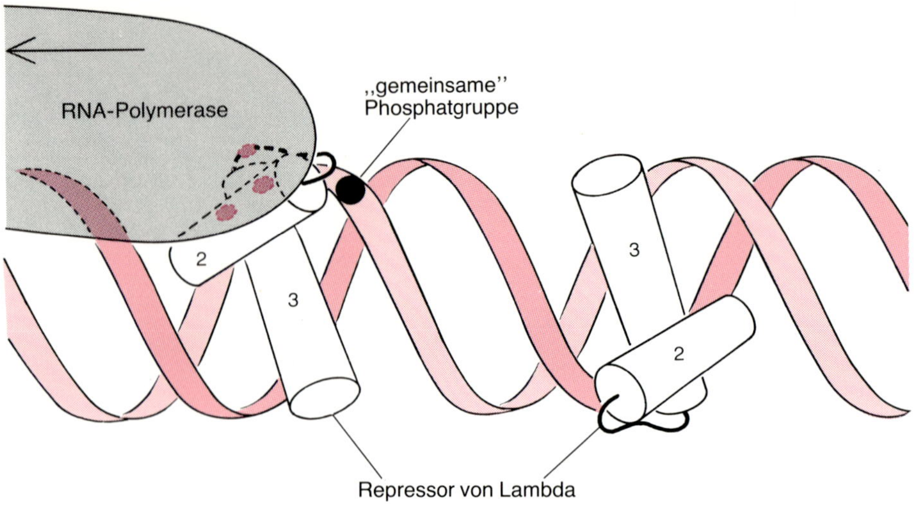

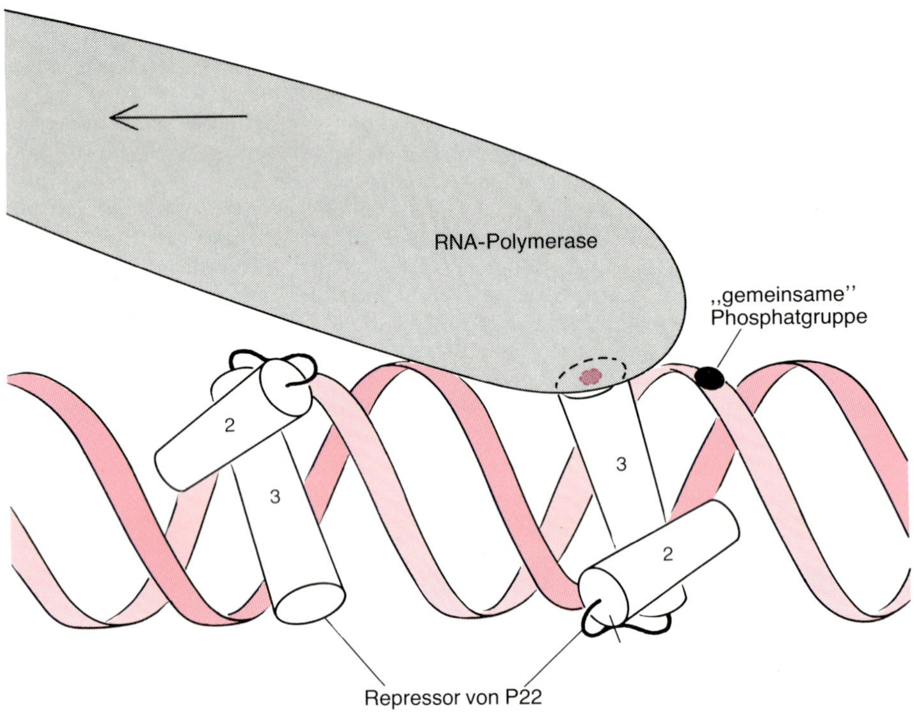

Bild 11: Die Hypothese der positiven Kontrolle besagt, daß Repressoren ihre eigene Synthese ankurbeln, indem sie zur RNA-Polymerase Kontakt aufnehmen und ihr dabei helfen, sich an den Promotor zu binden. Experimente mit mutierten Repressoren stützen diese Hypothese. Die obere Zeichnung veranschaulicht die Situation für ein Repressordimer von Lambda. Helix 2 und 3 der beiden Amino-Domänen haben sich an O_R2, das Polymerasemolekül an den *c*I-Promotor geheftet. (Der übrige Teil der Repressordomänen wurde der Übersichtlichkeit halber weggelassen.) Die relativen Positionen von Repressor und Polymerase sind bekannt, weil man weiß, daß in der angegebenen Situation eine bestimmte Phosphatgruppe (schwarzer Punkt) im Rückgrat der DNA mit beiden in Kontakt steht. Bei drei Repressoren, die nicht mehr die Bindung der Polymerase fördern konnten, stellte man fest, daß durch die Mutation jeweils eine Aminosäure in Helix 2 oder im Zwischenstück zu Helix 3 ausgetauscht worden war (farbige Punkte). Jede davon saß an der Seite des Repressors, die am dichtesten zur Polymerase zu liegen kommt, was darauf schließen läßt, daß der Kontakt zwischen beiden tatsächlich für die Aktivierung der Polymerase erforderlich ist. Ein ähnliches Experiment wurde mit dem Repressor des Phagen P22 durchgeführt. Die räumliche Struktur seiner Proteinkette ist zwar nicht bekannt, aber die Anordnung der „konservierten" Aminosäuren darin (Bild 10) weist darauf hin, daß auch hier eine dem Lambdarepressor vergleichbare Konstellation von Helix 2 und 3 existiert. Nach der Position der „gemeinsamen" Phosphatgruppe zu schließen, sollte jedoch die Oberfläche des P22-Repressors, die mit der Polymerase in Kontakt tritt, an dem am weitesten von Helix 2 entfernten Ende von Helix 3 liegen. In einem mutierten P22-Repressor, der nicht mehr die Polymerase aktivieren konnte, befand sich die ausgetauschte Aminosäure (farbiger Punkt) tatsächlich an der vorausgesagten Stelle.

ne negative (Genunterdrückung). Um als Repressor zu wirken, braucht sich ein Protein nur fest an die DNA zu binden und einen Bereich abzudecken, den sonst eine am Promotor sitzende Polymerase beanspruchen würde. Um dagegen als positiver Regulator zu wirken, muß sich ein Protein nicht nur ganz dicht am Promotor anheften, sondern auch noch der Polymerase die passende Kontaktfläche mit den passenden Aminosäuren anbieten.

Unsere Vorstellung, daß sich viele Repressoren über zwei stets in gewisser Weise angeordneten Alpha-Helices an die DNA binden und über die Kontaktaufnahme zur Polymerase als positiver Regulator wirken, ließ uns für den Repressor des Virus P22 eine entsprechende Vorhersage wagen, die nun in einem kürzlich durchgeführten Experiment in eindrucksvoller Weise bestätigt wurde. So prophezeiten wir, daß der P22-Repressor die DNA über zwei Alpha-Helices erkennt, die genau wie Helix 2 und 3 des Lambdarepressors zugeordnet sind, und daß er an O_R2 gebunden die Transkription seines eigenen Genes stimuliert, indem er Kontakt zur RNA-Polymerase aufnimmt.

Ein interessanter Unterschied zwischen dem Repressor von Lambda und P22 war uns dabei bekannt: Von O_R2 aus hatten beide eine andere räumliche Beziehung zu der am Promotor sitzenden Polymerase. Nach unserem Modell sollte die Kontaktfläche des P22-Repressor – anders als bei Lambda – am Carboxylende von Helix 3 liegen, also an dem von Helix 2 abgewandten Ende. Ein mutierter P22-Repressor wurde nun isoliert, der zwar sein Stimulationsvermögen, nicht aber seine Bindungsfähigkeit zu DNA verloren hat. Es stellte sich heraus, daß bei ihm genau in der vorausgesagten Region eine Aminosäure verändert und dadurch wie schon bei den Lambdamutanten die positive Ladung an der Oberfläche des Proteins größer geworden war.

Diese Ergebnisse weisen darauf hin, daß zwar beide Repressoren, der von Lambda wie der von P22, als positive Regulatoren der Transkription wirken, indem sie mit der gleichen Region der RNA-Polymerase in Tuchfühlung gehen, selbst aber den Kontakt über eine jeweils andere Stelle ihrer Oberfläche aufnehmen. Mehr noch, die Ergebnisse bestärken uns in der Überzeugung, daß im Wechselspiel zwischen DNA und mikrobiellen Proteinen in vielen Fällen das allgemeine Arrangement zweier Alpha-Helices eine entscheidende Rolle spielt. Inwieweit dieses Leitthema auch in allen anderen Kompositionen der Natur wiederkehrt, das freilich bleibt einstweilen abzuwarten.

Genmanipulation

Seit man über Techniken verfügt, mit denen DNA geschnitten und in Trägermoleküle eingebaut werden kann, läßt sich genetische Information zwischen verschiedenen Lebewesen übertragen. Im Empfängerorganismus kann diese DNA vermehrt und die darin gespeicherte Information umgesetzt werden.

Von Stanley N. Cohen

Die Mythologie kennt viele „Mischwesen" wie Sphinx, Minotaurus oder Chimäre, aber in Wirklichkeit kommen solche „Kreuzungen" von Merkmalen verschiedener Arten nicht vor. Die vielfältigen Organismen gewannen vielmehr im Laufe ihrer ganz besonderen Entwicklungsgeschichte (Evolution) die jeweils artspezifische Gestalt. Durch natürliche Schranken, die normalerweise den Austausch genetischer Information zwischen nichtverwandten Organismen verhindern, kann jede Art über Generationen hinweg ihre Identität erhalten. Auch wenn man über diese Barrieren noch nicht viel weiß – biologisch sind sie von grundlegender Bedeutung.

Das fundamentale Kriterium für biologische Verwandtschaft ist die Artzugehörigkeit. Lebewesen, die sich geschlechtlich vermehren, gehören dann zur selben Art, wenn sie sich untereinander fortpflanzen. Arten sind somit über ihre Gene festgelegt und definiert. Bei Organismen, die sich ungeschlechtlich vermehren, definiert sich der Artbegriff danach, ob der Austausch von genetischem Material, der Nucleinsäure DNA, zwischen nichtverwandten Gruppen durch natürliche Schranken im wesentlichen verhindert ist oder nicht.

Besonders erstaunlich ist die Erhaltung der genetischen Einzigartigkeit bei so einfachen Organismen wie Bakterien. Die meisten Bakterien tauschen auch dann keine genetische Information aus, wenn sie den gleichen Lebensraum besiedeln. Selbst zwischen sehr ähnlichen Arten kommt es gewöhnlich nicht zum Austausch der chromosomalen Gene – auf den Chromosomen ist bei Bakterien der größte Teil der genetischen Information festgelegt. Aber es gibt auch andere bakterielle Gene: Man kennt DNA-Stückchen, sogenannte Plasmide, die in einigen Bakterien unabhängig vom Chromosom vorkommen (Bild 1). Hin und wieder kann ein Plasmid ein kurzes Stück der chromosomalen DNA seiner eigenen Zelle aufnehmen und in die Zelle einer verwandten Bakterienart übertragen. Manchmal kann das Plasmid dort mitsamt dem chromosomalen DNA-Abschnitt in das Chromosom der Empfängerzelle eingebaut werden. Die Übertragung von Genen, die über extrachromosomale Elemente zwischen verschiedenen Arten transferiert werden, hat bei der Evolution der Bakterien bestimmt eine Rolle gespielt, auch wenn sie in der Natur nicht häufig zu sein scheint. Dann nämlich wäre nicht zu erklären, daß sich artspezifische Merkmale bei weitverbreiteten Bakterien über ungeheuer viele Bakteriengenerationen erhalten konnten – allein für die Ära der modernen Mikrobiologie ist die Zahl dieser Generationen immens.

Im Reagenzglas haben Annie C. Y. Chang und ich Anfang der siebziger Jahre an der Medizinischen Fakultät der Stanford-Universität und Herbert W. Boyer und Robert B. Helling an der Medizinischen Fakultät der Universität von Kalifornien in San Francisco biologisch aktive DNA-Moleküle hergestellt, die genetische Information aus zwei verschiedenen Quellen enthielten. Diese Moleküle gewannen wir, indem wir Stücke aus zwei unterschiedlichen Plasmiden des Darmbakteriums *Escherichia coli* miteinander verspleißten. Als wir diese zusammengesetzte DNA in *E. coli*-Zellen einführten, wurde sie dort tatsächlich repliziert und die genetische Information beider Elternplasmide exprimiert. Kurze Zeit später übertrugen wir Plasmidgene von *Staphylococcus aureus*, einer nicht verwandten Bakterienart, auf *E. coli*, und sie zeigten dort die gleichen biologischen Eigenschaften, die sie auch in ihrer ursprünglichen Zelle entfaltet hatten. Schließlich konnten wir zusammen mit John F. Morrow aus Stanford und Howard M. Goodman aus San Francisco anhand der gleichen Technik auch Gene aus einem höheren Tier, der Kröte *Xenopus laevis*, in *E. coli* einbauen.

Wir nannten unsere zusammengesetzten Moleküle DNA-Chimären, weil sie im Prinzip den Chimären der Mythologie entsprechen – einem Lebewesen mit dem Kopf eines Löwen, dem Körper einer Ziege und dem Schwanz einer Schlange – und auch ein molekulares Gegenstück zu den Pflanzenchimären darstellen, wie man sie in der Landwirtschaft durch Aufpfropfen erzeugt. Unsere Methode, die wir erstmals 1973 beschrieben haben, ist seitdem von Forschern in vielen Laboratorien angewendet und erweitert worden. Sie wird unter verschiedenen Namen geführt: Plasmidtechnik, weil man Plasmide zum Einbau fremder Gene verwendet; molekulare Klonierung, weil man damit im Prinzip Klone herstellen kann, das heißt genetisch gleiche Organismen mit identisch zusammengesetzten DNA-Molekülen; Gentechnik oder Genmanipulation, weil die Methode auch die Möglichkeit bietet, eine große Vielfalt von neuen genetischen Kombinationen in Mikroorganismen zu schaffen. Tatsächlich beruht das Verfahren auf verschiedenen biochemischen und biologischen Manipulationen, die in rascher Folge Ende der sechziger und Anfang der siebziger Jahre entwickelt wurden. Sie alle basieren auf vier wichtigen Grundelementen: einem Verfahren, um die DNA aufzuschneiden und DNA-Abschnitte aus verschiedenen Quellen miteinander zu verbinden; einem geeigneten Genträger, der sowohl sich als auch das in ihn eingebaute DNA-Stück replizieren kann; einer Technik, um das zusammengesetzte DNA-Stück,

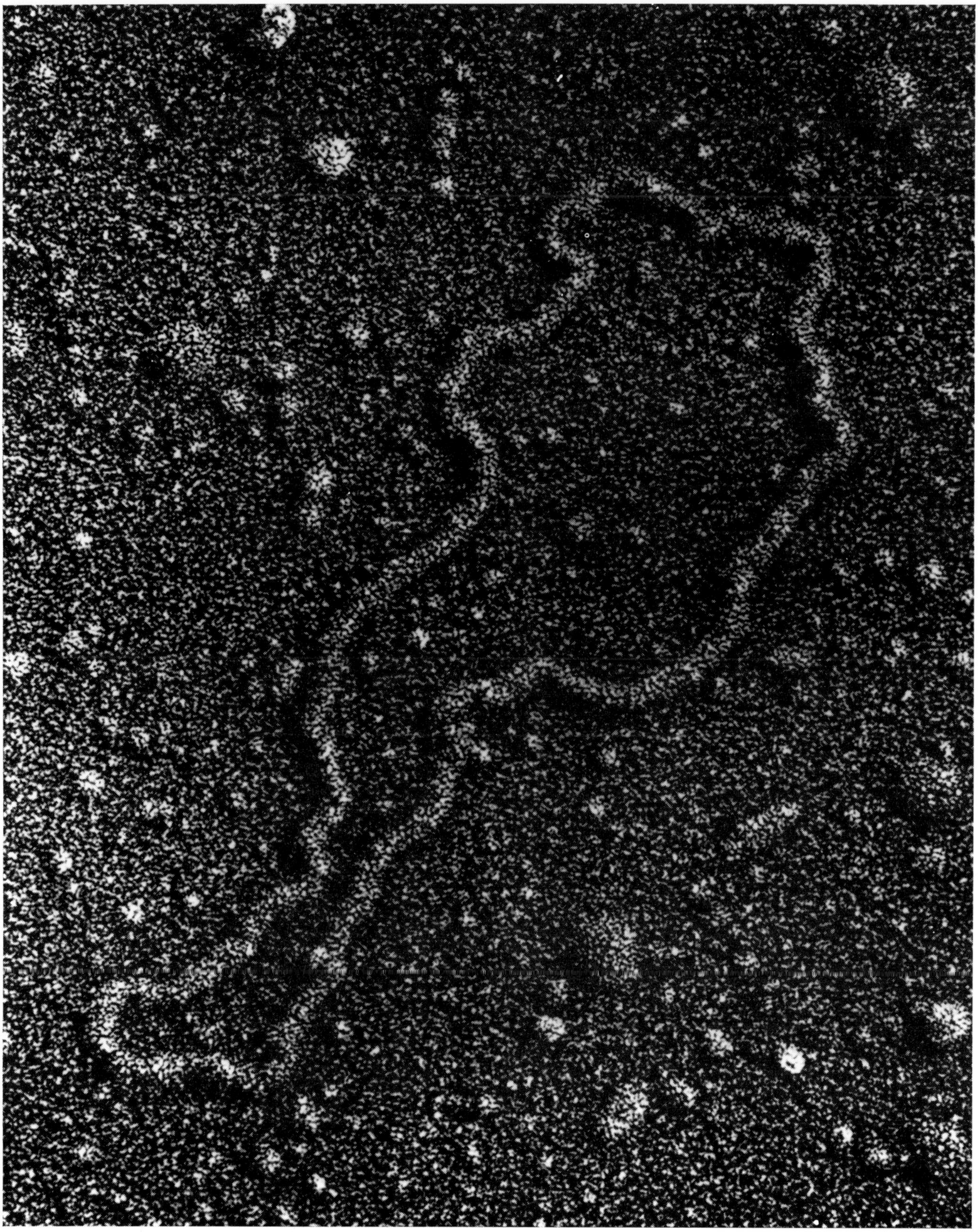

Bild 1: Das Plasmid *pSC*101 in einer elektronenmikroskopischen Aufnahme des Autors. Ein Plasmid ist ein ringförmiges DNA-Molekül, das unabhängig vom Chromosom in der Bakterienzelle vorkommt, sich autonom repliziert und oft Gene für zusätzliche Funktionen wie zum Beispiel Antibiotika-Resistenz trägt. Das kleine *pSC*101-Plasmid, das durch Scheren aus einem größeren Plasmid von *Escherichia coli* gewonnen wurde, hat einen Umfang von ungefähr drei Mikrometern; es trägt die Information für die Replikation in *E. coli* und für die Resistenz gegen das Antibiotikum Tetracyclin. Es war das erste „Vehikel", das der Autor zusammen mit seinen Kollegen erfolgreich für Genmanipulationen einsetzen konnte: Fremde DNA wurde in das Plasmid eingespleißt und mit ihm in *E. coli* eingeschleust, wo auch das fremde Gen vervielfältigt und exprimiert wurde. Bei dieser Aufnahme ist das mit Platin-Palladium bedampfte *pSC*101-Plasmid in 230 000facher Vergrößerung wiedergegeben.

die Chimäre, in eine funktionierende Bakterienzelle einzuschleusen; einer Methode, um unter den vielen Zellen diejenigen herauszufischen, die die Molekülchimäre aufgenommen haben.

Komplementäre Enden: DNA-Ligase und Terminale Transferase

1967 wurden – fast gleichzeitig in fünf verschiedenen Laboratorien – Enzyme entdeckt, die Brüche in der DNA reparieren können und unter bestimmten Bedingungen auch die freien Enden von DNA-Strängen miteinander verknüpfen: die DNA-Ligasen. Nun besteht ein DNA-Strang aus einer Kette von Nucleotiden, die jeweils aus dem Zucker Desoxyribose, einer Phosphatgruppe und einer der vier organischen Basen Adenin, Thymin, Guanin und Cytosin aufgebaut sind. Zucker und Phosphate bilden das Rückgrat eines DNA-Stranges, aus dem die Basen herausragen. Die einzelnen Nucleotidbausteine sind durch Phosphodiesterbindungen zwischen dem C-Atom 3 an dem einen Zucker und dem C-Atom 5 am benachbarten Zucker aneinander gebunden. Bei der doppelsträngigen DNA, also der Form, die in den meisten Organismen vorliegt, sind die Nucleotidketten über Wasserstoffbrücken zwischen den herausragenden Basen aneinander gebunden. Die Basen sind zueinander komplementär: Adenin (A) steht immer Thymin (T) und Guanin (G) immer Cytosin (C) gegenüber. Wenn bei einem solchen DNA-Doppelstrang Brüche in einem Einzelstrang auftreten, können Ligasen diese Fehler reparieren, indem sie eine Phosphodiesterbindung zwischen angrenzenden Nucleotiden bilden (Bild 2).

Im Jahr 1970 entdeckte eine Arbeitsgruppe im Labor von H. Gobind Khorana, der damals an der Universität von Wisconsin arbeitete, daß die Ligase aus dem Bakteriophagen T4 (ein Bakteriophage ist ein Virus, das Bakterien befällt) manchmal eine Verbindung von völlig getrennten DNA-Doppelsträngen katalysieren kann. Voraussetzung dafür ist freilich, daß sich die beiden Enden finden – und das tun sie nur selten, wenn der Zufall es gerade so will. Damit die Ligase effizienter arbeiten konnte, brauchte man also offensichtlich einen Mechanismus, der die beiden DNA-Enden in der richtigen Lage zusammenhält.

Erreicht wurde dieses Ziel erstmals mit ausgeklügelten Verfahren, die Peter Lobban und A. Dale Kaiser sowie David Jackson, Robert Symons und Paul Berg unabhängig voneinander in Stanford entwickelt und getestet haben. Sie alle knüpften an frühere Befunde an, denen zufolge bestimmte Bakteriophagen doppelsträngige DNA-Moleküle mit überhängenden Einzelsträngen enthalten, wobei die Einzelstrangenden komplementär sind. Durch Basenpaarung zwischen diesen überhängenden komplementären Einzelsträngen können die DNA-Enden miteinander verbunden werden: Adenin paart mit Thymin und Guanin mit Cytosin. Dabei werden die Paare durch Wasserstoffbrücken zusammengehalten. In Khoranas Laboratorium nutzte man diese Methode, um kurze, synthetisch hergestellte Nucleotidsequenzen über komplementäre Einzelstrang-„Überhängsel" zu längeren DNA-Stücken zu verknüpfen.

Die beiden Stanford-Gruppen hatten auch bereits herausgefunden, daß man mit Hilfe des Enzyms Terminale Transferase identische Nucleotide schrittweise an die 3'-Enden von DNA-Einzelsträngen anhängen kann. Sofern das Enzym auch mit doppelsträngiger DNA arbeiten konnte, bestand Aussicht, Nucleotide an verschiedenartige DNA-Moleküle anzuhängen, und zwar einen Satz identischer Nucleotide an die eine Sorte von DNA-Molekülen und die komplementären Nucleotide an die zweite DNA. Die so verlängerten DNA-Moleküle könnten dann über Wasserstoffbrückenbindungen aneinandergelagert und durch DNA-Ligase miteinander verknüpft werden. Auf diese Weise konnte man – wenigstens im Prinzip – beliebige DNA-Moleküle miteinander verbinden. Lobban und Kaiser untersuchten, wie die Terminale Transferase bei der DNA des Bakteriophagen P22 arbeitet; Jackson, Symons und Berg dagegen experimentierten mit der DNA des Virus SV40 (das Tiere infiziert) und versuchten, sie mit der DNA eines Bakteriophagen zu verbinden.

Bei der SV40-DNA und der Bakteriophagen-DNA, mit der die Berg-Gruppe arbeitete, handelte es sich um ringförmige Moleküle, die zuerst aufgeschnitten werden mußten, um Abschnitte mit freien Enden zu erhalten (Bild 3). (Zufällig wurde dabei zum Schneiden der Ringe dasselbe Enzym *Eco R*I-Endonuclease gewählt, mit dem man später die ersten biologisch aktiven Genkombinationen hergestellt hat. Allerdings war zunächst noch nicht bekannt, daß *Eco R*I komplementäre Einzelstrangenden erzeugen kann.)

Die herausgeschnittenen linearen DNA-Moleküle wurden mit einem En-

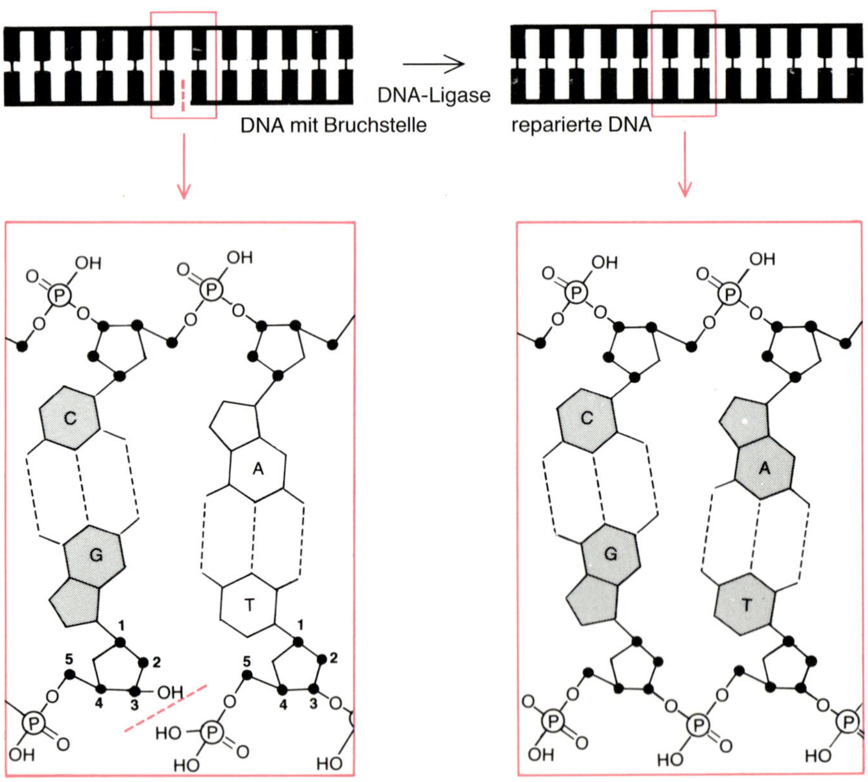

Bild 2: DNA-Ligase ist ein Enzym, das Brüche in einem DNA-Strang repariert (oben). Beide DNA-Stränge bestehen aus einer Kette von Nucleotiden (unten), wobei sich jedes Nucleotid aus einem Zucker (Desoxyribose), einer Phosphatgruppe und einer der vier Basen Adenin (A), Thymin (T), Guanin (G) und Cytosin (C) zusammensetzt. Zucker und Phosphate bilden das Rückgrat der Stränge, die über Wasserstoffbrückenbindungen zwischen den Basenpaaren (durchbrochene schwarze Linien) zu einem Doppelstrang verbunden sind. Die Ligase katalysiert an der Bruchstelle (durchbrochene farbige Linie links oben) eine Bindung zwischen dem Phosphat des einen Nucleotids und dem Zucker des benachbarten Nucleotids (rechts).

zym des Bakteriophagen Lambda behandelt. Man bezeichnet dieses Enzym als Exonuclease, weil es an den Enden von DNA-Molekülen Nucleotide abschneidet. Die Lambda-Exonuclease verdaut die 5'-Enden von DNA-Molekülen, so daß überstehende Einzelstränge mit 3'-Enden entstehen, an die dann Blöcke komplementärer Nucleotide angehängt werden können. Im nächsten Schritt wurden mit Hilfe der Terminalen Transferase mehrere Adenosine an das 3'-Ende der einen DNA gehängt, während an das Ende der anderen DNA Thymidine „angesetzt" wurden. In einer Mischung dieser beiden DNA-Sorten konnten sich Fragmente mit komplementären Enden finden, aneinanderlegen und durch Wasserstoffbrückenbindungen miteinander verbinden. Das Ergebnis waren zusammengesetzte Moleküle, die allerdings

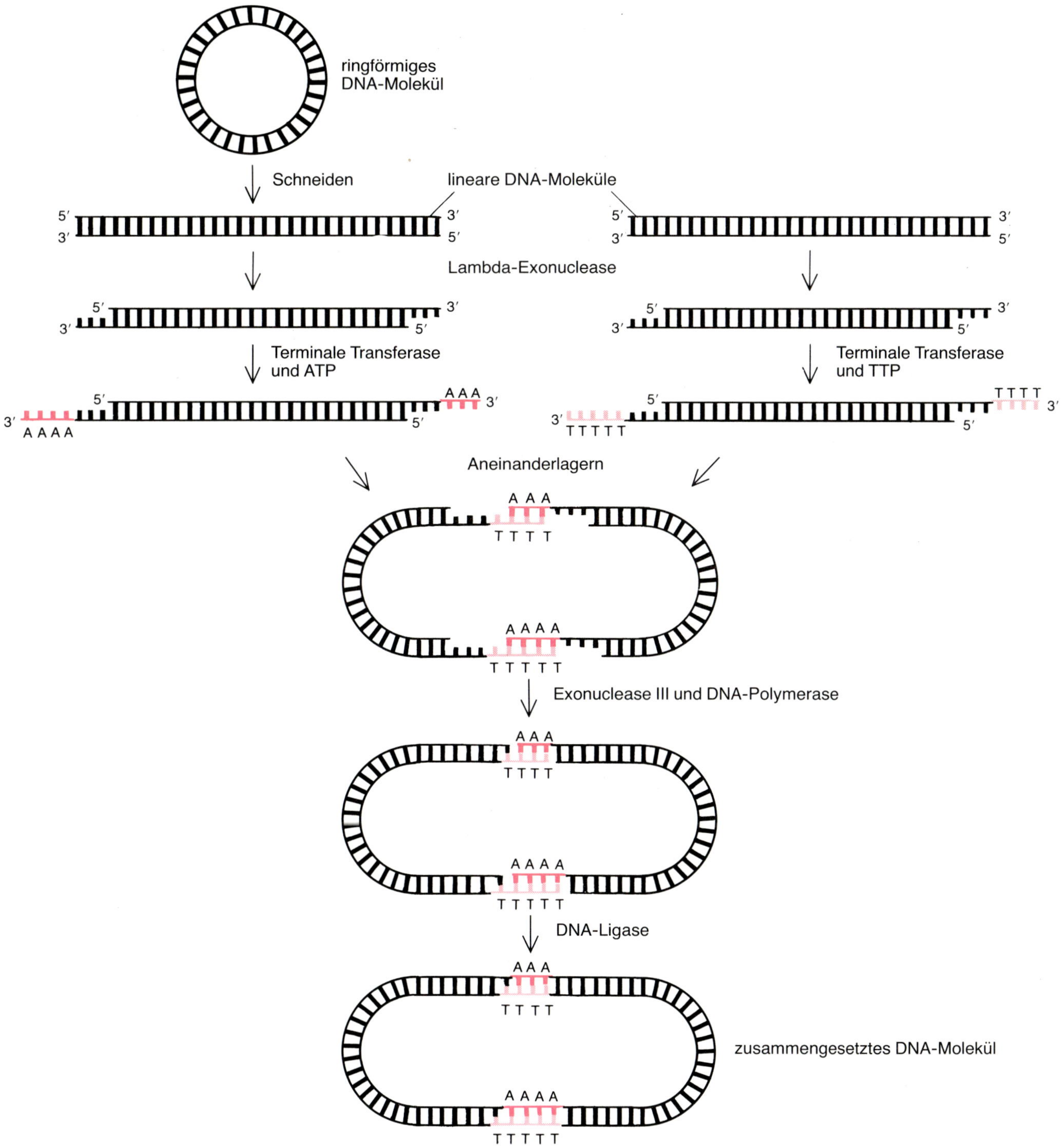

Bild 3: Verschiedene DNA-Moleküle lassen sich in verschiedenen Schritten aneinanderketten, die alle von anderen Enzymen abhängen. Angenommen, ein ringförmiges DNA-Molekül soll um andere DNA-Abschnitte erweitert werden, dann muß es zuerst einmal aufgeschnitten werden. Die linearen Moleküle werden mit Lambda-Exonuclease behandelt, einem Enzym, das Nucleotide von 5'-Enden (Enden mit einer Phosphatgruppe am C-Atom 5) der DNA-Stränge abschneidet. Dann werden mit Hilfe des Enzyms Terminale Transferase bestimmte Nucleotide an das 3'-Ende (Ende mit einer OH-Gruppe am C-Atom 3) angehängt. Dabei wird an die eine DNA-Sorte Adenosintriphosphat (ATP) angesetzt, an die andere Thymidintriphosphat (TTP). So entstehen überhängende einzelsträngige Enden aus Adenosinen beziehungsweise den dazu komplementären Thymidinen. Wenn die beiden DNA-Sorten gemischt werden, paaren sich die komplementären Basen, so daß sich die Moleküle verbinden. Mit Nucleotiden und den Enzymen DNA-Polymerase und Exonuclease III werden die Lücken gefüllt und dann mit DNA-Ligase versiegelt.

noch Lücken an den 5'-Enden der ursprünglichen Stücke aufwiesen. Um diese Lücken zu füllen, folgte eine Behandlung mit Nucleotiden und zwei weiteren Enzymen, Exonuclease III und DNA-Polymerase, bevor die Einzelstrangbrüche in den Molekülen schließlich mit DNA-Ligase versiegelt wurden.

Schneiden nach Maß: Restriktionsendonucleasen

Die ersten erfolgreichen Experimente zur Genmanipulation arbeiteten zwar auch mit kohäsiven Enden, an denen sich DNA-Moleküle verbinden, aber diese Enden wurden nicht mit Terminaler Transferase erzeugt, sondern mit einer viel einfacheren Methode. Sie beruht auf einer Gruppe von Enzymen, genannt Restriktionsendonucleasen, die an der Schnittstelle innerhalb des DNA-Moleküls automatisch komplementäre Enden entstehen lassen. Man brauchte also nicht mehr extra neue Blöcke von komplementären Nucleotiden anzuhängen.

Auf die Spur der Restriktionsenzyme führte die Beobachtung, daß Viren, die auf bestimmten *E. coli*-Stämmen gewachsen waren, auf anderen Stämmen nicht mehr wachsen konnten. Bei genauerer Untersuchung stellte sich heraus, daß für diese Restriktion bakterielle Enzyme verantwortlich sind, die spezifische Stellen auf der „fremden" viralen DNA erkennen und sie dort schneiden. (Die Bakterienzelle produziert zum Schutz ihrer eigenen DNA ein Modifikationsenzym, das die Erkennungsstelle für die Restriktionsendonuclease unkenntlich – sprich: resistent – macht, indem es Methylgruppen an die Nucleotide anhängt.) Restriktionsendonucleasen (und Modifikationsmethylasen) sind in Mikroorganismen weit verbreitet. So hat man die zugehörigen Gene, die ihre Synthese codieren, auf Chromosomen und extrachromosomaler DNA von Viren ebenso gefunden wie auf vielen bakteriellen Chromosomen. Anfang der siebziger Jahre gelang es, die Nucleotidsequenzen an den Schnittstellen einiger Restriktionsendonucleasen zu identifizieren. In allen Fällen lag die Schnittstelle auf oder nahe an einer Symmetrieachse mit palindromischen Basensequenzen: Liest man den einen Strang vom 5'-Ende zum 3'-Ende hin ab, so ergibt sich die Sequenz des anderen Strangs, allerdings in umgekehrter Richtung (Bild 4).

In einigen Fällen lagen die Brüche, die durch Restriktionsenzyme in den DNA-Strängen entstanden waren, auf entgegengesetzten Seiten. Aber eine Endonuclease, die Robert N. Yoshimori in Boyers Labor in San Francisco isoliert hatte, macht eine interessante Ausnahme: *Eco RI* schneidet die beiden DNA-Stränge mit einigen Nucleotiden Abstand. Da die Nucleotide an der Schnittstelle palindromische Sequenzen aufweisen, entstehen nach der Trennung der beiden Schnittstellen überhängende komplementären Enden – „klebrige" Enden, die wie Nut und Falz zusammenpassen. Auf diese Weise erzeugt das Enzym *Eco RI* in nur einem Schritt DNA-Moleküle, die genauso „funktionieren" wie die kohäsiven Moleküle, die durch Terminale Transferase entstehen. Diese Eigenschaften von *Eco RI* gingen aus Experimenten hervor, die Janet Mertz und Ronald W. Davis und – unabhängig von ihnen – Vittorio Sgaramella im November 1972 veröffentlichten. Sgaramella fand heraus, daß sich DNA-Moleküle des Bakteriophagen P22 mit *Eco RI* schneiden ließen und die Bruchstücke sich dann teilweise an den Enden zusammenlagerten und DNA-Moleküle bildeten, die doppelt so lang waren wie die ursprüngliche Virus-DNA; zum Teil erreichten sie sogar ein Mehrfaches der ursprünglichen Länge. Mertz und Davis beobachteten, daß sich ein geschlossener Ring von SV40-DNA nach dem Aufschneiden mit *Eco RI* über Wasserstoffbrückenbindungen wieder zu einem Ring formieren kann, wobei sich die Verbindung der Enden mit Ligase versiegeln läßt. Danach war die Virus-DNA wieder so intakt, daß sie Tierzellen, die in Kultur wuchsen, infizieren konnte. Boyer und seine Mitarbeiter analysierten die Nucleotidsequenzen an *Eco RI*-Schnittstellen und fanden komplementäre „klebrige" Enden.

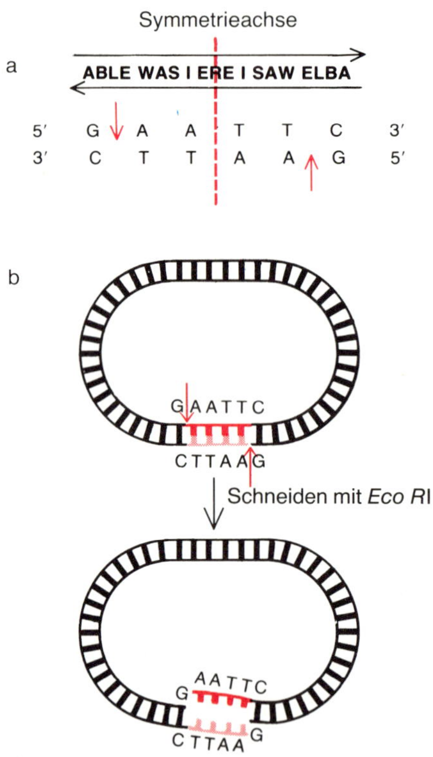

Bild 4: Restriktionsendonucleasen schneiden DNA an solchen Stellen, wo die komplementären Nucleotide symmetrisch angeordnet sind und ein Palindrom, vergleichbar einem Wortpalindrom, bilden (a). Die Endonuclease *Eco RI* hat die zusätzliche Eigenschaft, komplementäre DNA-Stränge so zu schneiden (farbige Pfeile), daß die Schnittstellen der Einzelstränge um vier Nucleotide versetzt sind. Durch einen solchen Schnitt entstehen DNA-Fragmente mit komplementären überlappenden Einzelstrangenden. Daher paßt das Ende eines jeden durch *Eco RI*-Verdauung entstandenen DNA-Stücks an das Ende eines ebenfalls durch *Eco RI* verdauten anderen (komplementären) DNA-Stücks.

Einschleusen fremder DNA: Plasmide als Vektor

Gegen Ende des Jahres 1972 standen bereits verschiedene Methoden zur Verfügung, um doppelsträngige DNA-Moleküle miteinander zu verbinden. Damit war zwar ein entscheidender Schritt in Richtung Genmanipulation getan, aber er reichte nicht aus. Die meisten DNA-Fragmente können sich nämlich nicht selbst vervielfältigen. Damit auch sie sich in einem biologischen System vermehren können, müssen sie in ein DNA-Molekül integriert werden, das die Fähigkeit zur Replikation (in dem betreffenden System) noch hat. Aber auch eine DNA, die sich in ihrem ursprünglichen Wirt replizieren kann, verfügt kaum noch über die spezifischen genetischen Signale, die sie für eine Replikation in fremder Umgebung benötigt. Wenn sich fremde DNA in Bakterien vermehren läßt, wie in spekulativen Szenarios zur Gentechnologie schon längst vorausgesetzt wurde, dann nur über ein geeignetes Medium, das als Träger oder Vektor wirkt. Das gewünschte DNA-Stück muß in einen Träger eingebaut werden, der es dann in eine Population geeigneter Wirtsbakterien einschleusen kann. Schließlich gilt es, diejenigen Zellen der Bakterienpopulation herauszusuchen und zu identifizieren, die die DNA-Chimäre aufgenommen haben. Im Jahr 1972 war allerdings noch nicht auszuschließen, daß die zusätzliche genetische Information auf völlig fremden DNAs ein Durcheinander im neuen Wirt hervorrufen könnte, das eine Vermehrung der Hybridmoleküle verhindert.

Die Molekularbiologen hatten ihr Augenmerk jahrelang auf Viren und deren Beziehung zu Bakterien gerichtet, und es war daher nur natürlich, daß Bakteriophagen am ehesten als geeignete Träger für genetische Manipulationen galten. Zeitweise wurde spekuliert und ernsthaft diskutiert, Phagen wie Lambda zum Klonieren von DNA aus fremden Quellen zu benutzen, weil solche Viren gelegentlich Stücke des *E. coli*-Chromosoms durch natürliche Rekombination aufnehmen. Trotzdem war kein Virus, sondern ein Plasmid das erste „Vehikel", das fremde Gene in ein Bakterium einschleuste und dort für die Replikation und Selektion dieser DNA sorgte.

Eine besondere Rolle bei der Selektion spielt eine allgegenwärtige Gruppe von Plasmiden, die ihre Wirtsbakterien gegen Antibiotika resistent machen. Solche Plasmide waren schon in den sechziger Jahren intensiv untersucht worden. So tauchten in vielen Teilen der Welt *E. coli*-Stämme auf, die Resistenz- oder kurz R-Faktoren aufwiesen. Die R-Faktoren (Plasmide mit Resistenz-Gen) enthalten die genetische Information für Substanzen, die auf verschiedene Weisen mit bestimmten Antibiotika zusammenwirken und das Bakterium vor der Zerstörung schützen. Die R-Faktoren lassen sich durch Dichtegradienten-Zentrifugation von der chromosomalen DNA trennen und mit biochemischen und physikalischen Methoden analysieren. 1970 entdeckten Morton Mandel und A. Higa von der Universität Hawaii, daß *E. coli* nach Behandlung mit Calciumsalzen virale DNA aufnehmen konnte. In Stanford fanden Chang und ich zusammen mit Leslie Hsu heraus, daß gereinigter R-Faktor in *E. coli* eingeschleust werden kann, wenn man die Zellmembran mit Calciumchlorid durchlässig macht (Bild 6). Bei dieser Transformation nimmt freilich nur etwa jede millionste Bakterienzelle den R-Faktor auf. Aber auch diese wenigen Zellen lassen sich selektionieren, denn nur sie können trotz Antibiotikabehandlung wachsen – weil sie der R-Faktor resistent macht; die anderen Zellen sterben dagegen ab. Aus jeder transformierten Zelle entsteht in Zellkultur schließlich ein Klon, der identische Kopien der elterlichen Plasmid-DNA enthält. Damit erfüllen Plasmide also Eigenschaften eines geeigneten Vehikels zur Vermehrung von fremder genetischer Information in *E. coli*.

Zunächst untersuchten wir die genetischen und molekularen Eigenschaften der verschiedenen Regionen auf der R-Faktor-DNA, indem wir Plasmide durch Scheren ihrer DNA mechanisch zerlegten und *E. coli* mit den entstehenden Bruchstücken transformierten. Aber schon bald gingen wir dazu über, die Plasmide mit dem Enzym *Eco R*I aufzuschneiden, das – wie wir wußten – multiple ortspezifische Brüche bei Viren hervorruft. Wir konnten nun damit rechnen, daß *Eco R*I alle Moleküle eines bakteriellen Plasmids auf die gleiche Weise schneidet, so daß jede einzelne DNA-Spezies ein reproduzierbares Muster an Schnittfragmenten ergibt. Diese Fragmente lassen sich mit Hilfe der Gelelektrophorese trennen: In einem Gel,

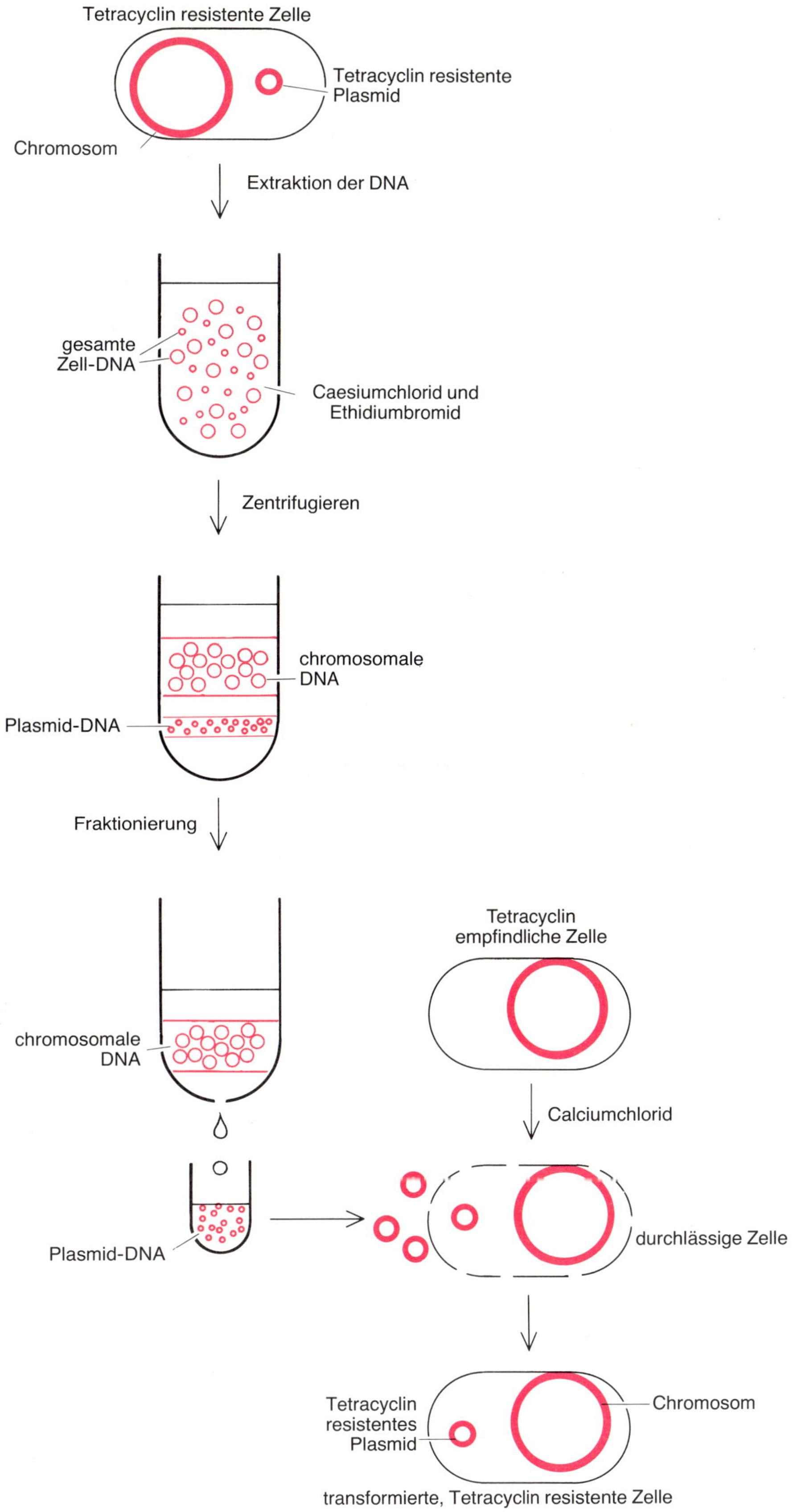

Bild 5: Plasmid-DNA läßt sich mit dem Transformationsverfahren in Bakterienzellen einschleusen – und mit ihr die Gene für Antibiotika-Resistenz. Die Resistenzgene – hier für Resistenz gegen Tetracyclin – werden zunächst von der chromosomalen Bakterien-DNA getrennt (oben). Dazu benutzt man Ethidiumbromid, das sich auf unterschiedliche Weise an die beiden DNA-Sorten bindet; dadurch wird die Dichte des zirkulären Plasmids größer als die der chromosomalen DNA, und im Cäsiumchlorid-Gradienten bildet es eine scharfe Bande, die abgetrennt werden kann (unten links). Die Plasmid-DNA wird dann mit nicht resistenten Bakterienzellen gemischt, die mit einem Calciumsalz durchlässig gemacht wurden. Die DNA gelangt in die Zellen und macht sie und ihre Nachkommen gegen Tetracyclin resistent.

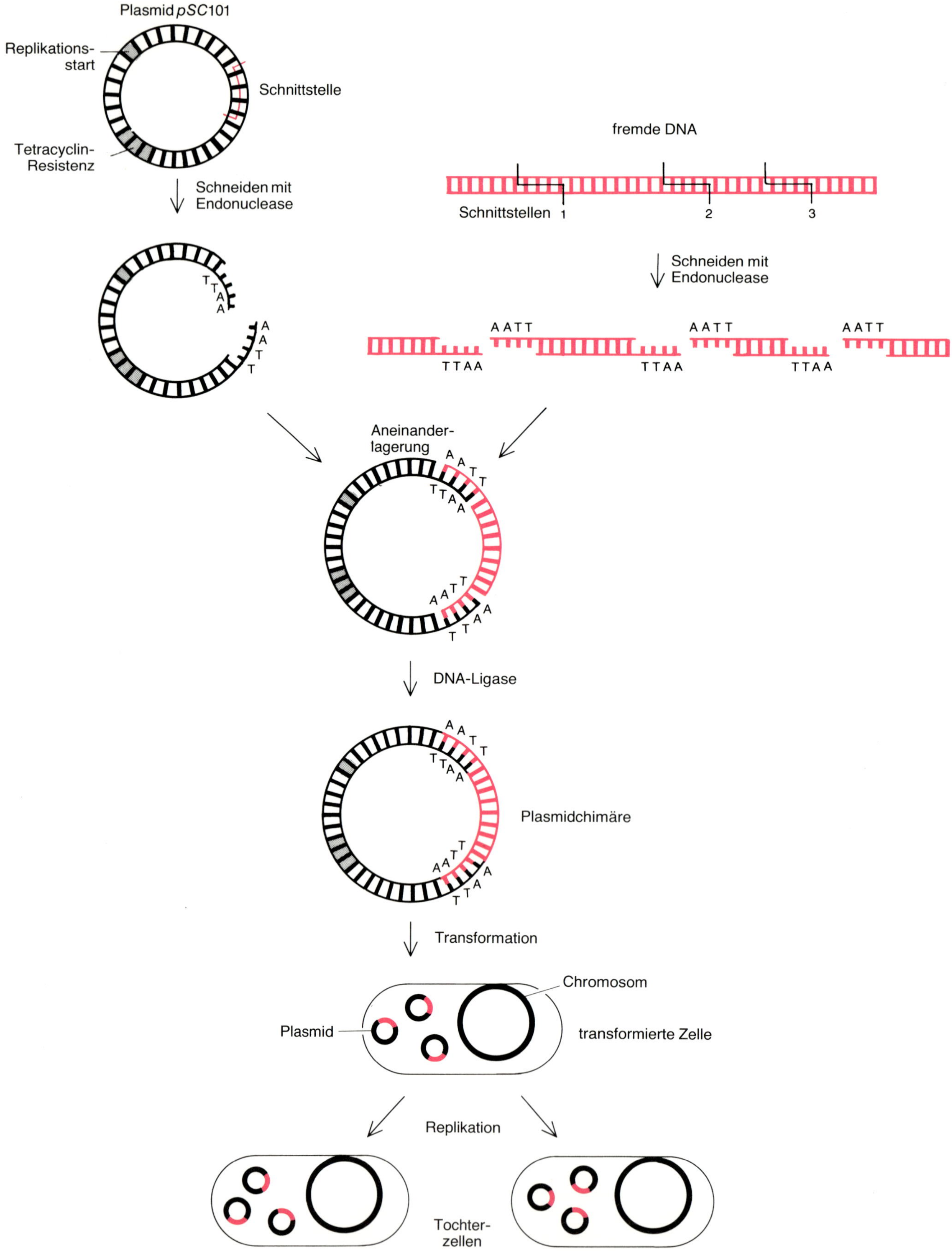

Bild 6: Fremde DNA wird in das Plasmid *pSC*101 eingebaut und zusammen mit diesem Vektor in das Bakterium *Escherichia coli* eingeschleust: Die Endonuclease *Eco R*I schneidet das Plasmid nur an einer einzigen Stelle auf, und zwar dort, wo sie keine Gene für Replikation und Tetracyclin-Resistenz beeinflussen kann (oben links). Die Nucleotidsequenz, bei der das Enzym *Eco R*I einen Schnitt macht, kommt auch in anderen DNA-Molekülen vor, so daß die Endonuclease solche fremde DNA statistisch alle 4000 bis 16 000 Basenpaare schneidet (oben rechts). Solche Fragmente können über Wasserstoffbrückenbindungen zwischen komplementären Basen an die Plasmid-DNA angelagert werden, und mit Ligase lassen sich die zusammengesetzten Moleküle dann miteinander verbinden. Man erhält so DNA-Chimären, die alle aus der gesamten Plasmid-DNA und einem fremden DNA-Stück bestehen, die man durch Transformation in *E. coli* einschleusen und dort vermehren kann.

das einem elektrischen Spannungsfeld ausgesetzt ist, wandern sie – je nach Größe – mit unterschiedlichen Geschwindigkeiten und können schließlich als getrennte Banden identifiziert werden.

Gentransfer vom Bakterienkern zum Bakterium

Nachdem sich herausgestellt hatte, daß durch die Endonuclease *Eco R*I kohäsive DNA-Enden entstehen, begann die Suche nach einem Plasmid, bei dem die Fähigkeit zur Replikation oder die Resistenz gegen Antibiotika nicht durch das Aufschneiden verlorengeht. Wir hofften, in ein solches Plasmid ein Stück fremde DNA an der *Eco R*I-Schnittstelle einsetzen zu können und die fremde DNA – wenn möglich – in *E. coli* zu vermehren.

Zu unserer Stanforder Plasmid-Sammlung gehört ein kleines Plasmid mit der Bezeichnung *pSC*101; es war durch mechanische Scheren eines großen Plasmids entstanden, das mehrere Gene für Antibiotika-Resistenz trägt, und enthält, obwohl es gut zwölfmal kleiner ist als das Elternplasmid, die gewünschte genetische Information: für die Replikation in *E. coli* und für Resistenz gegen das Antibiotikum Tetracyclin. Als wir *pSC*101-DNA mit *Eco R*I schnitten und die Produkte mit Gelelektrophorese untersuchten, stellten wir fest, daß das Plasmid nur an einer einzigen Stelle aufgeschnitten worden war, das heißt, es war ein einzelnes lineares Fragment entstanden. Wenn wir die Enden dieses Fragments über Wasserstoffbrückenbindung wieder aneinanderfügten und mit Ligase versiegelten, erhielten wir biologisch funktionierende Plasmide, die sich jeweils in *E. coli* replizierten und es gegen Tetracyclin resistent machten.

Im nächsten Schritt untersuchten wir, ob ein Stück fremder DNA in die Schnittstelle eingebaut werden konnte, ohne die Replikation und die Expression der Tetracyclin-Resistenz zu verhindern. Nur wenn beides nach wie vor erfüllt ist, eignet sich das Plasmid als Klonierungsvehikel. Wir mischten nun DNA eines anderen *E. coli*-Plasmids, das Resistenz gegen ein anderes Antibiotikum, Kanamycin, codiert, mit der *pSC*101-DNA. Wir behandelten diese DNA-Mischung mit *Eco R*I, ligierten die DNAs und transformierten mit der neuen DNA *E. coli*. Tatsächlich waren schließlich einige der transformierten Bakterien gegen beide Antibiotika, Tetracyclin und Kanamycin, resistent. Plasmide, die wir aus solchen Transformanten isolierten, enthielten dementsprechend das gesamte *pSC*101-DNA-Fragment und ein zweites Fragment für die Kanamycin-Resistenz, wobei diesem zweiten Fragment jedoch die Information für die Replikation fehlte. Das *pSC*101 war also ein geeignetes Klonierungsvehikel, um zumindest ein nichtreplizierendes Stück verwandter DNA in *E. coli* einzuschleusen – und das mit einem sehr einfachen Verfahren.

Die Frage war nun, ob auch Gene anderer Arten in *E. coli*-Plasmide eingebaut werden können. Vielleicht trägt die fremde DNA störende genetische Signale, die Vermehrung und Expression in *E. coli* verhindern. Wir entschlossen uns, DNA des Bakteriums *Staphylococcus aureus* mit unserem ursprünglichen Plasmid zu mischen. Das Staphylococcen-Plasmid, *pI*258, war bereits anderweitig untersucht, und wir wußten aus unseren Experimenten, daß bei der *Eco R*I-Verdauung vier DNA-Fragmente entstehen. Da das Staphylococcen-Plasmid *pI*258 in *E. coli* oder verwandten Arten nicht vorkommt, kann es sich natürlich nicht von selbst in einem *E. coli*-Wirt vermehren. Man wußte andererseits aber bereits, daß *pI*258 Resistenz gegen das Antibiotikum Penicillin vermitteln kann, und diese Resistenz eignet sich als Marker für transformierte Klone. (Penicillin-Resistenz war – genau wie die Doppelresistenz gegen Tetracyclin und Kanamycin – in der Natur unter den *E. coli*-Stämmen schon weit verbreitet, eine Tatsache, die für unsere Experimente unter Sicherheitsaspekten wichtig war: Wenn man Gene einer anderen Bakterienart in das Darmbakterium einführt und künstlich für einen Austausch genetischer Information sorgt, der sonst nie stattfinden würde, muß man darauf achten, daß man keine medizinisch unerwünschten Resistenzeigenschaften verbreitet. Das eingeführte Gen trug aber tatsächlich nur eine Antibiotika-Resistenz, die bei *E. coli* bereits weit verbreitet war.)

Chang und ich wiederholten ein Experiment, das bereits mit zwei verschiedenen *E. coli*-Plasmiden zum Erfolg geführt hatte. Wir arbeiteten mit einer neuen Mischung aus dem *E. coli*-Plasmid *pSC*101 und dem Staphylococcen-Plasmid *pI*258. Wir schnitten die gemischten Plasmide mit *Eco R*I, behandelten sie mit Ligase und transferierten sie in *E. coli*. Als nächstes isolierten wir die transformierten Coli-Bakterien, die nun beide Resistenzen aufwiesen: die Penicillin-Resistenz von *S. aureus* und die von *pSC*101 codierte Tetracyclin-Resistenz. Die DNAs dieser doppelt resistenten Zellen wiesen, wie sich zeigte, bestimmte molekulare Merkmale der *S. aureus*-DNA und der *pSC*101-DNA auf.

Mit der Replikation und Expression artfremder Gene in *E. coli* war eine Schranke durchbrochen, die verschiedene Arten normalerweise trennt: Die transformierten Bakterien exprimierten nach wie vor im wesentlichen genetische Information, die für *E. coli* charakteristisch ist, aber es wurden eben auch artfremde DNA-Moleküle repliziert, die für molekulare und biologische Eigenschaften von *S. aureus* verantwortlich sind. Die Tatsache, daß fremde Gene in ein Plasmid eingebaut waren, bedeutet darüber hinaus, daß man sie leicht isolieren, reinigen und in großen Mengen für weitere Untersuchungen herstellen konnte. Vor allem bot sich die Möglichkeit, Gene in leicht wachsende *E. coli*-Bakterien einzuführen, die Information für eine Vielzahl von Stoffwechselfunktionen tragen – sei es Photosynthese oder Antibiotika-Produktion –, die anderen Arten angeboren sind. Vielleicht konnte das *pSC*101-Plasmid bei der molekularen Klonierung auch dazu dienen, fremde DNA aus komplexeren höheren Organismen in bakterielle Wirte einzuschleusen. Damit öffneten sich neue Perspektiven, Gene höherer Tiere anhand der relativ einfachen Bakteriengenetik und biochemischer Techniken zu untersuchen.

Transfer tierischer Gene

Wenn es überhaupt gelang, Gene aus Tierzellen in Bakterien einzuschleusen, würden sie dort dann auch repliziert? Boyer, Chang, Helling und ich versuchten zusammen mit Morrow und Goodman, das herauszufinden. Wir wählten bestimmte Gene, deren Eigenschaften bereits gut untersucht waren und die in großen Mengen gereinigt zur Verfügung standen. Es handelte sich um Gene der Kröte *Xenopus laevis*, die für die Vorläufer der Ribosomen codieren (Ribosomen sind die „Proteinfabriken" der Zellen). Diese Gene besitzen genügend Erkennungsmerkmale, um sie zu identifizieren – wenn es nur gelang, sie in Bakterien zu vermehren. Die Kröten-DNA bot sich auch aus einem anderen Grund an: Von der neuen biologischen Kombination mit Genen aus Tier- und Bakterienzelle war keine Gefahr zu erwarten, wenn die Transplantation der hoch gereinigten ribosomalen DNA gelingen sollte.

Anders als die fremden DNAs unserer ersten Experimente exprimierten die Krötengene keine Marker (wie etwa Antibiotika-Resistenz), die uns helfen konnten, Bakterien mit Plasmidchimären herauszusuchen. Aber an der Tetracyclin-Resistenz des *pSC*101-Plasmids waren transformierte Klone in jedem Fall zu erkennen, und wir konnten darangehen, aus solchen Klonen DNA zu isolieren und zu untersuchen. Auf diese Weise ließ sich feststellen, ob irgendwelche Klone die fremde DNA mit den mo-

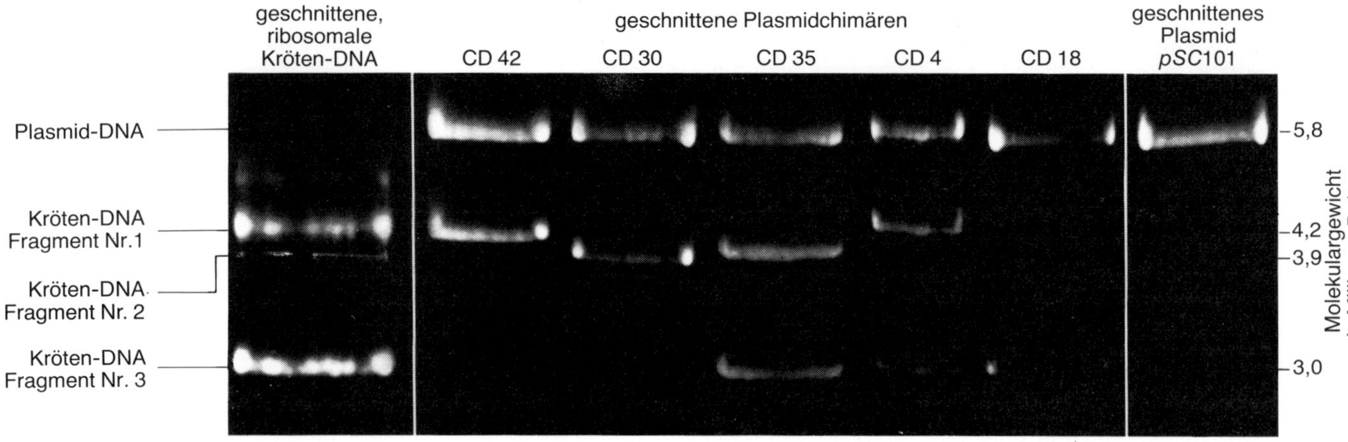

Bild 7: Mit Hilfe der Gelelektrophorese läßt sich Kröten-DNA in einer Plasmidchimäre nachweisen. DNA-Fragmente wandern je nach Größe mehr oder weniger schnell durch ein Gel. Die linearen Plasmid-DNA-Moleküle (rechts) und die Schnittprodukte der ribosomalen Kröten-DNA (links) sind nach einer bestimmten Zeit unterschiedlich weit gewandert. Mit einem fluoreszierenden Farbstoff kann man das sichtbar machen: Banden, die man unter ultraviolettem Licht photographieren kann, lassen die Zusammensetzung der Plasmidchimären (Mitte) erkennen. Alle fünf Chimären enthalten das Plasmid-DNA-Molekül und darüber hinaus einen oder mehrere Abschnitte aus der ursprünglichen Kröten-DNA.

lekularen Eigenschaften der ribosomalen Kröten-DNA enthielten. Da die ribosomale Kröten-DNA bei der Endonucleaseverdauung in Fragmente mit einer ganz charakteristischen Größe und Basenzusammensetzung zerlegt wird, brauchten wir die DNA der transformierten Zellen nur auf diese Eigenschaften zu testen. Überdies konnten wir auch nach Homologien der Nucleotidsequenzen von Kröten-DNA und der in Bakterien vermehrten Fremd-DNA suchen. Als wir bei unserem Experiment die transformierten Zellen testeten, zeigte sich, daß sich die Krötengene wirklich von Bakteriengeneration zu Bakteriengeneration fortgepflanzt hatten – das Plasmid hatte seine Replikationsfunktion behalten. Und vor allem wurde die Nucleotidsequenz der Kröten-DNA auch in der Bakterienzelle in RNA umgeschrieben.

In den folgenden Monaten wurden in ähnlichen DNA-Klonierungsexperimenten an vielen Laboratorien bakterielle DNA und Tierzell-DNA aus verschiedenen Quellen kloniert. Bald entdeckte man noch zwei weitere Plasmide, die wie *pSC*101 nur eine *Eco R*I-Schnittstelle hatten, und zwar an einer Stelle, wo nicht in lebensnotwendige Gene eingegriffen wurde. Eines dieser Plasmide ist in vielen Kopien in der Bakterienzelle vorhanden, so daß im Prinzip jedes mit ihm verbundene DNA-Stück amplifiziert und vermehrt werden kann. Wissenschaftler von der Universität Edinburgh und aus Stanford arbeiteten nun daran, Mutanten des Bakteriophagen Lambda (der normalerweise *E. coli* infiziert) zu entwickeln, die das Virus zu einem geeigneten Klonierungsvehikel machen. Man entdeckte weitere Restriktionsendonucleasen, die ebenfalls kohäsive Enden erzeugen, aber die DNA nicht an den gleichen Stellen schneiden wie *Eco R*I. Chromosomen ließen sich so auf verschiedene Arten zerlegen und zusammensetzen.

Die wissenschaftlichen Möglichkeiten der DNA-Klonierungen wurden von nun an intensiv untersucht. Einige Wissenschaftler isolierten aus komplexen Chromosomen einzelne Regionen, die mit bestimmten Funktionen wie etwa Replikation verknüpft sind. Andere stellten Plasmide mit spezifischen Merkmalen her, um damit spezielle Eigenschaften der extrachromosomalen DNA zu klären, die sich zuvor nur schwer untersuchen ließen. So hat man die Organisation komplexer Chromosomen – etwa der Fruchtfliege Drosophila – durch Klonieren der Tiergene in Bakterien untersucht. Hier wurden für die selektive Klonierung spezifischer Gene von höheren Organismen schließlich auch radioaktive RNA-Sonden entwickelt: Statt Gene, die man untersuchen will, vor dem Einschleusen in Bakterien zu reinigen, kann man mit einer heterogenen Population von Tierzell-DNA arbeiten und aus den transformierten Bakterien dann die Gene isolieren, die eine charakteristische Sorte RNA produzieren. Oder man isoliert Gruppen von Genen, die in einem bestimmten Stadium der Entwicklung des Tieres zusammen exprimiert werden.

Es gibt aber noch weitere Möglichkeiten: Durch Genmanipulation kann man Bakterienzellen schaffen, die sich leicht und billig heranziehen lassen und biologische Substanzen wie Antibiotika und Hormone produzieren oder möglicherweise auch Enzyme synthetisieren, die Lichtenergie direkt in Nahrungsmittel oder nutzbare Energie umsetzen können. Im Prinzip bietet sie sogar eine Basis, um neue genetische Information in Pflanzen- und Tierzellen einzuführen.

Der Sicherheitsaspekt

Es war von Anfang an klar, daß die Konstruktion einiger Genkombinationen biologische Gefahren mit sich bringen könnte. Daher haben die Genetiker schnell reagiert, um sicherzustellen, daß die Experimente zur Genmanipulation in keinem Falle die Öffentlichkeit gefährden können. Nun war unser Plasmid *pSC*101 eine Zeitlang der einzige geeignete Vektor, um fremde DNA in *E. coli* zu klonieren, und wir wurden natürlich auch von unseren Kollegen gebeten, das Plasmid für wichtige Untersuchungen zur Verfügung zu stellen, die insbesondere auch medizinisch von großem Interesse waren. Zwar fördern Wissenschaftler normalerweise den freien Austausch von Bakterien und anderen experimentellen Stämmen, die sie isoliert und entwickelt haben, aber Chang und ich waren überzeugt, daß bestimmte Manipulationen nur eingeschränkt vorgenommen werden sollten: dann, wenn mit den manipulierten Genen neue Organismen entstehen könnten, deren infektiöse Eigenschaften und ökologischen Wirkungen nicht abzusehen sind. Wir waren uns einig, das Plasmid zur Verfügung zu stellen, versicherten uns aber vorher, daß unsere Kollegen damit keine Tumorviren in Bakterien einführen oder Antibiotika-Resistenz-Kombinationen bei den transformierten Zellen schaffen würden, die nicht schon in der Natur vorkamen. Wir baten auch, das Plasmid nicht an andere Laboratorien weiterzugeben, so daß wir seine Verbreitung im Auge behalten konnten. Als dann weitere Klonierungsvektoren entdeckt wurden, war offensichtlich, daß allgemeinere Regelungen für Sicherheitsmaßnahmen bei der Genmanipulationsarbeit ratsam sind.

Die Grundlage für eine Selbstkontrolle der Genforscher war bereits gelegt: Die amerikanische Akademie der Wissenschaften hatte bereits Paul Berg gebeten, ein beratendes Komitee zu gründen, das Folgen und mögliche Risiken von Genmanipulationen prüfen sollte. Berg hatte sich schon länger mit den möglichen Gefahren bestimmter Experimente auseinandergesetzt und freiwillig auf Pläne verzichtet, Gene des Tumorvirus SV40 in Bakterien einzuschleusen. Grund dafür waren die potentiellen Gefahren, falls das Experiment erfolgreich verlaufen wäre. Berg brachte im Frühjahr 1974 einige Wissenschaftler zusammen, die zum Teil unmittelbar mit der molekularen Klonierung zu tun hatten. Sie verfaßten einen Bericht, der im Juli veröffentlicht wurde, und schickten einen Brief an führende Fachzeitschriften, um ihre „Besorgnis über mögliche verhängnisvolle Folgen einer unkritischen Anwendung" der Techniken auszudrükken, und forderten alle Wissenschaftler auf, mit ihrem Komitee zusammenzuarbeiten und für befristete Zeit freiwillig auf zwei Arten von Experimenten zu verzichten – die bis dahin tatsächlich durch formlose Übereinkunft zurückgestellt worden waren.

Zum ersten Gefahrentyp gehörten Experimente, bei denen neue Organismen erzeugt werden könnten, die die Fähigkeit in sich tragen, in zuvor unbekannter Kombination Gifte zu produzieren, oder Antibiotika-Resistenzgene enthalten, die nicht in der Natur vorkommen. Unter Experimenten vom Typ II versteht man das Einschleusen von DNA aus Tumorviren oder anderen tierischen Viren in Bakterien. Das Komitee bemerkte, daß „solche rekombinanten Moleküle sich sehr leicht auf Bakterienspezies in Menschen oder anderen Arten ausbreiten könnten, und daher die Häufigkeit von Krebs und anderen Erkrankungen erhöhen könnten".

Das Komitee mahnte hauptsächlich deswegen zur Vorsicht, weil sich die Gefahren verschiedener Experimente im voraus einfach nicht angemessen abschätzen und bewerten ließen. Sicherheitsbestimmungen, wie es sie schon lange in anderen Gebieten wie etwa für Untersuchungen an bekannten krankheitserregenden Bakterien und Viren oder das Arbeiten mit radioaktiven Isotopen und giftigen Chemikalien gab, mußten für mikrobiologische Experimente zur Genmanipulation erst noch entwickelt werden. Man wollte jede Möglichkeit ausschließen, daß potentiell gefährliche Experimente gemacht würden, bevor geeignete Sicherheitsrichtlinien aufgestellt und angewendet werden konnten.

Wir wußten zwar, daß die meisten Experimente mit den neuen Methoden nicht zu gefährlichen Ergebnissen führen würden, aber wir befürworteten trotzdem einen Aufschub der Experimente vom Typ I und II, bis die Gefahren sorgfältiger abgeschätzt und gegebenenfalls ausreichende Sicherheitsvorkehrungen verfügbar waren. Das Komitee schlug auch ein internationales Treffen zu Beginn des Jahres 1975 vor, bei dem die Sicherheitsproblematik im einzelnen diskutiert werden sollte.

Dieses Treffen fand dann im Februar 1975 im Asilomar-Konferenz-Center in Kalifornien statt, bei dem 86 amerikanische Biologen und 53 Wissenschaftler aus 16 Ländern dreieinhalb Tage damit verbrachten, den Fortschritt im Bereich der Molekularbiologie kritisch zu prüfen und Sicherheitsrichtlinien für Klonierungsexperimente zu entwickeln. Auch Nichtbiologen – Juristen und Philosophen, die sich mit dem Thema Ethik be-

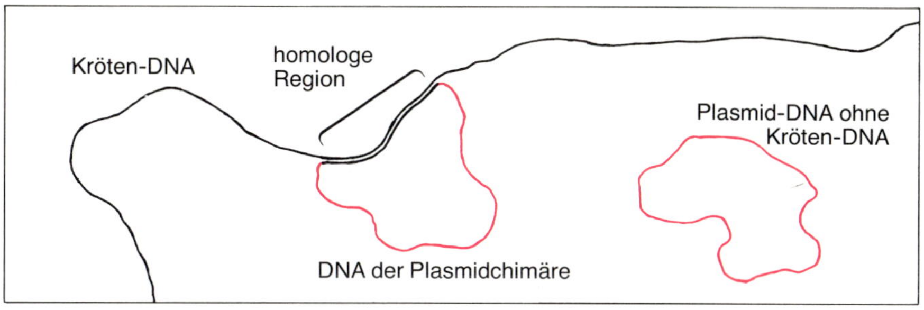

Bild 8: Mit dem Heteroduplex-Verfahren läßt sich ein Abschnitt Kröten-DNA in einer Plasmidchimäre identifizieren. Aus Krötenlaich wird DNA isoliert und parallel die DNA der Chimären denaturiert (das heißt durch Alkalibehandlung in zwei DNA-Einzelstränge gespalten). Wenn man nun die Kröten-DNA und die DNA der Chimären mischt, können sich komplementäre Sequenzen finden und aneinanderlagern. Die Kröten-DNA in der Plasmidchimäre weist Nucleotidsequenzen auf, die komplementär zu Sequenzen aus der direkt isolierten Kröten-DNA sind. Solche homologen Sequenzen lagern sich zusammen und bilden so eine Heteroduplex-Doppelstrang-DNA, die man mit dem Elektronenmikroskop feststellen kann.

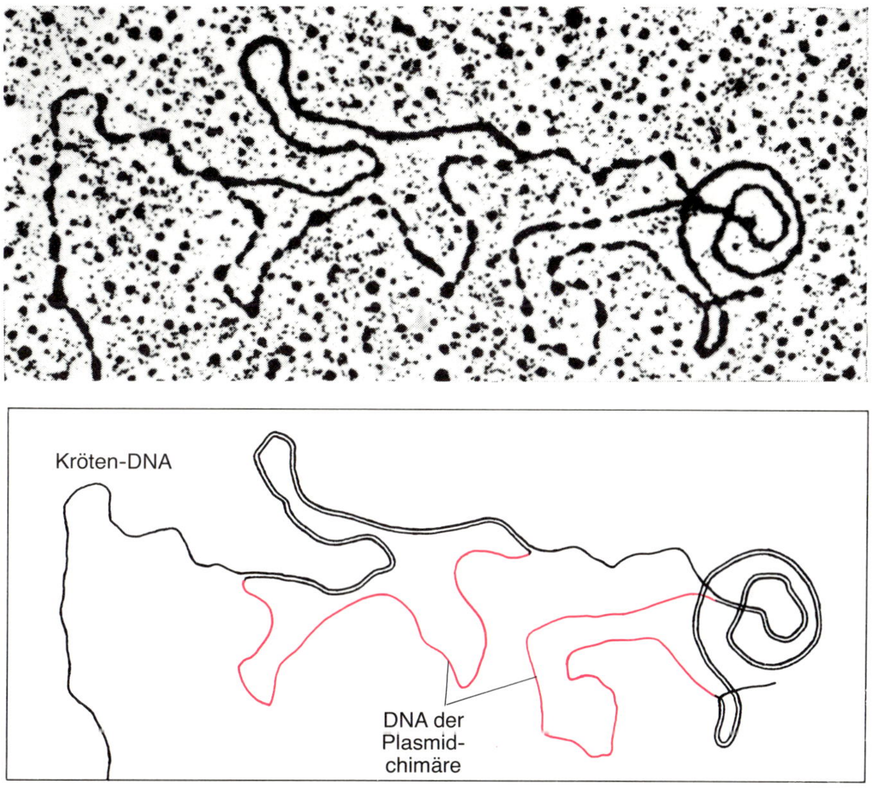

Bild 9: Die elektronenmikroskopische Aufnahme von John F. Morrow von der Stanford-Universität beweist, daß in zwei verschiedenen Plasmidchimären Kröten-DNA enthalten ist. Die Aufnahme zeigt leicht verdickte DNA-Abschnitte, in denen sich homologe Nucleotidsequenzen aneinandergelagert haben – sie sind in der Zeichnung noch einmal dargestellt. Die Kröten-DNA der Chimären codiert hier für Ribosomen; der Abstand zwischen den Heteroduplices entspricht dem Abstand zwischen multiplen (vervielfachten) Genen in der Kröten-DNA.

faßten – beteiligten sich an den Diskussionen und Entscheidungen in Asilomar; und schließlich waren auch Repräsentanten von Behörden eingeladen, die die Molekularbiologie mit öffentlichen Geldern fördern. Auch die Presse war zugelassen und hat ausführlich über das Treffen berichtet. Die Probleme waren komplex, und es gab enorme Meinungsverschiedenheiten, aber in drei entscheidenden Punkten herrschte Einmütigkeit:

Die neuen Klonierungsmethoden bieten die Chance, viele drängende wissenschaftliche und medizinische Fragen zu klären und auch mit anderen Problemen, wie etwa Umweltverschmutzung oder Nahrungs- und Energieknappheit, fertig zu werden.

Eine unkontrollierte Verbreitung von neuen biologischen Kombinationen birgt gewisse Risiken, weshalb solche Kombinationen nur unter einer – abgestuften – Reihe von Vorsichtsmaßnahmen hergestellt werden sollten. Im wesentlichen geht es um biologische und physikalische Barrieren, die verhindern können, daß ein gefährlicher Organismus aus dem Labor entweichen kann. Wie hoch das Risiko hier wirklich ist, sollte unter strengen Vorsichtsmaßnahmen erforscht werden.

Bei einigen Experimenten, die 1975 selbst unter größten Vorsichtsmaßnahmen gefährlich schienen, sollten die Sicherheitsanforderungen zunächst eher hoch angesetzt werden. Später, wenn sich die Risiken als geringer herausstellen sollten – und das wurde durchaus erwartet –, konnte man die Vorsichtsmaßnahmen jederzeit lockern. Gedacht war an Filter und Absaugvorrichtungen, die Mikroorganismen am Entweichen hindern und schon seit langem im US-Raumfahrtprogramm eingesetzt wurden, um die Gefahr einer möglichen Kontamination der Erde mit außerirdischen Mikroben zu verringern. Solche Absaugvorrichtungen mit Filter waren aber auch routinemäßig in Laboratorien installiert, in denen mit radioaktiven Isotopen, giftigen Chemikalien und krankheitserregenden Bakterien und Viren gearbeitet wurde. In Asilomar wurden darüber hinaus biologische Barrieren diskutiert. So könnte man sich bei den Klonierungsexperimenten auf anspruchsvolle Vektoren beschränken, die sich nur in ganz speziellen Wirten vermehren können; man könnte überdies mit ähnlich anspruchsvollen Bakterienstämmen arbeiten, die nur unter bestimmten Laborbedingungen existieren können und bei geringsten Abweichungen von einem engen Toleranzbereich absterben.

In der Vergangenheit haben Wissenschaftler ihre Verhaltensregeln unbürokratisch gehandhabt und sich aus ethischen Überlegungen heraus selbst Zurückhaltung auferlegt. Normalerweise (aber nicht immer) hat sich die Öffentlichkeit eingeschaltet, wenn es darum ging, Ergebnisse der Grundlagenforschung anzuwenden. Aber eine so umfassende öffentliche Untersuchung und eine so offen geführte Diskussion zwischen Wissenschaftlern und Nichtwissenschaftlern über mögliche Risiken und Nutzen einer bestimmten Forschungsrichtung wie bei der Asilomar-Konferenz hat es selten gegeben, solange die Gefahren allenfalls als Möglichkeit bedacht, aber keineswegs bewiesen waren. Wie diese Diskussion auch immer weitergehen und welche Folgen sie auf lange Sicht haben wird, man kann nur hoffen, daß die Offenheit und Konsequenz, mit der hier Sicherheitsmaßnahmen für Klonierung von rekombinanter DNA getroffen wurden, auch im Bereich der öffentlichen Sicherheit und des Umweltschutzes den Blick schärfen werden.

Manipulationen am Erbgut von Säugerzellen

Die ebenso verlockende wie bedenkliche Möglichkeit, Eingriffe in das menschliche Erbgut vorzunehmen, ist wieder ein gutes Stück näher gerückt. Was inzwischen bei Bakterien schon zur Routine zählt – fremde Gene einzuschleusen und zum Arbeiten zu bringen – wurde jetzt auch bei isolierten Mäusezellen mit Erfolg praktiziert.

Von W. French Anderson und Elaine G. Diacumakos

Wie bei jedem höheren Lebewesen besteht auch die menschliche Erbsubstanz aus Desoxyribonucleinsäure (internationale Abkürzung DNA). Winzige Fehler in diesem Molekül verursachen bereits genetische Defekte, die zu schwerwiegenden Erbkrankheiten führen. Von den über 2000 bekannten Erbkrankheiten des Menschen lassen sich zwar einige behandeln, aber keine einzige tatsächlich heilen. Eine Heilung könnte man nur erzielen, wenn es gelänge, die DNA und mit ihr das defekte Gen zu reparieren oder ein gleiches, aber normal funktionierendes Gen in die kranken Zellen einzuschleusen. Noch sind solche Möglichkeiten Zukunftsmusik, doch die Gentechnologen isolieren bereits aus einer Unzahl von Genen das einzig interessierende, kombinieren es mit einer Träger-DNA und transferieren dann diese neuverknüpfte „rekombinante" DNA in eine Bakterienzelle. Von Anfang an war klar, daß eine aufregende Anwendung dieser Gentechnologie eines Tages die Gentherapie menschlicher Patienten sein könnte, wenn es nur gelänge, solche Manipulationen auch erfolgreich an Säugerzellen durchzuführen.

Die DNA – das genetische Material – ist ein langes doppelsträngiges Molekül, in dem sich die beiden Einzelstränge in Form einer Doppelhelix umeinanderwinden. Jeder Strang besteht aus einer Kette von Bausteinen, die man Nucleotide nennt. Jedes Nucleotid enthält eine der vier Basen Adenin, Guanin, Thymin oder Cytosin, und in der Abfolge dieser Basen ist die genetische Information verschlüsselt. Derjenige Abschnitt auf der DNA, der die Information für ein bestimmtes Protein trägt, ist schließlich ein einzelnes Gen. Die DNA eines Gens wird in ein Molekül Ribonucleinsäure umgeschrieben (transkribiert) und dann erst in ein Protein übersetzt (translatiert).

In anderen Beiträgen wurden bereits die wichtigsten Techniken beschrieben, mit denen sich fremde DNA in Bakterien einschleusen und dort vervielfältigen läßt. Die DNA, die man selektiv vermehren möchte (der Wissenschaftler sagt dazu klonieren), baut man in einen sogenannten Vektor, ein DNA-Trägermolekül, ein. Besonders eignen sich dafür Plasmide: kleine ringförmige DNA-Moleküle, die als „Zusatzchromosomen" in Bakterien vorkommen und sich leicht isolieren lassen. Die als „Vehikel" gewählten Plasmide müssen gleichzeitig Gene tragen, die ihre Wirtszelle – also das Bakterium – gegen bestimmte Antibiotika resistent machen. Die beladenen Vekikel werden dann mit den Bakterienzellen in einem Medium inkubiert, das die Zellmembranen aufweicht und für DNA-Moleküle – und damit Plasmide – durchlässig macht. Welche Zellen ein Plasmid aufgenommen haben, läßt sich leicht feststellen, denn nur die „transformierten" Zellen wachsen in Gegenwart des Antibiotikums. Sie lassen sich durch eine Vielzahl verschiedener Techniken weiter selektionieren und in großen Mengen züchten. Man kann solche Bakterien entweder als Proteinproduzenten oder als Genlieferanten benutzen. Ebenso sind sie geeignete Studienobjekte, um Bau und Funktionsweise einzelner Gene zu untersuchen (siehe dazu den Beitrag „Gestückelte Gene" von Pierre Chambon).

Genetische Manipulationen an Säugerzellen verlangen einen weit größeren Aufwand. Denn bei ihnen ist die DNA in Chromosomen verpackt und in einem Zellkern eingeschlossen. Doch mußte man nicht nur einen Weg finden, das gewünschte Gen in den Zellkern zu schleusen, sondern darüberhinaus ein Mittel, das Gen zur Expression zu bringen. Das heißt, es sollte sich von der biochemischen Maschinerie der Zelle in Boten-RNA abschreiben und in ein Protein umsetzen lassen. Man hat inzwischen Techniken entwickelt, ein Gen in Säugerzellen zu übertragen, und zumindest in einem Fall wurde auch das zugehörige Protein produziert. Wir werden hier darüber berichten und die Schwierigkeiten umreißen, die es noch zu bewältigen gibt, bevor eine Gentherapie für menschliche Patienten praktikabel ist.

Die Übertragung von Genen

Schon bevor die moderne Gen-Technologie aufkam, hatte man ein Verfahren entwickelt, das es erlaubte, genetisches Material von einer Säugerzelle in eine andere zu übertragen. Bei der sogenannten somatischen Zellhybridisierung werden zwei verschiedene Körperzellen dazu gebracht, miteinander zu verschmelzen. (Ein solcher Vorgang findet gewöhnlich nur bei der Befruchtung von

Keimzellen statt.) Man inkubiert dazu zwei Zellkulturen zusammen mit einem Agens wie inaktivierten Sendai-Viren oder Polyethylenglycol, das die Fusion der beiden Zellsorten fördert (Bild 2). Anfangs besitzen die fusionierten Zellen zwei Zellkerne, von denen jeder die Chromosomen der jeweiligen Elternzelle enthält. Im Laufe der Zellteilung lösen sich die Kernmembranen auf, und es bildet sich ein neuer Kern, der jetzt Chromosomen von beiden Elternzellen enthält und auch einige Gene aus beiden Elternzellen exprimiert. Solche Mischzellen (Hybridzellen) kann man isolieren, indem man sie in einem selektiven Medium züchtet, das nur die Hybriden überleben läßt.

Für den Wissenschaftler sind derartige Zellen geeignete Studienobjekte, um besondere Eigenschaften und Merkmale mit bestimmten Chromosomen korrelieren und auf diese Weise eine Genkarte der Chromosomen anlegen zu können. Sie liefern ihm auch Informationen darüber, wie eine Säugerzelle die Expression ihrer Gene reguliert. Wenn sich eine Hybridzelle teilt, verliert sie häufig Chromosomen – entweder von beiden oder nur von einer Elternlinie. Manchmal passiert es, daß ein Gen, das mehrere Zellgenerationen lang „stumm" war, plötzlich wieder exprimiert wird. Offensichtlich hat dann die Hybridzelle ein Chromosom verloren, das einen negativen (hemmend wirkenden) Regulator für das betreffende Gen trägt. Und manchmal wird ein Gen, das in den spezialisierten Elternzellen gewöhnlich stumm bleibt, in den Hybridzellen aktiviert. So werden die Gene für die sogenannten Alpha- und Betaketten des Blutfarbstoffs Hämoglobin in den Vorläufern von Bindegewebszellen (Fibroblasten) nicht gebraucht und daher unterdrückt. Fusioniert man einen solchen Fibroblasten jedoch mit einer Hämoglobin-produzierenden Zelle oder einem ih-

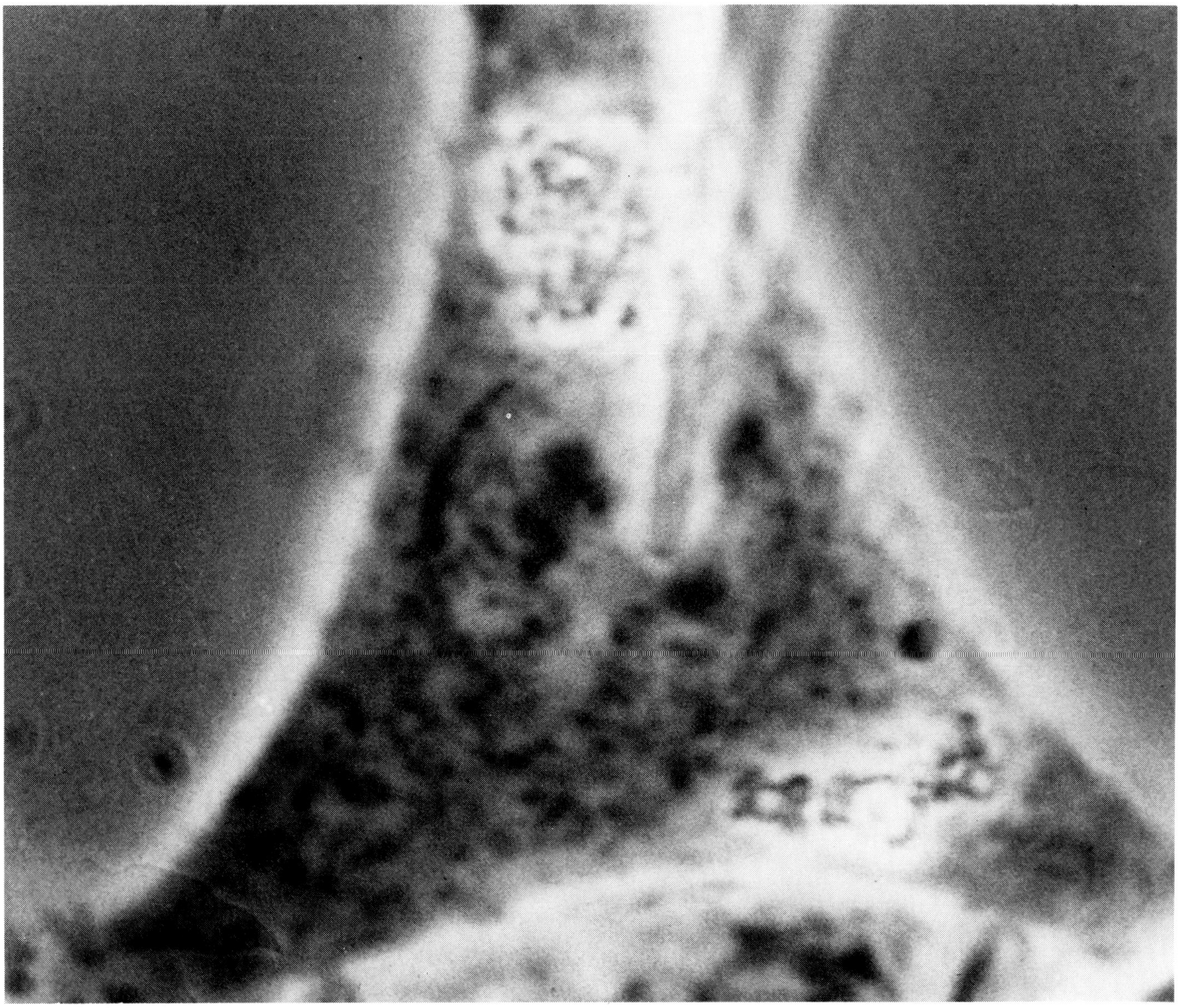

Bild 1: Die Mikroaufnahme zeigt 8500fach vergrößert einen einzelnen Fibroblasten (den Vorläufer einer Bindegewebszelle), in den mit Hilfe einer Mikropipette ein Gen injiziert wird. Die Pipette, eine extrem feine Glaskanüle, mißt an ihrem unteren Ende nur einen Tausendstel Millimeter. Sie ragt von oben ins Bild, und ihre Spitze endet im Zellkern, der die Mitte der fast dreieckigen Zelle ausfüllt. Das Gen wurde zuvor mit Hilfe der üblichen gentechnischen Verfahren vervielfältigt (Bild 4) und die Kopien in verdünnter Kochsalzlösung aufgeschwemmt. Von der Flüssigkeit entnimmt man eine winzige Probe – und zwar gerade soviel, daß darin den Berechnungen nach im Durchschnitt ein einziges Gen vorhanden ist. Diese Flüssigkeitsmenge wird in den Zellkern injiziert. Die Empfängerzelle – hier von einer Maus – scheint sich von dieser Prozedur sofort zu erholen, denn bringt man sie in ein geeignetes Kulturmedium, so teilt und vermehrt sie sich. Die Manipulation selbst führt man unter dem Phasenkontrastmikroskop aus, das den Vorteil bietet, lebende Objekte kontrastreich wiederzugeben.

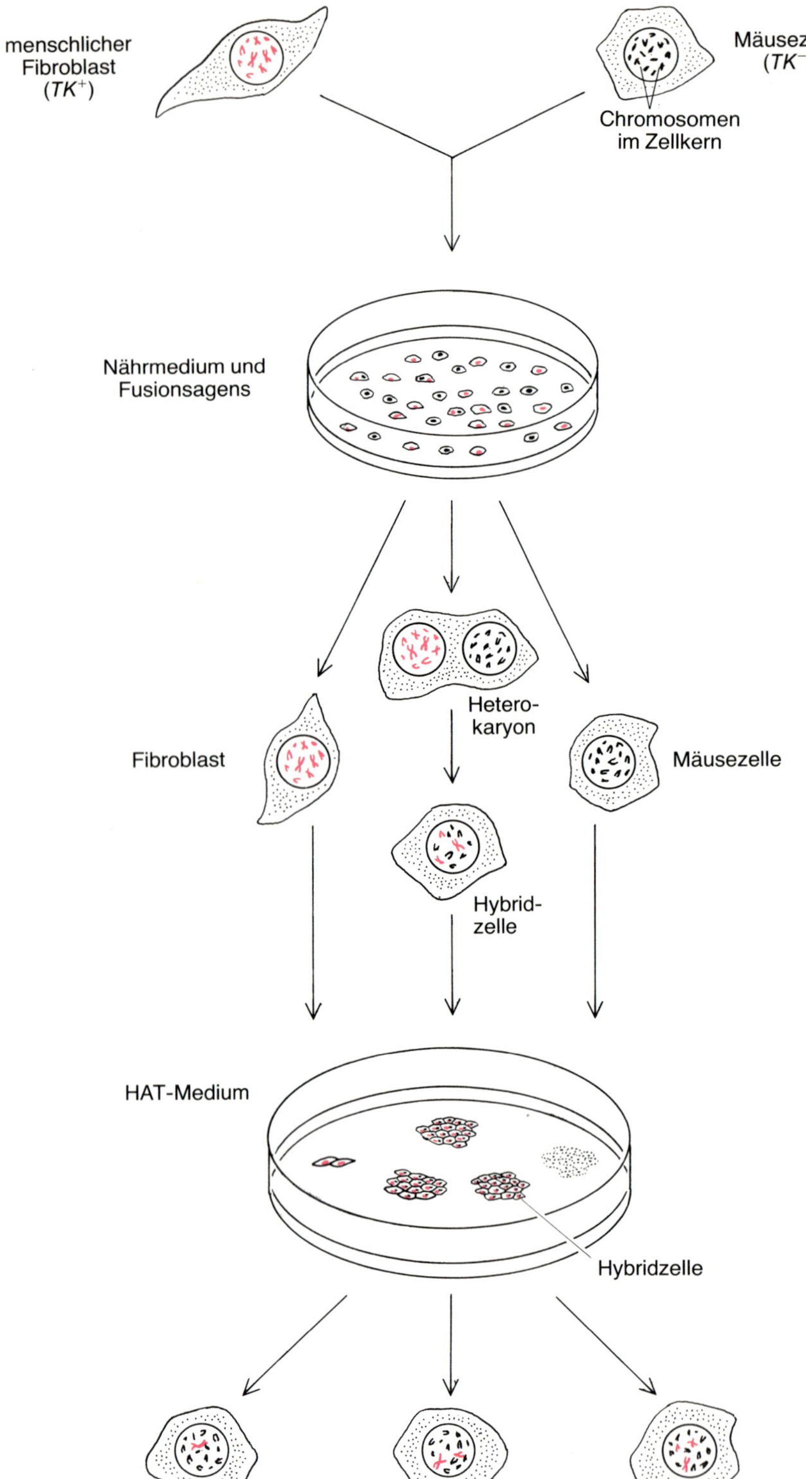

Bild 2: Auch ohne die moderne Gentechnologie ist es möglich, genetisches Material von einer Zelle in eine andere zu übertragen. Man veranlaßt dabei zwei normale Körperzellen (sogenannte somatische Zellen), sich ähnlich wie Geschlechtszellen zu verhalten und miteinander zu verschmelzen. Als stimulierendes Agens benötigt man inaktivierte Sendai-Viren oder Polyethylenglykol. Die Fusion zweier Zellen führt zuerst zu einem zweikernigen Gebilde, einem Heterokaryon. Nach der ersten Zellteilung bildet sich ein einziger Zellkern heraus, der die Chromosomen beider Elternzellen enthält. Eine solche Mischzelle bezeichnet man als Hybriden und das Verfahren als Hybridisierung somatischer Zellen. In dem hier gezeigten Beispiel ging man von normalen menschlichen Fibroblasten (TK^+) und genetisch defekten Mäusezellen (TK^-) aus. Ihnen fehlt das Gen, das für das Enzym Thymidin-Kinase (TK) verantwortlich ist. Die Hybridzellen lassen sich auf einfache Weise selektionieren, denn in einem bestimmten Kulturmedium mit der Kurzbezeichnung HAT vermehren nur sie sich normal. Die defekten Mäusezellen sterben ab, und die Fibroblasten teilen sich nur sehr langsam. In den nachfolgenden Zellteilungen gehen einige Chromosomen verloren. In Maus/Mensch-Hybridzellen sind es die menschlichen Chromosomen. Man erzeugt solche Hybridzellen, weil sich an ihnen untersuchen läßt, welche Eigenschaft (und damit welches Gen) einem bestimmten Chromosom zuzuordnen ist und wie Gene in einer fremden Zelle „funktionieren".

rer Vorläufer, so aktiviert ein regulatorischer Faktor aus der Blutzelle auch die Fibroblasten-Gene, die für das alpha- und beta-Globin zuständig sind.

Die Fusion von Zellen bleibt ein wirkungsvolles Verfahren, mit dem sich die Expression von Genen untersuchen läßt. Wenn man jedoch ein bestimmtes DNA-Fragment mit nur einem einzigen Gen in eine lebende Säugerzelle übertragen möchte, sind andere Methoden erforderlich. Bei der einen verbindet (rekombiniert) man die DNA des Gens mit der DNA eines Virus, der Tiere befällt, und infiziert damit die entsprechenden tierischen Zellen. So hat man ein aus Kaninchen gewonnenes beta-Globin-Gen in die virale DNA des Affen-Virus SV 40 eingebaut und damit eine in Laboratorien verwendete Linie von Affenzellen infiziert (Bild 3, links). Die befallenen Zellen produzierten Kaninchenglobin.

Die andere Methode bezeichnet man als DNA-abhängigen Gentransfer. Dabei werden geringe Mengen des gentragenden DNA-Fragments mit mehreren Milligramm einer anderen, als „Schrittmacher" dienenden DNA gemischt und dann mit Calciumphosphat aus der Lösung gefällt (Bild 3, rechts). Inkubiert man Zellen mit diesem Niederschlag, so werden einige in der gewünschten Weise transformiert. Mit Hilfe dieser Methode konnten Richard Axel, Angel Pellicer, Saul J. Silverstein und Michael Vigler, die damals alle an der Columbia-Universität arbeiteten, bei Mäusezellen einen genetischen Defekt beheben. Sie verwendeten als Spender den *Herpes Simplex* Virus und daraus ein DNA-Fragment, auf dem das Gen für das Enzym **T**hymidin-**K**inase (TK) liegt. Als Schrittmacher wählten sie die DNA von Lachsspermien und als Empfänger die Zellen eines bestimmten Mäusestamms – und zwar sogenannte L-Zellen, denen das TK-Gen fehlt. Nur etwa eine von einer Million L-Zellen nahm das TK-Gen auf. In einem Medium, in dem defekte L-Zellen absterben, konnten die transformierten Zellen heranwachsen und sich normal vermehren. Sie waren also von ihrem genetischen Defekt „geheilt". Im Prinzip ist es möglich, jedes gewünschte

Gen in Zellen zu übertragen. Man braucht nur dieses Gen mit dem TK-Gen zu vermischen oder zu verknüpfen. Für einen solchen Cotransfer läßt sich jedes Gen verwenden, das transformierten Zellen einen Selektionsvorteil gegenüber nicht-transformierten Zellen verschafft.

Ein Nachteil der beiden Transfer-Methoden ist, daß man eine große Anzahl von Empfänger-Zellen mit dem gewünschten Gen inkubieren muß, um wenigstens einige stabil transformierte Zellen zu erhalten. Vorteilhafter wäre es, eine einzige Kopie eines bestimmten Gens direkt in den Zellkern einer einzigen Zelle zu bringen. Diese Zelle könnte man dann zu einem Stamm (einem Klon) von Zellen heranwachsen lassen, von denen jede einzelne das gewünschte Gen enthält. Eine geeignete Methode schien die Injektion mit Hilfe einer Mikropipette – ein Verfahren, das J. B. Gurdon für die großvolumigen Eizellen von Fröschen entwickelt hatte. Welche großartigen experimentellen Möglichkeiten in der Mikroinjektion stecken, haben Gurdon und andere eindrucksvoll demonstriert, als sie ganze Zellkerne und später auch gereinigte Gene oder Boten-RNA in entkernte Froscheier injizierten. Ein solches Ei ist allerdings etwa einen Millimeter dick und sein Volumen hunderttausendmal größer als das einer gewöhnlichen Säugerzelle. Mikroinjektionen an Säugerzellen erfordern daher jene wesentlich diffizileren Techniken, die eine von uns (Diacumakos) im Jahre 1970 entwickelt hatte. Die Zellen, die damals DNA injiziert bekamen, erholten sich sofort und wuchsen und teilten sich völlig normal.

Einige Jahre später – als es endlich möglich war, bestimmte Gene zu isolieren und klonieren – beschlossen wir, eine langgehegte Idee gemeinsam in die Tat umzusetzen und einzelne Gene in eine Säugerzelle zu injizieren. Wir waren nicht die einzigen, die dabei Erfolg hatten. So entwickelte Adolf Grässman von der Freien Universität Berlin eine Methode, die schneller, aber dafür weniger genau ist als unsere. Seine Methode eig-

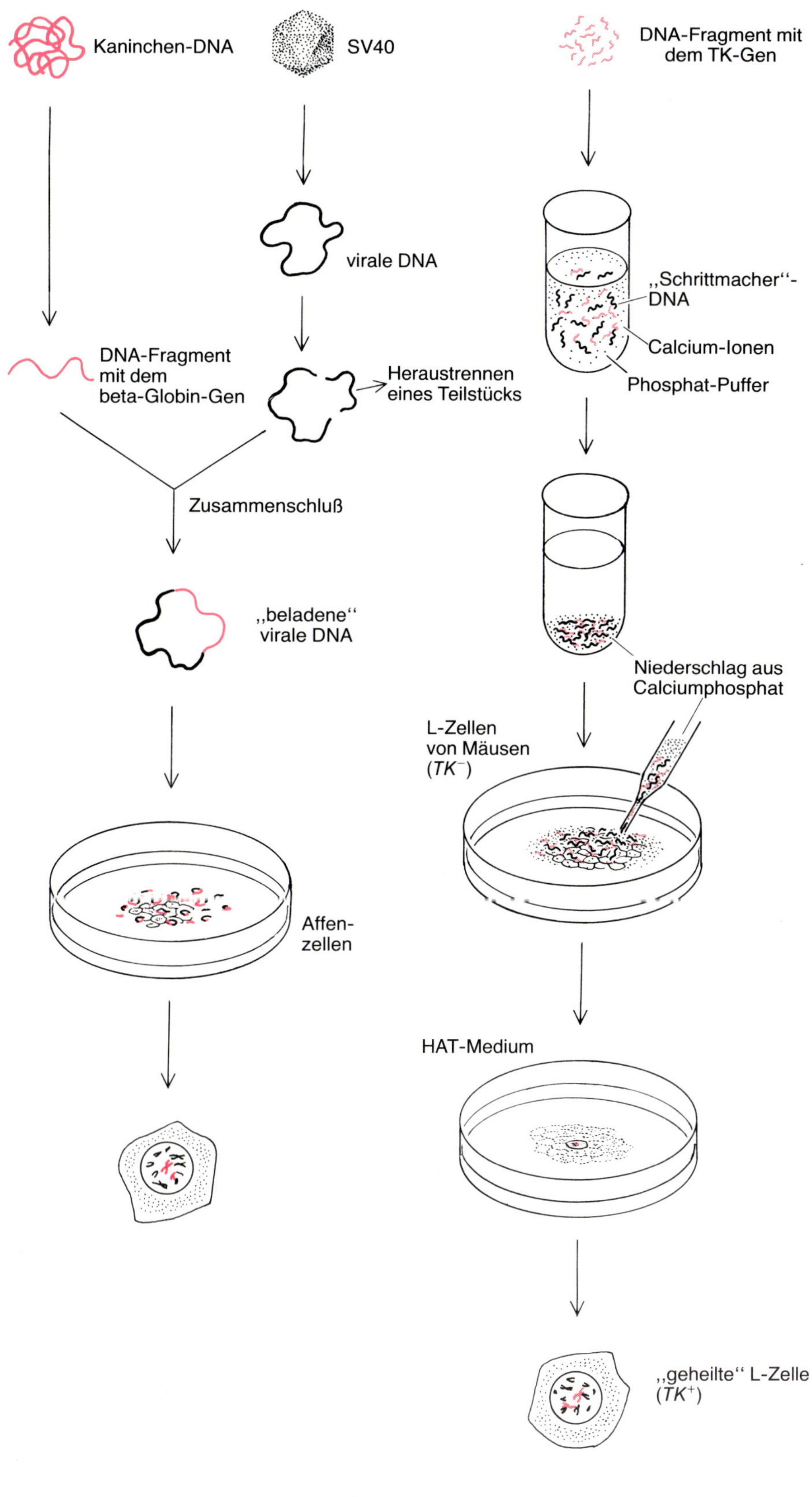

Bild 3: Möchte man ein bestimmtes Gen in Säugerzellen übertragen, so greift man gewöhnlich auf eines der hier dargestellten Verfahren zurück. Die eine Technik (links) besteht darin, das interessierende Gen in ein Virus einzubauen, das die Empfängerzellen infizieren und sich darin vermehren kann. Bei Affenzellen wählt man das Affenvirus SV 40. Aus seiner DNA wird ein Stück herausgeschnitten und durch das gewünschte Gen – in diesem Fall ein beta-Globin-Gen aus Kaninchen – ersetzt. Dieses Gen enthält die Anweisung, wie die Betakette des Hämoglobins (des roten Blutfarbstoffs) zu synthetisieren ist. Infiziert man Affenzellen mit dem umgebauten Virus, so wird das Globin-Gen zusammen mit der Virus-DNA vermehrt und in beta-Globin übergesetzt. Beim sogenannten DNA-abhängigen Gentransfer (rechts) vermischt man DNA-Fragmente, die beispielsweise das Gen für Thymidin-Kinase (TK) enthalten, in einer als Puffer dienenden Phosphatlösung mit einer „Schrittmacher"-DNA. Man fügt dann Calcium-Ionen zu, so daß Calciumphosphat ausfällt und die DNA-Moleküle zwischen sich einschließt. Der Niederschlag wird auf eine Kultur von Zellen gebracht, denen das TK-Gen fehlt. Ungefähr jede millionste Zelle nimmt die TK-DNA auf und produziert dann Thymidin-Kinase. Nur diese „transformierten" Zellen überleben in einem HAT-Medium (Bild 4).

net sich daher besonders, wenn man die Genprodukte vieler injizierter Zellen untersuchen möchte.

Wir beschlossen, eine Kopie des TK-Gens und eine Kopie des beta-Globin-Gens in eine L-Zelle zu injizieren. Der Versuch sollte uns zeigen, ob man den TK-Defekt der L-Zelle beheben kann und ob das Globin-Gen seine Arbeit auch in L-Zellen aufnimmt, die normalerweise kein Hämoglobin produzieren. Wir wählten diese Kombination von Genen, weil uns bekannt war, daß sich das TK-Gen mit Hilfe des DNA-abhängigen Gentransfers in L-Zellen übertragen läßt und dabei andere Gene mitnehmen kann.

Unser Plan war, das TK-Gen des *Herpes Simplex* Virus und das menschliche beta-Globin-Gen getrennt in ein Plasmid mit der Bezeichnung pBR322 einzubauen. Auf diesem Plasmid liegen zugleich Gene, die Resistenzen gegen die beiden Antibiotika Ampicillin und Tetracyclin verleihen.

Die Mikroinjektion

Um Gene in Plasmide einzufügen, greift man auf eine Gruppe von Enzymen zurück, die als Restriktionsendonucleasen bekannt sind. Jedes dieser Enzyme kann ein DNA-Molekül an einer bestimmten, durch eine charakteristische Basensequenz gekennzeichneten Stelle zerschneiden. Die Spaltprodukte verschiedener, aber mit dem gleichen Enzym behandelter DNA-Moleküle haben demzufolge zueinander passende Enden, an denen sie leicht miteinander „verkleben". Lynn W. Enquist vom Nationalen Krebsforschungsinstitut, William C. Summers von der Yale-Universität und ihre Kollegen schnitten nun aus der DNA des *Herpes Simplex* ein 3,5 Kilobasen (3500 Basenpaare) langes Fragment mit dem TK-Gen heraus (Bild 4, links). Sie wählten dazu das Restriktionsenzym BamHI, das auch Peter J. Kretschmer in unserem Laboratorium am Nationalen Herz-, Lungen- und Blutinstitut benutzte, um die ringförmige DNA des Plasmids pBR322 zu öffnen. Enquist und seine Mitarbeiter verbanden dann diese beiden DNA-Moleküle miteinander und erhielten ein neues ringförmiges DNA-Molekül, dem sie die Bezeichnung pX1 gaben. Das Enzym BamHI wurde deshalb gewählt, weil es das Plasmid mitten in dem Gen zerschneidet, das für die Tetracyclin-Resistenz verantwortlich ist. Das umgebaute Plasmid läßt sich daher leicht daran erkennen, daß es seine bakteriellen Wirtszellen zwar noch gegen Ampicillin, aber nicht mehr gegen Tetracyclin resistent macht.

In ähnlicher Weise stellten Russell E. Kaufmann, Arthur W. Nienhuis und Kretschmer ein neues Plasmid her, in das ein menschliches Globin-Gen eingebaut ist (Bild 4, rechts). Sie gingen von einem 15,9 Kilobasen langen DNA-Fragment aus, das Thomas P. Maniatis und seine Kollegen vom Technischen Institut von Kalifornien hergestellt haben. Aus diesem langen DNA-Fragment ließ sich mit dem Restriktionsenzym PstI ein kleineres DNA-Stück gewinnen, das trotz seiner geringeren Länge von 4,4 Kilobasen immer noch das vollständige beta-Globin-Gen trug. Sie fügten es in das Plasmid pBR322 ein, das sie zuvor mit PstI geöffnet hatten. PstI spaltet dabei das Gen für Ampicillin-Resistenz, und daher verleiht das neue Plasmid mit der Bezeichnung pRK1 einem Bakterium zwar Resistenz gegen Tetracyclin, aber nicht mehr gegen Ampicillin. Beide Plasmide wurden in Zellen des Bakteriums *Escherichia coli* vermehrt, daraus isoliert und gereinigt. Damit hatten wir zwei reine Präparationen beladener Träger in Händen: eine mit dem TK-Gen, und eine mit dem beta-Globin-Gen.

Die Mikroinjektion selbst wurde von Lillian Killos, einer Doktorandin von der George-Washington-Universität, in unserem Laboratorium durchgeführt. Dazu verpflanzte sie einige Dutzend der defekten L-Zellen auf ein Deckgläschen und setzte es umgekehrt – mit kleinen Glasfüßchen als Abstandshalter – auf einen gläsernen Objektträger. Die so entstandene kleine Kammer wurde mit einigen Tropfen Kulturmedium ausgefüllt und ihre offenen Seiten mit Silikonöl versiegelt (Bild 5). Mit Hilfe eines speziell konstruierten Geräts ließen sich die benötigten feinen Mikropipetten herstellen: An ihrer Spitze hatten sie einen inneren Durchmesser von nur 0,5 Mikrometern (Tausendstel Millimetern). Die Injektion wurde bei 2000facher Vergrößerung unter dem Phasenkontrastmikroskop durchgeführt (Bild 1). Dabei erhielten mehrere Zellen einer jeden Kammer von jedem Plasmid durchschnittlich eines injiziert. Das läßt sich in etwa erreichen, wenn man die Lösung mit den Plasmiden so stark verdünnt, daß in der injizierten Menge von 10^{-11} Millilitern im Durchschnitt nur noch ein Plasmidmolekül vorhanden ist. (Natürlich kann bei solchen Verdünnungen die Injektionsflüssigkeit auch gar kein, oder aber mehrere Plasmide enthalten.) Die Deckgläschen mit den Zellen darauf kamen anschließend in ein normales Kulturmedium und später in ein sogenanntes HAT-Medium. Darin können nur Zellen überleben, die Thymidin-Kinase synthetisieren. Die ersten Experimente lieferten insgesamt sieben sich teilende Zellkolonien. Jede Kolonie erhielt eine eigene Kulturschale, in der sie für weitere Analysen heranwachsen konnte.

Bild 4: Die Gene, die man einer Säugerzelle injizieren möchte, müssen zunächst einmal in ausreichenden Mengen vorhanden sein. Um das zu erreichen, setzt man das zu vemehrende DNA-Stück in ein „Vehikel" ein, das dieses Stück in Bakterien einschleust, wo es dann vermehrt wird. Als Vehikel oder – wie der Fachmann sagt – Vektor benutzten die Autoren das Plasmid pBR322. (Plasmide sind ringförmige DNA-Moleküle, die in Bakterien zusätzlich zum Chromosom vorkommen können.) Es trägt zwei Gene, die einem Wirtsbakterium Resistenz gegen die Antibiotika Ampicillin und Tetracyclin verleihen. Das Plasmid und die DNA, der man ein Gen entnehmen möchte, behandelt man mit einer Restriktionsendonuclease. Das ist ein Enzym, das die DNA an bestimmten charakteristischen Stellen auftrennt und zwar so, daß die Enden wie Positiv und Negativ zueinanderpassen. Das Restriktionsenzym BamHI schneidet aus der DNA des *Herpes Simplex*-Virus ein 3,5 Kilobasen langes Fragment heraus, auf dem das gewünschte Gen für die Thymidin-Kinase (TK) liegt. (Eine Kilobase – abgekürzt KB – ist die Längeneinheit, in der man DNA-Moleküle mißt; sie entspricht tausend Basen, den charakteristischen Bausteinen der DNA.) Das gleiche Enzym öffnet den Plasmidring an der gekennzeichneten Stelle und macht dabei das Resistenzgen für Tetracyclin wirkungslos. Da das geöffnete Plasmid und das *Herpes*-Fragment die gleichen Positiv-Negativ-Enden besitzen, fügen sie sich problemlos ineinander. Das beladene Plasmid mit der Bezeichnung pX1 wird mit Bakterien vermischt, und alle Zellen, die ein solches Plasmid aufnehmen, lassen sich leicht anhand ihrer Ampicillinresistenz erkennen. Denn nur sie werden auf einem Nährboden mit Ampicillin zu einer Kolonie, einem Klon, heranwachsen. Jede Zelle einer solchen Kolonie enthält dann eine Kopie des gleichen Plasmids. Die Plasmide lassen sich aus den Bakterien-Zellen extrahieren und in den Zellkern einer Säugerzelle injizieren. Das gleiche Verfahren wurde beim beta-Globin-Gen angewandt, nur benutzte man in diesem Fall ein Restriktionsenzym, das das Resistenzgen für Ampicillin wirkungslos machte.

Da die Zellen im HAT-Medium zu überleben vermochten, mußten sie ein funktionierendes TK-Gen besitzen. War das nun unser virales TK-Gen oder ein Mäuse-TK-Gen, das durch eine Rückmutation seine normale Funktionsfähigkeit wiedergewonnen hatte? Linda Sanders-Haigh, eine weitere Doktorandin von der George-Washington-Universität, erbrachte den Nachweis, daß tatsächlich ein neues virales TK-Gen in diesen L-Zellen vorhanden war. Dazu spaltete sie die gesamte DNA aus einer der transformierten Zellkolonien (Kennzeichen C2B) mit dem Restriktionsenzym BamHI. Die Spaltstücke wurden dann in eine Vertiefung am Rande eines Agarose-Gels gefüllt und an diesen Gelstreifen eine elektrische Spannung angelegt (Bild 6). Je kleiner die DNA-Stücke sind, de-

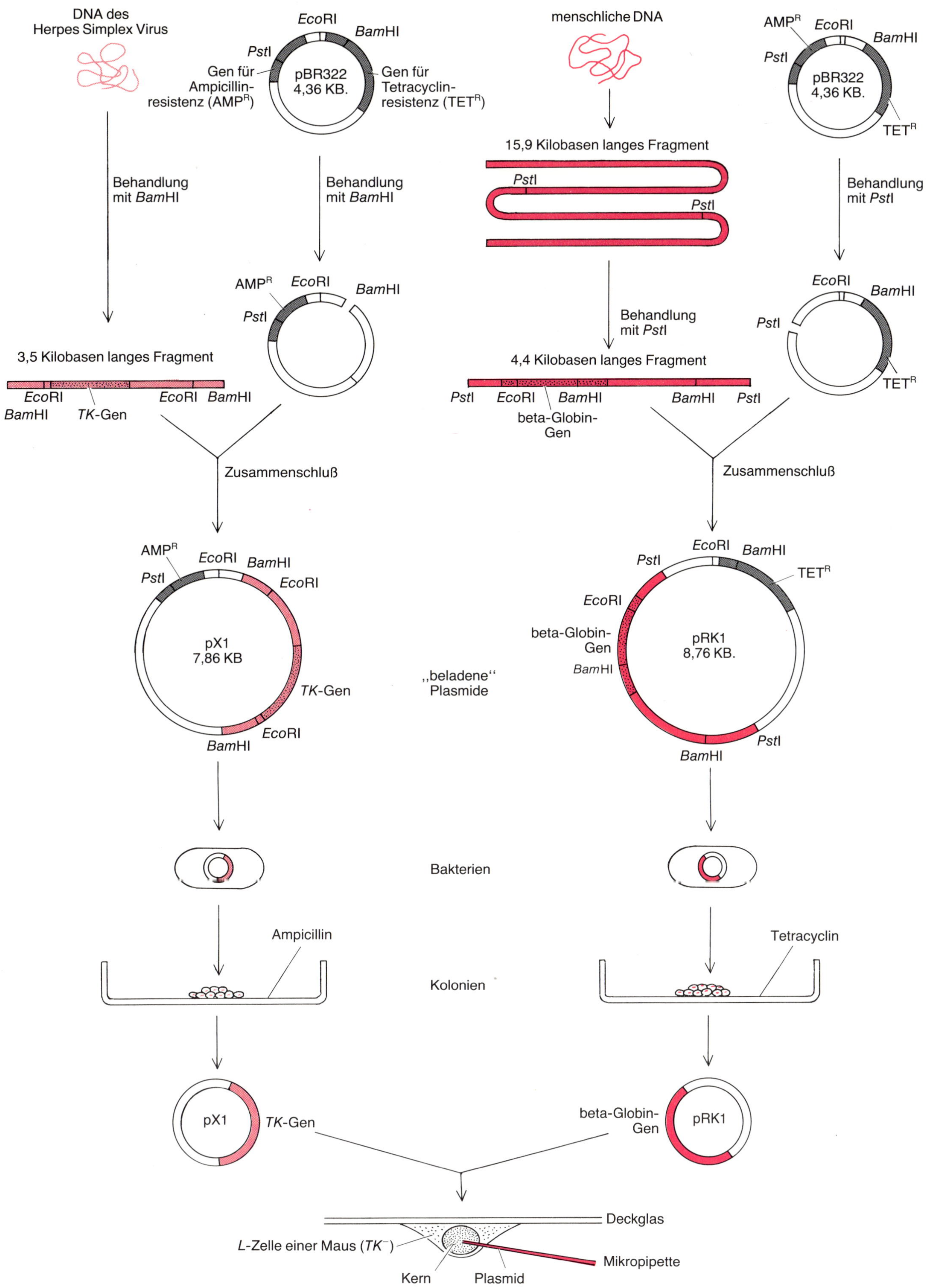
DNA des
Herpes Simplex Virus
EcoRI
BamHI
PstI
Gen für
Ampicillin-
resistenz (AMP^R)
pBR322
4,36 KB.
Gen für
Tetracyclin-
resistenz (TET^R)
menschliche DNA
AMP^R
EcoRI
BamHI
PstI
pBR322
4,36 KB.
TET^R
15,9 Kilobasen langes Fragment
PstI
PstI
Behandlung
mit BamHI
Behandlung
mit BamHI
Behandlung
mit PstI
Behandlung
mit PstI
AMP^R
EcoRI
BamHI
PstI
EcoRI
BamHI
PstI
TET^R
3,5 Kilobasen langes Fragment
EcoRI
BamHI
TK-Gen
EcoRI
BamHI
4,4 Kilobasen langes Fragment
PstI
EcoRI
BamHI
BamHI
PstI
beta-Globin-
Gen
Zusammenschluß
Zusammenschluß
AMP^R
EcoRI
BamHI
PstI
EcoRI
pX1
7,86 KB
TK-Gen
EcoRI
BamHI
„beladene“
Plasmide
PstI
EcoRI
BamHI
TET^R
EcoRI
beta-Globin-
Gen
BamHI
pRK1
8,76 KB.
PstI
BamHI
Bakterien
Ampicillin
Tetracyclin
Kolonien
pX1
TK-Gen
beta-Globin-
Gen
pRK1
Deckglas
L-Zelle einer Maus (TK⁻)
Mikropipette
Kern
Plasmid

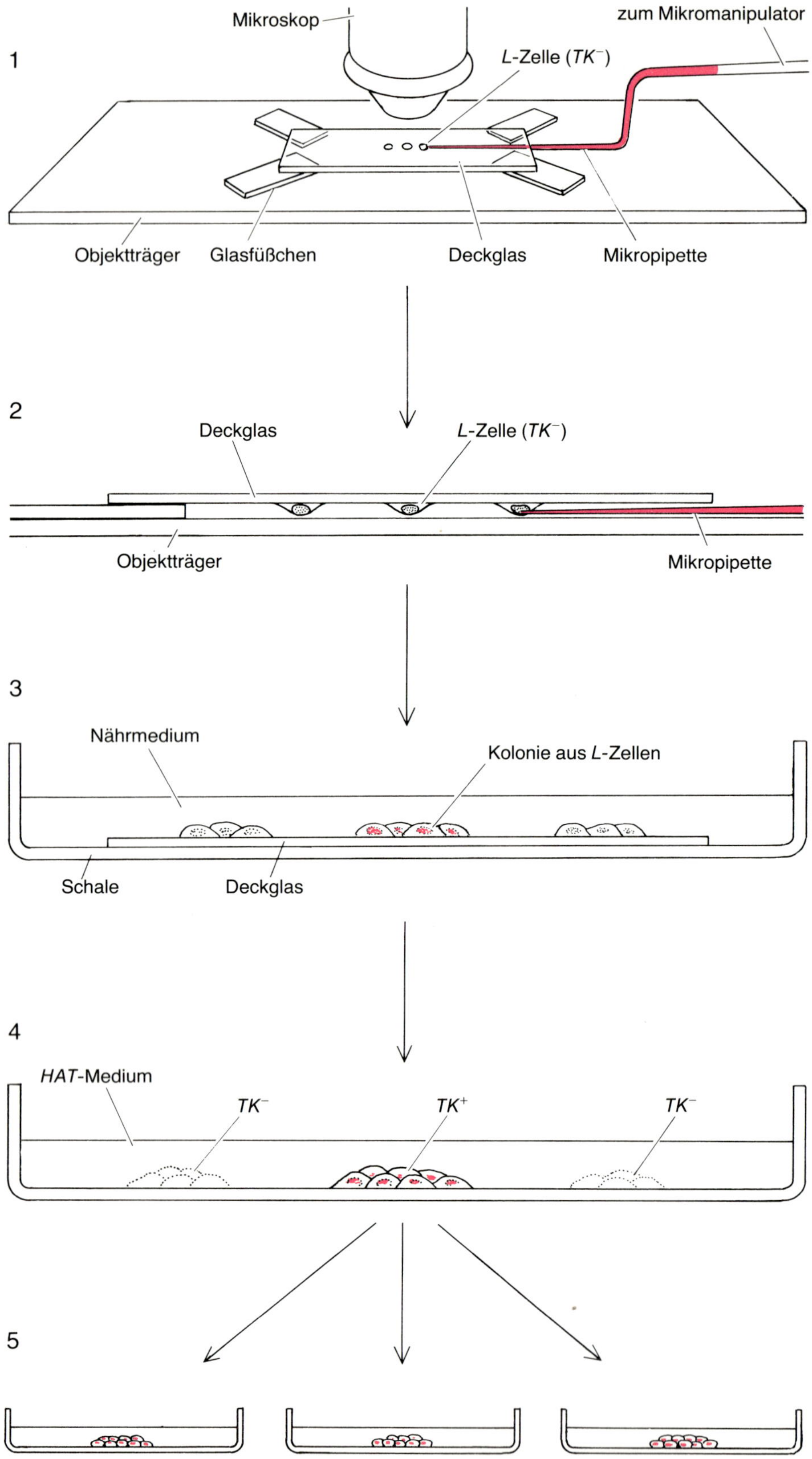

Bild 5: Die Mikroinjektion des Plasmids wird unter einem Phasenkontrastmikroskop bei 2000facher Vergrößerung durchgeführt (Bild 1). Die genetisch defekten L-Zellen (TK⁻) hängen an der Unterseite eines Deckglases, das auf kleinen Glasfüßchen sitzt (1). Der Raum zwischen Deckglas und Objektträger ist mit einigen Tropfen Kulturmedium angefüllt und mit Silikonöl versiegelt. Man führt die Mikropipette von der Seite ein, treibt ihre Spitze bis in den Zellkern und injiziert gerade soviel Flüssigkeit, daß damit im Durchschnitt genau ein genbeladenes Plasmid übertragen wird (2). Anschließend überführt man das Deckglas in eine Schale mit Nährmedium, wo die Zellen zu Kolonien heranwachsen (3). Setzt man diese Kolonien in HAT-Medium um, so werden nur solche überleben, bei denen die Übertragung des Thymidin-Kinase-Gens erfolgreich verlief. Die Überlebenden züchtet man weiter und erhält so genügend Zellen, um die nachfolgenden Analysen durchführen zu können.

sto weiter wandern sie bei der Elektrophorese in Richtung des positiven Pols. Alle gleichgroßen Stücke bilden dabei eine charakteristische Querbande. Falls sich das 3,5 Kilobasen lange DNA-Fragment mit dem TK-Gen des *Herpes Simplex* wirklich in der C2B-Kolonie vermehrt hatte, sollten seine Kopien eine Bande im Gel bilden. Um aus der Vielzahl eng benachbarter Banden die richtige heraussuchen zu können, bediente sich Sanders-Haigh der „Saugpapier"-Methode, die Edwin E. Southern von der Universität in Edinburgh entwickelt hat. Die Methode basiert auf der Eigenschaft zweier einzelsträngiger DNA-Moleküle, sich paarweise aneinanderzulegen und miteinander zu verbinden, sofern ihre Basen komplementär zueinander passen. Die gesamte elektrophoretisierte DNA wird hierfür auf ein Papier aus Zellulosenitrat „herübergesaugt". (Diesen Vorgang nennt man in der Fachsprache „blotten", nach dem Englischen blotting paper = Löschpapier.) Darauf tränkt man das Papier mit einer radioaktiv markierten Probe von DNA-Molekülen, die sich mit der gesuchten DNA paaren können. Denaturiert, das heißt, trennt man die gesamte DNA nun in Einzelstränge und läßt diese sich wieder paaren, dann werden nur an der Stelle des Papiers radioaktive Moleküle fixiert, wo auch entsprechende Partnermoleküle vorhanden sind. Mit Hilfe der radioaktiven Markierung läßt sich schließlich die gesuchte Bande auf dem Papier identifizieren.

Sanders-Haigh benutzte als Probe unser ursprüngliches, 3,5 Kilobasen langes DNA-Stück aus *Herpes Simplex* (das sie zuvor radioaktiv markiert hatte) und fand eine radioaktive Bande an der Stelle des Filterpapiers, an der alle 3,5 Kilobasen langen DNA-Stücke liegen mußten (Bild 6). Damit war nicht nur der Beweis erbracht, daß das TK-Gen der C2B-Kolonie viralen Ursprungs ist, sondern auch, daß es sich in den Zellen der Kolonie vermehren konnte. Ein weiterer Test war die Spaltung der C2B-DNA mit dem Restriktionsenzym EcoRI. Innerhalb des 3,5 Kilobasen langen viralen DNA-Stücks finden sich zwei Erkennungsstellen für dieses Enzym, die 2,4 Kilobasen voneinander entfernt sind. Daher sollte die Spaltung mit EcoRI auch ein 2,4 Kilobasen langes DNA-Stück entstehen lassen. Eine solche Bande war tatsächlich nachweisbar (Bild 7). Schließlich behandelten wir die gesamte DNA der C2B-Zellen gleichzeitig mit den Enzymen EcoRI und BamHI. Wie erwartet, fanden wir auch hier das 2,4 Kilobasen lange DNA-Stück, denn das virale Fragment wird ja von BamHI nicht gespalten.

Eine ähnliche Untersuchung zeigte, daß die gleichen Zellen auch das menschliche beta-Globin-Gen enthielten. Beide Gene waren also erfolgreich übertragen worden und vermehrten sich mit ihren Wirtszellen. Aber funktionierten diese Gene auch normal? Entstand an ihnen Boten-RNA, die in virale Thymidin-Kinase und menschliches beta-Globin übersetzt wurde?

Test auf Genexpression

Die Thymidin-Kinase des *Herpes Simplex* läßt sich – wie William Summers und Wilma P. Summers von der Yale-Universität herausfanden – leicht erkennen. Sie kann nämlich eine bestimmte Vorstufe in das Nucleotid Cytidylsäure umwandeln und unterscheidet sich darin von der Thymidin-Kinase der Mäuse. Mäusezellen arbeiten stattdessen mit einem anderen Enzym, das man als Desaminase bezeichnet. Es gibt nun einen Hemmstoff, THU genannt, der diese Desaminase blockiert. Entsteht daher in Gegenwart von THU Cytidylsäure, so ist dies ein Beweis für die Anwesenheit der viralen Thymidin-Kinase und des zugehörigen Gens. Zwei unserer Zellkolonien ließen wir an der Yale-Universität prüfen: Beide Kolonien produzierten die Thymidin-Kinase allein nach den Anweisungen des mikroinjizierten *Herpes Simplex*-Gens und nicht nach zelleigenen Genen. Mit anderen Worten, die Injektion eines viralen Gens in den Zellkern hatte den genetischen Defekt einer L-Zelle behoben. Damit stand eindeutig fest, daß eine genetische Manipulation auf dem Niveau einer einzelnen Säugerzelle gelungen war.

Sonderlich überraschend war dieses Ergebnis allerdings nicht, denn unsere Zellen hätten ohne ein funktionierendes TK-Gen erst gar nicht in dem selektiv wirkenden HAT-Medium heranwachsen können. Als wir sie nach dem beta-Globin absuchten, kamen wir zu einem weniger erfreulichen Ergebnis: von diesem Eiweiß keine Spur und von der zugehörigen Boten-RNA nur etwa zwei bis zehn Moleküle pro Zelle. Dies ist biologisch gesehen zu wenig, um von einem signifikanten Nachweis sprechen zu können.

Axel und seine Kollegen erhielten ähnlich unbefriedigende Ergebnisse, als sie versuchten, das beta-Globin-Gen von Kaninchen durch DNA-abhängigen Gentransfer in die L-Zellen von Mäusen zu übertragen. Auch sie fanden nur wenige Moleküle Boten-RNA pro Zelle. Darüber hinaus hatten sowohl Axel als auch Charles Weissmann von der Universität Zürich bei ihren Experimenten festgestellt, daß ein bestimmtes Ende der Globin-Boten-RNA (das sogenannte 5'-Ende) manchmal in den Mäusezellen fehlte. So konnten diese Zellen kein vollständiges Globinmolekül synthetisieren.

Die Rückgewinnung des Plasmids

Schon seit der ersten Analyse, die wir nach der „Saugpapier"-Methode an der DNA der transformierten Zellen durchgeführt hatten, irritierte uns eine ungewöhnliche Beobachtung. Wir hatten angenommen, daß sich die mikroinjizierten TK- und Globin-Gene an mehreren Stellen in das Genom der Mäusezellen integrieren würden. (Als Genom bezeichnet man das gesamte genetische Material einer Zelle, das sich meist auf mehrere Chromosomen verteilt.) In diesem Falle hätten bei unseren verschiedenen Analysen eine Reihe radioaktiver Banden ent-

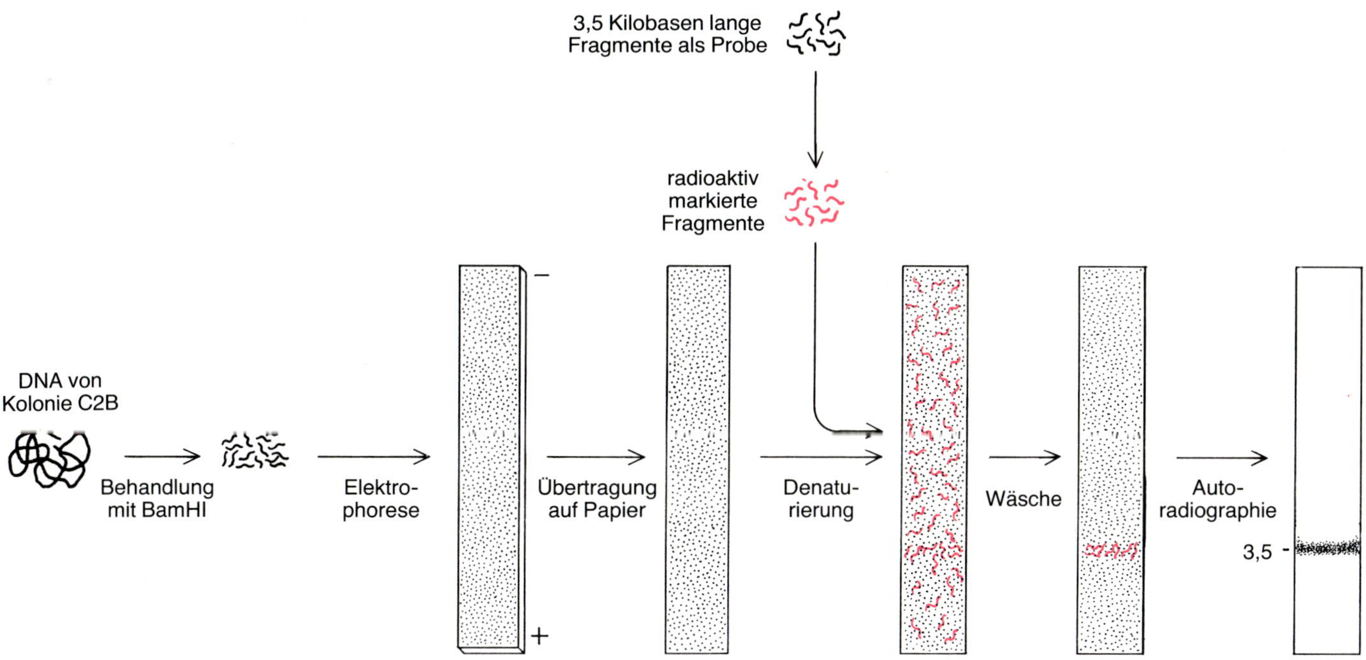

Bild 6: Die DNA der überlebenden Zellkolonien – in dem gezeigten Beispiel die DNA der Kolonie C2B – wurde mit Hilfe der „Saugpapier"-Methode von E. M. Southern analysiert. Diese Methode erlaubt es, aus einer großen Zahl von DNA-Fragmenten ein ganz bestimmtes, in unserem Fall also das übertragene Gen, herauszufinden. Die DNA wurde mit dem Restriktionsenzym BamHI gespalten und die entstandenen Fragmente einer Gelelektrophorese unterworfen. Dazu füllt man sie in eine Vertiefung am Rande eines Agarose-Gels und legt dann eine Spannung an. Je kleiner die Fragmente sind, um so weiter wandern sie in Richtung des positiven Pols. Gleichgroße Stücke bilden jeweils eine Bande im Gel. Anschließend wurden die DNA-Stücke durch Hinterlegen mit saugkräftigem Filterpapier auf ein dazwischengelegtes Papier aus Zellulosenitrat übertragen und dort fixiert. Die gentragende Bande läßt sich schließlich durch Hybridisierung identifizieren. Dabei macht man sich die Eigenschaft einzelsträngiger DNA-Moleküle zunutze, einen Doppelstrang bilden zu können, wenn ihre Basen komplementär zueinander sind. Man trennt daher die DNA-Fragmente in Einzelstränge (man denaturiert sie) und fügt eine radioaktiv markierte DNA-Probe zu. Die hier benutzte Probe bestand aus dem 3,5 Kilobasen langen DNA-Abschnitt mit dem Thymidin-Kinase-Gen (Bild 4) und war gleichfalls einzelsträngig. Die markierten Prüf-Moleküle binden sich nur an die komplementären Gegenstücke auf dem Filterpapier, die restlichen nichtgebundenen wäscht man heraus. Dann bedeckt man das Papier mit einem strahlungsempfindlichen Film. Dort, wo dieser sich schwärzt, sitzt die gesuchte Bande. In diesem Versuch erschien die schwarze Bande an einer Position, die einer Molekülgröße von 3,5 Kilobasen entspricht – ein sicherer Beweis, daß die Verpflanzung des Gens gelungen war.

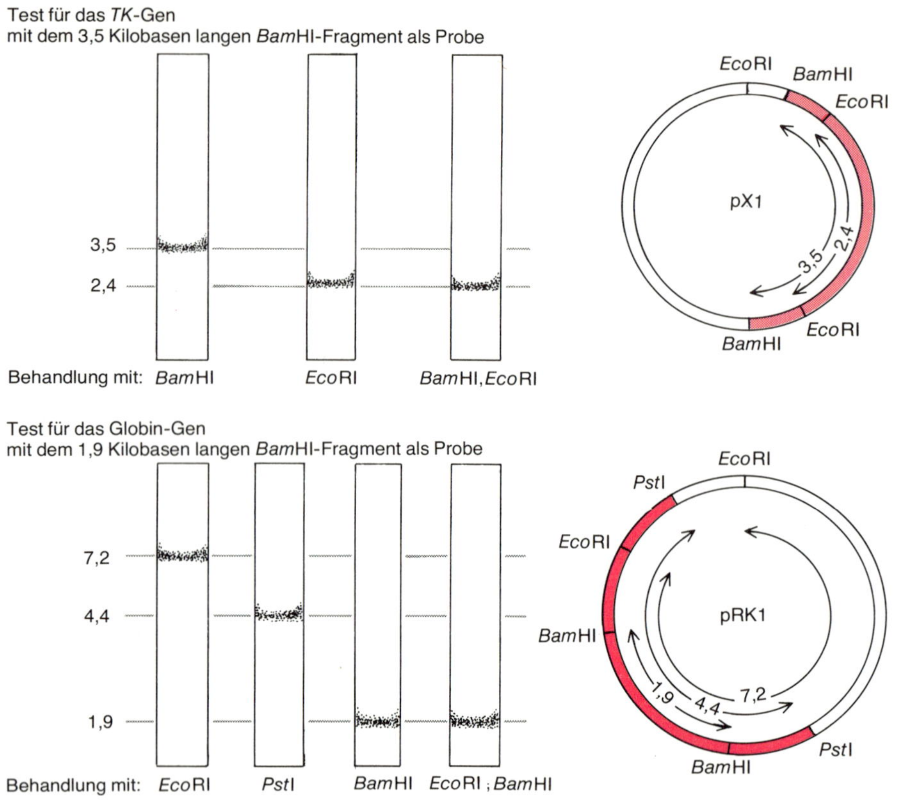

Bild 7: Den in Bild 6 geschilderten Versuch kann man mit unterschiedlichen Restriktionsenzymen wiederholen und erhält dann gleichfalls verschiedene Banden, die kleineren oder größeren Fragmenten entsprechen (linke Bildhälfte). Daneben sind die Restriktionskarten (Bild 9) der beiden injizierten Plasmide pX1 und pRK1 abgebildet. Die Pfeile geben die Herkunft der einzelnen Fragmente an, die man als Banden nachgewiesen hat. Die Ergebnisse dieses Experiments beweisen, daß sowohl das TK-Gen (oben) als auch das beta-Globin-Gen (unten) tatsächlich bei der Mikroinjektion in die Zellen übertragen wurden.

stehen müssen, deren Lage nicht vorhersagbar war. Wir fanden aber, daß die meisten dieser Banden – unabhängig von der analysierten Zellkolonie, dem benutzten Restriktionsenzym und der verwendeten radioaktiven DNA-Probe – an Positionen lagen, die allein die Spaltstücke der injizierten Plasmide pX1 und pRK1 einnehmen konnten. Das Muster der Banden unterschied sich zwar ein wenig von Kolonie zu Kolonie, und einige der Banden stammten ganz sicher nicht nur allein von den injizierten Plasmiden. Aber warum sollten die von den Plasmiden abstammenden Banden so vorherrschen?

Dafür waren zumindest zwei Erklärungen denkbar. Einmal könnte das gesamte gentragende Plasmid – oder wenigstens ein Teil davon – außerhalb der Chromosomen verbleiben und sich dort sogar autonom vermehren. Zum anderen könnten sich die vervielfältigten Plasmide in Reih und Glied hintereinanderlegen und zu langen Ketten verknüpfen. Spaltet man solche Ketten mit einem Restriktionsenzym, so ergibt sich das gleiche Bandenmuster wie für das Originalplasmid. Dabei spielt es keine Rolle, ob die Kette in das Genom ihrer Wirtszelle integriert ist oder nicht.

Wir führten nun eine Reihe von Experimenten durch, um festzustellen, in welcher Form und Struktur das Plasmid in den L-Zellen vorkommt. Als erstes interessierte uns, ob sich die Plasmide pX1 und pRK1 wieder in ihrem ursprünglichen Zustand aus der DNA der L-Zellen isolieren lassen. Dazu braucht man nur die gesamte DNA mit nicht resistenten *Escherichia coli*-Bakterien zu vermischen und zu prüfen, ob transformierte Bakterien entstehen. Zellen, die eines der beiden Plasmide aufgenommen haben, sind entweder gegen Tetracyclin (bei pRK1) oder gegen Ampicillin (bei pX1) resistent. Zur Kontrolle behandel-

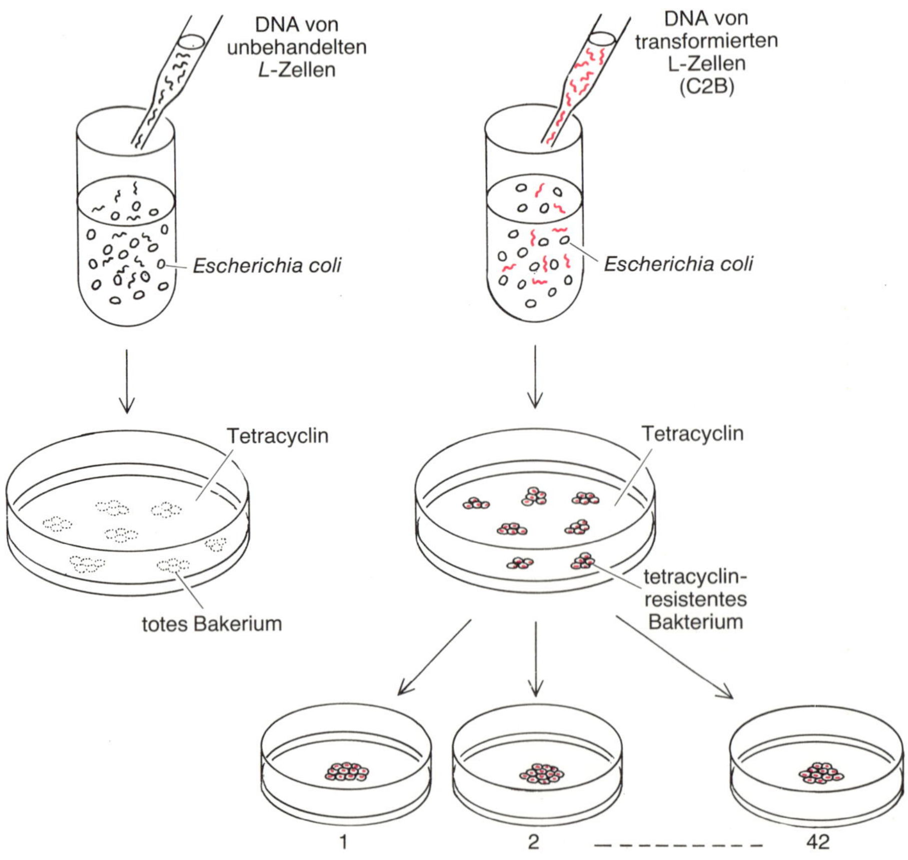

Bild 8: Man kann die übertragenen Plasmide aus der DNA der Mäusezellen zurückgewinnen, indem man die gesamte Zell-DNA zu einer Kultur des Bakteriums *Escherichia coli* gibt. Die Bakterien, die ein solches Plasmid aufnehmen, lassen sich leicht an ihrer Tetracyclin- oder Ampicillin-Resistenz erkennen. Zur Kontrolle benutzt man auch die DNA von unbehandelten L-Zellen (links). Die DNA aus der Zellkolonie C2B (Bild 6) lieferte 42 tetracyclinresistente Bakterienkolonien. Daraus ließen sich die Plasmide isolieren und mit Hilfe von Restriktionsenzymen analysieren.

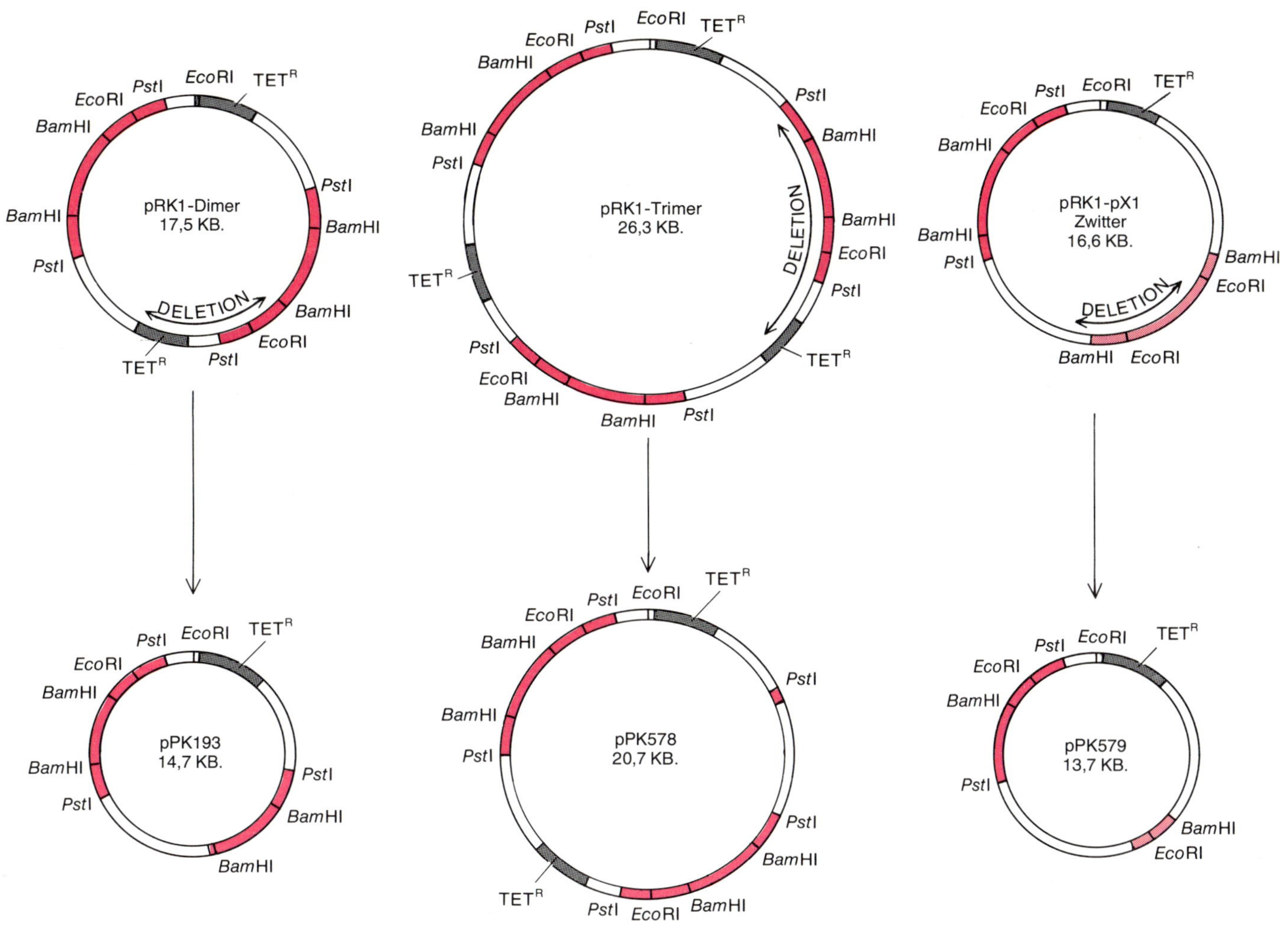

Bild 9: Aus den zweiundvierzig tetracyclinresistenten Kolonien (Bild 8) wurden die Plasmide isoliert und mit einer Anzahl verschiedener Restriktionsenzyme gespalten. Aus dem Puzzle der Fragmente läßt sich eine Restriktionsenzymkarte (eine Art Genkarte) der einzelnen Plasmide zusammenstellen. Dreißig der Kolonien enthielten ein Plasmid, das mit dem ursprünglich injizierten Plasmid pRK1 identisch war. Die zwölf restlichen Kolonien lieferten ungewöhnliche Varianten, von denen drei – pPK193, pPK578 und pPK579 – unten abgebildet sind. Jedes dieser Plasmide dürfte aus einem ringförmigen (obere Zeile) oder linearen Vorläufermolekül entstanden sein, dem jeweils ein Stück verloren ging. Einige Vorläufer schienen Dimere oder Trimere von pRK1 zu sein, also Ringe aus zwei oder drei aneinanderhängenden Kopien (oben). Eine Deletion (ein Stückverlust) an den gekennzeichneten Stellen führt zu den beiden unteren Plasmiden. Das Plasmid pPK579 (rechts unten) ist vermutlich durch Deletion aus einem pRK1-pX1-Zwitterplasmid entstanden.

ten Kretschmer und Anne H. Bowman *Escherichia coli* mit DNA von L-Zellen, die keine Injektion erhalten hatten. Keines der Bakterien überlebte in einem Medium mit Tetracyclin (Bild 8, links). Dann vermischten sie Bakterien des gleichen Stamms mit DNA aus der Kolonie C2B und prüften auf Resistenz. Sie fanden 42 tetracyclinresistente Kolonien (Bild 8, rechts). Von jeder dieser Bakterien-Kolonien wurden Kulturen angelegt und das für die Resistenz verantwortliche Plasmid isoliert.

Um festzustellen, ob es sich dabei um das ursprüngliche Plasmid pRK1 handelte, setzte man jedes der Plasmide verschiedenen Restriktionsenzymen aus und analysierte das Muster der entstandenen Spaltstücke. Daraus lassen sich die Positionen der einzelnen Spaltstellen rekonstruieren, und man erhält eine sogenannte Restriktionsenzymkarte des Plasmids. Sie ist eine Art Kennkarte, und ein Vergleich mit der Restriktionsenzymkarte von pRK1 zeigte, daß dreißig der Kolonien genau dieses Plasmid enthielten. Mit anderen Worten: Wir hatten das ursprüngliche Plasmid pRK1 reisoliert. Die restlichen zwölf tetracyclinresistenten Bakterienkolonien sorgten für eine Überraschung. Insgesamt ließen sich aus ihnen fünf verschiedene Varianten isolieren. Vier schienen Dimere oder Trimere von pRK1 zu sein, also Ringe aus zwei oder drei aneinanderhängenden Kopien. Doch waren es keine echten Dimere oder Trimere; denn immer fehlte ein Teil der Plasmid-DNA. Einen solchen Defekt bezeichnet man als Stückverlust oder Deletion. Die fünfte Variante mußte schließlich eine noch kompliziertere Struktur besitzen. Der Leser wird sich daran erinnern, daß wir beide Plasmide (pX1 mit dem TK-Gen und pRK1 mit dem Globin-Gen) gleichzeitig in die Zellen mikroinjiziert hatten. Ließen sich aus den transformierten Zellen irgendwelche DNA-Moleküle isolieren, die eine Art Kreuzungsprodukt (eine Rekombinante) darstellten? Um eine Antwort auf diese Frage zu erhalten, prüften Kretschmer und Bowman die tetracyclinresistenten Bakterienkolonien auf Resistenz gegen Ampicillin, denn in zweifach resistenten Kolonien sollten beide Plasmide anwesend sein. Sie fanden tatsächlich vier solcher Kolonien, eine jede mit dem gleichen Plasmid. Es schien sich aus einer vollständigen Kopie von pRK1 und einem Teilstück von pX1 zusammenzusetzen.

Die genaue Analyse aller fünf Varianten ergab, daß die festgestellten Deletio-

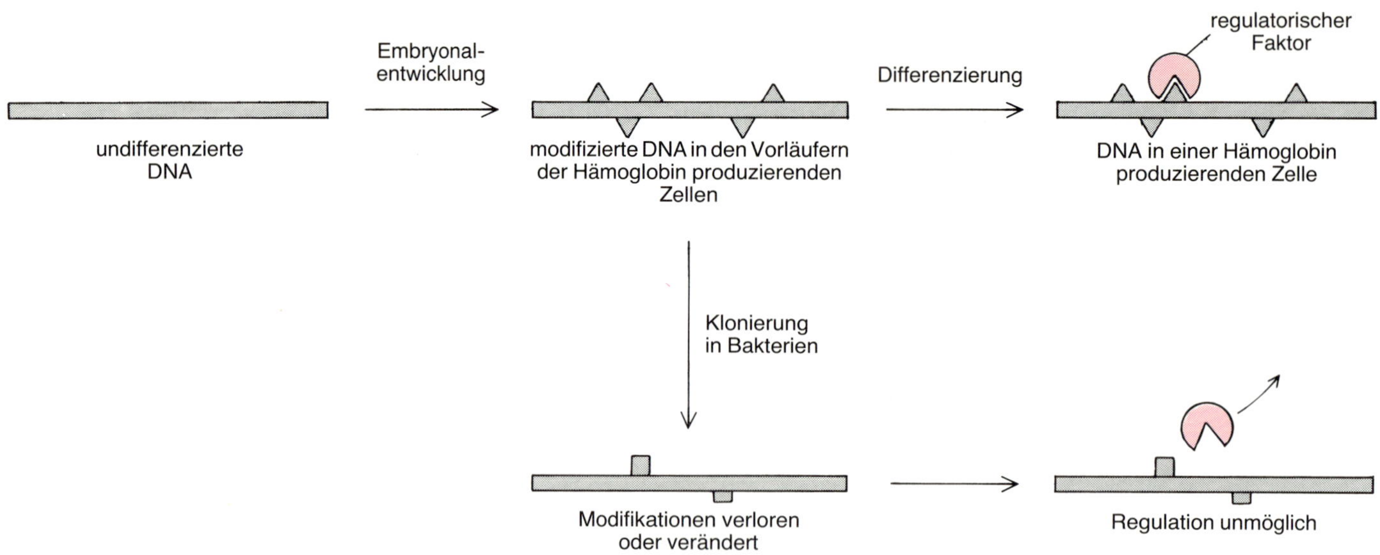

Bild 10: Das menschliche Globin-Gen ließ sich zwar in eine Mäusezelle übertragen, funktionierte dort aber nicht, das heißt, es entstand kein Globin. Dafür sind mehrere Erklärungen denkbar, eine davon ist hier dargestellt. Möglicherweise wird im Laufe der Embryonalentwicklung die DNA in den Vorläufern der Hämoglobin produzierenden Zellen in irgendeiner Weise modifiziert, so daß dann, wenn die Zelle ihre endgültige Ausgestaltung erreicht hat, ein regulatorischer Faktor diese Modifikation erkennen und die Synthese von Globin „anwerfen" kann (obere Reihe). Mit anderen Worten: Das Globin-Gen (oder seine unmittelbare Nachbarschaft) würde zusätzliche Informationen tragen, die nicht in der Basensequenz des Gens verschlüsselt sind. Möglicherweise verändert sich bei der Klonierung des Gens (Bild 4) bereits etwas an diesen embryonalen Modifikationen, so daß der regulatorische Faktor keinen Angriffspunkt mehr findet.

nen alle an oder nahe einem bestimmten Punkt auf der DNA des Originalplasmids beginnen (Bild 9). Diese Stelle lag am Ende der Region, die das Gen für die Tetracyclinresistenz enthält. Offensichtlich ist sie zu einem „hot spot" (auf deutsch: heißer Fleck) für Deletionen geworden, also zu einer Stelle, die besonders „anfällig" für Deletionen ist. Da bisher noch nie über einen hot spot in dem als Basis verwendeten Plasmid pBR322 berichtet wurde, läßt sich nur folgern, daß diese Stelle erst beim Aufenthalt in den L-Zellen von Mäusen für Deletion so anfällig geworden ist.

War die Plasmid-DNA in ein Chromosom der Mäusezellen integriert oder lag sie frei als extrachromosomales Material vor? Um dies festzustellen, griff Michael H. Huberman auf ein Verfahren zurück, das Bernhard Hirt am Schweizer Institut für Experimentelle Krebsforschung in Lausanne entwickelt hat. Dabei zentrifugiert man die DNA der L-Zellen gerade so stark, daß sich die großen chromosomalen DNA-Moleküle am Boden des Zentrifugenröhrchens absetzen, während Moleküle mit weniger als hundert Kilobasen Länge (nämlich die extrachromosomale DNA) im Überstand verbleiben. Die DNA aus dem Überstand erwies sich bei einem Transformationsversuch mit *Escherichia coli* als wesentlich wirkungsvoller als die DNA aus dem Bodensatz. Damit stand fest, daß zumindest ein Teil der pRK1-DNA in den Mäusezellen nicht in die Chromosomen integriert war.

Zur Zeit haben wir nach unseren und anderen Ergebnissen den Eindruck, daß sich die pRK1 und pX1-Moleküle in den Mäusezellen miteinander verbinden und vermutlich auch als lineare Ketten vermehren. Einige dieser Ketten könnten sich in das Genom integrieren, aber zumindest ein gewisser Teil bleibt außerhalb der Chromosomen. Nur wenige Moleküle dürften ringförmig sein. Die Deletionen, die wir in den verknüpften Plasmiden festgestellt haben, finden wahrscheinlich erst in den Bakterien statt – also wenn man versucht, die Plasmide wieder zu isolieren. Aber wo sie auch stattfinden mögen, ganz sicher passiert etwas mit der DNA des Träger-Plasmids bei ihrem Aufenthalt in einer Mäusezelle – etwas, bei dem eine DNA-Region entsteht, die für Deletionen anfällig ist. Falls die Plasmid-DNA doch schon in den Mäusezellen bestimmte Stücke verliert, muß es dort irgendein Enzym geben, das diesen Vorgang fördert. Wenn die Deletionen jedoch erst im Bakterium entstehen, müßte ein Mäuse-Enzym zumindest die DNA-Region so verändert haben, daß später ein bakterielles Enzym diese Region als hot spot erkennen kann. Eine aufregende Möglichkeit, denn sie setzt voraus, daß Säugetiere DNA-modifizierende Enzyme besitzen, die bestimmte Stellen auf bakterieller DNA (also auch auf Plasmiden) oder vielleicht sogar auf jeder beliebigen DNA erkennen und in spezifischer Weise – ohne die Basensequenz zu verändern – modifizieren und damit für andere Enzyme Signale setzen können. Vorstellbar wäre, daß ein solcher Vorgang in einem Embryo die Expression von Genen und damit die Differenzierung der embryonalen Zellen zu steuern vermag.

Die Expression des Globin-Gens

Auch wenn noch zweifelhaft ist, in welcher Form die injizierten Gene in den Mäusezellen vorliegen, bleibt doch die Tatsache bestehen, daß das TK-Gen normal funktioniert. Das Enzym Thymidin-Kinase ist in jeder Zelle aktiv, weil es für die Synthese von DNA benötigt wird. Seine Regulation dürfte daher äußerst einfach aussehen. Vielleicht steht bei ihm der genetische „Schalter" ständig auf „Ein". Warum aber wird das Globin-Gen so gut wie gar nicht aktiv? Darauf könnte man als erstes antworten, daß L-Zellen eben keine Hämoglobin produzierenden Zellen sind und ihnen deshalb die notwendigen regulatorischen Faktoren fehlen, um das Globin-Gen zur Expression zu bringen. Andererseits aber bleibt das menschliche Globin-Gen auch in bestimmten, erkrankten Mäusezellen stumm, die mit ihrem eigenen Globin-Gen 10 000 Moleküle der entsprechenden Boten-RNA synthetisieren. Was also läßt das Gen verstummen?

Das menschliche Gen für beta-Globin gehört zu einer größeren Genregion, die für die Synthese verschiedener Globinketten verantwortlich ist. Wenn sich der Organismus vom Embryo zum Föten und schließlich zum Neugeborenen entwickelt, werden die verschiedenen Globin-Gene nacheinander an- und abgeschaltet. Vielleicht sind in die mindestens 65 Kilobasen lange Globinregion verschiedene regulatorische Abschnitte eingestreut, von denen die meisten (oder sogar alle) für eine normale Steuerung des beta-Globin-Gens benötigt werden. Eine naheliegende Lösung unseres Problems wäre dann, nicht nur einen kleinen DNA-Abschnitt zu injizieren, sondern gleich die ganze Globinregion. Leider kann man solche großen DNA-Abschnitte heute noch nicht klonieren. Eine Alternative dazu wäre, alle notwendigen Regulatorregionen zu suchen, zu isolieren und schließlich zusammengekoppelt dem beta-Globin-Gen anzuhängen. Ein solches Molekül könnte vielleicht auch in einem fremden roten Blutkörperchen oder dessen Vorläufern (Erythroblasten) normal funktionieren.

Aber auch dieser Plan wird möglicherweise scheitern, denn nach neueren Untersuchungen mit Hilfe der somatischen Zellhybridisierung scheinen solche aufwendigen Manipulationen noch nicht auszureichen. So fanden Albert B. Deisseroth, der jetzt am Nationalen Krebsforschungsinstitut arbeitet, und Marcia C. Willing von unserem Laboratorium, daß Hybrid-Erythroblasten von Maus und Mensch die Hämoglobine von beiden herstellen. Das Gleiche geschieht sogar, wenn man einen Erythroblasten der Maus mit einem menschlichen Lymphoblasten (der Jugendform der Lymphzellen) fusioniert. Lymphoblasten synthetisieren kein Hämoglobin, stammen aber von Zellen ab, aus denen auch rote Blutzellen hervorgehen können. Fusioniert man die Mäusezellen jedoch mit menschlichen Fibroblasten (Vorläufern der Bindegewebszellen), die entwicklungsmäßig nichts mit Hämoglobin produzierenden Zellen gemein haben, sieht das Ergebnis anders aus. In diesen Zellhybriden wird zwar noch die Boten-RNA erzeugt, die für menschliches Globin verantwortlich ist, wird aber nicht in Globin übersetzt. Da in diesen Zellen Mäusehämoglobin nachweisbar ist, scheint die entwicklungsgeschichtliche Herkunft der Zellen, von denen die Globin-DNA stammt, den Ausschlag zu geben.

Vielleicht modifiziert die frühe Stammzelle das Globin-Gen in einer Weise, die es dem Gen ermöglicht, später – im „angeschalteten" Zustand – normale Boten-RNA bereitzustellen. Dann könnte natürlich ein Globin-Gen aus Fibroblasten – selbst wenn man es durch Zellfusion in eine „passende" Umgebung bringt – keine normale Boten-RNA bereitstellen, die sich auch in Eiweißmoleküle übersetzen läßt. Vielleicht existieren Enzyme, die ein Gen erst für regulatorische Faktoren erkennbar machen, indem sie die DNA in seiner Nachbarschaft modifizieren (Bild 10). Beispielsweise könnte zu diesem Zweck eine Methylgruppe (oder irgendeine andere chemische Gruppe) an eine bestimmte Base angehängt werden. Tatsächlich besteht eine Korrelation zwischen dem Ausmaß der Methylierung und der Aktivität einiger Gene, die Globin-Gene eingeschlossen.

Wenn die Entwicklungsgeschichte eines Gens eine solche Bedeutung hat, dann erklärt dies vielleicht auch, warum ein Globin-Gen, das in Bakterien kloniert und in eine Säugerzelle injiziert wird, verhältnismäßig inaktiv bleibt. Möglicherweise werden die früheren Modifikationen des Globin-Gens beim Aufenthalt in einer Bakterienzelle verändert oder gelöscht. Stimmt diese Annahme, so ist eine normale Regulation und Expression erst zu erreichen, wenn es gelingt herauszufinden, welcher Art diese frühen Modifikationen sind und wie sie sich im Laboratorium nachvollziehen lassen. Bis dahin ist es noch ein weiter Weg.

Die Ergebnisse, über die wir in diesem Artikel berichtet haben, zeigen, daß genetische Manipulationen an Säugerzellen zumindest mit einfach regulierten Genen bereits erfolgreich verlaufen. Der nächste Schritt ist jetzt, herauszubekommen, wie man einen genetischen Defekt nicht nur in einer Gewebekultur, sondern auch in erbkranken Tieren korrigieren kann. Das wird uns einer Gentherapie erbkranker Kinder ein gutes Stück näher bringen. Genetische Manipulationen an Tieren sollten schon in naher Zukunft gelingen, und letztendlich sollten sie auch beim Menschen möglich sein.

Die Debatte um DNA-Rekombinationstechniken

Vor über zehn Jahren begann die Kontroverse über mögliche biologische Gefahren, die sich aus der Methode des Genspleißens ergeben. Inwieweit sich diese Gefahren effizient eingrenzen lassen, soll hier in einem umfassenden Überblick diskutiert werden.

Von Clifford Grobstein

Als das National Institute of Health (NIH) 1976 Richtlinien für Versuche mit rekombinanten-DNA-Molekülen herausgab, war das ein wichtiger Durchbruch intensiver Bemühungen um wissenschaftliche Selbstkontrolle. Die politische Auseinandersetzung über gentechnologische Versuche hat sich nach dem Erscheinen dieser Richtlinien jedoch nicht beruhigt. Im Gegenteil – unter Wissenschaftlern und auch zunehmend in der Öffentlichkeit wurde heftig weiterdiskutiert. Bei einem öffentlichen Forum, das die amerikanische Akademie der Wissenschaften 1977 in Washington veranstaltete, prallten die Meinungen hart aufeinander. Zum Teil wiederholten Wissenschaftler vorgefaßte Meinungen, die sie schon früher in der Diskussion vertreten hatten. Aber es wurden auch neue Stimmen laut, die für Vielfalt und eine Verlagerung der Diskussionsschwerpunkte sorgten. Ihr Argument: Versuche mit rekombinanter-DNA sind zu einem Politikum geworden. Folgerichtig vertraten die Nichtbiologen und -mediziner im Forum immer wieder die Meinung, daß die Genforschung zu wichtig geworden sei, um sie der Selbstkontrolle durch Wissenschaftler überlassen und sich auf eine Insel politischer Unberührtheit zurückzuziehen.

Selbstverständlich ist die Wissenschaft für die Gesellschaft ungeheuer wichtig; schließlich bietet sie in zunehmendem Maße Vorteile, birgt andererseits aber auch wachsende Risiken. So könnte Forschung auf dem Gebiet der DNA-Rekombinationstechniken soziale Vorteile von unbekannter Größenordnung liefern: wirksamere und billigere pharmazeutische Produkte; neue Hinweise auf die Entstehung von Krebs; ertragreichere Nahrungsmittel und vielleicht sogar neue Wege zur Überwindung des Energieproblems. Im günstigsten Fall lassen sich diese und andere mögliche Nutzanwendungen für die DNA-Rekombinationstechniken ins Feld führen. Im schlimmsten Fall kann man aber auch verheerende Folgen befürchten: weltweite Epidemien, verursacht durch neu erzeugte Krankheitskeime; selbst verursachte ökologische Ungleichgewichte mit katastrophaler Wirkung; neuartige biologische Einsatzmittel für Militärs oder auch Terroristen und nicht zuletzt auch ein Machtmittel, um Menschen zu beherrschen und zu kontrollieren.

Beide Extreme sind wohl nicht mehr als Spekulation, aber die Kluft dazwischen ist bezeichnend für die Unsicherheit, die mit dem einschneidenden Fortschritt der molekularen Genetik einhergeht. Die Erbsubstanz wurde in den letzten Jahrzehnten in Stücke geschnitten, und es scheint, als hätte jedes davon ein Eigenleben entwickelt. Angst mischte sich mit Bewunderung, weil die Tragweite der Forschung immer mehr verschwamm. Diese Angst gilt nicht so sehr einer ganz konkreten Gefahr als vielmehr einer denkbaren allgemeinen Bedrohung in der Zukunft. Die klassische Folge solcher Ängste ist eine strenge Abschirmung: die Chinesische Mauer; die Maginot-Linie; der Kalte Krieg. All das dokumentiert Bemühungen, durch absolute Sicherheit den unwägbaren Risiken vorzubeugen, und doch birgt jede dieser Anstrengungen ein eigenes Risiko. Die Eskalation der Auseinandersetzung um die DNA-Rekombinationstechniken geht teilweise auf solche Abgrenzungsstrategien zurück, aber es gibt auch eine sehr rationale Komponente.

Die erste Runde dieser folgenschweren Debatte begann 1974, als sich führende Forscher bereit erklärten, verschiedene Versuche freiwillig zurückzustellen, die sie als potentiell gefährlich einstuften.

Dieses Moratorium betraf Arbeitstechniken, bei denen man mit Hilfe bestimmter Enzyme aus dem langen fadenförmigen DNA-Molekül Abschnitte herausschneidet, die dann in die DNA eines passenden Vektors, sprich: Überträgers, eingebaut und in Form dieser Rekombinante wieder in eine geeignete Wirtszelle eingeführt werden – mit dem Ziel, eine „maßgeschneiderte" DNA zu verbreiten und damit neue Funktionen zu erreichen.

Diese neue Entwicklung ist deshalb folgenschwer, weil die DNA eine so zen-

Bild 1: Der genetische Code eines extrem kleinen Virus, des Bakteriophagen ΦX174, ist hier als Folge von Buchstaben für die vier DNA-Basen Cytosin, Guanin, Adenin und Thymin aufgeschrieben. Die genetische Information ist dabei in der Reihenfolge der Nucleotide verschlüsselt. Die DNA des Phagen ΦX174 besteht normalerweise aus einem Strang, der nur für die Replikation zum Doppelstrang ergänzt wird. Sie besteht aus ungefähr 5375 Nucleotiden und enthält neun bekannte Gene, die wiederum die Aminosäuresequenz von neun verschiedenen Proteinen codieren. Das Gen J, zufällig auch das kürzeste Gen des ΦX174-Genoms (dunkel markierter Abschnitt des Moleküls), codiert ein kleines Hüllprotein. Die Nucleotidsequenz der ΦX174-DNA, die F. Sänger und seine Mitarbeiter aufgeklärt haben, ist kurz im Vergleich zu DNA aus höheren Zellen. Beim Chromosom eines typischen einzelligen Bakteriums würde eine solche Darstellung bereits 2000 Seiten füllen, und bei der DNA aus dem Chromosom einer Säugerzelle wären sogar fast eine Million Seiten nötig.

GAGTTTTATCGCTTCCATGACGCAGAAGTTAACACTTTCGGATATTTCTGATGAGTCGAAAAATTATCTTGATAAACGAGGAATTACTACTGCTTGTTTA
TCAACTACCGCTTTCCAGCGTTTCATTCTCGAAGAGCTCGACGCGTTCCTATCCAGCTTAAAAGAGTAAAAGGCGGTCGTCAGGTGAAGCTAAATTAAGC
AACGATTCTGTCAAAAACTGACGCGTTGGATGAGGAGAAGTGGCTTAATATGCTTGGCACGTTCGTCAAGGACTGGTTTAGATATGAGTCACATTTTGTT
TGAACTGAGTACTAAAGAATGGATAATCACCAACTTGTCGTAGCCTGAGTCTATCATTAGGTGCGAGAAAATTTTACAGTTGTTCTCTTAGAGATGGTAC
TACTGAACAATCCGTACGTTTCCAGACCGCTTTGGCCTCTATTAAGCTCATTCAGGCTTCTGCCGTTTTGGATTTAACCGAAGATGATTTCGATTTTCTG
TCGCTCCCATAGGATGTTTCAGGTCGCATGGTATTTGCGTTCGGAGTTGCGTCGCTGCTCGTGCTCTCGCCAGTCATCGTTAGGTTTGAAACAATGAGCA
TTCCTGCTCCTGTTGAGTTTATTGCTGCCGTCATTGCTTATTATGTTCATCCCGTCAACATTCAAACGGCCTGTCTCATCATGGAAGGCGCTGAATTTAC
CAGTCATTCTTGCAGTCACAAAGGACGCGCATGTGCGTTCCATTTGCGCTTGTTAAGTCGCCGAAATTGGCCTGCGAGCTGCGGTAATTATTACAAAAGG
GCAGAAGAAAACGTGCGTCAAAAATTACGTGCGGAAGGAGTGATGTAATGTCTAAAGGTAAAAAACGTTCTGGCGCTCGCCCTGGTCGTCCGCAGCCGTT
TTAAATAGGAGTTCATTCCCCGGCTTCGGGGACGTTAATTTTAACAACTGGTGGATGTATGGTTTCTGCTCGCGGAAATGCGAACGGAAATCATGGAGCG
ATGTCTAATATTCAAACTGGCGCCGAGCGTATGCCGCATGACCTTTCCCATCTTGGCTTCCTTGCTGGTCAGATTGGTCGTCTTATTACCATTTCAACTA
TACAGATGTCATCTCAGTTATCGTTCCGGTGCTGCGTTACCTCTTTCTGCCTCTCGCGGTTGCCGCAGGTAGAGCTTCCTCAGCGGTCGCTATTGGCCTC
TTTTACTTTTTATGTCCCTCATCGTCACGTTTATGGTGAACAGTGGATTAAGTTCATGAAGGATGGTGTTAATGCCACTCCTCTCCCGACTGTTAACCAA
GATATCTATAGTTTATTGGGACTTTGTTTACGAATCCCTAAAATAACCATAGTCCCAATTAGCACGGTTCTTTTCGCCGTACÇAGTTATATTGGTCATCA
CGTATTTTAAAGCGCCGTGG---ATGCCTGACCGTACCGAGGCTAACCCTAATGAGCTTAATCAAGATGATGCTCGTTATGGTTTCCGTTGCTGCCATCT
TCGTCGAACGTCTGGGTATTACAGTTATCTACACCATCTTCAGCAGTAAACCGCTCTTTCGAGTCAGAGTCCTCCTTCGCCTCGTCAGGTTTACAAAAAC
TATGCTAATTTGCATACTGACCAAGAACGTGATTACTTCATGCAGCGTTACCATGA-GTTATTTCTTCATTTGGAGGTAAAACCTCATATGACGCTGACA
ACTTGTGCTGGTCTTTTGACCGGATTGCTGCAAACCAGTCAAGGTAGTTGTAGTATCGGTCTACGGGTCTCTAATCTCGCGTACTGTTCATTTCCTGCCA
ACAGACCTATAAACATTCTGTGCCGCGTTTCTTTGTTCCTGAGCATGGCACTATGTTTACTCTTGCGCTGGTTCGTTTTCCGCCTACTGCGACTAAAGAG
GGAAGTATCTTTAAAGTGCGCCGCCGTTCAACGGTATGTTTTGTCCCAGCGGTCGTTATAGCCATATTCAGTTTCGTGGAAATCGCAATTCCATGACTTA
ATGTTTTCCGTTCTGGTGATTCGTCTAAGAAGTTTAAGATTGCTGAGGGTCAGTGGTATCGTTATGCGCCTTCGTATGTTTCTCCTGCTTATCACCTTCT
TTGACTTGCTGACTTTGTGACCAGTATTAGTACCAACGCTTATTCATGCGCAAGAACGTTTAGTGGTCTTCCGCCAAGGACTTACTTACCCTTCGGAAGT
GTTGCAGTGGATAGTCTTACCTCATGTGACGTTTATCGCAATCTGCCGACCACTCGCGATTCAATCATGACTTCGTGATAAAAGATTGAGTGTGAGGTTA
TTTCAGACTTTGTACTAATTTGAGGATTCGTCTTTTGGATGGCGCGAAGCGAACCAGTTGGGGAGTCGCCGTTTTTAATTTTAAAAATGGCGAAGCCAAT
TATTTCTCGCCACAATTCAAACTTTTTTTCTGATAAGCTGGTTCTCACTTCTGTTACTCCAGCTTCTTCGGCACCTGTTTTACAGACACCTAAAGCTACA
GGACTAATCGCCGCAACTGTCTACATAGGTAGACTTACGTTACTTCT TTTGGTGGTAATGGTCGTAATTGGCAGTTTGATAGTTTTATATTGCAACTGCT
TTGTTTCAGTTGGTGCTGATATTGCTTTTGATGCCGACCCTAAATTTTTTGCCTGTTTGGTTCGCTTTGAGTCTTCTTCGGTTCCGACTACCCTCCCGAC
TAACGGCCCGCATGCCCCTTCCTGCAGTTATCAGTGTGTCAGGAACTGCCATATTATTGGTGGTAGTACCGCTGGTAGGTTTCCTATTTGTAGTATCCGT
AACGTCTACGTTGGTTTCATGGTTTGGTCTAACTTTACCGCTACTAAATGCCGCGGATTGGTTTCGCTGAATCAGGTTATTAAAGAGATTATTTGTCTCC
AACTGGCGGAGGTTTGTTAAATCTGTACCGCGGTGGTCGTTCTCGTCTTCGTTATGGCGGTCGTTATCGTGGTTTGTATTTAGTGGAGTGAATTCACCGA
AAAGCCGCCTCCGGTGGCATTCAAGGTGATGTGCTTGCTACCGATAACAATACTGTAGGCATGGGTGATGCTGGTATTAAATCTGCCATTCAAGGCTCTA
CTTCACGGTCGGACGTTGCATGGAAGTTCTTCAGGAAATGGTCGAAATCGTTATCGTGTGCTTTGTTTTGATCCCCGCCGGAGTAGTCCCAATCCTTGTA
TGCCGTTTCTGATAAGTTGCTTGATTTGGTTGGACTTGGTGGCAAGTCTGCCGCTGATAAAGGAAAGGATACTCGTGATTATCTTGCTGCTGCATTTCCT
GGTCAACGTAAAATCATTCGAGAAAAACTAAGAGTTTAGGCCGCAGTTGGTATGGTCGTCTCCTTCGTAGTCGTGGTCGTGCGAGGGTTCGTAATTCGAG
ACAATCAGAAAGAGATTGCCGAGATGCAAAATGAGACTCAAAAAGAGATTGCTGGCATTCAGTCGGCGACTTCACGCCAGAATACGA AAGACCAGGTATA
CCTTTGGACGACAACGAACCTTTCTAACCACAAAAGGTATTATCTGCGTTGCGTCGTCATCTGAGGAAGACA-CTTATTCGTTCGTAGAGTAAAACACGT
GAGATTATGCGCCAAATGCTTACTCAAGCTCAAACGGCTGGTCAGTATTTTACCAATGACCAAATCAAAGAAATGACTCGCAAGGTTAGTGCTGAGGTTG
GGTCTTCGTCGTAGTCACTGCTGTAATCTTTATAGGA AACGTCATCGCGGTTATACTCTTCTCGGTATGGCGACTAAGACGCAAACGACTACTTGATTCA
TGTGGTTGATATTTTTCATGGTATTGATAAAGCTGTTGCCGATACTTGGAACAATTTCTGGAAAGACGGTAAAGCTGATGGTATTGGCTCTAATTTGTCT
TAAGTCTTCCCATTATTCTTGCTTGGTATTTTTTCGGAGGTTCTAAACCTCCGTACTTTTGTATGTTAACCCTCCCACAGTTAGGACTGCCAATAAAGGA
GTCACGCTGATTATTTTGACTTTGAGCGTATCGAGGCTCTTAAACCTGCTATTGAGGCTTGTGGCATTTCTACTCTTTCTCAATCCCCAATGCTTGGCTT
CGGCAGTTGTATGTATAGTGGTAATAGCTTGAGTTGCGGGACGTATGCTTTTCTGTCTTAGAGAAGGTTCTCGAACTACGCCAATAGGTAGACGAATACC
CATAAGGCTGCTTCTGACGTTCGTGATGAGTTTGTATCTGTTACTGAGAAGTTAATGGATGAATTGGCACAATGCTACAATGTGCTCCCCCAACTTGATA
CCCGCAAGTCGTCGGTCGAACGTTTTGACGCATTGGCAGAAGAGCAAGAGATTTTTGGTAAAAAGCAGGGGAAGCCCCGCCACCAGATATCACAATAATT
TCTTAAGGATATTCGCGATGAGTATAATTACCCCAAAAAGAAAGGTATTAAGGATGAGTGTTCAAGATTGCTGGAGGCCTCCACTAAGATATCGCGTAGA
GATTAGCCAGCAGTCGGTTGCACTCTCACAGTTTTTGCTATTTGGTTGGTAGTCGTACTCGGACAGCGTAACGTAAGTAGTTTGCGACTTATCGTTTCGG
AGGCGTTTTATGATAATCCCAATGCTTTGCGTGACTATTTTCGTGATATTGGTCGTATGGTTCTTGCTGCCGAGGGTCGCAAGGCTAATGATTCACACGC
CGATGGACATCCTTCACAGGCGTATTTCACGTGGCGTACCTTTACTTCTGCCGGTAATCGACATGGTATGAGTCCGTGTGTTTTTATGACTATCGTCAGC
GTTGACCCTAATTTTGGTCGTCGGGTACGCAATCGCCGCCAGTTAAATAGCTTGCAAAATACGTGGCCTTATGGTTACAGTATGCCCATCGCAGTTCGCT
TGTATCTTTGGTTGTCGGTATATTGACCATCGAAATTCGCCGAGTGGAAATCGTAGTTGTCCGGTGTTGGTTGGTCTTGCACTTTTTCGCAGGACGCACA
GGCTAAATACGTTAACAAAAAGTCAGATATGGACCTTGCTGCTAAAGGTCTAGGAGCTAAAGAATGGAACAACTCACTAAAAACCAAGCTGTCGCTACTT
CGAACCATTCAACCTAATTCGTGAGGCACCTGTCTAAACAGTAACACTCGTAAAAGTAGGGCTTCAACGCCGAGTAAGACTAAGACTTGTCGAAGAACCC
TGGGTTACGACGCGACGCCGTTCAACCAGATATTGAAGCAGAACGCAAAAAGAGAGATGAGATTGAGGCTGGGAAAAGTTACTGTAGCCGACGTTTTGGC
ACGTCCAACCTATGCGGTTAGTAAAAATAGCTTCGCGCGTATTTAAACTCGTCTAAACAGCAGTGTCCAACGCGG

trale biologische Funktion erfüllt – als Träger der genetischen Information, die sie von einer Generation zur nächsten weitergibt. Die Übertragung der verschlüsselten genetischen Botschaft beruht dabei auf der Fähigkeit von Zellen, genaue Kopien der elterlichen DNA zu erzeugen und an die Nachkommen weiterzugeben. Der Erfolg einer solchen Vererbung hängt freilich davon ab, inwieweit die Nachkommen in der Lage sind, die verschlüsselte Information richtig umzusetzen – zu exprimieren –, um damit lebenswichtige Abläufe zu steuern. Der Vorgang der genetischen Expression ist noch keineswegs vollständig aufgeklärt, und hier eröffnen die neuen DNA-Rekombinationstechniken breite Ansatzmöglichkeiten für genauere Untersuchungen.

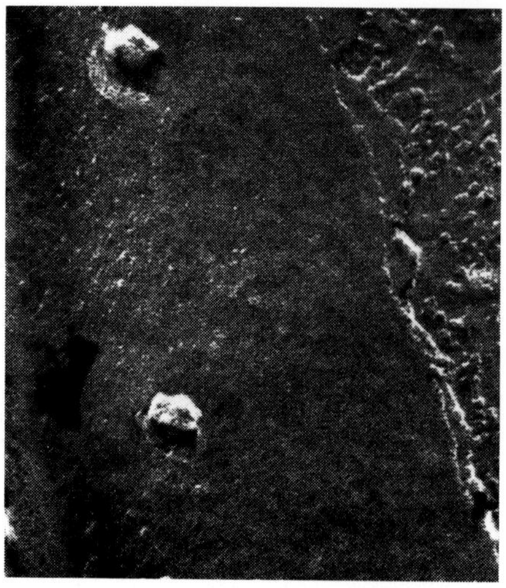

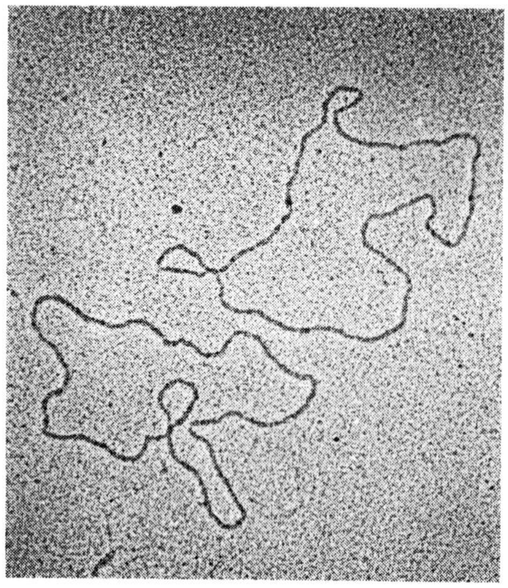

Bild 2: Die beiden elektronenmikroskopischen Aufnahmen zeigen den Bakteriophagen ΦX174 (links) und seine DNA (rechts). Dieses Virus infiziert das verbreitete Darmbakterium *Escherichia coli*. Links sind zwei ΦX174-Partikel zu erkennen, die sich bereits an ein Bakterium geheftet haben, um ihre DNA in diese Wirtszelle zu injizieren und schließlich dort zu vermehren. Rechts sind die doppelsträngigen DNA-Moleküle zweier ΦX174-Viren zu erkennen, die jeweils ungefähr 1,8 Mikrometer lang sind. (Die Aufnahmen stammen von J. D. Griffith, Stanford-Universität, und von A. Staehelin, Universität von Colorado.)

Genetischer Code und Verdopplung der DNA

Die Mechanismen der DNA-Verdopplung und -Expression sind im einzelnen ungeheuer komplex. Im Mittelpunkt all dieser Probleme steht jedoch die berühmte Doppelhelix-Struktur der DNA. Ihre beiden langen, umeinandergewundenen komplementären Stränge bestehen aus vier verschiedenen Nucleotidbasen: Cytosin, Guanin, Adenin und Thymin (abgekürzt: C, G, A und T), die wie Güterwaggons der Länge nach aneinandergekoppelt sind. Auf jedes Nucleotid kann im Prinzip ein beliebiges folgen; die Reihenfolge der Nucleotide auf jedem Strang entspricht dann einer genetischen Information (Bild 1). Beispielsweise kann man in der Sequenz CATTACTAG fünf englische Wörter, CAT, AT, TACT, ACT und TAG, identifizieren. Tatsächlich bestimmt eine Dreiergruppe – Triplett oder Codon genannt – über eine Reihe von Zwischenschritten meist die Position einer ganz bestimmten Aminosäure in einem Eiweißmolekül (Protein).

Proteine können ähnlich wie Nucleinsäuren mit einem langen Güterzug verglichen werden, jedoch sind diesmal die Untereinheiten nicht Nucleinsäuren, sondern Aminosäuren. Die Reihenfolge der Nucleotide in einem vorgegebenen DNA-Abschnitt legt die Aufeinanderfolge von Aminosäuren in einem bestimmten Eiweißmolekül fest. Nacheinander dirigiert jedes Triplett eine der 20 Aminosäuren an die richtige Stelle in der Eiweißkette. Die Abfolge der Aminosäuren wiederum bestimmt Struktur und Funktion des Proteins. Die Nucleotidsequenz der DNA legt somit die Eigenschaften der Proteine in einem Organismus fest. Und praktisch alle Eigenschaften eines Organismus, von der Enzymtätigkeit bis zur Augenfarbe, hängen in irgendeiner Form von Proteinstrukturen ab.

Bei der Vererbung der genetischen Information von einer Generation zur nächsten kommt es auf eine genaue Vervielfältigung der Basensequenz der DNA an. Der Replikationsmechanismus beruht darauf, daß sich die beiden Stränge der DNA gegenseitig ergänzen. Einer Sequenz auf dem einen Strang (etwa CATTACTAG) liegt eine komplementäre Sequenz (hier GTAATGATC) auf dem anderen Strang gegenüber. Die Stränge sind komplementär, weil sich C und G beziehungsweise A und T paarweise (über Wasserstoffbrücken) aneinanderbinden. Diese sich ständig wiederholenden Bindungen halten die beiden Stränge in der Doppelhelix zusammen. Unter bestimmten Bedingungen läßt sich die Anziehungskraft zwischen den Basenpaaren herabsetzen, so daß sich die beiden Stränge aufdrehen oder ganz trennen. Stellt man die ursprünglichen Bedingungen wieder her, so verbinden sich die beiden Stränge erneut.

Diese Eigenschaften verleihen der DNA die Fähigkeit, sich selbst zu verdoppeln: Die Stränge drehen sich – von einer festgelegten Stelle ausgehend – auf und trennen sich. Wenn die notwendigen Enzyme und freien Nucleotide vorhanden sind, wird am freiliegenden Abschnitt jeder ungepaarten alten Kette eine neue gebildet. Jedes Nucleotid sucht sich sein Gegenüber (C paart mit G und A mit T). Die Nucleotide der entstandenen komplementären Sequenz werden dann noch durch ein Enzym miteinander verbunden. Damit ist die Nucleotidkopplung abgeschlossen. Am Ende dieses Verdopplungsprozesses sind zwei neue Doppelstränge entstanden, die mit der ursprünglichen DNA identisch sind. Die Replikation der DNA ist die grundlegendste chemische Reaktion des Lebens. Sie erfüllt uneingeschränkt das klassische erste Prinzip der Vererbung: Gleiches bleibt gleich.

Würde sich die DNA immer fehlerfrei verdoppeln, so wäre das Leben viel einheitlicher, als es tatsächlich ist. Daß es anders ist, erklärt sich aus dem zweiten klassischen Prinzip der Vererbung. Auf Grund von Mutationen treten bei Nachkommen mitunter neue Erbmerkmale auf. Mutationen entstehen durch Fehler, die zumindest teilweise während der Replikation passieren. Zum Beispiel verändert der Ersatz eines Nucleotids durch ein anderes das Triplett, so daß eine andere Aminosäure in die entsprechende Position des entstehenden Proteins eingesetzt wird. Auch der Austausch einzelner Nucleotide führt zum Fehleinbau einzelner Aminosäuren. So genügt ein einziger Basenaustausch, um beim Menschen Sichelzellenanämie hervorzurufen. Aber die wenigsten Mutationen sind solche Einzelbasenaustausche; gleichwohl lassen sie direkt auf veränderte, umgestellte oder ausgefallene Nucleotidsequenzen schließen. Falls diese Mutationen in einem Gen auftreten (ein Gen ist ein DNA-Abschnitt mit der Information für die Aminosäuresequenz eines bestimmten Proteins), wird sein entsprechendes Protein verändert – mit den Erbeigenschaften, die es steuert.

DNA-Rekombination

Darin liegt der Haken der DNA-Rekombinantentechnologie. Sie macht zum ersten Mal eine direkte Manipulation an Nucleotidsequenzen möglich. Natürlich auftretende Fehler in der Nucleotidsequenz sind zufällig, selbst dann, wenn man die Häufigkeit solcher Veränderungen künstlich erhöht. In natürlichen Fortpflanzungsgemeinschaften (Populationen) werden zufällige Mutationen nach dem Selektionsprinzip von Darwin ausgelesen. Das bedeutet, daß Individuen mit vorteilhaften Erbfehlern für ihren besonderen Lebensraum bessere Überlebenschancen und deshalb auch mehr Nachkommen haben. Bei der künstlichen Selektion, wie sie der Mensch seit Jahrtausenden praktiziert, werden genetische Fehler begünstigt, die seinen Bedürfnissen (landwirtschaftliche Zucht) oder auch Launen (Zucht exotischer Haustiere) gerecht werden. Der Erfolg natürlicher wie künstlicher Selektion hängt davon ab, wie häufig durch Zufall wünschenswerte Mutationen auftreten. Bevor DNA-Rekombinationstechniken entwickelt waren, ließ sich die genetische Veränderung selbst nicht steuern. Mit Hilfe dieser neuen Techniken kann man gezielt bekannte und nützliche DNA-Stücke einer Art oder Spezies in die DNA einer anderen Art einbauen und damit wünschenswerte Eigenschaften übertragen (Bild 10).

DNA zu rekombinieren, das erfordert experimentelles Geschick und genaue Kenntnisse über das jeweilige DNA-Molekül. Im ersten Schritt zerlegt man die DNA mit Hilfe von Proteinen, die Restriktionsenzyme genannt und aus Bakterien isoliert werden, in Bruchstücke. Eines dieser Enzyme bricht den Doppelstrang der DNA bei bestimmten Sequenzen auf, sagen wir CATTAC, der komplementären Sequenz von GTAATG. Der Bruch tritt in beiden Strängen aber nicht immer an der gleichen Stelle auf. So kann er auf dem ersten Strang zwischen den beiden T's, im zweiten jedoch rechts neben ATG liegen. Nach der Trennung endet dann das eine Stück mit TAC, das andere mit ATG. Weil die überstehenden Einzelstrangenden der beiden DNA-Stücke komplementär sind, können sie sich unter geeigneten Bedingungen wieder nebeneinanderlegen, so daß sich ihre Enden erneut verbinden lassen. Schneidet man DNA aus zwei verschiedenen Organismen mit dem gleichen Restriktionsenzym, so erhält man immer dann dieselben „klebrigen“ Enden, wenn beide DNAs Erkennungssequenzen für dieses Enzym aufweisen.

Jetzt muß die rekombinante-DNA nur noch in einen geeigneten Wirtsorganismus hineingebracht werden. Dazu muß

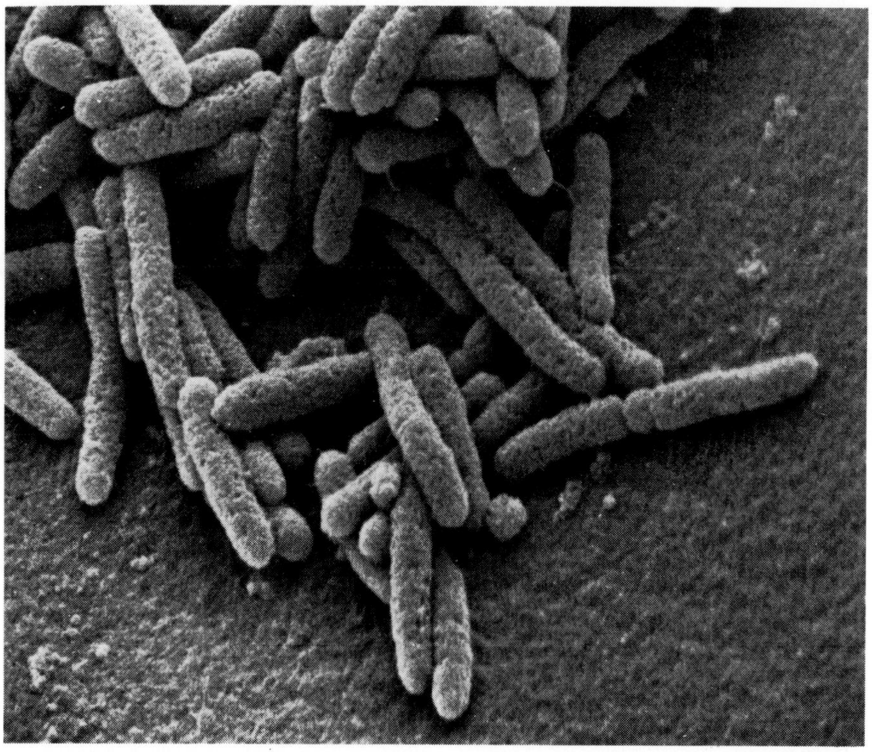

Bild 3: Ein Zellhaufen von *E. coli*-Bakterien. Einige davon sind gerade dabei, sich zu teilen (asexuelle Vermehrung), andere scheinen mit Hilfe fadenförmiger Verbindungen DNA auszutauschen (ein Vorgang, der in der Bakterien-Genetik als Konjugation oder sexuelle Vermehrung bezeichnet wird). *E. coli* gilt als besonders geeignete Wirtszelle für DNA-Rekombinationsexperimente. Die Aufnahme von David Scharf in 11 000facher Vergrößerung.

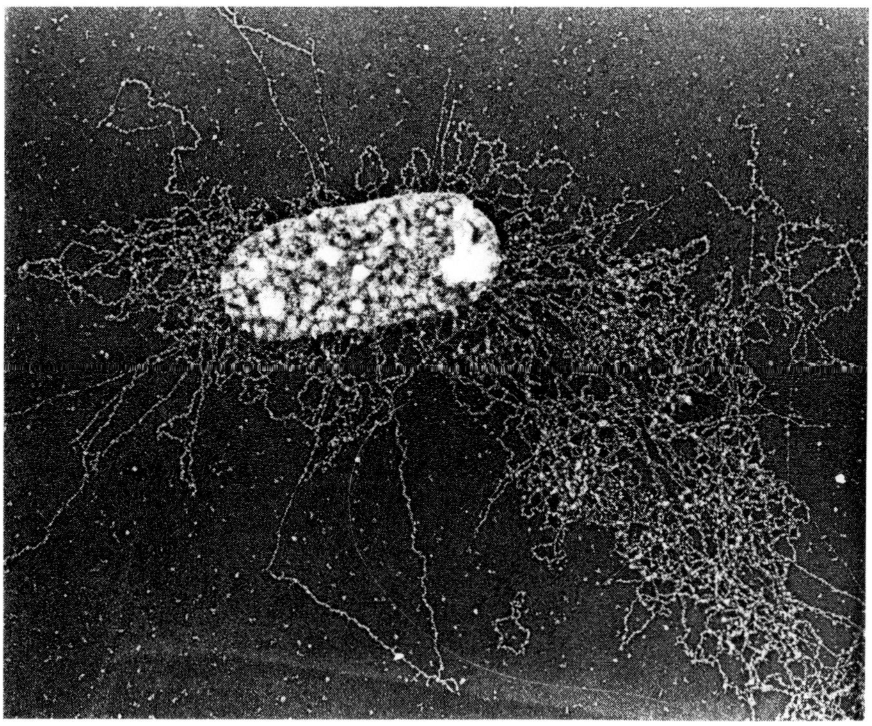

Bild 4: Aus einer *E. coli*-Zelle tritt DNA aus, wenn die Zellwand mit chemischen Mitteln durchlässig gemacht wird. Die DNA liegt größtenteils einzeln in Form eines langen Doppelstranges vor – als Chromosom dieser einfachen prokaryontischen Organismen. Daneben enthält ein *E. coli*-Bakterium oft noch ein oder mehrere ringförmige DNA-Moleküle: sogenannte Plasmide, die unabhängig vom Chromosom repliziert werden. Eines dieser kleineren, extrachromosomalen DNA-Moleküle ist rechts unten nahe am Bildrand zu erkennen. Plasmide aus *E. coli*-Zellen spielen in der DNA-Rekombinationsforschung eine wichtige Rolle, denn sie eignen sich als Trägermoleküle oder Vektoren, um DNA in eine Wirtszelle einzuschleusen. Die Fremd-DNA wird in das Plasmid eingebaut, das dann in ein Wirtsbakterium geschleust und dort mitsamt der Fremd-DNA vermehrt werden kann. (Aufnahme von J. D. Griffith)

sie in der Lage sein, in einen Wirt einzudringen und Teil seines genetischen Systems zu werden. Für das verbreitete Darmbakterium *Escherichia coli* hat man hier eine wirkungsvolle Methode entwikkelt. Neben seinem einzelnen langen, ringförmigen Chromosom besitzt *E. coli* oft noch ein oder mehrere sogenannte Plasmide. Das sind kleine, ebenfalls ringförmige DNA-Moleküle, die eigenständig repliziert werden. Die Plasmide können aus den Bakterien isoliert, durch Restriktionsenzyme aufgeschnitten und als ein Bestandteil eines Rekombinanten verwendet werden. Wenn man die Plasmid-DNA mit der Fremd-DNA verknüpft und die zirkuläre Form des Plasmids wiederhergestellt hat, muß die neue DNA in eine Wirtszelle zurückgebracht werden. Dort kann sie sich wieder replizieren, weil der Wirt nicht nur seine eigene, sondern auch die fremde DNA vervielfältigt. Man erhält einen Bakterienstamm, der auf diese Weise eine unbestimmte Anzahl von Kopien der eingesetzten Nucleotidsequenz fremden Ursprungs liefert.

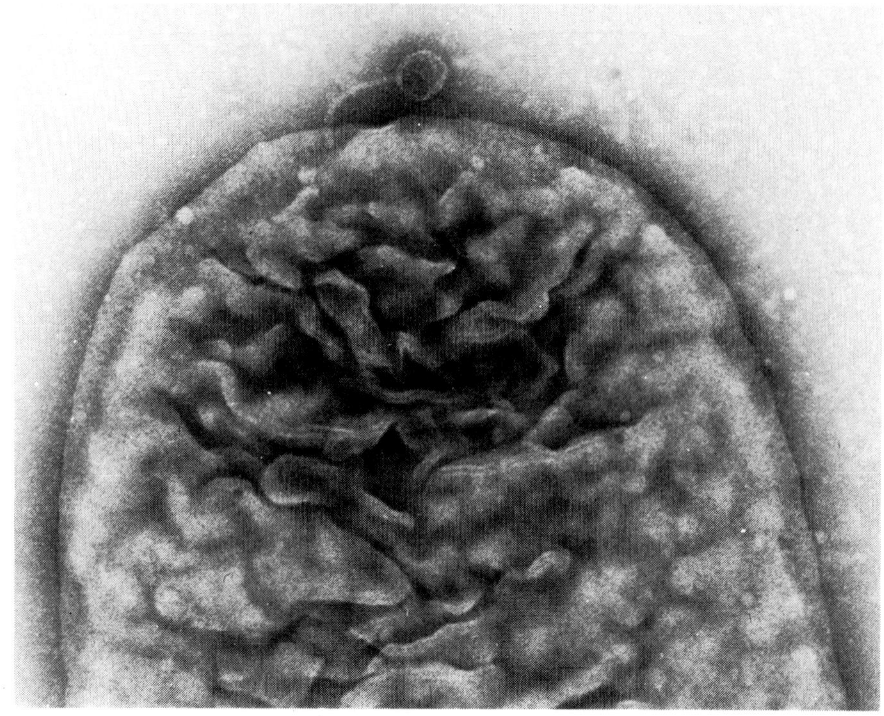

Bild 5: Der Bakteriophage Lambda an der Zellwand einer *E. coli*-Zelle. Dieses Virus infiziert das Bakterium normalerweise dadurch, daß es seine DNA mit Hilfe seines langen schwanzartigen Fortsatzes in die Wirtszelle injiziert. In der rasterelektronenmikroskopischen Aufnahme von Maria Schnoss (Stanford-Universität) ist es 140 000fach vergrößert gezeigt.

Das Sicherheitsproblem

Für sich betrachtet, erscheint nichts von alledem besonders bedeutend oder gar bedrohend. Man könnte es für eine neue und interessante Methode aus der Biochemie halten, die eben auf Lebewesen angewendet wird. Aber angesichts der Komplexität lebender Organismen und den noch weit komplizierteren sozialen Wechselbeziehungen zwischen ihnen schaffen die neuen biochemischen Methoden völlig neue Möglichkeiten – reale und spekulative.

Angenommen, jemand würde das Gen für ein gefährliches Gift isolieren und in *E. coli* einführen, das normalerweise ein harmloser Bewohner des Verdauungstraktes jedes Menschen ist. Wäre dadurch ein gefährlicher neuer Krankheitserreger geschaffen? Könnte ein so manipuliertes *E. coli* Gift im menschlichen Darm freisetzen? Könnte dieser neue Krankeitserreger außer Kontrolle geraten und Epidemien auslösen? Es gibt sicher Antworten, aber sie zu finden, wird noch einige Zeit dauern.

Um Zeit zum Überlegen zu gewinnen, forderten Genforscher 1974 einen zeitlich begrenzten Aufschub von Experimenten, die das größte Risiko zu bergen schienen. Im Juni 1976 gab dann das NIH Richtlinien heraus, um absolut sichere Versuche von weniger sicheren zu unterscheiden. Diese Richtlinien, die an die Stelle des Moratoriums von 1974 traten, beruhten auf Risiko-Analysen, in denen jeweils die größte mögliche Gefahr verschiedener Experimente untersucht worden war. Anhand des geschätzten möglichen Gefahrenumfangs sollten Schutzvorschriften entwickelt werden, um die unbekannten Risiken so klein wie möglich zu halten. Die Richtlinien übertrugen den einzelnen Forschern eine hohe Verantwortung und forcierten diese Verantwortlichkeit durch besondere Kontrollgremien in den Förderstellen und Finanzierungsausschüssen.

Warum hält die Debatte trotz all dieser Vorschriften weiter an? Kurz gesagt, stehen für die Kritiker die Risikobewertung und die Schutzvorschriften der NIH-Richtlinien in keinem Verhältnis zu den tatsächlich möglichen Gefahren; sie halten sie für unangemessen und außerdem für unvollständig, da andere wichtige Fragen nicht berücksichtigt wurden. Die lautesten Kritiker haben ihre Analysen der möglichen schlimmen Folgen dieser Forschung in Fachpublikationen und in der Tagespresse veröffentlicht. Ihre Bewertung schreckte viele auf und führte zu einer öffentlich-politischen Diskussion auf Gemeinde-, Landes- und Bundesebene. Solche Bedenken sorgten für eine Überarbeitung der Tagesordnung und läuteten nun in einem erweiterten Rahmen die zweite Runde der politischen Diskussion zu diesem Thema ein.

Die möglichen biologischen Gefahren und die Bewertung des Risikos beherrschen weiterhin die Debatte. Die NIH-Richtlinien wägen das Risiko eines vorgelegten Versuchs ab und empfehlen besondere Maßregeln, um die Gefahr in Grenzen zu halten. (Risiko, daran muß noch einmal erinnert werden, bedeutet *mögliche* und nicht tatsächliche Gefahr!) Experimente, deren Gefahrenrisiko zu hoch schien, wurden gänzlich verboten. Andererseits war bei Versuchen, deren Risiko als unbedeutend galt, als Sicherheit lediglich eine sorgfältige Durchführung der Versuche verlangt. Zwischen diesen beiden Extremen wurden alle Experimente nach dem geschätzten Risiko eingestuft. Entsprechend wird in den Richtlinien eine Kombination von verschärfter physikalischer und biologischer Eingrenzung vorgeschrieben. Irgendwelche rekombinanten Organismen in die Umgebung entkommen zu lassen, ist verboten.

Angesichts des noch begrenzten Wissensstandes – trotz wachsender Erfahrung – kann man Risiko und Wirksamkeit der Sicherheitsvorschriften unterschiedlich beurteilen – und ein Konsens ist leider nicht erreicht. So führen Kritiker aufgrund lückenhafter Information eine unvermeidbare Ausbreitung von gefährlichen neu geschaffenen Organismen ins Feld, die unsere Gesundheit und die Umwelt bedrohen. Mit dem gleichen lückenhaften Wissen werfen einige Befürworter ein, daß die Richtlinien übertrieben vorsichtig seien. Ihrer Meinung

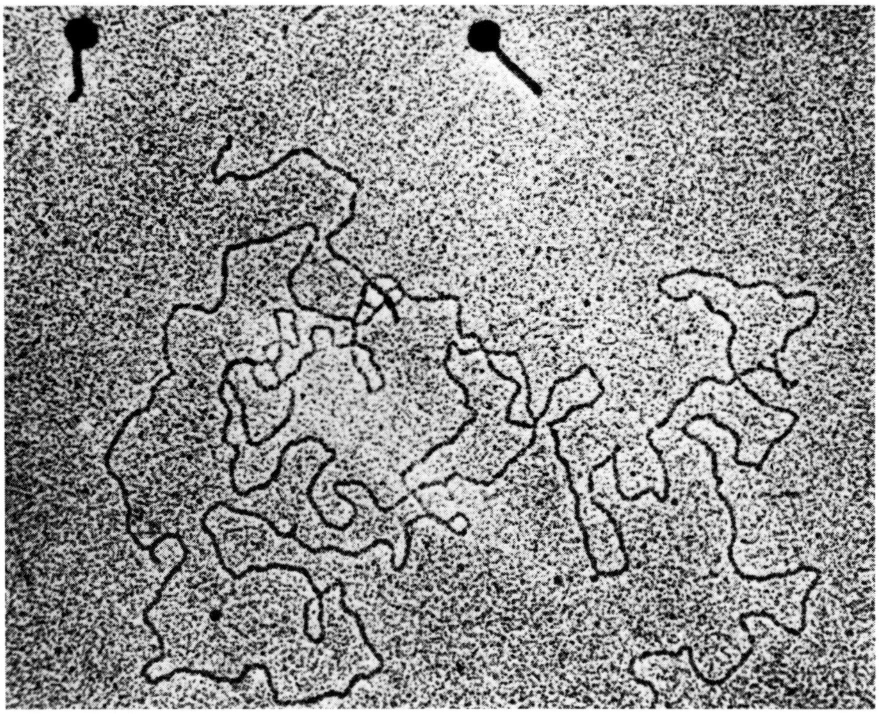

Bild 6: Der Bakteriophage Lambda und seine DNA. Am oberen Bildrand erkennt man zwei vollständige Viren, darunter die lange doppelsträngige DNA des aufgebrochenen Virus. Bei DNA-Rekombinationsversuchen mit *E. coli* als Wirtszelle kann unter anderem die DNA des Bakteriophagen Lambda als Vektor für Fremd-DNA dienen. (Aufnahme: J. D. Griffith)

nach ist die Gefährdung unter den gegebenen Sicherheitsmaßnahmen tatsächlich nicht größer als das Risiko, das man beim Autofahren oder Fliegen und auch mit anderen allgemein akzeptierten technischen Errungenschaften eingeht. Die Schätzungen für Risiken weichen deshalb so weit voneinander ab, weil eine so ungeheure Vielfalt von Experimenten denkbar ist. Außerdem fehlt es bei vielen Punkten an Erfahrung und aussagekräftigen Daten. Sicher ist nur, daß bis jetzt kein Unglücksfall bekannt geworden ist, der auf Versuche mit rekombinanter-DNA zurückzuführen ist.

Auf der politischen Tagesordnung erscheint als neuer Punkt die Notwendigkeit einer wirksameren anwendungsorientierten Forschung. Sie soll helfen, die allgemeine Verunsicherung über Gefahren bestimmter Experimente zu verringern. Zum Beispiel streitet man sich über die Benutzung von *E. coli* (Bild 3) als Wirt für rekombinante-DNA. Die eine Seite hält es für verrückt, als Wirt für rekombinante-DNA ein Bakterium zu nehmen, das normalerweise im Menschen lebt und manchmal für ihn auch zum Krankheitserreger werden kann. Entsprechend wird im Extremfall gefordert, alle DNA-Rekombinationsversuche einzustellen, bis ein sichererer Organismus als *E. coli* zur Verfügung steht. Dagegen werden von der anderen Seite folgende Einwände angeführt: 1) *E. coli* ist unersetzlich, weil es ungleich besser erforscht ist als andere einfache Organismen. 2) Gewöhnlich wird in Laborversuchen der *E. coli*-Stamm K12 benutzt, der zur Anpassung an die Laborbedingungen genetisch so verändert wurde, daß er im menschlichen Darm nur sehr schwer überleben kann. 3) Überdies wurden neue Abkömmlinge von K12 mit zusätzlichen genetischen Defekten gezüchtet, die außerhalb der Laborbedingungen praktisch nicht überleben können. Solche genetischen Mangelmutanten verkörpern das, was man „biologische Beschränkung“ nennt. Während die Befürworter dieses Konzept als wirkungsvolle Absicherung betrachten, halten es Kritiker für witzlos, weil es wahrscheinlich durch natürliche Rekombination umgangen werde.

Wissenschaftler beschränken solche Meinungsverschiedenheiten gewöhnlich auf experimentelle Fragen – etwa, ob der Stamm K12 als Versuchsorganismus geeignet ist. Dazu müßte man die Wirkung rekombinanter Gene auf die ökologischen Verwandten von *E. coli* untersuchen. Wie erfolgreich können rekombinante Stämme mit anderen *E. coli*-Stämmen und anderen Organismen konkurrieren? Auf diesem Gebiet lernt man zwar ständig dazu, aber eigentlich ist es wissenschaftlich nicht weiter interessant. Wichtig geworden sind diese Fragen nur im Hinblick auf eine politische Entscheidung, und Wissenschaftler, die Grundlagen- oder eben angewandte Forschung betreiben, haben politisch motivierten Untersuchungen noch nie einen sehr hohen Stellenwert eingeräumt. Politisch orientierte Forschung muß daher durch gesonderte Finanzierungsmaßnahmen und geeignete gesetzliche Anordnungen angeregt werden. Außerhalb des NIH wäre daher eine weitere Ordnungsbehörde für DNA-Rekombinationsexperimente und andere möglicherweise gefährliche Versuche nötig. Dieser Behörde sollte auch eine eigene Forschungsabteilung angeschlossen sein. Als mögliches Modell für eine Behörde, die diese beiden Aufgaben erfüllt, kämen das amerikanische Zentrum für Krankheitsüberwachung und sein Nationales Institut für Berufssicherheit und -gesundheit in Frage.

Die Kontroverse um die biologischen Gefahren betrifft auch die Frage, inwieweit Versuche mit rekombinanter-DNA in zentralen Einrichtungen durchgeführt werden sollten. Einige von denen, die Schlimmstes von rekombinanten Organismen befürchten, drängen darauf, potentiell gefährliche Forschung an entlegene Plätze mit äußerst scharfen Sicherheitsvorkehrungen zu verlegen. Andere verharmlosen die Gefahr und entgegnen, eine derartige Zentralisierung könnte diesen Forschungszweig unter Umständen von der übrigen Forschung isolieren, und überdies seien die Einrichtungen unnötig teuer. Das gilt besonders für Experimente der Sicherheitsstufe P3, die nur in P3-Labors gemacht werden sollten – unter den Sicherheitsvorkehrungen für Versuche mit mäßigem Risiko (Tabelle 1). Für Experimente mit hohem Risiko sind P4-Labors vorgeschrieben, und wegen der hohen Kosten wird es davon relativ wenige geben, so daß sie stärker isoliert sein dürften. Die allgemeinen NIH-Richtlinien bieten wenig Anhaltspunkte, um diese Probleme zu lösen. Hier wäre eine klare Politik vonnöten. So muß die Möglichkeit geprüft werden, ob man zentrale P4-Labors einrichtet, in denen bestimmte Rekombinanten erstmals hergestellt werden, wobei anzustreben wäre, daß eine Ordnungsbehörde die neuen Rekombinanten auf ihre möglichen Gefahren hin testet.

Sehr wichtig wären solche Tests in einem zentralen Labor bei sogenannten „Schrotschuß“-Versuchen (Bild 11). Diese Experimente bieten den Forschern zwar gewisse Vorteile, bergen aber eben auch besondere Gefahren. In Schrotschuß-Versuchen zerlegt man mit Hilfe von Restriktionsenzymen die gesamte DNA eines Organismus in viele Bruchstücke. Jedes dieser Fragmente wird dann in die DNA eines geeigneten Vektors eingebaut, und die Rekombinanten werden anschließend wahllos wieder in *E. coli*-Wirtszellen eingeschleust. Als nächstes werden die *E. coli*-Zellen auf einem Nährboden ausplattiert, so daß jede Empfängerzelle, die ein bestimmtes eingebautes Stück Fremd-DNA enthält, zu einer Kolonie hochwächst. In einem erfolgreichen Experiment gewinnt man eine „Bibliothek" der gesamten DNA eines Organismus. Jede gewachsene Kolonie enthält ein Stück DNA, das nach Belieben manipuliert und mit anderen kombiniert werden kann.

Es ist mühsam, das komplexe genetische System höherer Organismen auf diesem Weg zu erforschen, aber es ist weit weniger aufwendig als jede andere verfügbare Methode. Für diesen Vorteil riskiert man jedoch, daß sich DNA-Abschnitte mit unbekannter oder normalerweise unterdrückter Funktion vermehren, die unvorhergesehene Gefahren erzeugen können. Das hätte besonders dann schlimme Folgen, wenn die Ausgangs-DNA des Versuchsorganismus zufällig auch genetisches Material von Parasiten und Viren enthalten hat. Die NIH-Richtlinien stufen Schrotschuß-Versuche daher als gefährlicher ein als solche, bei denen nur gereinigte und charakterisierte DNA verwendet wird. Rekombinationsexperimente gelten als um so gefährlicher, je näher die untersuchte Art biologisch mit dem Menschen verwandt ist. Das bedeutet, Versuche mit Primaten-DNA sind gefährlicher als solche mit Maus-DNA. Dieses Vorgehen scheint ein vernünftiger Weg, um die Gesundheit des Menschen zu schützen, aber es berücksichtigt nicht die möglichen ökologischen Folgen. So kann man sich zum Beispiel vorstellen, daß sich Rekombinanten aus Schrotschuß-Versuchen mit Pflanzen-DNA ökologisch bedenklich auswirken können, wenn sie zufällig aus dem Labor entweichen würden. Am besten sollten Schrotschuß-Versuche daher zuerst in Speziallaboratorien durchgeführt werden. Sie könnten als Lager und Verteilungszentrale für gentechnologische Produkte dienen, sobald diese auf ihre Sicherheit hin getestet sind.

Aus diesen Gründen wäre die Einrichtung eines Zentrums für genetische Forschung sinnvoll, wo die als riskant eingestuften gentechnologischen Experimente gemacht werden können. Außerdem sollte dieses Institut das Genmaterial von bedrohten natürlichen Arten oder auch von speziellen Zellinien und Organismen konservieren, die für die Forschung und andere Zwecke entwickelt wurden. Vermutlich werden Genbanken in Zukunft an Bedeutung gewinnen. Um ein Beispiel zu nennen: Man hat von jeher Kulturpflanzen und Haustiere mit ihren wilden Vorfahren gekreuzt, um für wechselnde Bedingungen der Landwirtschaft widerstandsfähigere Zuchtformen zu erhalten; inzwischen sind die Quellen solcher Wildtyp-Formen weltweit durch die Einschränkung der natürlichen Lebensräume bedroht.

Biologische Gefahren müssen nicht unbedingt nur ein Nebenprodukt der Grundlagenforschung sein. Wahrscheinlich ebenso kritisch sind Weiterentwicklung und wissenschaftliche Anwendung sowie der praktische Einsatz der DNA-Rekombinationsmethoden. Zum Beispiel können die Rekombinationstechniken den Einsatz von Bakterien (und anderen Mikroorganismen) zur Produktion von bestimmten Proteinen und pharmazeutischen Produkten ungeheuer ausdehnen. Mikroorganismen spielen schon lange eine wesentliche Rolle bei der Produktion von Nahrungsmitteln und in der pharmazeutischen und chemischen Industrie. Eine genauere Steuerung ihrer Eigenschaften hat bereits großen Nutzen erbracht. Die Gentechnologie erschließt hier Neuland mit einer Art „Bakterienfabrik": Man steuert das Wachstum von Mikroorganismen so, daß sie möglichst effizient ein Produkt erzeugen, das normalerweise nur von höheren Organismen synthetisiert wird. Beispiele hierfür sind Insulin, Blutgerinnungsfaktoren und immunologische Stoffe. Diese Möglichkeiten versprechen wirtschaftlichen und sozialen Nutzen – und haben auch kommerzielle Interessen geweckt.

Die NIH-Richtlinien sagen so gut wie nichts zur kommerziellen Anwendung. Eine Ausnahme bildet die Bestimmung, daß Großversuche mit Produktionsmen-

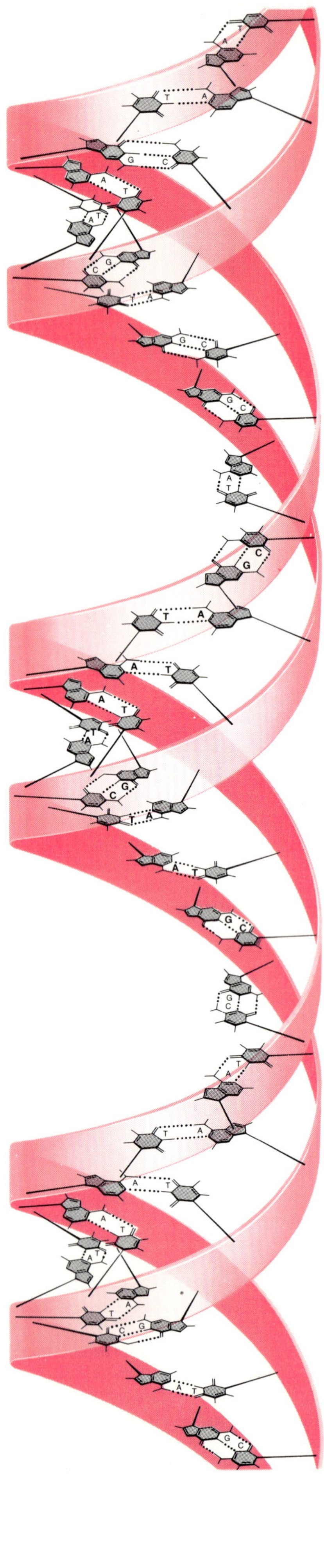

Bild 7: Dieses vereinfachte Schema illustriert die Doppelhelix-Struktur der Desoxyribonucleinsäure (DNA). Die Zucker- und Phosphatgruppen, über die die Nucleotide miteinander verbunden sind, bilden das Rückgrat der DNA; sie sind schematisch durch zwei farbige, verdrillte Bänder gekennzeichnet. Für den Zusammenhalt der gegenläufigen Stränge sorgen die Bindungen zwischen vier verschiedenen Basen: zwei Purinen, Adenin (A) und Guanin (G), und zwei Pyrimidinen, Thymin (T) und Cytosin (C). Über Wasserstoffbrückenbindungen (schwarz gepunktete Linien) werden die Basen paarweise zusammengehalten: Adenin paart immer mit Thymin, Guanin immer mit Cytosin. Der Durchmesser der Doppelhelix beträgt zwei Millionstel Millimeter, die Basen folgen in einem Abstand von nur 0,34 Millionstel Millimeter; dabei ist jede Base gegenüber der vorherigen in einem Winkel von 36 Grad um die Längsachse verdreht; auf jedem Strang wiederholt sich somit jede Windung nach zehn Basen (360 Grad) beziehungsweise in einem Intervall von 3,4 Millionstel Millimeter. Die genetische Information ist durch die Reihenfolge der Basen entlang eines Stranges gegeben. In diesem Fall liegt der Sequenz CATTACTAG auf dem einen Strang die komplementäre Sequenz GTAATGATC auf dem anderen Strang gegenüber. (Zur Feinstruktur siehe Dickersons Beitrag, Seite 18)

gen über zehn Liter allgemein verboten sind, wenn die Rekombinanten bekanntermaßen schädliche Produkte synthetisieren; ansonsten bedarf es einer Sondergenehmigung.

Probleme mit der Selbstbeschränkung

Die NIH-Richtlinien fordern auch eine ausführliche Beschreibung der geplanten Versuche mit rekombinanter-DNA. Da diese Bestimmung dem Schutz des Urheberrechts widerspricht, gab es Diskussionen zwischen dem NIH und Vertretern der Industrie. Von seiten der Industrie wurde dieser Punkt auch bei einem Hearing vor dem amerikanischen Kongreß zur Sprache gebracht. Zwar stimmten die Vertreter der Industrie den vorbeugenden Maßnahmen der NIH-Richtlinien grundsätzlich zu, aber sie wehrten sich gegen die Einschränkung von Eigentumsrechten und gegen die Begrenzung der Produktionsmengen. Ferner wurden Fragen zum Patentrecht aufgeworfen, über deren Behandlung man sich im Wirtschaftsministerium nicht ganz im klaren war. In der Tat muß die mögliche kommerzielle Verwendung der Gentechnologie als wichtige politische Frage öffentlich entschieden werden.

Die Probleme der kommerziellen Anwendung führen von den unmittelbar anstehenden Themen zu solchen, die breiter gefächert und stärker zukunftsorientiert sind. Die DNA-Rekombinationstechniken haben die Debatte über Gentechnologie wiederbelebt und erneut die Bedeutung biomedizinischer Grundlagenforschung für Technologie, Lebensqualität und die Zukunft der Gesellschaft ins Gespräch gebracht. Rekombinante-DNA wird nun in den Weltuntergangsvorstellungen überzeugter Pessimisten in einem Atemzug mit Kernspaltung, Überbevölkerung, Hungersnöten und Rohstoffverknappung genannt – Themen also, die sich weit schwerer objektiv beurteilen lassen als mögliche biologische Gefahren. In der allgemeinen Diskussion und auch von angesehenen Wissenschaftlern werden sie immer wieder in der Öffentlichkeit angeschnitten.

Grundsatzkritik

Zum Beispiel hat sich Robert L. Sinsheimer vom California Institute of Technology beharrlich zu Wort gemeldet und teils anwendungsbezogene, teils philosophische Fragen diskutiert. Gemeinsam mit Georg Wald von der Harvard-Universität und Erwin H. Chargaff lehnt er die Methode, die Komplexität der höheren Organismen mit Hilfe der DNA-Rekombination zu erforschen, prinzipiell ab. Der Einwand ist nicht, daß diese Methode keine Erfolge brächte, sondern angeblich wird unnötig ein hohes Risiko in Kauf genommen, weil es weniger riskante, wenn auch langsamere Wege gäbe.

Sinsheimer betont die grundsätzlichen Unterschiede zwischen einfachen prokaryontischen Organismen, wie zum Beispiel Bakterien, und komplexeren Organismen, zu denen auch der Mensch zählt. Prokaryonten, typische einzellige Organismen, besitzen ein vergleichsweise einfaches Chromosom, das frei in der Zelle vorliegt. Im Gegensatz dazu haben eukaryontische Zellen einen Kern, der durch eine Membran begrenzt ist und eine Reihe weit komplexerer Chromosomen enthält. Paläontologische Funde lassen vermuten, daß Prokaryonten bereits einige Milliarden Jahre oder noch länger auf der Erde existierten, bevor die komplexeren Eukaryonten auftauchten. Sinsheimer nimmt nun an, daß zwischen Eukaryonten und Prokaryonten eine genetische Schranke bestand, und die Eukaryonten ihre komplizierteren genetischen Regulationsmechanismen im Laufe der Evolution jenseits dieser Schranke entwickelt haben. Wenn man diese Mechanismen, die möglicherweise der Schlüssel für den entwicklungsgeschichtlichen Erfolg und die Vielfalt der Eukaryonten sind, auf Prokaryonten überträgt, so Sinsheimers Argument, könnte man damit unberechenbare evolutionäre Folgen heraufbeschwören. Die Prokaryonten könnten sich womöglich als Konkurrenten und Parasiten viel wirksamer entfalten, wenn die bisherige Strategie der Evolution ausgeschaltet wird.

Sinsheimers Argument fand nur wenig Zustimmung bei den Biologen, und er räumt sogar selbst ein, daß es lediglich spekulativ ist. Trotzdem stieß sein Hinweis in der Öffentlichkeit auf Resonanz, und er wird von Kritikern der DNA-Rekombinationsforschung oft zitiert.

Das Konzept einer genetischen Schranke zwischen Prokaryonten und Eukaryonten hat Bernhard D. Davis, Mikrobiologe an der medizinischen Fakultät der Harvard-Universität, mit dem Argument zurückgewiesen, daß es immer reichlich Gelegenheit für den Austausch von DNA zwischen diesen beiden Gruppen gegeben hat. Er weist darauf hin, daß Bakterien bloße DNA aus ihrer unmittelbaren Umgebung aufnehmen können, und insbesondere *E. coli*-Bakterien DNA aus toten menschlichen Zellen im Darm ausgesetzt sind. In ähnlicher Weise könnten Mikroorganismen bei der Zersetzung von Aas DNA aufnehmen. Davis wendet daher ein, daß die meisten Rekombinanten in der natürlichen Arena der Evolution wahrscheinlich bereits ausgetestet wurden – und sich als Fehlschlag herausstellten. Seine Annahme begründet er mit ausführlich belegten Analogien bei bakteriellen Krankheitserregern. Davis schließt daraus, daß die Überlebenswahrscheinlichkeit von Rekombinanten aus Pro- und Eukaryonten, die nach den bestehenden NIH-Richtlinien im Labor hergestellt wurden, auch in der Natur verschwindend gering ist.

Dieser Meinungsstreit über ein wichtiges biologisches Thema zeigt, wie schwer es ist, sogar vergleichsweise wertfreie Fragen zu beurteilen, wenn die entscheidenden Anhaltspunkte fehlen. Der Streit über Vor- und Nachteile entzündet sich erst recht, wenn die Argumente auch fundamentale Werturteile enthalten. Hier hat Sinsheimer wiederum eine Sorge von Skeptikern und Gegnern der Gentechnologie formuliert. Er fragt: „Wollen wir die grundlegende Verantwortung für das Leben auf unserem Planeten übernehmen? Wollen wir neue Lebensformen zu unserem eigenen Nutzen entwickeln? Sollen wir unsere zukünftige Entwicklung in unsere eigenen Hände nehmen?" Da diese Fragen Begriffe wie Verantwortung, Nützlichkeit und Steuerung der Zukunft einschließen, gehen sie über den wissenschaftlichen Rahmen weit hinaus.

Natürlich hat der Mensch seit den Anfängen seiner Kultur das Leben auf diesem Planeten verändert. Als er nach der Periode des Jagens und Sammelns begann, Ackerbau und Viehzucht zu treiben, wählte er für seine Zwecke bestimmte Pflanzen und Tiere aus und beeinflußte so die Evolution der ausgesuchten Arten. Diese vom Menschen unbewußt verursachte Selektion wurde dann durch gezielte Pflanzen- und Tierzucht ersetzt. Die kulturelle Entwicklung, die großenteils erwünscht ist, verschiebt zweifellos auch den menschlichen Gen-Pool und wird die Art langsam in unvorhersagbarer Weise verändern. Nichtsdestoweniger hat das Aufkommen der DNA-Technologien offensichtlich die Aussichten für Genmanipulation erhöht und erneut verdeutlicht, wie notwendig es ist, sich ihrer Tragweite bewußt zu werden. Kann man aus dem erfolgreichen Einschleusen rekombinanter-DNA in *E. coli* schließen, daß sie sich ähnlich erfolgreich in menschliche Zellen einführen läßt? Wenn ja, ab wann kann diese Technik voraussichtlich auf den Menschen angewendet werden? Ist es berechtigt und verantwortungsbewußt zu behaupten, daß wir die Kontrolle über „unsere zukünftige Entwicklung" weitgehend selbst in der Hand haben? Dies sind sicherlich Fragen, die die Wissenschaftler beantworten müssen und die weiterhin auf die politische Tagesordnung gehören.

Sinsheimer hat sich nicht nur im Sinne der Wissenschaft, sondern der ganzen Gesellschaft noch einem anderen umstrittenen Thema zugewandt: Er ist der Meinung, daß der Mensch Zeit braucht, um das zunehmende Wissen auf dem Gebiet der Genetik schrittweise zu verarbeiten, um sich die Natur sinnvoll zunutze zu machen. Er fragt sich deshalb, „ob bestimmte Dinge nicht besser zumindestens für eine gewisse Zeit im ungewissen bleiben sollten". Unter Wissenschaftlern gilt eine solche Selbstbeschränkung als ketzerisch, denn ihr höchster Grundsatz lautet, nach Wissen zu streben und sich darin nicht durch irgendwelche anderen Werte behindern zu lassen. In den Anfängen der modernen Wissenschaft, als die Forscher bereit waren, der Inquisition und dem Pranger die Stirn zu bieten, lehnten sie „verbotenes Wissen" jedweder Form ab. Nachdem sich die Wissenschaftler des 20. Jahrhunderts zunächst an dem heißen Thema Kernspaltung die Finger verbrannt hatten, stehen sie nun den empfindlicheren Zusammenhängen der geheimsten Sprache des Lebens gegenüber, und sie fürchten nicht Scheiterhaufen oder Pranger, sondern den Urteilsspruch der Geschichte. Chargaff, ein Pionier der Untersuchungen, die zur Entzifferung des genetischen Codes führten, sagt: „Meine Generation oder vielleicht die vorangegangene war die erste, die sich unter der Führung der exakten Wissenschaft auf einen vernichtenden Kolonialkrieg gegen die Natur einließ. Die Zukunft wird uns dafür bestrafen."

Zusammen mit einigen Philosophen, Historikern und Soziologen schlugen Sinsheimer und Chargaff vor, die möglichen Folgen des Wissens mit in die Entscheidung über zukünftige Wege zur Suche nach Wissen einzubeziehen. Kein Thema trifft die moderne Wissenschaft mehr ins Herz. Der Selbstzweifel, den einige Wissenschaftler zum Ausdruck bringen, spiegelt eine allgemeine Tendenz wider, den Nutzen von Wissenschaft und Technik in Frage zu stellen. Kosten-Nutzen-Analysen sind heutzutage üblich, und sie werden in zunehmendem Maße auch auf die Wissenschaft selbst angewendet. Es ist schwer genug zu beurteilen, was wir durch einzelne neue Erkenntnisse gewinnen oder verlieren; noch schwerer ist es aber abzuschätzen, was es kostet, sie erst gar nicht zu besitzen. Dies ist eines der vielen Probleme, die sich aus der Auseinandersetzung über rekombinante-DNA ergeben.

Die molekulare Genetik entwickelte sich in den USA durch eine Reihe von Beschlüssen, die nach dem Zweiten Weltkrieg zur Finanzierung der biomedizinischen Forschung gefaßt wurden. Man stellte Mittel bereit, um tödliche Krankheiten wie Krebs, Herzinfarkt und Schlaganfall zu erforschen – mit dem Ziel, sie zu beherrschen. Diese Krankheiten lassen sich heute besser verstehen und behandeln, aber sie sind noch immer weit verbreitet. Aus der staatlich unterstützten Forschung kamen darüber hinaus auch die Anstöße, die dann zur Entdeckung der Doppelhelix, des genetischen Codes, der Proteinstrukturen und der rekombinanten-DNA führten. Die Öffentlichkeit stellt zwei Fragen gleichzeitig, wenn sie wissen will, was ihr das eingebracht hat: Gesundheit und Wohlergehen oder Monsterchimären? Sind die Molekulargenetik und die gesamte biomedizinische Technologie Hexerei? Vergrößern wir eher unseren Kummer und unsere Sorgen, statt sie zu schmälern?

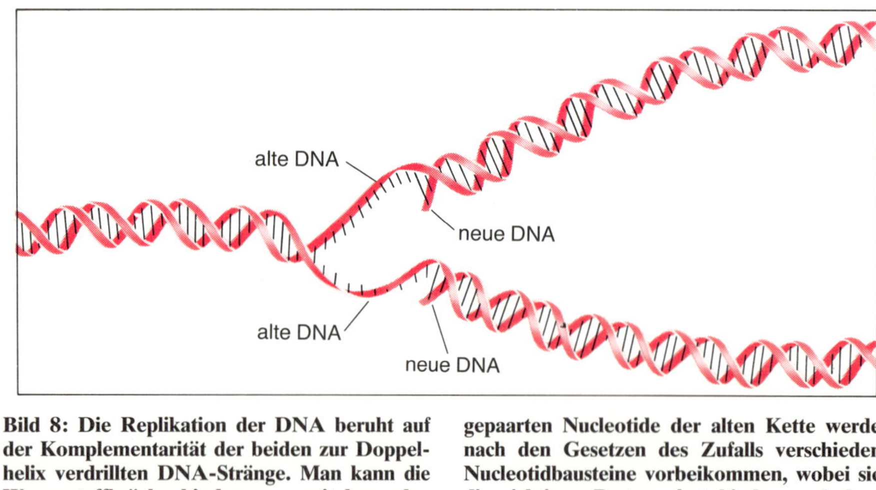

Bild 8: Die Replikation der DNA beruht auf der Komplementarität der beiden zur Doppelhelix verdrillten DNA-Stränge. Man kann die Wasserstoffbrückenbindungen zwischen den Basen chemisch aufbrechen, so daß sich die beiden Stränge entdrillen und trennen. Wenn die nötigen Enzyme und freien Nucleotide in der Umgebung der Stränge vorhanden sind, kann an einem solchen freigelegten Stück der ungepaarten alten Kette eine neue komplementäre angelagert und verknüpft werden. An den ungepaarten Nucleotide der alten Kette werden nach den Gesetzen des Zufalls verschiedene Nucleotidbausteine vorbeikommen, wobei sich die richtigen Partner fest binden und durch ein Enzym jeweils mit dem Nachbarn verkettet werden können. Versiegelt wird die so angelagerte Kette durch ein Enzym, das sozusagen den alten und den neuen Strang wie einen Reißverschluß zuzieht. So entstehen schließlich zwei neue Doppelstränge, die der ursprünglichen Doppelhelix völlig gleichen.

Die Gefahr des Mißbrauchs

Die letzte Frage leitet zu einem anderen Gesichtspunkt über. Biologische und ökologische Gefahren können aus Versehen entstehen, aber soziale Gefahren können vorsätzlich heraufbeschworen werden. Viele Staaten – aber nicht alle – haben ein international rechtsgültiges Abkommen unterzeichnet, in dem sie auf biologische Kriegsführung und die Herstellung entsprechender Waffen verzichten. Aber auch staatlicher Verzicht schließt ohne hinreichende Überwachung geheime Verstöße nicht aus. Gegner der DNA-Rekombinationsforschung sehen in dieser Technik ein bestens geeignetes Instrument für biologische Kriegsführung, Sabotage oder auch Terrorismus. In der Tat würde man dazu weder aufwendige Einrichtungen noch höchst anspruchsvolle Geräte benötigen – und dies wird von der Gegenseite auch nicht bestritten. Die Befürworter der Gentechnologie weisen jedoch darauf hin, daß es nicht der erste Mißbrauch wäre. Auch Sprengstoffe werden zur Zerstörung eingesetzt, ohne daß sie von der Gesellschaft deshalb völlig geächtet wären. Gegen Mißbrauch kann man durch geschickte Vorsichtsmaßnahmen allenfalls vorbeugen.

Nichtsdestoweniger gehört auch die Frage nach einem möglichen Mißbrauch der Gentechnologie auf die politische Tagesordnung. Denn hier wird nachdrücklich klar, wie wichtig eine internationale Diskussion über Handhabung und Tragweite der DNA-Rekombinationsforschung und ihrer Anwendung ist. Man könnte entgegnen, daß die USA erst dann für eine Diskussion reif sind, wenn ihre eigenen politischen Verhältnisse besser geordnet sind. Trotzdem ist es nicht zu früh, interne Überlegungen darüber anzustellen, wie man international am besten auftritt.

Maßnahmen und Perspektiven

Dies sind die Hauptthemen, die sich bis jetzt aus der politischen Debatte ergeben haben. Sie summieren sich zu einer längeren Liste. Nun hat man sich zwar nicht an jeder Straßenecke mit dem Problem auseinandergesetzt, aber das Thema wurde im Sommer 1976 in Cambridge doch so heftig diskutiert, daß es im ganzen Land Resonanz fand. Bei-

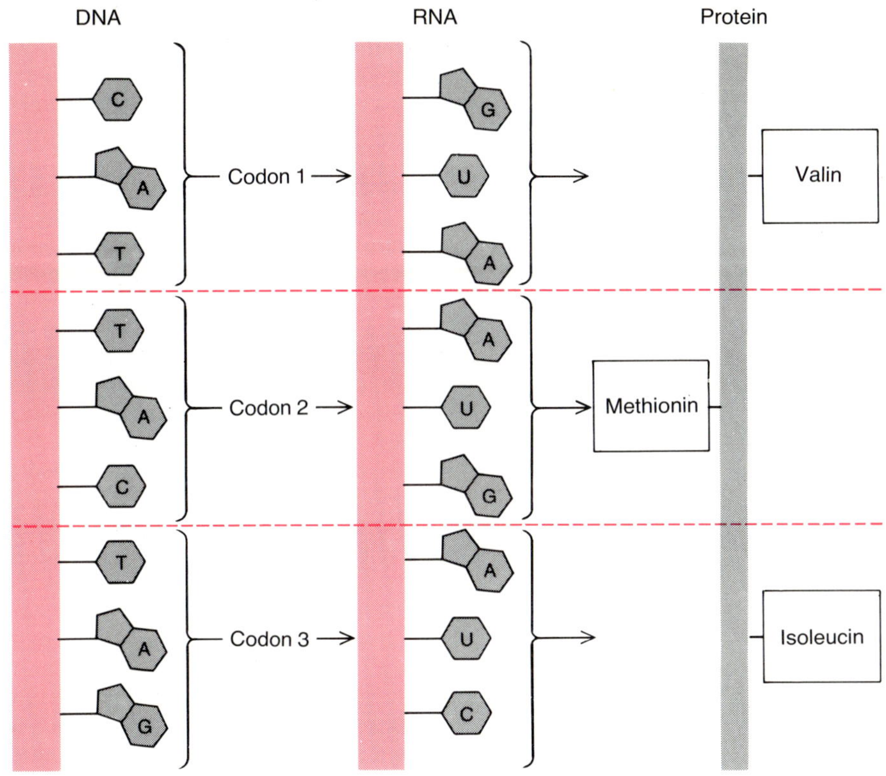

Bild 9: Die Rolle der DNA bei der Proteinsynthese ist hier schematisch dargestellt. Die Botschaft, die in der Nucleotidsequenz CATTACTAG enthalten ist, wird in Form von Tripletts oder Codons gelesen, in diesem Fall CAT, TAC und TAG. Jedes Codon bestimmt über eine Reihe von Zwischenschritten, in denen auch ein Ribonucleinsäure-Molekül (RNA) als Informationsüberträger beteiligt ist, die Position einer bestimmten Aminosäure in einem Protein. Also legt die Nucleotidsequenz eines gegebenen DNA-Abschnitts die entsprechende Aminosäuresequenz eines einzelnen Proteins fest. Nacheinander wird von jedem Triplett eine der 20 Aminosäuren an die entsprechende Position in der Proteinkette dirigiert. Nachdem die Aminosäuresequenz wiederum für die Struktur und Information des Proteins verantwortlich ist, bestimmt die Nucleotidsequenz der DNA praktisch jede Eigenschaft des Organismus. Der Buchstabe U steht für die Pyrimidinbase Uracil, die in der RNA anstelle von Thymin steht.

spielsweise legte ein politischer Ausschuß dem Stadtrat von Cambridge ein Gutachten vor, welches sich mit den Sicherheitsvorschriften für molekulargenetische Laboratorien befaßte – und ein inhaltlich ähnliches Gutachten wurde von der Sonderkommission der Behörde für Lebensqualität der Stadt San Diego erstellt. Beide Gremien akzeptierten, daß innerhalb ihrer Gemeinde weiterhin mit rekombinanter-DNA geforscht wird, verlangten für die P3-Einrichtungen jedoch etwas bessere Sicherheitsvorkehrungen, als die NIH-Richtlinien vorschreiben. Inzwischen stellte sich der Oberstaatsanwalt des Staates New York einer öffentlichen Anhörung. Gleichzeitig veranstalteten zwei Ausschüsse der Gesetzgebenden Versammlung des Staates Kalifornien ein gemeinsames Hearing. Später wurde ein Antrag zur gesetzlichen Regelung der DNA-Forschung in die Vollversammlung Kaliforniens eingebracht.

Auch der amerikanische Kongreß hielt einige Hearings ab, und verschiedene Punkte zur regulierenden Gesetzgebung sind sowohl im Senat, als auch im Repräsentantenhaus zur Sprache gebracht worden. Diese Initiativen auf Gemeinde-, Länder- und Bundesebene unterstreichen die Notwendigkeit, in dieser Richtung weiterzuarbeiten.

Hier gibt es einen kurzfristigen und einen langfristigen Aspekt: Es ist dringend notwendig, den NIH-Richtlinien baldmöglichst eine gesetzliche Grundlage zu geben und sie insbesondere auch auf die Forschungsprojekte auszudehnen, die nicht staatlich unterstützt werden; das betrifft vor allem den Industriesektor. Andererseits ist wichtig, eine gewisse Flexibilität zu wahren, denn die Probleme werden sich mit zunehmendem Wissen und Erfahrung ändern.

Gesetzliche Regelungen sollten daher nur für einen überschaubaren Zeitraum getroffen werden. Später kann man die weiteren Erfahrungen in die Ausgestaltung gesetzlicher Richtlinien einbringen.

Wie notwendig eine neue nationale Bewertung sein kann, zeigt die Kritik an den Ergebnissen der Asilomar-Konferenz von 1975, auf der der Entwurf für die NIH-Richtlinien ausgearbeitet wurde. Beanstandet wurde, daß hauptsächlich Fachwissenschaftler die Diskussion beherrschten und der Blickwinkel daher eingeengt war. Weiter wurde kritisiert, daß die Frage biologischer Gefahren vorrangig behandelt wurde und andere schwerwiegende Fragen nicht einmal gestreift wurden. Im Laufe der Zeit kamen noch einige weitere Gesichtspunkte hinzu: Durch das Fortschreiten der Forschung waren bereits neue Umstände eingetreten, man hatte Erfahrung gesammelt und das Meinungsspektrum war vielfältiger geworden. Wie auch immer die DNA-Rekombination zu beurteilen ist – der Öffentlichkeit muß ein umfassendes und objektives Vorgehen zugesichert werden.

Egal wer diese neue nationale Beurteilung vornimmt, er sollte zuerst sorgfältig die gegenwärtige Situation prüfen, das heißt auch die derzeitige Effektivität der Kontrollorgane. Über die Verantwortung hinaus, die jedem führenden Forscher obliegt, bieten Aufsichtsgremien und -behörden die einzige Möglichkeit zur Überwachung und Normgebung. Ihre Zusammensetzung und ihre Aufgaben sind einheitlich, doch ihre Befugnisse und Handlungsweisen sind in den NIH-Richtlinien nur grob umrissen – hier sind noch Anregung und Unterstützung von Außenstehenden nötig. Schließlich ist auch für die Finanzierung der aufwendigen technischen und medizinischen Überwachung zu sorgen, die speziell geschultes Personal erfordert. Die Kosten sollten durch eine Aufstockung des Forschungsbudgets abgedeckt und nicht von bestehenden Fördermitteln abgezweigt werden.

Besonders wichtig für eine Früherkennung von möglichen Risiken ist ein wirksames Überwachungssystem, das die gegenwärtige Entwicklung der DNA-Rekombinationsforschung verfolgen kann. Die Gentechnologie bietet so vielfältige Möglichkeiten, sei es für Grundlagen- oder angewandte Forschung, sei es für Nutzen oder Risiko, daß frühzeitig reagiert werden muß. Um Risiken oder Chancen rechtzeitig zu erkennen und abzuschätzen, muß man systematisch beobachten, worauf sich das Interesse der Forscher richtet – angefangen bei Förderungsanträgen über den ungezwungenen Meinungsaustausch bis hin zur formellen Veröffentlichung. Daß die Überwachung der industriellen Forschung hier besonders schwierig ist, braucht wohl nicht ausdrücklich erläutert zu werden. Deshalb wäre es wünschenswert, bestimmte Forschungsentwicklungen für eine gewisse Zeit zu begrenzen oder zu vertagen, bis die damit verbundenen Probleme eingehender studiert und genauer bekannt sind.

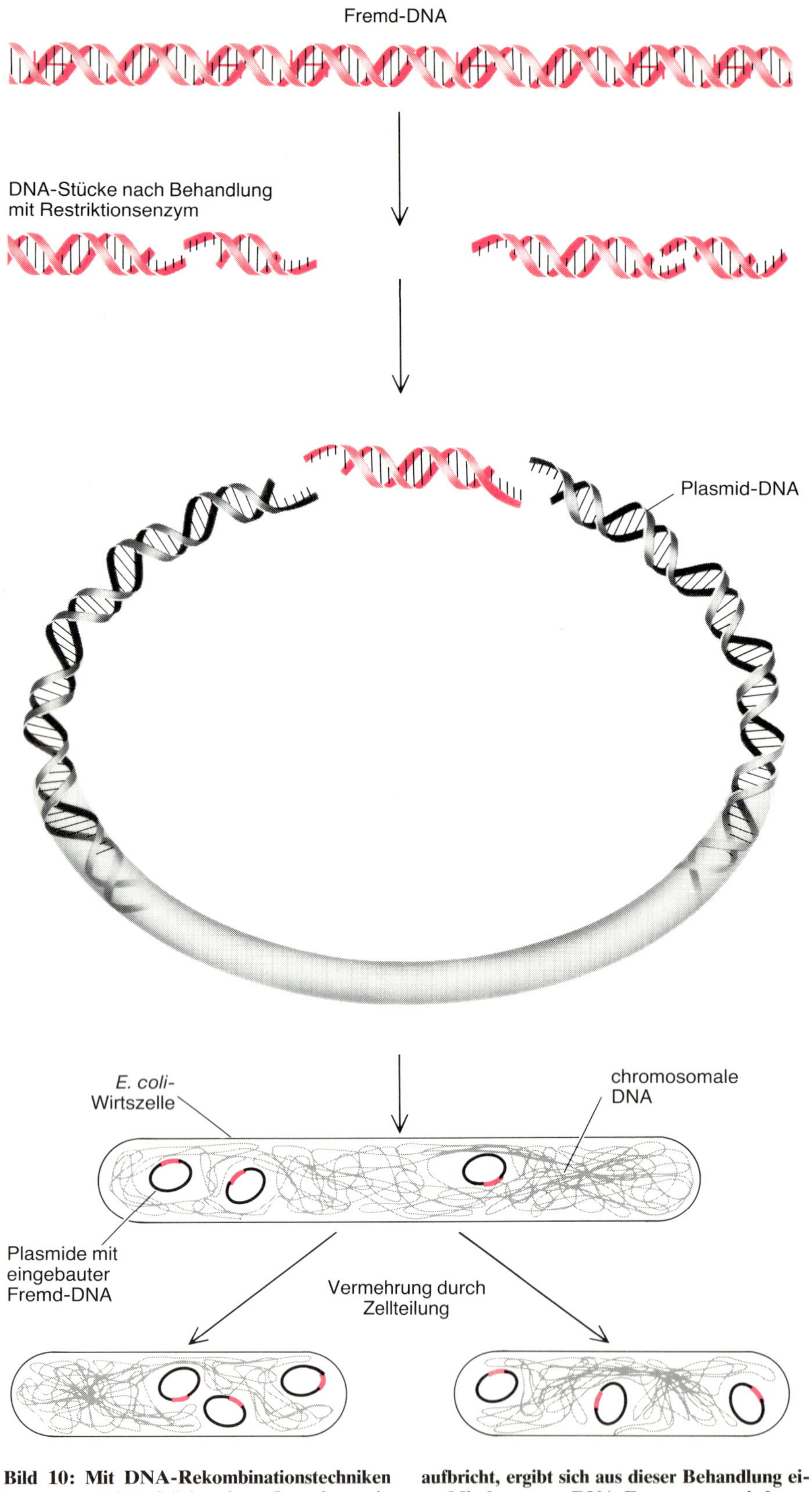

Bild 10: Mit DNA-Rekombinationstechniken kann man DNA-Stücke eines Organismus in die DNA eines anderen einbauen. Die Fremd-DNA wird zuerst mit einem Restriktionsenzym behandelt, das den Doppelstrang bei bestimmten Nucleotidsequenzen (die in der Regel Tausende von Basenpaaren auseinanderliegen) in eine unbestimmte Anzahl verschiedenster Fragmente zerschneidet. Mit dem gleichen Enzym wird dann die DNA eines geeigneten Vektors geschnitten, etwa ein aus *E. coli*-Bakterien isoliertes Plasmid. Da das Enzym die DNA nicht auf beiden Strängen an der gleichen Stelle aufbricht, ergibt sich aus dieser Behandlung eine Mischung von DNA-Fragmenten mit komplementären einzelsträngigen Enden. Diese überhängenden Enden zweier verschiedener DNA-Sequenzen lassen sich unter bestimmten Bedingungen zu einem einzelnen DNA-Molekül verbinden, so daß beispielsweise nach der Rekombination ein Plasmid mit eingebauter Fremd-DNA entsteht. In eine geeignete Wirtszelle, etwa *E. coli*, eingeschleust, kann das Plasmid repliziert werden – damit vermehrt sich auch die Fremd-DNA, von der im Prinzip beliebig viele Kopien hergestellt werden können.

Genauso dringend und entschieden muß man sich darum bemühen, die Risiken genauer abschätzen und effizienter einschränken zu können. Als erstes sollte das jeweils beauftragte Organ auf die besondere Verantwortung hinweisen, die gentechnologisch orientierte Forschung mit sich bringt. Hier wäre zu prüfen, inwieweit man sich auf bestehende oder noch zu gründende Institutionen stützen kann. Bis dahin sollte das NIH auf diese Verantwortung hinweisen. Falls man sich für eine Übergangslösung entscheidet, muß sie zusätzlich finanziell gefördert werden, damit sie wirksam „greifen“ kann.

In der frühen Phase der DNA-Rekombinationsforschung schätzte man die biologischen Gefahren höher ein und maß den physikalischen und biologischen Einschränkungen gezwungenermaßen einen hohen Stellenwert bei. Viele informierte Beobachter glauben jedoch, daß die Sorgen mit fortschreitender Forschung und wachsender Erfahrung geringer werden. Nachdem das Thema der Biogefahren allgemeines Aufsehen erregt hat, muß man nun nüchtern an diese Frage herangehen, denn nur so ist eine erfolgreiche Politik möglich. Den Herausforderungen der Zukunft kann man jedoch nicht begegnen, wenn man nur die biologischen Gefahren im Auge hat – das könnte sogar irreführend sein. Langfristig dürften andere Fragen, die sich direkt oder indirekt ergeben, entscheidender sein.

Forschungsförderung als wissenschaftspolitisches Instrument

So erhebt sich zum Beispiel die Frage, ob man die genetische Grundlagenforschung, die von den DNA-Rekombinationstechniken profitieren kann, im Hinblick auf mögliche praktische Anwendung grundsätzlich oder sogar vorrangig fördern soll. In der Vergangenheit hat der Staat unmittelbar in die Grundlagenforschung der Biomedizin investiert, ohne damit ein bestimmtes Ziel zu verfolgen. Wenn außerdem spezielle Forschungsprojekte gefördert wurden, floß einiges davon indirekt der Grundlagenforschung zu. Ein Wissenschaftler, der die Wechselwirkung zwischen Viren und Zellen erforscht, könnte alternativ oder gleichzeitig Geldmittel erhalten, die für Grundlagenforschung beziehungsweise für die Entwicklung einer wirksamen Krebstherapie bereitstehen. Welche der denkbaren praktischen Anwendungen der Molekulargenetik sollten Vorrang haben?

Hier kommen folgende Forschungsgebiete in Frage: mikrobiologische Synthe-

	Biologische Sicherheitsstufen (nur für *E. coli*-Wirtssysteme)		
	EK 1	EK 2	EK 3
Physikalische Sicherheitsstufen: P 1	DNA aus nichtpathogenen Prokaryonten, die unter natürlichen Bedingungen Gene mit *E. coli* austauschen Plasmid- oder Bakteriophagen-DNA aus Zellen, die unter natürlichen Bedingungen Gene mit *E. coli* austauschen. (Wenn das Plasmid- oder Bakteriophagen-genom schädliche Gene enthält oder der DNA-Abschnitt zu weniger als 99 Prozent gereinigt und charakterisiert ist, gelten höhere Sicherheitsstufen.)		
P 2	DNA aus embryonalen- oder Keimzellen von wechselwarmen Wirbeltieren DNA aus anderen wechselwarmen Tieren und niederen Eukaryonten (außer Insekten, die weniger als 10 Generationen im Labor gehalten werden) DNA aus Pflanzen (außer Pflanzen, die bekannte Pathogene enthalten oder bekannte Toxine produzieren) DNA aus weniger gefährlichen pathogenen Prokaryonten, die unter natürlichen Bedingungen Gene mit *E. coli* austauschen DNA aus Organellen von Eukaryonten, außer Primaten. (Für organelle DNA, die weniger als 99 Prozent gereinigt ist, sind höhere Sicherheitsstufen erforderlich.)	DNA aus wechselwarmen Wirbeltieren (keine Embryonalzellen) DNA aus mäßig gefährlichen pathogenen Prokaryonten, die unter natürlichen Bedingungen Gene mit *E. coli* austauschen DNA aus nichtpathogenen Prokaryonten, die unter natürlichen Bedingungen keine Gene mit *E. coli* austauschen DNA aus Pflanzenviren DNA aus Zellorganellen von Primaten. (Für organelle DNA, die zu weniger als 99 Prozent gereinigt ist, sind höhere Sicherheitsstufen erforderlich.) Plasmid- oder Bakteriophagen-DNA aus Zellen, die unter natürlichen Bedingungen keine Gene mit *E. coli* austauschen. (Wenn eine Rekombinante die Pathogenität oder die ökologische Leistungsfähigkeit des Wirts steigern könnte, gelten höhere Sicherheitsstufen.)	
P 3	DNA aus nichtpathogenen Prokaryonten, die unter natürlichen Bedingungen keine Gene mit *E. coli* austauschen DNA aus Pflanzenviren Plasmid- oder Bakteriophagen-DNA aus Zellen, die unter natürlichen Bedingungen keine Gene mit *E. coli* austauschen. (Wenn eine Rekombinante die Pathogenität oder die ökologische Leistungsfähigkeit des Wirts steigern könnte, gelten höhere Sicherheitsstufen.)	DNA aus embryonalem Primatengewebe oder Keimzellen; DNA aus anderen Säugetierzellen DNA aus Vögeln DNA aus mäßig gefährlichen pathogenen Prokaryonten, die unter natürlichen Bedingungen keine Gene mit *E. coli* austauschen DNA aus Tierviren (wenn die klonierte DNA keine schädlichen Gene enthält)	DNA aus nicht embryonalem Primatengewebe DNA aus Tierviren (wenn die klonierte DNA schädliche Gene enthält)
P 4		DNA aus nichtembryonalem Primatengewebe DNA aus Tierviren (wenn die klonierte DNA schädliche Gene enthält)	

„Schrotschuß"-Experimente, in denen der Stamm K 12 von *E. coli* oder seine Abkömmlinge als Wirtszelle dienen und Plasmide, Bakteriophagen oder andere Viren als Klonierungsvektoren verwendet werden

Experimente mit Plasmiden, Bakteriophagen oder anderen Viren, die Gene von gereinigter und charakterisierter „Fremd"-DNA tragen und in *E. coli*-K 12 oder seinen Abkömmlingen kloniert sind

Tabelle 1: Übersicht über einige physikalische und biologische Beschränkungen, wie sie in den Richtlinien des NIH von 1976 für die Forschung mit rekombinanter-DNA festgelegt wurden. Die Richtlinien basieren auf Abschätzungen für die größte mögliche Gefahr, die durch einzelne Rekombinationsexperimente entstehen könnte. Dabei werden die Experimente je nach potentieller Gefahr klassifiziert. Gänzlich verboten wurden Versuche mit DNA von bekanntermaßen hochgefährlichen Krankheitserregern. Auf der anderen Seite war für Experimente mit DNA von nichtpathogenen Organismen, die von Natur aus Gene mit *E. coli* austauschen, als Sicherheit ein sorgfältiges Arbeiten im Labor (physikalische Sicherheitsstufe P1) vorgeschrieben, sofern mit dem Standard-Laborstamm K12 von *E. coli* (biologische Sicherheitsstufe EK1) gearbeitet wird. Für Versuche, die zwischen diesen Extremfällen liegen, schreiben die NIH-Richtlinien entsprechend dem ansteigenden Risiko verschiedene Kombinationen von physikalischen und biologischen Sicherheitsmaßnahmen vor. (In dieser Tabelle nimmt der Grad der Beschränkung von links oben nach rechts unten zu.) Die physikalischen Sicherheitsstufen P2, P3 und P4 entsprechen geringer, mäßiger beziehungsweise höchster Abschirmung. Die biologische Sicherheitsstufe EK2 schränkt die Verwendung von *E. coli* auf „verkrüppelte" K12-Stämme ein. Solche Stämme sind genetisch so manipuliert, daß sie außerhalb der Laborbedingungen praktisch nicht überleben können. Bei Sicherheitsstufe EK3 darf nur mit einem Wirt-Vektor-System gearbeitet werden, das über die Stufe EK2 hinaus noch zusätzliche Sicherheitstests durchlaufen hat und dessen Überleben außerhalb des Laboratoriums entsprechend sicher auszuschließen ist. Bis 1977 genügte kein bakterielles Wirt-Vektor-System den EK3-Kriterien des NIH. Da nur wenige P4-Einrichtungen zur Verfügung standen, schränkten die Richtlinien Experimente mit rekombinanter-DNA und *E. coli* als Wirtszelle, die in den USA gerade im Gange waren, mit relativ wenigen Ausnahmen auf die Sicherheitsstufen unter EK3 und P4 ein. Für gentechnologische Experimente mit Pflanzenviren gibt es ein entsprechendes System, das ebenfalls vier Sicherheitsstufen aufweist.

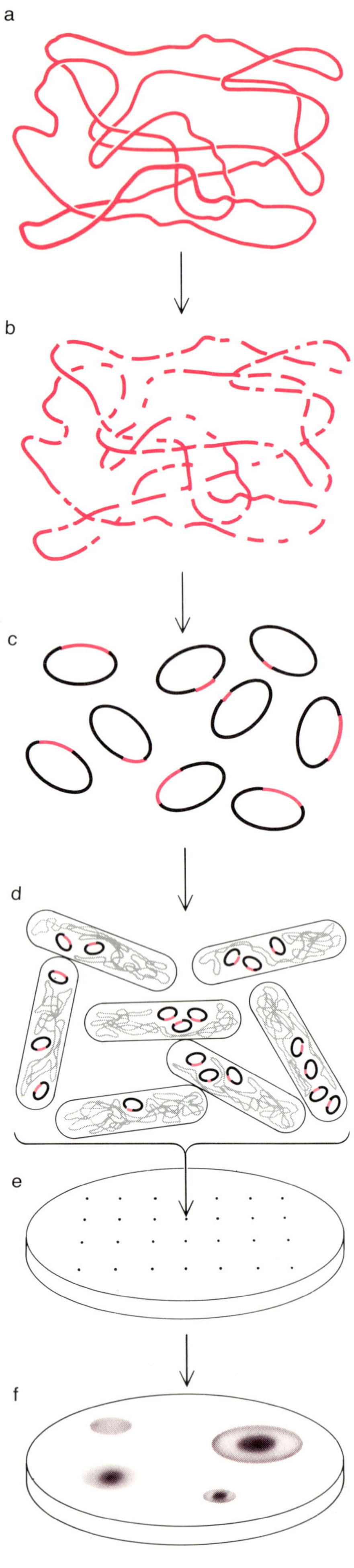

se von Medikamenten; spezifische Gentherapie beim Menschen; Steigerung der Photosyntheseleistung; Stickstoffixierung in Futterpflanzen; Erhöhung der Agrarproduktion und vieles mehr. In allen diesen Bereichen gibt es Risikofaktoren und Vorteile, und sie alle werden in der Regel in verschiedenem Ausmaß gefördert. Man könnte nun nach einer neuen Forschungsstrategie rufen, aber nach welchen Gesichtspunkten sollte sie formuliert und verwirklicht werden?

Es ist allgemein bekannt, daß die Grundlagenforschung die Basis für angewandte Forschung schafft, auf der wiederum Entwicklung und technische Anwendung aufbauen. Freilich vollzieht sich dieser Übergang nicht stetig auf vorhersehbare Weise – dazu ist der Einfluß wechselnder Motivationen und behördlicher Anordnungen zu stark. Die Gentechnologie ist ein Produkt der Grundlagenforschung, und im Augenblick wird sie überwiegend im Bereich der Grundlagenforschung eingesetzt; aber industrielle Zwecke gewinnen zunehmend an Bedeutung. Sollte die technologische Verwertung in Anbetracht des ursprünglichen Investitionsvorhabens und der komplexen Thematik nicht wenigstens für eine bestimmte Zeit der Bundeskontrolle unterstehen? Sollte einiges von dem, was die erfolgreiche Anwendung abwirft, dazu verwendet werden, ursprüngliche Investitionen aus öffentlichen Mitteln wiederzugewinnen? Sollte diese neue vielversprechende Technologie als Modell für die Einrichtung eines sich selbst tragenden Fonds dienen, mit dessen Hilfe die Grundlagenforschung gleichbleibender finanziert werden kann?

Die Möglichkeit, Gene neu zu kombinieren und die Evolution zu steuern, belegt einmal mehr, wie zwiespältig wissenschaftlicher Fortschritt sein kann. Wir leben in einem Zeitalter, in dem sich die Gesellschaft immer mehr in die autonomen Abläufe natürlicher Prozesse einschaltet, um sie gezielt nutzbar zu machen. Vieles, was früher als Segen oder Geißel Gottes oder der Natur betrachtet wurde, kann der Mensch heute durch eigene Entscheidung und Einflußnahme – zumindest teilweise – selbst gestalten.

Bild 11: Bei „Schrotschuß"-Experimenten wird DNA rekombiniert, indem man die gesamte DNA eines Organismus (a) mit Restriktionsenzymen in viele Fragmente zerschneidet (b). Diese Teilstücke werden anschließend mit der DNA eines Vektors rekombiniert (c) und wahllos mit dem Vektor wieder in die Wirtszellen eingeschleust (d). Die *E. coli*-Wirtszellen werden als nächstes auf einem Nährboden ausgebreitet (e), so daß jede Empfängerzelle, die ein eingebautes Stück „Fremd"-DNA enthält, zu einer Kolonie hochwachsen kann (f). In einem erfolgreichen Experiment erhält man so eine „Bibliothek" der gesamten DNA des Ausgangsorganismus. Nach den Richtlinien des NIH von 1976 sind solche Schrotschuß-Experimente potentiell weitaus gefährlicher als Experimente mit gereinigter und genau charakterisierter DNA, denn es läßt sich nicht ausschließen, daß Teile der Ausgangs-DNA unbekannte oder normalerweise unterdrückte Funktionen verschlüsseln und durch neue Eigenschaften unüberschaubare Probleme hervorrufen.

Die politische Herausforderung

Noch kann er keine neuen Organismen oder gar Leben schaffen, aber auch das wäre in Zukunft durchaus denkbar. Und wir schicken uns an, große Ökosysteme zu steuern. Mit all diesen Zugriffsmöglichkeiten schwindet die Ehrfurcht vor Naturgewalten, die man früher als Ausdruck eines göttlichen Willens ansah. Und solche Ehrfurcht ist auch nicht das, was wachsendes Wissen und entsprechende Kontrollmöglichkeiten geschaffen hat. Vielmehr haben Zusammenarbeit und soziale Beziehungen von vielen Menschen aus verschiedenen Institutionen dazu beigetragen, daß jetzt eine Zukunftsfrage entschieden werden muß. So unzulänglich unsere Gesellschaft und ihre Institutionen auch sein mögen, sie sind die Plattform, auf der wir uns in unserem Zeitalter des technisch Machbaren bewegen.

Die außergewöhnliche Struktur und Leistungsfähigkeit der Doppelhelix spiegelt eine politische Herausforderung wider: Es gilt, Institutionen zu schaffen, die Erfolge aus dem Zeitalter der Wissenschaft auch im Zeitalter des technisch Machbaren nutzbringend umsetzen können. Es gibt allerdings Stimmen, die uns nicht nur warnen, vorsätzlich in die Natur einzugreifen, sondern uns auch dringend bitten, den Anwendungen und Konsequenzen der Grundlagenforschung zu mißtrauen und sie einzuschränken. Vielleicht sollte man hier noch einmal betonen, daß die Doppelhelix und alles, was mit ihr zusammenhängt, durch natürliche Selektion entstanden ist. Auf ihr beruhen auch letztlich Wissen und Urteilskraft des Menschen, aus denen die Verpflichtung erwächst, neue Sozialstrukturen zu entwikkeln, um mit der Manipulierbarkeit der Doppelhelix zu leben.

Konzept und Kontrolle der Doppelhelix signalisieren einen Meilenstein des biokulturellen Fortschritts. Man muß beides wohl mit einem optimistischen und einem pessimistischen Auge betrachten. Keine der beiden Perspektiven allein wird den tiefgreifenden Entdekkungen in der Molekulargenetik gerecht. Mit einem Auge kann man nicht perspektivisch sehen, man muß beide offen halten, wenn man bewußt in die Natur eingreift.

Anmerkung der Herausgeber

Am 7. August 1981 hat die Bundesregierung der 4. überarbeiteten Fassung der „Richtlinien zum Schutz vor Gefahren durch in vitro neukombinierte Nucleinsäuren“ zugestimmt. Wie es in einem Vorwort des damaligen Bundesministers für Forschung und Technologie heißt, gelten die Richtlinien für die unmittelbar oder mittelbar vom Bund geförderten Forschungs- und Entwicklungsarbeiten. Die Anwendung der Richtlinien wurde damit „zur Bedingung für die institutionelle und die Projektförderung des Bundes gemacht. Da die Richtlinien den Stand von Wissenschaft und Technik widerspiegeln, wird darüber hinaus erwartet, daß sie auch bei allen übrigen Einrichtungen, in denen Nucleinsäuren neukombiniert werden oder von denen entsprechende Forschungsarbeiten gefördert werden, Anwendung finden. Im Hochschulbereich können die Richtlinien durch die Kultusministerien der Länder eingeführt werden. Es wird davon ausgegangen, daß die Richtlinien im Bereich der Industrieforschung und in den sonstigen betroffenen Bereichen im Wege der erklärten freiwilligen Selbstbindung eingeführt werden. Durch eine entsprechende umfassende Anwendung der Richtlinien soll ein System ausreichender Sicherheitsvorkehrungen eingerichtet werden.“

Der vollständige Text der Richtlinien, die sich am Vorbild des NIH orientieren, kann vom Bundesministerium für Forschung und Technologie in Bonn bezogen werden.

Springende Gene beim Mais

Das buntscheckige Aussehen bestimmter Maissorten ist das Werk transponierbarer genetischer Elemente, die Barbara McClintock schon vor 40 Jahren entdeckt hat. Jetzt konnten einige dieser Elemente molekular-biologisch charakterisiert werden. Danach ist das Erbgut des Mais mit springenden Genen durchsetzt, die großenteils verstümmelt oder defekt sind.

Von Nina V. Fedoroff

Ein transponierbares genetisches Element ist ein Stück DNA, das sich im Genom, also der Gesamtheit des Erbgutes, eines Organismus frei bewegen kann. Es wird an einer Stelle aus dem Genom herausgeschnitten und an einer anderen Stelle – auf dem gleichen Chromosom oder einem anderen – wieder eingesetzt. Ein solches Element kann sehr einfach gebaut sein und nur aus wenigen Genen bestehen. Diese sind von speziellen DNA-Abschnitten flankiert, die als Erkennungssequenzen dienen. „Sprünge" eines solchen Transposons, wie es auch heißt, können Mutationen oder Chromosomenumlagerungen verursachen und dadurch die Expression anderer Gene beeinflussen.

Chromosomen sind mit derartigen springenden Genen regelrecht durchseucht. Da sie nicht nur die Expression oder Struktur einzelner Gene, sondern selbst den Aufbau des gesamten Genoms verändern können, dürften sie bei den langfristigen genetischen Veränderungen, die der Evolution zugrunde liegen, eine wichtige Rolle spielen.

Springende Gene wurden erstmals in den vierziger Jahren bei Maispflanzen identifiziert. Die Entdeckung war das Ergebnis einer Reihe bemerkenswerter genetischer Untersuchungen, die Barbara McClintock in der Genetischen Abteilung der Carnegie Institution of Washington in Cold Spring Harbor (US-Bundesstaat New York) durchführte. In den letzten 20 Jahren fand man ähnliche genetische Elemente in allen daraufhin untersuchten Organismen, von Bakterien bis zu Würmern und Taufliegen. Einige dieser Elemente wurden mittlerweile isoliert und eingehend molekularbiologisch untersucht. Doch ironischerweise blieben die springenden Gene im Mais selbst bis vor kurzem ein rein abstraktes genetisches Konzept.

In den letzten Jahren war es mir vergönnt, in der Abteilung für Embryologie der Carnegie Institution die neuen Techniken der Molekularbiologie zur Isolierung und Untersuchung der von Barbara McClintock entdeckten mobilen genetischen Elemente im Mais einzusetzen. Und so gelang es, einige dieser Elemente vier Jahrzehnte nach ihrer Entdeckung erstmals in reiner Form zu gewinnen. Die Analyse ihrer Struktur und DNA-Sequenzen hat das Verständnis ihrer Funktionsweise entscheidend vertieft.

Ein neues Gen-Konzept

Die Erkenntnis, daß springende Gene nicht nur häufig sind, sondern praktisch überall vorkommen, ist ziemlich neu. Bis in die späten siebziger Jahre hielt man das Genom eines Organismus für völlig stabil und statisch.

Die Gene für bestimmte strukturelle und biochemische Merkmale sind scharf abgegrenzte Elemente, die hintereinander auf den Chromosomen angeordnet sind. Jedes Gen nimmt dabei eine feste Position ein, die sich normalerweise von einer Generation zur nächsten nicht ändert. Auf der Stabilität der Chromosomen und der darauf liegenden Gene fußte die Arbeit der klassischen Genetiker, die Gene identifizierten und auf Chromosomen lokalisierten, ohne jemals ein Gen isoliert oder etwas über seine chemische Struktur gewußt zu haben.

Die klassischen Genetiker definierten ein Gen, indem sie die Vererbung eines Merkmals verfolgten, das von einem einzelnen Mendelschen „Erbfaktor" herrührte. Um die relative Anordnung einzelner Gene zu ermitteln, analysierten sie die Nachkommen aus wiederholten Kreuzungsexperimenten. Dabei zeigte sich, welche Gene auf den einzelnen Chromosomen benachbart und wie eng benachbart sie waren.

Erst viel später fanden biochemisch orientierte Genetiker und Molekularbiologen heraus, wie der Träger des Erbgutes, den man als DNA identifiziert hatte, fehlerfrei kopiert und von Generation zu Generation weitergegeben wird. Doch weiterhin ging man von der Konstanz der Gene und Chromosomen und von festen Vererbungsregeln aus.

Regeln aber haben bekanntlich Ausnahmen. Die meisten Gene bleiben zwar tatsächlich dort, wo sie sind, aber einige wandern im Erbgut herum. Wer sich um ein Verständnis der Regeln bemüht, kann den Ausnahmen nur wenig Beachtung schenken. Daher wurden die ersten Indizien, daß einige Gene (oder Genloci, um einen allgemeineren Begriff zu verwenden) nicht an Ort und Stelle bleiben, größtenteils ignoriert.

Die ersten Hinweise auf Gentranspositionen, die damals jedoch niemand verstand, ergaben sich aus der Analyse von instabilen Mutationen. Eine Mutation ist eine Veränderung der DNA, durch die gewöhnlich ein Gen inaktiviert wird. Meist ist die Änderung praktisch irreversibel. Rückmutationen oder Reversionen, durch die der Schaden behoben würde, treten vielleicht einmal unter einer Million Nachkommen eines mutierten Organismus auf. Bei einigen Mutationen jedoch ist die Reversionsrate so hoch, daß der ganze Organismus zu einem Mosaik aus mutiertem und rückmu-

Bild 1: Stabile und instabile Mutationen beeinflussen die Pigmentierung der von der Autorin untersuchten Maiskörner. Eine stabile Mutation in einem Gen für die Synthese eines violetten Farbstoffes ist für die farblosen Körner im linken Maiskolben verantwortlich. Die beiden anderen Kolben illustrieren Sprenkelungsmuster, wie sie durch instabile Mutationen hervorgerufen werden, deren Ursache transponierbare genetische Elemente sind. Große oder kleine Pigmentflecken treten in farblosen Körnern auf (Mitte), wenn zwei verschiedene Varianten eines *Ac* genannten Elements früh oder spät in der Entwicklung des Maiskorns vom Genort für die Synthese des violetten Farbstoffs wieder „wegspringen". Die bronzefarbenen Körner (rechts) sind das Ergebnis einer Mutation, die von einem sogenannten *Spm*-Element herrührt. Dieses Element unterbindet die Pigmentsynthese nur zum Teil. Wenn es aus dem entsprechenden Gen herausspringt, treten in den Kernen purpurfarbene Flecken auf.

tiertem Gewebe wird. Solche instabilen Mutationen können einem Organismus also zum Beispiel ein gesprenkeltes oder geschecktes Aussehen verleihen.

Scheckigkeit und Reversion

In den ersten Jahrzehnten dieses Jahrhunderts untersuchte R. A. Emerson von der Cornell-Universität eine Art der Scheckigkeit, die bei bestimmten Maissorten, dem sogenannten indianischen Mais, sehr häufig auftritt. Ursache dieses Phänomens ist eine Mutation, die die Synthese eines rot-orangefarbenen Farbpigments im Perikarp, der festen Schutzzellschicht eines Maiskorns (Bild 4), unterbindet. Diese Mutation ist so instabil, daß sie während der Entwicklung jedes einzelnen Maiskorns viele Male revertiert; dadurch entstehen abwechselnd Streifen aus pigmentierten und unpigmentierten Zellen (Bild 2). Emerson erkannte wohl, daß solche Streifen von instabilen Mutationen herrührten, wußte aber nicht, was solche Mutationen hervorrief.

In den dreißiger Jahren fand Marcus M. Rhoades, der jetzt an der Indiana-Universität arbeitet, des weiteren heraus, daß solche Mutationen beim Mais manchmal nur bedingt instabil oder stabil sind. Was als stabile Mutation erscheint, kann in Gegenwart eines bestimmten Gens plötzlich instabil werden. Die von ihm untersuchte Mutation unterbricht die Synthese eines violetten Farbstoffs im Aleuron, der äußersten Schicht des Endosperms (Nährgewebes) eines Maiskorns unmittelbar unter dem Perikarp (Bild 4). Das Aleurongewebe wird dadurch farblos.

Rhoades konnte zeigen, daß diese Mutation revertiert und violette Farbflecken im sonst farblosen Aleurongewebe entstehen, wenn gleichzeitig ein bestimmtes anderes Gen vorhanden ist. Diesen für die Fleckbildung verantwortlichen Locus nannte er *dotted* (englisch: gefleckt). Was er jedoch nicht wußte: Der *Dotted*-Locus war beweglich.

Daß sich genetische Elemente verlagern können, erkannte erstmals Barbara McClintock. Ihr erster Bericht darüber erschien 1947. Er war eine verwirrende Kuriosität, mit der jahrelang niemand etwas anzufangen wußte. Heute gilt er als eine der wichtigsten genetischen Entdekkungen des Jahrhunderts, und die Arbeit von Barbara McClintock wurde 1983 mit dem Nobelpreis gewürdigt.

Auf die Spur der Gentransposition kam McClintock, als sie die Eigenschaften von Chromosomenbrüchen beim Mais untersuchte. Solche Brüche ergeben, wie sie feststellte, ein genetisches Chaos; denn sie sind sehr instabil und bewirken chromosomale Umlagerungen, die das gesamte Genom durcheinanderbringen. Zugleich bemerkte McClintock, daß Pflanzen mit Chromosomenbrüchen oft gescheckte Nachkommen hatten. Da diese Scheckung bei mehreren Merkmalen auftrat, nahm McClintock an, daß eine Reihe neuer instabiler Mutationen erzeugt worden waren.

Bild 2: Rot-orangefarbene Streifen auf einem Maiskorn sind das Ergebnis einer Mutation durch das transponierbare Element *Mp*. Dieses beeinträchtigt die Pigmentsynthese, wenn es in einen Genort mit der Bezeichnung *P* eingebaut wird. In einigen Zellen verläßt *Mp* diesen Genort später wieder, so daß die Mutation rückgängig gemacht wird (revertiert) und pigmentierte Bereiche entstehen. Die Transposition des *Mp*-Elements wurde von Irwin M. Greenblatt an der Universität von Connecticut untersucht. Er hat auch das Korn zur Verfügung gestellt.

Der erste springende Locus, den McClintock entdeckte, erwies sich als wahrhaft seltsam. Es war eine spezifische Stelle, an der ein Chromosom zerbrach oder dissoziierte; und so nannte McClintock ihn *Dissociation*-Locus oder *Ds*.

Obwohl das Chromosom am *Ds*-Locus bricht, ist dieser nicht selbst für den Bruch verantwortlich. Der Bruch findet nur statt, wenn zusätzlich ein zweiter Locus vorhanden ist. Auf Grund seiner Fähigkeit, den Chromosomenbruch am *Ds*-Locus zu aktivieren, nannte McClintock diesen Locus *Activator* oder *Ac* (Bild 5). Bald erkannte sie, daß das Vererbungsverhalten von *Ac* und *Ds* ungewöhnlich war. Meist verhielt sich *Ac* wie ein konventioneller Locus, aber manchmal (nur in wenigen Prozent der Nachkommen) verschwand er oder wanderte zu einer neuen Stelle im gleichen oder in einem anderen Chromosom. Auch das *Ds*-Element wanderte; aber genauso, wie es von allein keinen Bruch im Chromosom hervorzurufen vermochte, auf dem es lag, konnte es ohne ein anwesendes *Ac*-Element nicht transponiert werden. McClintock erkannte, daß *Ac* von selbst (autonom) springen kann, während *Ds* nur seine Position wechselt, wenn es durch *Ac* aktiviert wird.

Reversion und Transposition

Durch eine Reihe von Experimenten erhellte McClintock das Verhältnis zwischen instabilen Mutationen und der Fähigkeit zur Transposition. So untersuchte sie einen Fall, in dem das *Ds*-Element von seiner normalen Stelle zu einem *C* genannten Locus übergewechselt war, den bereits einige Genetiker untersucht hatten. Der *C*-Locus enthält das Gen für einen Faktor, der für die Synthese eines violetten Aleuronpigmentes benötigt wird. Von Mutationen in *C* wußte man, daß sie die Pigmentsynthese beeinträchtigen.

In penibler Kleinarbeit sammelte McClintock Beweise dafür, daß die neue Mutation im *C*-Locus von der Insertion des *Ds*-Elements herrührte (Bild 6). Sie zeigte, daß (in Gegenwart von *Ac*) am *C*-Locus die gleichen Chromosomenbrüche auftraten wie an der ursprünglichen Position von *Ds*. An seiner neuen Stelle im *C*-Locus hatte das *Ds*-Element jedoch eine zusätzliche Wirkung. Es verursachte eine Mutation, die den von Emerson und Rhoades untersuchten glich. Fehlte das *Ac*-Element, so schien die Mutation stabil zu sein: Die Maiskörner waren farblos und die Pflanze grün. Besaß die Pflanze jedoch ein *Ac*-Element im Genom, so revertierte die Mutation in einigen Zellen, und die Körner wie auch die Blätter wiesen Bereiche mit violetter Färbung auf (Körner *a* bis *c* in Bild 3).

Damit war McClintock nun in der Lage, die genetische Grundlage instabiler Mutationen zu erklären. In einem kleinen Teil der Maiskörner hatte die Reversion bereits in den Keimzellen der Pflanze stattgefunden, so daß auch die Nachkommen der Pflanze das revertierte Gen enthielten. Aus den seltenen, völlig revertierten Körnern zog McClintock Pflanzen und stellte fest, daß das *Ds*-Element durchweg nicht mehr im *C*-Locus saß. In diesen Pflanzen war der C-Locus wieder normal. Zudem brachen auch in Gegenwart von *Ac* am C-Locus keine Chromosomen mehr, wie das geschehen war, als sich das *Ds*-Element noch dort befunden hatte.

Daraus zog McClintock den Schluß, daß die Insertion des *Ds*-Elements in der Tat die Mutation zum farblosen Aleuron bewirkt hatte und daß seine Entfernung aus dem *C*-Locus die Ursache für die Reversion war. Sie schloß weiter, daß die Sprenkelung der Pflanzen und Körner daher rührt, daß bei einer großen Zahl von Zellen im Verlauf ihrer Entwicklung das *Ds*-Element aus dem *C*-Locus verschwindet. Dafür sprach auch die Beobachtung, daß die violetten Farbflecken der Kerne keine kleinen farblosen Bereiche enthielten, wie sie aufgetreten wären, wenn die mit dem *Ds*-Element ver-

Bild 3: Maiskörner zeigen die Wirkung von Mutationen und Transpositionen. Der Genort *C* ist für einen Faktor verantwortlich, der für die Synthese eines violetten Farbpigments benötigt wird (*a*). Setzt sich ein *Ds*-Element in diesen Genort, wird das Gen inaktiviert, und es entstehen farblose Maiskörner (*b*). In Anwesenheit des *Ac*-Elements springt das *Ds*-Element in einigen Zellen aus dem Locus *C* heraus. Dadurch bilden sich Bereiche mit pigmentierten Zellen, und das Maiskorn erscheint gesprenkelt (*c*). Der *wachsige* Locus codiert ein Enzym, das für die Synthese von Amylose (Stärke) nötig ist. Die Stärke macht das Endosperm (siehe Bild 4) durchscheinend (*d*). Setzt sich das *Ac*-Element in den *wachsigen* Locus, wird das Endosperm opak (*e*). Die Transposition von *Ac* führt zu einem Wechsel von durchscheinenden und matten Bereichen (*f*). Ein defektes *Spm*-Element kann derart in das Gen für das Pigment-Enzym eingebaut werden, daß das Gen nur teilweise inaktiviert wird und das Korn blaß gefärbt ist (*g*). Ein zusätzlich vorhandenes intaktes *Spm*-Element als Suppressor inaktiviert das Pigment-Gen vollständig und erzeugt farblose Maiskörner, während es als Mutator zugleich defekte *Spm*-Elemente transponiert und so Klone von revertierten und daher voll pigmentierten Zellen entstehen läßt (*h*). Wenn die Transposition selten auftritt, bilden sich nur wenige Farbflecke (*i*). Findet die Transposition früh in der Entwicklung des Maiskorns statt, entstehen große revertierte Zellklone (*j*). Ein „pendelndes“ intaktes *Spm*-Element (das vorübergehend inaktiv wird) erzeugt pigmentierte Flecken, die kleinere farblose Bereiche enthalten (*k*). Wo ein *Ds*-Element sitzt, treten oft Chromosomenbrüche auf. Diese können Muster aus blaß pigmentierten Bereichen erzeugen, die durch eine dünne, stark pigmentierte Linie voneinander getrennt sind (*l*).

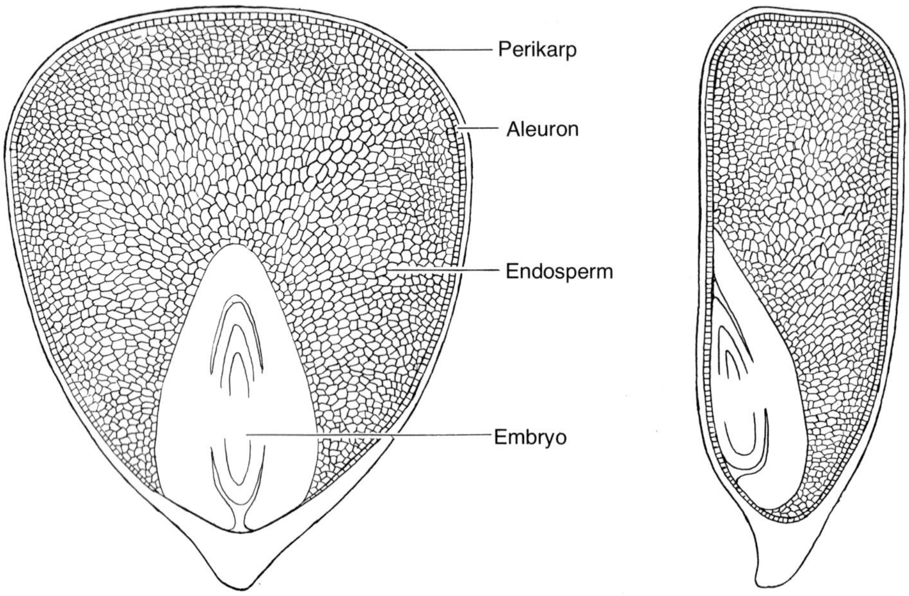

Bild 4: Ein Maiskorn besteht aus dem Embryo und seinem Nährgewebe, dem Endosperm. Viele der am genauesten untersuchten instabilen Mutationen beim Mais beeinflussen die Synthese der Pigmente im Aleuron- und Perikarp-Gewebe oder aber der Stärke im Endosperm.

bundenen Chromosomenbrüche weiterhin stattgefunden hätten. Instabile Mutationen, so resümierte McClintock, können durch die Insertion eines transponierbaren genetischen Elements in ein Gen entstehen. Die während der Entwicklung einer Pflanze häufig stattfindende Transposition eines solchen Elements aus dem betreffenden Genlocus heraus erklärt die hohe Reversionsrate und die charakteristischen Fleckenmuster.

In den Jahren nach ihrer ersten Beschreibung einer Transposition setzte McClintock ihre Analyse der *Ac*- und *Ds*-Elemente fort und identifizierte und charakterisierte zusammen mit einigen wenigen anderen Mais-Genetikern weitere genetische Elemente. R. Alexander Brink von der Universität von Wisconsin in Madison fand heraus, daß die instabile Mutation, die das rot-orangefarbene Perikarppigment unterdrückte und seinerzeit von Emerson untersucht worden war, von der Gegenwart eines springenden Gens im *P*-Locus herrührte. Später stellte sich heraus, daß dieses springende Gen, das er *Mp* nannte, genetisch mit dem *Ac*-Element identisch ist. Wie *Ac* kann auch *Mp* durch Insertion in den *P*-Locus eine Mutation hervorrufen, die instabil ist, weil es mit hoher Wahrscheinlichkeit wieder aus diesem Locus herausspringt.

Mit einigen eleganten Experimenten ergründeten Brink und seine Mitarbeiter (darunter vornehmlich Irwin M. Greenblatt von der Universität von Connecticut), wie *Mp* oder *Ac* die Transposition bewerkstelligt. Das Gen springt während der Phase des Zellzyklus, in der sich die Chromosomen vor der Zellteilung verdoppeln. Meist benutzt es dazu den Moment, wenn es selbst bereits repliziert ist, aber das Chromosom, auf dem es liegt, die Verdopplung noch nicht abgeschlossen hat (Bild 7). Dabei springt nur eine der beiden Tochterkopien des *Mp*-Elements – und zwar sehr oft an eine nahegelegene Stelle auf demselben Chromosom. Wenn die Empfängerstelle für das springende Gen noch nicht verdoppelt wurde, enthält von den beiden Tochterchromosomen eines am Ende zwei Kopien des *Mp*-Elements, während das andere eine Kopie an der neuen Stelle besitzt. Springt das *Mp*-Element dagegen an eine Stelle, die bereits repliziert wurde, entsteht ein Tochterchromosom ohne *Mp*-Element und eines mit zwei *Mp*-Elementen, von denen eines an der neuen Stelle sitzt. Das Ausscheiden des *Mp*-Elements aus dem *P*-Locus führt zur Reversion der instabilen Mutation. Das revertierte Gen arbeitet anschließend normal und sorgt für die Synthese des rotorangenen Pigments.

Das Verhältnis zwischen *Ac* (oder *Mp*) und dem *Ds*-Locus blieb allerdings unklar. Nach den Arbeiten von McClintock sollten beide Loci beweglich sein, aber die Beweglichkeit des *Ds*-Locus von der Anwesenheit des *Ac*-Locus abhängen. McClintock stellte zudem fest, daß eine *Ac*-Mutation bisweilen unvermittelt den Charakter einer *Ds*-Mutation annahm. Offenbar waren *Ac* und *Ds* irgendwie miteinander verwandt. Wie jedoch diese beiden Elemente beschaffen sind und welcher Art ihre Verwandtschaft ist, das wurde erst klar, als beide schließlich isoliert werden konnten.

Transposonen in Bakterien

In den Jahrzehnten zwischen der Entdeckung des *Ac*- und *Ds*-Locus und ihrer Isolierung in Molekülform wurden transponierbare Elemente auch in anderen Organismen entdeckt. Zugleich schälten sich die molekularen Grundlagen ihrer Beweglichkeit heraus.

Der erste Hinweis auf transponierbare Elemente in Bakterien ergab sich Mitte der sechziger Jahre. Damals fand man merkwürdige Mutationen, die nicht auf kleinen Änderungen in der Abfolge der Nucleotide (der vier DNA-Bausteine, in deren Reihenfolge die Erbinformation verschlüsselt ist) beruhten. Vielmehr mußten sie durch den Einbau eines längeren Stücks „fremder" DNA in ein Gen entstanden sein.

Dann zeigte sich, daß auch die sogenannte übertragbare multiple Antibiotika-Resistenz bei Bakterien durch mobile genetische Elemente vermittelt wird. Der weitverbreitete Einsatz von Antibiotika bei Mensch und Tier hatte Bakterienstämme aufkommen lassen, die gleichzeitig gegen verschiedene Antibiotika resistent waren. Wie die Mikrobiologen herausfanden, sitzen die für die Resistenz verantwortlichen Gene auf kleinen ringförmigen DNA-Molekülen – sogenannten Plasmiden – und werden mit ihnen von einem Bakterienstamm auf den anderen übertragen. Mitte der siebziger Jahre war klar, daß die Resistenzgene dabei quasi als blinde Passagiere mit mobilen genetischen Elementen mitreisen. Diese sogenannten Transposonen werden zusammen mit den Resistenzgenen von den Plasmiden bei ihrer Reise von Zelle zu Zelle gleichsam unabsichtlich aufgenommen.

Einige Wissenschaftler erkannten sofort, daß die bakteriellen Transposonen und die mobilen genetischen Elemente im Mais mehr Gemeinsamkeiten aufwiesen als Unterschiede. Den meisten erschienen die Arbeiten der Maisgenetiker über bewegliche Loci jedoch als ziemlich obskur und von zweifelhafter Bedeutung für die moderne Molekularbiologie. Die bakteriellen Transposonen allerdings wurden eingehend untersucht und einige der Übertragungsmechanismen aufgeklärt.

Das vielleicht am besten untersuchte Transposon trägt die Bezeichnung Tn3. Es ist ungefähr 5000 Nucleotide lang und enthält drei Gene (Bild 8). Auf zweien davon steht der Bauplan von Enzymen, die für die Transposition benötigt werden. Das dritte Gen dagegen ist ein blinder Passagier. Es codiert das Enzym ß-Lactamase. Dieses Enzym inaktiviert das Antibiotikum Ampicillin und macht dadurch Bakterien mit einem Tn3-Transposon gegen Ampicillin resistent.

Die Enden des Tn3-Transposons bestehen aus charakteristischen gegenläufig komplementären Abschnitten. (Die vier Nucleotide, mit A, T, G und C abgekürzt, vereinigen sich zu Paaren und bilden so die DNA-Doppelhelix: Dabei paart sich A stets mit T und G mit C, weshalb man A und T beziehungsweise G und C jeweils als komplementär zueinander bezeichnet. An den Enden des Tn3-Transposons tritt die gleiche Sequenz auf, allerdings in umgekehrter Richtung und in komplementärer Form; das heißt, die Sequenz, die am einen Ende des Transposons auf dem einen Strang der Doppelhelix vorliegt, erscheint am anderen Ende in umgekehrter Richtung auf dem anderen Strang.) Diese gegenläufig komplementären Abschnitte dienen als Erkennungssignale, welche die beweglichen DNA-Sequenzen abgrenzen. Die zwei erwähnten Transpositionsenzyme heißen Transposase und Resolvase. Die Transposase beginnt den Transpositionsprozeß und die Resolvase beendet ihn.

Wie die mobilen Elemente im Mais können auch bakterielle Transposonen Insertionsmutationen hervorrufen. Da eine Mutation in einem lebensnotwendigen Gen jedoch tödlich für die Zelle ist, muß, damit das Risiko solcher Mutationen nicht zu hoch wird, die Transpositionsrate bei Bakterien begrenzt werden. Daher gibt es einen Mechanismus, der die Expression der Transposase und der Resolvase reguliert. Als Regulator fungiert dabei die Resolvase selbst. Sie wirkt nicht nur als Enzym, sondern dient auch als Repressor. Indem sie sich an eine Stelle zwischen dem Transposase-Gen und dem Resolvase-Gen anlagert, verhindert sie die Expression beider Gene.

Nicht alle bakteriellen Transposonen sind so klein oder so einfach gebaut wie das Tn3-Element. Einige haben eine zusammengesetzte Struktur und tragen an beiden Enden ein kleines transponierbares Element.

DNA-Sequenzen, die bakteriellen Transposonen ähneln, wurden inzwischen auch aus einer Reihe höherer Organismen wie Hefe, der Taufliege *Drosophila melanogaster* und Nematoden (Würmern) isoliert. Bei diesen Sequenzen war der Nachweis ihrer Beweglichkeit allerdings nur schwer zu erbringen, weil sie in jeder Zelle in vielen Kopien existieren und zudem nur selten springen. Allan C. Spradling und Gerald M. Rubin von der Carnegie Institution of Washington konnten jedoch zeigen, daß ein auf einem Plasmid liegendes *P*-Element von *Drosophila*, wenn es in einen Taufliegen-Embryo eingebracht wird, sowohl selbst auf das *Drosophila*-Chromosom überspringen als auch die Transposition eines defekten *P*-Elements (das mit einem genetischen Marker versehen wurde) bewirken kann. Spradlings und Rubins Ergebnisse machen deutlich, daß die *P*-Elemente bei *Drosophila* die Eigenschaften bakterieller Transposonen aufweisen und auch den *Ac*- und *Ds*-Elementen im Mais ähneln.

Die Isolierung des *Ac*-Elements

Bei dem Versuch, das *Ac*- und das *Ds*-Element zu isolieren, gingen wir von der Erkenntnis aus, daß beide Elemente in einer Vielzahl von Genen Insertionsmutationen hervorrufen. Wir trauten uns zu, herauszufinden, welcher Teil eines solchen Gens das transponierbare DNA-Stück enthielt, wenn es uns gelänge, überhaupt ein Gen mit einem inserierten *Ac*- oder *Ds*-Element zu isolieren.

Wir entschieden uns dafür, den *wachsigen* Locus zu isolieren. Dieser codiert für ein Enzym, das zur Synthese von Amylose, einer der beiden Stärkesorten in einem Maiskorn, nötig ist. Das Endosperm eines Maiskorns mit funktionsfähigem *wachsigen* Gen enthält Amylose und ist ziemlich durchscheinend. Das Endosperm eines Maiskorns ohne Amylose hat dagegen ein stärker opakes Aussehen (Kerne *d* bis *f* in Bild 3).

Wir isolierten zunächst aus normalen Maiskörnern die Boten-RNA. (Die

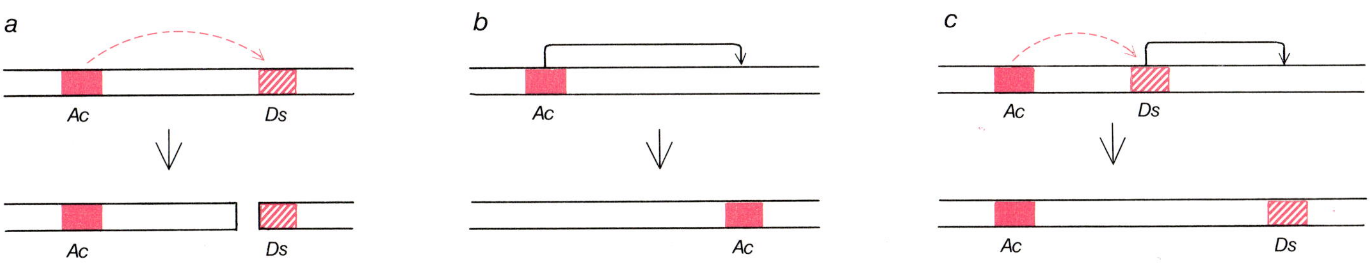

Bild 5: Dem Aktivator- oder *Ac*-Locus gab Barbara McClintock diesen Namen, weil er Chromosomenbrüche an einem Genort hervorzurufen vermag, den McClintock *Ds*-Locus nannte (*a*). Diese beiden Stellen liegen hier auf dem gleichen Chromosom, können sich aber genausogut auf verschiedenen Chromosomen befinden. Das *Ac*-Element kann sowohl seine eigene Transposition (*b*) als auch die eines *Ds*-Elements (*c*) an eine andere Stelle des gleichen oder eines anderen Chromosoms bewirken. Das *Ds*-Element vermag dagegen nur in Gegenwart des *Ac*-Elements zu springen. *Ac* ist also ein autonom transponierbares genetisches Element, während *Ds* nicht autonom ist, aber zur gleichen Genfamilie gehört.

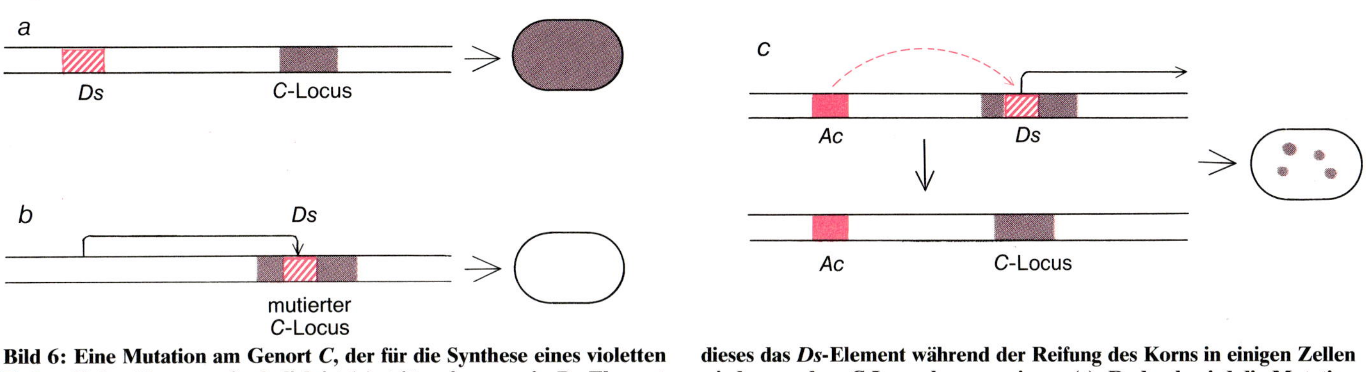

Bild 6: Eine Mutation am Genort *C*, der für die Synthese eines violetten Farbstoffs im Aleuron erforderlich ist (*a*), tritt auf, wenn ein *Ds*-Element in diesen Genort hineinspringt (*b*). Durch die Mutation wird das Gen inaktiviert und die Pigmentsynthese unterbunden. Das Aleuron bleibt folglich farblos. Enthält das Genom jedoch auch ein *Ac*-Element, so läßt dieses das *Ds*-Element während der Reifung des Korns in einigen Zellen wieder aus dem *C*-Locus herausspringen (*c*). Dadurch wird die Mutation rückgängig gemacht. Diese Zellen und ihre Abkömmlinge enthalten also wieder einen normal funktionierenden *C*-Locus und bilden einen farbigen Fleck im Aleuron. Das gleiche gilt für andere revertierte Zellen.

DNA eines Gens wird nicht direkt in ein Protein übersetzt. Zuerst wird ein Strang dieser DNA – der Matrizenstrang – in einen komplementären Strang der verwandten Nucleinsäure RNA überschrieben oder transkribiert. Erst dieser wird anschließend in das Protein übersetzt.) In Umkehrung der normalen Transkription erzeugten wir aus der isolierten Boten-RNA eine komplementäre DNA-Kopie (cDNA). Diese wurde in einem Plasmid kloniert und derjenige Klon identifiziert, der die dem *wachsigen* Locus entsprechende cDNA enthielt. Diese cDNA ist faktisch ein künstliches *wachsiges* Gen. Es konnte nun als Sonde dienen, um das *wachsige* Gen selbst aufzuspüren – und zwar zunächst in normalen Pflanzen und dann in solchen mit *Ac*- und *Ds*-Mutationen.

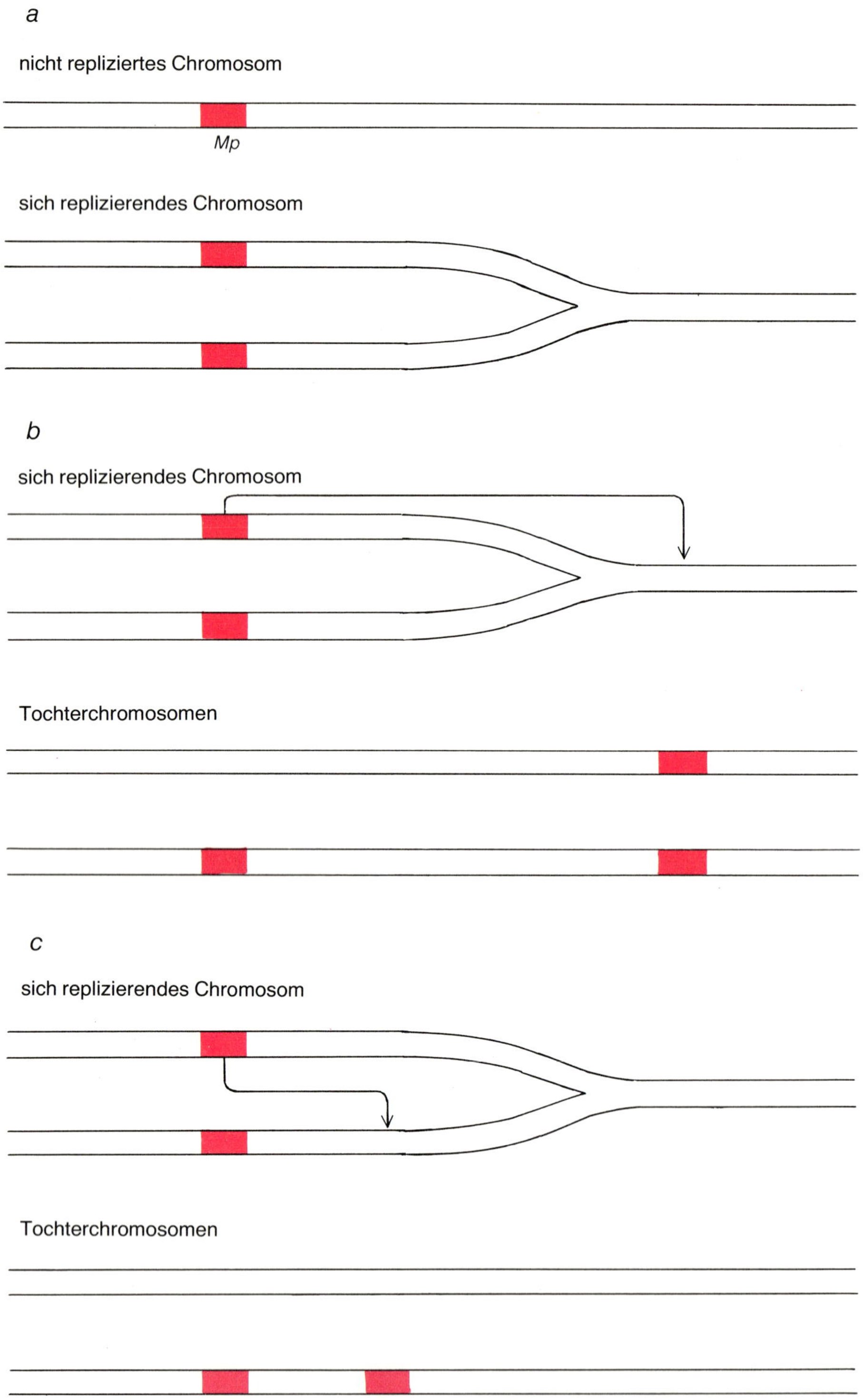

Bild 7: Die Transposition des Elements *Mp*, das sich genetisch genauso wie *Ac* verhält, findet meist statt (*a*), nachdem *Mp* selbst repliziert worden ist, aber bevor die Replikation des Chromosoms, auf dem es liegt, abgeschlossen ist. Dabei springt eine der beiden Tochterkopien von *Mp* gewöhnlich an eine Stelle auf dem gleichen Chromosom. Wurde diese Stelle noch nicht repliziert (*b*), dann besitzt am Schluß eines der Tochterchromosomen zwei Kopien von *Mp* und das andere eine. Ist die Empfängerstelle für das *Mp*-Element dagegen bereits verdoppelt (*c*), so erhält das eine Tochterchromosom keine, das andere dafür zwei Kopien von *Mp*.

Um das *wachsige* Gen zu finden, extrahierten wir aus normalen Pflanzen die DNA, schnitten sie in kleine Teile und bauten die Bruchstücke in die DNA eines Klonierungsvektors ein. Als solchen benutzten wir die DNA des Bakteriophagen Lambda. Beimpft man eine Bakterienkultur mit diesen Phagen, befallen sie die Bakterienzellen, vermehren sich darin und erzeugen eine Vielzahl viraler Klone, die jeweils von einem einzelnen Phagen abstammen. Ein Klon kann mehrere Millionen Viruspartikel und damit Millionen Kopien eines einzelnen eingebauten Stücks Mais-DNA enthalten. Um unter diesen Fragmenten das *wachsige* Gen zu finden, untersuchten wir sie mit unserer cDNA-Sonde, die wir radioaktiv markiert hatten. Die markierte Sonde verband sich nur mit solchen Mais-DNA-Klonen, die das gewünschte Gen enthielten. Damit konnte das *wachsige* Gen identifiziert und schließlich isoliert werden.

Danach wiederholten wir den Versuch mit DNA aus einer Maissorte, die eine instabile *Ac*-Mutation im *wachsigen* Locus trug. (In solchen Maissorten ist das Endosperm hinsichtlich seiner *Wachsigkeit* gescheckt, enthält also durchscheinende Bereiche.) Beim Vergleich des normalen mit dem mutierten Gen erwies sich dieses als länger. Es enthält ein kleines Stück DNA, das im normalen Gen nicht vorhanden ist: die *Ac*-Insertion.

Mit Hilfe der sogenannten Heteroduplexanalyse konnten wir das *Ac*-Element in elektronenmikroskopischen Aufnahmen sichtbar machen (Bild 10). Dazu vereinigten wir Bruchstücke von Mais-DNA, die das normale Gen trugen, mit solchen, die das *Ac*-Element enthielten. Genauer: Wir ließen Einzelstränge der beiden Fragmente, die noch in ihre Vektor-DNA eingebaut waren, sich miteinander verbinden. In den Bereichen, in denen zwei Einzelstränge der Mais-DNA komplementär waren – und das war der überwiegende Teil –, bildeten sie perfekt gepaarte Doppelstränge. Die Heteroduplexmoleküle wiesen jedoch eine einzelsträngige Schleife auf. Sie bestand aus einer kurzen DNA-Sequenz in einem der Stränge, zu der es keine komplementäre Sequenz auf dem Gegenstrang gab. Da das von uns isolierte normale *wachsige* Bruchstück aus einer revertierten Maispflanze stammte, bei der *Ac* aus dem *wachsigen* Locus wieder herausgesprungen war, bestand kein Zweifel, daß es sich bei der Schleife um das *Ac*-Element handelte.

Die Struktur von *Ac* und *Ds*

So waren wir schließlich in der Lage, das *Ac*-Element zu isolieren, seine Struktur zu untersuchen und in Zusammenarbeit mit Robert F. Pohlman und Joachim W. Messing von der Universität von Minnesota seine Nucleotidsequenz zu bestimmen. *Ac* ist etwas mehr als 4500 Nucleotide lang und damit nicht viel länger als das kürzeste bekannte Element, das noch selbständig springen kann. Es ist etwas kürzer als das bakterielle Transposon Tn3, diesem in seinem Aufbau jedoch erstaunlich ähnlich (Bild 9). So weist es jene gegenläufig komplementären Enden auf, die das Charakteristikum transponierbarer Elemente sind.

Beim *Ac*-Element stimmen die Nucleotidsequenzen dieser Enden allerdings nicht völlig überein. Außerdem sind sie nur elf Nucleotide lang. Die meisten Transposonen enthalten längere gegenläufig komplementäre Regionen (so Tn3 mit 38 Nucleotiden), doch mehren sich die Hinweise, daß die wichtigen Signale für die Transposition auf nur wenigen – nicht mehr als 20 – Nucleotiden am Ende des transponierbaren Elementes liegen.

Das *Ac*-Element sieht aus wie Tn3 ohne das ß-Lactamase-Gen. So trägt es gleichfalls zwei Gene, ein langes und ein kurzes. Die darin verschlüsselten Proteine haben ungefähr die Größe der Transposase und der Resolvase von Tn3. Wie beim bakteriellen Transposon sind die beiden Gene so angeordnet, daß sie in entgegengesetzter Richtung, nämlich voneinander weg, transkribiert werden. Beim Tn3 ermöglicht diese Orientierung, wie man weiß, daß die beiden Gene gemeinsam reguliert werden, indem sich die Resolvase als Repressor an eine Stelle zwischen ihnen heftet. Die auffallende Ähnlichkeit in der Orientierung der Gene beim *Ac*-Element deutet darauf hin, daß auch hier beide Gene zusammen reguliert werden.

Es gibt Hinweise darauf, daß das größere der beiden Gene auf dem *Ac*-Element für ein Protein codiert, das der Transposase von Tn3 entspricht. Sie fanden sich bei der Untersuchung eines von uns isolierten *Ds*-Elements.

Wie erwähnt, sollten nach den genetischen Befunden *Ac*- und *Ds*-Elemente eng miteinander verwandt sein. So werden *Ds*-Elemente nicht nur in Gegenwart von *Ac* mobilisiert, sondern *Ac*-In-

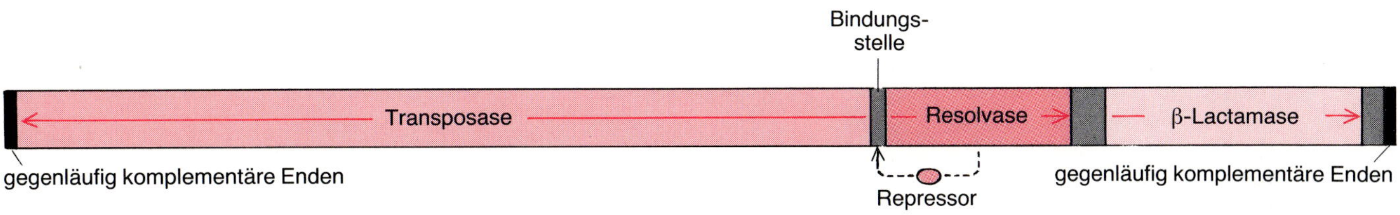

Bild 8: Das bakterielle Transposon mit der Bezeichnung Tn3 ist etwa 5000 Nucleotide lang und trägt drei Gene. Zwei davon codieren für Enzyme, welche die Transposition katalysieren: eine „Transposase" und eine „Resolvase". Im dritten Gen ist ein β-Lactamase genanntes Enzym verschlüsselt, welches das Antibiotikum Ampicillin inaktiviert. Die Resolvase wirkt zugleich als Repressor und als Enzym. Sie setzt sich an eine Stelle in einer nichtcodierenden Region (grau) zwischen dem Transposase- und dem Resolvase-Gen und verhindert so, daß die beiden Gene abgelesen werden. Die Repressorfunktion beruht darauf, daß das Repressormolekül die Startstellen überdeckt, an denen die Transkription (Abschrift) der beiden Gene beginnt. Diese Stellen liegen nebeneinander, weil die beiden Gene in entgegengesetzter Richtung transkribiert werden (farbige Pfeile). Begrenzt wird das Tn3-Transposon von 38 Nucleotiden langen „gegenläufig komplementären Enden": Die Nucleotidsequenz auf dem einen Strang dieser DNA-Abschnitte kehrt am anderen Ende auf dem gegenüberliegenden Strang in entgegengesetzter Richtung wieder.

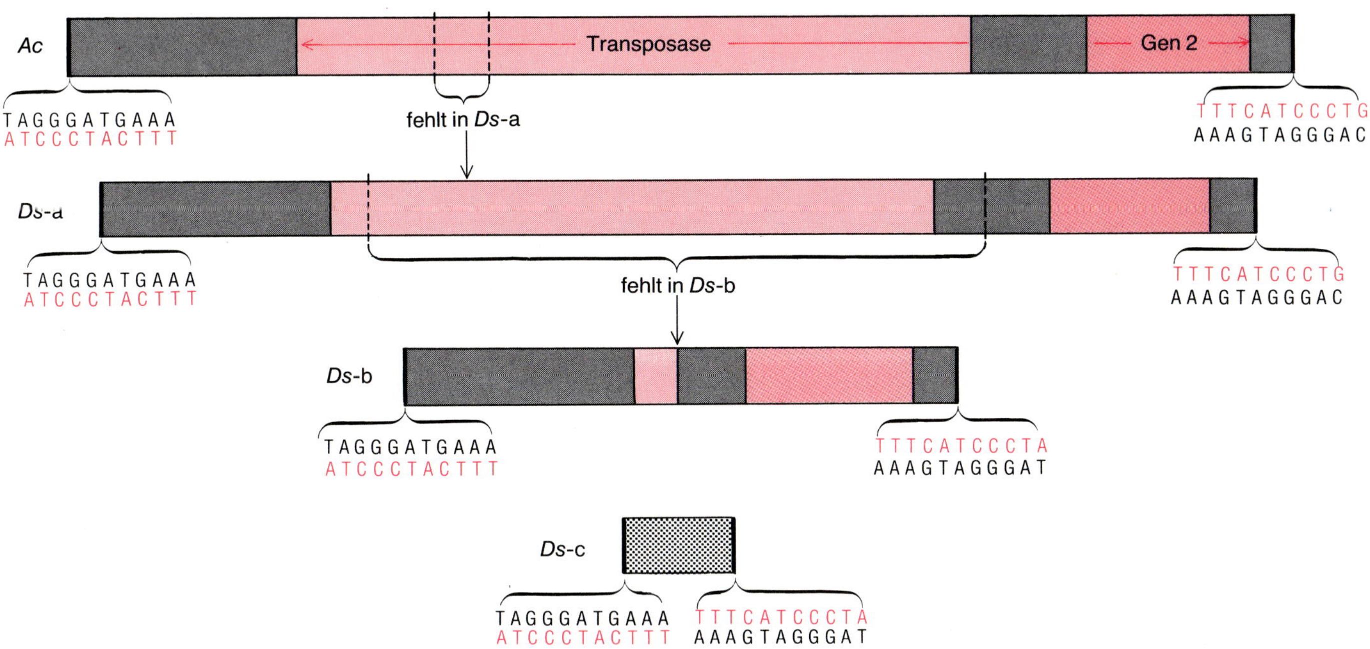

Bild 9: Das *Ac*-Element und verschiedene *Ds*-Elemente aus dem Mais wurden inzwischen isoliert. Das *Ac*-Element ist etwa 4500 Nucleotide lang. Es weist zwei codierende Bereiche, also Gene (farbig), drei nichtcodierende Bereiche (grau) und zwei gegenläufig komplementäre Enden (schwarz) auf, die allerdings in der ersten Position differieren. Das erste isolierte *Ds*-Element, *Ds*-a, unterscheidet sich vom *Ac*-Element nur durch eine 194 Nucleotide lange Deletion (gestrichelte Grenzmarkierung) im größeren der beiden Gene von *Ac*. Das genügt, das Transposase-Gen lahmzulegen, und erklärt die Unfähigkeit des *Ds*-Elements, sich selbst zu transponieren. In *Ds*-b fehlt ein viel längeres zentrales Segment des *Ac*-Elements. *Ds*-c schließlich ist extrem kurz: Es enthält kein Gen mehr, sondern trägt nur noch die gegenläufig komplementären Enden von *Ac*. Offenbar kann also jede DNA-Sequenz, die zwischen zwei solchen Abschnitten liegt, durch Transpositionsenzyme erkannt werden.

sertionen können auch spontan so mutieren, als ob das *Ac*-Element durch ein *Ds*-Element ersetzt worden wäre. Wir haben das *Ds*-Element aus solch einer ursprünglichen *Ac*-Insertionsmutation im *wachsigen* Gen isoliert. Es lag genau dort, wo sich vorher die *Ac*-Insertion befunden hatte, und erwies sich als fast, aber nicht völlig identisch mit *Ac* (Bild 9). Es sieht aus wie ein mutiertes *Ac*, in dem ein kleines Stück DNA fehlt. Das fehlende Stück ist nur 194 Nucleotide lang und befindet sich auf dem Gen des *Ac*-Elements, das für das größere der beiden Proteine codiert. Da ein *Ds*-Element nur in Gegenwart eines *Ac*-Elements springen kann, schließen wir, daß das Protein, das durch die Deletion im *Ds*-Element verkrüppelt wurde, eines ist, das bei der Transposition eine Rolle spielt: eine Transposase.

Noch ist nicht klar, ob vielleicht alle *Ds*-Elemente einfach verstümmelte *Ac*-Elemente sind. Die bisherige Auswahl an isolierten *Ds*-Elementen legt nahe, daß ihre Struktur sehr stark von der eines *Ac*-Elements abweichen kann (Bild 9). Das zweite *Ds*-Element, das wir isolierten, ist nur etwa halb so lang wie ein *Ac*-Element und besteht lediglich aus dessen beiden Endstücken.

Ein verwandtes Element wurde im Labor von Peter Starlinger an der Universität Köln gewonnen. Es besteht aus zwei Kopien eines Elements, das unserem kürzeren *Ds*-Element ähnelt. Eine der Kopien ist in umgekehrter Orientierung in die Mitte der zweiten eingebaut.

Ein ganz anderes *Ds*-Element wurde im Labor von W. J. Peacock bei der Commonwealth-Organisation für Wissenschaftliche und Industrielle Forschung in Canberra isoliert. Es ist nur etwa ein Zehntel so lang wie ein *Ac*-Element und gleicht diesem nur insofern, als es praktisch dieselben kurzen gegenläufig komplementären Enden enthält. Danach scheint jede DNA-Sequenz, die von solchen Enden flankiert wird, als *Ds*-Element fungieren zu können. Vielleicht stecken alle Informationen, welche die Transpositionsenzyme benötigen, um eine DNA-Sequenz zu erkennen, auszuschneiden und an anderer Stelle wieder in das Genom einzufügen, in den gegenläufig komplementären Enden. Träfe das zu, wären vielleicht alle DNA-Sequenzen mit solchen Enden zur Transposition fähig, sofern nur ein *Ac*-Element im Genom vorliegt, das die benötigten Tranpositionsenzyme bereitstellt.

Das *Ac*-Element war usprünglich als einzelner, nur einmal im Genom vorhandener Locus angesehen worden. Spätere genetische Untersuchungen deuteten darauf hin, daß in einem Genom mehrere *Ac*-Elemente gleichzeitig aktiv sein können, die Zahl solcher Elemente allerdings relativ klein ist. Mit genetischen Untersuchungen lassen sich jedoch nur solche Elemente entdecken, die irgendeinen beobachtbaren Effekt an den Organismen hervorrufen. Dagegen kann man mit den molekularen *Ac*-Sonden, die wir durch Klonieren des *Ac*-Elements selbst gewonnen haben, alle *Ac*-ähnlichen Sequenzen entdecken, gleichgültig, ob sie aktiv sind oder nicht.

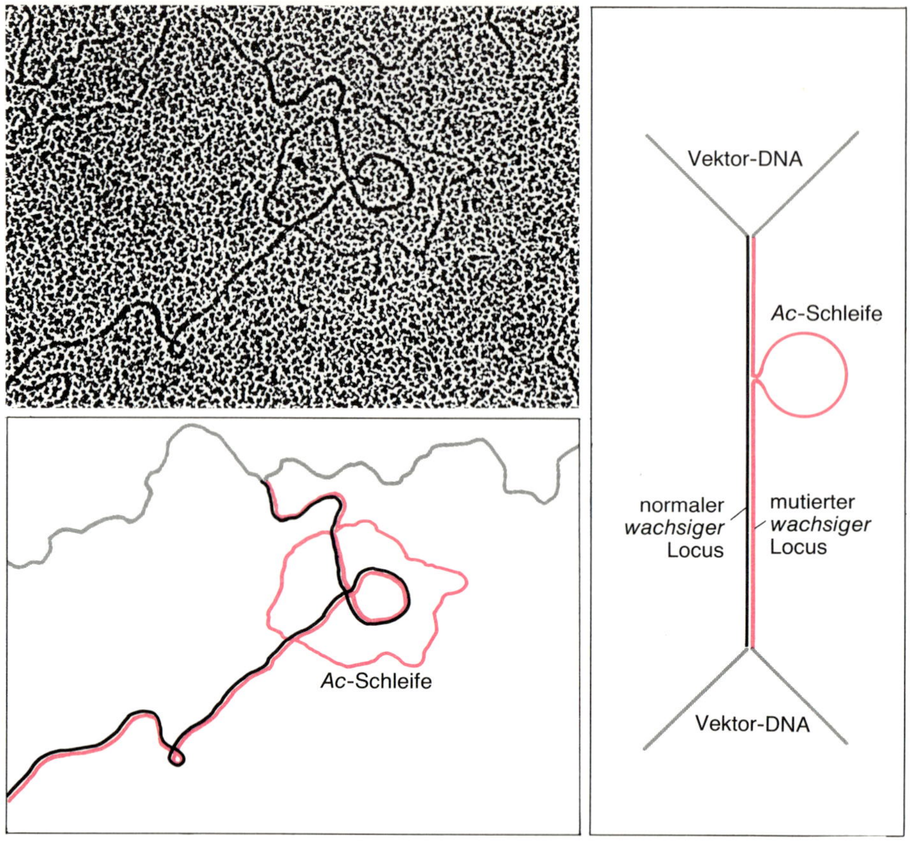

Bild 10: Durch eine sogenannte Heteroduplex-Analyse läßt sich ein im *wachsigen* Gen des Mais eingebautes *Ac*-Element lokalisieren. Dazu inkubiert man Einzelstränge von klonierter DNA aus einem normalen *wachsigen* Locus gemeinsam mit solchen aus einem Locus, der durch Einbau eines *Ac*-Elements mutiert ist. Komplementäre Sequenzen paaren sich und bilden einen DNA-Doppelstrang (Heteroduplex genannt, weil er aus zwei Einzelsträngen unterschiedlicher Herkunft besteht). Die elektronenmikroskopische Aufnahme wird in der Karte darunter verdeutlicht und in der schematischen Zeichnung rechts erklärt. In den meisten Abschnitten stimmen der normale (schwarz) und der mutierte Locus (farbig) genau überein und bilden einen perfekten Doppelstrang. Die *Ac*-Insertion findet im Heteroduplex-Molekül jedoch keinen passenden Gegenstrang und bleibt als einzelsträngige Schleife übrig.

Familien springender Gene

Tatsächlich scheint das Genom mit solchen Elementen übersät zu sein. Viele davon ähneln den Enden des *Ac*-Elements. Nach – allerdings nicht sehr genauen – Schätzungen scheint es im Genom der von uns untersuchten Pflanzen zumindest 40 Sequenzen zu geben, die den Enden des *Ac*-Elements ähneln; vielleicht sind es sogar über 100.

Dennoch widersprechen sich molekularbiologische und genetische Befunde nicht völlig. Fragt man, wie viele der genetischen Elemente strukturell mit dem *Ac*-Element identisch sind, heißt die Antwort: sehr wenige. Ja, es gibt Grund zu der Annahme, daß das genetisch entdeckte *Ac*-Element seinem Aufbau nach einzigartig ist. Obwohl sich viele Stücke des *Ac*-Elements über das Genom verteilt finden, gibt es nur wenige komplette *Ac*-Elemente. Viele der Bruchstücke – wie viele, wissen wir allerdings nicht – können wahrscheinlich transponieren, wenn daneben ein intaktes *Ac*-Element vorliegt. *Ac* und *Ds* bilden somit eine Familie verwandter Elemente.

Die *Ds*-Elemente lassen sich als Kollektion von DNA-Sequenzen auffassen, die mehr oder weniger mit *Ac* verwandt sind, zumindest aber die charakteristischen gegenläufig komplementären Enden eines *Ac*-Elements tragen, die von den Transpositionsenzymen erkannt werden. Die *Ac*-Elemente selbst können in ihrem Aufbau nicht viel voneinander abweichen, weil sie alle die Gene für die Transpositionsenzyme und die Steuerelemente zu deren Expression besitzen müssen. Bisher wurden drei *Ac*-Elemente isoliert, und sie scheinen weitgehend identisch zu sein. Es wäre jedoch nicht überraschend, auf eines zu stoßen, das wie das bakterielle Transposon Tn3 irgendwann während der Evolution einen blinden Passagier aufgenommen hat.

Wahrscheinlich gibt es viele Familien genetischer Elemente wie die von *Ac* und *Ds* beim Mais. Charakteristisch für transponierbare Elemente ist, daß die Transpositionsenzyme nur ihre eigenen Transpositionssignale erkennen. Dank dieser Spezifität lassen sich die Elemente anhand genetischer Experimente in Familien einteilen.

So kann man ein neu entdecktes transponierbares Element in eine Pflanze einführen, die durch Einbau eines *Ds*-Elements mutiert ist. Wenn die Mutation daraufhin revertiert, ist das neu entdeckte Element ähnlich zu oder identisch mit *Ac*. Bleibt die Mutation dagegen stabil, gehört das Element zu einer anderen Gen-Familie. Mit dieser Methode wurden beim Mais bisher sechs Familien transponierbarer genetischer Elemente identifiziert. Wahrscheinlich aber ist das nur ein kleiner Teil der tatsächlich vorhandenen Elementfamilien.

Die Indianer Mittel- und Südamerikas, die als erste Mais kultivierten, hatten eine Vorliebe für die Pigmentmuster, die auf die Transposition springender Gene zurückgehen. Daher gibt es eine Vielzahl gesprenkelter Maissorten. Nur wenige davon wurden gesammelt und genetisch untersucht. Man weiß daher nicht, ob ihre Sprenkelung von bekannten oder noch nicht identifizierten genetischen Elementen herrührt.

Die *Spm*-Elemente

Die einzigen Elemente, die genau so gründlich untersucht wurden wie *Ac* und *Ds*, sind die der *Spm*-Familie. Diese Familie haben Barbara McClintock und Peter A. Peterson von der Iowa State University in den fünfziger Jahren unabhängig voneinander entdeckt. McClintock bezeichnete das voll funktionsfähige Mitglied der Familie als *Suppressor-Mutator* (*Spm*), Peterson als *Verstärker*-Element. Bisher wurde es zwar nicht isoliert, doch sind die von *Spm*-Elementen ausgelösten Mutationen genetisch eingehend untersucht.

Diese Mutationen vermitteln einen lebhaften Eindruck von den vielfältigen Wirkungen transponierbarer Elemente in höheren Organismen. Ferner bieten sie den Molekularbiologen reichhaltiges Material, dessen Analyse eines Tages vielleicht die Mechanismen erhellt, nach denen Gene zu verschiedenen Zeiten in der Entwicklung eines Organismus und in spezifischen Geweben selektiv exprimiert werden.

Das Grundverhalten eines *Spm*-Elements gleicht dem von *Ac* und *Ds*. Ein autonomes *Spm*-Element kann wie ein *Ac*-Element instabile Mutationen auslösen, indem es sich in ein Gen oder seine Steuerregion einfügt und das Gen dadurch inaktiviert. Durch das Entfernen des Elements während der Entwicklung der Maispflanze wird in einigen Zellen die Genfunktion wiederhergestellt, so daß die Maiskörner ein geflecktes Aussehen bekommen.

Auch in der *Spm*-Familie gibt es nichtautonome Varianten ähnlich den *Ds*-Elementen. Diese „defekten" *Spm*-Elemente (McClintock gab ihnen keinen speziellen Namen) können nur transponiert werden, wenn auch ein autonomes, intaktes *Spm*-Element vorhanden ist.

Trotz dieser fundamentalen Ähnlichkeit sind *Spm*-Elemente und *Ac*-Elemente nach dem oben genannten Kriterium klar voneinander verschieden. Ein *Spm*-Element kann kein *Ds*-Element mobilisieren, und ein defektes *Spm*-Element kann auch nicht durch ein intaktes *Ac*-Element mobilisiert werden.

Daneben gibt es auch einen interessanten funktionellen Unterschied zwischen der *Spm*- und der *Ac*-Familie (Bild 11). *Spm*-Elemente fügen sich häufig so in ein Gen ein, daß es nicht vollständig, sondern nur teilweise inaktiviert wird. Solange das Genom nicht gleichzeitig ein intaktes *Spm*-Element enthält, wird das mutierte Gen dabei weiterhin exprimiert, wenn auch in verringertem Ausmaß. Betrifft die Mutation beispielsweise ein Gen, das für die Pigmentsynthese nötig ist, wird das Maiskorn nicht völlig farblos, sondern nur blaß (siehe Maiskorn *g* in Bild 3).

Ganz anders ist die Situation, wenn in der Zelle ein intaktes *Spm*-Element vorliegt. Dann wird das Pigment-Gen ganz abgeschaltet oder supprimiert, so daß die Maiskörner farblos sind. Das intakte *Spm*-Element liefert jedoch eine Transposase. Mit deren Hilfe kann nun das defekte *Spm*-Element in einigen Zellen im Verlauf der Entwicklung wieder aus dem Genom herausgeschnitten werden; dabei entstehen revertierte Zellen, in denen das Gen normal funktioniert. Das Ergebnis sind Kerne mit kräftig pigmentierten Flecken (Korn *h* in Bild 3). McClintock nannte dieses Element *Suppressor-Mutator*-Element, weil es auf ein Gen, in dem schon ein defektes Element sitzt, zwei verschiedene Wirkungen ausübt: Es supprimiert das Gen und ermöglicht eine Rückmutation oder Reversion.

Mutationen des *Spm*-Elements

Barbara McClintock untersuchte zwei Arten vererblicher Veränderungen in den *Spm*-Elementen selbst: Mutationen, die sich auf die Transposition defekter

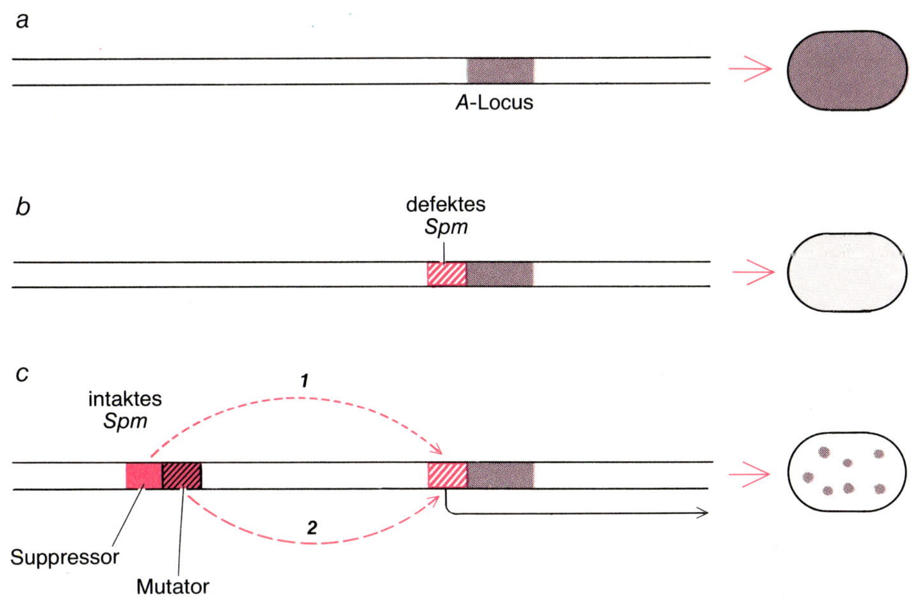

Bild 11: Auch zur *Suppressor-Mutator*-Familie (*Spm*) unter den transponierbaren Elementen gehören defekte Mitglieder, die den *Ds*-Elementen, und nichtdefekte, die den *Ac*-Elementen ähneln. Hier hat sich ein defektes *Spm*-Element so in den *A*-Locus eingefügt, der für die Synthese eines violetten Aleuronpigmentes verantwortlich ist (*a*), daß das Gen nur teilweise inaktiviert wird (*b*). Infolgedessen sind die Körner schwach gefärbt. Die Anwesenheit eines intakten *Spm*-Elements bewirkt zweierlei (*c*): Einerseits inaktiviert dieses Element durch seine Suppressorfunktion das Gen vollständig (1). Dadurch entstünde ein gänzlich farbloses Maiskorn, wenn da nicht andererseits die Mutatorwirkung des intakten *Spm* wäre: Eine von ihm gebildete Transposase läßt in einigen Zellen während der Entwicklung ein defektes *Spm*-Element aus dem *A*-Locus herausspringen. So entstehen Bereiche mit tiefvioletten Zellen.

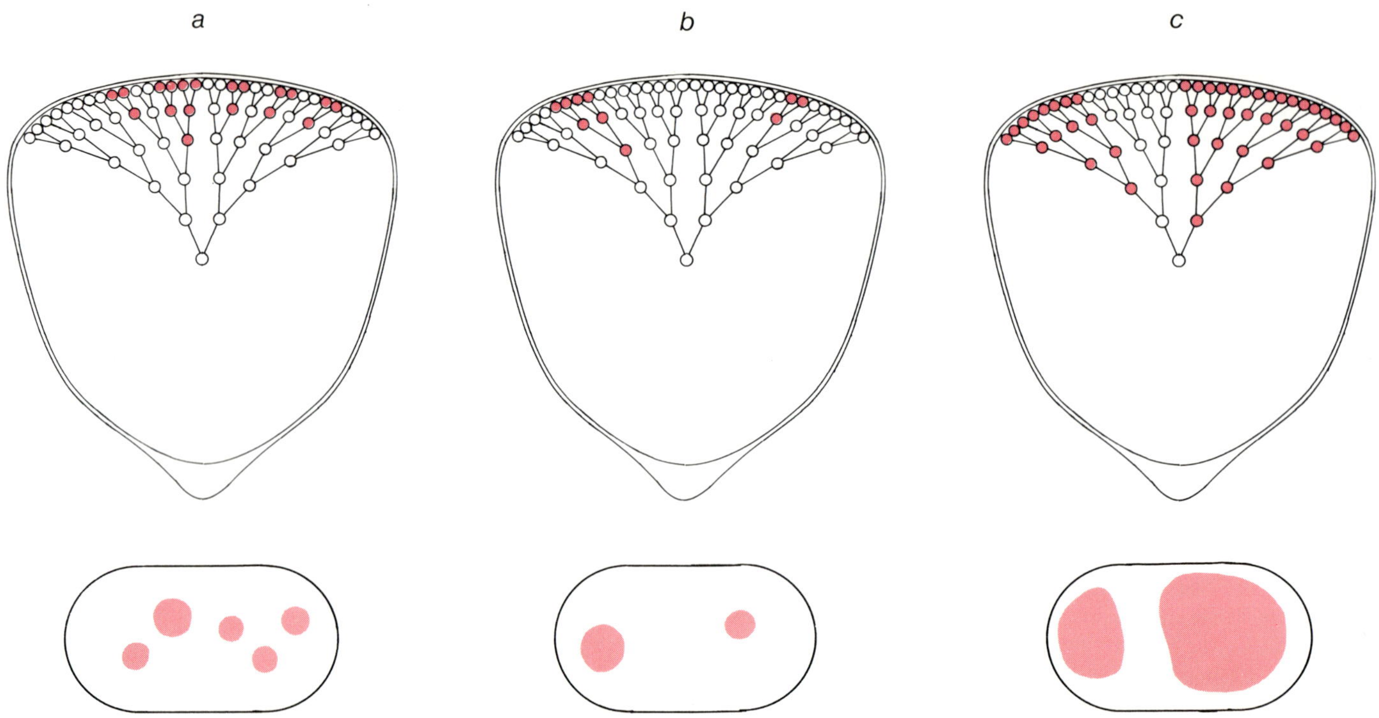

Bild 12: Wann und wie häufig eine Transposition im Entwicklungsprozeß auftritt, unterscheidet sich bei Mutationen, die vom Einbau verschiedener defekter *Spm*-Elemente herrühren. Findet die Transposition spät in der Entwicklung statt, sind die Klone aus revertierten Zellen und damit auch die pigmentierten Flecken klein (*a*). Wenn die Transposition etwa gleich spät, aber mit geringerer Häufigkeit erfolgt, bilden sich weniger Flecken (*b*). Tritt die Transposition, von der die Genfunktion wiederhergestellt wird, früher auf, sind die pigmentierten Bereiche entsprechend größer (*c*).

Elemente auswirken, und Mutationen, welche die Funktion intakter *Spm*-Elemente beeinträchtigen.

Mutationen der ersten Art erzeugen stets Muster aus Pigmentflecken; die Sprenkelung kann jedoch sehr unterschiedlich sein (Körner *h* bis *j* in Bild 3). Jeder Fleck verkörpert einen Klon von Zellen, die aus einer einzigen Zelle hervorgegangen sind, in der das defekte *Spm*-Element wieder aus dem Gen herausgesprungen ist. Tritt eine solche Transposition spät in der Entwicklung des Maiskorns auf, wenn nur noch wenige Zellteilungen bevorstehen, sind die Klone aus revertierten Zellen (also die Flecken) klein (Bild 12). Ob viele oder wenige Flecken auftreten, hängt dabei von der Häufigkeit ab, mit der das defekte *Spm*-Element transponiert wird; für jede Mutation beobachtet man eine charakteristische Häufigkeit. Tritt die Mutation, die die Gen-Funktion wiederherstellt, dagegen früh in der Entwicklung des Maiskorns auf, sind die Klone mit revertierten Zellen sehr groß. Mutationen am gleichen Genlocus, die durch das Herausspringen ein und desselben defekten *Spm*-Elements hervorgerufen werden, können also sowohl in der Häufigkeit als auch im Zeitpunkt ihres Auftretens innerhalb des Entwicklungsprozesses differieren.

Was unterscheidet solche Mutationen von anderen? Woher weiß ein solches Element, wann und wie oft es transponieren soll? Trägt es in seiner Nucleotidsequenz vielleicht ein genetisches Signal, das wie eine Art innere Uhr wirkt? Oder gehorcht es dem Entwicklungsprogramm des Gens, in das es eingesetzt wurde? Kann es sein, daß das Element zu verschiedenen Zeiten während der Entwicklung des Maiskorns für die Transpositionsenzyme zugänglich wird, je nachdem an welcher Stelle in der Nachbarschaft des Gens oder im Gen selbst es eingebaut ist?

Zur Zeit lassen sich diese Fragen noch nicht beantworten, aber sie sind einer Antwort wert. Erst müssen die mutierten Gene einmal isoliert und die Position und die Struktur der darin eingebauten defekten *Spm*-Elemente erforscht werden; dann kann man auch hoffen, etwas über die genetischen Signale zu erfahren, nach denen die entwicklungsbiologischen Uhren gestellt werden.

Einige der Mutationen, welche die Funktion der intakten *Spm*-Elemente beeinträchtigen, sind den gerade beschriebenen Mutationen in den defekten Elementen ziemlich ähnlich. So beeinflussen auch sie die Häufigkeit und das zeitliche Auftreten der Transposition. Manchmal bringen sie das Element um die Fähigkeit, seine eigene Transposition oder die eines defekten Elements zu bewerkstelligen, lassen seine Suppressorfunktion aber unangetastet. Die vielleicht faszinierendsten Mutationen betreffen jedoch die Expression des intakten *Spm*-Elements selbst. In einem Fall scheint das mutierte *Spm*-Element während der Entwicklung wiederholt an- oder abgeschaltet zu werden, so daß es zwischen einem aktiven und einem inaktiven Zustand hin und her pendelt.

Das Verhalten dieses „pendelnden" *Spm*-Elements wird am deutlichsten in seinem Einfluß auf eine Mutation, die durch ein besonders defektes *Spm*-Element hervorgerufen wird – eines, das nicht einmal in Gegenwart eines intakten *Spm*-Elements springen kann, sondern nur noch auf dessen Suppressorfunktion anspricht (Bild 13). In Abwesenheit eines intakten *Spm*-Elements sind Maiskörner mit dieser Mutation kräftig pigmentiert. Ist dagegen ein normales, funktionsfähiges *Spm*-Element vorhanden, sind die Körner auf Grund der Suppressorfunktion dieses Elements farblos. Eine Sprenkelung tritt in keinem Fall auf, da das defekte *Spm*-Element im Gen festsitzt und nicht herausgeschnitten werden kann (was nötig wäre, damit die normale Gen-Funktion wiederhergestellt wird).

Tritt die „pendelnde" *Spm*-Variante an die Stelle eines normalen, intakten *Spm*-Elements, zeigen die Körner ein ganz charakteristisches Fleckmuster: Das farblose Aleuron enthält ziemlich große pigmentierte Bereiche, die ihrerseits wieder farblose Flecke einschließen (Korn *k* in Bild 3). Dieses Fleckmuster entsteht nicht durch die Transposition des defekten *Spm*-Elements, da dieses ja nicht mehr springen kann. Auslöser ist vielmehr das „pendelnde“ *Spm*-Element. Ist es angeschaltet, übt es seine Suppressorfunktion aus, und der entsprechende Bereich im Aleuron ist farblos. Bei abgeschaltetem *Spm*-Element dagegen wird der Suppressor nicht mehr synthetisiert. Das mutierte Gen funktioniert daher normal und erzeugt pigmentierte Bereiche. Das „pendelnde“ *Spm*-Element verstummt jedoch nur vorübergehend. Einige Zellteilungen später kann es wieder aktiv werden. Dann entstehen innerhalb der pigmentierten Flekken erneut kleinere farblose Bereiche.

Anstatt ständig innerhalb der ganzen Pflanze zwischen an und aus zu pendeln, werden andere nichtdefekte *Spm*-Elemente nur zu einem bestimmten Zeitpunkt im Entwicklungsprozeß oder in einem bestimmten Teil der Pflanze angeschaltet und zu einem anderen Zeitpunkt oder an einer anderen Stelle abgeschaltet. So ist ein Element vielleicht immer nur am oberen Ende eines Maiskorns auf „an“ gestellt – oder aber nur am unteren Ende. Andere Elemente sind möglicherweise zwar in den Maiskolben angeschaltet, die vom Hauptstamm der Pflanze ausgehen, nicht aber in denen, die an den Seitenzweigen sitzen.

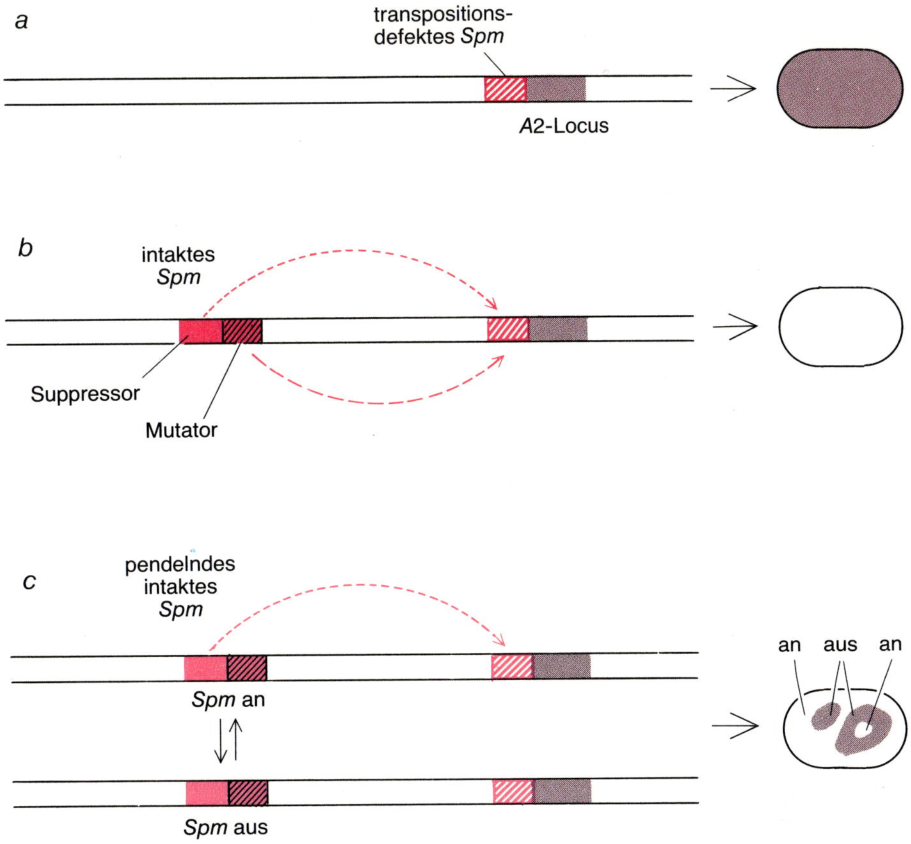

Bild 13: Es gibt intakte *Spm*-Elemente, die zwischen dem aktiven und inaktiven Zustand hin und her pendeln. Ihr Effekt wird deutlich, wenn das defekte *Spm*, das an einem Locus für ein Pigment-Enzym sitzt, so defekt ist, daß es nicht einmal mehr in Gegenwart eines intakten *Spm* springen kann, sondern nur noch auf dessen Suppressorfunktion anspricht. In Abwesenheit eines voll funktionstüchtigen *Spm*-Elements hat das transpositionsdefekte *Spm*-Element wenig Einfluß auf die Pigmentierung (*a*). Ist ein normales *Spm*-Element vorhanden (*b*), inaktiviert seine Suppressorfunktion das Gen; aber seine Mutatorfunktion bleibt ohne Wirkung, weil das transpositionsdefekte *Spm*-Element nicht verrückt werden kann. Das resultierende Maiskorn ist völlig farblos. Bei einem „pendelnden“ *Spm*-Element (*c*) ist die Suppressorfunktion abwechselnd an- und abgeschaltet, so daß pigmentierte Sektoren entstehen (*Spm* abgeschaltet), in denen kleinere farblose Bereiche liegen (*Spm* angeschaltet).

Entwicklung und Evolution

Die Allgegenwart transponierbarer Elemente und die wachsende Einsicht, daß sie hauptverantwortlich für genetische Instabilitäten sind, zwingen zum Nachdenken über ihre Bedeutung in der genetischen Choreographie des Entwicklungsprozesses und über ihre Rolle bei den langfristigen Veränderungen während der Evolution. McClintock nannte die von ihr untersuchten Elemente beim Mais Kontrollelemente. Sie tat das, weil sie erkannte, daß diese Elemente in gewissem Sinn die Gen-Expression reversibel unterdrücken und daß das genetisch bestimmte Muster, nach dem sie in somatischen Zellen (Nicht-Keimzellen) aus dem Genom herausgeschnitten werden, für ein höchst charakteristisches Muster der Gen-Expression im Organismus als ganzem verantwortlich ist. Zudem können diese Elemente in Wechselwirkung mit den Genen viele verschiedenartige Muster der Gen-Expression hervorrufen. Von daher schien es McClintock, daß die Kontrollelemente vielleicht Beispiele für fehlgeleitete normale Kontrollmechanismen sind.

Die Idee, daß transponierbare Elemente entscheidend an der Steuerung der Gen-Expression im Entwicklungsprozeß beteiligt sind, ließ sich nicht direkt experimentell untermauern. Dennoch ist inzwischen klar, daß eine Vielzahl von Genen – so jene, die bei höheren Tieren für die Synthese von Antikörpern verantwortlich sind – innerhalb des normalen Entwicklungsprogramms tatsächlich umgebaut werden.

Ferner sind Muster der Gen-Expression, wie sie beim Mais auftreten, auch bei anderen Pflanzen und Tieren weit verbreitet. Es ist vielleicht nicht unbillig zu vermuten, daß die ihnen zugrundeliegenden genetischen Mechanismen denen ähneln, die beim Mais gefunden wurden.

In der Evolution könnten transponierbare Elemente noch von viel größerer Bedeutung sein. Zwar läßt sich über ihre Rolle in diesem Zusammenhang nur spekulieren; doch auf Grund ihrer Eigenschaften scheinen sie geradezu als Werkzeug der Evolution prädestiniert zu sein – können sie doch nicht nur die Expression, sondern auch die Struktur von Genen, ja selbst des ganzen Genoms verändern. Vom Mais und anderen Organismen ist bekannt, daß transponierbare genetische Elemente aktiviert werden, wenn das Erbgut unter Streß steht und Chromosomenbrüche auftreten. Wie das genau passiert, ist noch ein Rätsel; aber sind die Elemente einmal aktiviert, können sie vielerlei Mutationen und Chromosomenumlagerungen auslösen.

Es ist, als könnten transponierbare Elemente eine kleine Störung verstärken und gleichsam in ein genetisches Erdbeben verwandeln. Vielleicht sind solche Turbulenzen im Erbgut eine wichtige Quelle der genetischen Variabilität, die das Rohmaterial liefert, aus dem die natürliche Selektion das aussiebt, was für die Species nützlich ist.

Überdies mehren sich die Hinweise, daß transponierbare Elemente nicht nur Gene abschalten, sondern sie auch anschalten oder ihre Expression verstärken können. Und es gibt Grund zu der Vermutung, daß sie Gene noch auf subtilere Weise umprogrammieren können, indem sie Zeitpunkt und Ort der Aktivierung eines Gens im Organismus ändern. Das sind in der Tat Vorgänge, die so auch bei der Evolution der Organismen ablaufen.

Molekulare Grundlagen von Krebs

Harmlose zelleigene Gene können, irgendwie verändert und aktiviert, zu tödlichen Krebsgenen werden. Worin diese Veränderung genau besteht, wurde nun erstmals bei einem menschlichen Tumor festgestellt: eine einzige Mutation in einer einzigen Base eines einzigen Gens.

Von Robert A. Weinberg

Ein herausoperierter Tumor ist eine massive Ansammlung von Krebszellen, die letztlich alle auf eine einzige entartete Zelle zurückgehen. Diese eine „Gründerzelle" war einst völlig unauffällig, eine gesunde Zelle, die in ihrem angestammten Gewebe ganz normal arbeitete. Irgendwie jedoch geschah eine grundlegende Veränderung mit ihr. Sie begann darauf, sich zu teilen und weiter zu vermehren, aber jetzt aus eigenem Antrieb und nicht auf Befehl der äußeren Steuersignale, die normalerweise für ein geordnetes Zellwachstum sorgen. So hat diese eine Zelle schließlich die Abermilliarden entarteter Zellen in der Tumormasse hervorgebracht.

Das entscheidende Ereignis, das der Entwicklung eines Tumors vorausgeht, ist also in Veränderungen der Ausgangszelle zu suchen. Was bringt eine solche Zelle dazu, sich den üblichen Wachstumsbeschränkungen zu entziehen? Einige Antworten darauf begannen sich in den letzten Jahren abzuzeichnen. Denn in den Chromosomen von Tumorzellen wurden Krebsgene entdeckt. Diese Onkogene, wie sie auch häufig genannt werden, stehen als treibende Kraft hinter dem unkontrollierten Wachstum vieler Krebszellen. Sie sind es, die bei der Transformation, der Umwandlung einer normalen Zelle in eine Krebszelle, aktiviert werden. Und ist das erst einmal geschehen, so arbeiten sie unaufhörlich und steuern ihre Zelle in jene abnorme Verhaltensweise, die das Krebsstadium charakterisieren.

Krebszellen zeichnen sich durch viele verschiedene Merkmale aus. Unkontrolliertes Wachstum ist nur das auffälligste davon. Sehr häufig haben Krebszellen eine ganz andere Gestalt als ihre normalen Gegenstücke (Bild 1). Auch respektieren sie nicht mehr die territorialen Spielregeln, nach denen normale Zellen die Grenzen ihres spezifischen Gewebes nicht überschreiten. Viele von ihnen schleusen ungewöhnlich viele Zuckermoleküle ein. Denn sie nutzen besonders stark anaerobe Stoffwechselwege, energieliefernde Prozesse also, die ohne Sauerstoff auskommen, dafür aber weniger effizient sind. Krebszellen unterscheiden sich auch in ihrer äußeren Membran von normalen Zellen. So tragen sie spezielle Tumor-Antigene, die ihnen ganz charakteristische immunologische Eigenschaften verleihen.

Ein pleiotrober Wirkungsmechanismus?

Die Liste ließe sich noch weiterführen. In ihrer Länge zeigt sich die ganze Komplexität des Krebs-Phänotyps (das ist die Gesamtheit aller strukturellen und funktionellen Charakteristika, die eine Krebszelle ausmachen). Sie wirft zugleich eine Reihe wichtiger Fragen auf.

Welche dieser Charakteristika sind für das Krebsstadium wesentlich und welche nur nebensächlich? Angenommen, eine Krebszelle zeichne sich durch hundert verschiedene Merkmale aus. Wurde dann jedes für sich allein erworben – in einem jeweils einzelnen Schritt während der Karzinogenese, der Krebsentstehung? Durchläuft also eine solche Zelle einhundert verschiedene Stadien auf dem Weg zur Entartung, wobei jedes eine andere Veränderung signalisiert? Oder ist hier ein viel einfacherer, pleiotroper Mechanismus am Werk? Vielleicht wird nur ein einziges, zentral wirkendes genetisches Element eingeschaltet, das sich pleiotrop (polyphän) ausprägt, also gleichzeitig eine Vielzahl von Veränderungen im Phänotyp hervorbringen kann.

Glücklicherweise sprechen die Anzeichen für einfache Mechanismen. Ein erster Hinweis kam bereits vor rund 20 Jahren, und zwar aus Untersuchungen über verschiedene kleine Viren, die Desoxyribonucleinsäure (DNA) als Erbsubstanz besitzen und bei manchen Tierarten Krebs induzieren. Erstmals gelang es Marguerite Vogt und Renato Dulbecco damals am California Institute of Technology (MIT), normale kultivierte Zellen – quasi im Reagenzglas – mit solchen Viren in Tumorzellen zu verwandeln, zu transformieren (Bild 2, links).

Sie züchteten zunächst Fibroblasten (Bindegewebszellen) aus Hamsterembryonen in Kulturschalen und gaben Polyoma-Viren hinzu. In den infizierten Kulturen zeigten sich dann Foci, das heißt, Kolonien veränderter Zellen, die nicht wie normale Fibroblasten in einer einzelligen Schicht, sondern in Häufchen wild übereinanderwuchsen (Bild 1). Wurden diese veränderten Zellen jungen

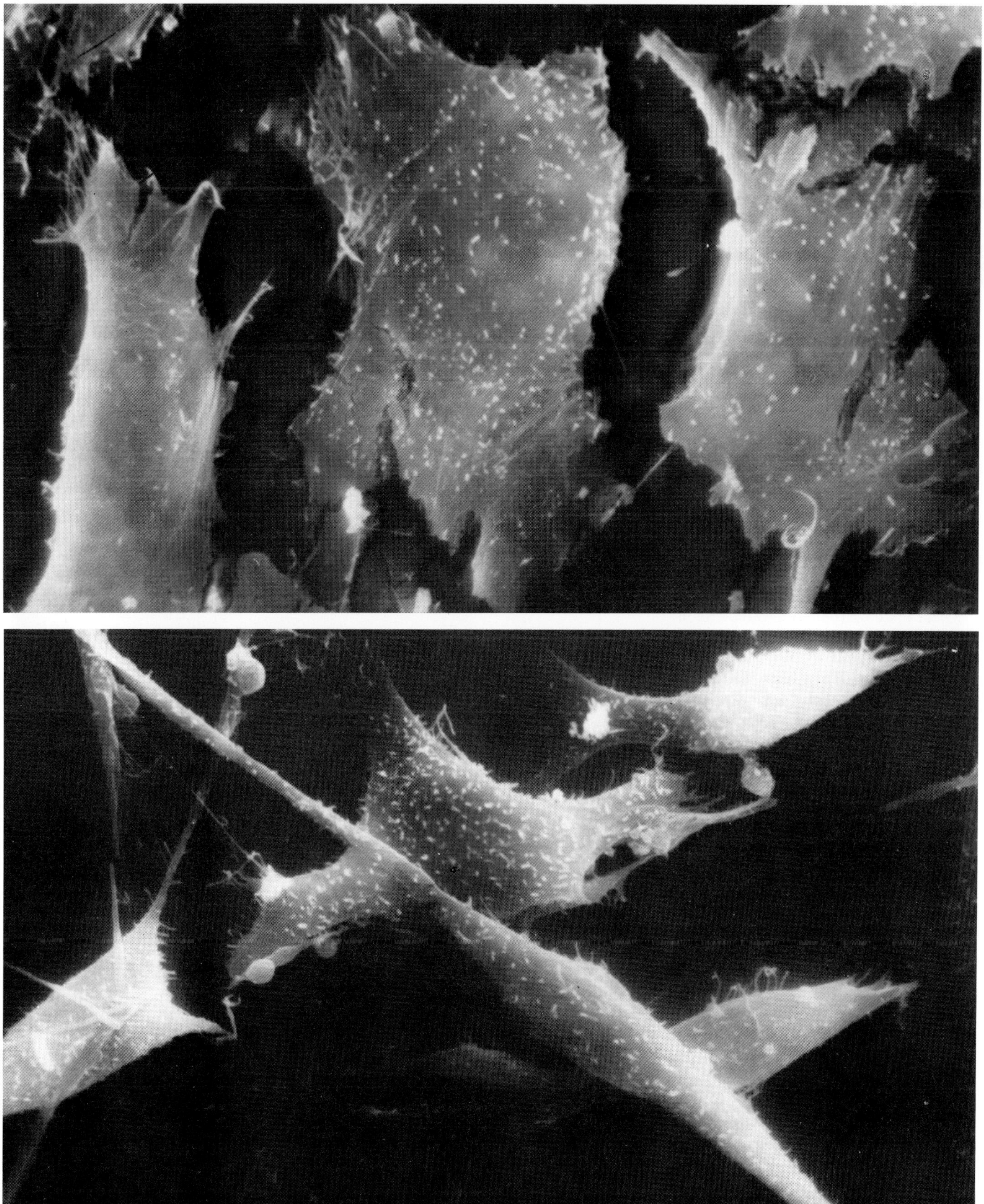

Bild 1: Die beiden rasterelektronenmikroskopischen Aufnahmen zeigen, wie ein Krebsgen normale Zellen (oben) in Tumorzellen (unten) verwandelt, also transformiert. Spender des Gens war eine menschliche Tumorzell-Linie mit der Bezeichnung *EJ*. Sie entstammt einem Blasenkarzinom. Aus einer Kultur dieser Zellen wurde die Desoxyribonucleinsäure (DNA) extrahiert und zu einer Kultur normaler Mäuse-Fibroblasten gegeben (oben). Die eingedrungene Tumor-DNA ließ Kolonien transformierter Zellen entstehen (unten). Anders als normale Zellen, die flach dem Untergrund anliegen und Abstand voneinander halten, runden sich transformierte Zellen ab, vermehren sich und wachsen übereinander hinweg. So bilden sich kleine Zellhaufen, sogenannte Foci. Für die Aufnahme wurden die Zellen mit Glutaraldehyd und einer Osmiumverbindung fixiert, entwässert, am kritischen Punkt getrocknet und mit einer hauchdünnen Gold/Palladium-Schicht bedampft. Beide Aufnahmen stammen von Erika A. Hartwieg und Jonathan A. King am Massachusetts Institute of Technology und zeigen die Zellen in etwa 2000facher Vergrößerung.

Ratten überimpft, so vermehrten sie sich und wuchsen zu Tumoren heran.

Tumorzellen ließen sich also durch Manipulation von normalen, in Kulturschalen wachsenden Zellen erzeugen – man konnte die Transformation normaler Zellen induzieren. Damit war die Induktion von Krebs nicht länger ein mysteriöser Vorgang, der nur in den unzugänglichen Geweben eines lebenden Tieres stattfindet.

Die viral transformierten Zellen wiesen viele der mit dem Krebs-Phänotyp einhergehenden Merkmale auf. Dulbecco und andere Wissenschaftler zeigten, daß die Transformation irgendwie durch virale Gene auf dem DNA-Molekül induziert wurde, das – verpackt im Inneren des Virus – bei der Infektion in die tierische Zelle gelangt. Ein solches Tumor-Virus schleust verschwindend wenig DNA ein: vielleicht ein Millionstel dessen, was in den zelleigenen Chromosomen steckt. Ein winziges Sortiment viraler Gene hatte also Dutzende von Veränderungen in Struktur und Verhalten der Zellen hervorgerufen. Damit war klar belegt, daß ein pleiotroper Wirkungsmechanismus bei der Transformation eine Rolle spielt.

Diese ersten Arbeiten führten schließlich zu einem weiteren Ergebnis, die molekulare Basis der Transformation betreffend. Wenn die viralen Gene den wachsenden Tumorzellen verloren gingen oder experimentell inaktiviert wurden, kehrten die Zellen in den Normalzustand zurück. Die viralen Gene waren damit nicht nur notwendig, um den Transformationsprozeß einzuleiten, sie mußten auch dauernd anwesend und aktiv sein, um den Krebs-Phänotyp der Zellen aufrechtzuerhalten.

Beweis einer genetischen Grundlage . . .

Bei diesem Stand der Forschungen hätte man nun analog schließen und erwägen können, daß ähnlich geartete Mechanismen auch in anderen, durch nichtvirale Agentien transformierten Krebszellen am Werk sind. Könnten nicht alle Tumorzellen eine kleine Anzahl von Genen beherbergen, die unaufhörlich aktiv sein müssen, um das komplexe Verhalten einer entarteten Zelle zustandezubringen?

Eine solche Überlegung schließt freilich ein, daß das Krebsgeschehen eine genetische Grundlage hat, daß also der krebsartige Zustand durch Gene und nicht durch andere, epigenetische regulatorische Systeme aufrechterhalten wird, die auf die Zelle einwirken.

Vor zwanzig Jahren jedoch war das noch längst nicht allgemein anerkannt, obwohl es schon lange andere Hinweise gab, daß Gene am Krebsgeschehen beteiligt sind. So hatte sich wissenschaftliches Material über nichtvirale Karzinogene angesammelt, über verschiedene Formen von Strahlung und chemische Agentien etwa, die Zellen transformieren können. Solche Karzinogene schleusen nun keine neue genetische Information in die Zellen ein, sie verändern vielmehr die vorhandene Information, also die Gene ihrer Zielzelle. Viele schädigen direkt die DNA und rufen dadurch Mutationen in den Genen hervor. Das legte wiederum nahe, daß Gene bei der Karzinogenese eine zentrale Rolle spielen.

Mehr als „nahelegen" ließ sich allerdings nicht dazu sagen, denn direkte Beweise fehlten. Was man brauchte, war ein Experiment, mit dem sich direkt zeigen ließ, daß in Krebszellen veränderte Gene vorhanden und für das entartete Verhalten verantwortlich waren. Dazu galt es, die hochkomplexe DNA einer Zelle und nicht nur die relativ einfache DNA eines Tumorvirus zu analysieren. Eine Anregung, wie das gelingen könnte, gab ein historisches Experiment, mit dem vor 39 Jahren erstmals die zentrale Rolle der DNA als Träger der genetischen Informationen bewiesen worden war (Bild 2, rechts).

Oswald T. Avery, Colin M. MacLeod und Maclyn McCarty hatten damals am Rockefeller Institute for Medical Research zwei Stämme von *Pneumococcus*-Bakterien untersucht. Nur einer konnte bei Mäusen eine tödlich verlaufende Lungenentzündung hervorrufen. Was unterschied die beiden Stämme, was war die molekulare Grundlage dafür? Die

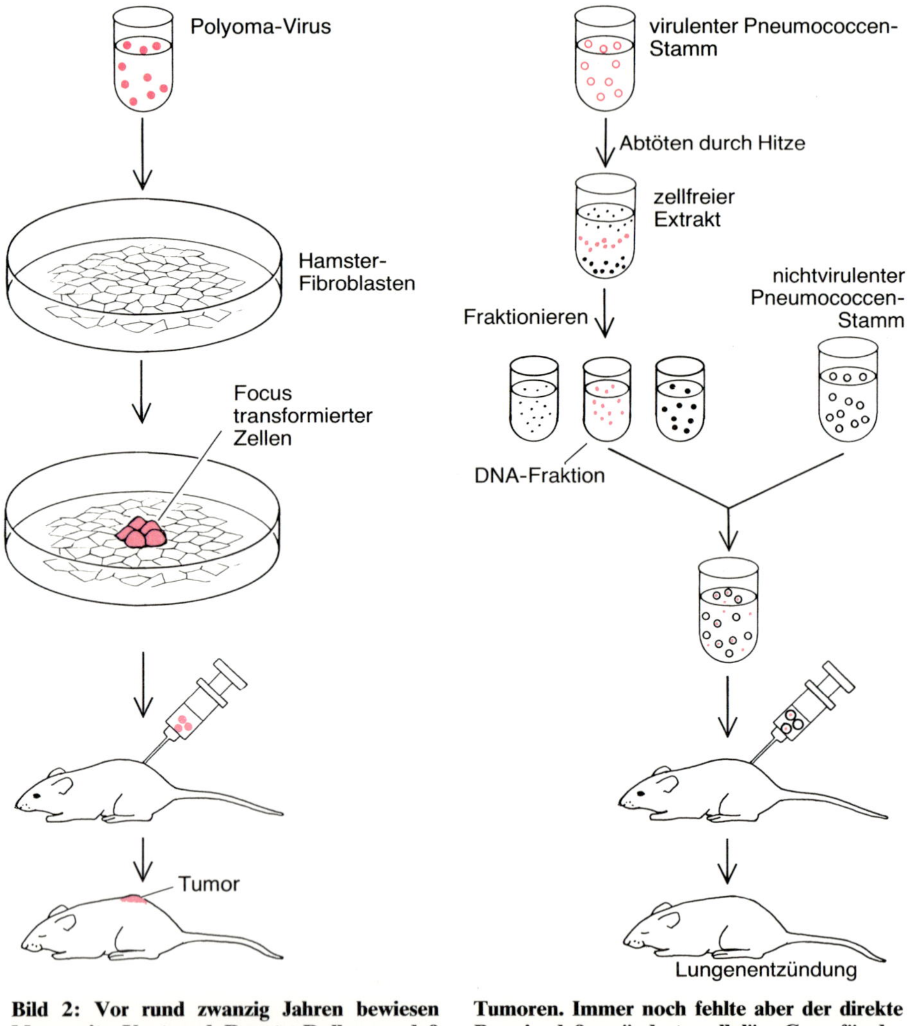

Bild 2: Vor rund zwanzig Jahren bewiesen Marguerite Vogt und Renato Dulbecco, daß sich normale Zellen mit der DNA von Tumorviren transformieren lassen (links). Sie behandelten Hamster-Fibroblasten mit Polyoma-Viren, die wie alle Viren nur einen kleinen Satz von Genen besitzen. Nur dieses kleine virale Genom gelangt in die Zellen. Es reichte aber aus, um Foci, also Kolonien transformierter Zellen hervorzubringen, die in vielen Eigenschaften verändert waren. Wurden diese transformierten Zellen Ratten injiziert, so wuchsen Tumoren. Immer noch fehlte aber der direkte Beweis, daß veränderte zelluläre Gene für das abartige Verhalten von Tumorzellen verantwortlich sind. Eine Strategie lieferte ein historisches Experiment, mit dem Oswald Avery und seine Kollegen 1944 die DNA als Träger der Erbinformation nachgewiesen hatten (rechts). Sie fraktionierten einen zellfreien Extrakt virulenter, also krankheitserregender *Pneumococcus*-Bakterien. Nur die DNA-haltige Fraktion konnte die Zellen eines nicht-virulenten Pneumococcen-Stammes in Krankheitserreger verwandeln.

Wissenschaftler fraktionierten einen Extrakt der virulenten, krankheitserregenden Bakterien und prüften, welche Fraktion die nichtvirulenten, harmlosen Bakterien in Krankheitserreger verwandeln konnte. So isolierten sie ein „transformierendes Prinzip“: Es war, wie sie schließlich nachwiesen, die DNA.

Die genetische Information für die virulenten Eigenschaften ließ sich also mit den DNA-Molekülen von einer Bakterienzelle auf die andere übertragen. Damit war gezeigt, daß die DNA die genetische Information für ein bestimmtes Merkmal trägt.

. . . durch DNA-Transfer

Vor fünf Jahren führte Chiaho Shih in meinem Labor am Massachusetts Institute of Technology eine im Prinzip ähnliche DNA-Übertragung durch. Er fragte sich, ob sich auch die Krebseigenschaften durch DNA-Moleküle von einer Säugerzelle auf die andere übertragen ließen. Eine Methode dafür hatten niederländische Wissenschaftler erst ein paar Jahre zuvor entwickelt. Sie isolierten die DNA-Moleküle der Spenderzellen und fällten sie zusammen mit Calciumphosphat aus, dessen Kristalle die DNA gewissermaßen einfangen und ihr den Eintritt in die Empfängerzellen erleichtern. Diese Kristalle werden dann auf einer Kultur solcher Zellen verteilt. Ist die DNA erst einmal eingedrungen, so wird sie in die DNA der Chromosomen eingebaut.

Shih extrahierte nun die DNA aus Tumorzellen, und zwar aus Mäuse-Fibroblasten, die durch Behandlung mit dem chemischen Karzinogen Methylcholanthren transformiert worden waren (Bild 3, links). Die isolierte DNA fällte er zusammen mit Calciumphosphat aus und verteilte sie auf Kulturen untransformierter Mäuse-Fibroblasten, sogenannter *NIH3T3*-Zellen. Zwei Wochen danach erschienen in den *NIH3T3*-Kulturen Foci transformierter Zellen. Im Mikroskop sahen sie ganz ähnlich aus wie die von Tumorviren induzierten Foci. Als die transformierten Zellen Mäusen injiziert wurden, bildeten sich Tumoren.

Die daraus zu ziehenden Schlüsse waren klar. Man hatte die genetische Information für die Tumoreigenschaften durch DNA-Moleküle von einer Zelle zur anderen übertragen. Die Ausprägung des Krebs-Phänotyps, zumindest ein Teil davon, ging direkt auf Erbinformationen in der DNA von chemisch transformierten Säugerzellen zurück. Die DNA normaler Zellen hatte bei einer gleichartigen Übertragung keine solche Wirkung. Folglich mußte sich die Spender-DNA aus den Tumorzellen in

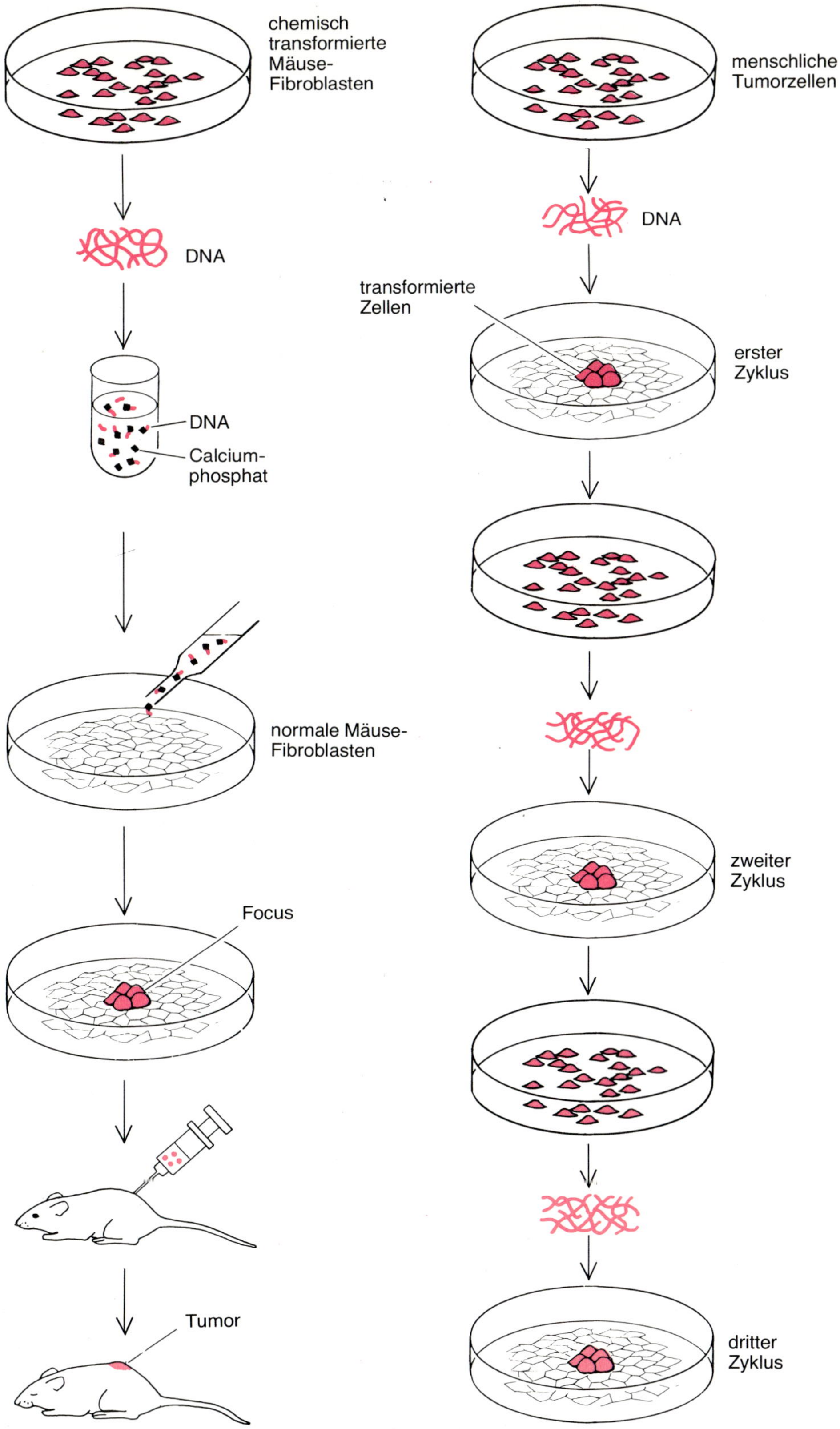

Bild 3: Ein DNA-Transfer-Experiment zeigte, daß die Erbsubstanz von Tumorzellen die Information für deren Entartungsmerkmale trägt. Ausgangspunkt waren Mäuse-Fibroblasten, die ein chemisches Karzinogen, nämlich Methylcholanthren transformiert hatte (links). Die DNA wurde extrahiert und zusammen mit Calciumphosphat ausgefällt, das ihr das Eindringen in normale Mäusezellen erleichtert. In damit „infizierten“ Zellkulturen (der Fachmann spricht von transfiziert) bildeten sich Foci, also Kolonien transformierter Zellen. In Mäuse injiziert, entwickelten sich aus den transformierten Zellen Tumoren. Die DNA menschlicher Tumorzellen konnte ebenfalls normale Mäusezellen transformieren (rechts), und das selbst nach mehreren Übertragungszyklen. Dazu wurden die transformierten Mäusezellen in größeren Mengen kultiviert. Die daraus extrahierte DNA diente dann erneut dazu, normale Mäusezellen zu transformieren. Das Ganze ließ sich ein drittes und sogar ein viertes Mal wiederholen. Da lange DNA-Stücke das wiederholte Extrahieren und Ausfällen nicht überleben, mußte die transformierende Information in einem kleinen DNA-Abschnitt lokalisiert sein.

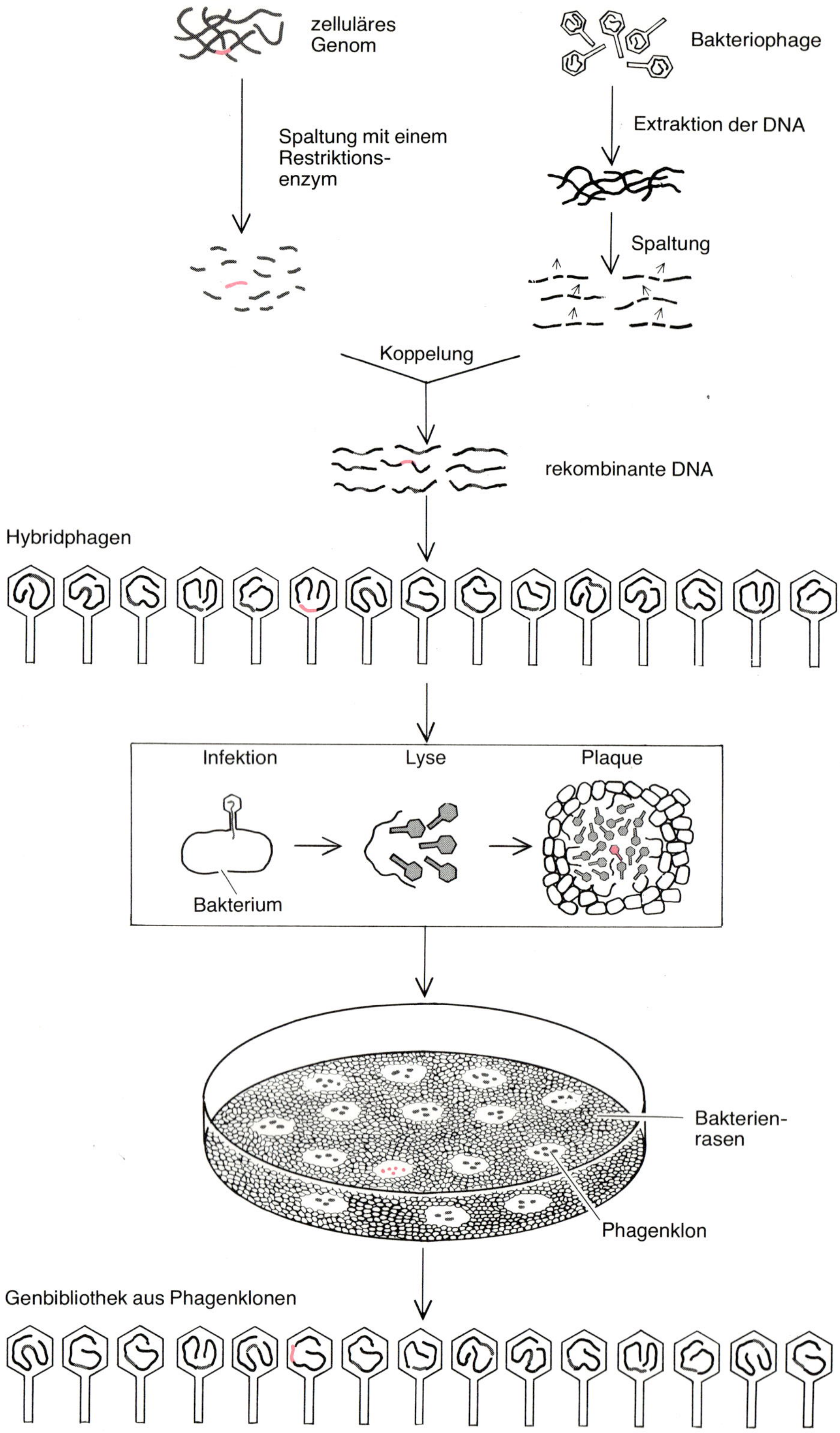

Bild 4: Eine sogenannte Genbibliothek läßt sich anlegen, indem man Gene in einem Virus, hier dem Bakteriophagen Lambda, kloniert. Zuerst wird die zu klonierende zelluläre DNA ebenso wie die Phagen-DNA mit einem Restriktionsenzym, einer Restriktionsendonuclease, zerlegt. Ein nicht lebensnotwendiger Abschnitt wird ausgesondert und der Rest durch das Enzym DNA-Ligase mit einem zellulären DNA-Fragment verbunden. Diese neukombinierte, rekombinante DNA wird dann in die Proteinhülle des Bakteriophagen Lambda verpackt. Wenn ein solcher Hybridphage seinen Wirt, das Bakterium *Escherichia coli*, infiziert, vermehrt er sich und läßt seine Wirtszelle schließlich platzen. Die freiwerdenden neugebildeten Phagen infizieren benachbarte Zellen und töten sie ebenfalls. Dadurch entsteht schließlich ein Loch, ein Plaque, im Rasen der Bakterienkultur. In ihm sitzt ein einziger Klon von Phagen: die Nachkommenschaft des ersten infizierenden Phagens. Werden verschiedene Hybridphagen auf diese Weise vermehrt, so liefert jeder einen Klon mit einem anderen Stück an eingebauter zellulärer DNA. Das Problem besteht nun darin, den Klon zu identifizieren, der ein bestimmtes zelluläres Gen trägt (farbig). Gewöhnlich prüft man dazu die Klone mit DNA oder RNA, die mit dem gewünschten Gen verwandt ist. Bei der Suche nach der transformierenden DNA standen allerdings solche DNA- oder RNA-Sonden nicht zur Verfügung.

gewissen Sequenzen von der DNA normaler Zellen unterscheiden. Ursache dafür waren, so vermuteten wir, Mutationen in der Spender-DNA, ausgelöst durch die Behandlung mit Methylcholanthren.

Die Allgemeingültigkeit dieser ersten Beobachtungen war noch zweifelhaft, denn Shih hatte die Spender-DNA aus chemisch transformierten Mäuse-Fibroblasten isoliert und in untransformierte Zellen desselben Typs eingeschleust. Möglicherweise war die von uns beobachtete Transformation durch DNA-Transfer nur für Spender- und Empfängerzellen eben dieses Typs charakteristisch und funktionierte bei anderen Zelltypen nicht. Das war jedoch nicht der Fall. Einige Wissenschaftler aus meinen und mehreren anderen Labors wiederholten das ursprüngliche Experiment mit den DNAs aus einer Vielzahl verschiedener Tumorzellen und beobachteten die gleiche transformierende Aktivität. Zu den menschlichen Tumoren, deren DNA als Spender diente, zählten Blasen-, Darm- und Lungenkarzinome (bösartige Geschwülste aus Epithelzellen), Fibrosarkome (Bindegewebstumoren), Neuroblastome (Geschwülste aus unreifen Nervenzellen) und sogar Leukämiezellen.

Offenbar mußten die Zellen all dieser spontan auftretenden menschlichen Tumoren und die chemisch transformierten Mäuse-Fibroblasten ein gemeinsames, sie verbindendes Merkmal haben; denn ihre DNAs besaßen, wenn sie übertragen wurden, die gleiche Wirkung. Mehr noch, da die DNA eines menschlichen Darmkarzinoms Mäuse-Fibroblasten transformieren konnte, war klar, daß die transformierenden Sequenzen der Tumor-DNA auch in Zellen zu arbeiten vermochten, die sowohl einer anderen Tierart als auch einem anderen Gewebetyp entstammten.

Und nicht zuletzt schien die eingeschleuste transformierende DNA pleiotrop zu wirken, denn die von ihr transformierten Zellen wiesen eine ganze Anzahl der für Tumorzellen charakteristischen Eigenschaften auf. Damit war gezeigt, daß eine begrenzte Menge genetischer Information mehrere verschiedene Reaktionen in den Empfängerzellen auslösen kann – genau wie die DNA des Polyoma-Virus.

Die Charakterisierung des transformierenden Prinzips

Die DNA-Transfer-Experimente waren aufschlußreich. Doch hingen weitere Fortschritte davon ab, ob es gelänge, die für die Transformation verantwortliche spezifische Sequenz (oder Sequenzen)

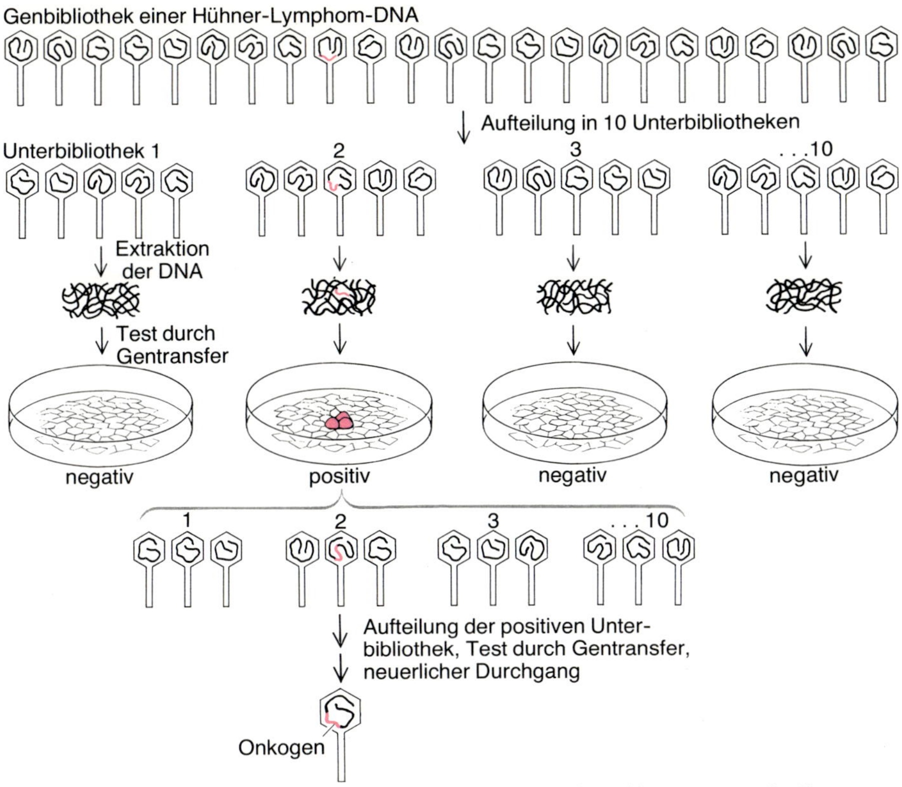

Bild 5: Die Arbeitsgruppe von Geoffrey M. Cooper nutzte ein bestimmtes Suchschema, um die transformierende DNA zu isolieren. Sie legte zunächst, wie in Bild 4 beschrieben, eine Genbibliothek aus rund 200 000 Phagenklonen an; die zellulären DNA-Stücke darin stammten aus Hühner-Lymphonzellen. Diese Bibliothek wurde in zehn Unterbibliotheken aufgeteilt und die DNA daraus in Transfer-Experimenten auf ihre transformierende Aktivität geprüft. Fiel das Ergebnis positiv aus, so wurde die entsprechende Unterbibliothek, die zwangsläufig die interessierende DNA enthalten mußte, erneut in zehn Unterbibliotheken aufgeteilt und geprüft. Dieses exponentiell einengende Suchverfahren wurde so lange wiederholt, bis schließlich ein einziger Phagenklon mit transformierender Aktivität übrigblieb. Aus diesem Phagen ließ sich dann das transformierende Gen, das Onkogen des Hühnerlymphoms, isolieren.

exakt herauszufinden und zu bestimmen. Bis dahin waren nicht einmal die grundlegenden Eigenschaften des „transformierenden Prinzips" in der Tumor-DNA bekannt. Ließ sich dieses Prinzip nur einem einzigen Abschnitt der DNA zuordnen oder mehreren unabhängigen genetischen Elementen, deren Zusammenwirken erst eine Zelle transformiert? Wenn es tatsächlich nur einen einzigen aktiven Abschnitt gibt, dann würde das die Existenz eines einzigen Gens nahelegen, das wie alle anderen klar abgegrenzten Gene im Genom, dem kompletten Gensatz der Zelle, funktioniert.

Ein Experiment hatte bereits darauf hingedeutet, daß das transformierende Prinzip in einem einzigen DNA-Abschnitt steckt. Die in Mäuse-Fibroblasten eingeschleuste Tumor-DNA erzeugt, wie erwähnt, mehrere Foci. Die Zellen einer solchen transformierten Kolonie wurden isoliert und durch weitere Kulturen vermehrt (Bild 3, rechts). Wurde die daraus extrahierte DNA erneut normalen Mäuse-Fibroblasten übertragen, so traten wiederum Kolonien transformierter Zellen auf. Die ganze Prozedur ließ sich noch ein drittes und sogar ein viertes Mal wiederholen – ein Hinweis, daß das transformierende Prinzip, gleich welcher Natur es war, in einem einzigen DNA-Abschnitt saß. Denn ein kürzeres DNA-Stück hatte bessere Chancen, mehrere Übertragungszyklen unbeschadet zu überleben. Durch die wiederholten Extraktionen und begleitenden Manipulationen zerfallen nämlich die langen zellulären DNA-Stränge in Tausende von Bruchstücken. Und nur von einigen war überhaupt zu erwarten, daß sie in irgendeine Mäusezelle eindringen. Würde die transformierende Aktivität auf dem Zusammenwirken mehrerer ungekoppelter Elemente beruhen, so wäre sie sicherlich während der wiederholten Übertragungen verlorengegangen. Die miteinander agierenden Partner hätten sich dabei voneinander getrennt.

Das Problem war daher, diesen transformierenden DNA-Abschnitt zu finden und zu untersuchen. Das weitere Vorgehen ergab sich zwangsläufig aus dem Aufbau der DNA, der Doppelhelix. Sie ist ein doppelsträngiges Molekül aus aneinandergereihten Nucleotiden, die sich paarweise gegenüberstehen. Jedes Nucleotid zeichnet sich durch eine chemische Gruppe, eine Nucleotid-Base aus: Adenin (A), Guanin (G), Thymin (T) oder Cytosin (C). In der Abfolge dieser vier „Buchstaben" im Strang ist die genetische Botschaft niedergeschrieben. Sie kommt zum Ausdruck, zur Expression, wenn einer der DNA-Stränge in ein Molekül Ribonucleinsäure (RNA) abgeschrieben und in ein Protein, eine Kette von Aminosäuren, übersetzt wird. Man bezeichnet die beiden Vorgänge als Transkription und Translation.

Wenn die DNA der Tumorzellen tatsächlich mutiert war, mußte sie sich in ihrer Basensequenz von der DNA normaler Fibroblasten unterscheiden. Nun umfaßt aber das zelluläre Genom rund 6 Milliarden Basenpaare, und seine einzelnen Gene sind durchschnittlich zwischen 5000 und 10 000 Basenpaare lang. Die Schwierigkeit bestand darin, ein einziges genetisches Element – das mit der transformierenden Information – aus einer runden Million anderer DNA-Abschnitte einer Zelle herauszufischen.

Die neuartigen Methoden der Genklonierung machten es möglich. Mit ihnen läßt sich dem zellulären Genom ein einziges genetisches Element entnehmen und beispielsweise in Bakterien vermehren, bis Abertausende identischer Kopien vorliegen. Dies gibt dem Wissenschaftler ein „reines" Gen in die Hand, befreit aus dem ungeheuer komplexen Dickicht seiner normalen genetischen Umgebung.

Die Klonierungsmethoden unterscheiden sich in der Wahl der „Vehikels", mit dem die zu vermehrende DNA in Zellen eingeschleust wird. Einmal nutzt man bakterielle Plasmide, kleine ringförmige DNA-Moleküle außerhalb des eigentlichen Bakterienchromosoms, und zum anderen Bakteriophagen, also Viren, die Bakterien befallen. Die Strategie ist aber die gleiche. Die zelluläre DNA wird in ein paar Hunderttausend Teilstücke zerlegt und jedes dann in das Genom eines Vektors eingebaut. Häufig benutzt man dazu das kleine DNA-Genom des Bakteriophagen Lambda, der das Bakterium *Escherichia coli* infiziert (Bild 4). Jeder der so entstandenen Hybridphagen, und das sind abertausende verschiedene, trägt neben ein paar eigenen Genen ein einziges zelluläres DNA-Fragment. Die gesamte Kollektion bezeichnet man auch als Genbibliothek, weil sie die volle genetische Information des zellulären Genoms in sich vereint. Jeder Teil des ursprünglichen Zellgenoms sollte in einem oder mehreren Hybridphagen dieser Bibliothek vorhanden sein.

Jeder dieser Phagen läßt sich in seinem Wirt, dem Bakterium *Escherichia coli*, vermehren. Dazu bringt man die ganze Kollektion in solcher Verdünnug auf dem Bakterienrasen von Kulturschalen

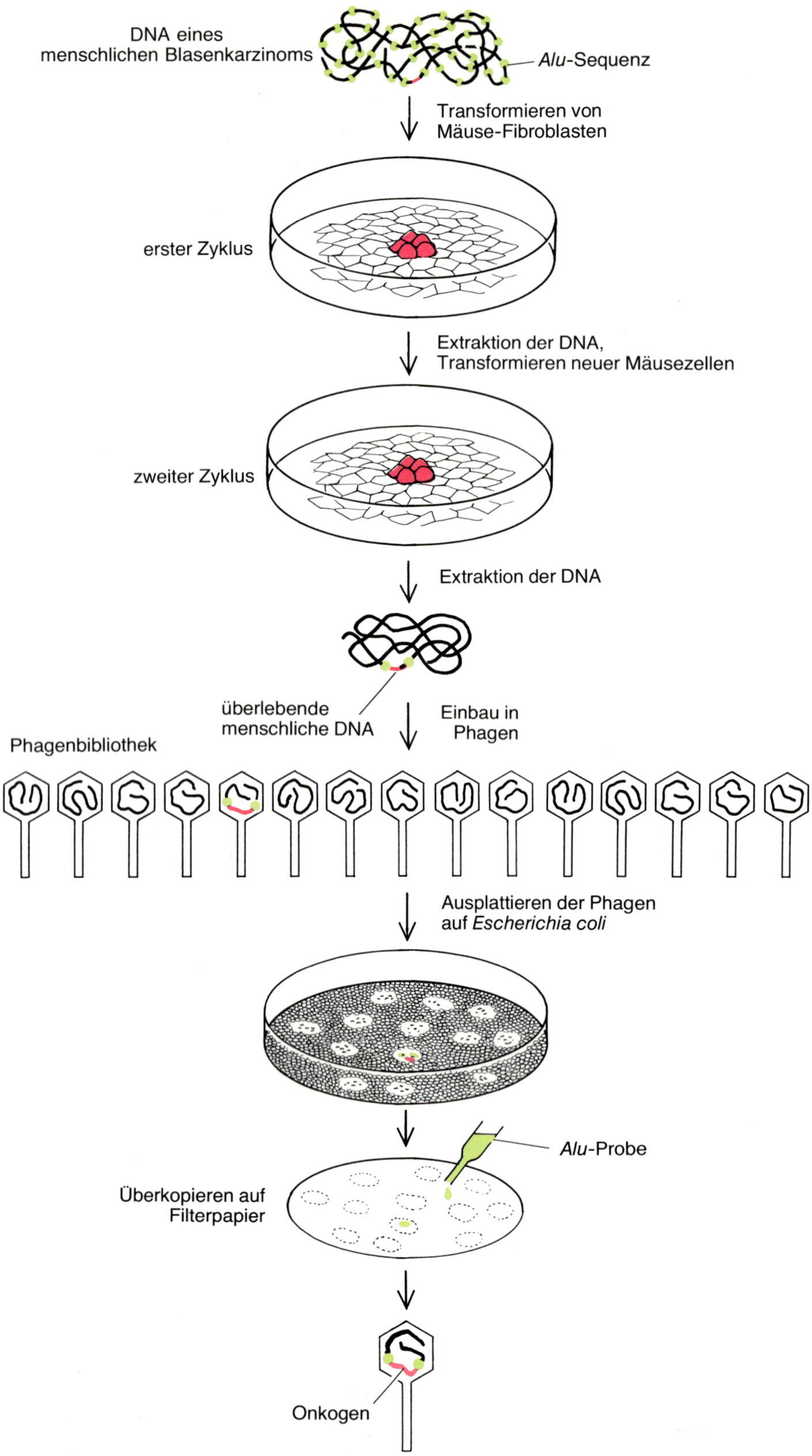

Bild 6: Chiaho Shih am Labor des Autors nutzte eine Sonde für menschliche DNA, um das transformierende Gen eines menschlichen Blasenkarzinoms zu finden. Diese Sonde erkennt spezielle kurze DNA-Sequenzen. Diese sogenannten *Alu*-Sequenzen (grün) sind für das menschliche Genom charakteristisch und ziemlich gleichmäßig darüber verteilt. Mit der Tumor-DNA wurden nun Mäuse-Zellen transformiert, und zwar in zwei Zyklen. Die DNA der sekundär transformierten Mäuse-Zellen konnte nur noch ein kurzes Stück menschlicher DNA enthalten: das mit der transformierenden Aktivität (rot). Eine davon angelegte Phagenbibliothek (Bild 4) wurde auf Kulturplatten mit *Escherichia coli* verteilt. Die entstandenen Plaques wurden auf darübergelegtes Filterpapier „kopiert", das heißt, ein Teil der Phagen übertragen. Die DNA darin wurde dann mit radioaktiv markierten *Alu*-Sequenzen geprüft. Mit Hilfe der Autoradiographie ließ sich erkennen, welche DNA mit dieser radioaktiven Sonde hybridisiert. Der Phagenklon aus dem zugehörigen Plaque wurde dann, wie in Bild 5 beschrieben, auf transformierende Aktivität geprüft. Seine DNA enthielt das Onkogen des Blasenkarzinoms.

aus, daß nur wenige Zellen – und dann höchstens von einem einzigen Phagen – infiziert werden. Der Phage vervielfältigt sich darin. Seine Nachkommenschaft sprengt die Wirtszelle und befällt wiederum angrenzende Zellen – ein Prozeß, der innerhalb weniger Stunden in Tausenden von Phagen-Nachkommen gipfelt. Alle sitzen in einem einzigen Plaque, dem kleinen Loch, das die abgetöteten Zellen im Bakterienrasen hinterlassen haben. Die Phagen darin bilden einen Klon, da sie alle von einem einzigen Vorfahren abstammen. Aus einem solchen Klon läßt sich die eingebaute zelluläre DNA in Tausenden von Kopien isolieren, das heißt, ein Klon des DNA-Stückes gewinnen.

Durchmusterung der Phagen-Bibliothek

Hauptproblem bei einem solchen Klonierungsexperiment ist, die wenigen Phagenklone einer Bibliothek zu identifizieren, die den interessierenden DNA-Abschnitt tragen. Am bequemsten geht das mit einer Sonde: einem einzelsträngigen DNA-Abschnitt, dessen Nucleotidsequenz eng mit der des gesuchten Gens verwandt ist. Da er praktisch genauso aussieht wie einer der beiden DNA-Stränge des Gens, kann er sich wie dieser mit dem anderen dazu komplementären Strang paaren. Die Sonde wird also gezielt mit Einzelsträngen der gesuchten DNA hybridisieren.

Gibt man nun eine radioaktiv markierte DNA-Sonde zu den Phagenplaques, so läßt sich der richtige darunter exakt lokalisieren, und zwar mit Hilfe der Autoradiographie. Dazu legt man einen Röntgenfilm auf und sieht nach, wo er sich durch Strahlung schwärzt.

Die transformierenden DNA-Sequenzen ließen sich allerdings nicht mit dieser Standardmethode identifizieren, da eine sequenzspezifische DNA-Sonde fehlte. Die DNA, nach der wir suchten, war nur aufgrund ihrer biologischen Aktivität zu erkennen, also ihrer Fähigkeit, Zellen zu transformieren. Die Identifizierung verlangte daher nach neuen Techniken.

An die Klonierung der transformierenden Sequenzen gingen gleich drei verschiedene Forscherteams heran, jedes mit einer anderen Strategie. Die eine Gruppe – ihr Leiter war Geoffrey M. Cooper vom Dana-Farber Cancer Institute, das mit der Harvard Medical School assoziiert ist – versuchte es einfach ohne Sonde. Sie wählte die DNA aus Zellen eines Hühnerlymphoms, von denen aus DNA-Transfer-Experimenten bekannt war, daß sie eine transformierende Sequenz enthielten (Bild 5). Daraus wurde eine Genbibliothek mit mehreren Hunderttausend Hybridphagen konstruiert und in zehn Unterbibliotheken aufgeteilt. Die DNA einer jeden Unterbibliothek wurde dann im Transfer-Experiment auf ihre Fähigkeit geprüft, Mäuse-Fibroblasten zu transformieren. Fiel der Befund positiv aus, wurde die entsprechende Unterbibliothek nochmals in zehn Unterbibliotheken unterteilt und jede auf die gleiche Weise geprüft. Dieses exponentiell einengende Suchverfahren führte schließlich zu einem einzigen Phagenklon mit starker transformierender Aktivität. Damit war die transformierende DNA gefunden.

Einen anderen Weg schlug Chiaho Shih in meinem Labor ein. Er ging von der DNA eines menschlichen Blasenkarzinoms aus und transformierte damit Mäusezellen (Bild 6). Mit der DNA der verwandelten Zellen transformierte er nochmals Mäusezellen. Die Genbibliothek wurde dann aus dem Genom solcher sekundär transformierten Zellen konstruiert, die nur noch einen winzigen Anteil menschlicher DNA enthielten – den mit der transformierenden Aktivität. Die übrigen Abschnitte menschlicher DNA waren während der beiden Transformationszyklen ausgesondert worden, weil das Verfahren nur DNA mit transformierender Aktivität selektionierte. Shih spürte dann das winzige Stück mit einer speziellen Sonde auf, die nur menschliche DNA erkennt, das heißt, er benutzte eine Sonde für die sogenannten *Alu*-Sequenzen. Diese kommen allein in menschlicher DNA vor, und zwar über das gesamte Genom verstreut. Als Shih damit seine Bibliothek durchmusterte, konnte er einen Phagenklon mit menschlicher DNA identifizieren. Beim Gentransfer zeigte sich, daß diese menschliche DNA, wie erhofft, die gesuchte transformierende Aktivität besaß.

Michael Wiglers Arbeitsgruppe am Cold Spring Harbor Laboratory ging ebenfalls von der Blasenkarzinom-DNA aus (Bild 7). An die einzelnen Teilstücke koppelten die Wissenschaftler als Erkennungszeichen, als Marker, ein bakterielles Gen. Wiederholter Gentransfer in Mäusezellen lieferte eine Mäuse-DNA, die nur die transformierende menschliche DNA samt dem eng benachbarten bakteriellen Marker-Gen enthielt. Als nächstes legte die Gruppe eine Genbibliothek an, wobei die Mäuse-DNA in spezielle genetisch defekte Phagen eingebaut wurde. Hier waren Sequenzen geschädigt, die für mehrere Phagenproteine codieren. Das bakterielle Marker-Gen kompensierte diese genetischen Defekte, und deshalb konnten sich damit ausgestattete Phagen, anders als ihre verkrüppelten Gegenstücke, gut in Bakterien vermehren. Unter den wenigen lebensfähigen, sich vermehrenden Phagen

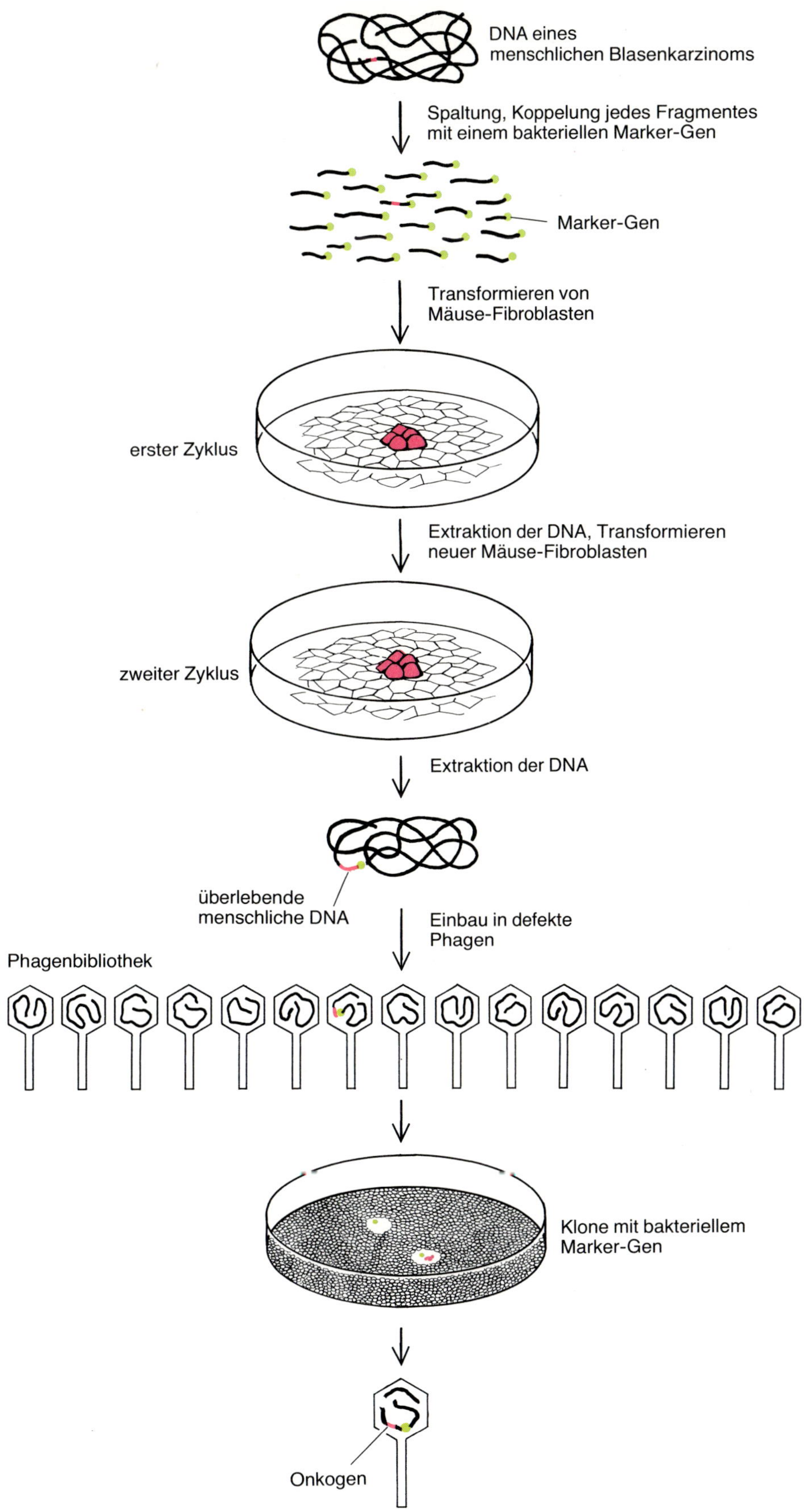

Bild 7: Die Arbeitsgruppe von Michael Wigler verwendete ein bakterielles Marker-Gen als Sonde. Sie zerlegte die Blasenkarzinom-DNA in einzelne Fragmente und verband jedes mit einer Kopie des Marker-Gens (grün). Ein zweifacher Transfer lieferte eine Mäuse-DNA, in der bis auf das transformierende Gen (rot) mit seinen benachbarten bakteriellen Marker keine menschliche DNA mehr vorhanden war. Nun wurde von der fragmentierten Mäuse-DNA eine Genbibliothek angelegt, und zwar in genetisch defekten Phagen, deren Vermehrung gestört war. Da das gewählte bakterielle Gen diesen Defekt kompensierte, konnten die damit ausgerüsteten Phagen auf *Escherichia coli* gut wachsen. Einige dieser Klone enthielten dann auch die mit dem Marker gekoppelte menschliche DNA aus dem Blasenkarzinom.

gab es tatsächlich einige, die auch den schwer faßbaren transformierenden DNA-Abschnitt enthielten.

Daß drei Laboratorien mit drei verschiedenen Techniken erfolgreich transformierende DNA isoliert hatten, bewies, daß die transformierende Aktivität direkt bestimmten DNA-Abschnitten zuzuordnen ist. Man brauchte nun nicht mehr nur vage von „tranformierenden Prinzipien" zu sprechen. Alle drei Klonierungsmethoden hatten jeweils einen einzigen DNA-Abschnitt mit einem einzigen Gen erbracht, dessen Sequenz sich bestimmen ließ.

Onkogene

Diese klonierten Gene waren biologisch hochaktiv. So hatten zwei Mikrogramm der ursprünglichen Blasenkarzinom-DNA durchschnittlich nur eine Zelle transformiert, also nur einen Focus ergeben. Eine vergleichbare Menge des klonierten transformierenden Gens hingegen brachte es auf 50 000 solcher Foci. Die transformierende Aktivität, bisher der Tumor-DNA als ganzes zugeschrieben, ließ sich nun einem einzelnen Gen zuordnen. Es war ein Onkogen: ein Krebsgen.

Welcher Herkunft ist aber ein menschliches Onkogen? Die Antwort fanden drei Laboratorien: Wiglers, meines und das von Mariano Barbacid am National Cancer Institute. Für die Untersuchung wurde das menschliche Blasenkarzinom-Onkogen benutzt, das, wie beschrieben, aus einer Zellinie mit der wahlweisen Bezeichnung *EJ* oder *T24* isoliert worden war. Als Sonde zur Durchmusterung des normalen menschlichen Genoms eingesetzt, hybridisierte es bereitwillig mit einer bestimmten DNA-Sequenz darin.

Die Festigkeit der Bindung ließ auf eine enge Verwandtschaft zwischen dem Onkogen und dem normalen Gen schließen. Beide erwiesen sich als gleich lang und nahezu identisch. Natürlich konnten sie nicht absolut identisch, gewissermaßen eineiige Zwillinge, sein, denn Klone des *EJ*-Onkogens transformierten Zellen, Klone des verwandten normalen Gens taten es nicht. Vielmehr mußte das Onkogen eine leicht veränderte Version des normalen Gens sein. Ein solch normaler Vorläufer wird häufig als Proto-Onkogen bezeichnet.

Der Vorläufer des *EJ*-Onkogens ist nicht das einzige Proto-Onkogen in der menschlichen DNA. Bis heute konnte man drei weitere aktive Onkogene aus menschlichen Tumoren auf entsprechende Proto-Onkogene zurückführen. Warum aber bleiben im menschlichen Genom Gene erhalten, die geringfügig abgewandelt zu transformierenden, tumorerzeugenden Agentien werden können? Warum sollte ein Organismus den Keim der Vernichtung in sich tragen?

Noch kennt man nicht alle Antworten, doch eines ist klar: Die Proto-Onkogene wären nicht im Genom erhalten geblieben, wenn ihnen nicht irgendeine lebenswichtige Rolle im normalen Zellstoffwechsel zukäme. Wie gut sie „behütet" wurden, zeigt sich daran, daß Verwandte menschlicher Proto-Onkogene auch in der DNA verschiedener anderer Säuger, in Hühnern und selbst in der Taufliege *Drosophila* zu finden sind. Die Urahnen des menschlichen Proto-Onkogens mußten sich daher bereits entwickelt haben, als erst ein gemeinsamer Vorfahre von Menschen und Fliegen existierte, also vor mehr als 600 Millionen Jahren.

Proto-Onkogene hätten niemals so lange fast unverändert überdauert, wenn sie nicht damals wie heute unentbehrlich wären. Welche genaue Rolle diese Gene im normalen Stoffwechsel spielen, ist noch unbekannt. Doch gibt es einige Hinweise, daß sie etwas mit der Kontrolle der Zellproliferation zu tun haben. Ich werde später mehr dazu sagen.

Virale Onkogene

Mit den Gentransfer-Experimenten wurde eine neue Klasse von Onkogenen und Proto-Onkogenen erfaßt. Eine andere Klasse war schon früher durch Arbeiten über Retroviren entdeckt worden. Viren dieser Gruppe rufen bei einigen Tieren Krebs hervor. Ihr genetisches Material besteht nicht aus DNA, sondern aus RNA. Sie wird in DNA zurücktranskribiert, wenn das Virus eine Zelle infiziert.

Verantwortlich für die Induktion von Krebs ist dabei ein einziges Gen: ein virales Onkogen. J. Michael Bishop und Harold E. Varmus konnten gemeinsam mit ihren Kollegen an der Medizinischen

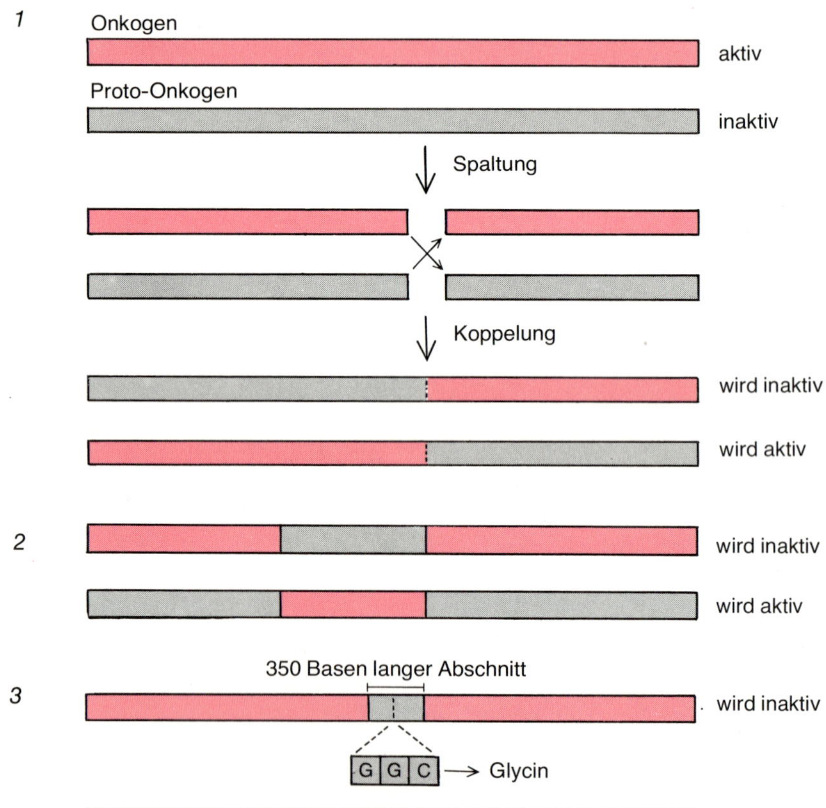

Bild 8: Das aktive Onkogen aus dem *EJ*-Blasenkarzinom war, wie eine Analyse zeigte, durch Punktmutation aus einem inaktiven Proto-Onkogen hervorgegangen. Zuerst galt es, den kritischen Abschnitt einzugrenzen. Dazu wurden beide Gene an der gleichen Stelle zerschnitten und die Teilstücke kreuzweise miteinander verbunden (1). Ein Gentransfer zeigte dann, welches der beiden neukombinierten Gene die transformierende Aktivität gewonnen und welches sie verloren hatte. In der kritischen „Hälfte" beider Gene wurden dann zunehmend kleinere Fragmente gegeneinander ausgetauscht und getestet (2), bis schließlich ein nur 350 Basen langer Abschnitt eingegrenzt war (3). Dort hatte, wie die Sequenzanalyse dann zeigte (Bild 9), nur eine einzige Mutation, ein Basenaustausch, stattgefunden: Anstelle eines Guanins (G) im Proto-Onkogen steht ein Thymin (T) im Onkogen, so daß das zugehörige Codon nun nicht mehr die Aminosäure Glycin, sondern die Aminosäure Valin codiert.

Hochschule der Universität von Kalifornien in San Francisco zeigen, daß diese viralen Onkogene alle in Wirklichkeit den tierischen Wirtszellen entstammen, also zellulärer Herkunft sind.

Es handelt sich also um Proto-Onkogene, die von infizierenden Retroviren aufgenommen und in das eigene Genom eingebaut wurden. Irgendwie werden sie dort aktiviert und von den Viren dann dazu genutzt, zufällig von ihnen infizierte Zellen zu transformieren. Bis heute kennt man 17 solcher zellulären Proto-Onkogene: Ein jedes ist als aktives Onkogen mit einem bestimmten Retrovirus assoziiert.

Von normalen Proto-Onkogenen und ihren krebserregenden aktivierten Abkömmlingen schien es demnach zwei Klassen zu geben, jede mit einem eigenen Aktivierungsmodus. Die eine, durch Gentransfer entdeckte Gruppe umfaßte Onkogene, die durch Mutation aus Proto-Onkogenen hervorgehen. In die andere Gruppe gehörten Gene, die irgendwie durch Retroviren aktiviert werden. Heute wissen wir, daß sich beide Gruppen überschneiden. Vor rund zwei Jahren hat sich nämlich bei Hybridisierungsexperimenten herausgestellt, daß einige Onkogene von menschlichen Tumoren eng mit Onkogenen von verschiedenen Retroviren verwandt sind, die Ratten infizieren können.

Das menschliche Blasenkarzinom-Onkogen, von dem hier die Rede war, ist beispielsweise eng mit dem aus Ratten stammenden Onkogen des Harvey-Sarkom-Virus verwandt. Das bedeutet, daß sich ein und dasselbe Onkogen auf zweierlei Weise aktivieren läßt: durch Mutation im Menschen und durch Aufnahme aus dem Rattengenom in ein Retrovirus.

Man hat ein weiteres zelluläres Proto-Onkogen mit einem solchen Verhaltensmuster gefunden. Es wird einmal durch Einbau in das Kirsten-Rattensarkom-Virus und zum anderen durch Mutationen im Menschen aktiviert. Die so entstandenen Onkogene kommen in einer Reihe von menschlichen Darm-, Lungen-, Blasen- und Bauchspeicheldrüsen-Karzinomen vor sowie in einigen Sarkomen.

Die beiden zellulären Proto-Onkogene – das eine mit dem Harvey-Virus, das andere mit dem Kirsten-Virus assoziiert – sind ihrer Abstammung nach ebenfalls miteinander verwandt. Beide gehören der sogenannten *ras*-Genfamilie an, die Edward M. Scolnick gemeinsam mit seinen Mitarbeitern früher am National Cancer Institute und heute an den Merck Laboratories in West Point, Pennsylvanien, eingehend untersucht hat. Ein drittes menschliches Onkogen wurde kürzlich von Wiglers Arbeitsgruppe ebenfalls mit der *ras*-Familie in Verbindung gebracht, ist aber bisher noch nicht in einem Retrovirus angetroffen worden. N-*ras*, wie dieses Onkogen genannt wurde, kommt sowohl in der DNA verschiedener leukämischer Zellen vor als auch bei je einem Lymphom, Neuroblastom, und Darmkarzinom sowie bei mehreren Sarkomen.

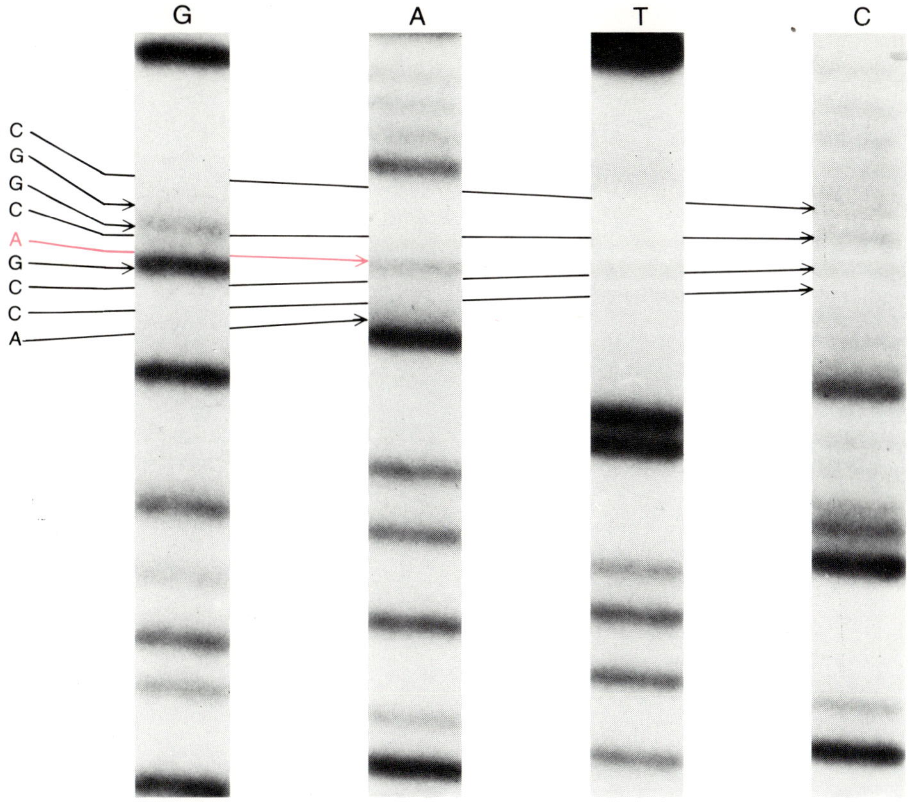

Bild 9: Die Sequenzanalyse des 350 Basen langen Abschnitts von Proto-Onkogen und Onkogen führte Ravi Dhar durch. Das abgebildete Autoradiogramm eines Elektrophorese-Gels zeigt die kritische Mutation im Onkogen. Die einzelnen, leiterähnlich angeordneten Banden repräsentieren von oben nach unten zunehmend kürzere Fragmente des Abschnittes – und zwar aus vier verschiedenen Ansätzen. Darin wurde die Reaktion nach der Didesoxy-Methode so abgestoppt, daß die Fragmente mit jeweils einem der vier DNA-Nucleotide – Adenin, Thymin, Guanin oder Cytosin – aufhören. Die gleich endenden Fragmente wurden dann nebeneinander in vier verschiedenen Bahnen des Gels aufgetrennt. Bei sorgfältigem Vergleich aller Banden-Positionen läßt sich die Nucleotidsequenz des Abschnittes direkt ablesen. Da der Ansatz nicht aus dem Matrix-Strang, sondern dem komplementären Strang des Onkogens bestand, erscheint an der mutierten Position kein Thymin (T), sondern ein Adenin (A).

Daß die *ras*-Onkogene in der DNA verschiedener Tumoren vorhanden sind, zeigt, daß die Aktivierung eines bestimmten zellulären Proto-Onkogens nicht auf einen spezifischen Gewebetyp beschränkt ist. Das gleiche Gen kann in verschiedenen Geweben aktiviert werden und läßt dann in jedem einen anderen Typ von Tumor entstehen.

Diese so simple Erkenntnis ist ein erheblicher Fortschritt. Aus der Sicht der Molekularbiologen ist Krebs nicht länger eine Sammelbezeichnung für mehr als hundert verschiedene Erkrankungen, die sich alle durch einen anderen Typ von Tumor auszeichnen. Statt dessen sieht es so aus, als ob nur wenige, allen Tumortypen gemeinsame molekulare Mechanismen existieren. Weitere Forschungen müssen das erst noch untermauern, denn bislang ist nur eine relativ kleine Zahl menschlicher Tumoren genau untersucht worden.

Die Mutation

Daß eine Mutation an der Umwandlung eines harmlosen Proto-Onkogens in ein aktives Onkogen beteiligt ist, hatte sich bereits gezeigt. Doch ihre Natur blieb zunächst im dunkeln. Als dann beide Gene kloniert waren, ließ sich die Mutation genau lokalisieren.

Im Prinzip hätte man die gesamte Nucleotidsequenz der beiden rund 5000 Basenpaare langen Gene bestimmen und miteinander vergleichen können. Doch schien es sinnvoller, zunächst den kritischen Abschnitt einzugrenzen, in dem sich beide Gene unterscheiden. Dies läßt sich erreichen, indem man – mit Hilfe der Gentechnologie – das aus der klassischen Genetik bekannte Doppelcrossover imitiert (Bild 8). Dabei werden Teile der beiden Gene gegeneinander ausgetauscht. An die Ausführung dieser Experimente gingen drei Arbeitsgruppen, und zwar in Barbacids, in Wiglers und in meinem Labor.

Zunächst wurden die beiden Gene an entsprechenden Stellen in Teilstücke gespalten. Als Schneidwerkzeuge dienen Restriktionsendonucleasen, das sind Enzyme, die DNA-Moleküle gezielt an bestimmten Nucleotidsequenzen durchtrennen. Spezifische Teilstücke beider Gene wurden mit Hilfe des Enzyms DNA-Ligase zu zwei Hybrid-Genen gekoppelt, die zum einen Teil aus dem Onkogen und zum anderen aus dem Proto-Onkogen bestanden. Diese Hybridmoleküle wurden in Mäuse-Fibroblasten getestet, um zu sehen, welches die onkogene Aktivität gewonnen und welches sie verloren hatte.

In meinem Labor grenzten Clifford J. Tabin und andere den interessierenden

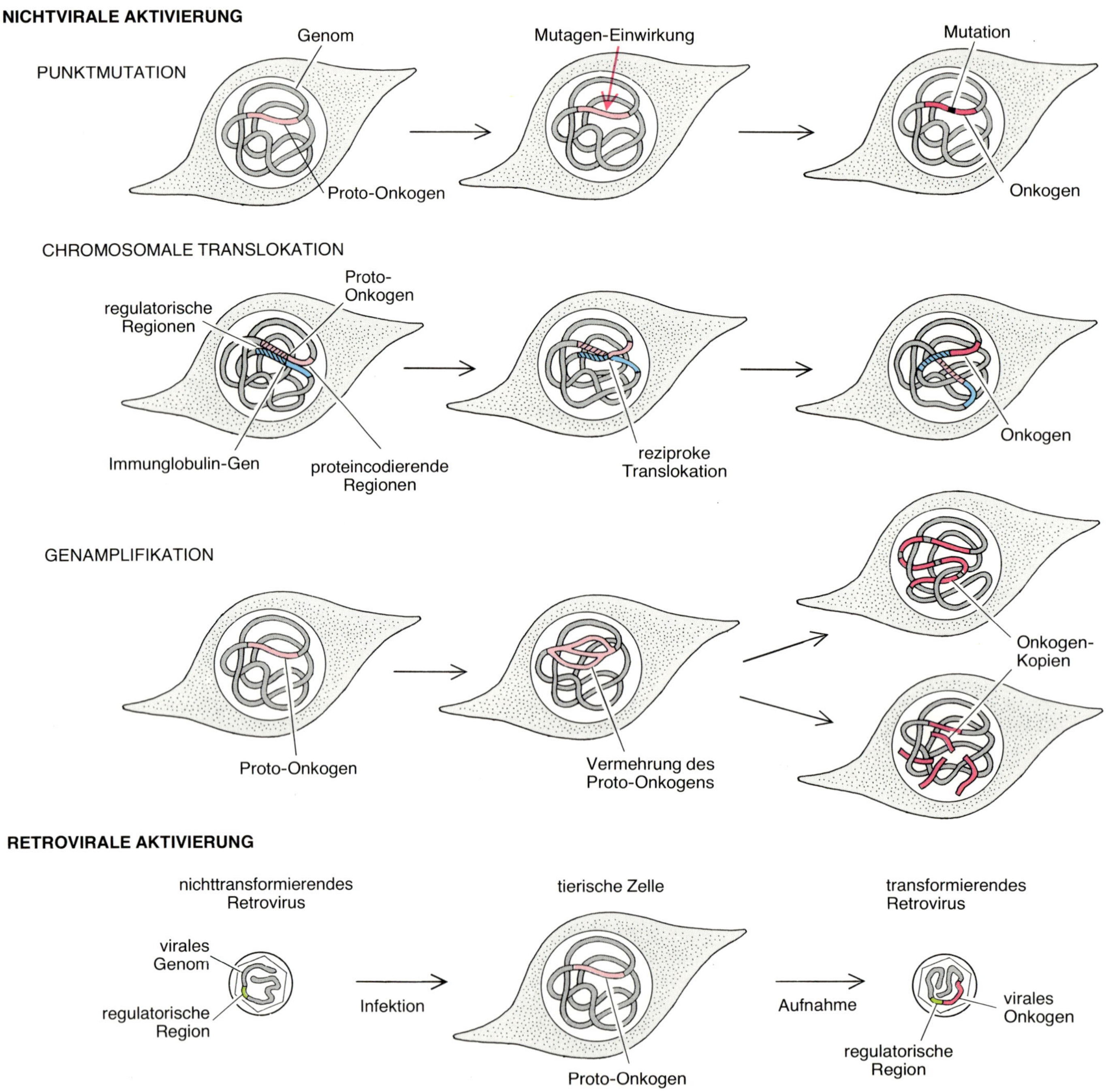

Bild 10: Ein Proto-Onkogen kann auf vier verschiedene Arten aktiviert werden: drei basieren auf Veränderungen der zellulären DNA, an der vierten ist ein Retrovirus beteiligt. So kann ein Proto-Onkogen durch Strahleneinwirkung oder chemische Karzinogene mutieren. Wird durch eine Punktmutation die genetische Information für das codierte Protein verfälscht, induziert dieses möglicherweise eine oder mehrere jener Veränderungen, die mit krebsartigem Wachstum einhergehen. Eine weitere Möglichkeit sind chromosomale Translokationen, bei denen die proteincodierende Region eines Proto-Onkogens verlagert und mit der regulatorischen Region eines Immunglobulin-Gens zusammengebracht wird. Die genetische Information des Proto-Onkogens wird dann verstärkt abgelesen. Die dritte Aktivierungsmethode beruht auf einer Genvervielfachung, einer Amplifikation. Dabei wird ein Proto-Onkogen irgendwie vervielfältigt. Seine Kopien können dann entweder hintereinander auf einem einzigen Chromosom sitzen oder als getrennte extrachromosomale Partikel vorliegen. Wieder wird dadurch die Information des Proto-Onkogens übermäßig exprimiert, das heißt verstärkt abgelesen. Retroviren aktivieren Proto-Onkogene auf andere Weise. Solche Viren verursachen bei vielen Tierarten Krebs. Bei der Infektion einer Zelle nehmen sie ein Stück zelluläre DNA mit einem Proto-Onkogen auf, das sie ihrem eigenen Genom einverleiben. Das Proto-Onkogen könnte dann auf zweierlei Weise aktiviert werden: durch Koppelung mit einer regulatorischen Region des Virusgenoms (unten) oder durch Mutation, während es vom Virus mitgeführt und in andere Zellen übertragen, transduziert wird.

Bereich des Blasenkarzinom-Gens und seines Proto-Onkogens immer weiter ein, indem sie zunehmend kleinere Abschnitte gegeneinander austauschten. So fanden sie schließlich ein nur 350 Basenpaare langes Fragment des Onkogens, das, in ein Proto-Onkogen eingesetzt, daraus ein aktiv transformierendes Molekül machte (Bild 8). Die kritische Mutation, in der sich Onkogen und Proto-Onkogen unterschieden, mußte also in eben diesem Fragment liegen.

Die Sequenzanalyse der aktiven und der inaktiven Version führte dann Ravi Dhar vom National Cancer Institute durch. Das Ergebnis scheint geradezu ungeheuerlich: Onkogen und Proto-Onkogen unterscheiden sich in diesem Bereich lediglich in einer einzigen Base. Im Onkogen ist ein Guanin des Proto-Onkogens durch ein Thymin ersetzt (Bild 9). Das heißt nichts anderes, als daß ein einziger Basenaustausch, also eine Punktmutation, genügt, um ein 5000 Basenpaare langes, normales menschliches Gen in ein Onkogen zu verwandeln.

Damit war zum ersten Mal ein genetischer Defekt erkannt, der das Wachstum eines menschlichen Tumors auslösen kann. Die Mutation eines Proto-Onkogens, verursacht durch irgendwelche äußeren DNA-schädigenden Einflüsse, ist möglicherweise ein kritisches Ereignis bei der Entstehung vieler Krebsarten.

Kürzlich wurden weitere Formen der Proto-Onkogen-Aktivierung beschrieben. Eine beruht auf chromosomalen Translokationen, bei denen lange DNA-Abschnitte von ihrem ursprünglichen Chromosom auf ein anderes übertragen werden.

Entdeckt wurde dieser Aktivierungsmechanismus von Grace L. C. Shen-Ong und Michael D. Cole am St. Louis University Medical Center sowie von Rebecca A. Taub und ihren Kollegen im Labor von Philip Leder an der Harvard Medical School. Sie untersuchten das sogenannte *myc*-Proto-Onkogen, dessen onkogene Version in Mäuse-Myelomen und bei einer menschlichen Krebsart, dem Burkitt-Lymphom, zu finden ist. Das zelluläre Proto-Onkogen wird aus seiner ursprünglichen Lage am Ende eines Chromosoms entfernt und einem anderen Chromosom angekoppelt. Dort kommt es neben Genen zu liegen, die für die Synthese von Immunglobulinen (Antikörpern) zuständig sind. Solche Gene werden vermehrt abgelesen, wenn ein Antigen eine Immunreaktion auslöst. Die Vergesellschaftung mit einem Immunglobulin-Gen enthemmt offensichtlich das Proto-Onkogen, was ihm eine neue biologische Funktion verleiht.

In anderen Fällen zeigte sich, daß ein Proto-Onkogen nicht wie sonst bei Genen üblich in nur zwei, sondern in vielen Exemplaren vorhanden ist. Diese Vervielfältigung, Genamplifikation genannt, und die daraus resultierende übermäßige Genexpression scheinen ebenfalls eine onkogene Wirkung zu haben.

Es gibt also mehrere molekulare Mechanismen, die ein normales Gen in die Rolle eines Onkogens zwingen können. Bei den Tumorgenen von Säugern umfassen sie Punktmutationen, chromosomale Translokationen und Genamplifikationen. Bei den mit Retroviren assoziierten Genen kann das übertragene (transduzierte) Gen mutieren oder in die Nachbarschaft eines viralen Regulators geraten, das die Expression des Tumorgens erhöht (Bild 10).

Krebsproteine

Bei der Suche nach den Krebsmechanismen sind wir weit vorangekommen: von vage umschriebenen genetischen Faktoren über Moleküle der DNA bis hin zu bestimmten Genen darauf. Das Ziel schien schließlich erreicht, als in einem dieser Gene eine exakt definierte molekulare Veränderung entdeckt wurde. In Wirklichkeit sind aber die schwierigsten Probleme erst noch zu lösen.

Selbst wenn man als erwiesen ansieht, daß die Erzeugung eines Onkogens Krebs auslösen kann, weiß man damit noch lange nicht, wie das veränderte Gen überhaupt dazu beiträgt. Welche Funktion hat ein Onkogen? Wie andere Gene auch, enthält es die Bauanweisungen für ein Protein. Die Arbeitsgruppe von Scolnick konnte zeigen, daß viele der *ras*-Gene für ein Protein mit einem Molekulargewicht von 21 000 codieren. Die beobachtete Punktmutation im Blasenkarzinom-Onkogen verändert die Struktur dieses Proteins.

Jede Aminosäure eines Proteins ist durch ein Codon, ein Codewort aus drei Basen, auf dem Gen festgelegt. Da die beobachtete Punktmutation ein *GGC*-Codon des Proto-Onkogens in ein *GTC*-Codon verwandelt, ändert sich auch die Primärstruktur des Proteins: anstelle der Aminosäure Glycin erscheint im Onkogen-Protein die Aminosäure Valin. Dieser einzige Aminosäureaustausch verleiht dem Protein offensichtlich neue Fähigkeiten, die es ihm ermöglichen, den zellulären Stoffwechsel tiefgreifend zu verändern.

Zelluläre Elemente wie diese Onkogen-Proteine müssen im Zentrum des Krebsgeschehens stehen; aber wie sie nun eigentlich wirken, ist noch unklar. Man nimmt an, daß sie irgendwie das Wachstum der Zellen kontrollieren, wobei das vom Proto-Onkogen codierte Protein das normale Zellwachstum reguliert, während das Onkogen-Protein die Zellen zu einem krebsartigen Wachstum zwingt.

Eine genaue Einsicht in die Funktionsweise der Onkogen-Proteine könnte uns einmal ermöglichen, Hemmstoffe zu entwickeln, die solche Funktionen blockieren. Damit hätte man vielleicht eine therapeutische Waffe gegen einen zentralen Defekt der Krebszelle.

Wahrscheinlich gibt es jedoch mehrere solcher Defekte. Denn die Karzinogenese scheint ein mehrstufiger Prozeß zu sein. Hinweise verschiedenster Art deuten darauf hin, daß eine normale Zelle mehrere unabhängige Veränderungen durchmachen muß, bevor sie zu einer echten Tumorzelle wird. Eine Punktmutation, die ein einziges entartetes Protein nach sich zieht, ist lediglich ein einziger, sich auf ein einziges Gen auswirkender Schritt. Vermutlich ist das Onkogen notwendig, aber kaum ausreichend, damit ein Tumor entsteht. Denn man kennt weitere unerläßliche Schritte. Ihre Natur beginnt sich gerade erst abzuzeichnen.

Man hat eine Reihe von Tumoren gefunden, in denen zwei getrennte, auf unterschiedliche Weise aktivierte Onkogene vorkommen. So haben William S. Hayward an der Rockefeller-Universität und Susan M. Astrin vom Institute for Cancer Research festgestellt, daß bei Hühnerlymphomen das *myc*-Proto-Onkogen aktiviert ist, während Coopers Arbeitsgruppe in den gleichen Tumorzellen ein zweites Proto-Onkogen, *B-lym* genannt, entdeckten. Bei einem Burkitt-Lymphom und bei der menschlichen promyelozytären Leukämie wurden ebenfalls zwei aktive Onkogene gefunden. Solche Ergebnisse deuten darauf hin, daß die Karzinogenese möglicherweise zum Teil deshalb mehrstufig abläuft, weil sie die Aktivierung mehrerer verschiedene Onkogene verlangt. Jedes Onkogen mag eine andere Veränderung in der Zelle hervorbringen, und gemeinsam mögen sie dann wichtige Aspekte des Tumor-Phänotyps zustandebringen.

Ich habe nur zwei der vielen Themen angerissen, die noch der Erforschung harren. Das erfreulichste aber ist, daß die Hinweise, die aus mehreren Forschungsrichtungen zusammenkommen, jetzt eine Krankheit verständlich zu machen beginnen, die vor nur fünf Jahren noch gänzlich undurchsichtig schien.

Was sich auf der Ebene des Gens ergeben hat, steht im Einklang mit älteren Erkenntnissen zur Karzinogenese, die auf epidemiologische Daten und Untersuchungen der Transformation basieren. Das Rüstzeug ist vorhanden, um nun noch schnellere Fortschritte in den nächsten Jahren zu erzielen. So sollten gegen Ende dieses Jahrzehnts die molekularen Mechanismen geklärt sein, die dem Krebsgeschehen zugrundeliegen.

Genverpflanzung und die Analyse von Entwicklungsvorgängen

Gene sind die funktionellen Einheiten der Erbsubstanz. Eine neue Technik gestattet es, sie in Oocyten (Vorstufen von Eizellen) von Fröschen zu verpflanzen und in diesem „lebenden Reagensglas" zu untersuchen, wie sie wirken und wie ihre Tätigkeit reguliert wird.

Von E. M. De Robertis und J. B. Gurdon

Als Gene bezeichnet man Abschnitte der Erbsubstanz (der Desoxyribonucleinsäure), die sich in ihren Aufgaben unterscheiden. Welcher Art diese Aufgaben sind und wie sie erledigt werden, ist ein altes Problem der Biologie. Seiner Lösung ist man in neuerer Zeit mit Experimenten nähergekommen, bei denen man einzelne Gene aus höheren Organismen in Bakterienzellen bringt und dort mit kleinen als Plasmide bezeichneten Einheiten der Erbsubstanz vereinigt. Plasmide haben die Eigenschaft, daß sie bei jeder Zellteilung reproduziert werden. Läßt man also aus einer einzelnen Bakterienzelle, die ein Plasmid mit einem fremden Gen enthält, durch wiederholte Zellteilung eine große Zahl von Zellen (einen Zellklon) hervorgehen, so ist das gleichbedeutend mit einer Vermehrung auch des fremden Gens, das man dann aus den Zellen wieder isolieren und – da man es jetzt in größerer Menge besitzt – untersuchen kann. So gelang es, die Reihenfolge der als Nucleotide bezeichneten Bausteine aufzuklären, aus denen die kettenförmige Struktur eines Gens besteht.

Ein Gen in vielen Exemplaren zu haben und die Reihenfolge seiner Nucleotide zu kennen, genügt jedoch nicht, wenn man erfahren will, wie das Gen funktioniert und insonderheit wie es reguliert, das heißt an- und abgeschaltet wird. Diese Regulation der Gene spielt im Lauf der Entwicklung eines Lebewesens bei allen Differenzierungs- und Spezialisierungsprozessen eine große Rolle.

Um Funktion und Regulation eines Gens untersuchen zu können, braucht man ein System, in dem das Gen seine Tätigkeit entfalten kann und in dem sich die Wirkungsweise von Substanzen studieren läßt, die die Aktivität des Gens verändern. Wir beschreiben hier Experimente, bei denen Gene in fremde Zellen so injiziert werden, daß sie dort normal funktionieren.

Um die Jahrhundertwende untersuchten Embryologen die Vorgänge der Zelldifferenzierung bei der Entwicklung eines Embryos aus dem scheinbar unstrukturierten Ei, indem sie mit feinen Nadeln einzelne Zellen des Embryos zerstörten oder kleine Gewebestücke von einem Embryo auf einen anderen übertrugen und die Wirkungen dieser Maßnahmen beobachteten. Diese Methoden sind auch heute noch von großem Nutzen, wenn es darum geht zu erfahren, wie sich die Zellen räumlich organisieren und wie bestimmte Gewebe und Strukturen aus ihnen entstehen. Sie geben aber keine unmittelbare Antwort auf die Frage nach den molekularen Prozessen, mit denen Gene die Entwicklung eines Lebewesens beeinflussen.

Auch Reaktionen zwischen gereinigten Molekülen im Reagensglas helfen hier nicht weiter, denn die komplexen Verhältnisse, die in einer lebenden Zelle herrschen, lassen sich – bis heute jedenfalls – im Reagensglas (in vitro) nicht oder allenfalls unvollkommen nachahmen. Wir haben daher versucht, die Genauigkeit des in-vitro-Experiments mit den Bedingungen in der lebenden Zelle zu verbinden, indem wir gereinigte große Moleküle in Oocyten des südamerikanischen Frosches *Xenopus laevis* injizierten.

Oocyten sind Vorstufen der Eizellen. Sie wachsen im weiblichen Frosch in großer Zahl heran. Unter der Einwirkung eines Hormons reifen sie zu Eiern, werden in Tümpeln abgelegt und befruchtet. Sie eignen sich als Versuchsmaterial, denn sie sind groß (ihr Durchmesser beträgt 1,2 Millimeter) und widerstandsfähig (bis zu fünf Prozent ihres Volumens kann man ihnen ohne nachteilige Folgen injizieren), und sie bleiben in einer einfachen Salzlösung wochenlang funktionsfähig und am Leben. Da aus ihnen die befruchtungsfähigen Eier und später die Embryonen entstehen, enthalten sie bereits einen großen Teil der molekularen Maschinerie, die für die frühe Entwicklung erforderlich ist.

Injektionen von Zellkernen

Injektionsexperimente an mikroskopisch kleinen Objekten begannen in unserem Laboratorium vor einigen Jahren als einer von uns (Gurdon) die Frage untersuchte, ob die vielen spezialisierten Zellen eines Lebewesens trotz ihrer großen Unterschiede in Form und Funktion alle den gleichen vollständigen Gen-Satz (das gleiche Genom) enthalten. Anders formuliert lautete die Frage: differenzieren sich Zellen, indem sie Gene verlieren oder indem sie den kompletten Gen-Satz der Eizelle behalten und darin einzelne Gene an- oder abschalten? Es stellte sich heraus, daß letzteres der Fall ist: Der Teil der Zelle, der die Gene enthält, ist der Zellkern. Wurde der Kern einer Zelle aus dem Darm einer Kaulquappe in eine Eizelle verpflanzt, deren Gene durch Bestrahlung mit ultraviolettem Licht zerstört worden waren, so begann das Ei sich zu teilen, sich zu einem normalen Embryo und schließlich zu einem normalen Frosch zu entwickeln. Der Kern der spezialisierten Darmzelle besaß also offenbar noch alle Gene, die notwendig sind, um aus einer Eizelle einen Frosch entstehen zu lassen.

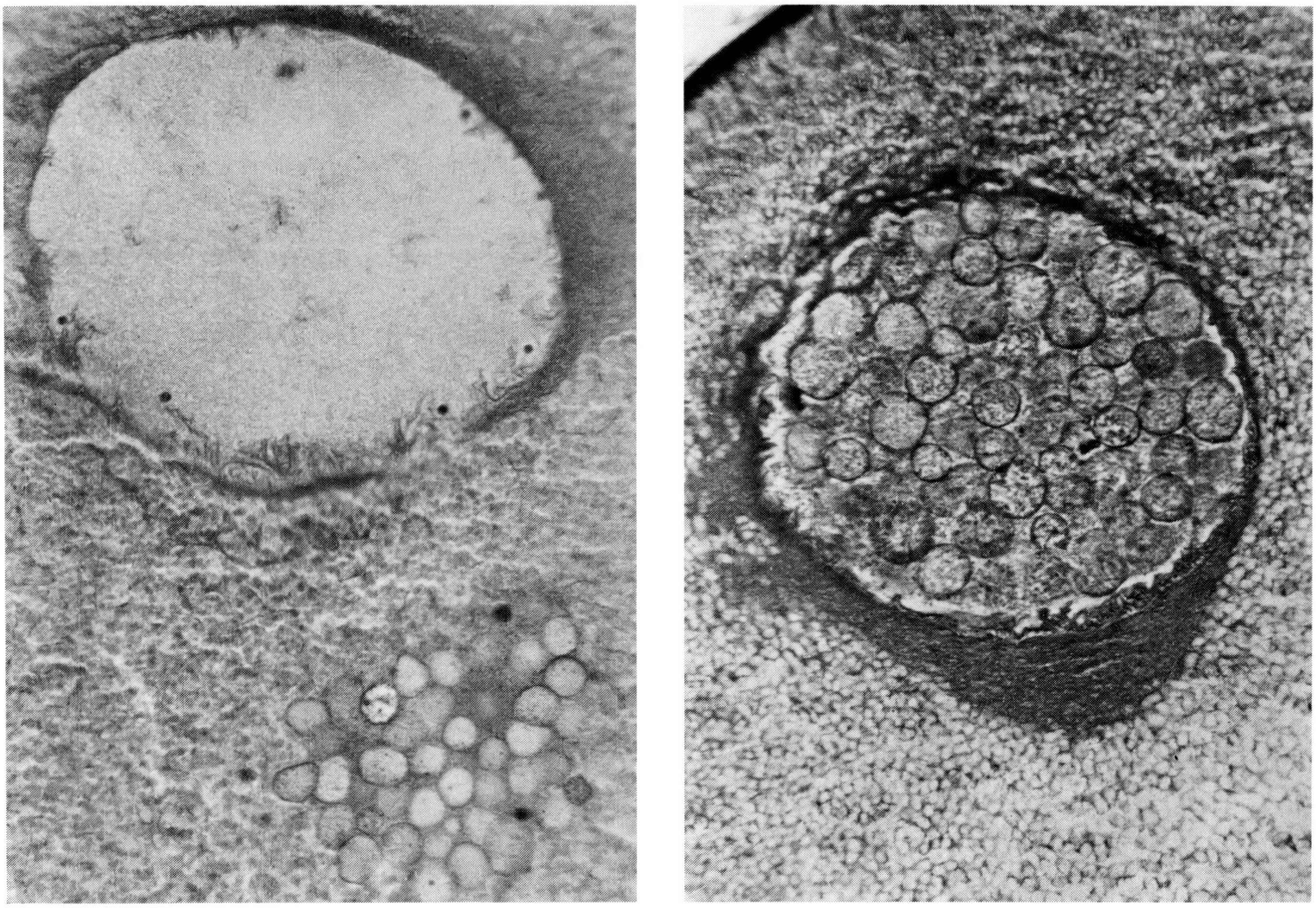

Bild 1: Kerne menschlicher Zellen überleben und bleiben funktionsfähig, wenn man sie in Frosch-Oocyten (die Vorstufen von Eizellen) injiziert. Das linke Bild zeigt unten rechts Kerne von HeLa-Zellen (das heißt von einem Stamm menschlicher Krebszellen, die in einer Gewebekultur wachsen) im Zellplasma einer Oocyte, deren großer Kern die obere Bildhälfte ausfüllt. Im rechten Bild sind HeLa-Zellkerne direkt in den Kern einer Oocyte injiziert worden. Unter dem Einfluß von Substanzen im Oocytenkern sind sie angeschwollen und synthetisieren in stark erhöhtem Maß Ribonucleinsäure (RNS). In gleicher Weise kann man einzelne Gene in die Zellkerne von Oocyten injizieren. Sie dienen dort gleichfalls als Matrizen für die Bildung von RNS. Man sagt: sie werden in RNS umgeschrieben (transkribiert).

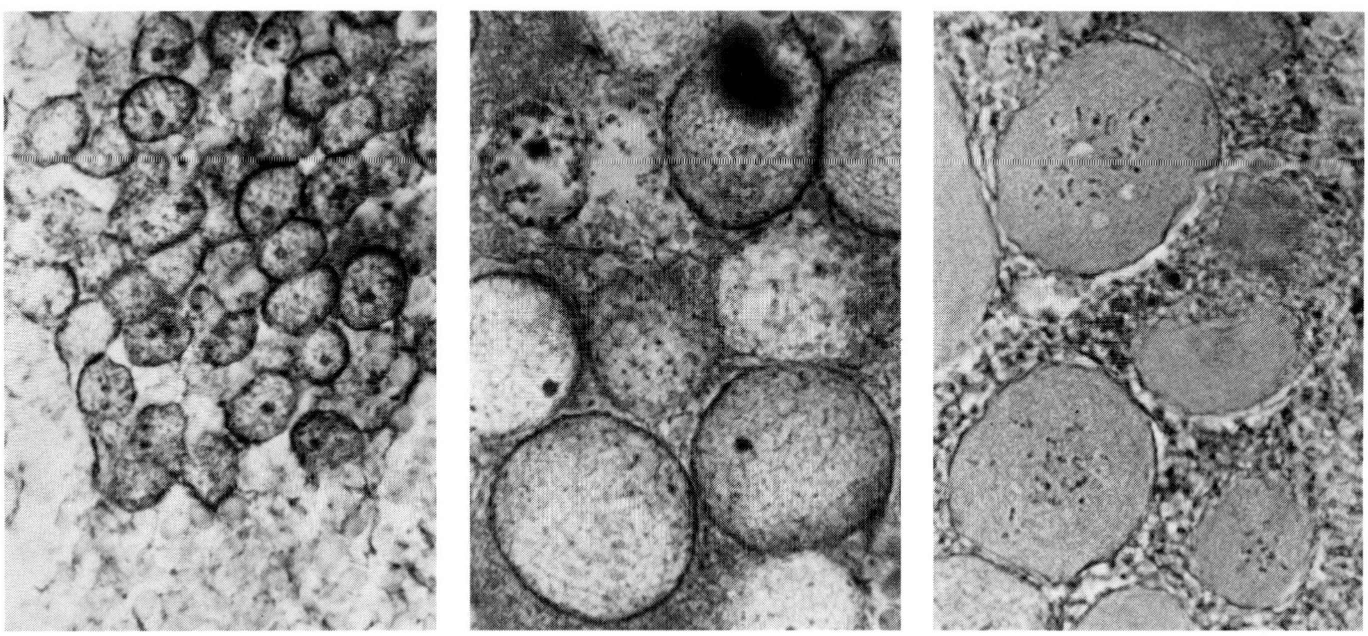

Bild 2: Kerne von HeLa-Zellen, die in eine Frosch-Oocyte injiziert wurden, sind hier in 1200-facher Vergrößerung in drei Entwicklungsstufen gezeigt: Unmittelbar nach der Injektion (links) zeigen die Kerne keine Veränderung. Man erkennt die kleinen als Nucleoli bezeichneten Kernkörperchen (dunkle Punkte) und das aus DNS und Protein bestehende Chromatin (graue Strukturen). Drei Tage nach der Injektion (Mitte) haben sich die Kerne stark vergrößert. Nach etwa zwei Wochen (rechts) werden Chromosomenfäden sichtbar, die den „Lampenbürsten“-Chromosomen ähneln, die in Oocytenkernen aber nicht in normalen HeLa-Zellkernen auftreten.

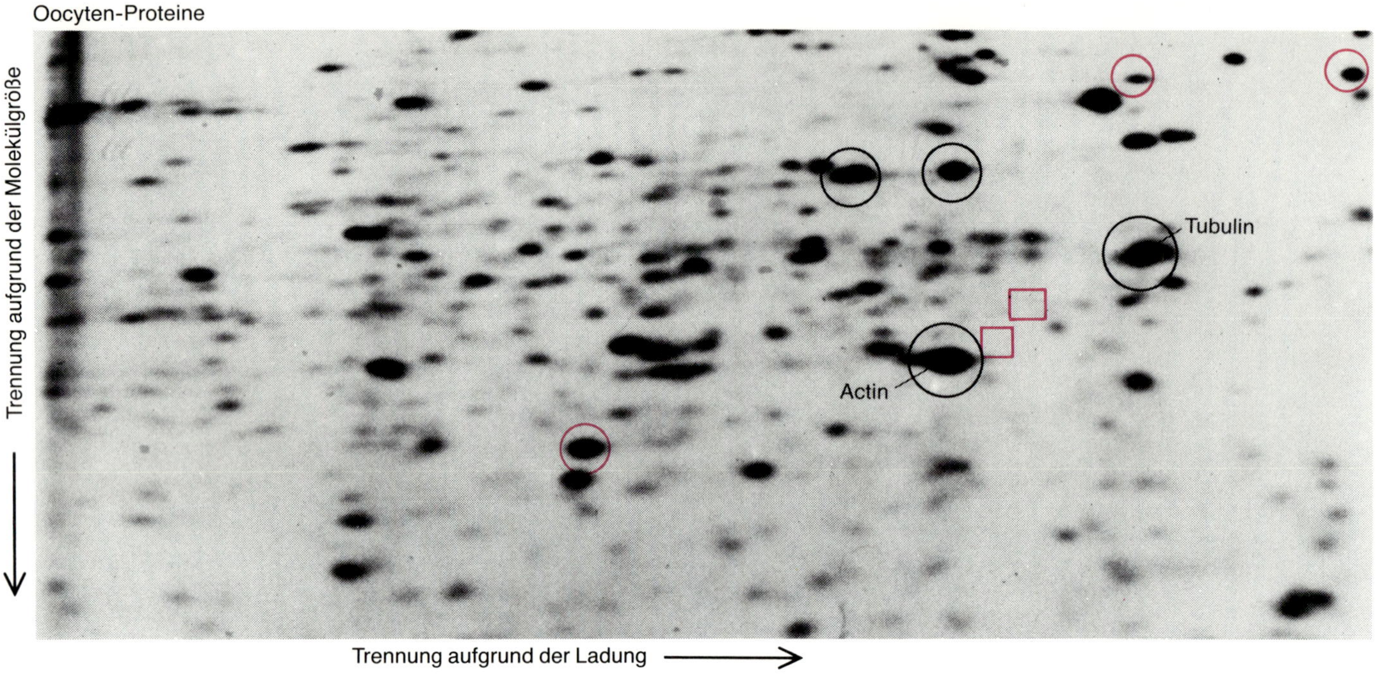

Bild 3: Oocyten und Nierenzellen des Frosches *Xenopus laevis* synthetisieren zum Teil die gleichen Proteine (Flecken in schwarzen Kreisen), zum Teil aber auch Eiweißstoffe, die jeweils nur in einer der beiden Zellarten auftreten (Flecken in farbigen Kreisen und Rechtecken). Die Bilder sind Autoradiographien, das heißt, die Proteine enthalten radioaktive Atome, deren Strahlung einen empfindlichen Film schwärzt,

Das Experiment zeigt auch, daß die Eizelle, deren Gene zerstört worden waren, in der Lage sein muß, das besondere Muster der Gen-Wirkung, das für den Kern einer Darmzelle charakteristisch ist, so zu ändern, daß es ihren Erfordernissen, das heißt der Bildung neuer Arten spezialisierter Zellen, entspricht. Allerdings werden die ersten Anzeichen differenzierter Zellen erst sichtbar, wenn sich das Ei zehn- bis fünfzehnmal geteilt hat, so daß unklar bleibt, ob die Substanzen, die die Gene des verpflanzten Kerns umprogrammieren, schon in der Oocyte oder im unbefruchteten Ei vorhanden sind oder ob sie sich erst in einem späteren Entwicklungsstadium bilden.

Sollte es gen-regulierende Substanzen schon in der Oocyte oder im Ei geben, so müßte es möglich sein, sie zu finden. Da sich Frosch-Oocyten nach der Injektion eines Zellkerns viele Tage am Leben erhalten lassen, ohne daß sie sich teilen (während sich ein Ei innerhalb einiger Stunden zu einer aus etwa fünfzigtausend Zellen bestehenden Blastula entwickelt), beschlossen wir zu untersuchen, ob die Gene verpflanzter Zellkerne auch in Oocyten umprogrammiert werden.

Kerne von Körperzellen, die vollständig vom Zellplasma befreit werden, das sie normalerweise umgibt, sterben, nachdem man sie verpflanzt hat. Wir behandeln eine Zellsuspension mit Lysolecithin, das sich in die Zellmembran einlagert und sie öffnet. Auf diese Weise erhalten wir Zellkerne, die noch von einer schützenden Hülle aus Zellplasma umgeben sind. In eine Oocyte injizieren wir ungefähr zweihundert solcher Kerne (Bild 1), um sicher zu sein, daß sich die Gen-Wirkungen der Kerne gegen die Wirkungen der Oocyten-Gene abheben.

Im Verlauf der ersten drei Tage nach der Injektion vergrößern sich die injizierten Kerne und können dabei das Hundertfache ihres ursprünglichen Volumens erreichen (Bild 2). Sie teilen sich nicht, aber sie bilden viel Ribonucleinsäure (RNS).

Um die Bedeutung dieses Vorganges

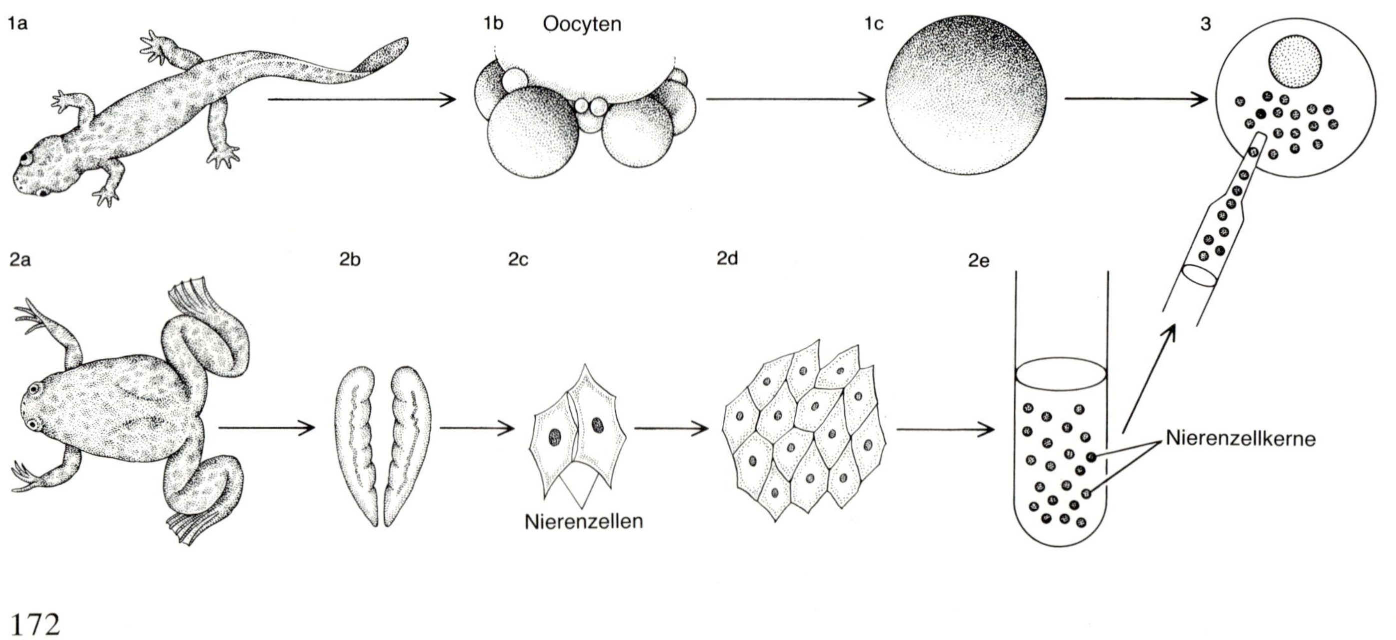

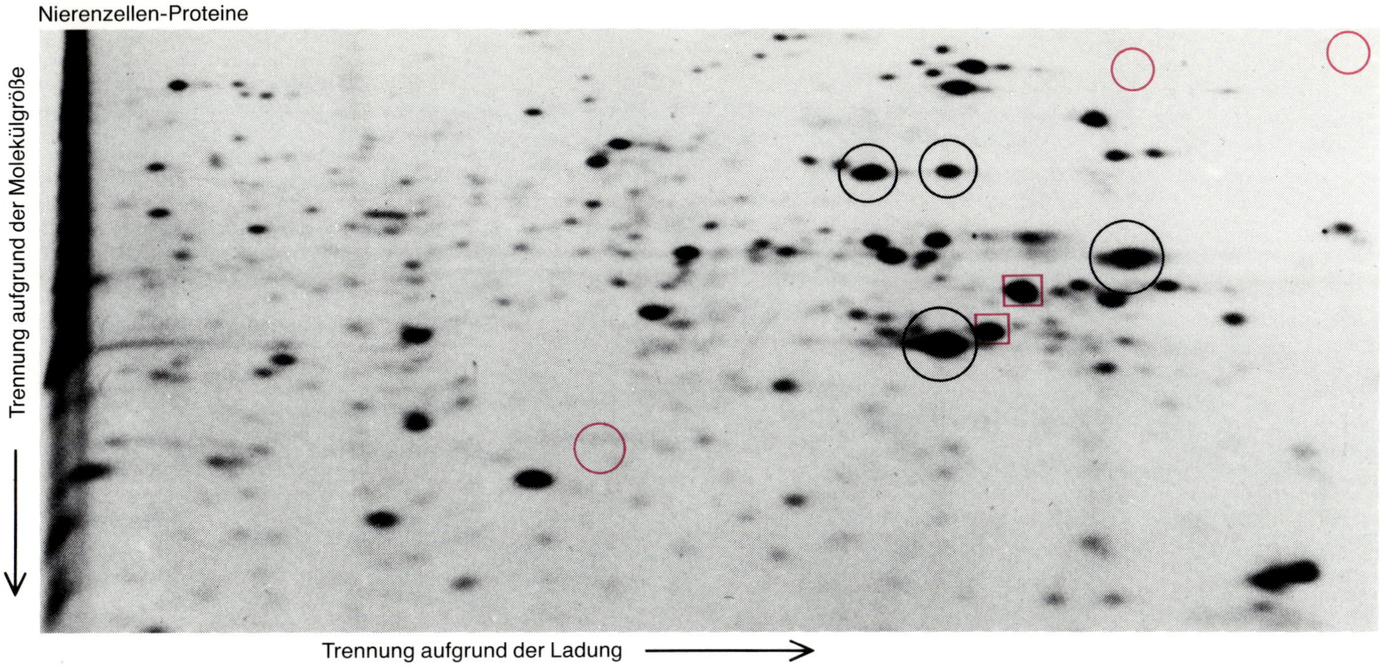

so daß die Proteine sichtbar werden. Die Proteine befinden sich in einem Polyacrylamid-Gel, in dem sie durch Elektrophorese (durch Anlegen einer elektrischen Gleichspannung) zunächst in waagerechter Richtung nach Art und Größe ihrer elektrischen Ladung und dann nach Änderung der experimentellen Bedingungen in senkrechter Richtung nach ihrer Größe getrennt wurden.

zu verstehen, muß man wissen, daß die in den Zellkernen enthaltenen Gene chemisch gesehen Moleküle von Desoxyribonucleinsäure (DNS) sind. Sie enthalten in der Aufeinanderfolge der DNS-Bausteine (der DNS-Nucleotide) die Information, die für die Gen-Wirkung maßgebend ist. Diese Wirkung kommt zustande, indem die Reihenfolge der DNS-Nucleotide „umgeschrieben" (transkribiert) wird in die Reihenfolge der Nucleotide in drei Arten von RNS-Molekülen. Diese arbeiten ihrerseits bei der Synthese der Eiweißstoffe (der Proteine) der Zellen zusammen und „übersetzen" damit die Gen-Strukturen in Eiweiß-Strukturen, die Form und Funktion der Zelle bestimmen. Die drei RNS-Arten sind die Boten-RNS (auch als mRNS vom englischen m = messenger bezeichnet), die ribosomale RNS (rRNS) und die Überträger-RNS oder tRNS (vom englischen t = transfer). Die Boten-RNS enthält die Information über die Reihenfolge, in der die Eiweiß-Bausteine (die Aminosäuren) bei der Bildung der Protein-Moleküle zusammenzufügen sind. Die ribosomale RNS ist Bestandteil der Ribosomen, das heißt derjenigen Zellstrukturen, in denen die Proteine synthetisiert werden, und die Moleküle der Überträger-RNS sorgen dafür, daß die richtigen Aminosäuren in den Proteinen an die richtigen Stellen kommen.

Protein-Analyse

Um festzustellen, ob Oocyten gen-regulierende Substanzen enthalten, untersuchten wir die Proteine, die nach der Injektion von Zellkernen in ihnen gebildet werden, denn nur, wenn sich ein Gen im aktiven Zustand befindet (wenn es „angeschaltet" ist), kann das Protein in den Oocyten entstehen, für deren Synthese das Gen die Information enthält. Zur Analyse der Proteine benutzten wir ein Trennverfahren, das man als zweidimensionale Elektrophorese bezeichnet. Ein aus dem Kunststoff Polyacrylamid bestehendes Gel wird auf eine Glasplatte gebracht. Man tränkt eine kleine Stelle des

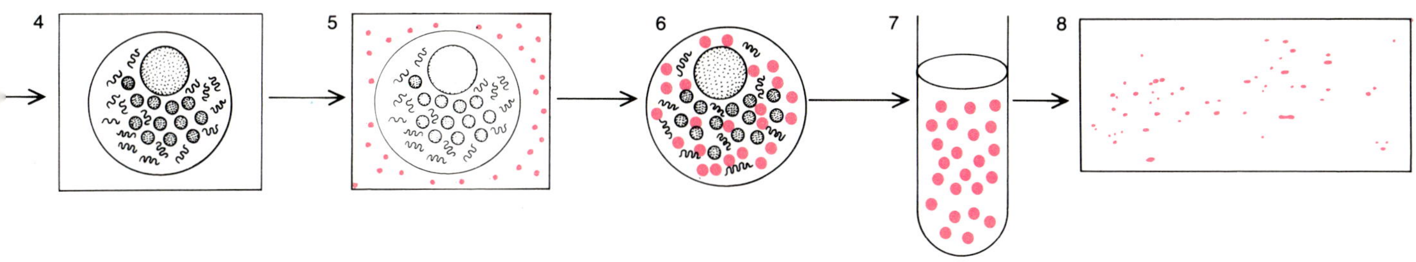

Bild 4: Mit der Injektion von Zellkernen in Oocyten läßt sich zeigen, daß Oocyten Substanzen enthalten, die das Muster der Gen-Wirkungen ändern können. Man isoliert aus einem Weibchen des Molches *Pleurodeles waltlii* Oocyten (1a bis 1c) und aus Nierenzellen des Frosches *Xenopus laevis* Zellkerne (2a bis 2e). Letztere werden in die Oocyten injiziert (3). Die Oocyten bleiben drei Tage in einem Kulturmedium (4). In dieser Zeit synthetisieren die injizierten Kerne Boten-RNS (schwarze Wellenlinien), die sich im Zellplasma der Oocyte ansammelt und als Matrize für die Protein-Synthese dient. Dann versetzt man das Kulturmedium mit radioaktiv markierten Aminosäuren (kleine farbige Punkte in 5) und läßt die Protein-Synthese noch sechs Stunden weiterlaufen. Die radioaktiven Aminosäuren werden von der Oocyte aufgenommen und in die Protein-Moleküle (große farbige Punkte in 6) eingebaut. Danach zerstört man die Oocyten, extrahiert die Proteine (7) und trennt sie wie in Bild 3 gezeigt in zwei Richtungen durch Elektrophorese. Die Autoradiographie (8) zeigt, daß unter dem Einfluß der Molch-Oocyten nur diejenigen Gene der Frosch-Nierenzellkerne wirksam geworden sind, die die Informationen für Proteine enthalten, die in Froschzellen im allgemeinen und in Frosch-Oocyten im besonderen auftreten, während die für Frosch-Nierenzellen charakteristischen Proteine fehlen. Die Molch-Oocyten haben also die Gen-Wirkungen der Frosch-Nierenzellen umprogrammiert.

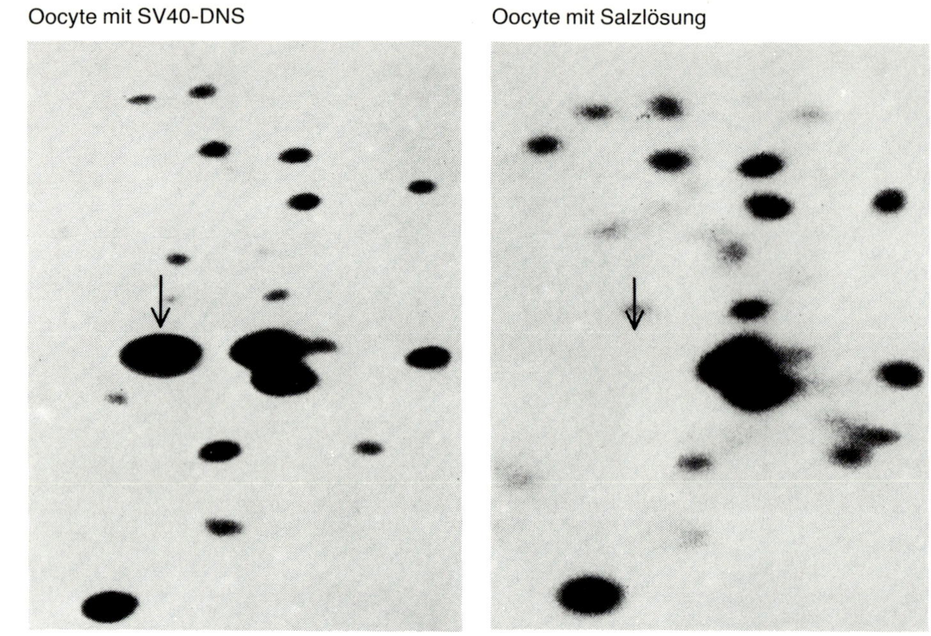

Bild 5: Injiziert man die DNS des Simian-Virus 40 (SV40) in Oocyten, so wird sie in Boten-RNS umgeschrieben, und diese wird in Virus-Proteine übersetzt. Die Trennung der Proteine durch zweidimensionale Elektrophorese (vergleiche Bild 3) zeigt im linken Bild an der mit dem Pfeil markierten Stelle ein Protein, das am Aufbau der äußeren Hülle des Virus beteiligt ist. Dieses Protein (das Virion-Protein 1) fehlt im rechten Bild, das die Proteine zeigt, die eine Oocyte synthetisiert, der statt der SV40-DNS nur eine Salzlösung injiziert wurde.

Gels mit der zu untersuchenden Protein-Lösung und legt dann eine elektrische Gleichspannung zwischen den linken und rechten Rand des Gels. Im elektrischen Feld wandern die Protein-Moleküle je nach Art und Größe ihrer elektrischen Ladung mehr oder weniger weit zum positiven oder negativen Pol. Dann schaltet man das elektrische Feld ab, dreht die Platte um neunzig Grad und verändert die experimentellen Bedingungen so, daß die Proteine überwiegend nach ihrer Größe getrennt werden, wenn man die Gleichspannung wieder anlegt. Die zweidimensionale Elektrophorese zieht also das anfänglich auf das Gel gebrachte Protein-Gemisch in zwei zueinander senkrechten Richtungen so auseinander, daß sich die verschiedenen im Gemisch enthaltenen Protein-Moleküle schließlich an verschiedenen Stellen der Gelschicht befinden. Dort kann man sie sichtbar machen, indem man sie mit einem Farbstoff reagieren läßt oder, wenn sie radioaktive Atome enthalten, indem man das Gel mit einem empfindlichen Film bedeckt, so daß die beim Zerfall der radioaktiven Atome entstehende Strahlung den Film überall schwärzen kann, wo in der Gelschicht Protein-Moleküle sitzen.

Bild 3 zeigt zwei Beispiele solcher Protein-Trennungen und läßt erkennen, daß man mit diesem Verfahren die Eiweiß-Gemische unterscheiden kann, die von Oocyten und Nierenzellen des Frosches *Xenopus laevis* synthetisiert werden. Es gibt einige Proteine (schwarze Kreise in Bild 3), die in beiden Gemischen auftreten. Dabei handelt es sich um Grundproteine, die alle Zellen brauchen, um ihre Membranen und andere Strukturen zu bauen. Daneben gibt es Proteine, die für die jeweilige Zellart charakteristisch sind, die also nur von den Oocyten (farbige Kreise in Bild 3) oder nur von den Nierenzellen (farbige Rechtecke) produziert werden.

Unsere Frage lautete nun: Was geschieht mit den Proteinen, wenn man Zellkerne von Nierenzellen des Frosches *Xenopus laevis* in Oocyten des Molches *Pleurodeles waltlii* injiziert? Bild 4 skizziert das Experiment. Nachdem wir die Kerne der Nierenzellen in die Oocyten injiziert hatten, hielten wir die Oocyten einige Tage lang in einem Kulturme-

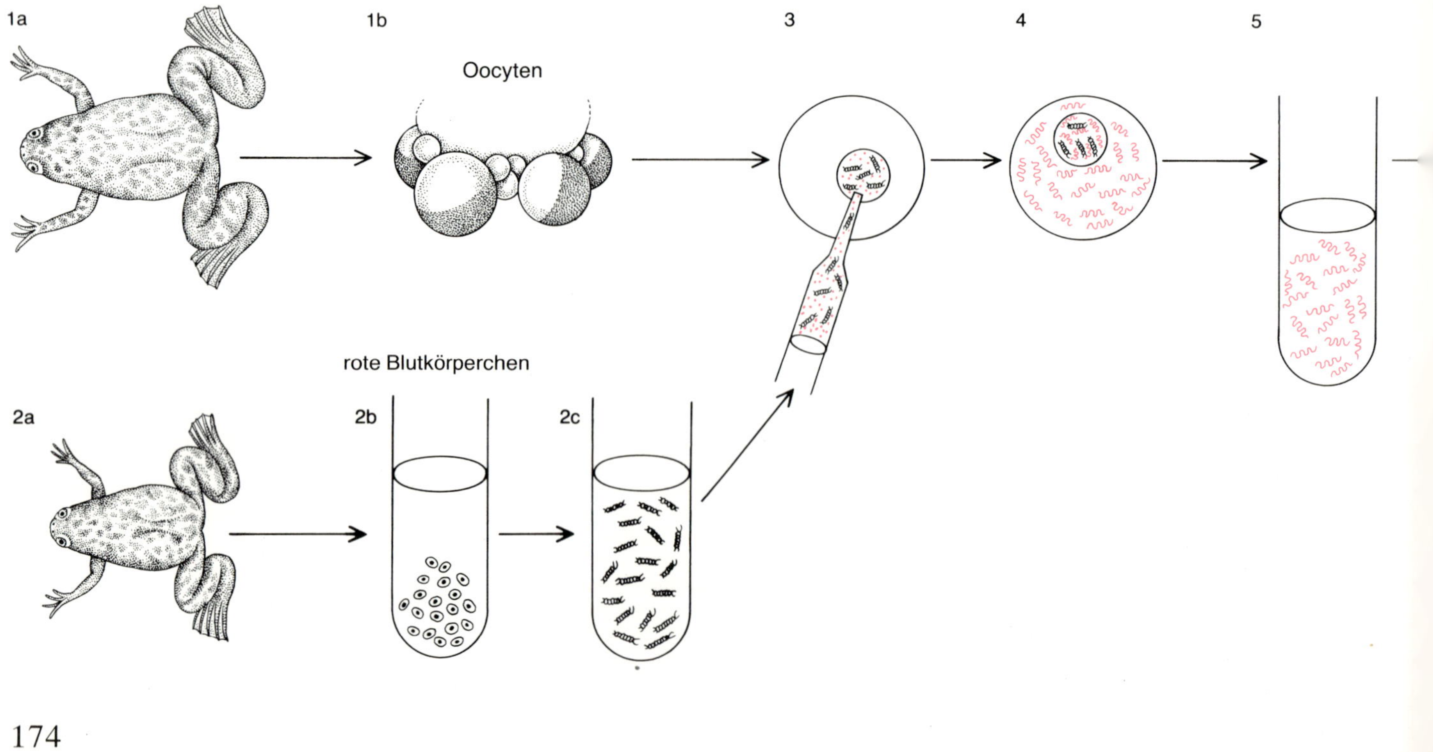

dium. In dieser Zeit konnten sie RNS synthetisieren.

Dann gaben wir radioaktiv markierte Aminosäuren in das Kulturmedium. Die Oocyten nahmen sie auf und benutzten sie, um Proteine zu bilden. Dabei bestimmt die RNS die Reihenfolge, in der die Aminosäuren miteinander verknüpft werden. Anschließend trennten wir die Protein-Moleküle durch zweidimensionale Elektrophorese.

Es zeigte sich, daß in den Oocyten sowohl einige der für den Frosch charakteristischen Grundproteine gebildet werden als auch Proteine, die normalerweise nur in Frosch-Oocyten auftreten, daß aber die für Frosch-Nieren kennzeichnenden Proteine fehlen. Natürlich hatten die Kerne der Nierenzellen vor ihrer Verpflanzung nur für die Synthese von Nierenzellen-Proteinen und nicht für die Bildung von Oocyten-Proteinen gesorgt. Offenbar enthalten Molch-Oocyten also Substanzen, die imstande sind, die Gene der Nierenzellkerne so umzuprogrammieren, daß ihre Wirkungsmuster dem der Gene einer Frosch-Oocyte entspricht.

Welcher Art diese Substanzen sind, ließ sich durch die Injektion ganzer Zellkerne nicht in Erfahrung bringen. Ein Zellkern enthält Tausende verschiedener Gene, von denen vermutlich viele durch voneinander unabhängige Vorgänge umprogrammiert werden, wenn man den Zellkern in eine Oocyte injiziert. Wir versuchten daher, viele Exemplare eines Gens in Form gereinigter DNS so in eine Oocyte zu bringen, daß das Produkt dieses Gens in der Oocyte in der normalen Weise und in einer für seinen Nachweis ausreichenden Menge synthetisiert werden konnte.

Injektionen von Genen

Schon vor einigen Jahren hatte sich in unserem Laboratorium gezeigt, daß man gereinigte Boten-RNS verschiedener Lebewesen in Frosch-Oocyten injizieren kann und daß die Oocyten dann das Protein erzeugen, für das die RNS die strukturelle Information enthält. So lag es nahe zu untersuchen, ob Frosch-Oocyten auch in der Lage sind, den Schritt auszuführen, der der Übersetzung der RNS-Struktur in eine Eiweiß-Struktur vorausgeht: die Transkription injizierter DNS in RNS.

Wir begannen, indem wir DNS mit der gleichen Technik in den Zellkern einer Oocyte injizierten, mit der wir vorher Zellkerne in Oocyten injiziert hatten. Der Kern einer intakten Oocyte ist zwar nur schwer zu sehen, aber er befindet sich immer an derselben Stelle, und er ist mit einem Durchmesser von 0,4 Millimeter verhältnismäßig groß (Bild 1). Die Oocyte besteht aus einer pigmentierten „animalischen" Hälfte und aus einer gelben oder hell-dotterfarbenen „vegetativen" Hälfte. Ihr Kern sitzt immer unterhalb des Zentrums der pigmentierten Hälfte. Führt man also die Injektionsnadel in diese Region, so gelingt es mit einiger Übung, in mehr als der Hälfte der Fälle in den Kern einzudringen. Trifft man den Kern nicht, so hat das keine Folgen, denn DNS wird im Zellplasma nicht in RNS umgeschrieben. Um sicher zu sein, daß die DNS wenigstens zum Teil in den Oocytenkern injiziert wurde, arbeiten wir jeweils mit Gruppen von zehn oder mehr Oocyten.

In jede Oocyte injizieren wir ungefähr eine Milliarde Exemplare desselben Gens sowie eine RNS-Vorstufe, das Guanosintriphosphat, das mit radioaktivem Phosphor markiert ist. Die Oocyten werden einige Stunden oder einige Tage im Kulturmedium gehalten und bilden in dieser Zeit ständig die zur injizierten DNS gehörende RNS. Diese RNS-Synthese macht bis zu achtzig Prozent der von den Oocyten insgesamt produzierten RNS aus.

Bei unseren ersten erfolgreichen Experimenten (zusammen mit Janet E. Mertz) stammte die injizierte DNS von einem kleinen in der Niere von Affen auftretenden Tumorvirus, dem Simian-Virus 40 (SV 40). Wir konnten zeigen, daß die Oocytenkerne die Virus-DNS in RNS transkribieren und daß ein Teil der RNS in Proteine übersetzt wird, aus denen die äußere Hülle (das Capsid) des Virus besteht (Bild 5).

Die Genauigkeit, mit der die injizierte DNS in RNS umgeschrieben wird, ergab sich aus Experimenten, bei denen in Oocyten von *Xenopus laevis* das Gen von *Xenopus borealis* injiziert wurde, das die Information für die Struktur der 5S-rRNS enthält (Bild 6). Diese RNS ist Bestandteil der Ribosomen (die Angabe 5S bedeutet 5 Svedberg-Einheiten und kennzeichnet die Größe des Moleküls), und das zugehörige Gen tritt in einer Froschzelle in etwa zwanzigtausend Exemplaren auf. Oocyten, denen dieses Gen injiziert wird, synthetisieren die 5S-rRNS in großer Menge, und das Produkt hat dieselbe Größe und Zusammensetzung wie die 5S-rRNS aus *Xenopus borealis*. Offenbar ist das RNS-synthetisierende Enzym (die RNS-Polymerase) in den Oocyten von *Xenopus laevis* imstande, die Start- und Stop-Signale in der injizierten DNS zu erkennen, zwischen denen der DNS-Abschnitt liegt, der in die RNS umgeschrieben wird.

Es ließ sich zeigen, daß die Polymerase selektiv den DNS-Abschnitt abliest, der die Information für die Struktur der 5S-rRNS enthält. Es hätte auch sein können, daß die Polymerase die gesamte DNS abliest und mehr als nur die 5S-rRNS bildet, daß aber nur die 5S-rRNS in der Oocyte ausgeschlossen werden.

Die Selektivität der Transkription zeigt sich noch auf andere Weise: In Zellen, die einen Zellkern besitzen, treten drei Arten von RNS-Polymerase auf. Von diesen bildet die Polymerase I die 18S- und die 28S-rRNS, während die Polymerase II alle Gene abliest, die Informationen für Protein-Strukturen enthalten, und die Polymerase III die 5S-rRNS und die tRNS synthetisiert. Man kann die Polymerasen auch durch ihre Empfindlichkeit gegenüber dem Knollenblätterpilz-Gift Alpha-Amanitin unterscheiden: kleine Mengen dieses Giftes hemmen die Polymerase II, größere

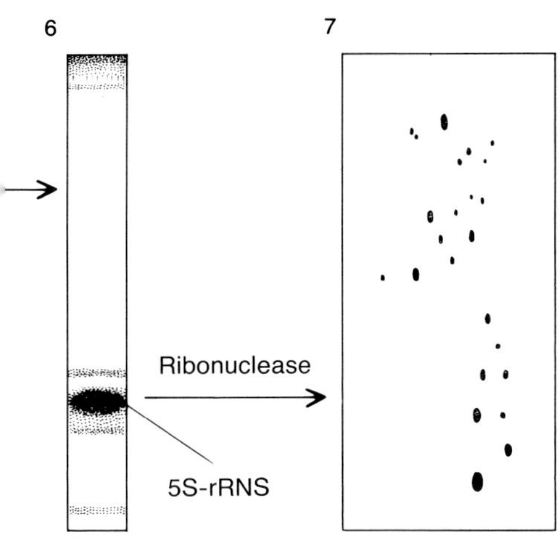

Bild 6: Nicht nur Zellkerne, sondern auch aus Zellkernen isolierte Gene (schwarze Doppelspiralen in 2c) können in Oocyten injiziert werden. Allerdings ist dieses Experiment insofern schwieriger, als man den Zellkern der Oocyte (3) treffen muß. Im hier skizzierten Fall stammen die Oocyten vom Frosch *Xenopus laevis*, während man aus den roten Blutkörperchen (2b) des Frosches *Xenopus borealis* das Gen gewinnt, das die Information für die Struktur der 5S-rRNS enthält. Es wird zusammen mit einer radioaktiven RNS-Vorstufe (kleine farbige Punkte in 3) in die Zellkerne von Oocyten injiziert. Das Gen dient dort als Matrize für die Synthese radioaktiver 5S-rRNS (farbige Wellenlinien), die an das Zellplasma abgegeben wird (4) und sich aus diesem isolieren läßt (5). Die Elektrophorese (6) ergibt, daß sechzig Prozent der radioaktiven RNS aus Molekülen der 5S-rRNS besteht. Zerlegt man die 5S-rRNS mit Ribonuclease-T1 in Bruchstücke, so kann man diese durch zweidimensionale Elektrophorese trennen (vergleiche Bild 3) und erhält das gleiche Fleckenmuster (7) wie mit normaler 5S-rRNS von *Xenopus borealis*.

Mengen hemmen auch die Polymerase III, und die Polymerase I bleibt durch das Gift unbeeinflußt. Wir fanden, daß in Frosch-Oocyten injizierte DNS des Tumorvirus SV 40, die nur Gene mit Informationen für Protein-Strukturen enthält, von der Polymerase II abgelesen wird, daß die Polymerase III das Gen der 5S-rRNS abliest, und daß diese Arbeitsteilung auch erhalten bleibt, wenn die Virus-DNS und das Gen der 5S-rRNS gleichzeitig in eine Oocyte injiziert werden.

Elektronenmikroskopische Beobachtungen

Ein großer Vorteil der beschriebenen Experimente besteht darin, daß sie Auskunft über die primären Gen-Produkte geben, wenn man die synthetisierte RNS untersucht, kurz nachdem eine radioaktiv markierte RNS-Vorstufe zugegeben worden ist und bevor irgendwelche weiteren Umsetzungen stattgefunden haben können. So sind wir bei den Versuchen mit dem 5S-rRNS-Gen vorgegangen. Man kann aber auch versuchen, die Synthese der RNS mit dem Elektronenmikroskop direkt zu beobachten. O.L. Miller jr. an der Universität von Virginia hat dafür ein Verfahren entwickelt, bei dem man isolierte Zellkerne schonend auf-

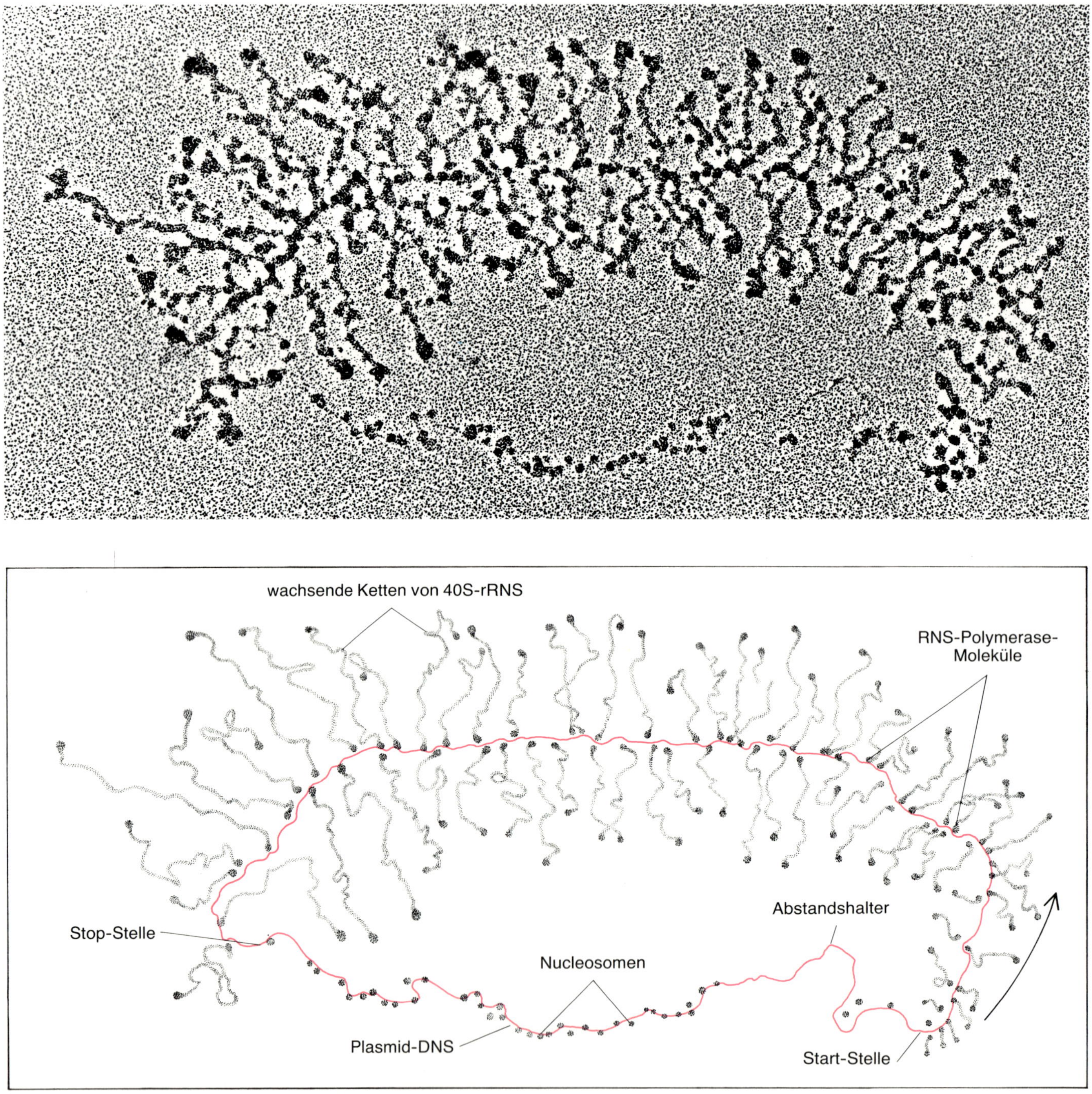

Bild 7: Elektronenmikroskopische Aufnahme (oben) und Zeichnung (unten) eines Plasmids (farbige Linie), das ein 40S-rRNS-Gen enthält. Viele solcher Plasmide wurden in eine Oocyte injiziert, wo sie als Matrizen für die RNS-Synthese dienen. Von der Start-Stelle des 40S-rRNS-Gens aus bewegen sich RNS-Polymerase-Moleküle in der durch den Pfeil gekennzeichneten Richtung am Gen entlang, lesen dieses ab und verlängern entsprechend die RNS-Stränge, die aus ihnen herauswachsen. An der Stop-Stelle bricht die RNS-Synthese ab. Die eigentliche Plasmid-DNS wird nicht in RNS umgeschrieben. Sie ist mit DNS-Protein-Komplexen besetzt, die man als Nucleosomen bezeichnet. Zwischen der Plasmid-DNS und dem Anfang des Gens befindet sich ein von Nucleosomen freies DNS-Stück, der Abstandshalter.

bricht und ihr genetisches Material auf den Objektträger eines Elektronenmikroskops zentrifugiert. Gene, die gerade in RNS umgeschrieben werden, breiten sich auf diese Weise zusammen mit den an ihnen hängenden Polymerase- und RNS-Molekülen aus.

In Zusammenarbeit mit Michael F. Trendelenburg haben wir dieses Verfahren auf Oocyten angewendet, in die das Gen für die 40S-rRNS injiziert worden war. Dieses Gen wird in 40S-rRNS umgeschrieben, und aus der 40S-rRNS bilden sich anschließend 18S- und 28S-rRNS. Das 40S-rRNS-Gen war mit der Technik der DNS-Rekombination in ein Bakterien-Plasmid eingebaut worden (vergleiche Bild 9). Ein Plasmid ist ein kleines ringförmiges DNS-Molekül, das bei jeder Zellteilung repliziert wird. Vermehrt man also eine einzelne Bakterienzelle, die ein Plasmid mit dem 40S-rRNS-Gen enthält, durch wiederholte Zellteilung zu einem Zellklon, so kann man große Mengen dieses Plasmids gewinnen und in Oocyten injizieren. Mit dem Elektronenmikroskop lassen sich dann einzelne Plasmide in dem Stadium sehen, in dem das 40S-rRNS-Gen in die 40S-rRNS umgeschrieben wird (Bild 7). Solche Bilder gestatten es, Auskunft über die Lage der Start- und Stop-Stellen im Gen, über die Dichte der Polymerase-Moleküle am Gen und über andere Einzelheiten der Gen-Transkription zu gewinnen.

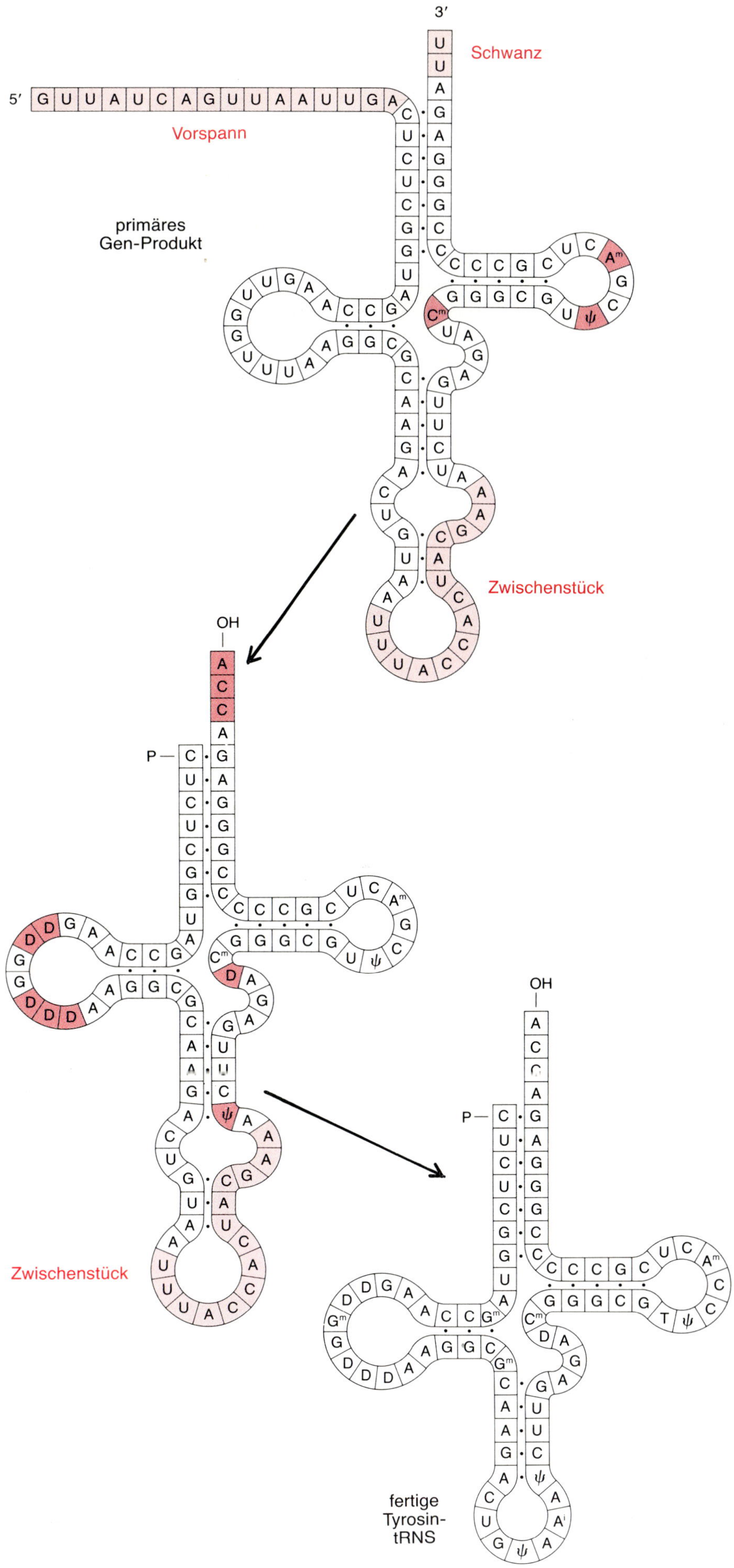

Bild 8: Wenn man das in Bäckerhefe enthaltene Gen für Tyrosin-tRNS in eine Frosch-Oocyte injiziert, so bildet diese die RNS. Das primäre Gen-Produkt (oben) unterscheidet sich von der fertigen Tyrosin-tRNS (unten rechts) durch einen aus sechzehn Nucleotiden bestehenden Vorspann, einen aus zwei Nucleotiden bestehenden Schwanz und ein aus vierzehn Nucleotiden bestehendes Zwischenstück (alle mit heller Farbe markiert). Neben den normalen Nucleotiden, die man mit den Buchstaben A, C, G und U bezeichnet, enthält das Molekül in diesem Stadium drei seltene Nucleotide, die durch dunkle Farbe hervorgehoben sind: ein methyliertes Adenosin (A^m), ein methyliertes Cytidin (C^m), und ein Molekül Pseudouridylsäure (ψ). Das primäre Genprodukt wird unter Abspaltung des Vorspanns, unter Ersatz des Schwanzes durch die Nucleotidfolge CCA und unter Bildung weiterer seltener Nucleotide, darunter der Dihydrouridylsäure (D), in das in der Bildmitte stehende Zwischenprodukt umgewandelt. Enzyme schneiden aus diesem das vierzehn Nucleotide umfassende Zwischenstück heraus und fügen die Schnittstellen zusammen. Außerdem werden drei Guanosin-Moleküle methyliert (G^m), und ein weiteres Uridin-Molekül (U) wird in Pseudouridylsäure (ψ) umgewandelt.

Primäre Gen-Produkte

Bei der 5S-rRNS ist das primäre Gen-Produkt zugleich das endgültige. In den meisten anderen Fällen wird das primäre Gen-Produkt dagegen in der Zelle verändert und so in seine endgültige Form gebracht. Dabei können Bausteine des primären RNS-Molküls entfernt oder chemisch modifiziert werden. Besonders stark wird Überträger-RNS (tRNS) verändert.

Wir haben die Wirkung des Gens untersucht, das in Bäckerhefe *(Saccharomyces cerevisiae)* die Information für die Struktur der tRNS enthält, die die Aminosäure Tyrosin überträgt. Dieses Gen war insofern interessant, als in ihm innerhalb der Nucleotid-Sequenz, die in die tRNS umgeschrieben wird, ein Abschnitt von vierzehn Nucleotiden auftritt, für den es im endgültigen tRNS-Molekül kein strukturelles Äquivalent gibt. Die Existenz solcher als Introns bezeichneten Abschnitte war 1977 die große Überraschung für die Molekularbiologen gewesen. Seither hat man sie in vielen Genen gefunden, die in eukaryotischen Zellen (Zellen mit Zellkern) die Information für Strukturen von Proteinen, rRNS und tRNS enthalten, und auch in den Genen von Viren treten sie auf. Als primäre Produkte solcher Gene entstehen RNS-Moleküle, die länger sind als die endgültigen Produkte (Bild 8). Das in der Zelle funktionsfähige Molekül bildet sich, indem aus der primären RNS die dem Intron entsprechenden Nucleotide herausgeschnitten und die Schnittstellen des verbleibenden Moleküls aneinandergefügt werden.

Als wir das primäre Produkt des Hefe-Tyrosin-tRNS-Gens in Oocyten untersuchten, stellten wir fest, daß es nicht nur das vierzehn Nucleotide umfassende Äquivalent des Introns enthielt, sondern außerdem einen „Vorspann" von sechzehn Nucleotiden (Bild 8), dessen Existenz bis dahin unbekannt geblieben war. Seine Funktion besteht möglicherweise darin, die an der Verarbeitung des primären Produktes beteiligten Vorgänge zu ordnen, denn einige Enzyme, die Nucleotide modifizieren, greifen das tRNS-Molekül nur an, solange der Vorspann noch vorhanden ist, und andere erst, nachdem er abgespalten wurde.

Die in den Frosch-Oocyten enthaltenen Enzyme, die das Äquivalent des Introns aus der primären Hefe-Tyrosin-tRNS herausschneiden, müssen entwicklungsgeschichtlich sehr alt sein: Sie schneiden auch aus der primären Tyrosin-tRNS des Frosches ein Zwischenstück heraus, aber dieses hat eine andere Zusammensetzung als bei der Hefe-Tyrosin-tRNS. Es sieht also so aus, als würden die Enzyme gar nicht den auszumerzenden Abschnitt erkennen, sondern vielmehr den verbleibenden Teil der tRNS, der bei allen Arten von Lebewesen dazu tendiert, ungefähr die gleiche dreidimensionale Gestalt anzunehmen.

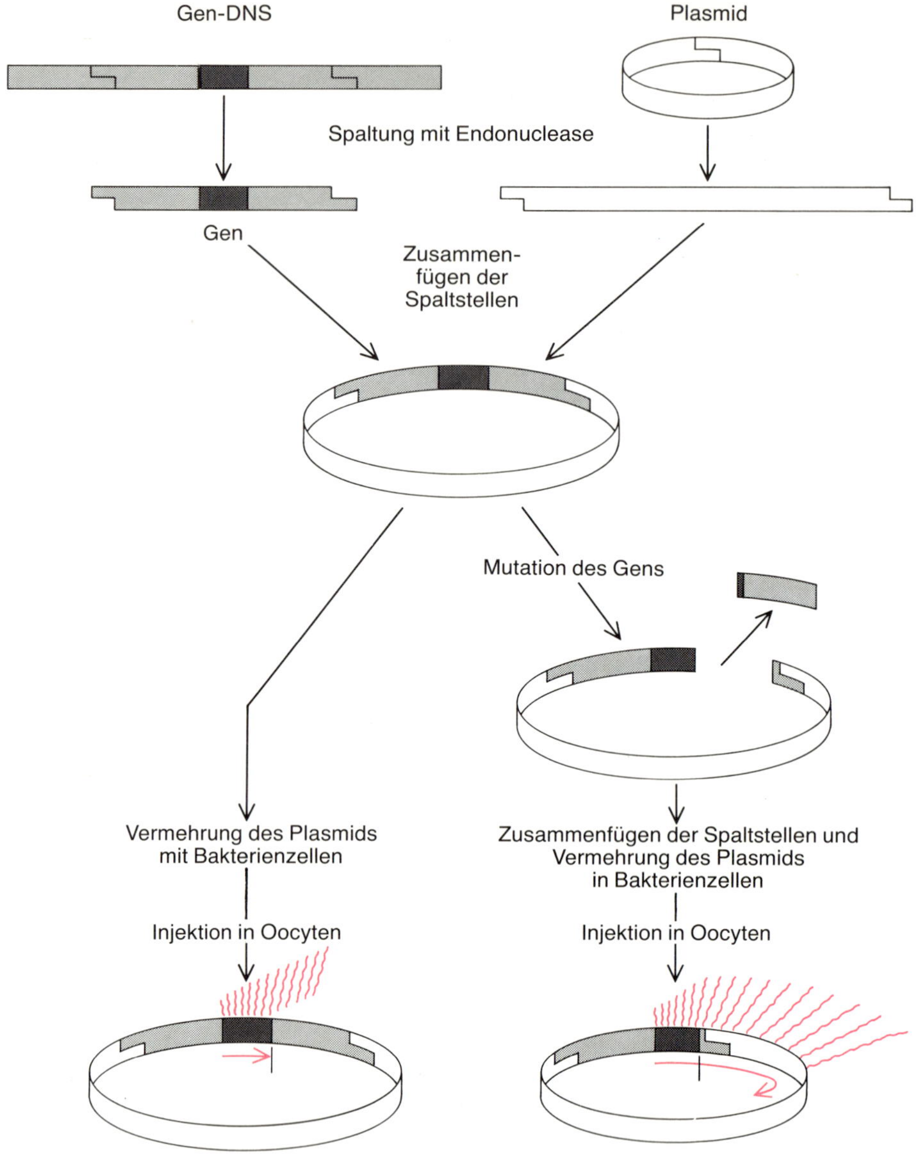

Bild 9: Ein Gen läßt sich vermehren, indem man es in ein bakterielles Plasmid einbaut und aus einer Bakterienzelle, die ein solches Plasmid enthält, durch wiederholte Zellteilung einen Zellklon züchtet. Nach dem Einbau in das Plasmid kann man das Gen auch mutieren, beispielsweise indem man – wie in der rechten unteren Hälfte des Bildes gezeigt – einen Teil seiner Nucleotide entfernt. Die Wirkung solcher Mutationen läßt sich dann studieren, indem man die Plasmide mit dem mutierten Gen aus den Zellen des Klons isoliert, sie in Oocyten injiziert und die Gen-Produkte analysiert. Hat man beispielsweise die Stop-Stelle eines Gens entfernt, so setzt sich die RNS-Synthese über das Ende des Gens hinaus fort (unten rechts), und es entstehen lange RNS-Ketten (farbige Linien), die zum Teil Transkripte der Gen-DNS, zum Teil Transkripte der Plasmid-DNS sind.

Sie schon erwähnte Beobachtung, daß Frosch-Oocyten, denen SV40-DNS injiziert wurde, Hüllproteine dieses Virus bilden, spricht dafür, daß die Oocyten auch aus der SV40-Boten-RNS Zwischenstücke herausschneiden können, denn man weiß, daß diese RNS mehrmals so verändert werden muß, bevor sie sich als Matrize für die Eiweißsynthese eignet.

Alle diese Beobachtungen zeigen, daß die Enzyme, die Nucleotid-Sequenzen aus den primären Gen-Produkten entfernen, unspezifisch arbeiten: sie können sogar solche RNS-Moleküle verändern, die in der Zelle, der die Enzyme gehören, normalerweise gar nicht auftreten. Infolge dieser Unspezifität ist nicht anzunehmen, daß die Verkürzung von RNS-Molekülen zu den Vorgängen gehört, die bei der Änderung des Musters der Gen-Wirkungen eine wesentliche Rolle spielen.

Kombiniert man die Vermehrung von Plasmiden in Zellklonen mit der Technik der Gen-Injektion in Oocyten, so werden neue Experimente möglich, die Auskunft über die Natur und über die Wirkungen von Mutationen geben. Als Mutation bezeichnet man ein Ereignis, das die Nucleotid-Sequenz eines Gens verändert, indem es Nucleotide entfernt, modifiziert, zufügt oder umstellt.

Beispielsweise kann man mit Restriktions-Endonucleasen, das heißt mit Enzymen, die DNS-Moleküle an bestimmten Stellen spalten, einige Nucleotide aus einem Gen herausschneiden. Bild 9 zeigt dafür ein Beispiel: hier ist aus einem Gen die Nucleotid-Folge entfernt worden, die das Stop-Signal enthält. Dieses Signal sorgt dafür, daß die RNS-Polymerase nur einen begrenzten DNS-Abschnitt in RNS transkribiert. Ist es nicht vorhanden, so geht die Umschreibung der DNS über das Ende des Gens hinaus, und es entstehen RNS-Moleküle, deren Nucleotide zum Teil denen des Gens und zum anderen Teil denen der Plasmid-DNS entsprechen.

Ausblick

Um auf die zu Anfang gestellte Frage nach den Vorgängen zurückzukommen, die bei der Zelldifferenzierung eine Rolle spielen: Unsere Versuche haben gezeigt, daß Frosch-Oocyten Substanzen enthalten, die in der Lage sind, das Muster der Gen-Wirkungen zu verändern. Solche Substanzen könnten für die Bildung anfänglicher Unterschiede zwischen den Zellen wichtig sein. Um eine Differenzierung zu erreichen, wäre es nur erforderlich, daß gen-regulierende Moleküle unter den Zellen eines Embryos ungleich verteilt sind. Thomas Hunt Morgan schrieb schon 1934: „Man weiß, daß das Protoplasma in verschiedenen Teilen eines Embryos etwas verschieden ist. Solche Unterschiede könnten die Tätigkeit der Gene beeinflussen, die ihrerseits auf das Protoplasma zurückwirken. So wäre es möglich, daß sich die Teile der Embryonen allmählich differenzieren."

Als nächstes muß man versuchen, die gen-regulierenden Moleküle kennenzulernen und in Erfahrung zu bringen, wie sie wirken. Die Technik der Gen-Injektion in Oocyten kann dabei helfen. Sie gestattet es, mit Mutationsexperimenten die Bedeutung und Reihenfolge der Gen-Abschnitte zu erkennen, und sie ermöglicht es vielleicht eines Tages, Gene aus den Oocyten wieder zu isolieren, während sie noch mit den regulierenden Molekülen verknüpft sind.

Wie Gene ein angeborenes Verhalten steuern

Eine Gruppe verwandter Wirkstoffe steuert beim Seehasen, einer gut untersuchten Meeresschnecke, das komplette angeborene Verhaltensmuster der Eiablage. Die dafür codierenden Gene gehören, wie sich herausstellte, einer Genfamilie an, die durch Vervielfachung entstanden ist.

Von Richard H. Scheller und Richard Axel

Gewisse stereotype Verhaltensmuster sind bei Tieren angeboren. Sie haben sich im Laufe der Evolution herausgebildet und werden von Generation zu Generation weitervererbt. Weitgehend unbeeinflußt von Erfahrung oder Lernvorgängen treten sie in gleicher Form bei allen Individuen einer Art, nicht aber bei anderen Arten auf. Ethologen bezeichnen solche angeborenen, stereotypen Verhaltensfolgen als Erbkoordinationen: relativ starre Verhaltensmuster aus mehreren selbständigen Elementen, die zusammen eine koordinierte, also zeitlich geordnete Folge bilden. Jedes Tier bekommt eine einzigartige Kollektion solcher Erbkoordinationen mit, die für das Verhalten eben dieser Tierart kennzeichnend ist.

Wie erbt nun ein Tier ein solches Verhaltensrepertoir? In gleicher Form, wie es alles erbt: in Form von Desoxyribonucleinsäure (DNA).

Die Gene der DNA vermögen stereotype Verhaltensweisen auf zweierlei Weise zu bestimmen. Als erstes können sie ein präzises Netzwerk von miteinander verschalteten Muskel- und Nervenzellen vorgeben, die im Laufe der Embryonalentwicklung an die richtige Stelle gebracht und miteinander „verdrahtet" werden. Ein stereotypes Verhalten wird jedoch nur in bestimmten Situationen oder Lebensphasen des Tieres und nur durch die koordinierte Aktivität bestimmter Muskel- und Nervenzellen ausgelöst. Demnach müssen die Gene zum zweiten noch für Steuerelemente sorgen: Substanzen, die bestimmte bestehende Schaltstellen in einer starr vorgegebenen Weise erregen oder hemmen und so das Bewegungsmuster einer Erbkoordination zum richtigen Zeitpunkt erzeugen.

Als Molekularbiologen, die das Nervensystem erforschen, versuchen wir, solche Steuerelemente und die Gene, die deren Synthese bestimmen, zu identifizieren. Wir hoffen, so schließlich etwas über die Faktoren zu erfahren, die bei der Erzeugung angeborener Verhaltensrepertoires eine Rolle spielen und herauszubekommen, auf welche Weise sie sich innerhalb einer Art und wie sie sich in verschiedenen Arten entwickelt haben.

Allerdings ist es unwahrscheinlich, daß spezifische Verhaltensweisen direkt die Ausprägung eines spezifischen Gens widerspiegeln, wie es solche Merkmale wie Augenfarbe oder erbliche Hämoglobin-Defekte tun. Das Zentralnervensystem integriert und filtert die Weisungen der Gene auf eine Art und Weise, die meistenteils experimentell nicht zugänglich ist. Je komplexer das Zentralnervensystem, desto schwerer ist die Beziehung zwischen den Erbfaktoren, dem Genotyp, und den sichtbaren Merkmalen, dem Phänotyp, zu erfassen.

Verhaltensbestimmende Gene lassen sich leichter an einem Lebewesen untersuchen, das zwar komplex genug ist, interessante Verhaltensmuster zu zeigen, aber doch so einfach, daß sein Verhalten identifizierbaren Zellen zugeordnet werden kann. Ein solches Tier ist *Aplysia*, der Seehase: eine große gehäuselose Meeresschnecke, die immerhin zwischen fünf und zehn Pfund wiegt (Bild 1). Mit ihr arbeiten wir.

Das Zentralnervensystem der Schnecke ist einfach: Es besteht aus rund zwanzigtausend Nervenzellen (Neuronen), die in vier paarigen Kopfganglien und einem Abdominal- oder Eingeweideganglion zusammengefaßt sind. Das Säugerhirn mit seinen vielleicht eine Million mal mehr Neuronen sticht davon schon quantitativ scharf ab.

Vorteilhaft ist auch, daß die Neuronen von *Aplysia* bis zu einem Millimeter Durchmesser erreichen können, also mehr als das Tausendfache einer typischen menschlichen Gehirnzelle. Die meisten dieser riesigen Zellen enthalten entsprechend viel DNA: bis zu einem Mikrogramm, und damit hunderttausendmal soviel wie ein typisches Säuger-Neuron. Funktionen, die in einem komplexeren Nervensystem von einer stattlichen Zahl verwandter Neuronen ausgeführt werden, vermag eine einzige solche Zelle von *Aplysia* allein zu bewältigen.

In einer Reihe eleganter Experimente haben vor allem Eric R. Kandel und seine Kollegen am College of Physicians and Surgeons der Columbia-Universität in New York spezielle Verhaltensmuster mit der Funktion bestimmter Zellen in Verbindung bringen können. Darauf aufbauend haben wir und unsere Kollegen die Aktivität bestimmter Gene in einzelnen Zellen untersucht; so gelang es uns, Gene einem speziellen Verhaltensmuster zuzuordnen.

Eiablage und Eilegehormon

Eine geschlechtsreife *Aplysia* tut fast nichts anderes als zu fressen und sich fortzupflanzen. Ihr Fortpflanzungsverhalten ist zum Teil hochritualisiert und umfaßt eine koordinierte Abfolge stereotyper Verhaltensmuster für Balz, Kopulation und Eiablage.

Aplysia ist ein echter Zwitter; ein Individuum fungiert sowohl als Männchen wie als Weibchen, meist sogar gleichzeitig. Dabei kopulieren oft ein halbes Dutzend oder mehr Tiere in einer langen „Begattungskette" miteinander, die manchmal sogar zum Kreis geschlossen ist. Danach werden die im Genitalgang befruchteten Eier an irgendeinem festen Gegenstand abgelegt, und zwar in einer komplizierten, aber völlig stereotypen Abfolge koordinierter Verhaltensweisen. Die daran beteiligten Gene sind es, die wir untersuchen.

Aplysia legt ihre Eier in langen Laichschnüren ab. Über eine Million Eier sind darin aneinandergereiht. Sobald sich der Genitalgang kontrahiert und die Laichschnur auszustoßen beginnt, hört die Schnecke auf zu kriechen und zu fressen. Ihr Herzschlag und ihre Atemfrequenz erhöhen sich. Sie faßt die Laichschnur mit dem Mund, um dem Ausstoßen mit einer Folge charakteristischer schwenkend-ziehender Kopfbewegungen nachzuhelfen und die Schnur zu einem Knäuel aufzuwickeln (Bild 1). Dabei sondert eine kleine Drüse eine klebrig schleimige Substanz in den Mund ab. Das Tier klebt die damit beschmierte Laichmasse dann mit einer letzten kräftigen Kopfbewegung an eine feste Unterlage, einen Felsen etwa.

Hier sind also mehrere grundverschiedene Handlungen in streng koordinierter Folge vereint, um *eine* Aufgabe zu erfüllen – die Eier in einer Weise abzulegen, daß sie während ihrer Entwicklung geschützt sind. Welche Substanzen steuern nun dieses streng koordinierte Verhaltensmuster und welche Gene codieren dafür? Wo werden die Substanzen überhaupt hergestellt?

Vor einigen Jahren haben Kandel und Irving Kupfermann an der Oberseite des Eingeweideganglions zwei traubig angeordnete Neuronen-Gruppen, die sogenannten Beutelzellen (*bag cells*), identifiziert (Bild 2). Ein Extrakt dieser Zellen löste, wenn er einer lebenden Schnecke injiziert wurde, das gesamte Verhaltensmuster der Eiablage aus, obwohl die Tiere

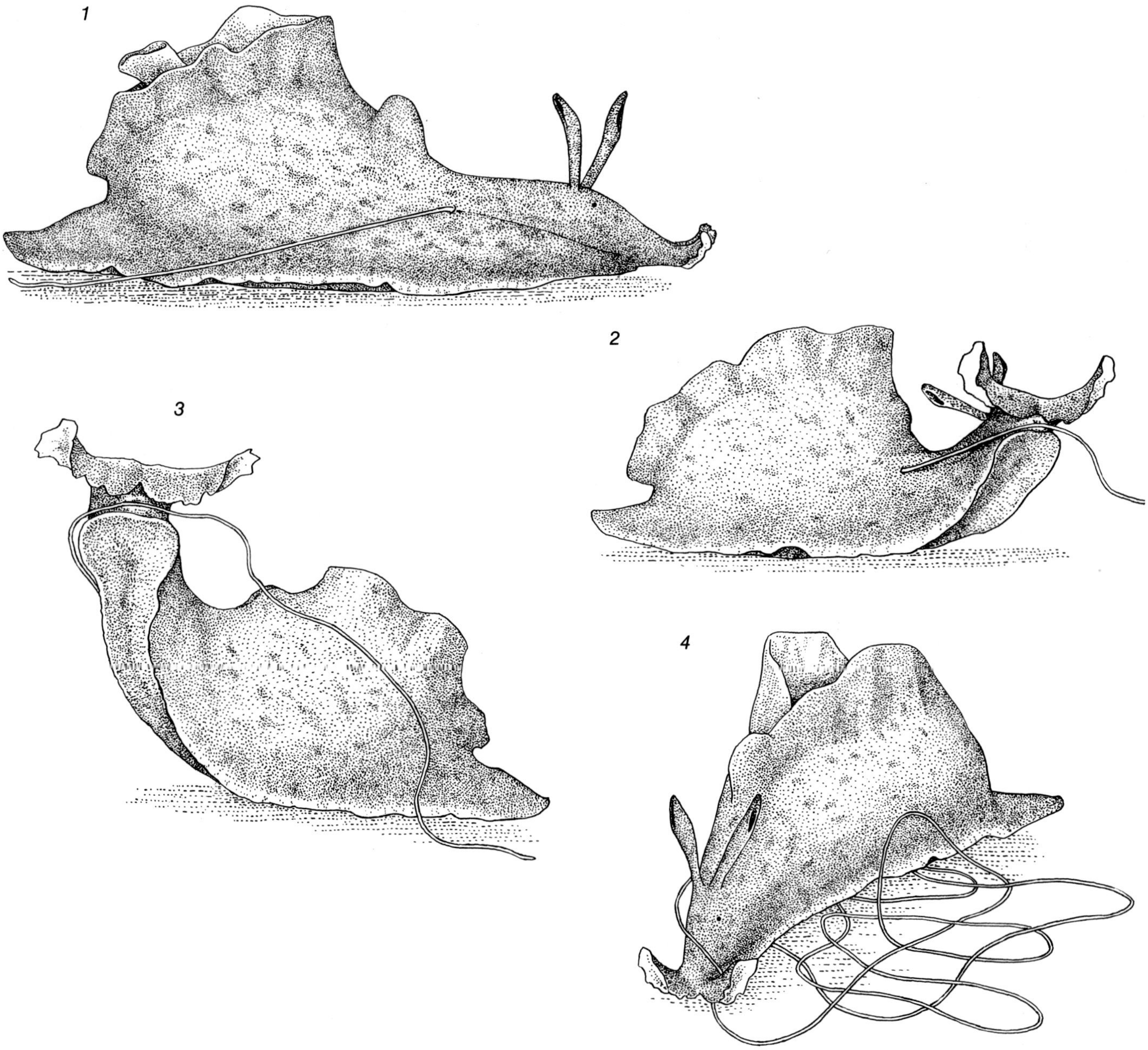

Bild 1: Der Seehase *Aplysia*, eine große Meeresschnecke, legt seine Eier in langen Laichschnüren ab. Die dabei auftretenden stereotypen Verhaltensmuster sind angeboren. Wenn die sich kontrahierenden Muskeln des Genitalgangs einen solchen Strang von Eiern ausstoßen (1), faßt die Schnecke ihn mit dem Mund (2) und hilft mit charakteristischen ziehenden Kopfbewegungen nach (3). Schließlich heftet sie die aufgeknäulte Laichschnur mit einer klebrigen Substanz an einen festen Gegenstand (4). Das hier gezeichnete Tier war unbegattet, seine Eier sind daher unbefruchtet. Sein Eiablage-Verhalten war experimentell durch Injektion eines Extraktes aus den Beutelzellen (Bild 2) ausgelöst worden, die ein Polypeptid synthetisieren, von dem das „Eilege"-Hormon (ELH) und andere für das Eiablage-Verhalten zuständige Peptide abgespalten werden.

nicht kopuliert hatten und somit nur unbefruchtete Eier besaßen (Bild 1). In weiterführenden Untersuchungen isolierten dann Stephen W. Arch vom Reed College und Felix Strumwasser vom California Institute of Technology einen der aktiven Beutelzell-Faktoren aus dem Extrakt und identifizierten ihn als ein Peptid, ein kleines Protein, aus 36 Aminosäuren. Daß der Faktor in den Schnecken nur einige, aber nicht alle der mit der Eiablage einhergehenden Verhaltensweisen auslöste, ließ darauf schließen, daß er nur einer von mehreren Faktoren war, die zusammen das Verhaltensrepertoire der Eiablage steuern.

Strumwasser analysierte dann die Aminosäuresequenz des Neuropeptids, das den Namen „Eilegehormon", abgekürzt ELH, erhalten hat. Nun besteht aber zwischen der Aminosäuresequenz eines Proteins und der Nucleotidsequenz des entsprechenden Gens eine lineare Beziehung. Daher verlagerte sich mit der

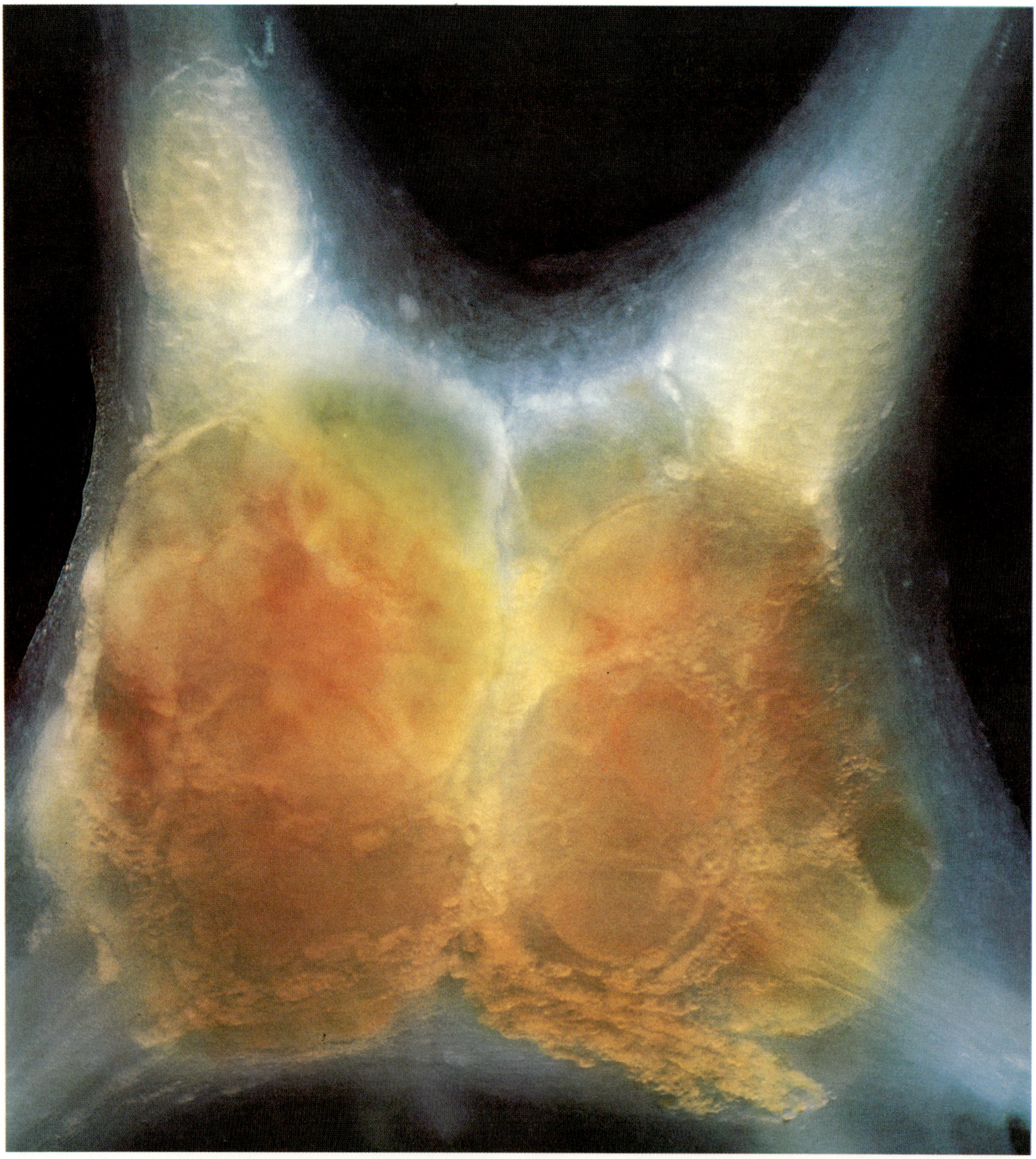

Bild 2: Die Mikroaufnahme zeigt das Eingeweideganglion von *Aplysia* in 40facher Vergrößerung. Die beiden traubenförmigen Verbände der ELH-synthetisierenden Beutelzellen liegen quer über den beiden Nervenfaserbündeln oben im Bild. Im Ganglion selbst sind einige sehr große Neuronen zu erkennen. Viele dieser Nervenzellen lassen sich individuell identifizieren; das heißt, sie liegen bei allen Individuen dieser Schneckenart an derselben Stelle. ELH und seine Begleit-Peptide beeinflussen, wie sich gezeigt hat, spezifisch die Aktivität gewisser Neuronen.

Identifizierung und Sequenzanalyse eines verhaltenssteuernden Peptids ein Problem der Verhaltensbiologie mitten in die Molekulargenetik.

Isolation des ELH-Gens

Zusammen mit Linda B. McAllister, James F. Jackson, James H. Schwartz und Kandel machten wir uns nun daran, das ELH-Gen aus dem Genom, also der kompletten DNA-Austattung von *Aplysia*, zu isolieren. Die gentechnologischen Verfahren dafür basieren auf sogenannter rekombinanter DNA. Man stellt zunächst eine „Bibliothek" rekombinierter DNA-Moleküle her, von denen jedes ein kleines Teilstück des *Aplysia*-Genoms enthält, und durchsucht sie dann mit einer Sonde, die das ELH-Gen erkennt.

Wir haben die *Aplysia*-DNA in viele tausend Fragmente gespalten, die so berechnet waren, daß jedes nur ein Gen oder höchstens vielleicht ein paar Gene enthielt. Diese Fragmente haben wir dann mit der DNA des Phagen Lambda, eines Bakterienvirus, rekombiniert und in die Eiweißhülle des Phagen verpackt. Die hybriden Phagen dienten gleichsam als Gen-Fähre, um die kleinen DNA-Stücke von *Aplysia* in Bakterien einzuschleusen und dort zu klonieren.

Wird ein Bakterienrasen auf einer Kulturplatte mit hybriden Phagen geimpft, so infiziert jeder Phage eine Bakterienzelle und vermehrt sich darin. Seine Nachkommen töten die Wirtszelle und befallen benachbarte, so daß schließlich ein Loch, ein Plaque, im Bakterienrasen entsteht. Jeder Plaque beherbergt einen Klon, einen Stamm aus Millionen von Phagen, die alle von ein und demselben hybriden Phagen abstammen. Damit enthält jeder Plaque auch ebensoviele Kopien eines einzigen DNA-Fragments von *Aplysia*.

Bei der Wahl der Sonde, mit der die Klone auf das ELH-Gen abgesucht werden sollten, nutzten wir aus, daß die Beutelzellen – anders als nichtneurale Zellen – reichlich ELH synthetisieren und daher eine große Menge an ELH-Boten-RNA enthalten mußten. An dieser Stelle sind einige Erklärungen notwendig.

Die DNA ist ein doppelsträngiges Kettenmolekül mit vier verschiedenen Nucleotiden als Untereinheiten. In der Reihenfolge dieser Nucleotide ist die genetische Information verschlüsselt. Jeweils drei Nucleotide eines Gens bilden zusammen ein Codewort, ein Codon, für eine der 20 Aminosäuren, aus denen sich die Proteine aufbauen.

Die DNA wird jedoch nicht direkt in ein Protein übersetzt oder translatiert, wie der Fachmann sagt. Ihr codierender Strang wird zunächst in einen ihm ähnlichen Strang aus Ribonucleinsäure (RNA) abgeschrieben, transkribiert. Diese Boten-RNA, deren Sequenz die des Gens widerspiegelt, wird dann gemäß dem genetischen Code in Protein übersetzt.

Da die Boten-RNA für das ELH nur in den Beutelzellen, nicht aber in nichtneuralem Gewebe vorherrscht, isolierten wir jeweils aus den Beutelzellen und aus nichtneuralen Zellen die gesamte Boten-RNA und kopierten sie in eine komplementäre, radioaktiv markierte DNA um. Diese ließen wir dann mit den rekombinierten Klonen reagieren, und zwar unter Bedingungen, bei denen sich zu Einzelsträngen geöffnete DNA-Abschnitte mit anderen passenden Strangabschnitten wieder zu Doppelsträngen zusammenlagern, hybridisieren. Die komplementäre einzelsträngige ELH-DNA wird daher mit Abschnitten in den klonierten *Aplysia*-Genen hybridisieren, die für ELH codieren, während die nichtneurale komplementäre DNA dies nicht tut. Die Klone nun, die nur mit der radioaktiven ELH-Sonde, nicht aber mit der nichtneuralen Sonde hybridisieren, lassen sich autoradiographisch – an der Schwärzung eines darübergelegten strahlenempfindlichen Films – erkennen.

Auf diese Weise identifizierten wir eine Reihe von Klonen, die ELH-Gene enthielten. (Wie wir noch erklären werden, handelt es sich um drei etwas verschiedene Gene, die sich aber so ähneln, daß die Sonde aus den Beutelzellen mit allen dreien hybridisiert.)

Einige der ELH-Gene tragenden Phagen-Klone kultivierten wir in großen Mengen, isolierten ihre rekombinierte DNA und ließen sie mit ELH-Boten-RNA reagieren. Auf elektronenmikroskopischen Aufnahmen konnten wir dann die Stellen auf dem langen rekombinierten DNA-Molekül erkennen, an denen die RNA mit den zu ihr komplementären Abschnitten hybridisierte (Bild 3). Auf diese Weise ließ sich exakt der DNA-Abschnitt eingrenzen, der das ELH-Gen umfaßt.

Weitere „Eilege"-Peptide

Anschließend haben wir die Nucleotidsequenz des so isolierten ELH-Gens bestimmt und sie – über den genetischen Code – in die Aminosäuresequenz der zugehörigen Proteinkette übersetzt. Danach muß das Proteinprodukt des Gens aus 271 Aminosäuren bestehen. Nun wußten wir aber, daß das ELH, also das Hormon, selbst nur 36 Aminosäuren enthält, und tatsächlich ließ sich die kurze ELH-Sequenz in der längeren Protein-Sequenz erkennen (Bild 3, unten).

Das ELH-Peptid wird an beiden Enden von Lysin und Arginin flankiert – einem Aminosäurepaar, das als Spaltsignal bekannt ist. Dort zerschneiden spezifische Enzyme die lange Kette eines Vorläufer-Proteins, um ein kleineres aktives Protein oder ein Peptid daraus zu machen. Die einleuchtendste Erklärung war daher, daß die Kette aus 271 Aminosäuren ein Vorläufer-Molekül darstellt, aus dem das EHL abgespalten wird.

Verwunderlich war allerdings, daß das ELH-Peptid nur einen so kleinen Teil des vom ELH-Gen codierten Protein-Produkts ausmachte. Wird der Rest des Vorläufers einfach ungenutzt verworfen oder könnte er doch noch andere biologisch aktive Peptide enthalten?

Wir durchsuchten die Proteinkette nach weiteren Spaltsignalen und entdeckten insgesamt zehn davon. Würde jede Stelle erkannt und durchtrennt, entstünden elf verschiedene Peptide aus dem einen ELH-Vorläufer-Protein. Könnten diese Peptide etwa weitere das Eiablage-Verhalten kontrollierende Elemente sein? Eine wirklich aufregende Möglichkeit.

Earl M. Mayeri und seine Kollegen an der medizinischen Fakultät der Universität von Kalifornien in San Francisco waren damals gerade dabei, die physiologischen Eigenschaften der von den Beutelzellen ausgeschütteten Neuropeptide zu untersuchen. Wir schlossen uns ihnen an, um zu sehen, ob sich einige der aus der ELH-Gensequenz abgeleiteten Peptide in den Beutelzell-Extrakten wiederfänden und, wenn ja, ob sie im Nervensystem aktiv wären.

Mayeri und Barry S. Rothman konnten tatsächlich drei weitere kleine Peptide identifizieren und sequenzieren: den Alpha- und den Beta-Beutelzell-Faktor sowie das saure Peptid. Alle drei waren wie ELH – von Spaltstellen flankiert im Code des von uns isolierten Gens vorhanden (Bild 4, oben). Elektrophysiologische Experimente zeigten, daß drei der vier Peptide, nämlich ELH sowie die Beutelzell-Faktoren Alpha und Beta, bestimmten Neuronen des Eingeweideganglions als Überträgersubstanz, als Neurotransmitter, dienen. Sie vermitteln also die Weiterleitung elektrischer Signale von einer Nervenzelle zur anderen.

ELH ist hier ein erregend wirkender, ein exzitatorischer Transmitter, der die Spikerate des mit *R*15 bezeichneten Neurons im Eingeweideganglion erhöht. Das Neuron „feuert" dann verstärkt, also mit einer höheren Frequenz (Bild 4, unten). Außerdem diffundiert ELH in den Kreislauf der Schnecke und regt die glatte Muskulatur des Genitalgangs an, sich zu kontrahieren und die Laichschnur herauszupressen. ELH wirkt dann nicht

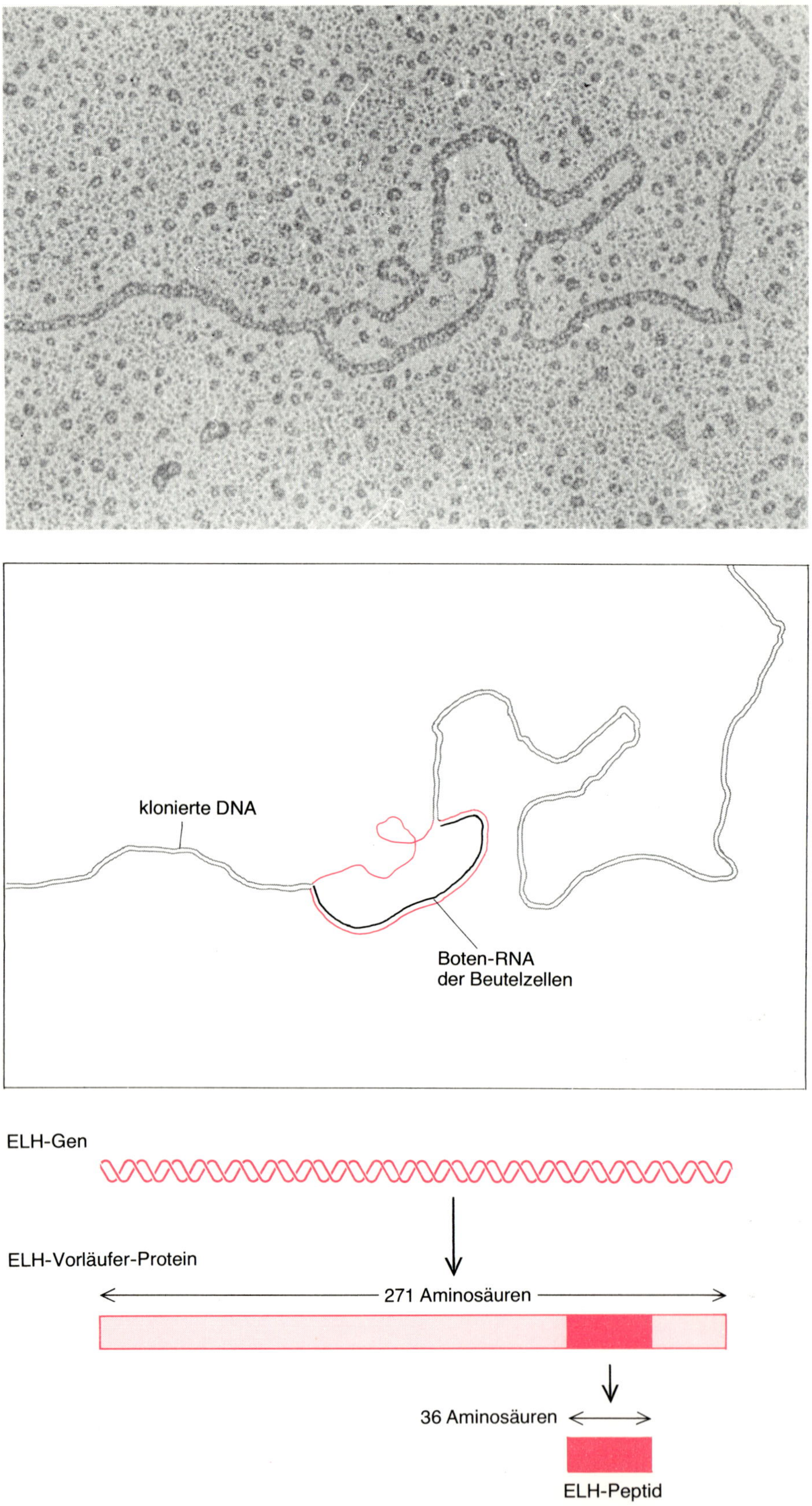

Bild 3: Das ELH-Gen wurde, wie die elektronenmikroskopische Aufnahme und die Zeichnung darunter erkennen lassen, durch Hybridisierung lokalisiert. Teilstücke der *Aplysia*-DNA wurden dazu mit der DNA eines bakteriellen Virus, eines Phagen, rekombiniert und dann kloniert. Die DNA des Phagen-Klons, der – wie eine DNA-Sonde anzeigte – ein ELH-Gen enthielt, wurde dann mit ELH-Boten-RNA unter Bedingungen vermischt, welche die Bildung von hybriden DNA-RNA-Doppelsträngen fördert. Die RNA (schwarz) hybridisierte mit dem komplementären Strang des ELH-Gens (farbig), wobei sie den Doppelstrang der klonierten DNA an dieser Stelle „teilte" und so die Position des Gens darin anzeigte. Die Sequenzanalyse des ELH-Gens ergab, daß es für ein Vorläufer-Protein aus 271 Aminosäuren codiert. Das 36 Aminosäuren lange ELH-Peptid ist nur ein Teilstück davon.

als Transmitter, sondern als Hormon (als das es auch entdeckt wurde).

Der Beta-Beutelzell-Faktor ist ebenfalls ein exzitatorischer Transmitter. Er veranlaßt die beiden symmetrisch im Ganglion gelegenen Neuronen *L*1 und *R*1 zu feuern. Die Funktion von *L*1 und *R*1 (*L* und *R* stehen für links und rechts) ist noch unbekannt.

Das dritte Neuropeptid, der Alpha-Beutelzell-Faktor, ist ein inhibitorischer Transmitter. Er hemmt vier Neuronen, die eine Gruppe bilden: *L*2, *L*3, *L*4 und *L*6. Zudem scheint er auch einen positiven Rückkopplungseffekt zu haben; er kann die Beutelzellen erregen, die ihn ausgeschüttet haben.

Daß diese drei unterschiedlichen, von einem einzigen Gen codierten Peptide die Aktivität verschiedener Gruppen von Neuronen (und Muskelzellen) beeinflussen, läßt auf einen interessanten Mechanismus schließen, der die komplexe Folge von Verhaltensweisen bei der Eiablage erzeugt.

Ein einziges Gen scheint hier für ein Polypeptid zu codieren, das in eine Anzahl kleinerer biologisch aktiver Peptide gespalten wird. Vielleicht werden sogar sämtliche Komponenten des Eiablage-Verhaltens von Peptiden dieses einen Gens vermittelt. Dann gäbe es einen Alles-oder-Nichts-Effekt: Keine einzige der Verhaltenskomponenten würde ohne die anderen auftreten. Überdies wäre über die Synthese des Polypeptids eine Reihe zusammengehörender Verhaltensweisen zeitlich streng aufeinander abgestimmt, eben koordiniert. Ein einziges Gen, das für mehrere neuroaktive Peptide codiert, könnte so eine komplexe Folge angeborener Verhaltensweisen, eine Erbkoordination, bestimmen.

Eine Gen-Familie

Wenn tatsächlich einem einzigen Polypeptid entstammende Peptide das Eiablage-Verhalten ablaufen lassen, was steuert dann die Freisetzung der Peptide, damit sie die Handlungsfolge zur rechten Zeit im Fortpflanzungszyklus auslösen? ELH und die anderen mutmaßlichen Eiablage-Peptide werden nach langanhaltender elektrischer Erregung der Beutelzellen ausgeschüttet.

Strumwassers Arbeitsgruppe hat nun zwei mit *A* und *B* bezeichnete Peptide isoliert und sequenziert, die in der Atrium-Drüse der Schnecke, einem Organ des Geschlechtsapparats, gebildet werden. Die Injektion dieser Peptide ruft eine Erregung der Beutelzellen hervor und veranlaßt sie, ELH und seine Begleit-Peptide auszuschütten. Ob die *A*- und *B*-Peptide in der Natur tatsächlich die Eiablage auslösen, ist noch nicht be-

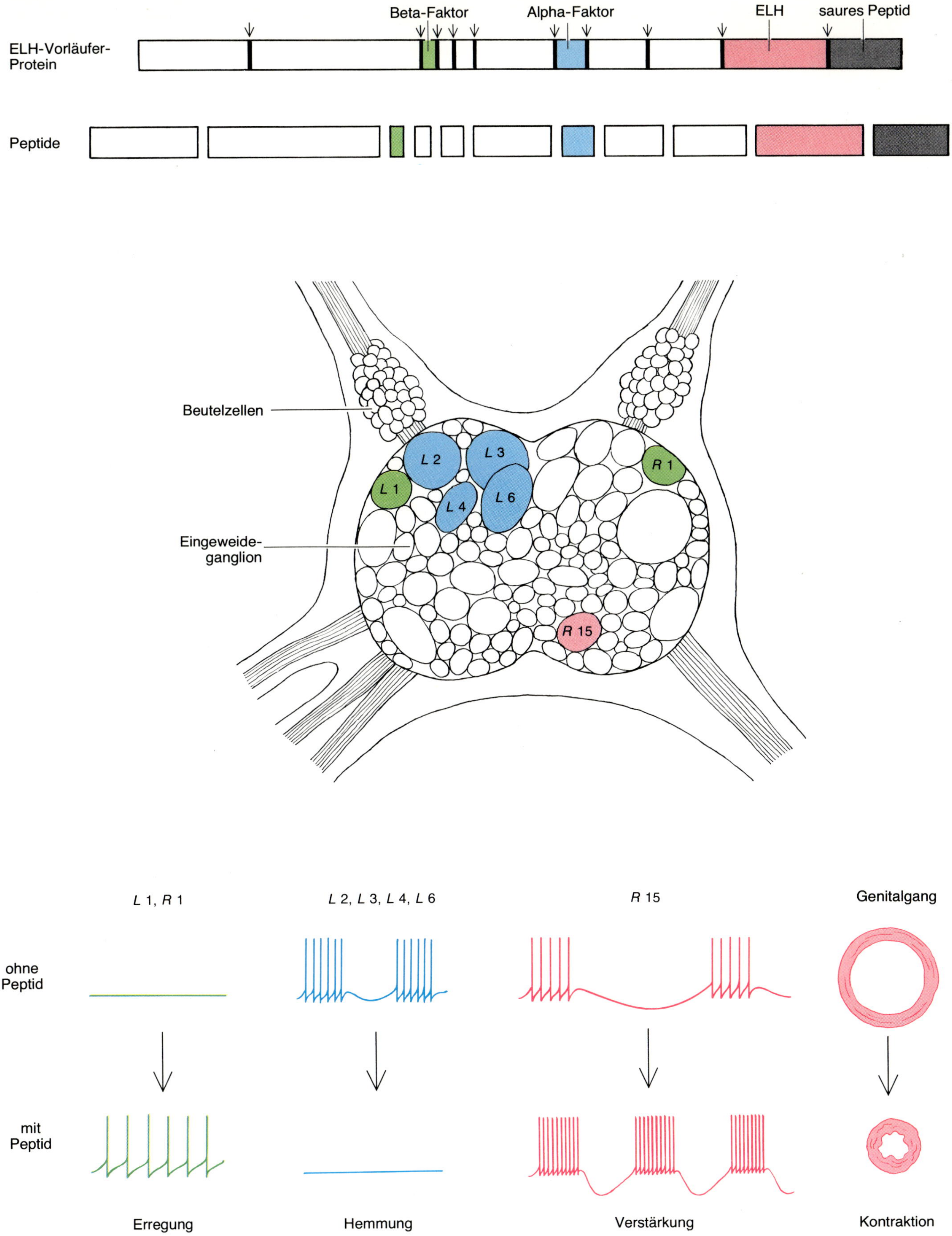

Bild 4: Der ELH-Vorläufer ist ein Polypeptid, das mehrere biologisch aktive Peptide enthält. Er besitzt zehn Signalstellen (Pfeile), an denen Enzyme, sogenannte Endopeptidasen, die Proteinkette spalten (oben). Eine komplette Spaltung ergäbe elf Peptide (zweite Reihe von oben). Vier von ihnen, der Alpha- und der Beta-Beutelzell-Faktor, das ELH und das saure Peptid, werden, wie man weiß, aus den Beutelzellen freigesetzt und dienen – bis auf das saure Peptid – als Neurotransmitter, welche die Aktivität bestimmter Neuronen im Eingeweideganglion verändern (unten). Der Beta-Faktor erregt die Zellen *L*1 und *R*1, der Alpha-Faktor hemmt die Zellen *L*2, *L*3, *L*4 und *L*6, ELH läßt *R*15 verstärkt „feuern". ELH wirkt außerdem, in den Kreislauf abgegeben, als Hormon, das den Genitalgang veranlaßt, sich während der Eiablage zu kontrahieren.

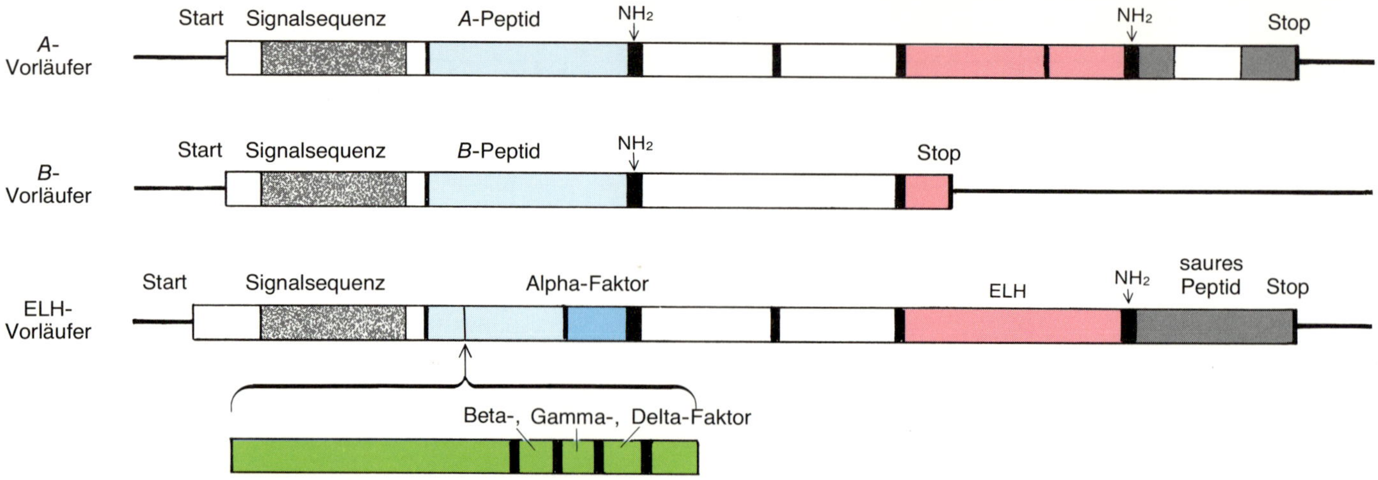

Bild 5: Die drei Vorläufer-Proteine, die von den drei Mitgliedern der ELH-Genfamilie codiert werden, sind hier einander gegenübergestellt. Sie werden an bestimmten Stellen gespalten (schwarze Linien) und einige der so entstandenen aktiven Peptide dann amidiert (NH_2). Allen drei Vorläufern gemeinsam ist eine Signalsequenz (links), gefolgt von einigen homologen, das heißt sehr ähnlichen Regionen, aus denen je nach Vorstufe das *A*- oder *B*-Peptid oder ELH und das saure Peptid hervorgehen. Veränderungen in einem einzigen Nucleotid der *A*- und *B*-Gene verhindern, daß aus dem zugehörigen Vorläufer-Protein aktives ELH entstehen kann (Bild 7). Im ELH-Gen ist die Nucleotidsequenz für das *A*- beziehungsweise *B*-Peptid durch einen Einschub unterbrochen, der für 80 Aminosäuren codiert. So entstehen weitere aktive Peptide (Bild 6).

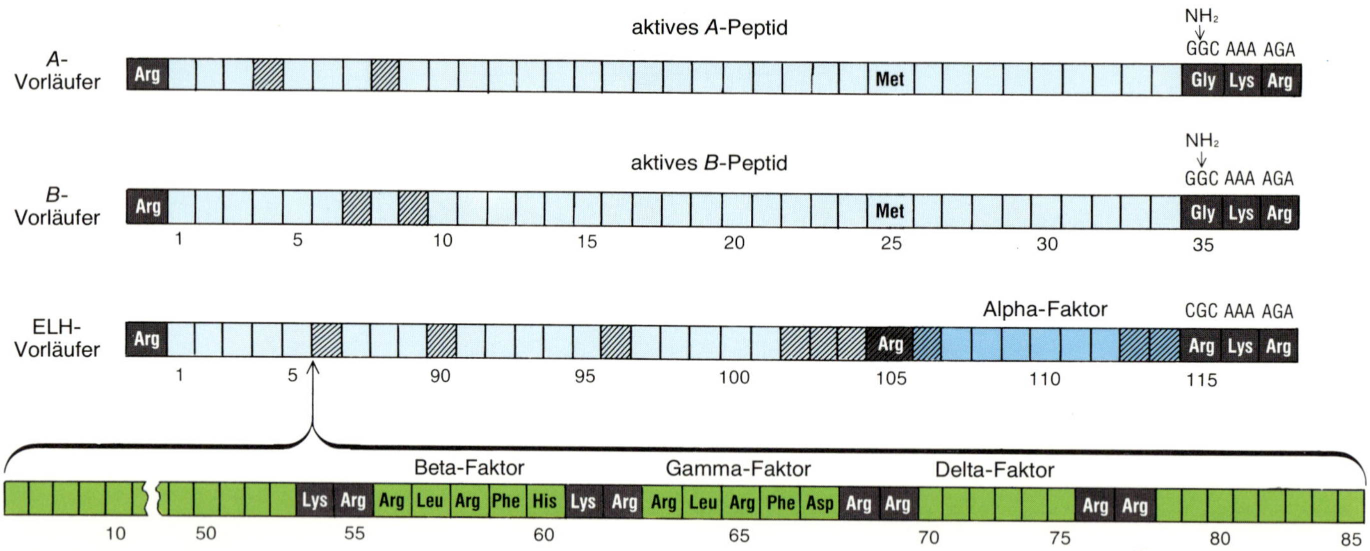

Bild 6: Ein Einschub aus 80 Aminosäuren unterbricht im ELH-Vorläufer die den *A*- und *B*-Peptiden homologe Region. Er wird an Lysin-Arginin- oder Arginin-Arginin-Paaren durchtrennt. Dabei entstehen drei Peptide: der Beta-, der Gamma- und der Delta-Beutelzell-Faktor. Der Beta- und der Gamma-Faktor sind fast identisch; vermutlich gehen sie auf die Verdopplung einer kurzen Nucleotidsequenz in der DNA zurück. In Position 105 der homologen Region steht anstelle von Methionin ein Arginin, das eine weitere Spaltstelle und damit ein weiteres aktives Peptid schafft: den Alpha-Beutelzell-Faktor. Bis auf den Einschub und die schraffierten Stellen sind die drei Vorläufer einander sehr ähnlich.

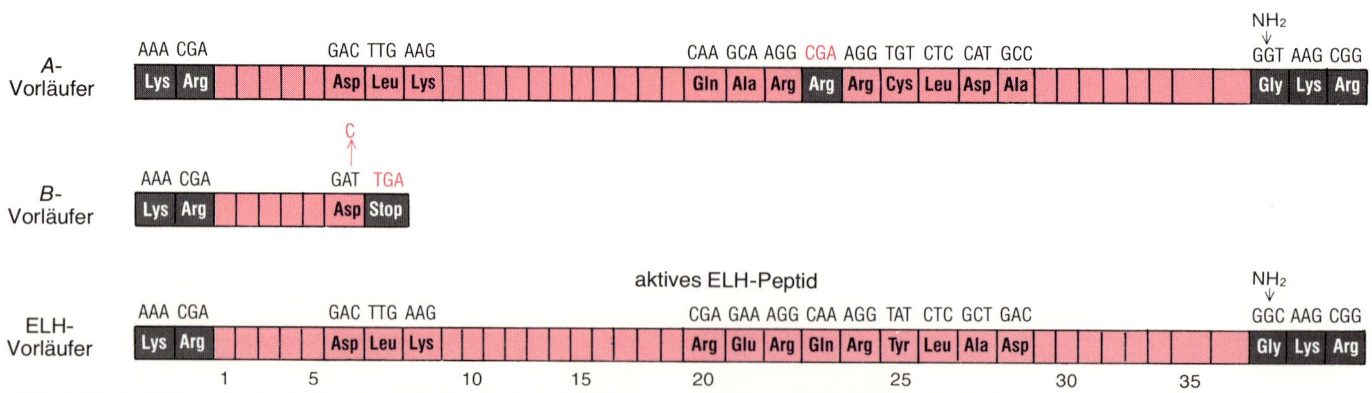

Bild 7: Die ELH-Homologie-Region unterscheidet sich bei allen drei Genen nur wenig, daß heißt, die Nucleotidsequenz der DNAs und damit die Aminosäuresequenz der Vorläuferproteine ist fast gleich. Jede Aminosäure wird von einem Codon, einer Dreiergruppe der vier möglichen DNA-Nucleotide (*A*, *G*, *C* und *T*), codiert. Nur die wichtigeren sind hier angegeben. Einzig das ELH-Gen läßt aktives ELH entstehen. Im Gen des *A*-Peptids ist in Position 23 ein *A* durch ein *G* ersetzt, so daß dieses Codon nun für Arginin codiert. Zusammen mit den beiden flankierenden Argininen ergibt das im *A*-Vorläufer eine mögliche Spaltstellen, so daß kein aktives ELH entstehen kann. Im Gen des *B*-Peptids ist im sechsten Codon ein *C* entfernt und dadurch das Leseraster verschoben worden. In Position 7 steht jetzt mit *TGA* ein Stop-Codon: Es signalisiert, dort die Übersetzung von Boten-RNA in Protein zu beenden. Das Vorläufer-Protein des *B*-Gens ist daher kürzer als die beiden anderen Vorläufer.

wiesen. Im Labor jedenfalls erweisen sie sich als Faktoren, welche das Freisetzen der Beutelzell-Peptide kontrollieren.

Als wir die *A*- und *B*-Peptide mit unserem ELH-Vorläufer-Protein verglichen, zeigte sich, daß es in dessen Aminosäuresequenz kurze Abschnitte gibt, die völlig oder fast völlig mit den beiden Peptiden übereinstimmen. Solche Abschnitte bezeichnet man als homolog.

Der Leser wird sich daran erinnern, daß bei unseren Klonierungsexperimenten die Sonde, die wir aus der ELH-Boten-RNA gewonnen hatten, mit drei leicht unterschiedlichen DNAs hybridisierte. Nur eine davon codierte aber für ELH und seine Begleitpeptide. Möglicherweise gehörten die drei DNAs einer gemeinsamen Gen-Familie an, von der ein Mitglied für ELH und die beiden anderen für die *A*- und *B*-Peptide codieren.

In einer Reihe von Hybridisierungsexperimenten konnten wir zeigen, daß die Boten-RNA dieser beiden mit dem ELH-Gen verwandten Gene tatsächlich in der Atrium-Drüse gebildet wird, wo Strumwasser die beiden Peptide entdeckt hatte. Wir bestimmten die Nucleotidsequenz der beiden Gene und übersetzten sie in die zugehörige Aminosäuresequenz.

Es war sofort zu erkennen, daß die beiden Gene zwar nahe mit dem ELH-Gen verwandt sind, aber nicht für das in den Beutelzellen aktive ELH-Peptid, sondern für die *A*- und *B*-Peptide der Atrium-Drüse codieren (Bild 5). Die drei Gene gehören offensichtlich einer kleinen Familie von Genen an, die auf einen gemeinsamen stammesgeschichtlichen Ursprung zurückgehen, sich aber auseinanderentwickelt haben und nun unterschiedliche, aber funktionell verwandte Gruppen von Peptiden erzeugen.

Ein genauer Vergleich der drei Nucleotid- und Aminosäuresequenzen macht deutlich, wie weit die Übereinstimmungen gehen und welches die Unterschiede sind (Bilder 5, 6 und 7). Jedes Gen codiert ein Vorläufer-Protein, in dem Lysin-Arginin-Paare (oder auch ein oder zwei Arginine) die Aminosäureblöcke begrenzen, welche dann durchtrennt die aktiven Peptide ergeben.

Alle drei Vorläufer beginnen mit einer charakteristischen Signalsequenz aus rund 25 Aminosäuren, die für die Bearbeitung der Proteinkette bestimmend ist. Die frisch übersetzte Kette fädelt sich in das sogenannte rauhe endoplasmatische Retikulum ein, ein Membransystem, in dessen Sammelkanälen die Modifikation beginnt. Die Signalsequenz wird abgespalten, und Zucker- und Phosphatmoleküle werden angekoppelt. Danach gelangt das Vorläufer-Protein in den sogenannten Golgiapparat, wo es gespalten wird. Die entstandenen Peptide werden in kleine membranumhüllte Bläschen, in Vesikel, eingeschlossen, die dann auf einen adäquaten Reiz hin mit der äußeren Membran der Zelle verschmelzen und so ihren Inhalt abgeben. Die Peptide können nun auf benachbarte Zellen einwirken, durch das Ganglion diffundieren oder in den Kreislauf eintreten.

Familiäre Unterschiede

Hinter der gemeinsamen Signalsequenz beginnen sich die drei Vorläufer-Proteine zu unterscheiden. Betrachten wir zunächst einmal die beiden *A*- und *B*-Vorläufer-Proteine. Ein einziges Arginin signalisiert jeweils den Anfang des *A*- und *B*-Peptids. Beide bestehen aus 34 Aminosäuren, die weitgehend, aber nicht völlig übereinstimmen (Bild 6).

Am Ende dieser Peptide steht die Sequenz Glycin-Lysin-Arginin, die nicht nur als Spalt-, sondern auch als Transamidierungs-Signal dient. Sie sorgt dafür, daß eine Aminogruppe ($-NH_2$) die sonst übliche Hydroxylgruppe ($-OH$) am Ende des Peptids ersetzt. Die Transamidierung blockiert gewissermaßen das Peptidende und macht es wohl so für abbauende Enzyme weniger angreifbar.

Auf dieses Signal folgt in beiden Vorläufer-Proteinen ein Block aus 47 Aminosäuren, der mit keinem bekannten Peptid verwandt ist. Nach einer weiteren Lysin-Arginin-Spaltstelle kommt schließlich etwas, das wie der Anfang des ELH-Peptids aussieht. ELH wird jedoch in der Atrium-Drüse nicht hergestellt. Warum das so ist, läßt sich an der Basensequenz, also der Nucleotidsequenz der *A*- und *B*-Gene erkennen (Bild 7).

Die ersten 22 Aminosäuren des ELH werden vom *A*-Gen korrekt codiert. Dann, im 23. Codon, ist eine einzige DNA-Base ausgetauscht, so daß das Triplett jetzt nicht mehr Glutamin (wie im ELH), sondern Arginin bedeutet (Bild 7, oben und unten). So entsteht die Sequenz Arginin-Arginin-Arginin und damit eine mögliche Spaltstelle, an der das, was sonst das ELH-Peptid abgeben würde, aufgebrochen werden kann.

Auch im *B*-Gen hat sich nur an einem einzigen Nucleotid etwas geändert: Dem sechsten Codon ist das mittlere Nucleotid verlorengegangen, so daß sich das Leseraster der Basentripletts verschiebt und dabei ein Stop-Codon erzeugt wird (Bild 7, Mitte). Die Übersetzung der Boten-RNA hört daher nach den ersten sechs Aminosäuren des ELH auf.

Betrachten wir nun den ELH-Vorläufer, der in den Beutelzellen synthetisiert wird. Sein Gen stimmt in der Nucleotidsequenz weitgehend mit den *A*- und *B*-Genen überein. Und doch codiert es nicht für die beiden Peptide, sondern für das ELH und eine Reihe anderer an der Eiablage beteiligter Peptide. Der Vorläufer beginnt mit derselben Signalsequenz wie die *A*- und *B*-Vorläufer (Bild 5). Dann folgen die ersten fünf Aminosäuren des *B*-Peptids (Bild 6). Ab hier jedoch weicht der ELH-Vorläufer deutlich von den beiden anderen ab.

Das ELH-Gen enthält eine 240 Nucleotide lange eingeschobene Sequenz, die dem *A*- und *B*-Gen fehlt. Sie codiert für 80 Aminosäuren mit insgesamt vier Spaltsignalen, die drei Beutelzell-Faktoren mit der Bezeichnung Beta, Gamma und Delta zwischen sich eingrenzen. Der Beta-Faktor erregt, wie erwähnt, die Neuronen *L*1 und *R*1 des Eingeweideganglions.

Nach diesen 240 eingeschobenen Nucleotiden geht die Sequenz, ohne daß sich etwas am Leseraster änderte, mit dem Codon weiter, das der sechsten Aminosäure des *B*-Peptids entspricht. Der folgende Abschnitt ähnelt stark der Sequenz der *A*- und *B*-Gene. Eine besonders bedeutsame Abweichung ist eine neu eingeführte Spaltstelle an Position 105, durch die der neun Aminosäuren lange Alpha-Faktor der Beutelzellen entsteht (Bild 6, unten). Er hemmt, wie erwähnt, eine Gruppe von vier Neuronen des Eingeweideganglions.

Danach folgt ein Abschnitt, der den *A*- und *B*-Genen nur wenig homolog ist, bis ein Spaltsignal den Anfang des 36 Aminosäuren langen ELH-Peptids ankündigt. Das Ende dieses Peptids wird, wie bei den *A*- und *B*-Peptiden, von einer Stelle markiert, die als Doppelsignal für die Spaltung und Transamidierung fungiert. Bis zum Stop-Codon, an dem die Translation aufhört, bleiben noch 27 Aminosäuren. Sie bilden das saure Peptid, das ebenfalls von den Beutelzellen abgegeben wird, dessen Funktion aber noch unbekannt ist.

Wir haben hier also drei Gene mit drei gemeinsamen homologen Regionen: der *A*- beziehungsweise *B*-Region, der ELH-Region und der Region für das saure Peptid (Bild 5). Zudem haben auch diese drei Peptid-Regionen untereinander an bestimmten Positionen fast identische Sequenzen. Folglich stammen wohl alle drei Peptide von einem kleinen Ur-Peptid ab, dessen Gen sich verdreifacht und so ein großes, aus mindestens drei Peptiden zusammengesetztes Protein geschaffen hat. Offensichtlich hat sich dieses größere Gen nochmals verdreifacht, so daß drei unabhängige Gene entstanden sind, die sich dann auseinanderentwickelten, als sie sich auf unterschiedliche Funktionen zu spezialisieren begannen.

In dem einen oder anderen Gen dürften sich später noch gewisse kleine Bereiche verdoppelt haben, was aus der

Tatsache zu schließen ist, daß die beiden benachbarten Beta- und Gamma-Peptide im ELH-Vorläufer fast identisch sind (Bild 6, unten). Solche Vervielfachungen ermöglichen es vermutlich, Varianten zu entwickeln, ohne daß am ursprünglichen Gen viel geändert würde. Die einzelnen Versionen des Gens sind dann möglicherweise an verschiedenen Stellen, vielleicht sogar auf verschiedene Chromosomen übertragen worden.

Die Syntheseorte

Mit den klonierten ELH-Genen in der Hand konnten wir – gemeinsam mit McAllister und Kandel – der Frage nachgehen, ob die Gene außer in den Beutelzellen und der Atrium-Drüse auch in anderen Nervenzellen exprimiert werden, das heißt, ob sie dort in Boten-RNA abgeschrieben und in Protein übersetzt werden. Ferner konnten wir versuchen, die Entwicklung der Neuronen zu verfolgen, in denen diese Gene aktiv sind.

Wir wählten dazu zwei Methoden: die Hybridisierung auf Gewebeschnitten und die Immuncytochemie. Bei der Hybridisierung nutzt man den Umstand aus, daß immer dort, wo ein Gen exprimiert wird, auch die davon abgeschriebene RNA zu finden ist. Wir haben dazu einen Gewebedünnschnitt angefertigt, ihn auf einen Objektträger gelegt und so behandelt, daß die molekulare Sonde zur RNA in den Zellen Zugang hat. Werden radioaktiv markierte ELH-Gene als einzelsträngige DNA auf den Schnitt aufgebracht, so hybridisieren sie mit der komplementären Boten-RNA. Autoradiographisch läßt sich dann erkennen, wo solche Hybride zurückbleiben.

Mit der Immuncytochemie läßt sich hingegen die Anwesenheit des Peptids nachweisen. Dazu wird ein gegen das ELH-Peptid gerichteter Antikörper auf den Dünnschnitt aufgebracht. Er bindet sich an die Stellen, wo das Peptid vorhanden ist. Als nächstes wird ein zweiter, gegen den ersten gerichteter Antikörper aufgebracht, der mit einem fluoreszierenden Farbstoff markiert ist. Im Ultraviolettlicht fluoreszieren dann jene Zellen, die das gesuchte Peptid enthalten.

Auf diese Weise haben wir das gesamte Nervensystem der Schnecke durchsucht. Die beiden Methoden sind so empfindlich, daß sich damit einzelne, das ELH-Gen exprimierende Neuronen erkennen lassen, selbst wenn sie in Ganglien mit mehreren tausend nicht-exprimierenden Zellen stecken. Die Experimente zeigen, daß die Beutelzellen und die Zellen der Atrium-Drüse eindeutig der Hauptort der Synthese sind; doch werden die ELH-Boten-RNA und das Peptid selbst auch in einem ausgedehnten Netzwerk von Nervenzellen produziert – nicht nur im Eingeweideganglion, sondern auch in drei weiteren Ganglien (Bild 8).

Auf ähnliche Weise haben auch Strumwasser und Arlene Y. Chiu ELH-produzierende Neuronen außerhalb der Ansammlung von Beutelzellen identifiziert. Es sieht also so aus, als käme dem ELH eine umfassende Rolle als Neurotransmitter im gesamten Nervensystem von *Aplysia* zu.

Daß ELH-produzierende Zellen über vier der Ganglien verstreut liegen, wirft die Frage auf, wie sie im Laufe der Embryonalentwicklung entstehen. Mit Hilfe von Hybridisierungsexperimenten an Gewebeschnitten konnten wir bei sich entwickelnden Tieren feststellen, wann die ELH-Gene erstmals exprimiert werden und wo die sie exprimierenden Neuronen entstehen.

Bei *Aplysia* geht, wie bei allen Tieren, das Nervensystem aus dem Ektoderm, dem äußeren Keimblatt des Embryos, hervor. Die ELH-Gene sind, wie sich herausstellte, bereits in sehr frühen Larvenstadien der Schnecke aktiv, und zwar in einer außen auf dem Keim gelegenen Zone von primitiven Zellen, die zu Neuronen bestimmt sind. Später wandern diese Zellen an Bindegewebesträngen entlang zu ihren endgültigen Plätzen im Nervensystem des erwachsenen Tieres. Möglicherweise bringt ein einzelnes primitives Neuron durch Teilung eine Ansammlung ELH-produzierender Zellen hervor, die dann nicht nur an den Ort der

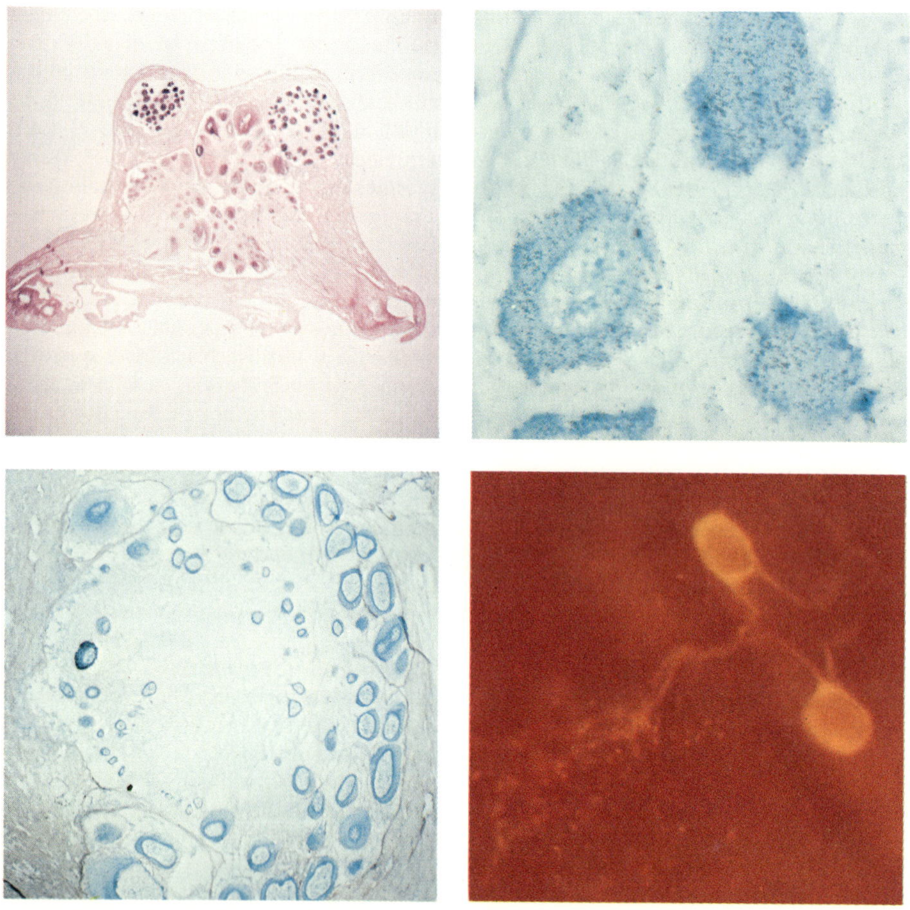

Bild 8: ELH-produzierende Zellen lassen sich in mikroskopischen Dünnschnitten nach zwei Methoden identifizieren: durch RNA-DNA-Hybridisierung (oben sowie links unten) und durch Immunfluoreszenz (rechts unten). Bei der Hybridisierung nutzt man aus, daß radioaktiv markierte Kopien des ELH-Gens mit der ELH-Boten-RNA in den herstellenden Zellen „gemischte",sprich hybride, Doppelstränge bilden, die sich autoradiographisch erkennen lassen. So zeigen die schwarzen Punkte in einem Dünnschnitt durch das Eingeweideganglion (links oben), daß die Beutelzellen in den beiden Kreisflächen am oberen Rand sowie ein einzelnes Neuron ungefähr in der Mitte des Ganglions ELH-Boten-RNA synthetisieren. Das Ganglion ist ungefähr 17fach vergrößert. Bei 400facher Vergrößerung läßt sich ELH-Boten-RNA im Zytoplasma und in den Fortsätzen der Beutelzellen erkennen (rechts oben) – ebenso in einer einzelnen Zelle im sogenannten Pleuralganglion (links unten). Für die Immunfluoreszenz (rechts unten) wurde ein gegen ELH gerichteter Antikörper auf einem Dünnschnittpräparat des Eingeweideganglions ausgebracht. Der gebundene Antikörper läßt sich mit einem zweiten, gegen ihn gerichteten Antikörper erkennen, der mit einem fluoreszierenden Farbstoff markiert ist. Die hellorange Fluoreszenz in ultraviolettem Licht zeigt an, daß ELH im Zellkörper und in den Fortsätzen dieser beiden Ganglien vorhanden ist (rechts unten).

Beutelzellen, sondern auch an verschiedene, über das ganze Nervensystem verteilte Stellen wandern.

Vermittler in zwei Kommunikationsnetzen

Aplysia besitzt mindestens drei Gene für eine Anzahl neuroaktiver Peptide, die als Steuerfaktoren in einem komplexen, aber stereotypen Verhaltensrepertoire eine Rolle spielen. Auch im Gehirn der Säugetiere wurde eine Reihe von Peptiden identifiziert, die spezifische Verhaltensweisen zu vermitteln scheinen. Warum eignen sich Neuropeptide so für diese Vermittlerrolle? Welche Charakteristika, insbesondere in der Herstellungsweise, zeichnen sie dafür aus?

Das Verhaltensrepertoire eines Lebewesens wird zumindest teilweise von fest verschalteten Nervenzellen bestimmt. Neuronen kommunizieren untereinander vor allem über chemische Synapsen, wo ein Transmitter wie Azetylcholin oder Noradrenalin von einem zuführenden Neuron ausgeschüttet wird, den synaptischen Spalt überquert und so den direkten Kontakt mit dem nachgeschalteten Neuron herstellt.

Auch neuroaktive Peptide können lokal als Neurotransmitter wirken. Doch können sie außerdem als Neurohormone in den Kreislauf abgegeben werden und, da sie nicht nur ein, sondern mehrere „Fernziele“ ansteuern, auch mehrere unterschiedliche Wirkungen und Aktivitäten hervorrufen. Diese Peptide schaffen damit ein zusätzliches Kommunikationsnetz, das das festverdrahtete Netz der Nervenzellen ergänzt.

Weil ein Neuropeptid so vielfältige Wirkorte hat, vermag es physiologische Ereignisse mit bestimmten Verhaltensweisen zu koordinieren. Beispielsweise löst das Peptid Angiotensin II, wenn es einem Wirbeltier injiziert wird, spontanes Trinkverhalten aus, indem es auf Neuronen des Hypothalamus wirkt. (Der Hypothalamus ist eine Gehirnregion, in der die höchsten Zentren des vegetativen Nervensystems liegen, darunter das Zentrum für die Regulation des Wasserhaushalts.) Das Peptid wirkt aber auch indirekt zusätzlich auf die Niere, wo es die Rückresorption von Natrium und Wasser in den Blutstrom fördert und damit die Wasserabgabe verringert. Beide Wirkungen dienen auf ganz verschiedene Weise dazu, verlorenes Wasser wieder aufzufüllen.

ELH liefert ein weiteres Beispiel. Zum einen wirkt es lokal und erregt Neuronen in den Ganglien von *Aplysia*, die solche Verhaltensweisen wie die typischen Kopfbewegungen und solche physiologischen Veränderungen wie die Beschleunigung des Herzschlags hervorrufen können. Zum anderen hat es gleichzeitig eine Fernwirkung: Es veranlaßt den Genitalgang, sich zu kontrahieren und die Eier auszustoßen.

Vorteile von Vorläufer-Proteinen

Bei *Aplysia* wird eine Anzahl von „Eilege“-Peptiden von einem einzigen Vorläufer-Protein abgespalten. Auch von anderen Neuropeptiden weiß man, daß sie auf diese Weise entstehen. Ein Polypeptid als Vorläufer scheint viele Vorteile zu bieten.

Zum einen ermöglicht es einen einfachen Kontrollmechanismus für die Synthese und Freisetzung des Peptids. Denn wenn verschiedene Peptide von ein und demselben Gen codiert werden, läßt sich ihre Synthese gleichzeitig über eine einzige Regulatorsubstanz steuern. Außerdem können die verschiedenen, aus einem Polypeptid abgespaltenen Peptide in dasselbe Transportbläschen verpackt und damit von der herstellenden Zelle gleichzeitig auf einen einzigen Reiz hin abgegeben werden.

Die Erzeugung mehrerer Peptide aus einem einzigen Vorläufer löst auch ein anderes Problem: Die Anzahl der Gene in einem tierischen Genom reicht einfach nicht aus, um die Vielfalt von Verhaltensweisen einer Tierart einzeln zu spezifizieren. Der Informationsgehalt eines einzelnen Gens läßt sich aber dadurch erhöhen, daß das von ihm codierte Protein in verschiedenen Zellen oder auf verschiedene Reize hin jeweils anders gespalten wird.

Edward Herbert von der Universität von Oregon und James L. Roberts vom Columbia College of Physicians and Surgeons sowie Richard E. Mains und Betty A. Eipper von der Medizinischen Fakultät der Johns-Hopkins-Universität haben ein Beispiel für solch unterschiedliche Bearbeitungsweisen entdeckt. Sie stellten fest, daß ein einziges Vorläufer-Protein einmal im Vorderlappen der Hypophyse, der Hirnanhangdrüse, zum adrenocorticotropen Hormon (ACTH) und im Hinterlappen zu einem endorphinähnlichen Peptid „weiterverarbeitet“ wird.

Beim ELH-Vorläufer haben wir nur ein einziges Spaltschema in einer Zelle beobachtet. Prinzipiell aber ließe sich das Protein mit seinen zehn verschiedenen Spaltstellen in mehr als 2000 verschiedene Peptidkombinationen zerlegen, von denen jede dann ein anderes Verhaltensmuster aktivieren könnte. Die potentielle Vielfalt ist sogar noch größer, da die ELH-Gene eine Familie von Genen bilden, die in verschiedenen Geweben exprimiert werden.

Der Herstellungsweg über ein Polypeptid ermöglicht es auch, die diversen Peptide mit unterschiedlicher Lebensdauer auszustatten. Die Stabilität eines Peptids läßt sich nämlich durch bestimmte, nach der Synthese angebrachte Modifikationen – durch Transamidierung etwa – beeinflussen. Selbst die Größe des Moleküls spielt eine Rolle: Kleine Peptide können sich nicht so leicht in kompakte Strukturen falten wie größere und dürften daher rascher abgebaut werden.

Größe und Transamidierung der Eiablage-Peptide stehen mit deren funktionellen Anforderungen im Einklang. Die Peptide, die wie das ELH und die *A*- und *B*-Peptide als Hormone wirken können, sind durchweg transamidiert und länger. Ihre Lebensdauer wird dadurch vermutlich erhöht. Die Peptide, die wie die Alpha- und Beta-Beutelzell-Faktoren nur Transmitterfunktionen zu haben scheinen, sind hingegen kürzer und nicht transamidiert. Sie werden, wie die meisten anderen Transmitter auch, schneller abgebaut.

Die Organisation der für die Polypeptide codierenden Gene sorgt für eine verblüffende evolutionäre Flexibilität. Daß Sequenzen, die für einen Satz aktiver Peptide codieren, in einem auch für nichtaktives Protein codierenden Gen verstreut sind, läßt Raum für die Evolution neuer aktiver Peptide, ohne daß sich der ursprüngliche Satz ändert.

Das ELH-Gen beispielsweise enthält einen 240 Nucleotide langen Einschub, der den homologen in der Atrium-Drüse exprimierten Genen fehlt. Das eingeschobene Stück codiert für drei Peptide, von denen zwei offenbar auf eine kleine interne Verdopplung zurückgehen. Auf diese Weise wird die Reihe koordiniert im Polypeptid hergestellter Peptide erweitert, ohne die Synthese von aktivem ELH zu beeinträchtigen.

Schließlich könnten die gleichen Peptide auch in mehreren verschiedenen Vorläufern enthalten sein, die von unterschiedlichen Genen codiert werden. Betrachten wir die charakteristischen Kopfbewegungen von *Aplysia*: Sie treten sowohl beim Fressen als auch bei der Eiablage auf. Dasselbe Peptid (oder dieselbe Gruppe von Peptiden) könnte die gleiche Verhaltenskomponente in zwei sehr verschiedenen Zusammenhängen auslösen. Zu diesem Zweck ist das Peptid (oder sind die betreffenden Peptide) möglicherweise auch in irgendeinem anderen Gen codiert – einem, das mit dem Freßverhalten zu tun hat. Auf diese Weise ließen sich komplexe Verhaltensweisen durch die Kombination einfacher Verhaltenseinheiten zusammensetzen, wobei jede Einheit von einem Peptid oder einer kleinen Gruppe von Peptiden vermittelt wird.

Autoren- und Literaturverzeichnis

Einführung und wissenschaftliche Beratung

ALBRECHT E. SIPPEL ist seit 1983 Professor am Zentrum für Molekulare Biologie der Universität Heidelberg (ZMBH). Nach seiner Promotion (1970) über den Wirkungsmechanismus der Rifamycinantibiotika bei der Hemmung der bakteriellen RNA-Synthese ging er für zwei Jahre an die Harvard-Universität in die Arbeitsgruppe von J. D. Watson und W. Gilbert, wo er über die Biosynthese der Nucleinsäuren und ihre Regulation in Bakterien forschte. Während eines weiteren zweijährigen USA-Aufenthaltes an der Columbia-Universität wurde die hormonelle Steuerung der Genaktivität in höheren Zellen zu seinem Forschungsschwerpunkt, den er mit Günther Schütz in einer Nachwuchsforschergruppe am Max-Planck-Institut für Molekulare Genetik in Berlin weiter ausbaute. 1979 begann er am Institut für Genetik in Köln mit seinen Arbeiten zur molekularen Struktur und Funktion der Schaltelemente im Erbmaterial höherer Zellen. Heute ist er als Mitglied des Direktoriums an Planung und Aufbau des neugegründeten Zentrums für Molekulare Biologie in Heidelberg beteiligt.

ALFRED NORDHEIM ist Arbeitsgruppenleiter am Zentrum für Molekulare Biologie (ZMBH) der Universität Heidelberg. Nach dem Studium an der Freien Universität Berlin und am University College of North Wales in Bangor promovierte er 1979 am Max-Planck-Institut für Molekulare Genetik in Berlin-Dahlem über DNA-Proteinkomplexe extra-chromosomaler DNA in Bakterienzellen. Danach arbeitete er vier Jahre in den USA am Massachusetts Institute of Technology (MIT) in der Arbeitsgruppe von A. Rich; Forschungsschwerpunkt war Struktur und Funktion der linkshelikalen Z-DNA-Doppelhelix. Seit Januar 1984 leitet Nordheim eine Arbeitsgruppe am Zentrum für Molekulare Biologie in Heidelberg, die spezielle Probleme der DNA-Struktur, DNA-Protein-Wechselwirkung und differentiellen Genexpression untersucht.

Literatur:

Molekulare Genetik. Von R. Knippers. Thieme, Stuttgart, 1982.

Gene und Klone. Von E.-L. Winnacker. Verlag Chemie, Weinheim, 1984.

Molecular Biology of the Cell. Von B. Alberts, D. Bray, J. Lewis, M. Raff, K. Roberts und J. D. Watson. Garland Publishing Inc., New York und London, 1983.

Gene. Von B. Lewin. John Wiley and Sons, New York, 1983.

DNA-Synthesis. Von A. Kornberg. W. H. Freeman und Co., San Francisco, 1980.

Biochemistry. Von L. Stryer. W. H. Freeman und Co., San Francisco, 2. Aufl. 1981.

Recombinat DNA – A Short Course. Von J. P. Watson, J. Tooze und D. T. Kurtz, Scientific American Books, New York, 1983 (erscheint deutsch bei Spektrum der Wissenschaft).

Die Struktur der Erbsubstanz DNA

(„The Structure of the hereditary Material", Scientific American, 9/1954)

F. H. C. CRICK ist durch das Doppelhelix-Modell für die DNA bekannt geworden, das er 1953 zusammen mit James D. Watson nach Röntgenstrukturanalysen mit M. H. F. Wilkins aufgestellt hat – die drei Molekularbiologen erhielten dafür 1962 den Nobelpreis für Medizin. Crick war von Haus aus Physiker, bevor er über die Grundlagenforschung zu Aufbau und Struktur von Viren, Collagen und Nucleinsäuren zur Molekularbiologie kam. Er hat viele Jahre am British Medical Research Council's Laboratory of Molecular Biology geforscht und gelehrt; heute ist er Kiekhefer Distinguished Research Professor am Salk-Institut in La Jolla in Kalifornien.

Literatur:

The Biochemistry of the Nucleic Acids. Von J. N. Davidson. Methuen & Co. Ltd., 1954.

Helical Structure of Deoxypentose Nucleic Acid. Von M. H. F. Wilkins et. al. in: Nature, Band 172, Heft 4382, Seiten 759–762, 24. Oktober 1953.

Symposium Papers of the Nucleic Acids. Proceedings of the National Academy of Sciences, 1954.

Die Feinstruktur der DNA-Helix

(Spektrum der Wissenschaft, 2/1984)

RICHARD E. DICKERSON ist Professor für Biochemie und Geophysik und leitet das Institut für Molekularbiologie an der Universität von Kalifornien in Los Angeles (UCLA). Er besuchte das Carnegie Institute of Technology und promovierte an der Universität von Minnesota in physikalischer Chemie. Nach einjährigem Forschungsaufenthalt am Cavendish-Laboratorium der Universität Cambridge (England) erhielt er einen Ruf an die Universität von Illinois. Vier Jahre später wechselte er zum California Institute of Technology über. 18 Jahre lang beschäftigte er sich dort hauptsächlich mit der Kristallstruktur des Atmungsketten-Enzyms Cytochrom *c* und der molekularen Evolution. Über die Ergebnisse dieser Arbeiten berichtete er in zwei Artikeln in Spektrum der Wissenschaft: „Chemische Evolution und der Ursprung des Lebens" (September 1979) und „Cytochrom c und die Entwicklung des Stoffwechsels" (Mai 1980). Nach dem Wechsel zur UCLA im Jahre 1981 verlagerte sich sein Interesse auf die Strukturanalyse von kurzen DNA-Stücken sowie von den Komplexen, die solche Moleküle mit Antitumor-Wirkstoffen und Repressor-Proteinen bilden.

Literatur:

The Anatomy of *A*-, *B*- and *Z*-DNA. Von Richard E. Dickerson, Horace R. Drew, Benjamin N. Conner, Richard M. Wing, Albert V. Fratini und Mary L. Kopka in: Science, Band 216, Heft 4545, Seiten 475–485, 30. April 1982.

Mechanics of Sequence-dependent Stacking of Bases in *B*-DNA. Von C. R. Calladine in: Journal of Molecular Biology, Band 161, Heft 2, Seiten 343–352, 25. Oktober 1982.

Ordered Water Structure around a *B*-DNA Dodecamer: A Quantitative Study. Von Mary L. Kopka, Albert V. Fratini, Horace R. Drew und Richard E. Dickerson in: Journal of Molecular Biology, Band 163, Heft 1, Seiten 129–146, 5. Januar 1983.

Base Sequence and Helix Structure Variation in *B*- and *A*-DNA. Von Richard E. Dickerson in: Journal of Molecular Biology, Band 166, Heft 3, Seiten 419–441, 25. Mai 1983.

Die Struktur der DNA. Von Richard Herzog in: Biologie in unserer Zeit, 13. Jahrgang, Heft 1, Seiten 11–15, Februar 1983.

DNA-Topoisomerasen

(Spektrum der Wissenschaft, 9/1982)

JAMES C. WANG ist Professor für Biochemie und Molekularbiologie an der Harvard-Universität. Auf dem chinesischen Festland geboren, zog er 1949 mit seiner Familie nach Taiwan. Nachdem er bis 1959 an der Nationaluniversität von Taiwan studiert und dort anschließend ein Jahr lang als Lektor gearbeitet hatte, setzte er 1960 sein Studium an der Universität von Süd-Dakota fort und promovierte 1964 an der Universität von Missouri in Chemie. Nach zwei Jahren als Assistent am California Institute of Technology ging er 1966 zur Universität von Kalifornien in Berkeley, wo er 1974 zum Professor ernannt wurde. Seine heutige Stellung an der Harvard-Universität nahm er 1977 an.

Literatur:

Überspiralige Formen der Erbsubstanz (der DNS). Von William R. Bauer, F. H. C. Crick und James H. White in: Spektrum der Wissenschaft, Seiten 24–36, September 1980.

Structure and Functions of DNA and Binding and Unwinding Proteins and Topoisomerases. Von Arthur Kornberg in: DNA Replication. W. H. Freeman und Co., San Francisco, 1980.

DNA Topoisomerases. Von Martin Gellert in: Annual Review of Biochemistry, Band 50, Seiten 879–910 (1981).

Das Nucleosom
(Spektrum der Wissenschaft, 4/1981)

ROGER D. KORNBERG und AARON KLUG haben wichtige Beiträge zur Chromatin-Forschung geleistet. Kornberg ist seit 1978 Professor für Strukturbiologie am Sherman Fairchild Center der Stanford-Universität, wo er – nach einem Chemiestudium an der Harvard-Universität – auch promoviert hat. Von 1972 bis 1975 arbeitete er im Laboratorium für Molekularbiologie des Medizinischen Forschungsrats (MRC) in Cambridge in England. Zwischen 1975 und 1978 war er Dozent für Biochemie an der Harvard-Universität. Klug gehört zum Direktorium der Abteilung „Strukturforschung" am Laboratorium für Molekularbiologie des MRC in Cambridge. Als gebürtiger Südafrikaner studierte er zunächst an den Universitäten von Witwatersrand und Kapstadt und promovierte dann an der Universität Cambridge. Von 1954 bis 1962 war er am Birkbeck College der Universität London. Seit 1962 ist er am Laboratorium für Molekularbiologie des MRC.

Literatur:

Spheroid Chromatin Units (v Bodies). Von A. L. Olins und D. E. Olins in: Science, Band 183, Heft 4122, Seiten 330–332, 25. Januar 1974.

Chromatin Structure: A Repeating Unit of Histones and DNA. Von Roger D. Kornberg in: Science, Band 184, Heft 4139, Seiten 868–871, 24. Mai 1974.

An Octamer of Histones in Chromatin and Free in Solution. Von Roger D. Kornberg und Jean O. Thomas in: Proceedings of the National Academy of Sciences of the United States of America, Band 72, Heft 7, Seiten 2626–2630, Juli 1975.

Structure of Nucleosome Core Particles of Chromatin. Von J. T. Finch, L. C. Lutter, D. Rhodes, R. S. Brown, B. Rushton, M. Levitt und A. Klug in: Nature, Band 269, Heft 5623, Seiten 29–36, 1. September 1977.

Chromatin. Von Gary Felsenfeld in: Nature, Band 271, Heft 5641, Seiten 115–122, 12. Januar 1978.

Involvement of Histone H1 in the Organization of the Nucleosome and of the Salt-Dependent Superstructures of Chromatin. Von F. Thoma, Theo Koller und A. Klug in: The Journal of Cell Biology, Band 83, Heft 2, Teil 1, Seiten 403–427, November 1979.

Die DNA-Synthese
(„The Synthesis of DNA", Scientific American 10/1968)

ARTHUR KORNBERG erhielt 1959 für seine Arbeiten zur DNA-Synthese zusammen mit Severo Ochoa den Nobelpreis. Nach dem Medizinstudium – bis 1937 am City College von New York – promovierte er 1941 an der Universität von Rochester, wo er noch ein Jahr klinisch arbeitete. Von 1942 bis 1953 war er am US Public Health Service, zuletzt als Leiter der Forschungsbereiche Enzyme und Stoffwechsel am National Institute of Arthritic and Metabolic Diseases. Es schloß sich eine Professur für Mikrobiologie an der Washington University School of Medicine in St. Louis an, bevor Kornberg einen Lehrstuhl in Stanford annahm.

Literatur:

Enzymatic Synthesis of DNA. Von Arthur Kornberg. John Wiley and Sons, New York, 1961.

Enzymatic Synthesis of Deoxyribonucleic Acid, VIII: Frequencies of Nearest Neighbor Base Sequences in Deoxyribonucleic Acid. Von John Josse, A. D. Kaiser und Arthur Kornberg in: The Journal of Biological Chemistry, Band 236, Heft 5, Seiten 864–875, März 1961.

Enzymatic Synthesis of DNA, XXIV: Synthesis of Infectious Phage ΦX174 DNA. Von Mehran Goulian, Arthur Kornberg und Robert L. Sinsheimer in: Proceedings of the National Academy of Sciences, Band 58, Heft 6, Seiten 2321–2328, 15. Dezember 1967.

Der genetische Code
(„The Genetic Code", Scientific American 10/1966)

F. H. C. CRICK hatten wir bereits als Autor des Artikels „Die Struktur der Erbsubstanz DNA" vorgestellt.

Literatur:

The Genetic Code in: Cold Spring Harbor Symposia on Quantitative Biology, Band XXXI, 1966.

Molecular Biology of the Gene. Von James D. Watson. W. A. Benjamin, Inc., 1965.

RNA Codewords and Protein Synthesis, VII: On the General Nature of the RNA Code. Von M. Nirenberg, P. Leder, M. Bernfield, R. Brimacombe. J. Trupin, F. Rottman und C. O'Neal in: Proceedings of the National Academy of Sciences, Band 53, Heft 5, Seiten 1161–1168, Mai 1965.

Studies on Polynucleotides, LVI: Further Syntheses, in Vitro, of Copolypeptides Containing Two Amino Acids in Alternating Sequence Dependent upon DNA-like Polymers Containing Two Nucleotides in Alternating Sequence. Von D. S. Jones, S. Nishimura und H. G. Khorana in: Journal of Molecular Biology, Band 16, Heft 2, Seiten 454–472, April 1966.

Gestückelte Gene – ein Informations-Mosaik
(Spektrum der Wissenschaft, 7/1981)

PIERRE CHAMBON ist Professor für Biochemie an der medizinischen Fakultät der Louis-Pasteur-Universität in Straßburg. Er leitet das Laboratorium für Molekulargenetik der Eukarioten des Nationalen Französischen Forschungszentrums (CNRS) sowie die Abteilung 184 für Molekularbiologie und Gentechnik des Nationalen Instituts für Gesundheit und medizinische Forschung (INSERM). Außerdem ist er Herausgeber des Journal of Molecular Biology. Er studierte in Straßburg Medizin und Biochemie und promovierte 1957 in Medizin. Seine gesamte Forschung widmete er der Organisation und Expression von Genen in eukariotischen Zellen.

Literatur:

Mosaik-Gene und das „Spleißen" von RNA in Eukaryoten; „biuz aktuell" in: Biologie in unserer Zeit, 10. Jahrgang, Heft 4, Seiten 124–125, August 1980.

Genes in Pieces: Were They Ever Together? Von W. Ford Doolittle in: Nature, Band 272, Heft 5654, Seiten 581–582, 13. April 1978.
Implications of RNA – RNA Splicing in Evolution of Eukariotic Cells. Von James E. Darnell, jr. in: Science, Band 202, Heft 4374, Seiten 1257–1260, 22. Dezember 1978.
Introns and Exons: Playgrounds of Evolution. Von Walter Gilbert in: Eucariotic Gene Regulation. Herausgegeben von Richard Axel, Tom Maniatis und C. Fred Fox. Academic Press, 1979.
Split Genes and RNA Splicing. Von Francis Crick in: Science, Band 204, Heft 4390, Seiten 264–271, 20. April 1979.

Ein Schalter für Gene
(Spektrum der Wissenschaft, 1/1983)

MARK PTASHNE, ALEXANDER D. JOHNSON und CARL O. PABO sind Molekularbiologen, die ihre hier referierten Arbeiten gemeinsam an der Harvard-Universität durchführten. Ptashne studierte bis 1961 am Reed College Chemie. Danach besuchte er die Harvard-Universität, wo er 1968 in Molekularbiologie promovierte, drei Jahre später zum Professor ernannt wurde und 1980 die Leitung der Abteilung für Biochemie und Molekularbiologie übernahm. Johnson begann nach dem Studium an der Vanderbilt-Universität 1974 im Laboratorium von Ptashne mit seiner Doktorarbeit. Seit der Promotion im Jahre 1980 forscht er an der Universität von Kalifornien in San Francisco. Auch Pabo promovierte 1980 bei Ptashne. Im letzten Jahr ging er als Assistenzprofessor für Biophysik zur Johns-Hopkins-Universität.

Literatur:

How the λ-Repressor and Cro Work. Von M. Ptashne, A. Jeffrey, A. D. Johnson, R. Maurer, B. J. Meyer, C. O. Pabo, T. M. Roberts und R. T. Sauer in: Cell, Band 19, Heft 1, Seiten 1–11, Januar 1980.
λ-Repressor and Cro-Components of an Efficient Molecular Switch. Von A. D. Johnson, A. R. Poteete, G. Lauer, R. T. Sauer, G. K. Ackers und M. Ptashne in: Nature, Band 294, Heft 5838, Seiten 217–223, 19. November 1981.
The Operator-binding Domain of λ-Repressor: Structure and DNA Recognition. Von C. O. Pabo und M. Lewis in: Nature, Band 298, Heft 5873, Seiten 443–447, 29. Juli 1982.
The Molecular Basis of DNA-Protein Recognition Inferred from the Structure of Cro Repressor. Von D. H. Ohlendorf, W. F. Anderson, R. G. Fisher, Y. Takeda und B. W. Matthews in: Nature, Band 298, Heft 5876, Seiten 718–723, 19. August 1982.
Einführung in die Virologie. Von S. B. Primrose. Verlag Chemie, Weinheim, 1976.

Genmanipulation
(„The Manipulation of Genes", Scientific American, 7/1975)

STANLEY N. COHEN ist Professor für Medizin an der Stanford-Universität. Seine wissenschaftlichen Stationen nach dem Studium an der Rutgers-Universität waren: Universität von Pennsylvanien, Albert-Einstein-College und – als Gastwissenschaftler – National Institute of Arthritic and Metabolic Diseases. Als Spezialist für bakterielle Plasmide arbeitete Cohen im Auftrag der Amerikanischen Akademie der Wissenschaften an den Sicherheitsrichtlinien für DNA-Rekombinationsexperimente mit.

Literatur:

Construction of Biologically Functional Bacterial Plasmids in Vitro. Von Stanley N. Cohen, Annie C. Y. Chang, Herbert W. Boyer und Robert B. Helling in: Proceedings of the National Academy of Sciences of the United States of America, Band 70, Heft 11, Seiten 3240–3244, November 1973.
Replication and Transcription of Eucaryotic DNA in Escherichia coli. Von John F. Morrow, Stanley N. Cohen, Annie C. Y. Chang, Herbert W. Boyer, Howard M. Goodman und Robert B. Helling in: Proceedings of the National Academy of Sciences of the United States of America, Band 71, Heft 5, Seiten 1743–1747, Mai 1974.
Potential Biohazards of Recombinant DNA Molecules. Von P. Berg et al. in: Proceedings of the National Academy of Sciences of the United States of America, Band 71, Heft 7, Seiten 2595–2599, Juli 1974.
First ASM Conference on Extra-chromosomal Elements in Bacteria in: Microbiology – 1974. American Society for Microbiology, 1975.
Report of the Working Party on the Experimental Manipulation of Microorganisms. Her Majesty's Stationery Office, London, 1975.

Manipulationen am Erbgut von Säugerzellen
(Spektrum der Wissenschaft, 9/1981)

W. FRENCH ANDERSON und ELAINE G. DIACUMAKOS sind Zellbiologen, die ein gemeinsames Interesse an der neuen Technik des Genspleißens verbindet. Anderson leitet das Laboratorium für molekulare Hämatologie am Nationalen Herz-, Lungen- und Blut-Institut; daneben hat er eine Professur für Genetik an der George-Washington-Universität inne. Er studierte zunächst am Harvard College, dann an der Universität Cambridge und promovierte schließlich an der Harvard Medical School zum Dr. med. Er hat auch Verbindungen zu den Nationalen Gesundheitsinstituten, deren Laboratorium für biochemische Genetik er zugeteilt wurde, nachdem er 1965 Beamter des Öffentlichen Gesundheitsdienstes der USA geworden war. Frau Diacumakos leitet seit 1976 das zellbiologische Laboratorium der Rockefeller-Universität. Sie studierte bis 1951 an der Universität von Maryland in College Park und ging danach an die New York University, wo sie 1958 promovierte. Vier Jahre später kam sie dann als Stipendiatin des Öffentlichen Gesundheitsdienstes zum Sloan-Kettering-Krebsforschungsinstitut, um im Laboratorium von Edward L. Tatum zu arbeiten.

Literatur:

Replication and Expression of Thymidine Kinase and Human Globin Genes Microinjected into Mouse Fibroblasts. Von W. F. Anderson, L. Killos, L. Saunders-Haigh, P. J. Kretschmer und E. G. Diacumakos in: Proceedings of the National Academy of Sciences of the United States of America. Band 77, Heft 9, Seiten 5399–5403, September 1980.
Altering Genotype and Phenotype by DNA – mediated Gene Transfer. Von A. Pellicer, D. Robins, B. Wold, R. Sweet, J. Jackson, I. Lowy, J. M. Roberts, G. K. Sim, S. Silverstein und R. Axel in: Science, Band 209, Heft 4463, Seite 1414–1422, 19. September 1980.
Gene Therapy in Human Beings: When Is It Ethical to Begin? Von W. F. Anderson und J. C. Fletcher in: New England Journal of Medicine, Band 303, Heft 22, Seiten 1293–1297, 27. November 1980.

Die Debatte um DNA-Rekombinationstechniken
(„The Recombinant-DNA-Debate", Scientific American, 7/1977)

CLIFFORD GROBSTEIN ist Professor für Biologie an der Universität von Kalifornien in San Diego. Nach seiner Promotion (in Los Angeles) arbeitete er als Zoologe am Oregon State College. Nach dreijähriger Unterbrechung seiner wissenschaftlichen Laufbahn – Grobstein war von 1943 bis 1946 bei der amerikanischen Luftwaffe – ging er für zehn Jahre ans National Cancer Institute in die Krebsforschung. Es folgten zehn Jahre Lehrtätigkeit als Professor der Harvard-Universität und, seit 1965, San Diego. Grobstein hat an den internationalen Sicherheitsrichtlinien für Genexperimente mitgewirkt.

Literatur:

The Manipulation of Genes. Von Stanley N. Cohen in: Scientific American, Band 233, Heft 1, Seiten 24–33, Juli 1975.

Molecular Biology of the Gene. Von J. D. Watson. Addison-Wesley Publishing Co., Inc., 1976.

National Institutes of Health Guidelines for Research Involving Recombinant DNA Molecules. Herausgegeben vom Public Health Service des amerikanischen Gesundheitsministeriums am 23. Juni 1976.

Recombinant DNA Research: Beyond the NIH Guidelines. Von Clifford Grobstein in: Science, Band 194, Heft 4270, Seiten 1133–1135, 10. Dezember 1976.

Notes of a Biology-Watcher: The Hazards of Science. Von Lewis Thomas in: The New England Journal of Medicine, Band 296, Heft 6, Seiten 324–328, 10. Februar 1977.

Recombinant DNA: Fact and Fiction. Von Stanley N. Cohen in: Science, Band 195, Heft 4279, Seiten 654–657, 18. Februar 1977.

Springende Gene beim Mais
(Spektrum der Wissenschaft, 8/1984)

NINA V. FEDOROFF ist Associate-Professor für Biologie an der Johns-Hopkins-Universität und gehört der Abteilung für Embryologie der Carnegie Institution of Washington an. Sie schreibt: „Ursprünglich wollte ich Musikerin werden und verließ noch vor der Graduierung die Syracuse-Universität, um bei William Kincaid in Philadelphia Musik zu studieren. Nach einigen Jahren entschied ich mich jedoch für eine wissenschaftliche Laufbahn und kehrte nach Syracuse zurück. Graduiert wurde ich an der Rockefeller-Universität. Mein Interesse für transponierbare genetische Elemente beim Mais geht auf eine Begegnung mit Barbara McClintock in Cold Spring Harbor um das Jahr 1977 zurück. Das Treffen bewog mich, alle ihre frühen Arbeiten zu lesen. Gerade als ich die Idee hatte, die Isolierung der Mais-Elemente zu versuchen, erhielt ich eine Stellung bei der Carnegie-Institution angeboten."

Literatur:

The Control of Gene Action in Maize. Von Barbara McClintock in: Brookhaven Symposia in Biology, Band 18, Seiten 162–184, 1965.

Controlling Elements in Maize. Von Nina V. Fedoroff in: Mobile Genetic Elements. Herausgegeben von James Shapiro. Academic Press, 1983.

Molekulare Grundlagen von Krebs
(Spektrum der Wissenschaft, 1/1984)

ROBERT A. WEINBERG ist Professor für Biologie am Massachusetts Institute of Technology (MIT). Seine Verbindungen zum MIT reichen bis in die Anfänge seiner Studienzeit zurück. Dort promovierte er auch 1969 in Biologie. Nach einem anschließenden Forschungsaufenthalt am Weizmann-Institut in Israel sowie am Salk Institute for Biological Studies kehrte er 1972 ans MIT zurück. Im Jahre 1982 wurde er dort am Krebsforschungszentrum sowie im Fachbereich Biologie als Professor bestallt. Weinberg ist darüber hinaus auch Mitglied des Whitehead Institute for Biomedical Research.

Literatur:

Oncogenes of Spontaneous and Chemically Induced Tumors. Von R. A. Weinberg in: Advances in Cancer Research, Band 36, Seiten 149–163 (1982).

Entsteht Krebs durch die Aktivierung zelleigener Gene? Von Günter Krämmer in: Biologie in unserer Zeit, 12. Jahrgang, Heft 5, Seiten 145–153, Oktober 1982.

Krebsgene. Von J. Michael Bishop in: Spektrum der Wissenschaft, Seiten 44–56, Mai 1982.

Genverpflanzung und die Analyse von Entwicklungsvorgängen
(Spektrum der Wissenschaft, 2/1980)

E. M. DE ROBERTIS und J. B. GURDON arbeiten am Medical-Research-Council-Laboratorium für Molekularbiologie in Cambridge in England. De Robertis promovierte 1971 in Medizin an der Universität von Uruguay und 1974 in Chemie an der Universität von Buenos Aires. 1975 ging er nach Cambridge. Gurdon studierte Zoologie am Christ Church College in Oxford und promovierte dort 1960 in Embryologie. Nachdem er einige Zeit als Stipendiat in Oxford und später am California Institute of Technology gearbeitet hatte, arbeitete er später ganz in Oxford. Seit 1972 ist Gurdon Mitarbeiter des Laboratoriums für Molekularbiologie.

Literatur:

Molekulare Embryologie (1). Von Jean Brachet in: Biologie in unserer Zeit, 4. Jahrgang, Heft 1, Seite 1, Januar 1974.

Molekulare Embryologie (2). Von Jean Brachet in: Biologie in unserer Zeit, 4. Jahrgang, Heft 2, Seite 52, 1974.

Manipulation von Genen. Von Severo Ochoa in: Naturwissenschaftliche Rundschau, 29. Jahrgang, Heft 6, 1976.

Molekular- und Zellbiologie. Von Peter von Sengbusch: Springer-Verlag, Berlin, Heidelberg, New York, 1979.

Sequenzierung von DNA. Methoden und Ergebnisse. Von Gerd Scherer in: Biologie in unserer Zeit, 7. Jahrgang, Heft 4, Seite 97, 1977.

Organization and Expression of Chromosomes. Dahlem Workshop Report. Herausgegeben von V. G. Allfrey, E. K. F. Bautz, B. J. McCarthy, R. T. Schimke, A. Tissières. Verlag Chemie, Weinheim, 1979.

Wie Gene ein angeborenes Verhalten steuern
(Spektrum der Wissenschaft, 5/1984)

RICHARD H. SCHELLER und RICHARD AXEL sind Assistenz-Professor für Biologie an der Stanford-Universität beziehungsweise Professor für Pathologie und Biochemie am College of Physicians and Surgeons der Columbia-Universität. Scheller studierte an der Universität von Wisconsin in Madison und promovierte 1980 am California Institute of Technology. Bis 1981 arbeitete er im Labor von Axel und Eric Kandel am College of Physicians and Surgeons. Axel studierte an diesem College und promovierte an der medizinischen Fakultät der Johns-Hopkins-Universität. Seit 1972 arbeitet er an der Columbia Universität vor allem an der Entwicklung universeller Techniken, mit denen sich Gene von praktisch jeder beliebigen Zelle auf eine andere Zelle übertragen lassen.

Literatur:

A Single Gene Encodes Multiple Neuropeptides Mediating a Stereotyped Behavior. Von Richard H. Scheller, James F. Jackson, Linda B. McAllister, Barry S. Rothman, Earl Mayeri und Richard Axel in: Cell, Band 32, Heft 1, Seiten 7–22, Januar 1983.

In Situ Hybridization to Study the Origin and Fate of Identified Neurons. Von Linda B. McAllister, Richard H. Scheller, Eric R. Kandel und Richard Axel in: Science, Band 222, Heft 4625, Seiten 800–808, 18. November 1983.

Bildnachweise

Titelbild: Europäisches Laboratorium für Molekularbiologie (EMBL) – Die Struktur der Erbsubstanz DNA: Aus „Genetics“, Scientific American, 1981 – Die Feinstruktur der DNA-Helix: Bild 1: Nelson Max, Lawrence Livermore National Laboratory; Bilder 2–8, 10, 12, 14–17: Irving Geis; Bilder 9, 11, 13: Richard E. Dickerson, Universität von Kalifornien, Los Angeles – DNA-Topoisomerasen: Bilder 1, 3 (unten): James C. Wang; Bilder 2, 3 (oben), 4–11: Jan Worpole – Das Nucleosom: Bild 1 (oben): Joseph G. Gall, Yale-Universität; Bild 1 (unten): George Lefevre, Universität von Kalifornien, Northridge; Bild 2: Susan Stallman und Zacheus Cande, Universität von Kalifornien, Berkeley; Bilder 3, 4 (rechts), 5, 7 (Mitte), 11–15, 18: George V. Kelvin; Bilder 4 (links), 7 (oben und unten), 8, 9: Roger D. Kornberg; Bild 6: Ada L. Olins und Donald E. Olins; Bild 10: Aaron Klug; Bilder 16, 17: Fritz Thoma und Theo Koller, ETH Zürich – Die DNA-Synthese: Bild 1: Thomas Prentiss; Bild 2: Arthur Kornberg, Stanford-Universität; Bilder 3–10: Jim Egleson – Der genetische Code: Bilder 1–8: Joan Starwood – Gestückelte Gene: ein Informations-Mosaik: Bilder 1, 4, 7, 8, 10: Pierre Chambon und Bunji Tagawa; Bilder 2, 3, 5, 6, 9, 11, 12: Bunji Tagawa – Ein Schalter für Gene: Bild 1: Richard J. Feldmann; Bilder 2–11: Alan D. Iselin – Genmanipulation: Bilder 1, 7: Stanley N. Cohen; Bilder 2–6, 8: Bunji Tagawa; Bild 9: John F. Morrow – Manipulationen am Erbgut von Säugerzellen: Bild 1: Elaine G. Diacumakos, Rockefeller-Universität; Bilder 2–10: Bunji Tagawa – Die Debatte um DNA-Rekombinationstechniken: Bilder 1, 7–12: George V. Kelvin; Bild 2 (links): Jack D. Griffith, Stanford-Universität, und Andrew Staehelin, Universität von Colorado; Bilder 2 (rechts), 4, 6: Jack D. Griffith, Stanford-Universität; Bild 3: © David Scharf; Bild 5: Maria Schnoss, Stanford-Universität – Springende Gene beim Mais: Bilder 1–3: Fritz Goro; Bilder 4–9, 11–13: Bunji Tagawa; Bild 10: Nina V. Fedoroff, Carnegie Institution of Washington – Molekulare Grundlagen von Krebs: Bild 1: Erika A. Hartwieg und Jonathan A. King, Massachusetts Institute of Technology; Bilder 2–8, 10: Bunji Tagawa; Bild 9: Ravi Dhar – Genverpflanzung und die Analyse von Entwicklungsvorgängen: Bilder 1–3, 5: E. M. De Robertis und J. B. Gurdon, Medical Research Council Laboratory of Molecular Biology, Cambridge; Bilder 4, 6, 7 (unten): Patricia J. Wynne; Bild 7 (oben): Michael F. Trendelenburg, Medical Research Council Laboratory of Molecular Biology, Cambridge; Bilder 8, 9: Albert Miller – Wie Gene ein angeborenes Verhalten steuern: Bilder 1, 3, 4–7: Bunji Tagawa; Bilder 2, 3 (oben), 8: Richard H. Scheller und Richard Axel.

Index

Acetylcholin 189
Adaptation (siehe: Anpassung)
Adenin 7, 11, 14, 15, 16, 20, 21, 24, 89
Adenosin 177
Adenosintriphosphat (siehe: ATP)
Adenosindiphosphat (ADP) 65
Adenoviren 90
A-DNA (siehe unter DNA)
Adler, J. 66
Affinität 100
Agenzien 98, 160, 166
Aktivierung 168, 169
Aktivität 164, 165, 166, 170, 180, 182
Gen-~ 170
transformierende ~ 165, 166
~ von Muskel- und Nervenzellen 180, 182
Akzeptoren 20, 21, 25, 31
Sauerstoff-Atome als ~ 21
Wasserstoff-~ 20, 21
Alanin 76, 84, 104
Alberts, Bruce 42
Aleuron 148, 150, 155
Allel 93 - 95
Aminoende 100
Aminosäure 7, 16, 74, 76, 78, 104
Abstand zwischen ~n 105
~bausteine der Proteine 74
hydrophobe ~ 104
~sequenz 7, 16, 76, 77
Tripletts für die ~n 76
Ampicillin 124
Amylose 151
anaerober Stoffwechsel (siehe unter Stoffwechsel)
Analyse 173
Anderson, W. French 120
Ångström 46
Anpassung 94, 96
Antibiotika 84, 120
Antibiotika-Produktion 118
Antibiotika-Resistenz 84, 115, 118, 119, 150
Anticodon 75, 81, 82
Antigen 158, 169
Antikörper 88, 89, 94
Aplysia 180 - 183
Verhaltenssteuerung bei ~ 181
Arch, Stephen W. 182
Arginin 72, 76, 104, 183
Arnott, Struther 26
Art 11, 12, 110
Asilomar-Konferenz 119, 120, 141
Asparagin 76, 104
Asparaginsäure 76
Aspartat 104
Astrin, Susan M. 169
Atome 12, 13
ATP (Adenosintriphosphat) 40 - 44, 62, 114
Atrium-Drüse 183
Auslese 91, 115, 135
Austausch 169

Autoradiographie 85, 87, 164, 188
Avery, Oswald 7, 160
Axel, Richard 8, 122, 127, 180

Bakterien 85, 96, 98, 101, 102, 104, 118, 120, 136, 138, 150, 160, 161
Bakteriophagen 8, 11, 35, 39, 42, 45, 78, 84, 88, 91, 96-99, 101, 112, 115, 131, 134, 137, 152, 164
Barbacid, Mariano 166, 168
Basen 7, 11-16, 20-23, 28, 31, 36, 41, 82, 85, 100
Basenabstand 21
Basenaustausch 78, 134
Basenpaare 7, 13-15, 16, 20-23, 28, 31, 36, 81, 82, 99, 112
Basenrollwinkel 22, 23, 28, 30-32
Basensequenz 7, 11-14, 16, 23, 26, 40, 75-78, 85, 100
Basentriplett 18, 82
B-DNA (siehe unter DNA)
Benoist, Christophe 88
Bently, Graham 59
Berg, Paul 112, 119
Bertsch, L.L. 69
Bessmann, M.J. 66
Betaglobin 88
Beta-Lactamase 150, 153
Beugungsbild 12-15
Beutelzellen 185
B-Helix (siehe unter Helix)
Bildverarbeitung 58, 59
Bindung 12-15, 35, 36, 38, 41, 78, 81, 84, 100, 101, 112
Bindungstest 76
Bindungswinkel 13, 20
Bishop, Michael 166
Bkam HJ 128
Blastula 172
Boten-RNA (siehe unter RNA)
Bowman, Anne H. 129
Boyer, Herbert W. 110, 118
Breathnach, Richard 87, 88
Brink, R. Alexander 150
Brown, Patrick O. 44
Brown, Ray 57
Brownlee, George B. 88
Buchner, Eduard 62
Buchanan, John M. 65
Burgoyne, Leigh A. 48, 49, 53

Calladine, C.R. 22, 27-29
Caprid (siehe: Virushülle)
Carboxylende 100
Carey, N.M. 88
Cäsiumchlorid-Gradient 115
C-G-Copolymere 21, 22
Chambon, Pierre 54, 82
Champoux, James J. 44
Chang, Annie 110, 118
Chaos 148

Chargaff, Erwin 11, 15, 138, 140
chelatbildende Agenzien 60
Chimären 110, 119, 140
Chloroplasten 34
Chromatid 94
Chromatin 46, 48-54, 56, 58-61
Chromatinfasern 46, 49-60
Chromosomen 7, 15, 16, 46-48, 51, 61, 67, 76, 82, 84, 91, 110, 116, 121, 146, 148-152, 158, 168
~ als Träger von Genen 82, 121
~brüche 149, 151
homologe ~abschnitte 91
Lampenbürsten~ 47, 171
Chromosomensatz 10, 11
C-N-Bindung 23
Cochet, Madeleine 85, 88
Code (siehe: genetischer Code, intrinsischer Code)
Codon 8, 75-77, 81, 82, 84, 89, 90, 94, 134, 141, 169, 177, 185, 186
Anti~ 75, 81, 82
Dreier~ 90
Start~ 82, 89, 94, 177
Stop~ 82, 89, 94, 177, 185, 186
Cofaktor 41, 42
Cohen, Stanley N. 110
Cole, Michael O. 169
Colinearität 82, 88
Collins, John 91
Conner, N. 22
Cooper, Geoffrey M. 163, 164
Cosmid 91
Cotransfer 125 (siehe auch Gentransfer)
Cozzarelli, Nicholas R. 42, 44, 70
Crick, F.H.C. 7, 8, 18, 27, 36, 49, 62, 65, 74, 90
Crossing-over 92-95, 167
asymmetrisches ~ 91
Genverdoppelung durch ~ 94
homologes ~ 91
ungleiches ~ 94
Cystein 76, 104
Cytidin 177
Cytidylsäure 127
Cytoplasma 83, 90
Cytosin 7, 11, 14-16, 21-23

Darnell, James E. 95
Davies, Gregg E. 50
Davis, Bernhard D. 138
Davis, Ronald W. 115
Defekte 165, 169, 180
genetische ~ 158, 165, 169
Hämoglobin-~ 180
Deiseroth, Albert B. 131
Deletion 91, 95, 129, 130, 154
Denaturierung 85, 86, 88
De Robertis, E.M. 170
DeRosier, David J. 59
Desaminase 127

Desoxyribonucleinsäure (DNA)
Desoxyribose 11, 24
Desoxythymidin 65, 66
Detergens 50
Deuterium 59
Dhar, Ravi 167, 169
Diacumakos, Elaine G. 120, 123
Dickerson, Richard E. 8, 18
Didesoxy-Methode 167
Differenzierung 89, 170, 179
Dimer 50, 52, 54, 96, 100, 102
Dimerisierung 100-103
DNA (Desoxyribonucleinsäure)
A-~ 18-27
~ als Erbsubstanz 10, 11, 15
B-~ 18-23, 26, 27, 36
~-Basen 7, 11-16, 20-23, 28, 31, 36, 41, 82
~-Basenpaare 7, 13-16, 20-23, 28, 31, 36, 81, 82, 99, 112
~-Beugungsbild 12, 14, 15, 56
Bindungswinkel in der ~ 13, 20
~-Brüche 15, 112
C2B-~ 126
~-Chimären 110, 115, 119
chromosomale ~ 15, 66, 88
Denaturierung der ~ 85, 126
~-Doppelhelix 13, 18-21, 25, 26, 48, 84, 138
Drehbarkeit der ~ 11
Durchmesser der ~ 12
einzelsträngige ~ 15, 34, 83, 84
ELH-~ 183
Entdeckungsgeschichte der ~ 7
Entspannen überspiraliger ~ 39
Erkennungsstellen von ~ 87
Extraktion von ~ 10, 11, 15
Faltung der ~ 49, 50, 56, 60
~-Fasern 12, 14, 18, 20, 21
Feinstruktur der ~ 18-32
~-Fragmente 84-87, 115, 118, 122
~-Furche 19, 21, 22, 26, 96, 103, 138
~-Gyrase 40-42
~-Helix 13, 18-21, 23, 48, 84, 138
Hybrid-~ 22, 24, 25, 88, 91, 184
intrazelluläre ~ 10
Kalottenmodelle der ~ 19
~-Klonierung 84, 115, 118, 131, 162
Komplementarität der ~ 7-11, 36, 41, 44, 82, 86, 99, 152
Kondensation der ~ 61
Konfiguration der ~ 34, 38
~-Kopie 15
krebsinduzierende ~ 158, 162
kristalline ~ 12, 13, 15, 36
künstliche ~ 15, 62-72
Länge der ~ 8, 12
~-Ligase 38, 41, 112, 114, 168
lineare ~ 36, 114
linkshändige ~ 19
~-Matrix 84
nackte ~ 49
Neukombination von ~ 7
(siehe auch unter Rekombination)
nichtcodierende ~ 95
Nucleotide der ~ 82
Öffnen der ~ 38
~-Oligomere 18
Operator-~ 100
Packungsverhältnis der ~ 61
parakristalline ~ 12, 13, 15
Phosphatgruppen der ~ 48
~-Polymerase 99, 114
~-Präparat 12
Propeller-Twist der ~ 22-26
~-Protein-Komplexe 176
Purin-Pyrimidin-Basenpaare der ~ 20
rechtshändige ~ 19, 36
rekombinante ~ 120, 162, 183
~-Rekombination 8, 34, 44, 45, 78, 84, 91, 115, 119, 122, 131, 135, 138, 142
reparierte ~ 112
~-Replikation 14-16, 34, 44, 45, 111, 115, 116, 118, 134, 140
ribosomale ~ 118
ringförmige ~ 34
Röntgenstrukturanalyse der ~ 18, 19
~-Rückgrat 10-13, 19, 20-22, 41, 43, 76, 99, 103
Schneiden von ~ 112-115
Selektion der ~ 115
Pankreas-~ 53, 56
~-Sequenz (siehe: Basensequenz)
~-Sonde 184
Spalten von ~ 84, 85, 90
Stabilität der ~ 21
Steifheit der ~ 15
Stereobildpaar der ~ 27, 29
Steuerungsfunktion der ~ 16
Stoffgruppen in der ~ 35
~-Stränge 15
~-Struktur 10, 12, 13, 15, 22, 58, 60
~-Superhelix 56, 58, 60
SV40-~ 174
~-Synthese 21, 62-72
~-Topoisomerasen 34-45
Topologie der ~ 8, 15, 34
~-Trägermolekül 120
~-Transfer 161
transformierende ~-Sequenz 165, 166
Transkription der ~ 25, 34, 44, 45, 74, 84, 99, 102, 103, 105, 148, 153, 172, 173, 175, 178
Tumor-~ 159, 164-166
~-Überschuß 83
~ und Kerne der Nucleosome 56
~ und Proteinsynthese 141
Universalität der ~ 10
~-Verdopplung 7, 134
Verflechtungsgrad der ~ 35
Verknoten von ~ 35, 39
~-Vervielfältigung 120
virale ~ 40, 42, 96, 98, 99
Wasserstoffbrücken in der ~ 12, 14, 15, 20, 21, 26, 36, 81, 84, 99
Z-~ 19, 21, 22, 23, 26, 27, 29
DNAse 37, 38, 41, 53, 56, 61
Dodgson, Jerry B. 90
Dogma der Molekularbiologie 7
Domäne 100-105
Donoren 20, 21, 31
Aminogruppen als ~ 21
Wasserstoff-~ 20, 21
Doolittle, W. Ford 95
Doppelhelix 7, 8, 12-15, 22, 25, 28, 42, 43, 48-50, 84, 138
Entwinden der ~ 15
Doppelspirale (siehe: Doppelhelix)
Drehsinn der DNA 44
Drehwinkel zwischen Basen 22
Drew, Horace R. 21
Drosophila 47, 90, 118, 166
Dulbecco, Renato 44, 158, 160

Eco RI 21, 32, 86-88, 112, 115, 116, 128
Eigen, Manfred 7, 95
Eipper, Betty A. 189
Eizellen 170
Elektronendichteverteilung 58
Elektronenmikroskop 176, 177
Elektrophorese 38, 41, 43, 48, 53, 54, 56, 87, 126, 127, 167, 172, 174
Gel~ 38, 41, 48, 53, 54, 127
zweidimensionale ~ 174
Elementarzelle 13
Embryo 170
Emerson, R.A. 148, 150
Endosperm (Nährgewebe) 148, 150
Energie 14, 15
Engel, James D. 88
England, P.T. 69
Enquist, Lynn W. 124
Entwicklung 170, 180
Entwinden der Doppelhelix 15
Enzyme 7, 10, 11, 34, 41, 87, 90, 91, 100, 115, 124, 126, 128, 129, 134, 135, 153, 177
BamHI-~ 124, 6
Eco RI-~ 21, 32, 86-88, 126
Modifikations~ 115
Nucleotidkopplungs~ 134
proteinspaltende ~ 100
PstI~ 124
reaktionsspezifische ~ 10
Restriktions~ 7, 87, 115, 124, 126, 128, 135
Seitengruppen von ~n 11
Spalt~ 87
Spleiß~ 90, 91
Erbgut 120, 146
Manipulation am ~ von Säugerzellen 120
Erbkoordination 180, 184
Erbkrankheiten 120
Erkennungsprotein 31
Erkennungsstellen 99, 100
Ersatz 58
Erythroblasten 131
Escherichia coli 35, 39-41, 77, 82, 85, 96, 98, 104, 105, 110, 118, 124, 128, 135, 137, 143, 162-165
K12-Stamm von ~ 137
Ethidiumbromid 38, 41, 115
Eukaryonten 44, 46, 83, 89, 92, 95, 138
Evolution 7, 82, 93-95, 110, 138, 146, 156, 180
Bakterien-~ 110
molekulare ~ 91
~ und Transposonen 146, 156
~ von Genen 91, 94
Exon 83, 84, 92-94
homologe ~s 93, 94
~-Intron-Übergang 91
Leader im ~ 83
Exonuclease 114

Expression 18, 23, 26, 27, 46, 49, 57, 61, 98, 100, 104, 120, 127, 130, 155, 156, 169, 188
~ des Globin-Gens 130
selektive ~ 155
~ von Tumorgenen 169
Extraktion 10, 15

Faltstruktur 41, 49, 50, 56, 60
Faserachse 12, 14, 18-32
Fasern 12, 14, 18-32, 36
kristalline DNA-~ 36
Fedoroff, Nina V. 8, 146
Feinstruktur der DNA 18-32
Feldmann, Richard J. 96
Felsenfeld, Gary 53
Fibroblasten 121, 131, 158, 162
Fiers, Walter 34
Finch, John T. 46, 59
Flavell, R.A. 88
Forschungsförderung 143
Fraenkel-Conrat, Heinz 77
Franklin, Rosalind 13, 18
Friedkin, Morris E. 65
Fuller, Brock 43
Furche 19-22, 26, 94, 103, 138
große ~ 99
kleine ~ 99

Gall, Joseph G. 47
Gamow, George 16
Ganglion 180, 182, 188
Gannon, Frank 88, 89
Garapin, Axel 91
Gefahr 136
größte mögliche ~ von Klonierungsexperimenten 136
Geis, J. 20
Gel 52, 54, 86, 87, 124, 127, 167
Gelelektrophorese 38, 41, 48, 49, 52-54, 115, 118, 127, 167
Gelfiltration 50
Gellert, Martin 42, 70
Gen 7, 8, 46, 57, 61, 67, 84-105, 110, 115, 118-125, 127, 128, 130-134, 138, 146, 148-152, 154,158-178, 180, 183, 186, 189
Abschalten von ~en 156
~abschnitt 92
~-Aktivität 18, 26, 85, 87, 149, 166, 170
~amplifikation 168
Antikörper-~e 90
artspezifische ~e 110
bakterielle ~e 110
~banken 138
~-Bereiche 27
~bibliothek 162-165, 183
chromosomale ~e 86, 110
cJ-~ 98, 99
cro-~ 99, 100, 102
Cytochrom-b-~ 90
defekte ~e 20
diskrete ~e 94
Einschleusen fremder ~e 120
einzelnes ~ 84, 85
ELH-~ 183
Evolution gestückelter ~e 90
~-Expression 8, 46, 57, 61, 98, 100, 104, 127, 169
~-Fähre 183
~familien 93, 154, 183, 186
~fragmente 87
Fusionierung von ~en 94
gestückelte ~e 82, 85, 88, 89, 91
Gewinnung eines ~s 83
Globin-~ 89, 90, 94, 122, 124, 128, 130
Herpes-Simplex-~ 127
Hybrid-~ 168
~-Hybridisierung 86
~-Injektion 121, 125
Insulin-~e 95
Isolieren von ~en 87, 175
~karte 121
~klonierung 163, 166
Krebs~e 158-160, 164, 166
künstliche ~e 86, 87, 152
~-Loci 146
lytische ~e 102
~manipulation 110, 118, 120
Marker-~ 165
mitochondrische ~e 90
~-Modifikation 178
Mosaik-~ 88
multiple ~e 119
~ort 148, 149
Ovalbumin-~ 83, 85-90
Ovotransferin-~ 94
Penicillin-Resistenz-~ 85
Phagen-~ 98
Plasmid-~e 110
~-Pool 138
ras-~ 169
~regionen 46, 130
~-Regulation 18, 32, 90, 96, 170, 172, 173
Rekombination von ~en 91
Repressor-~e 105
Resistenz-~e 85, 115, 150
revertiertes ~ 148
ribosomale RNA codierende ~e 90
Schalter für ~e 96, 98, 101, 103
Seidenfibrin-~ 89
~sonde 183
Spalten von ~en 85
Spleißen von~en 92, 93, 95, 131
springende ~e 146
Struktur~e 82, 89
~struktur 85
stumme ~e 85, 121, 130
Tetracyclin-Resistenz-~ 128
~therapie 120, 131
Thymin-Kinase-~ 122, 128
~träger 110
~transfer 118, 123, 165-167
transformierendes ~ 164, 166
Transkript eines ~s 90
~-Übertragung 110, 120, 122, 123
Ur~e 93, 94
~verdopplung 93, 94
Verhalten steuernde ~e 180
Vermehren von ~en 123
~-Verpflanzung 170
~vervielfachung 168, 170, 178
virale ~e 96
Wirkungsweise der ~e 83
Zahl der ~e 93
Genetik 140, 146
genetische Defekte 120
genetischer Code 7, 16, 18, 21, 74, 77, 78, 80, 131, 134, 183
Basensequenz als ~ 16
Entdeckungsgeschichte des ~s 74
Triplett-Kombinationen des ~s 77
~ und DNA-Verdopplung 134
Universalität des ~s 78
Ursprung des ~s 80
Genom 84-87, 89, 90, 92, 93, 95, 127, 154, 183
~von Mäusezellen 127
Gentechnik 110
Gentechnologie 8, 138, 140
Grundsatzkritik an der ~ 138
Mißbrauch der ~ 140
Selbstbeschränkung in der ~ 138, 140
Sicherheitsprobleme der ~ 138
Gerlinger, Pierre 85
Gestagene 85
Gilbert, Walter 88, 90, 94, 95, 98
Gleichgewicht 131
ökologische ~e und DNA-Rekombination 131
Globin 91, 121, 122, 124, 130, 131
Alpha-~ 91, 121, 122
Beta-~ 91, 121, 122
~-Gen 124
~-Genfamilie 93
Kaninchen~ 122
~-Region 130, 131
Glutamat 104
Glutamin 76, 104
Glutaminsäure 76
Glycin 76, 84, 104, 166
Golgi-Apparat 186
Goodman, Howard M. 110, 118
Grässmann, Adolf 123
Greenblatt, Irwin M. 148, 150
Griffith, J.D. 54, 134, 135, 137
Grobstein, Clifford 8, 131
Grunberg-Manago, Marianne 65
Grundlagenforschung 143
GU-AG-Regel 90, 91
Guanin 7, 11, 14-16, 20, 21, 23, 25, 89, 90
Guanosin 177
Guanosintriphosphat 175
Gurdon, J.B. 123, 170
Gyrasen 42-44
Veränderungen des Verflechtungsgrades durch ~ 42
Wirkungsprinzip der DNA-~ 42
Struktur der ~ 43
~ und Drehsinn der DNA-Helix 44

Hämoglobin 51, 76, 77, 88, 121, 131
~ als Tetramer 51
menschliches~ 131
Röntgenstrukturanalyse des ~s 51 (siehe auch Globin)
Hartwieg, Erika A. 159
Hayward, William S. 169
Hefen 89
Helix 7, 8, 12-15, 22-44, 48-50, 82, 102, 105, 138
A-~ 24-26, 32

~achse 22
Alpha-~ 102, 104, 105
B-~ 22, 24-26, 32, 36
Basenpaare pro ~-Windung 23
~-Drehsinn 27
~-Drehwinkel 23, 28, 29, 31, 32
~-Knick-~-Region 104
linkshändige ~ 22, 27
lokale ~struktur 26
~parameter 22, 23, 27
Propeller-Twist der ~ 23, 26
rechtshändige ~ 22, 27
Stereobildpaar der ~ 25
stereochemische Behinderung der Basenpaare 28
Super~ 42, 43, 49, 50, 56
unendliche ~ 22
Z-~ 25, 26, 28
Helling, Robert B. 110, 118
Herbert, Edward 189
Herpes Simplex 127
Hertz, Janet 115
Heteroduplex 154
~-Verfahren 119, 152, 154
Heterokaryon 122
Hewish, Dean R. 48, 49, 53
Hexamer 25
Higa, A. 115
Hind III 87, 88
Hirt, Bernhard 130
Histidin 76, 104
Poly~ 76
Histon 46, 48-61
~-Aggregate 49, 59
Anordnung der ~e 49, 60
Denaturierung der ~e 50
~-Dimer 51
DNA-~-Komplex 52, 56
DNA-Wicklung um die ~e 53
~e und Faltung der DNA 56
~freie DNA 53
~ H1 50, 59, 60
~ H2 A 50, 60
~ H2 B 50, 60
~ H3 49, 50, 60
~ H4 49, 50, 60
Isolierung der ~e 50, 59
~-Kern des Nucleosoms 53
~-Komplex 56
~-Monomere 53
Nachweis der ~-Aggregate 53
~-Oktamer 51, 56, 57, 59
periodische Anordnung der ~e 61
~-Polymere 53
~-Tetramer 51
Verknüpfungsprodukte von ~en 53, 59
Hogness, David S. 90
Hohn, Barbara 91
Holde, Kensal E. van 53
Holley, Robert W. 81
Holt, Claus von 50
Homologie 118, 185
Hormon 180, 184
Eilege~ von Aplysia 180
Hsu, Leslie 115
Huberman, Michael H. 130
Humphries, Peter 85
Hurwitz, J. 70
Hybrid 84, 85, 88, 91, 121, 122, 131, 162, 163, 165, 168, 183, 184
DNA-RNA-~ 184
~-Doppelstrang 86
~-Erythroblasten 131
~-Gen 168
~moleküle 115
~phagen 163, 165, 183
RNA-DNA-~ 88, 91
~strang 85
~zellen 121, 122, 131
Hybridisierung 84-87, 90, 120, 122, 131, 164, 183, 186
~sexperimente 186
~stechnik 84, 85
Zell~ 120, 131
Hydratation 25, 26, 30
~skamm 25, 26, 30
~sstruktur 25, 26
Hypothalamus 189
Hypoxanthin 25

Imidoester 54, 56
Immunfluoreszenz 188
Immunoglobulin 168, 169
Immunreaktion 169
Induktion 96, 98, 99, 101
Infektion 96, 98
Information 7, 8, 16, 27, 32, 34, 46, 84, 83, 90, 95, 100, 110, 118, 120, 131, 161, 163, 168
~s-Mosaik 82-93
Ablesen der genetischen~ 32
Abschrift der genetischen ~ 83
Austausch genetischer ~ 118
Erb~ 82
Exon-~ 83
genetische~ 7, 11, 16, 26, 27, 34, 46, 82, 83, 88, 95, 120, 131, 161, 168
genetische ~ eines Onkogens 161, 168
genetische ~ für Tumoreigenschaften 161
gestückelte ~ 88
Intron-~ 83
Komplexität der genetischen ~ 7
transformierende ~ 163
Übersetzung der ~ in Protein 100
Übertragung genetischer ~ 8, 110
Verschlüsselung der genetischen ~ 27, 74-78, 84
Injektion 170, 172, 174, 175, 177-193
~sexperimente 170
~ von Genen 170, 175, 179
~ von Virus-DNA 174
~ von Zellkernen 172, 175
~ zur Anregung von Beutelzellen 183
Inkubation 120
Inosin 81
Insertion 93, 148, 150, 154
~ in einem Heteroduplex 154
~transponierbarer genetischer Elemente 148, 150
Interferon 89
intrinsischer Code 20
Intron 83, 84, 92-95, 178
evolutionäre Entstehung der ~s 94
~-Exon-Übergang 90
Sequenz der ~s 90
~s und die Regulation von Genen 90
in-vitro-Experimente 170
Ionenstärke 61
Isoleucin 76, 84, 104
Isomere 10, 37, 38, 41, 43

Jackson, David 112
Jackson, James F. 183
Jacob, Francis 95, 98
Jeltsch, Jean-Marc 89
Johannsen, Wilhelm 82
John Cairus 34
Johnson, Alexander D. 96
Jovin, T. 69

Kaiser, A. Dale 67, 112
Kanamycin-Resistenz 118
Kandel, Eric R. 180, 181, 188
Karzinogen 158, 160, 161
Katabolit-Aktivator-Protein (CAP) 31
Katalyse 102
Kaufmann, Russel E. 124
Kennard, Olga 19, 22, 24
Khorana, H. Godbind 78, 80, 81, 112
Kikuchi, Nash 45
Kikuchi, Yoshiko 45
Killos, Lillian 124
King, A. Jonathan 159
klebrige Enden 115, 118
Klon 84, 85, 88, 91, 110, 115, 123, 149, 162, 165, 170, 178, 183
Bakterien-~ 87
~des Ovalbumin-Gens 91
DNA-~ 162
Klonierung 7, 84, 88, 91, 110, 115, 118, 131, 152, 162, 186
DNA-~ 84, 112, 152
molekulare ~ 84, 118
selektive ~ 118
~sexperimente 186
~stechniken 7, 87, 88
Zell~ 170, 178
Klug, Aaron 36, 46, 49, 59
kohäsive Enden (siehe: klebrige Enden)
Koller, Theo 58, 61
Kombinatorik 16
Kommunikationsnetz 189
komplementäre Basen 7 11, 36, 41, 82, 99
komplementäre Enden 114, 115
Komplementarität 7, 14-16, 36, 41, 44, 82, 86, 99, 152
Kondensation 61
Konformation 23
anti~ 23
syn~ 23
Konjugation 135
Kontrastverstärkung 58, 59
Kontrolle 101, 105, 106, 156
Gen~ 101
negative ~ 105
positive ~ 105, 106
Kontrollregion 99
Konzentration 103
Kooperation 102
Kooperativität 101
Kornberg, Roger D. 46, 50, 62
Kornberg, Sylvy 66
Korrelationskoeffizient 29, 32
Kosten-Nutzen-Analyse 140

Kourilsky, Phillipe 88, 91, 93
Krebs 8, 158-166, 169
~entstehung 158, 169
~epidemiologie 169
~gene 158, 159, 163, 164, 166, 169
Induktion von ~ 160, 166
molekulare Grundlagen von ~ 158
Kretschmer, Peter 124, 129
Kreuzer, Kenneth N. 42
Kreuzungsexperimente 146
Kristall 12, 58, 59
Beugungsmuster eines ~s 12
Elektronendichteverteilung im ~ 58
Kristallisationsversuche 57
Kröten-DNA 110, 118, 170, 172
Krust, Andree 85
Kupfermann, Irving 181
K12-Stamm von Escherichia coli 137

Lambda-Bakteriophage 8, 88, 91, 96, 99, 101, 137
~-Exonuclease 114
~repressor 96
Leader 87, 89
Lebensformen (neu geschaffene) 138
Leder, Philip 77, 88, 98, 169
Lefevre, George 47
Lehmann, J. Robert 66, 70
Le Meur, Marianne 85
Le Pennec, Jean Paul 88
Leserichtung 81, 82
Leucin 76, 104
Lewis, Mitchel 96, 104
Lewitt, Anita 59
Ligase 7, 38, 41, 112, 114, 168
lineare DNA-Moleküle 114
Littauer, Uriel 65
Liv, Chung-Cheng 42
Liv, Leroy F. 39, 42
Lobban, Peter 112
Locus 148, 150, 151, 154
Ac-(Activator-)~ 148, 150, 151
C-~ 148
Ds-(Dissociation-)~ 148, 150
Gen-~ 148
mutierter ~ 154
P-~ 150
springender ~ 148
Lutter, Leonard C. 57
Luzzati, Vittorio 46
Lwoff, Andre 96, 98
Lymphoblasten 131
Lymphozyt 89
lysieren 96, 98
Lysin 76, 104, 183
lysogene Bakterien 98, 101f

MacLeod, Colin M. 160
Madison, James 81
Mains, Richard E. 189
Maiskorn 150
Makromolekül 10
Mandel, Jean Louis 87, 91
Mandel, Morton 115
Mangelmutanten 137, 143
Maniatis, Thomas P. 124
Manipulation 120
Gen-~ 120
Marker 85, 87, 126, 165, 172, 175, 183, 188
fluoreszierender Farbstoff als ~ 87, 188
~-Gen 165
radioaktive ~ 85, 87, 126, 172, 175, 183
Matrix 15, 171
Matrize 7, 8
Matthews, Brian W. 104, 105
Maxam, Allan M. 88
Mayeri, Earl M. 183
McAllister, Linda B. 183, 188
McCarty, Maryn 160
McClintock, Barbara 146, 148, 150, 151, 155, 156
Meiose 90 (siehe auch: Zellteilung)
Membran 121
Mendel, Gregor 82
Mertz, Janet E. 175
Messing, Joachim W. 153
Methionin 76, 84, 104
Methylcholanthren 161
Methylierung 131
Micrococcen 53
Miescher, F. 7
Mikroorganismen (industriell nutzbare) 138
Mikroskop 121, 124, 152, 176, 177
Elektronen~ 152, 176, 177
Phasenkontrast~ 121, 124
Miller, O.L. jr. 176
Mirsky, A.E. 11
Mirzabekov, Andrei D. 59
Mitochondrien 34, 90
~ von Hefen 90
Mitose 10
Mitra, S. 69
Mizuuchi, Kiyoshi 42
Modifikation 178
Modifikationsmethylase 115
Molekül 12, 13, 100
periodischer Aufbau von ~en 12
regulatorisches~ 100
symmetrisch aufgebautes ~ 13
Molekularbewegung 14
Monod, Jacques 98
Monomere 52, 54, 100
Morgan, Thomas Hunt 179
Morrow, John F. 110, 118, 119
Morton, E. 56
Mosaik 90, 146, 149
~-Gene (siehe unter Gen)
Intron-Exon-~ 90
Pigmentierungs-~ 146, 149
multiple Gene (siehe unter Gen)
Mutagen 78
Mutation 76-78, 93-95, 106, 134, 146-151, 155, 166-169, 178, 179
Basenaustausch-~ 77, 78
~ des Spm-Elements 155
Doppel-~ 78
~ durch springende Gene 151
~ identischer Gene 91
Insertions-~ 151
instabile ~ 146-148, 150
Leseraster-~ 76, 78
Punkt-~ 91, 166, 168, 169
Rück-~ 146, 148, 150, 151, 155
~sexperimente 179
~srate 91
stabile ~ 147
~ von Krebsgenen 169
~zur Aktivierung von Krebsgenen 167
Mutator 149, 155, 157

Nachbarschaftshäufigkeiten 67, 68
NAD (Nicotinamid-adenin-dinucleotid) 41
Nash, Howard A. 42
National Institute of Health (siehe: NIH)
Nelson, Max 19
Nervenfaserbündel 182
Nervensystem 180
Nervenzellen 180, 182, 183
Neuronen (siehe: Nervenzellen)
Neurotransmitter 189
Neutronenbeugung 59
Neutronenbeugungsexperimente 56
Neutronenstreuung 56, 58, 59
Nicotinamidadenindinucleotid (NAD) 70
Nienhuis, Arthur W. 124
NIH 131, 136, 137, 141, 143
~-Richtlinien 136-138, 141, 143
~ ~ und kommerzielle Nutzung der Gentechnologie 138
Nirenberg, Marshall 75, 76, 81
Nitrozellulosefilter 76
Noll, Marcus 46, 53, 56
Noradrenalin 189
Nordheim, Alfred 7
Nuclease 49, 53, 54, 56
Micrococcus-~ 53, 54, 56
Rattenleber~n 49, 53
Nucleinsäure 10, 74
Vier-Buchstaben-Sprache der ~ 74
Nucleosidtriphosphat 15
Nucleosom 46, 49-51, 53-61
elektronenmikroskopische Aufnahmen von ~en 54
~en-Rumpf 56, 58, 59
Histonkern der ~e 53
Kerne der ~e 54, 56
Kristallisation des ~s 56
Packung der ~e 54, 58
Rumpfteilchen des ~s 57
Stabilisierung des ~s 59
Strukturmerkmale des ~s 56, 57, 60
~ und Chromatinfaser 60
~ und DNA-Wicklung um die Histone 53
Nucleotid 7, 8, 15, 24, 48, 82, 84, 99, 120
~-Triplett (siehe: Codon)
Nucleotidbasen (siehe: Basen)
Nucleotidsequenz (siehe: Sequenz, Basensequenz)

Ochoa, Severo 81
O'Dea, Mary H. 42
O'Hare, Kevin 88
Oligomer 18, 21
Olins, Ada L. 51, 54
Olins, Donald E. 51, 54
O'Malley, Bert W. 88, 90
Onkogen 166-169
Aktivieren von ~en 167
~e und Evolution 166
~-Protein 169
Proto-~e 166-169
~ und Retrovirus 167
virale ~e 166, 167
(siehe auch Krebsgene)

Oocyten 170-172, 174-177
Frosch ~ 171, 172, 175, 177
~ gen 172
~ kern 171
Molch- ~ 172, 175
~ proteine 172
Umprogrammieren von ~ 172
von Plenrodeles waltlici 172
von Xenopus borealis 175
von Xenopus laevis 175
Operator 18, 99-105
dreigeteilter ~ 104
~ region 100-103, 105
Östrogene 85
Ovalbumin 85-91
~ -Boten-RNA 85, 88, 89
~ -DNA 88
~ -Exons 88
~ -Gen 87-91
~ -Introns 88

Pabo, Carl O. 96, 104
Packungsverhältnis 61
palindromische Basensequenzen 115
Papain 100, 104
Pardon, John F. 56
Peacock, W. J. 154
Pellicer, Angel 122
Penicillin-Resistenz 85
Pentose-Zucker 10, 12
Peptid 75, 182-184, 186, 189
(siehe auch Struktur und Feinstruktur der DNA)
Begleit ~ 186
Eilege ~ 183, 189
~ kette 11
Lebensdauer von ~ en 189
Poly ~ 184, 189
Perikarp 148, 150
Pigment im Mais- ~ 148
Perlenketten-Modell der Chromatinfasern 54
Perrin, Fabienne 88, 89
Petersonk, Peter A. 155
Phänotyp 158, 169, 180
Tumor- ~ 169
Phenylalanin 76, 104
Φ174-Bakteriophage 35, 45, 69, 70, 131, 134
Phosphatgruppen 35, 99, 106
Photosynthese 118
pH-Wert (Wasserstoffionenkonzentration) 15
Pigment 148, 149, 155
Aleuron ~ 148
~ synthese 148
Plaque 84, 164
Plasmid 7, 84-86, 110, 111, 115, 116, 118, 119, 120, 124, 127, 129, 135, 136, 170, 176-178
Aufspaltung eines ~ s 86
~ chimäre 116, 119
elektronenmikroskopische Aufnahme eines ~ s 176
injiziertes ~ 128
~ -Karte 129
pl258- ~ 118
pBR322- ~ 124
pRK1- ~ 128
pSC ~ 111, 116, 118
pX1- ~ 128
~ technik 110
Umfang eines ~ s 111
~ vektor 7, 115
Vermehrung von ~ en 178
(siehe auch unter Ringe)
pleiotrope Wirkung 158
Plenrodeles waltlii 172
Pneumococcus 136, 160
Pohlman, Robert F. 153
Polyethylenglycol 121
Polymer 61
Polymerase 65-67, 86, 100, 102, 104-110, 114
~ als positiver Regulator 106
Kooperation von ~ und Aminosäuresequenz 105
RNA- ~ 102
Struktur der ~ 105
Polypeptid 11, 76-78
Homo ~ 76
~ synthese und Triplett-Code 75
polyphäne Wirkung 158
Prokaryonten 44, 82, 95, 138
Genom der ~ 95
Prolin 76, 104
Promotor 99-102, 105
Propeller-Twist 23, 25, 28, 29, 31
Prophage 98, 101, 102, 104
Lambda- ~ 102
Protease 100, 102
Protein 10, 16, 27, 46, 48-50, 53, 76, 80, 84, 91, 96, 98-100, 104, 105, 141, 165, 174, 185
20-Buchstaben-Sprache der ~ e 76
~ -Aggregate 49, 50, 53
Aminosäurebausteine der ~ e 8, 46, 76
~ e als Antikörper 48
~ e als Enzyme 48
Faltung von ~ en 48
homologe ~ abschnitte 91
Hüll ~ e 96
~ hülle eines Virus 96
Oocyten- ~ e 172
regulatorische ~ e 98-100, 104
Repressor ~ 99
~ synthese 74, 82, 141
Ur ~ e 93
Vorläufer ~ 185
Pseudouridylsäure 177
Ptashne, Mark 8, 96, 98
Purin 11, 20-23, 25, 27, 28, 31
~ basen 11
~ -Pyrimidin-Wechselfolge 25
Pyrimidin 11, 20, 22, 23, 25, 27, 28, 31
~ basen 11

radioaktive Markierung 76, 118, 183
Reaktion 41, 102
~ sgleichgewicht 102
~ bei der Dimerisierung 102
~ srichtung 41
Reanney, D. C. 95
Region 94, 186
homologe ~ en 186
konstante ~ 94
Peptid ~ 186
Regressionsanalyse 29
Regulation 16, 31, 131, 170
Modifikationen der Gen- ~ 131
(siehe auch unter Schalter, Steuerung)
Regulator 98, 121, 131, 160, 189
~ en der Gen-Expression 98
negative ~ en 98
positive ~ en 98
epigenitische ~ ische Systeme 160
negativer ~ 121
~ proteine 31
~ region 131
~ substanz 189
Rekombinante (siehe: Rekombination)
Rekombination 8, 34, 44, 45, 80, 86, 91, 115, 119, 122, 131, 135, 136, 138, 142
Debatte um die ~ 131, 136
DNA- ~ 84
Grundsatzkritik zur DNA- ~ 138
natürliche ~ 115
Nutzanwendungen der ~ 131
Sicherheit bei ~ sexperimenten 131
~ und Gefahren durch neue Organismen 119
~ von nicht-homologen Abschnitten 91
Reparatur der DNA 112
Replikation 14-16, 34, 44, 45, 111, 115, 116, 118, 134, 140
~ fremder Gene 118
~ sgeschwindigkeit 34
~ und Überspiralisierung 45
~ und Verflechtungsgrad 45
Repression (selektive Unterdrückung der Erbinformation) 27 (siehe auch: Repressor)
Repressor 18, 20, 31, 98-106, 151, 153
Aminosäurekette des Lambda- ~ s 102
Anordnung von ~ en 102
cro- ~ 31
~ dimer 100, 101, 103
Inaktivierung des ~ s 103
lac- ~ 31
Lambda- ~ 31, 98-100, 104
mutierte ~ en 106
~ protein 18, 99
Synthese des ~ 99
Transkription des ~ gens 103
Resistenz 115, 118, 120, 124, 128, 129, 150,
Doppel ~ 118
~ -Gen 128, 150
Markierung mit ~ -Genen 118
übertragbare ~ 150 (siehe auch unter Kanamycin, Penicillin)
Resolvase 151, 153
Restriktionsendonucleasen 7, 21, 84, 85, 168
Restriktionsenzyme 32, 86, 87, 112, 135
Restriktionskarte 87
Retikulum (endoplasmatisches) 186
Reversion (Rückmutation) 146, 148, 150
~ srate 146, 150
~ und Transkription 148
R-Faktor (Resistenz-Faktor, siehe: Resistenz)
Rhoades, Marcus M. 148
Rhodes, Daniela 57
Ribonucleinsäure (siehe: RNA)
Ribose 24
Ribosomen 77, 80, 90, 175
Proteinsynthese an den ~ 75
Rich, Alexander 19, 21, 28
Richard, P. 69

Richards, Brian M. 56
Richardson, C.C. 69, 70
Ringe 34-41, 44, 84, 129
doppelsträngige ~ 34, 36-38, 40, 41
einzelsträngige DNA-~ 34
Entknoten von ~n 40
Entspannen überspiralisierter ~ 37, 40
Plasmid~ 84
synthetische~ 69-70
topologische Konfiguration von ~n 34
überspiralige ~ 37-40, 44
Verketten von ~n 44
Verknoten einzelsträngiger ~ 35, 37, 39, 40, 44
R-Integrase 45
Ris, Hans 60
Risiken 120, 131, 136, 137
Analyse der~ 136, 137
~ von Klonierungsexperimenten 120, 131
RNA 7, 10, 16, 18, 22, 23-25, 30, 34, 45, 76, 77, 82-88, 90, 91, 100-102, 104, 141, 151, 166, 175-177
~-Basen 7, 11, 22
Boten-~ 11-18, 23, 76, 77, 82-86, 90, 151
~-DNA-Doppelstrang 88
~-DNA-Hybrid 91
~-DNA-Zwitter 22, 24, 25
einzelsträngige ~ 83
gestückelte Gene der ~ 91
Hydroxyl-Gruppe in der ~ 24
~-Polymerase 45, 90, 101, 102, 104, 175
~-Rekombination 177
ribosomale ~ 90
selbstkomplementäre Boten-~ 24
Spleißen von ~ 90, 91
Stabilisierung der ~ 30
synthetische ~ 75
Transfer-~ 18, 23, 24, 75, 76, 90
Vorläufer-~ 83, 84, 90
Z-~ 24
RNS (siehe: RNA)
Rogers, S. 72
Roberts, James L. 189
Roberts, Jeffrey W. 102
Rollwinkel (siehe: Basenrollwinkel)
Röntgenbeugung 12, 13, 15, 46, 50
Röntgenstrahlen 12, 13, 15
Wellenlängen der ~ 12
Röntgenstrukturanalyse 10, 13, 22, 23, 25, 26, 32, 56, 57, 102
Rosenberg, John 31
Rothmann, Barry S. 183
Rubin, Gerald M. 151
Rückgrat 10, 11, 13, 16, 69, 74
DNA-~ 10
Polypeptid-~ 11
Zucker-Phosphat-~ 11, 13, 20-22. 41, 74
Rückkopplung 184
Rushton, Barbara 57

Saccharomyces cerevisiae 178
Salmonella 104
Sanders-Haigh, Linda 124, 126
Sänger, F. 131
Sauer, Robert T. 105
Saugpapier-Methode 86-88, 126, 127
Schachman, H.K. 66
Schalter 98, 99, 101, 103, 130
genetischer ~ 98, 101, 103, 130
Schaltstellen 180
Scheller, Richard H. 8, 180
Schneiden von DNA 115, 116
Schnoss, Maria 136
Schranken 110, 118, 120, 138
biologische ~ für Entweichen neuer Organismen 120
~ genetische 110, 118, 138
physikalische ~ für Entweichen neuer Organismen 120
Schreibrichtung 81, 82
Schrotschuß-Versuche 137, 138
Schwartz, James H. 183
Searle, G.D. 88
Seehase (siehe: Aplysia)
Seitengruppen 11, 16
Selbstkontrolle in der Genforschung 110, 119, 138
Selbstorganisation 10
Selektion (siehe: Auslese)
Sequenz 7, 11-14, 16, 23, 27, 29, 31, 40, 75-78, 85, 87, 94, 104, 115, 119, 131, 134, 141, 146, 151, 164, 165, 167, 185, 186
AG-~ 94
Alu-~en 164, 165
Aminosäure~ 77, 94, 104, 131, 141
Aminosäure~ von Vorläuferproteinen 185
~analyse bei Krebsgenen 167
~analyse der Ovalbumin-Boten-RNA 88, 89
~änderung 78
Basen~ 7, 11-14, 16, 23, 27, 29-32, 75-78 (siehe auch unter Basensequenz)
~en als Promotor 99
Erkennungs~ 146, 151
Erkennungsstellen von ~en 87
Fehler in der ~ 88 (siehe auch Mutation)
GT-~ 94
homologe ~ 119, 186
Kartieren von ~en 87
Klone von DNA-~en 164
nicht-informative ~en 88
Nucleotid~ 88, 134, 141
palindromische ~ 115
periodisch wiederkehrende ~ 76, 78
proteincodierende ~en 87
RNA-~ 77
Signal~ 185, 186
Summenfunktion für die Basen~ (Σ) 29
transformierende ~ 164, 165
unterbrochene DNA-~ 87, 88
unübersetzte ~en 89
Verdoppelung einer DNA-~ 185
Sequenzierung 90
Serin 76, 84, 104
Sgaramello, Vittorio 115
Shakked, Zippora 19, 22
Shen-Ong, Grace L. 169
Shih, Chiaho 161, 162, 164, 165
Sichelzellenanämie 77
Sicherheit 118, 131, 136, 137, 143, 144
Rekombination und ~ 136
~sbestimmungen 119
~sforschung 137
~srichtlinien des Bundesforschungsministeriums 144
~srichtlinien des NIH 136
~sstufen 137, 143
Signale 8, 83, 118, 175, 183, 185, 186
regulatorische~ 83
Spalt~ 183, 186
Start~ 175
Stop~ 175
störende genetische ~ 118
~sequenz 8, 185, 186
Silverstein, Saul J. 122
Sinsheimer, Robert L. 34, 138, 140
Sippel, Albrecht E. 7
Slonimski, Piotr P. 90
Solenoid 58, 60, 61
~struktur und Salzkonzentration 60
Solnick, Edward M. 167
Sonde 183
Gen-~ 183
Southern, E.M. 87, 126, 127
Spaltsignale 183, 186
Spaltstellen 129
Positionen von ~ 129
Spezialisierung 170
Spleißen 90-95
evolutionäre Ursprünge des ~s 95
Geschwindigkeit des ~s 90
Spradling, Allan C. 151
Staehelin, A. 134
Stallman, Susan 48
Staphylococcus aureus 110, 118
Stark, George R. 50
Starlinger, Peter 154
Steiz, Thomas A. 105
Steuersignale 158
Steuerung 16, 18, 27, 158, 180, 189
~ der Gene 18
~ der genetischen Information 27
Stoffwechsel 62, 158, 166
Strang 83-85, 88, 167
gemischter Doppel~ 83
Hybrid-~ 85
Hybrid-Doppel~ 84
komplementärer ~ 86
Matrix-~ 167
RNA-DNA-Doppel~ 88
Streisinger, Georg 78, 81
Streptomycin-Resistenz 68, 69
Strommer, Judith 88
Strukturmodell 10-34, 59, 60, 105
~ des Nucleosoms 60
Strumwasser, Felix 182, 183
Summenfunktion 29-32
Summers, William C. 124, 127
Summers, Wilma P. 127
Suppressor 149
Symmetrie 13, 15, 99
molekulare ~ 13
palindromische ~ 99
zylindrische ~ im Beugungsbild 15
Symons, Robert 112
Synapse 189

Tabakmosaikvirus 76, 77
Tabin, Clifford J. 168
Taub, Rebecca A. 169
Terminale Transferase 112, 115

Tetracyclin 85, 111, 116, 124, 128, 129
~-Resistenz 85, 111, 116, 124, 128, 129
Tetramer 49, 52, 54
Thoma, Fritz 58, 61
Thomas, Jean O. 46, 50
Threonin 76, 104
Thymidin-Kinase 122, 123, 127
Thymidintriphosphat (TTP) 114
Thymin 7, 11, 14, 15, 16, 20, 21, 24, 122, 150
~-Kinase 122, 130, 150
Tonegawa, Susumu 88-91
Topoisomerasen 34, 35, 37-45
bakterielle ~ 41
~ bei Eukaryonten 44
~ bei Prokatyonten 44
biologische Funktion der 44
Namensgebung der ~ 37
Struktur der ~ 41
topologische Operationen von ~ 39
Typ I-~ 35, 39-43
Typ II-~ 35, 40, 42, 43
~ und Basensequenz 41
~ und Replikation 45
Topologie 15
Torsionswinkel 29
Träger 120
DNA-~molekül 120
Transamidierung 186, 189
Transcriptase 85, 86
reverse ~ 85, 86
Transduktion 166, 168, 169
Transfer 165, 173
Gen~ (siehe unter Gen)
~-RNA (siehe unter RNA)
~ von Retroviren 166
Transferase (siehe: Terminale Transferase)
Transfizieren 161
Transformation 11, 115, 116, 118, 160-162
~ durch DNA-Transfer 162
~ durch Tumorviren 160, 161
Transition 78
Transkription 25, 34, 44, 45, 74, 84, 99, 102, 103, 105, 148, 153, 172, 173, 175, 178
~ bakterieller Transposonen 153
~ bei der lytischen Vermehrung 99
~ des Repressor-Gens 103, 105
~ injizierter DNA 175
Selektivitat der ~ 175
~sgeschwindigkeit 34, 45
~ und Reversion 148
~ und Verflechtungsgrad 45
Translation 83, 84
Translokation 168, 169
chromosomale ~ 168, 169
Transmitter 183, 184, 189
transponierbare genetische Elemente (siehe: Transposon und unter Gen, springende Gene)
Transposase 151, 153, 154
Transposition 148-152, 154, 156
~bei der Replikation eines Chromosoms 152
genetische Signale zur ~ 156
Häufigkeit von ~ 156
~ im Entwicklungsprozeß von Mais 156
Selbst~ 153
~senzyme 151, 153, 154, 156
~srate 151
~ und Pigmentierung bei Mais 156
Transposon 8, 95, 146-148, 151-157
bakterielle ~en 150, 153
~ bei Mais 146
Beweglichkeit der ~en 150
~en und Evolution 146
~en und Gen-Expression 146, 156
Expression von ~en 156
Isolierung von ~en 151, 153
komplementäre Regionen bei ~en 153
Lokalisieren von ~en 154
Nucleotidsequenz von ~en 153
Trimere 52, 54
Trinucleotid 76
Triplett 75, 76, 78, 82, 134, 141
Basen~ 82
~-Code 75 (siehe auch Codon)
tRNA (Transfer-RNA, siehe unter RNA)
Tryptophan 76, 77, 104
~-Synthetase 76, 77
Tsugita, Akita 77
TTP (Thymidintriphosphat) 114
Tumor 118, 119, 158-160, 165, 166
~-DNA 159, 160, 165, 166
~masse 158
~viren 118, 119
~zelle 158-160, 166 (siehe auch unter Krebs)
Tyrosin 41, 76, 104, 176-178

Überspiralisierung 34, 38, 45 (siehe auch unter DNA)
Uracil 24, 141
Uranylacetat 51
UV-Licht (als Agenz) 170

Valin 76, 104, 166
van-der-Waals-Abstände 13
Varmus, Harold 166
Vektor 120, 124, 152, 163
~-DNA 152
Verdopplung der DNA (siehe: Replikation)
Verdopplung des Chromosomensatzes 10
Vererbung 146, 148
~ bei springenden Gen-Loci 148
~sregeln 146
Verflechtungsgrad 34, 36-38, 41, 42, 44
normaler ~ 38
~ und Topoisomerasen 36
Veränderungen des ~s durch Gyrase 42
Verhalten 8, 180, 183, 184, 189
angeborenes ~ 180, 184
Eiablage~ von Aplysia 183
genetische Steuerung von ~ 8, 182-191
~smuster 180, 181
Erbkoordination von ~~n 180
stereotype ~~ 180
Vermehrung 84, 98, 99, 101, 103, 135, 168
asexuelle ~ 135
~fremder Gene 118
lytische ~ 8, 99, 101, 103
selektive ~ 84
sexuelle ~ 135
~ von Krebsgenen 168
Versuchsorganismen 137, 138
Entweichen gefährlicher ~ 138
vervielfachte Gene 119
Vigler, Michael 122
Vinograd, Jerome 37, 43, 71
Virus 11, 74, 76, 77, 90, 96, 98, 112, 118, 119, 121, 122, 131, 143, 158, 160, 166-168, 174-176
Affen-~ SV40 90, 122
Harvey-~ 167
Herpes Simplex-~ 122
~hülle 11, 96, 174
Infektion durch ein ~ 96
Kirsten-Rattensarkom-~ 167
Lambda-~ 8, 96
Polyoma-~ 160
Proteinhülle eines ~ 11
Retro~ 166-168
schlummerndes~ 98
Sendai-~ 121
Simian-~ 174, 175
S40-~ 143
SV40-~ 112
SPV-~ 72
Tabakmosaik~ 74, 76, 77
temperentes~ 104
transformiertes ~ 158
Tumor~ 118, 119, 160, 176
Viswamitra, M.A. 19, 24
Vogt, Marguerite 158, 160

Wald, Georg 138
Wang, J. C. 34
Wang, Andrew H.-J. 19, 21, 22, 28
Wasserstoffbrücken 12, 14, 15, 20, 21, 36, 81, 84, 99
~-Bindungen 26
Watson, James D. 7, 8, 13, 18, 27, 36, 62, 65
Weinberg, Robert A. 158
Weiss, B. 70
Weissmann, Charles 127
Westhuyzen, Deneys R. van der 50
Wigler, Michael 165-168
Wilkins, Maurice F. 13-15, 46, 49
Williamson, Robert 53
Willing, Marcia C. 131
Wilson, H.R. 13
Wirtsbakterien 115
Wittmann, Hans 77
Woodcock, C.L.F. 54
Wyatt, G.R. 11

Xenopus borealis 175
Xenopus laevis 110, 118, 170, 172, 175

Yanofsky, Charles 77
Yoshimori, Robert M. 115

Zachau, Hans 81
Z-DNA (siehe unter DNA)
Zelle 8, 11, 15, 82-85, 90, 95, 96, 98, 101, 120-123, 125, 127, 128, 151, 158-160, 162, 167, 171, 172, 180-183, 185, 188
Beutel~n 181-183, 185
Bindegewebs~ 121, 158
Differenzierung von ~n 8, 85
DNA in der ~ 11, 15
Drüsen~ 85
Dünnschnitte von ~n 188
Ei~ 171

Entwicklungsprinzip von ~n 8
Erbsubstanz der ~en 83
eukaryontische 83, 90, 95
Fortpflanzungs~ 11
Fusion von ~n 121, 122
Gen-Injektion in eine ~ 121, 125
Hybrid~ 121
Keim~ 82, 122
Kern von ~n 171, 172
Klon von ~n 123
Körper~ 11, 85, 120, 122
Krebs~ 158, 162
leukämische ~n 167
L-~n 122, 127, 128
lysogene ~ 98, 101
Nerven~ 180, 182
nichtcodierende DNA primitiver ~95
Säuger~n 120
Plasma von ~n 172
Platzen infizierter ~n 96
prokaryontische 82
Regulation in höheren ~n 96
revertierte ~n 151
Selektion von ~n 120
Suspension von ~n 172
Transformation einer ~ 84, 120, 123, 127, 158, 160, 162
Zellinien 138, 159
Zellkern 54, 61, 82, 83, 90, 120, 171
Membran des ~s 83
Zellmembran 58, 120
Aufweichen der ~ 120
Zellorganellen 90
Zellteilung 7, 10, 46, 90, 98, 103, 122, 150
Selbstorganisation bei der ~ 10
Zellwand 85
Z-Helix (siehe unter DNA und unter Helix: Z-Helix)
Zimmermann, Steven B. 66
Zucker 35
Zucker-Phosphat-Bindung 38, 41
Zucker-Phosphat-Rückgrat 11, 18-22, 41, 66
Zufall 135
Mutationen und ~ 135
Zusammenstoß von Basenpaaren 31
Zyklus 101, 103, 150, 165, 183
Fortpflanzungs~ 183
lysogener 101
lytischer ~ 103
Transformations~ 165
Zell~ 150